Daniel Riechers

ICE

Neue Züge für Deutschlands Schnellverkehr

Daniel Riechers

ICE

Neue Züge für Deutschlands Schnellverkehr

transpress

Einbandgestaltung: Katja Draenert

Titelbild: Konsortium ICT VT
Jüngstes Mitglied der ICE-Familie ist der ICE-TD. Die Dieseltriebzüge der Baureihe 605 stehen seit dem Fahrplanwechsel im Juni 2001 auf den Relationen Nürnberg–Hof–Dresden und München–Lindau–Zürich im Einsatz.

Zeichnung: Daniel Riechers

Rücktitel: Malte Werning
Mit dem ICE 1 begann im Juni 1991 die Erfolgsgeschichte der weiß-rot lackierten Triebzüge. Sie sind heute das Rückgrat des Fernverkehrs der Deutschen Bahn AG.

ISBN: 3-613-71172-9

1. Auflage 2001

Lektorat: Dirk Endisch
Scans: digi bild reinhardt, 73037 Göppingen
Innengestaltung: Viktor Stern
Druck: TC-Druck, 72072 Tübinge
Bindung: Heinrich Koch, 72072 Tübingen
Printed in Germany

Inhalt

Vorwort

Mit dem vorliegenden Buch »ICE – Neue Züge für Deutschlands Schnellverkehr« liegt der dritte Band einer Serie von Fahrzeugbeschreibungen vor Ihnen. Waren die ersten beiden Bände den Neuentwicklungen bei den Nahverkehrs- und Regional-Triebwagen- sowie den S-Bahn-Triebzügen vorbehalten, so beschäftigt sich dieses Buch mit der Entwicklung der in den vergangenen zwei Jahren in Betrieb gesetzten ICE 3, ICE T und ICE TD die, zusammen betrachtet, den letzten Stand der Rad-Schiene-Technik verkörpern.

Um einen durchgängigen Werdegang der Entwicklung des Intercityexpress (ICE) zu erhalten, ist es unerlässlich, auch ihre Vorgeschichte, angefangen bei der Arbeit der im März 1972 gegründete »Projektgruppe Rad/Schiene« bis hin zur Entwicklung der vorangegangen Generationen des ICE 1 und ICE 2 darzustellen.

Immerhin weist die erste Generation des ICE seit 1996 je Triebzug eine Jahresleistung von durchschnittlich rund 500.000 km auf, was für die gesamte ICE 1-Flotte eine jährliche Laufleistung von rund **30 Millionen km** bedeutet. In den zehn Jahren ihres Bestehens dürfte die Gesamt-Laufleistung der ICE-1-Flotte unter Einbeziehung von Wartungs- und Reparaturzeiten, rund **250 bis 280 Millionen km** betragen!

Leider wird diese Leistung in der Tagespresse viel zu wenig gewürdigt. Dafür wurde nach der Katastrophe von Eschede 1998, für die Konzept und Technik des ICE 1 nicht verantwortlich waren, jede kleine Panne besonders bei den ICE-Fahrzeugen in der Presse breitester Raum gewährt, vielfach völlig unbelastet von Fach- und Sachzwängen. Das System Eisenbahn wurde nachhaltig in Misskredit gebracht. Ein Vorgang, dem die damalige Spitze der Deutschen Bahn recht hilflos gegenüberstand.

Die Tatsache, dass neben den Niederländischen Eisenbahnen (NS) als erstes ausländisches Unternehmen sich Ende März 2001 auch die spanische RENFE für den ICE 3, gegen eine starke europäische Konkurrenz, entschieden hat, mag Beweis dafür sein, dass es der deutschen Schienenfahrzeugindustrie gelungen ist, mit der neuen ICE-Generation dem Hochgeschwindigkeitsverkehr (HGV) in Europa einen entscheidenden Innovationsschub zu verleihen und das auch auf dem Markt herüberzubringen. Im Übrigen wurde bei dieser Gelegenheit auch die Lieferung der Traktion für den TALGO-HST 350 der deutschen Industrie zugeteilt. Diese Tatsache steht ganz im Gegensatz zu den Unkenrufen vermeintlicher Eisenbahnexperten, dass nur die ausländische Industrie in der Lage wäre, modernes und qualitativ hochwertiges Rollmaterial herzustellen.

Die Vorgehensweise bei der Inbetriebnahme der neuen Fahrzeuge dürfte erneut ein Beweis dafür sein, dass Hektik bei der Entwicklung neuer Fahrzeugsysteme nicht angebracht ist. Dennoch wird es auf Grund der komplexen Technik, die sich von Typ zu Typ weiterentwickelt, nie auszuschließen sein, dass am Anfang so genannte Kinderkrankheiten auftreten können.

Die Einführung beschäftigt sich, an die Tradition der vorhergehenden Bücher anknüpfend, in groben Zügen mit der Geschichte des schnellen Eisenbahnverkehrs sowie mit den ersten Überlegungen für einen HGV, der Bereich jenseits der 250 km/h-Marke also, in Deutschland. Hierbei ist größter Wert auf den Begriff *groben Zügen* zu legen, weil es nicht in der Absicht dieser Publikation liegen kann, diese Geschichte bis in alle Ecken auszuleuchten. Wohl aber soll sie wie ein roter Faden durch die Entwicklung des vergangenen Jahrhunderts führen bis hin zu dem HGV in Deutschland. Bei dieser Übersicht steht ausschließlich der Rad-Schiene-Verkehr im Mittelpunkt. Die Behandlung von Maglev- oder sonstigen Sonderentwicklungen würde den Rahmen dieser Publikation sprengen.

Anschließend werden die aktuelle ICE-Fahrzeuge beschrieben, wobei zu beachten ist, dass lediglich die Typen ICE 1, 2 und 3 echte HGV-Fahrzeuge sind. Der ICE-TD zeichnet sich dadurch aus, das es sich um den schnellsten Serien-Dieseltriebzug in der Welt handelt. Auch auf die Zukunft des ICE wird am Schluss kurz eingegangen.

Auf Grund wiederkehrender Kommentare bei den vorangegangen Büchern, möchte ich darauf hinweisen, dass das Fehlen von Maßstabsangaben bei den Fahrzeugzeichnungen nicht auf Versäumnissen beruht. Da bei der Erstellung der Zeichnungen der vorhandene Raum im Buch nicht bekannt sein kann, wird bewusst auf den Maßstab verzichtet. Das kann deshalb kein Problem sein, da Maßangaben vorhanden sind auf Grund deren eine individuelle Maßstabsbestimmung ohne Weiteres möglich ist.

Obwohl zum Thema ICE mehrfach Publikationen erschienen sind, will dieses Buch die komplizierten Hintergründe der verschiedenen ICE-Systeme für jeden verständlich darstellen.

Dieses komplexe Thema war ohne die engagierte Unterstützung der verschiedenen Projektbüros der einzelnen ICE-Baureihen sowie ihrer Partner Bombardier Transportation, Siemens TS, ALSTOM LHB und mehrerer Zulieferanten nicht zu bewältigen. Ein herzliches Dankeschön möchte ich an die Adresse des Herrn Dipl.-Ing. Heinz R. Kurz der DB AG – Abt. PBS/PTT – richten, für seine Bereitschaft mit seiner Fachkompetenz das Manuskript auf sachliche »Unebenheiten« zu prüfen. Immerhin war Herr Kurz als Projektleiter des Rad-/Schiene-Programms des BMFT seit 1973 in der Entwicklung des ICE involviert.

Ebenfalls bedanke ich mich bei den Herren Jürgen Berkenhaus (Siemens) und Dr. Helmut Hassel (Bombardier Transportation, ex Adtranz), die mir ihr detailliertes Wissen über die Entwicklung der verschiedenen ICE-Baureihen vermittelten, sowie bei Herrn Alexander Neumeister, der aus dem »stilistischen« Nähkästchen plauderte. Bei der bildlichen Ausgestaltung dieses Buches wurde ich in besonderer Weise durch Herrn Ton Voogel aus Leidschendam (NL) unterstützt, der für mich bereitwillig sein umfangreiches Archiv öffnete. Auch hierfür möchte ich mich ganz herzlich bedanken.

Schließlich gebührt meiner Frau ein besonders herzliches Dankeschön, für ihre nicht zu unterschätzende Geduld, Verständnis und Unterstützung beim Zustandekommen dieses Werks.

Nagold, im September 2001 Daniel Riechers

Zum Geleit

Geleitwort von Dipl.-Ing. Heinz R. Kurz

DB Reise&Touristik AG, Leiter Bauartverantwortung, Betriebssicherheit Fahrzeuge

Als am 6. September 1982 im Tiefgeschoss des Bonner Forschungsministeriums der Startschuss für Entwicklung und Bau des an diesem Tage erstmals so genannten IC-Experimental (ICE) gegeben wurde, begann ein bis dahin beispielloser Entwicklungsschritt des Schienenschnellverkehrs in Deutschland, dessen tatsächliche Folgen nur wenige der damals Beteiligten wirklich voraussehen konnten, aber alle erhofften. Als dann am 2. Juni 1991 nach erfolgreicher Vorstellung und längerer Erprobung des IC-Experimental das Seriensystem InterCityExpress den planmäßigen Betrieb aufnahm, waren hauptsächlich drei Faktoren im Verbund für seinen dauerhaften Erfolg maßgebend:

- Neue Fahrzeuge mit mehr Komfort und markantem Erscheinungsbild
- Neue Strecken für kürzere Reisezeiten
- Neue Werkstatt für kürzere Wartungszeiten und produktiveren Zugeinsatz.

Trotz einiger Anfangsmängel, die bald behoben waren, wurde der ICE beim Publikum rasch zum akzeptierten Markenzeichen der »Neuen Bahn«, für den Betreiber zum Imageträger und zur Erfolgsgeschichte. Wo immer die weißen Züge mit ihrem verspiegelten Fensterband auftauchten, zeigten sie, was »Moderne Bahn« sein kann.

Im Jahr 1993, dem ersten Jahr des vollen Betriebes mit allen 60 Zügen der ersten Serie, wurden 14 Millionen Fahrgäste bei 1 Milliarde DM Umsatz gezählt; das entsprach 23 % des gesamten Fernverkehrsumsatzes. Im Jahr 2000 wurden demgegenüber - bei allerdings inzwischen gestiegener Triebzugzahl - 41 Millionen Reisende mit 2,4 Milliarden DM Umsatz ermittelt; das entspricht bereits 40 % des Umsatzes im Fernverkehr.

Der Anteil der ICE-Züge an der Platzkapazität aller Fernverkehrszüge beträgt dabei nur knapp 30 %, insgesamt ein Zeichen für den produktiven Einsatz der Züge auf den aufkommensstarken Magistralen. Die jährliche Laufleistung der ICE-Züge stieg dabei im Flottendurchschnitt auf 500.000 km, auch dies ein Zeichen für die hohe Produktivität.

Einen weiteren Schub für das ICE-System wird der geplante Ausbau der Infrastruktur bringen, wenn dabei noch bestehende Netzlücken geschlossen und - nach dem Vorbild unserer westlichen Nachbarn - künftig die Anbindung der Knoten an die Neubaustrecken so optimiert wird, dass z. B. Sprinterzüge ohne Geschwindigkeitsverlust an den Knoten vorbeifahren. Nur dadurch kann sichergestellt werden, dass auf Dauer wettbewerbsfähige Durchschnittsgeschwindigkeiten von 200 km/h erreicht und überschritten werden. Was wird die weitere Zukunft für die Fahrzeugentwicklung bringen?

Die »Europäisierung« des Netzes wird wichtige Randbedingungen unter dem Stichwort der Interoperabilität vorgeben, um den grenzüberschreitenden Verkehr der Hochgeschwindigkeitszüge zu erleichtern. Der Kostendruck wird eine verstärkte Zusammenarbeit von Herstellern und Betreibern erfordern: Modulare technische Plattformen mit einer großen Zahl standardisierter Baugruppen und anpassungsfähiger Ausstattungsmodule stehen zur Diskussion. Dabei werden verstärkt Lebenszykluskosten konsequent als Entscheidungsmaßstab für Beschaffung, Wartung und Umlaufgestaltung einfließen. Die künftigen Zugprodukte werden nur dann am Markt lebensfähig sein, wenn sie bei niedrigen Kosten »technisch gut« sind.

Die jetzt 20-jährige Entwicklungsgeschichte des ICE-Systems wird mit diesen Überlegungen in eine weiterführende europäische Perspektive eingebunden. Die einzelnen Schritte dieser in weiten Bereichen spannend verlaufenen ICE-Entwicklung werden in diesem Buch kenntnisreich vorgestellt. Ich wünsche ihm eine weite Verbreitung und gute Aufnahme bei allen an der Entwicklung des Schnellverkehrs in Deutschland interessierten Lesern.

Geleitwort von Dr. Fedor Labrenz

Leiter Marketing, Vertrieb und Produktmanagement Hochgeschwindigkeitszüge DaimlerChrysler Rail Systems GmbH (April 2001)

Die Idee und der Beginn des Hochgeschwindigkeitsverkehrs (HGV) auf Schienen

Die Geschichte der deutschen Eisenbahn begann 1835 mit dem Transport eines Fasses Bier auf der Strecke Nürnberg–Fürth. Die Geschwindigkeiten von wenigen zehn km/h waren im 19. Jahrhundert freilich noch ein Höllentempo und die Vehikel galten als eine teuflische Sache. Davon unbeirrt waren die erreichbaren Höchstgeschwindigkeiten stets eine Triebfeder ehrgeiziger Ingenieurskunst und innovativer Unternehmer, die von der Richtigkeit dieser Ziele überzeugt waren. Die Idee des Hochgeschwindigkeitszuges ist daher so alt wie die Eisenbahn selbst und das nächste Jahrhundert begann bereits 1903 mit einem bahnbrechenden Geschwindigkeitsrekord von 210 km/h mit einem Drehstrom-Triebwagen auf einer Schienenstrecke nahe Berlin. Die für die damalige Zeit hoch innovativen Technologien der Drehstrom-Antriebstechnik und des Triebwagen-Prinzips sind konzeptionelle Ideen, die heute und auch morgen modernste Hochgeschwindigkeitszüge auszeichnen werden.
Trotz der hohen und erfolgreichen Innovationskraft wurde die erste Hochgeschwindigkeitsstrecke nicht in Deutschland gebaut. Japan nahm 1964 mit den Shinkansen-Zügen auf der Tokaido-Linie den regelmäßigen Verkehr mit Höchstgeschwindigkeiten von 210 km/h auf. 1981 folgte Frankreich mit dem TGV (Train à Grande Vitesse) auf der Strecke Paris–Lyon. In Deutschland war man 1985 gerade so weit, einen ersten Experimentalzug (ICE/V) zu bauen. Erst am 2. Juni 1991 nahmen die InterCityExpress-Züge (ICE) den planmäßigen Betrieb mit Höchstgeschwindigkeiten von 250 km/h und später 280 km/h auf.

Der Wandel bei den Anforderungen an Hochgeschwindigkeitszüge

Die Entwicklung des Hochgeschwindigkeitsverkehrs war bisher hauptsächlich vom technisch Machbaren bestimmt. Künftig muss sich das System Hochgeschwindigkeitszug nicht nur technischen Anforderungen stellen, sondern es muss in zunehmendem Maße auch verkehrs- und umweltpolitischen sowie kundenorientierten Zielen gerecht werden, und die Thematik der Wirtschaftlichkeit hat seit der Privatisierung vieler Staatsbahnen einen sehr hohen Stellenwert erreicht. Auch die technischen Anforderungen, die früher prestigeträchtig hauptsächlich von der erreichbaren Höchstgeschwindigkeit geprägt waren, sind sehr viel komplexer geworden: Nicht nur schneller sondern leiser, komfortabler, sicherer, zuverlässiger, leichter, effizienter, sauberer, geringere LCC (Life Cycle Cost) und Recyclingfähigkeit sind die Stichwörter, die sich – als präzise Anforderungen formuliert – zunehmend in den Anforderungskatalogen finden.
Der Wandel der Bahnindustrie vom Komponentenlieferanten zum Komplettlieferanten mit voller Systemverantwortung für das System Zug ist ebenfalls Folge der Privatisierung. Die bisher für die Bahnindustrie bequeme Spezifikation jeder Komponente bis ins Detail entfällt, statt Einzelspezifikationen erstellt der Kunde ein »Funktionales Lastenheft«, das die Anforderungen an das System Zug insgesamt enthält. Wie und mit welchen Komponenten diese Ziele zu erreichen sind, ist Sache des Lieferanten, d.h. mit der von ihm angebotenen Konzeption müssen die Vorgaben aus dem Lastenheft bezüglich Geschwindigkeit und Fahrzeit erfüllt werden.
Auto und Flugzeug haben in den letzten 50 Jahren neben großen technischen Fortschritten vor allem eine rasante Entwicklung in der Nutzungsintensität erfahren – mit einer Vielzahl von Folgen. Im Reiseverkehr sind Hochgeschwindigkeitszüge die konsequente, wenn auch teilweise verspätete Antwort auf verstopfte Straßen, überfüllte Lufträume und gesteigertes Umweltbewusstsein. Das bedeutet. aber auch: Der Hochgeschwindigkeitszug muss sich künftig in allen relevanten und auch irrelevanten Kriterien dem Wettbewerb mit diesen Verkehrsmitteln stellen. Dieser Wettbewerb gestaltet sich bei vielen Reisenden sehr subjektiv.
Objektive Kriterien sind dagegen: Das Reisen in einem HGV-Zug ist im Vergleich zum Flugzeug oder Auto über dreimal bzw. zehnmal sicherer, der Energieverbrauch liegt um den Faktor 3 bzw. 2,5 niedriger, und die CO^2-Emissionen liegen um den Faktor 4 bzw. 3,5 niedriger. Im Bereich von etwa 100 bis 500 km ist der mit Hochgeschwindigkeit betriebene HGV-Zug unter Berücksichtigung üblicher Zugangs- und Abgangszeiten das schnellste Verkehrsmittel, und die Fahrtkosten liegen deutlich niedriger als bei Flugzeug oder Auto. Hinsichtlich Raum, Komfort und Arbeitsmöglichkeiten ist ein moderner HGV-Zug dem Flugzeug haushoch überlegen – und dennoch, die handyquasselnden, laptopklimpernden und sich hoch wichtig fühlenden Businessmen sind Schlange stehend vorwiegend am Flughafengate anzutreffen, dabei betonen sie sonst stets ihr knallhartes Ratio-Denken. Liegt es am Image der Bahn?
Aber auch staatspolitischer Wille und Taten in vielerlei Hinsicht (Verkehrspolitik, Finanzausstattung usw.) entscheiden darüber, inwieweit eine Veränderung des so genannten Modal Split gelingt und auch darüber, wie erfolgreich in einem zusammenwachsenden Europa die nationalen Bahnbetreiber sein werden. Denn hierüber gibt es keine europaweiten Regelungen.

Definition, Ziele und Aussichten für die Hochgeschwindigkeitszüge

Kaum zu glauben, aber wahr: Noch vor wenigen Jahren wusste niemand so genau, was Hochgeschwindigkeit ist, meist wurden Züge oberhalb von 200 km/h als Hochgeschwindigkeitszüge bezeichnet. Heute sind Hochgeschwindigkeitszüge europaweit definiert als Züge, die für eine betriebliche Höchstgeschwindigkeit von über 250 km/h ausgelegt sind.
Diese Definition ist eines der Ergebnisse eines EU-Vorhabens zum künftigen HGV in Europa. Ziel ist die Schaffung eines TransEuropäischen HochgeschwindigkeitsNetzes (TEN), auf dem die HGV-Züge unterschiedlicher Hersteller und Bahnbetreiber auf national unterschiedlich ausgerüsteten Strecken durchgehend und grenzüberschreitend verkehren.
Technisch erfordert dieses Ziel freilich erhebliche Koordinationen und Anforderungen bei den Zügen sowie der Infrastruktur, der Energieversorgung, der Zugsteuerung und -sicherung, dem Betrieb und der Wartung. In allen Bereichen muss die europaweite Kompatibilität sichergestellt werden. Hierzu sind die »Technischen Spezifikationen für die Interoperabilität« (TSI) geschaffen worden. Bei den Zügen betreffen diese zum Beispiel Lichtraumprofile, Brems- Traktions- und Steigvermögen, Achslasten, Sicherheit und vieles mehr. Konkret sei nur der Betrieb unter bis zu vier Stromversorgungssystemen genannt (15 kV 16,7 Hz und 25 kV 50 Hz Wechselstrom, 3 kV und 1,5 kV Gleichstrom) sowie die Ausrüstung der Züge für etwa zehn national verschiedene Zugleit- und Signalsysteme. Die erforderliche Qualifikation und Verantwortung eines Triebzugführers unterscheidet sich kaum noch von der eines Jumbo-Piloten.
Das TEN soll im Jahr 2010 eine Länge von etwa 30.000 km umfassen, und es wird geschätzt, dass bis dahin HGV-Züge im Wert von über 30 Milliarden Euro neu angeschafft werden. Studien prognostizieren bis dahin für Deutschland eine Zunahme des HGV um etwa 70 %, während die Zunahme der gesamten Verkehrsleistung aller Verkehrsträger im Personenfernverkehr auf etwa 30 % geschätzt wird.

Die jüngste Generation der HGV-Züge – der ICE 3

Der ICE 3 ist die jüngste Generation von Hochgeschwindigkeitszügen. Er ist ausgelegt für eine betriebliche Höchstgeschwindigkeit von 330 km/h und hat anlässlich der EXPO 2000 in Hannover im Mai 2000 den Fahrgastbetrieb aufgenommen. Dank einem ausgeklügelten Erprobungsprogramm für Schnellfahrprüfungen (S) und Dauerprüfungen (D) fahren die Züge von Beginn an problemlos.
Bemerkenswert ist vor allem das neue Konzept als Triebwagenzug und dass der ICE 3 ein echter Europäer, d.h. mehrsystemfähig ist. Beim Triebwagenkonzept gibt es keine Triebköpfe mehr, sondern die Antriebskomponenten sind unter dem Zug verteilt angeordnet und 50% aller Achsen des Zuges – nämlich 16 beim 200 m langen Acht-Wagen-Zug – sind angetrieben. Fahreigenschaften, Betriebskosten und Anschaffungspreis werden deutlich günstiger.
Die hohe Zugkraft aufgrund der großen Anzahl angetriebener Achsen garantiert zügiges Beschleunigen und Befahren großer Steigungen, d.h. weiter verkürzte Reisezeiten. Das Konzept gewährleistet einen hohen energiesparenden Anteil der generatorischen Bremse (Energierückspeisung). Die Achslasten sind über den gesamten Zug gleichmäßig verteilt, und sie sind deutlich niedriger als bei einem herkömmlichen Triebkopf. Das spart viel Kosten bei den Schienenwegen. Wie beim Antrieb sind auch weitere Subsysteme unterflur im Zug angeordnet, wobei der Zug als ganzheitliches System aufgefasst wird und nicht mehr als eine Aneinanderreihung autark ausgerüsteter Wagen. Dadurch können viele vorher wagenweise angeordnete Einzelkomponenten zu größeren Einheiten zusammengefasst werden, was wiederum Gewicht und Kosten spart und zuverlässige, redundante Systeme ergibt. Weil es keine Triebköpfe mehr gibt, steht nahezu die gesamte Zuglänge, d.h. 93 %, den Fahrgästen zur Verfügung, das sind ca. 30 % mehr als bei einem leistungsmäßig vergleichbaren Triebkopfzug. Die heute wichtigen Anschaffungskosten je Sitzplatz (Sitzplatzpreis) liegen dementsprechend deutlich niedriger.
Weitere wesentliche Innovationen sind integriert worden. So ist z.B. dem Thema Aufprallsicherheit große Beachtung geschenkt worden. Neue, innovative und speziell entwickelte Hochleistungsenergieabsorber gebieten den großen Massen von über 400 Tonnen Einhalt und schützen Triebzugführer und Passagiere. Eine weitere Neuerung ist die lineare Wirbelstrombremse. Sie wirkt über Magnetfelder völlig berührungsfrei auf die Schiene, d.h. ohne Verschleiß. Das senkt die Wartungskosten und ist umweltfreundlich. Weitere Maßnahmen wie beste Aerodynamik, Wartungsfreundlichkeit und hohe jährliche Laufleistungen von 500.000 km pro Jahr sorgen für niedrige Life Cycle Cost (LCC). Natürlich sind alle verwendeten Materialien weitestgehend recyclingfähig, und die Klimaanlage arbeitet luftgestützt, d.h. ohne umweltschädliche Flüssigkeiten und und und…
Der ICE 3 ist als europäischer Zug konzipiert worden im Hinblick auf die – damals noch nicht abgeschlossenen – TSI's, d.h. er kann europaweit verkehren. Wesentliche spezifische Anforderungen der TSI's ließen sich nur durch das neue Konzept und neue Technologien erfüllen. Der ICE 3 hat selbstverständlich auch seinen Preis, doch verglichen mit heutigen Passagierflugzeugen beträgt der Sitzplatzpreis lediglich etwa zehn Prozent.

Ein Vergleich mit der Magnetschwebetechnik – dem Transrapid

Die unter dem Namen Transrapid bekannten Züge mit Magnetschwebetechnik zählen ebenfalls zu den HGV-Zügen. Die Höchstgeschwindigkeit von 430 km/h ist technisch problemlos und sicher auch mit dem Rad/Schiene-System möglich, wie auch Geschwindigkeitsrekorde von etwa 500 km/h zeigen. Allerdings zeichnet sich eine technisch-wirtschaftlich sinnvolle Grenze bei ca. 350 km/h ab.
Die drei fahrtechnisch notwendigen Grundfunktionen Tragen, Führen und Antreiben/Bremsen, die konventionell die Drehgestelle und ihre Radsätze übernehmen, werden beim Transrapid durch drei entsprechende Magnetsysteme realisiert, die unter dem Fahrzeug angebracht sind und als Reaktionspartner eine unter der Fahrzeugmitte entlang führende Schiene benutzen. Die schweren Drehgestelle entfallen. Der runde (rotierende) Motor ist linear abgewickelt worden (Linearmotor), und der schwere Stator ist als Langstator vom Fahrzeug in die Schiene gewandert. Beim rotierenden Motor benutzt der Läufer nach jeder Umdrehung immer wieder denselben Stator, beim Linearmotor muss dagegen nach jeder »Umdrehung« eine neue Statorwicklung in der Schiene angefügt werden, was große Mengen an Leitermaterial erfordert. Die für die Motoren nötigen Stromrichter sowie die gewichtigen Transformatoren befinden sich ebenfalls nicht mehr auf dem Fahrzeug sondern entlang der Strecke. Beim Bremsen wird wie beim ICE 3 die generatorische Rückspeisung genutzt.
Ein Vergleich des ICE 3 mit einem fünfteiligen Transrapid, der etwa über die gleiche Sitzplatzzahl verfügt, zeigt: Das Gewicht (besetzt) sinkt von 440 auf 320 Tonnen, die Höchstgeschwindigkeit steigt von 330 auf 430 km/h, und die Leistung muss hierzu von 8 auf 15 MW angehoben werden. Bei voller Ausnutzung der Höchstgeschwindigkeit würde der Transrapid für die geplant gewesene Strecke Hamburg–Berlin 60 Minuten benötigen und der ICE 3 hingegen 73 Minuten. Bei einem Geschwindigkeitslimit von 330 km/h würde der Transrapid 69 Minuten benötigen. Der Transrapid profitiert somit sowohl von der größeren Höchstgeschwindigkeit (9 Minuten) als auch vom höheren Beschleunigungsvermögen (4 Minuten). Der Energieverbrauch liegt bei 430 km/h knapp 15% über und bei 330 km/h mehr als 15% unter dem des ICE 3 – als Folge von nochmals besserer Aerodynamik und Entfall der Drehgestelle/Räder.
Das hohe Beschleunigungsvermögen macht das Prinzip auch für relativ kurze Strecken, wie Flughafenanbindungen attraktiv – in Shanghai ca. 30 km. Die in Deutschland zur Serienreife entwickelte Magnetschwebetechnik wird dort erstmals eingesetzt und nicht im Land der Erfinder.

Ein technologischer Blick in die Zukunft

Mit dem ICE 3 ist der derzeit modernste Hochgeschwindigkeitszug entstanden. Dennoch wird bereits über eine »Next Train Generation« nachgedacht. Ziel ist, unter Beibehaltung oder Verbesserung der Funktionen und Eigenschaften, vor allem die Reduktion von Gewicht und Kosten (LCC). Beim Zugkonzept wird es beim Triebwagenzug bleiben mit wagenweisen (ICE) oder Jakobs-Drehgestellen (TGV), wobei sich beide Anordnungen hinsichtlich Gewicht und Kosten des gesamten Zuges kaum unterscheiden. Nachgedacht wird über so genannte »überbreite« oder Doppelstockwagen für hohe Kapazitäten und Züge mit speziellem Gepäckhandling als vollwertiger Ersatz von Kurzstreckenflügen (»Fliegen auf Höhe null«) und über die Integration von Neigetechnik, die beim Befahren älterer, kurviger Strecken zum Einsatz kommt.
Hinsichtlich neuer Technologien werden neue Materialien und die weiter fortschreitende Elektronik bedeutsam sein. Einige Beispiele sind:

- faserverstärkte Kunststoffe, z.B. für Wagenkästen, Drehgestellrahmen und -lenker
- keramische Werkstoffe, z.B. für Bremsscheiben mit höherer Leistung, Lebensdauer und geringerem Gewicht
- piezoelektrische Elemente in Verbindung mit schnellen Aktuatoren und Regelkreisen (aktive Systeme), z.B. im Bereich der Federung oder im Stromabnehmer zur aktiven Dämpfung von Schwingungen für eine weitere Erhöhung des Fahrkomforts oder für einen gleichmäßigen und niedrigen Anpressdruck des Stromabnehmers
- kleinere, intelligente IGBT-Halbleitermodule für die Antriebsstromrichter (Integrated Gate Bipolar Transistor) bzw. noch höher integrierte Techniken

- Mittelfrequenztransformator mit reduziertem Gewicht
- Getriebeloser Transversalflussmotor mit reduziertem Gewicht
- weitere Fortschritte bei Informations- und Kommunikationssystemen, Multimedia etc., aber auch bei Zugsteuer-, Zugleit- und Zugsicherungsfunktionen

Vieles davon wird bereits sicher eingeführt werden, vieles ist aber auch noch Zukunftsmusik und kann sich aus technisch-wirtschaftlicher Sicht möglicherweise als (noch?) nicht realisierbar erweisen. Sicher ist jedoch, dass die neuen Technologien ein hohes Potential in sich bergen.

Kleines Fazit

Welches Verkehrsmittel mit welcher Technik auch immer zur Anwendung kommt, ein wesentlicher Vorteil des Rad/Schiene-HGV-Zuges bleibt: Er fährt auf vorhandenen Gleisen direkt in das Herz der Städte. Der ICE 3 ist dem Beginn seiner Geschichte treu geblieben: Das Bierfass ist noch immer an Bord, und sein Inhalt kann von den Passagieren frisch gezapft genossen werden – na dann, gute Reise in den HGV-Zügen und durch dieses Buch.

Geleitwort von Dr. Dietrich G. Möller

Siemens AG, Bereich Transportation Systems, Leiter des Geschäftsgebietes Trains

Vier Generationen, eine Faszination

Vor einem runden Jahrzehnt begann die Erfolgsstory des ICE im deutschen Schienennetz, nachdem fast 20 Jahre Vorarbeit geleistet worden war. Damals war auf Plakaten zu lesen: »Ab sofort werden die Jungs wieder Lokomotivführer werden wollen«. Mit anderen Worten, seit dieser Zeit ist der Schienenverkehr nicht mehr länger nur Zweckmittel zur Fortbewegung – er zieht die Menschen auch emotional wieder in seinen Bann. Man fährt nicht einfach Zug, sondern ICE. Bereits innerhalb der ersten beiden Jahre gelang es diesem Fahrzeug, das anfängliche Passagieraufkommen zu verdreifachen, übrigens bemerkenswerterweise zu einem beträchtlichen Teil durch Umsteiger von Auto und Flugzeug. Inzwischen wurde die zweite und dritte Generation – wenn man so will: Auch mit der Neigezug-Variante – auf die Gleise geschickt. Der Fortschritt der Rad-Schiene-Technologie lässt sich an diesen Weiterentwicklungen ebenso ablesen wie der Wandel im Verhältnis zwischen Bahnbetreiber und Industrie. Und nicht zuletzt steht der ICE für die Internationalisierung des Schienenverkehrs: Der ICE 3 in Mehrsystemausführung ist mit Abstand das modernste Beispiel für Interoperabilität in Europa. Die Idee ICE ist offenbar grenzenlos.

Ein Zug für Europa

Am 5. November 2000 nahm der ICE 3 zwischen Amsterdam und Köln den Betrieb für die Niederländischen Staatsbahnen (NS) auf und markierte damit ein neues Kapitel. Zwar hatte es bereits in der ersten ICE-Generation eine Fahrzeugversion gegeben, die bis ins schweizerische Interlaken verkehrte, doch ein internationaler Betrieb im größeren Stil wurde erst mit diesen neuen mehrsystemfähigen Varianten möglich. Mitte der 90er-Jahre hatten sich die NS und die Deutsche Bahn AG unter dem Projektnamen »ICE International« auf gemeinsame Konventionen und Standards geeinigt. Heute fährt der Zug in Emmerich wie selbstverständlich ohne Halt über die Grenze – wobei der Triebfahrzeugführer nicht mehr tun muss, als für kurze Zeit die Traktion abzuschalten. Die künftige Betriebsleittechnik wird zukünftig auch diesen Handgriff vermeiden.

Möglich und wahrscheinlich ist, dass das rotweiße ICE-Design schon bald in ganz Mitteleuropa zum vertrauten Bild wird. Versuchsfahrten im schweizerischen und französischen Netz verlaufen sehr Erfolg versprechend; auch für das belgische 3 kV-Gleichstromnetz sind die Mehrsystemzüge ausgelegt. Europa wächst zusammen, nicht zuletzt durch einen offenen Zugverkehr. Von Frankfurt/Main nach Amsterdam beispielsweise werden sich die Fahrzeiten von fünf auf drei Stunden, nach Brüssel von viereinhalb auf zweieinhalb Stunden verkürzen – und in Paris dürfte der ICE wohl in naher Zukunft ebenso planmäßig einfahren wie der TGV.

Jeder Fachmann kann sich vorstellen, dass für einen solchen internationalen Verkehr eine Reihe technischer Herausforderungen zu bewältigen sind. Ein Blick unter den ICE 3, wo die Traktionsausrüstung und andere Komponenten angeordnet sind, belegt dies. Hier musste die Ausrüstung für gleich vier unterschiedliche Stromsysteme berücksichtigt werden, vom französischen 25 kV-50 Hz-Wechselstromnetz bis zum 1,5 kV-Gleichstromsystem der Niederlande. Ein ähnliches Bild auf dem Fahrzeugdach: Drei verschiedene Stromabnehmer machen nicht nur den Übergang von Gleich- in Wechselstromnetze möglich, sondern auch das Fahren unter Oberleitungen mit unterschiedlichen Lichträumen. Ein dritter Aspekt ist die Zugsicherungstechnik. Zusätzlich zur in Deutschland üblichen und bewährten Linienzugbeeinflussung mussten die Systeme der übrigen Netze integriert werden, mit Konsequenzen bis hin zur Gestaltung des Führerraums. Viele weitere Unterschiede sind nicht so vordergründig sichtbar, verlangen oft aber mindestens ebenso viel Knowhow bei ihrer Bewältigung. Dazu gehört etwa die Türsteuerung. Verschiedene Philosophien – ob die Fluchtmöglichkeit im Notfall oder der Schutz gegen das Herausfallen höher zu gewichten ist – haben hier zu einer sehr aufwändigen Softwareprogrammierung der Fahrzeugsteuerung geführt.

Mit dem Verkehr zwischen den Niederlanden und Deutschland hat der ICE eine entscheidende Bewährungsprobe bestanden. Eine weitere steht ihm mit dem Sprung nach Spanien bevor. In wenigen Jahren werden 16 Züge vom Typ ICE 350 – sozusagen nahe Verwandte des ICE 3 – für die staatliche Bahngesellschaft RENFE verkehren, um die beiden großen Metropolen Madrid und Barcelona zu verbinden. Die Fahrtzeit lässt aufhorchen: Nur zweieinhalb Stunden für 650 Kilometer – der ICE darf die Muskeln spielen lassen, wurde er doch hier als erster Hochgeschwindigkeitszug Europas für eine fahrplanmäßige Maximalgeschwindigkeit von 350 km/h ausgelegt. Ein weiteres Merkmal ist die zum Einsatz kommende Betriebsleittechnik nach dem ETCS-Standard, die auch den »RENFE-ICE« zu einem echten Europäer macht.

Es wird deutlich, dass dem Zug der internationale Durchbruch gelungen ist. Nach Jahren der Konkurrenz vor allem zum TGV, setzt sich der ICE nun auf dem europäischen Markt durch – nicht zuletzt auch wegen des Innovationspotenzials, das hier in so kurzer Zeit erschlossen wurde.

Innovation als Prinzip

Der ICE 1 war ein Fahrzeug, bei dem Entwicklungs- und Schnittstellenverantwortung noch ganz in den Händen der Deutschen Bahn AG lagen. Heute konzentriert sich die DB AG auf ihr Kerngeschäft, den Transport von Gütern und

Menschen. Die Entwicklungs-, Engineering-, Fertigungs- und Inbetriebnahmearbeit liegt mittlerweile bei der Industrie – im Fall ICE 3 beim Konsortium Siemens/Bombardier, beim ICE T bei einem Konsortium der Firmen Siemens, Bombardier und Alstom.

Auch wenn sich die Rollenverteilung fast vollständig verändert hat: Geblieben ist bei Auftraggeber und Auftragnehmer der Wille, Innovation zu wagen und umzusetzen. Rechnet man einmal die Bestellungen der Deutschen Bahn AG von der ersten Generation an zusammen, dann steht da die beeindruckende Zahl von bis heute über 250 ICE-Zügen zu Buche. Ein ehrgeiziges Beschaffungsprogramm – an dem sich nebenbei auch die »Evolution« des deutschen Hochgeschwindigkeitsverkehrs festmachen lässt.

Vom ICE 1 ist, etwas überspitzt ausgedrückt, nicht viel mehr als das rot-weiße Design (auch dies diskret dem Zeitgeschmack angepasst) übrig geblieben, während die Züge der jüngsten Generationen technisch fast schon wie Neuentwicklungen anmuten. Von der Innenraumgestaltung bis zum Antriebskonzept gibt es nichts, was nicht in enger Zusammenarbeit von Industrie und Kunde grundlegend überdacht und verbessert worden wäre. Die Drehgestelle SF 500 gehören mit optimalen Stabilitäts- und Komfortwerten sowie einem ausgezeichneten Spurführungsverhalten zum Ausgefeiltesten, was derzeit in der Bahntechnik verfügbar ist. Weitere Innovationen betreffen zum Beispiel die verschleißfreie Wirbelstrombremse, die zur Senkung der Life-Cycle-Costs einen wichtigen Beitrag leistet, oder die wesentlich leichtere, platzsparendere und vor allem zuverlässigere Energieversorgung. Erwähnenswert ist auch die Klimaanlage, die erstmals bei Schienenfahrzeugen Luft als Kühlmedium nutzt und damit sowohl Betriebskosten senkend als auch umweltschonend wirkt.

Die wohl wichtigste Neuerung des ICE 3 aber betrifft die Traktion. Zum ersten Mal fand beim ICE das Prinzip des Triebwagenzuges Anwendung, bei dem jede zweite Achse angetrieben wird. Die Verteilung der Antriebskomponenten über mehrere Wagen führt zu einer Reduzierung der durchschnittlichen Radsatzlast um rund zwei Tonnen. Damit wird nicht nur die internationale Vorgabe von maximal 17 Tonnen je Radsatz eingehalten; auch der Verschleiß verringert sich, und zwar exponential. Davon abgesehen bietet das Unterflur-Antriebskonzept schlichtweg bessere Fahreigenschaften und befähigt den ICE, wesentlich höhere Steigungen bis zu 40 Promille zu bewältigen, wie sie auf der Neubaustrecke Köln–Frankfurt/Main und im weiteren Verlauf des ICE 3-Einsatzes zwischen Lüttich und Ans anzutreffen sind. Das wichtigste Argument für den Triebwagenzug aber ist das erweiterte Sitzplatzangebot in den Kopfwagen mit großem Einfluss auf das Innendesign und den Sitzplatzpreis.

Aus der gleichen Entwicklungsgeneration wie der ICE 3 stammt der ICE T, die Neigezug-Variante aus der ICE-Familie. Das Interessante an der »Idee Neigezug« ist ja, dass sich mit einem minimalen Investment auch Ausbaustrecken für höhere Geschwindigkeiten nutzbar sind. Es steht außer Zweifel, dass ein weiterer massiver Ausbau von Neubaustrecken – in Deutschland wie international – an enge finanzielle Grenzen stoßen muss. Gerade das deutsche Streckennetz aber leidet bekanntlich unter einer historisch bedingten, sehr kurvenreichen Auslegung. Züge mit aktiver Neigetechnik, hier zu Lande seit Jahren im Regionalverkehr erprobt, bieten den idealen Ausweg. Der mutige Schritt bestand darin, diese Technik auch auf den Sektor bis 230 km/h zu übertragen. Im Mai 1999 war es nach rund fünf Jahren Entwicklungszeit so weit. Die ersten, modular konzipierten ICE T-Züge gingen zwischen Stuttgart und Zürich in Betrieb und haben sich seitdem gut bewährt. Dank des Baus einer Dieselversion ICE TD ist der Einsatz auch auf gemischten oder nicht elektrifizierten Strecken Realität geworden.

Mit den fortschreitenden Generationen sind auch die Ansprüche an den Reisekomfort gestiegen. Immerhin muss der ICE im Wettbewerb der Verkehrsmittel gegen des Deutschen liebstes Kind – das Auto – antreten und wird deshalb in viel stärkerem Maße als etwa der TGV an Kriterien wie Beinfreiheit, Klimatisierung und Innendesign gemessen. ICE 3 und ICE T definieren hier mit geschwungenen Wänden, mit Echtholztischen und gläsernen Gepäckablagen, mit vielen Möglichkeiten der Fahrgastinformation, mit GSM-Funkzugang und nicht zuletzt mit den Lounges hinter der Schulter des Triebwagenführers höchsten internationalen Standard. Umso bemerkenswerter ist die Tatsache, dass sich beim ICE 3 die Kosteneinsparungen je Sitzplatz gegenüber dem ICE 1 auf mehr als 30% summieren.

Lerneffekte auf Seiten aller Beteiligten haben dazu ebenso beigetragen wie die immer weitergehende Konzentration des Wertschöpfungsprozesses und der Schnittstellenverantwortung. Denn eines ist sicher: Der Wandel vom Komponenten- zum Systemlieferanten war und ist für die Industrie auch eine Herausforderung – aber die Unternehmen haben diese Herausforderung angenommen und Fehler als Chancen verstanden. Hohe technische Standards, Verbesserungen in Produktion und Qualitätssicherung, eingespielte Teams sowie eine enge und konstruktive Zusammenarbeit mit dem Kunden, der Deutschen Bahn AG, sind hier entscheidende Stichworte.

Nicht zuletzt verfügt die Industrie heute mit dem Siemens-Prüfcenter in Wegberg-Wildenrath über eine einzigartige Infrastruktur, um Komponenten zu erproben, sie im Zugverband zu prüfen und die gesamte Zuggarnitur unter realitätsnahen Bedingungen auf Herz und Nieren zu testen. Auch die verschiedenen Versionen von ICE 3 und ICE T haben hier ausgiebige Testprogramme absolviert. Kürzere Inbetriebnahmezeiten, konsequente Optimierungsarbeit, eine Minimierung der Testfahrten auf Kundenstrecken und vor allem eine gesteigerte Zuverlässigkeit im fahrplanmäßigen Einsatz sind das greifbare Ergebnis für den Betreiber.

Auf eine Fortsetzung

ICE 3 und ICE T markieren »State of the Art« im deutschen und internationalen Hochgeschwindigkeitsverkehr. Wirtschaftlichkeit, eine konsequente Senkung der Life-Cycle-Costs, dazu ein Maximum an Fahrgastkomfort und ein »Design für das 3. Jahrtausend« sind Kennzeichen dieser Fahrzeuge. Dass die Entwicklung damit nicht zum Stillstand kommt, steht außer Frage. Die Ingenieure konzipieren schon die vierte Generation, des ICE, der als echter Europäer den gemeinsamen Vorstellungen europäischer Bahnen gerecht werden muss. Das Kapitel ICE bleibt in jedem Fall faszinierend – für den Fahrgast, die Bahnen, aber auch für die Hersteller solch innovativer Züge.

Einführung

Die zwischen 1998 und 2001 in Betrieb genommene neue Generation von ICE-Triebzügen, bestehend aus ICE 3, ICE T und ICE TD bilden einen vorläufigen Höhepunkt in der rund 100 Jahre währenden Entwicklung des Schienen-Schnellverkehrs in Deutschland. Diese neue ICE-Generation vereinigt alle Segmente in sich, die im Hochgeschwindigkeits-Verkehr (HGV) von Bedeutung sind. Hierzu gehören der Drehstrom-Antrieb, die Neigetechnik und nicht zuletzt das aerodynamische Design. In diesem Kapitel wird, die Geschichte des Schnellverkehrs bis hin zum HGV – also dem Schnellverkehr über **250 km/h** – in den wichtigsten Linien nachgezeichnet. Der Schwerpunkt liegt hierbei auf der Entwicklung in Deutschland, ohne die teilweise wegweisenden Entwicklungen im Ausland zu vernachlässigen.

Die französische Schnellzug-Dampflok 231 E 41 (ex 3.1173 Nord), eine »Chapelon« gehört heute dem Eisenbahnmuseum Mulhouse. Eine Maschine dieses Typs überschritt im September 1935 endgültig die 100-mph-Marke. Foto: Sammlung Koppisch, Archiv transpress

Die Entwicklung des Schienen-Schnellverkehrs bis 1939

Die Faszination der Geschwindigkeit

Bereits mit dem Beginn des Eisenbahnzeitalters am 27. September 1825 als auf der Strecke Stockton–Darlington in Großbritannien der erste Eisenbahnzug verkehrte, entstand auch das Begehren, mit diesem neuen Verkehrsmittel die Reisezeiten immer weiter zu verkürzen. Erste gemessene Geschwindigkeitsangaben lieferte das berühmte Eisenbahnrennen von Rainhill am 7. Oktober 1829. Demnach erreichte die Siegerlokomotive »Rocket« von George Stephenson auf der 1,5 englische Meilen langen Messstrecke eine Durchschnittsgeschwindigkeit von 21,4 mph (34,5 km/h). Als Höchstgeschwindigkeit wurden 29,11 mph (46,84 km/h) angegeben.

Als mit der Zeit die Lokomotiven immer stärker und schneller wurden, entstand allmählich die magische Grenze von **100 mph** (ca. 160,9 km/h) die es zu durchbrechen galt. Die Jagd nach Weltrekorden begann.

Erste Meldungen hierzu stammten aus den Vereinigten Staaten, wenngleich diese Angaben nicht belegt wurden und somit als nicht sehr glaubwürdig galten. Beispielsweise soll der *Empire State Express,* ein Luxus-Nachtzug zwischen Chicago und New York, mit einer eigens für diesen Zug gebauten Buchanan 2´B-Lokomotive am 9. Mai 1893 eine Geschwindigkeit von 102,8 mph (165,4 km/h) erreicht haben. Zwei Tage später sollen es sogar 112,5 mph (181 km/h) gewesen sein. Die Leitung der »New York Central« relativierte diese Werte einige Jahre später auf 81 mph (130,4 km/h), was für diese Zeit ebenfalls ein stolze Leistung gewesen wäre.

Auch in den folgenden Jahren erreichten Europa weitere fantastische Rekordmeldungen aus Amerika, die allerdings ebenfalls nicht nachvollziehbar waren. Sachkundige Kritiker stellten fest, dass mit

Die Stromlinien-Lokomotive 05 002 der Deutschen Reichsbahn stellte am 11. Mai 1935 mit 200,4 km/h den Geschwindigkeitsrekord für deutsche Dampflokomotiven auf. Foto: Sammlung Koppisch, Archiv transpress

den damals verwendeten Steuerungen die angegebenen Geschwindigkeiten weder zu erreichen noch auf Dauer zu halten waren.
Einem ersten gesicherten Messergebnis zufolge erreichte der »City of Truro« der britischen Great Western Railway (GWR) mit einem aus fünf Postwagen bestehenden Zug am 9. Mai 1904 zwischen Plymouth und Exeter eine Höchstgeschwindigkeit von 96,9 mph (155,9 km/h) – knapp an der 100-mph-Grenze also.
Im Jahr 1907 stellte die von Maffei gebaute 2'B2'-Lokomotive der Gattung S 2/6 Nr. 3201 (DRG: 15 001) der Bayerischen Staatsbahn zwischen München und Augsburg mit einem 150 Tonnen schweren Zug den Weltrekord für Dampflokomotiven mit 157 km/h (97,5 mph) auf.
In Frankreich wurde von einer Dampflokomotive der PLM (Paris-Lyon-Mediterannée) berichtet, die 1935 anlässlich einer Versuchsfahrt zwischen Paris und Lyon 156 km/h erreichte. Die berühmte Chapelon-Lokomotive 231 E 41 erreichte im September 1935 mit einer Anhängelast von 400 t eine Höchstgeschwindigkeit von 174 km/h. Womit endgültig die magische Grenze von 100 mph überschritten war.
Einen Höhepunkt der Rekordfahrten in Großbritannien stellte die Fahrt der Lok *»Silver Link«* der London & North Eastern Railway (LNER) mit dem *Silver Jubilee* am 27. September 1935 auf der Strecke London–Newcastle dar. Dabei wurden 181 km/h gemessen. Am 11. Mai 1936 stellte die Rekordfahrt der 2'C2'-Reichsbahn-Lok 05 002 mit 200,4 km/h zwischen Hamburg und Berlin eine weitere neue Höchstmarke für Dampflokomotiven auf. Die Rekordfahrt wurde kurze Zeit später vor einer Gruppe der britischen »Institution of Locomotive Engineers« mit dem selben Ergebnis wiederholt, was der oberste britische Eisenbahn-Zeitnehmer Allen bestätigen konnte.
Das »Blaue Band« der Schiene eroberte schließlich am 3. Juli 1938, die A4-Lok »Mallard« mit dem 204 t schweren *Silver Jubilee* der LNER auf dem Abschnitt Grantham–Peterborough. Die »Mallard« fuhr 202,7 km/h schnell – die höchste Geschwindigkeit die eine Dampflokomotive je erreicht hat.

Der erster Londoner U-Bahnzug war noch mit Loks bespannt. Dieser Zug der Central & South London Railways verkehrte auf der Strecke King-William-Street-Stockwell, die am 18. Dezember 1890 als erstes Teilstück des »Tube« eröffnet wurde. Foto: Sammlung Riechers

Die elektrische Traktion – Mit Gleichstrom fing es an

Auf der Berliner Gewerbe- und Industrieausstellung am 31. Mai 1879 stellte Werner von Siemens erstmals eine elektrisch angetriebene »Lokomotive« vor. Auf einem 300 m langen Rundkurs zog sie drei kleine offene Wagen für je sechs Personen. Rund 90.000 Besucher nutzten während der vier Monate dauernden Ausstellung die Möglichkeit zu einer »Bahnfahrt ohne Dampf«.
Eine erste praktische Anwendung des neuen Verkehrsmittels folgte am 16. Mai 1881, als die erste elektrische Straßenbahn in Berlin zwischen dem Bahnhof Groß Lichterfelde und der Kadettenanstalt eröffnet wurde. Siemens hatte die ca. 2,5 km lange Strecke auf eigene Rechnung gebaut. Nachdem die Stromzuführung durch Fahrdraht und Stromabnehmer befriedigend gelöst war – bis dahin erfolgte die Stromabnahme über eine Mittelschiene – konnte die elektrische Straßenbahn ihren Siegeszug antreten. Es war ein logischer Schritt, über die Anwendung der Elektrizität im Vollbahnbereich nachzudenken, und bereits am 4. Dezember 1895 verkehrte der erste elektrisch angetriebene Vollbahn-Triebwagen zwischen Tettnang und Meckenbeuren.
Fünf Jahre zuvor jedoch, am 4. November 1890, hatte die City & South London Railway (C&SLR) mit der 5 km langen Strecke Stockwell–Prince William Street die erste elektrische U-Bahn der Welt in Betrieb genommen. Alle diese Bahnen wurden mit Gleichstrom betrieben, ein System, das auf Grund seiner großen Verluste und der damit verbundenen erforderlichen Enrichtung von mehreren Unterwerken, für größere Entfernungen nur bedingt tauglich war.
Dennoch setzten insbesondere ausländische Bahngesellschaften zunächst auf das Gleichstromsystem. In Italien gab es neben dem noch zu besprechenden Drehstromnetz auch ein mit 3 kV betriebenes Gleichstromnetz. Auch Belgien elektrifizierte mit 3 kV Gleichstrom und in Frankreich und den Niederlanden setzte sich ebenfalls das Gleichstromsystem mit 1,5 kV durch.
Nach der Verstaatlichung und Fusion der diversen französischen Bahngesellschaften zur SNCF zum 1. Januar 1938 wurde an die mit Dampftraktion durchgeführten Schnellfahrversuche angeknüpft – allerdings jetzt mit elektrischer Traktion. Auf der Strecke Paris–Bordeaux, die für derartige Versuche geradezu prädestiniert war, führten die SNCF mit der 2'Do2'-Lokomotive E704 zahlreiche Versuchsfahrten durch, bei denen mit einem 170 t schweren Zug eine Höchstgeschwindigkeit von 185 km/h erreicht wurde.
Für Furore sorgte eine Demonstrationsfahrt der Italienischen Staatsbahn (FS) am 20. Juli 1939 auf der 315 km langen Strecke Firenze–Milano, bei der 203 km/h erreicht wurden. Zum Einsatz kam ein Triebzug der Serie ETR 201 in Mehrfachtraktion. Außer einer Anhebung der Oberleitungsspannung von 3 kV auf 4 kV Gleichstrom hatte die FS an der Infrastruktur keine Änderungen vorgenommen.

Die Drehstrom-Traktion

Bahnbrechende Arbeit bei der Entwicklung leistungsfähiger Bahnstromsysteme leistete der ungarische Ingenieur Kálmán Kandó (1869–1931), Chefkonstrukteur der ungarischen Maschinenfabrik Ganz & Co. in Budapest. Kandó konzentrierte sich hierbei auf die Drehstromtechnik, da diese durch ihre einfache und leichte Bauweise der Motoren bestach. Bereits 1899 baute Kandó eine 1,5 km lange Versuchsstrecke mit 3 kV Dreiphasen-Drehstrom, bei der die Fahrleitung zweipolig war und die Schienen die dritte Phase bildeten. Die Ergebnisse auf dieser Strecke verhalfen der Maschinenfabrik Ganz zu einem ersten Auftrag zur Elek-

Diesen Drehstrom-Triebwagen lieferte AEG für die Strecke Marienfeld–Zossen. Der Triebwagen hielt bis 1980 den Weltrekord für elektrische Triebwagen mit 210,2 km/h.
Foto: AEG-Werkfoto, Sammlung Koppisch, Archiv transpress

trifizierung einer 1.100 m langen Anschlussbahn einer Munitionsfabrik bei Wiener Neustadt. Am 4. September 1902 übergab Ganz die mit 3 kV und 15 Hz Drehstrom elektrifizierte *Veltlinbahn* von Lecco am Comer See über Colico nach Sondrio mit der Zweigstrecke Colico–Chiavenna. Diese beiden rund 106 km langen Bahnlinien bildeten die Stannstrecken des bis 1942 ausgebauten, rund 1.840 km umfassenden italienischen Drehstromnetzes in u. a. Piemont, Ligurien und Südtirol. Erst im Sommer 1976 stellte die FS die letzte Strecke auf Gleichstrombetrieb um. Markantes Kennzeichen waren die jeweils nebeneinander angeordneten Stromabnehmerpaare auf den Triebfahrzeugen.

Parallel zu Kandó experimentierten die Schweizer Brown und Boveri, spätere Gründer der bekannten Brown, Boveri & Cie-Werke (BBC). Die beiden Schweizer erprobten am 24. November 1897 erstmals eine Drehstrom-Zahnradlokomotive auf der Görnergratbahn (Zermatt). Am 21 Juli 1899 nahm die von BBC mit Drehstrom (750 V 40 Hz) elektrifizierte Strecke von Thun am Thuner See zum ca. 41 km entfernten Burgdorf (Emmental) ihren Betrieb auf.

Bereits zuvor machte Siemens & Halske in Berlin auf einer neu angelegten Versuchsstrecke in Groß-Lichterfelde Versuche mit Drehstromantrieb, zunächst 1891 mit einem umgebauten Wagen und 550 Volt, 1897 mit einer zweiachsigen Lokomotive, wobei höhere Spannungen bis zu 10.000 Volt erprobt wurden. Die Stromzuführung erfolgte über eines seitlich vom Gleis angeordnete dreipolige Oberleitung.

Die Versuchsergebnisse führten am 10. Oktober 1899 auf Betreiben des Baurats Dr.-Ing. e. h. Gustav Wittfeld (1855–1923) zur Gründung der »Studiengesellschaft für elektrische Schnellbahnen (St.E.S.)«, an der sich neben der KPEV, AEG und Siemens & Halske (S&H) weitere führende Firmen der Elektro- und Maschinenbau-Industrie sowie der Deutschen Bank beteiligten.

Um Fahrversuche auf einer längeren Strecke durchführen zu können, wurde der 23 km lange Abschnitt Marienfelde–Zossen der von der Eisenbahn-Brigade der Königlich Preußischen Militär-Eisenbahn betriebenen eingleisigen Strecke Berlin-Schönefeld–Jüterbog ebenfalls mit einer seitlich von der Gleisanlage angeordneten dreipoligen 10 kV Oberleitung mit variabler Frequenz bis 50 Hz ausgerüstet. AEG und S&H bauten je einen sechsachsigen Triebwagen mit einer Leistung von 2.200 kW und der Achsfolge (A1A)'(A1A)'. Hersteller des Mechanteils war die Kölner Firma van der Zypen und Charlier. Die Triebwagen waren gekennzeichnet mit einem »A« bzw. einem »S«. S&H baute zusätzlich noch eine elektrische Lokomotive mit der Achsfolge (1A)'(A1)'.

Die beiden Triebwagen sahen nahezu identisch aus. Lediglich in der Anordnung der Stromabnehmer waren deutliche Unterschiede festzustellen. Während der Wagen »A« (AEG) mit zwei Gruppen von je drei Einzelstromabnehmern ausgerüstet war, besaß der Wagen »S« (S&H) zwei Gruppen von drei auf je einem Mast zusammengefassten Stromabnehmern.

Mit den Fahrversuchen wurde 1900 begonnen und bereits 1901 wurde mit einer Geschwindigkeit von 162,5 km/h die magischen 100 mph erstmals überschritten – geradezu ein Fanal für die Dampflok-Konstrukteure. Allerdings zeigten sich bei Geschwindigkeiten oberhalb von 160 km/h Schwächen am Oberbau – eine Bestätigung dafür, dass Fahrzeug und Fahrweg als eine Einheit, laut George Stephenson *»one machine«*, zu betrachten seien. Als eines der Drehgestelle nach einem kurzen Abheben auf das Gleis zurückprallte, spreizten sich die Schienen. Nach diesem Zwischenfall erhielt die Versuchsstrecke ab April 1903 einen schwereren Oberbau. Innerhalb von vier Monaten tauschten Eisenbahn-Pioniere die 8 m lange Schienen mit einem Gewicht von 33 kg/m durch 12 m lange Schienen mit einem Gewicht von 41 kg/m aus. Auch der Radstand der Triebwagen-Drehgestelle musste auf Grund des unruhigen Laufes von 2 x 1.900 mm auf 2 x 2.500 mm vergrößert werden.

Im September 1903 konnten die Versuchsfahrten wieder aufgenommen werden. Nachdem für die vorangegangenen Fahrversuche eine Spannung von 6–8 kV mit 25 bis 30 Hz ausgereicht hatte, lieferte das Kraftwerk nun eine Spannung von 14 kV und 50 Hz.

Am 6. Oktober 1903 erreichte der Triebwagen »S« eine Geschwindigkeit von 202,7 km/h, am 23. Oktober sogar 206,8 km/h. Am 27. Oktober erreichte Triebwagen »A« schließlich den Rekord mit 210,2 km/h, womit ein vorläufiger Höhepunkt erreicht wurde. Dieser Rekord sollte erst im August 1980 gebrochen werden.

Was waren die Lehren aus diesen Versuchen?

Zunächst stand fest, dass der damalige Stand der Drehstromtechnik, insbesondere bei der Energieversorgung, eine Anwendung in der Praxis kaum zulassen würde. Die komplizierte Oberleitungsanlage mit zwei bis drei Fahrleitungen würde eine Einbindung in bestehenden Bahnhofsanlagen zumindest erschweren und damit verteuern. Für die Drehstromtechnik mit allen ihren Vorteilen, wie einfachen und leichten Motoren, war die Zeit noch nicht reif. Erst nach der rasanten Entwicklung der Leistungselektronik in den letzten Jahrzehnten, insbesondere bei der Umwandlung von Einphasen-Wechselstrom in Dreiphasen-Drehstrom und der Antriebssteuerung über stufenlos veränderbare Amplituden, ist es möglich, den Drehstromantrieb erfolgreich in der Praxis anzuwenden. Wohl aber wurden zahlreiche Erkenntnisse über den Betrieb mit Einphasen-Wechselstrom gewonnen. Das bereits 1903/04 von der Union Elektrizitäts-Gesellschaft, der späteren AEG, auf der Strecke Niederschöneweide–Spindlersfeld mit 6,3 kV 25 Hz erprobte System wurde 1907 auf der Verbindungsbahn Blankenese–Ohlsdorf, der späteren S-Bahn-Hamburg, erfolgreich eingeführt und erst 1958 vollständig durch das gegenwärtige Gleichstromsystem mit »dritter« Schiene abgelöst.

Im Jahr 1904 elektrifizierte Siemens die Strecke Murnau–Oberammergau. Ursprünglich war dafür das Drehstromsystem vorgesehen, schließlich entschied sich Siemens aber für das neue Wechselstromsystem mit 5,5 kV 16 Hz.

Schließlich elektrifizierte die Preußische Staatsbahn auf Veranlassung Wittfelds – auf Grund der Erfahrungen mit den Drehstrom-Versuchen inzwischen ein Verfechter des Wechselstromsy-

Für den Schnellverkehr zwischen Dresden und Berlin beschaffte die Deutsche Reichsbahn den Henschel-Wegmann-Zug mit der stromlinienverkleidete 61 001. Hier verlässt der Zug als D 53 den Bahnhof Dresden.
Foto: Sammlung Töpelmann, Archiv transpress

stems – die Strecke Dessau–Bitterfeld mit 15 kV 16,7 Hz. Auf der am 1. April 1911 in Betrieb genommenen Verbindung wurde bei einer Demonstrationsfahrt mit Mitgliedern des Deutschen Reichstags erstmals eine Geschwindigkeit von 135 km/h erreicht.

Schnelle Reisezüge

Die vorstehend besprochenen, teilweise spektakulären Versuche sollten jedoch nicht die Sicht verdecken auf die Entwicklung, die die Eisenbahn bis 1914 im regulären Reisezugdienst durchgemacht hatte. Sicher war diese Entwicklung beeinflusst durch die verschiedenen Rekordversuche, weil diese auf die Weiterentwicklung insbesondere der Dampflokomotiven von großem Einfluss waren.

Bereits frühzeitig entstand der Wunsch nach »schnellen« Eisenbahnverbindungen, der sich zunächst nur durch den Wegfall von Zwischenhalten realisieren ließ. Auf diese Art und Weise entstand am 1. Mai 1851 die erste »Schnellzug«-Verbindung von Berlin nach Köln. Die Reisegeschwindigkeit stieg immerhin von 30 auf 38 km/h – ein »Kurierzug« Berlin–Köln brachte es sogar auf 41,4 km/h!

Im Jahr 1855 waren bereits 11 % aller preußischen Reisezüge als »Schnellzüge« ausgewiesen, deren Reisegeschwindigkeit bis 1879 auf 47 km/h angestiegen war. Der 1. Mai 1892 steht für eine weitere bahnbrechende Neuerung im deutschen Fernverkehr – den D-Zug. Die Grundlage für den D-Zug war ein bereits seit 1883 im Orient-Express eingesetzter Wagentyp der durch seine mit Faltenbälgen geschützten Übergänge zwischen den Wagen eine **d**urchgehende – daher das »**D**« – Begehbarkeit des gesamten Zuges ermöglichte. Außerdem waren jeweils sechs oder auch acht Sitzplätze in mehrere, durch einen innenliegenden Seitengang verbundene Abteile zusammengefasst. Erfinder dieses Wagentyps war Edmund Heusinger von Waldegg (1817–1866). Diese D-Züge führten zu einer weiteren Beschleunigung des Reisezugverkehrs, da nun die bei Langstrecken üblichen Speiseaufenthalte für die Fahrgäste entfielen. Durch die durchgängige Begehbarkeit des Zuges konnten jetzt Küchen eingerichtet und die Fahrgäste während der Fahrt verköstigt werden. Hierdurch sowie durch die weitere Entwicklung der Lokomotiven betrug beispielsweise bereits 1892 die Reisegeschwindigkeit auf der Strecke Berlin–Köln 64,3 km/h. Die Entwicklung des Schnellverkehrs wurde durch den Ersten Weltkrieges 1914 jäh unterbrochen.

Als 1918 die Waffen endgültig schwiegen, war das 1914 auf hohem Niveau stehende deutsche Eisenbahnwesen um nahezu zwanzig Jahre in der Entwicklung zurückgeworfen. Die im Linienverkehr erreichten Höchstgeschwindigkeiten entsprachen mit 75 km/h in etwa denen von 1900. Die Hauptursachen dafür waren die zahlreichen Schäden an Anlagen und Fahrzeugen auf Grund mangelnder Unterhaltung während des Krieges sowie die Reparationszahlungen an die Siegermächte in Form von Lokomotiven und Wagen. Die 20er-Jahre waren zudem gezeichnet durch Wirtschaftskrisen, gepaart mit durch die Inflation galoppierenden Kohlenpreisen. Dennoch versuchte die am 1. April 1920 aus den Länderbahnen hervorgegangene Deutsche Reichsbahn mit einer neu geschaffenen Zuggattung, dem FD-Zug, zumindest einen beschränkten Schnellverkehr zwischen den wichtigsten Wirtschaftszentren aufzunehmen. Diese wenigen Fernschnellzüge erreichten erst 1929 wieder das Niveau von 1914.

Ein letztes Aufbäumen der Dampftraktion im Wettstreit mit den aufkommenden Triebzugverkehr war die Entwicklung des Henschel-Wegmann-Zuges, der am 8. Dezember 1935 bei der Fahrzeugparade in Nürnberg anlässlich des 100-jährigen Jubiläums der deutschen Eisenbahnen vorgestellt wurde. Dieser Zug bestand aus der stromlinienverkleideten Tenderlok 61 001 mit einer ebenfalls stromlinienförmigen Vierwageneinheit für eine Höchstgeschwindigkeit von 175 km/h und war auf der Strecke Berlin–Dresden im Einsatz.

Die Entwicklung der Triebzüge für den Schnellverkehr bis 1939

Die Deutsche Reichsbahn-Gesellschaft (DRG)[1], als Rechtsnachfolger sowohl der Länderbahnen als auch der Deutschen Reichsbahn sah in der Dieseltraktion wenig Zukunft, zumal die heimische Steinkohle preiswerter war als flüssige Treibstoffe. Dieses Problem bestand z.B. in den USA oder der damaligen Sowjetunion nicht, weshalb in diesen Staaten die dieselelektrische Traktion ihren Siegeszug antreten konnte. Bemerkenswerterweise waren es jedoch deutsche Hersteller die der Sowjetunion Lokomotiven lieferten.

Das hieß jedoch nicht, dass die DRG den Antrieb durch Verbrennungsmotoren generell ablehnte. Bereits seit der Jahrhundertwende erschienen vereinzelt, teilweise durch Benzol-Motoren angetriebene Triebwagen, die jedoch Einzelstücke blieben. Erst die Eisenbahnausstellung in Seddin 1924 verhalf dem Triebwagen zum Durchbruch, und ab 1925 beschäftigte sich die Lokomotiv-Versuchsanstalt (LVA) in Grunewald zielgerichtet mit der Entwicklung von zwei- und vierachsige Verbrennungstriebwagen für Nebenbahnen, die in der Folgezeit zu einer Reihe von Anschaffungen führten.

Nach den guten Ergebnissen, die mit den Verbrennungstriebwagen auf den Nebenbahnen erzielt wurden, war es nur eine Frage der Zeit, dass auch für den Einsatz auf Hauptbahnen ähnliche, jedoch stärkere Triebfahrzeuge entwickelt wurden.

Als erstes Baumuster wurden bei der Waggonfabrik Wismar drei Eiltriebwagen (VT 872–874) mit einer Motorleistung von 302 kW für den Nahschnellverkehr auf der Strecke Frankfurt a. M. –Wiesbaden in Auftrag gegeben. Die Fahrzeuge kamen 1932 zum Einsatz. Auf Grund der für die damalige Verhältnisse hohen Motorleistung und der Tatsache, dass hierfür kein entsprechendes mechanisches Getriebe zur Verfügung stand, wurde dieser Triebwagen mit einer dieselelektrischer Kraftübertragung ausgerüstet. Nachdem sich die Fahrzeuge bewährt hatten, kam es zu Folgebestellungen ähnlich konzipierter Fahrzeuge, die mit Baureihe VT 137 bezeichnet wurden. Die VT 872 sollte 1949 noch mal von sich reden machen, als sie als Erprobungsträger für die künftige Triebzug-Generation VT 08 und VT 12 umgebaut wurde; bei dieser Gelegenheit wurden auch die für diese Triebzug-Baureihen markanten »Eier-

[1] Durch das Reichsbahn-Gesetz vom 30.8.1924 wurde die Verwaltung und der Betrieb der Deutschen Reichsbahn (DR) von der Deutschen Reichsbahn Gesellschaft (DRG) übernommen. Um alle Zweige des Verkehrs, insbesondere der Eisenbahn, uneingeschränkt unter staatlicher Kontrolle zu halten wurde 1937, ebenfalls durch Gesetz, die DRG wiederum in Deutsche Reichsbahn umgewandelt und direkt dem Reichs-Verkehrsministerium unterstellt.

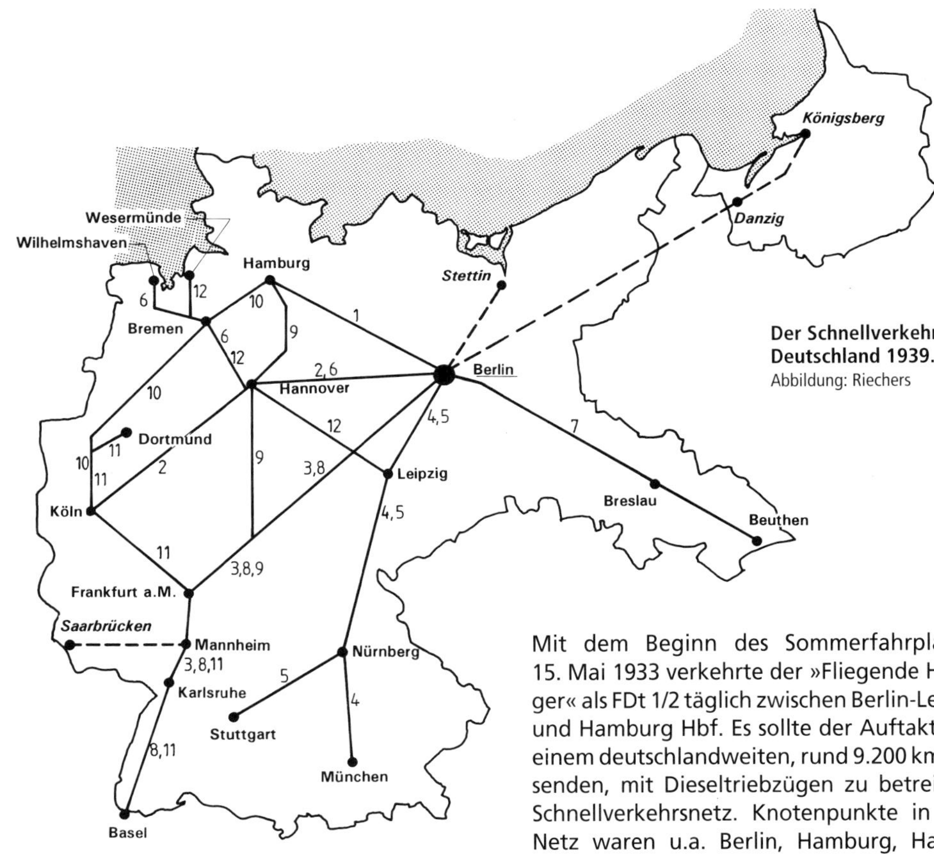

Der Schnellverkehr in Deutschland 1939.
Abbildung: Riechers

köpfe dargestellt. Dieser mit VT 92.5 (spätere Baureihe 692) bezeichnete Triebwagen wurde als Schleppfahrzeug eingesetzt und erst 1978 ausgemustert.

Aber auch für den Fern-Schnellverkehr suchte das Reichsbahn-Zentralamt in Berlin (RZA) nach entsprechenden Lösungen. Nach einem Konzept von Dr.-Ing. Fuchs und Oberrat Breuer wurde im Februar 1931 der WUMAG in Görlitz der Entwicklungs- und Bauauftrag für einen zweiteiligen Schnelltriebzug mit elektrischem Antrieb und einer V_{max} von 150 km/h erteilt; das Fahrzeug – der VT 877 a/b – wurde im Oktober 1932 abgeliefert. Die beiden 410 PS (307 kW) starken Maybach-Motoren befanden sich zusammen mit den Generatoren in den Enddrehgestellen, die beiden Elektromotoren im mittleren Jakobsdrehgestell. Das Fahrzeug hatte eine Länge von 41.900 mm.

Bereits am 19. Dezember 1932 begann die LVA Grunewald Probefahrten mit dem VT 877 a/b auf der Strecke Berlin-Hamburg zu absolvieren. Bei der offiziellen Pressefahrt am 30. Dezember 1932 erreichte der Triebzug eine Spitzengeschwindigkeit von 165 km/h. Damit übernahm der VT 877 a/b das »Blaue Band«, das der als »Cheltenham Flyer« bezeichnete Cheltenham Spa Express erst am 6. Juni 1932 gewonnen hatte. Der VT 877 a/b hieß fortan der »Fliegende Hamburger«, in Anlehnung an den Flying Scotsman.

Mit dem Beginn des Sommerfahrplans am 15. Mai 1933 verkehrte der »Fliegende Hamburger« als FDt 1/2 täglich zwischen Berlin-Lehrter Bf und Hamburg Hbf. Es sollte der Auftakt sein zu einem deutschlandweiten, rund 9.200 km umfassenden, mit Dieseltriebzügen zu betreibenden Schnellverkehrsnetz. Knotenpunkte in diesem Netz waren u.a. Berlin, Hamburg, Hannover, Köln und Leipzig. Bei Einstellung des Schnellverkehrs im Herbst 1939, auf Grund der verordneten Rationierung von Dieselkraftstoffen mit Beginn des Zweiten Weltkrieges, waren folgende Linien in Betrieb: Berlin–Hamburg, Berlin–Hannover–Köln, Berlin–Frankfurt a. Main–Karlsruhe, Berlin–Leipzig–Nürnberg–München, Berlin–Leipzig–Nürnberg–Stuttgart, Berlin–Hannover–Bremen–Wilhelmshaven, Berlin–Breslau–Beuthen, Berlin–Frankfurt a. Main–Basel, Hamburg–Hannover–Frankfurt a. Main, Hamburg–Bremen–Köln, Dortmund–Frankfurt a. M.– Basel und Leipzig–Hannover–Bremen–Wesermünde (heute Bremerhaven). Dieses das gesamte Reichsgebiet umfassende Netz hatte eine Länge von rund 7.000 km. Die geplanten Verbindungen nach Königsberg, Saarbrücken und Stettin konnten nicht mehr realisiert werden. Für den Einsatz auf diesen Strecken standen ab 1938 mehrere Dieseltriebzüge zur Verfügung (s. Tabelle S. 17).

Die SVT 137 901 und 902 (Bauart »Berlin«) waren Vorausexemplare einer neuen Generation von Triebzügen, bei der die gesamte Maschinenanlage auf Grund der einfacheren Wartung in einem eigenen Raum untergebracht war. In diesem Wagen befanden sich weiterhin ein Post- und ein Gepäckabteil. Die Fahrzeuge dieser Baureihe kamen, abgesehen von einigen Probefahrten von Berlin nach Karlsruhe und Basel leider nicht mehr zum Einsatz.

Von einer weiteren Triebzug-Gattung soll noch die Rede sein. Nachdem die DRG mit dem Dieselnetz gute Erfahrungen gemacht hatte, beschloss die den Aufbau eines elektrifizierten Schnellnetzes mit der Strecke Berlin–Leipzig–Nürnberg–München als Basis. Für den Einsatz auf dieser Strecke gab die DRG 1934 drei zweiteilige Elektro-Triebzüge der Gattung elT 1900 (1941: Baureihe ET 11) in Auftrag. Alle drei Triebzüge hatten zwar den gleichen, an die Form der SVT angepassten Wagenkasten, jedoch unterschiedliche Antriebe und damit unterschiedliche End(-Trieb)-Drehgestelle.

Nach seiner Anlieferung 1935 wurde der elT 1900 zunächst auf der Jubiläumsausstellung »100 Jahre Deutsche Eisenbahnen« und auf der Fahrzeugparade am 8. Dezember 1935 in Nürnberg gezeigt. Die beiden anderen Fahrzeuge, elT 1901

Mit den Triebwagen der Bauart »Berlin« wollte die Deutsche Reichsbahn mehr Komfort auf die Schienen bringen. Der Zweite Weltkrieg verhinderte den Einsatz der Triebwagen.
Foto: Sammlung Dietz

Schnelltriebwagen der Deutschen Reichsbahn im Jahr 1938

Typ	Fliegender Hamburger (Prototyp)	Hamburg	Leipzig[2]	Köln	»Berlin«[3]
Baureihenbezeichnung	VT 877	SVT 137 149–152, SVT 137 224–232	SVT 137 153–154, SVT 137 233–234	SVT 137 273–278, SVT 137 851–858	SVT 137 901–902
Wagen	2	2	3	3	4
Achsfolge	2'Bo'2'	2'Bo'2	B'2'2'B'/2'Bo'Bo'2'	2'Bo'+2'2'+Bo'2	2'Bo'+2'2+2'2'+Bo'2'
LüP (mm)	41.906	44.956	60.150	70.205	87.450
Leistung (kW)	604	604	884	884	1.000
Höchstgeschwindigkeit (km/h)	150	160	160	160	160
Sitze[1]	102	81	139	132	155
Baujahr	1932	1932	1935/1936	1936/1935	1938/1938
Stück	1	4/9	2/2	6/8	2
Bemerkung	diesel-elektr.	diesel-elektr./	diesel-hydr./ diesel-elektr.	diesel-elektr./	diesel-elektr.

Gesamtzahl der Triebzüge: 34

[1] Einschließlich Speiseräume; Anzahl der Sitzplätze entspricht Ablieferzustand.

[2] Ein Triebzug dieses Typs stellte am 17. Februar 1936 auf der Strecke Hamburg-Berlin mit 205 km/h den Weltrekord für serienmäßige Eisenbahnfahrzeuge auf.

[3] Von diesem Typ wurde ein zusätzlicher Ersatz-Maschinenwagen mit der Bezeichnung VT 137 903a gebaut.

Für den elektrischen Schnellverkehr gab die DRG die elT 1900, die spätere Baureihe ET 11, in Auftrag. In der Nachkriegszeit, zwischen 1952 und 1957, wurden diese Triebzüge planmäßig von München aus eingesetzt. Foto: Sammlung Koppisch, Archiv transpress

und elT 1902, wurden 1936 bzw. 1937 abgeliefert. Die Reichsbahn setzte die Triebwagen ab 1. August 1936 zunächst auf der Verbindung Stuttgart–München–Berchtesgaden ein. Mangels Auslastung wurde im Sommer 1937 der Verkehr auf dem Abschnitt München–Berchtesgaden jedoch eingestellt. Alle drei Fahrzeuge erfüllten die in sie gestellten Erwartungen. Der Zweite Weltkrieg machte jedoch einen Strich durch alle großen Pläne, wodurch eine erfolgreich scheinende Entwicklung abrupt endete.

Parallele Sonder-Entwicklungen

Bis 1939 machten auch einige Sonderentwicklungen mit mehr oder weniger realistischem Hintergrund von sich reden. Bereits im Mai 1909 erschien im Verlag August Scherl in Berlin ein vom Verleger selbst verfasstes Werk, das sich mit dem Schnellverkehr der Zukunft beschäftigte. In seinem Buch »Ein neues Schnellbahnsystem – Vorschläge zur Verbesserung des Personenverkehrs« forderte Scherl ein vom Güterverkehr getrenntes polyzentrisches Netz von elektrisch angetriebenen Hochgeschwindigkeitsbahnen für 200 km/h, ergänzt durch ein Zubringernetz für 120 bis 150 km/h. Mit seiner Idee einer Einschienenbahn, wobei die Fahrzeugstabilisierung durch rotierende Kreisel erfolgen sollte, verließ Scherl allerdings der Realitätssinn. Die Fahrzeuge sollten durch die geplante Fahrzeugbreite von 4 m eine gehobene Reisequalität ermöglichen. Der Autor dachte dabei u.a. an große Viererabteile beidseitig eines breiten Mittelganges sowie an Rauch- und Frisiersalons, Gesellschaftszimmer und Speisesäle. Da August Scherl mit seiner Idee eines Hochgeschwindigkeitsnetzes seiner Zeit zu weit voraus war, verschwand diese alsbald in der Versenkung. Wesentlich realistischer hingegen waren die Ideen Franz Kruckenbergs (1882–1965). Der ursprünglich im Luftschiffbau beschäftigte Diplom-Ingenieur verlor durch die Bestimmungen des Versailler Vertrages seine Beschäftigung. Gemeinsam mit Kurt Stedefeld entwickelte Kruckenberg Ideen, wie Elemente des Luftfahrzeugbaus,z.B. Leichtbau und Aerodynamik, auf dem Verkehrssektor eingesetzt werden könnten, mit dem Ziel der Entwicklung von leichten, schnellen Schienenfahrzeugen.

Die technischen Daten des ET 11

Baureihe bis 1941	elT 1900	elT 1901	elT 1902
Baureihe ab 1941	ET 11 01	ET 11 02	ET 11 03
Hersteller mechanischer Teil	Esslingen	MAN	MAN
Hersteller elektrischer Teil	BBC	SSW	AEG
Antrieb	Buchli	Tatzlager	Federtopf
Achsabstand der Enddrehgestelle (mm)	3.700	3.600	3.700
LüP (mm)	43.585	43.585	43.585
Leistung (kW)	1250	920	920
Höchstgeschwindigkeit (km/h)	160	160	160

Auf seiner Deutschlandrundfahrt kam Kruckenbergs »Schienenzeppelin« auch durch Wuppertal. Zahlreiche Schaulustige kamen an den Bahndamm.
Foto: Sammlung Kleine, Archiv transpress

Der SVT 137 155 der Bauart »Kruckenberg« kam leider nicht mehr zum Einsatz. Erst in den 60er-Jahren wurde der Triebwagen im Raw Wittenberge verschrottet.
Foto: Sammlung Dietz

Am 5. August 1928 gründeten Kruckenberg und Stedefeld die »Flugbahngesellschaft mbH« mit Sitz in Heidelberg, die zum Ziel hatte, die bereits 1923 von der Gesellschaft für Verkehrstechnik (GVT) unter Kruckenberg und Stedefeld projektierte und 1926 patentierte GVT-Hängeschnellbahn mit Propellerantrieb weiter zu entwickeln. Da staatliche Fördermittel zum Bau einer Demonstrationsanlage nicht zur Verfügung standen, blieb das Projekt auf der Strecke, so dass Kruckenberg sich schließlich mit der Deutschen Versuchsanstalt für Luftfahrt (DVL) zusammentat, die 1927 erste Fahrversuche mit einem propellergetriebenen Eisenbahnwagen unternommen hatte. Nach weiteren Versuchen mit diesem Wagen entwaf Kruckenberg schließlich den als »Schienenzeppelin« bekannt gewordene GVT-Propellertriebwagen.
Am 23. September 1930 absolvierte der nur 18,5 t schwere und 25,4 m lange Triebwagen auf der noch unvollendeten Eisenbahntrasse zwischen Hannover und Celle, die sog. »Hasenbahn«, seine ersten Fahrten, bei denen der Schienenzeppelin eine Höchstgeschwindigkeit von 182 km/h erreichte. Obwohl die Reichsbahn mit ihrem Interesse an leichten und schnellen Schienenfahrzeugen die Bemühungen unterstützte, z.B. durch Bereitstellung von Werkstattkapazitäten im Bw Hannover-Leinhausen, erwuchsen ihr große Bedenken im Hinblick auf spätere Einsatzmöglichkeiten des Schienenzeppelins. Nicht nur der Zustand der Strecken bereitete dabei dem RZA Sorgen, sondern auch sicherheitstechnische Bedenken wegen des Propellers im gemischten Verkehr mit herkömmlichen Zügen. An den Bau spezieller Strecken für den Schienenzeppelin war aus finanziellen Gründen nicht zu denken. Trotzdem wurde am 21. Juni 1931 auf der Strecke Hamburg–Berlin mit dem Schienenzeppelin ein Rekordversuch unternommen, bei dem zwischen Karstädt und Wittenberge eine Höchstgeschwindigkeit von 230 km/h erreicht wurde.
Die Motorleistung von nur 600 PS (450 kW) und der geringe Verbrauch von 70 l auf 100 km bestätigten die höhere Wirtschaftlichkeit gegenüber den dampflokbespannten Zügen. Grund genug für die Reichsbahn den eingeschlagenen Weg weiterzugehen, Allerdings mit der Möglichkeit einer größeren Kompatibilität mit dem bestehenden Betriebssystem.
Nachdem sich abzeichnete, dass es für den »Schienenzeppelin« keine Zukunft gab, konzentrierte sich Kruckenberg auf die Entwicklung eines dreiteiligen Triebzuges, bei dem Elemente aus der Entwicklungsarbeit des Schienenzeppelin einflossen. Auf Grund der Erfolge mit dem Fliegenden Hamburger dauerte es bis 1934, bis die Reichsbahn dem Kruckenbergschen Projekt zustimmte. Erst im Januar 1938 stand der neue Triebzug mit der Bezeichnung SVT 137 155 im Hof der Vereinigten Westdeutschen Waggonfabriken AG (Westwaggon) bereit zur Abnahme. Der Triebzug mit der Achsfolge (1A) 2′ 2′ (A1) war mit zwei Benzol-Motoren (Leistung 2 x 442 kW) ausgerüstet, die zusammen mit den wassergefüllten Föttinger-Wandlern in den langen, an den Schienenzeppelin erinnernden Vorbauten untergebracht waren. Erstmals wurde für die Anlenkung der Drehgestelle an den Wagenkästen nicht von einem Drehzapfen Gebrauch gemach, sondern von hydraulisch gedämpften Längslenkern. Die Sekundärfederung war zweigeteilt: Die Wagenkästen waren über Blattfedern mit einem Hilfsrahmen verbunden, der sich wiederum auf je zwölf seitlich auf dem Drehgestell liegenden Gummikugeln abstützte. Die Wagenkästen waren außerdem durch außenliegende hydraulische Koppelelemente miteinander verbunden, wodurch ein ruhiger Lauf des Triebzuges gewährleistet wurde. Auch die Ausstattung war sehr fortschrittlich: Der SVT 137 155 verfügte bereits über eine Klimaanlage.
Ob seiner guten Laufeigenschaften wollte die Reichsbahn den Triebzug ab 1. Juli 1938 auf der Strecke Berlin–Hamburg einsetzen. Dazu kam es leider nicht, da bei einer kurz zuvor durchgeführten Probefahrt ein Achslager heiß lief und eine Achse brach.
Immerhin stellte der SVT 137 155 am 23. Juni 1939 auf der Strecke Hamburg–Berlin mit 215 km/h einen neuen Rekord mit einem… *für den öffentlichen Verkehr zugelassenen Fahrzeug…* auf. Zu einem Planeinsatz kam es jedoch nicht mehr: Bei einer Ersatzleistung für einen ausgefallenen SVT am 25. Juni blockierte auf der Rückfahrt von Hamburg-Altona nach Berlin bei 200 km/h eine Treibachse, so dass das Fahrzeug wiederum für mehrere Monate ausfiel. Mit der Einstellung der SVT-Einsätze im September 1939 war auch das Schicksal des SVT 137 155 besiegelt. Das Fahrzeug verblieb im RAW Wittenberge, bis es 1967 verschrottet wurde.

Die Entwicklung des Schienen-Schnellverkehrs ab 1945

1945: Wiederaufbau und Neu-Orientierung

Als 1945 der Zweite Weltkrieg beendet war, stand das deutsche Eisenbahnwesen, ähnlich wie 1918, erneut vor einem Trümmerhaufen. Um überhaupt wieder so etwas wie einen geregelten Schienenverkehr auf die Beine zu bringen, begann das verbliebene Personal der Deutschen Reichsbahn beherzt mit Aufräumarbeiten und mit der provisorischen Reparatur von halbwegs

Die Triebwageneinheit VT 08 510/508 war am 2. Oktober 1965 bei Duisburg-Innenhafen unterwegs.
Foto: Kleine, Archiv transpress

betriebsfähigen Fahrzeugen. Ein Problem beim Aufbau einer funktionierenden Infrastruktur war die Aufteilung Deutschlands in vier Besatzungszonen.

Die ideologischen und politischen Gegensätze zwischen den drei westlichen und der sowjetischen Besatzungsmacht brachten es mit sich, dass auf deutschem Boden fortan zwei Bahnunternehmen tätig waren. In der sowjetischen Zone, der späteren DDR, firmierte die Staatsbahn weiterhin unter der alten Bezeichnung »Deutsche Reichsbahn«. In den drei westlichen Besatzungszonen (Trizone), dem »Vereinigten Wirtschaftsgebiet«, dagegen wurde mit Wirkung vom 7. September 1949 das Unternehmen in »Deutsche Bundesbahn« umbenannt. Die Bundesbahn erhielt mit dem Inkrafttreten des Bundesbahn-Gesetzes vom 13. Dezember 1951 eine neue und für alle drei Besatzungszonen einheitliche Rechtsgrundlage.

Von den einst 34 Fahrzeuge der SVT-Flotte verblieben einige nicht nur bei der DR und der DB. Auch die Besatzungsmächte beanspruchten einzelne Triebzüge für sich. Zunächst wurde versucht zumindest einige Städteverbindungen wieder in Gang zu bringen. Rückgrat des erneut aufkeimenden Eisenbahnbetriebs blieb dabei die Dampflok. 1946 wurden die ersten Zugverbindungen über die Zonengrenzen (»Interzonenzüge«) eingerichtet – mit Reisegeschwindigkeiten wie vor 80 Jahren. In der ersten Zeit durften ausschließlich Privilegierte wie zum Beispiel Zonenverwaltungs-Angestellte diese Züge benutzen. Nach der Währungsreform am 20. Juli 1948 entstand eine erhöhte Nachfrage nach Reisekapazität. Die erste, am 6. Dezember 1948 eingerichtete Schnellverbindung zwischen Dortmund und Frankfurt a. M. wurde mit einem Triebwagen der Baureihe VT 33 gefahren. Erst am 2. Oktober 1949 wurde mit dem ehemaligen *Fliegenden Hamburger,* Baureihenbezeichnung VT 04.0 (ex VT 877 a/b) wieder ein SVT eingesetzt. Er verkehrte bis 1953 als FDt 77/78, *Rhein-Main,* zwischen Frankfurt a. M. und Basel. Der Triebzug erreichte eine Reisegeschwindigkeit von 68,1 km/h. Zum Vergleich: 1939 erreichte das gleiche Fahrzeug zwischen Berlin und Hamburg eine Reisegeschwindigkeit von 125,6 km/h!

Mit Beginn des Sommerfahrplans am 14. Mai 1950 standen die ersten bei der Bundesbahn verbliebenen und aufgearbeiteten SVT-Triebzüge der Baureihen VT 04 und 06 zur Verfügung mit denen neue Verbindungen eingerichtet werden konnten, wie z.B. der FDt 17/18 Köln–Hamburg-Altona und der FDt 71/72 Frankfurt am Main–Hamburg-Altona, die einen gemeinsamen Umlauf erhielten. Nachdem im Dezember 1950 und März 1951 weitere instand gesetzte SVT einflossen, konnten weitere FDt-Verbindungen eingerichtet werden. Von den bei der DB verbliebenen SVT-Fahrzeugen wurden zwischen 1958 und 1960 neun Exemplare am die DR verkauft. 1963 wurden bei der DB die letzten SVT ausgemustert, bei der DR wurde 1990 das letzte Fahrzeug aus dem Verkehr genommen. Die elektrischen Triebzüge ET 11 01, 02 und 03 überstanden den Krieg außerhalb von München ohne Schäden. Zunächst wurden sie 1949–1951 im Raum München im Auftrag der US-Armee eingesetzt. Ab Sommer 1951 verkehrten die Triebzüge nach Salzburg. Sie erreichten dabei teilweise über die Tauernbahn sogar Villach. 1952 ließ die DB die unterschiedlichen technischen Einrichtungen der ET 11 so weit wie möglich vereinheitlichen, wobei die Fahrzeuge UIC Zug- und Stoßeinrichtungen erhielten. Ab Sommerfahrplan 1953 erfolgten planmäßige Einsätze nach Nürnberg und Innsbruck. Nach einer Modernisierung des Interieurs 1957 liefen die Triebzüge als

Verbleib der Schnelltriebwagen der DRG nach 1945

	Fliegender Hamburger	Hamburg	Leipzig	Köln	Berlin
Baureihenbezeichnung bis 1947[1]	SVT 877	SVT 137.1/SVT 137.2	SVT 137.1/SVT 137.2	SVT 137.2/SVT 137.8	SVT 137.9
Baureihenbezeichnung ab 1947 DB	VT 04.0	VT 04.1/VT 04.5	-/-	VT 06.1/VT 06.5	VT 07.5
Baureihenbezeichnung ab 1970 DR	-	183.0/183.2	183.2/183.2	182.0/182.5	137 902
ursprüngliche Anzahl	1	4/9	2/2	6/8	2[5]
Anzahl DB	1	2/3[2]	-/-	3/6[4]	2[6]
Anzahl DR	-	-/2	1/2	2/1	1[7]
Sonstiger Verbleib	-	2 (CSD)/4 (CSD)	1 zerstört	1 (USA)/1 (UdSSR)	-
Ausmusterung DB	1957	-/-	-/-	1963/1963	1960
Ausmusterung DR	-	1983[3]	1969/1969	1982/1982	1961

1 Wegen Umbau einiger Fahrzeugen der Baureihe VT 04 und 06 von dieselelektrischem auf hydraulischem Antrieb stimmen die Ordnungszahlen nicht in allen Fällen mit den Ordnungszahlen von vor 1947 überein.
2 1958/59 an die DR
3 Ein Fahrzeug brannte aus und wurde verschrottet, Datum unbekannt; ein Fahrzeug ist als betriebsfähiges Museumsfahrzeug erhalten geblieben
4 VT 06 107, 109, 501 und 502 (ex. SVT 137 853, 854, 275 und 858) 1959/1960 an die DR
5 von diesem Typ wurde einen zusätzlichen Ersatz-Maschinenwagen mit der Bezeichnung SVT 137.903a gebaut
6 nach Umbau
7 Maschinenwagen SVT 137.903a mit Mittel- und Steuerwagen die aus, in der Sowjetischen Besatzungszone verbliebene niederländische Triebzüge entstanden.

Die Deutsche Reichsbahn in der DDR widmete der Entwicklung neuer Schnelltriebwagen aus wirtschaftlichen Gründen nur wenig Aufmerksamkeit. Die einzige Neukonstruktion blieb die Baureihe SVT 18.16 (ab 1970: BR 175). Als »Karlex« verließ der 175 008 am 10. Juni 1980 Leipzig Hbf. Foto: Kleine, Archiv transpress

F 29/30 »Münchner Kindl« zwischen Frankfurt a. M. und München. Ab Sommer 1959 setzte die DB die ET 11 nur noch im Sonderverkehr ein – 1961 erfolgte das endgültige »Aus« für die E-Triebzüge. Lediglich den ET 11 01 nutzte das Bundesbahn-Zentralamt in München noch bis Ende der 60er-Jahre. danach wurde sie, ihrer Traktionsanlagen beraubt, in die Sammlung der Deutschen Gesellschaft für Eisenbahngeschichte (DGEG) in Neustadt/W. eingebracht.

An ein Schnellverkehrsnetz wie in den 30er-Jahren war vorläufig nicht zu denken. Durch die Teilung Deutschlands verschoben sich in der 1949 gegründeten Bundesrepublik die Hauptverkehrsströme von der Ost-West- in die Nord-Süd-Richtung. In der DDR blieb das polyzentrische Eisenbahnnetz weitestgehend erhalten mit Berlin als Zentrum. Der DB war es allenfalls möglich, schnelle Zugverbindungen von München oder Basel nach Hamburg oder Köln über Frankfurt oder Würzburg einzurichten.

So wurde 1951 ein F-Zug-Netz eingerichtet, bei dem die Linien an wichtigen Wirtschaftszentren miteinander verknüpft waren. Zum Einsatz kamen, neben den bei der DB verbliebenen SVT-Triebzügen, Dampflokomotiven mit in Belgien restaurierten Vorkriegs-Reisezugwagen. Neben bekannten Zugnamen wie beispielsweise *Rheingold, Rheinpfeil* oder *Rhein-Main* entstanden neue Namen wie *Blauer Enzian* (der teilweise mit Wagenmaterial des »Henschel-Wegmann-Zuges« verkehrte), *Roland, Hanseat, Münchner Kindl* oder *Schauinsland,* von denen sich einige bis in die heutige Zeit hinübergerettet haben. Ein Teil dieser Züge, insbesondere die, die ausschließlich der 1. und 2. Klasse, ab dem 3. Juni 1956 somit nur der 1. Klasse vorbehalten waren, wurden ab 1957 in TEE-Züge – auf die später in diesem Kapitel eingegangen wird – umgewandelt und im Laufe der Zeit über die deutschen Grenzen hinaus erweitert. Die zulässige Höchstgeschwindigkeit betrug zunächst 135 km/h, erst die neue Eisenbahn Bau- und Betriebsordnung (EBO) von 1958 ermöglichte 140 km/h. Diese konnte aber auf Grund der Oberbauverhältnisse nur an wenigen Stellen ausgefahren werden.

1953: Aufbruchstimmung

Das Jahr 1953 bedeutete eine Zäsur im Schnellverkehr bei der Deutschen Bundesbahn. Nicht ohne Grund, denn im Sommer dieses Jahres fand die »Deutsche Verkehrsausstellung (DVA)« in München statt, die mit Fug und Recht als eine Leistungsschau der wiedererwachten Schienenfahrzeug-Industrie bezeichnet werden kann! Trotz erster Prototypen neuer Elloks und E-Triebzüge dominierte auf der DVA die Dieseltraktion, deren Prunkstück die erste Vorserienlokomotive der legendären V 200 (ab 1968: Baureihe 220) war. Gemeinsam mit der weiterentwickelten V 200.1 (ab 1968: Baureihe 221) brachte es dieser Typ auf 136 Exemplare. Sie bildeten bis Ende der 60er-Jahren das Rückgrat im Fernschnellzugverkehr.

Mit den VT 08 und dem VT 12 wurden die ersten Triebzüge vorgestellt, die auf den Erfahrungen mit den SVT-Triebzügen der 30er-Jahre aufbauten. Während der VT 12 (ab 1968: Baureihe 612) für den Einsatz im Nahverkehr konzipiert war, sollte der VT 08 (ab 1968: Baureihe 608) im Fernverkehr zum Einsatz kommen. Bereits 1953 erreichte der VT 08 als Ft »Rhein-Main« Amsterdam. Alle neuen dieselbetriebenen Fahrzeuge verfügten über hydraulische Kraftübertragung. Der VT 08 und der VT 12 brachten es zusammen auf 32 Exemplare, ein Indiz dafür, dass die DB auch für die Zukunft auf Lokbespannung setzen wollte, zumal auch von dem ebenfalls auf der DVA vorgestellten elektrischen Triebzug ET 56 lediglich 7 Exemplare geliefert wurden. Vom 1956 in Betrieb genommene Schwestertyp, ET 30 wurden immerhin noch 24 Exemplare gebaut, was aber auch keine berauschende Stückzahl darstellt!

Echte Blickfänge auf der DVA waren allerdings die beiden Glieder-Triebzüge VT 10.501 und VT 10.551. Im Gegensatz zum VT 08 und VT 12, die im Wesentlichen eine Weiterentwicklung der Vorkriegsbaureihe SVT 06 »Köln« waren, stellten diese beiden Triebzüge echte Neuentwicklungen dar. Sie trugen unverkennbar die Handschrift Franz Kruckenbergs, der sich seit 1947 wieder mit Forschungsarbeiten auf dem Schienenfahrzeug-Sektor beschäftigte. Über einen Entwicklungs-

Für Aufsehen sorgten auf der Deutschen Verkehrsausstellung 1953 die beiden Glieder-Triebzüge VT 10 501 und VT 10 551. Den Tageszug VT 10 501 baute LHB in Salzgitter. Foto: Werkfoto LHB

auftrag des Bundespostministeriums für einen Post-Gliedertriebzug, den das Ministerium allerdings 1952 gekündigt hatte, fanden sowohl die DB als auch die Deutsche Schlaf- und Speisewagen-Gesellschaft (DSG) – westlicher Nachfolger der Mitropa – Gefallen an dem Gliedertriebzug-Konzept für den gehobenen Reiseverkehr. Sie beauftragten das Büro Kruckenberg zusammen mit den Firmen Linke-Hofmann-Busch (LHB) in Salzgitter und Wegmann in Kassel bis zum 30. April 1953 je einen »Tageszug« als rollendes Restaurant und einen »Nachtzug« als rollendes Hotel zu entwickeln und zu bauen. Hierbei wurde LHB mit dem Bau des Tageszuges VT 10.501 und Wegmann mit dem Bau des Nachtzuges VT 10.551 beauftragt. Obwohl konstruktive Unterschiede festzustellen waren, sahen sich die Fahrzeuge sehr ähnlich und ließen die Handschrift Kruckenbergs erkennen.

Die Triebzüge bestanden beide je aus einem Triebkopf mit dazwischen fünf Wagen; die VT 10.551 wurde 1956 noch um einen Salonwagen für repräsentative Zwecke erweitert.

Die Aufbauten bestanden aus Aluminium-Abkant- und Strangpressprofilen, die mit Aluminiumblech beplankt waren (Differentialbauweise); beim VT 10.501 wurden erstmals die Seitenwände punktgeschweißt; beim Bau des Triebzuges VT 10.551 dagegen wurde das herkömmliche Nietverfahren angewandt.

Die VT 10.501 wurde mit, zwischen den einzelnen Wagengliedern angeordneten Einachsfahrwerken ausgerüstet, die in Zusammenarbeit mit dem Erfinder des Talgo[2]-Systems, Alejandro Goicoechea entwickelt wurden. Diese Zusammenarbeit ging soweit, dass auch die Fahrwerkssteuerungen der späteren Talgo-Züge auf dem Kruckenberg-Prinzip basierten. Der Nachtzug VT 10.551 dagegen wurde zwischen den Wagengliedern mit luftgefederten Jakobs-Drehgestellen, System MAN-Kruckenberg, ausgerüstet.

Ein besonderes Merkmal der beiden Triebzüge waren die kurzen Wagenkästen mit einem Fahrwerks- bzw. Drehzapfen-Abstand von 12.200 mm. Dies ermöglichte, die Breite der Wagenkästen, im Vergleich zu herkömmlichen Wagen mit einem Drehzapfenabstand von im Durchschnitt 19.000 mm um 300 mm zu vergrößern ohne das Lichtraumprofil insbesondere in Bögen zu überschreiten. Die Fahrzeuge waren ferner mit technischen Details ausgestattet , die erst in den letzten 10–15 Jahren zum allgemeinen Standard in der Eisenbahntechnik erhoben wurden, wie z.B. geschlossene Toilettensysteme, Klimaanlagen und Schwenk-Schiebetüren.

Der NS 1003 war als TEE »Edelweiß« Amsterdam–Zürich am 8. Februar 1974 bei Leidschendam, zwischen Leiden und den Haag, in einer typisch niederländischen Landschaft unterwegs.
Foto: Ton Voogel

Angetrieben wurden die Triebzüge durch zwei MAN-V8-Dieselmotoren je Triebkopf mit einer Gesamtleistung von 4 x 118 kW und eine hydromechanische Kraftübertragung. 1959/ 1960 wurden beide Triebzüge mit stärkeren Motoren (155 kW) ausgerüstet. Die Antriebe waren vor den zweiachsigen Trieb-Enddrehgestellen angeordnet. Die Hilfsbetriebe wurden über einen weiteren Dieselmotor mit einer Leistung von 92 kW und einem Generator mit einer Leistung von 90 kVA mit Energie versorgt. Einen Speiseraum gab es in dem Tageszug nicht. Er bestand ausschließlich aus Großraumwagen in der die Fahrgäste von der zentral angeordneten Küche aus am Platz bedient wurden. Der Nachtzug verfügte sowohl über Schlafabteile als auch über einen Großraum mit Liegesitzen; abweichend vom Tageszug war auch ein Speiseraum mit 21 Plätzen vorhanden.

Die Einsätze der beiden Triebzüge hielten sich in Grenzen. Erst ab Mai 1954 wurden sie als FT 41/42 »Senator« (Tageszug Frankfurt a.M.–Hamburg) und FT 49/50 »Komet« (Nachtzug Hamburg–Basel, ab 1955 bis Zürich) eingesetzt. Die Tatsache, dass es sich bei beiden Zügen um Unikate handelte, wirkte sich negativ auf den Betriebseinsatz aus. Nicht nur, dass der Nachtzug nur dreimal die Woche verkehren konnte, ...auch mussten für Wartung und fallweise Reparaturen der Fahrzeuge Ersatzzuggarnituren vorgehalten werden.

Bereits 1956 musterte die Bundesbahn den VT 10.501 aus. Der VT 10.551 blieb zwar noch für Sondereinsätze vorgesehen, aber 1957 wurde auch dieses Fahrzeug abgestellt und 1960 im Bw Hamburg Altona ausgemustert. Nachdem 1960 ein Versuch scheiterte, die Fahrzeuge zu verkaufen, wurden sie 1963 verschrottet.

Doch lieferte die VT 10 wichtige Erkenntnisse für die neuen TEE-Triebzüge VT 11.5, die spätere Baureihe 601.

Das verhaltene Taktieren der Deutschen Bundesbahn in Sachen Fernverkehrs-Triebzüge war, wie bereits erwähnt, ein Indiz dafür, dass das Unternehmen verstärkt auf lokbespannte Züge setzte. Dass die Deutsche Reichsbahn in der DDR eine ähnliche Philosophie verfolgte, zeigt die Beschaffung von lediglich vier Triebzügen der Baureihe VT 12.14 (ab 1970: Baureihe 181.0). Ferner setzte die DR die ihr verbliebenen Triebzüge der Vorkriegsbauarten »Hamburg« und »Leipzig« ein. Auch die Indienststellung der Triebzüge der Bauart »Görlitz« 18.16 (ab 1970: Baureihe 175) im Jahre 1964 stellte keine grundlegende Trendwende dar.

Bei der Lokbespannung dominierte anfangs noch die Dampf- und Dieseltraktion aber mit der fortschreitenden Elektrifizierung wurden mehr und mehr Fernverkehrsaufgaben durch Elloks übernommen.

1950 waren mit 1600 km nur 5% des innerhalb der »Trizone« vorhandenen Eisenbahnnetzes elektrifiziert. Hierbei handelte es sich um von München ausgehende Strecken nach Stuttgart, Nürnberg–Probstzella, Regensburg, Rosenheim–Kiefersfelden/Freilassing–Berchtesgaden–Königssee, das bayerische Oberland sowie einige kurze Strecken in den Räumen Basel/Lörrach und Freiburg (Höllentalbahn). Schon Ende 1957 konnte von Frankfurt am Main und Nürnberg nach Wien durchgehend elektrisch gefahren werden. Im April 1965 konnten die elektrischen Verbindungen von Frankfurt a. M. nach Hagen (Westf.) und Hamburg in Betrieb genommen werden und mit dem letzten Lückenschluss bei der Fernstrecken-Elektrifizierung Osnabrück–Bremen–Hamburg-Harburg sowie Hamm–Minden–Wunstorf. 1968 waren schließlich 8060 km oder 27% des DB-Netzes unter Fahrdraht, so dass fortan 72% der Gesamtförderleistung mit elektrischer Traktion erfolgen konnte.

Der Trans-Europ-Express (TEE)

Nach 1945 rückte Europa, eingedenk des unseligen Zweiten Weltkrieges, allmählich zusammen. Vorreiter waren Belgien, die Niederlande und Luxemburg die mit ihrer Zollunion »BENELUX« den übrigen europäischen Staaten vormachten, wie ein Europa der Zukunft eventuell aussehen könnte. Der europäische Gedanke konnte auch vor

[2] Der Begriff »TALGO« setzt sich wie folgt zusammen: **T**ren **A**rticulado **L**igero **G**oicoechea **O**riol; hierbei bedeuten die drei ersten Wörter »leichter Gliederzug« an denen die Namen des Erfinders sowie des Finanziers angehängt wurden.

Im August 1977 wurde der Laufweg des »Edelweiß« bis Bruxelles verkürzt, wobei fortan der SBB-Viersystemtriebzug RAe, hier am 29. Oktober 1977 bei der Einfahrt nach Bruxelles-Sud, zum Einsatz kam. Foto: Ton Voogel

dem Verkehrswesen, insbesondere der Eisenbahn nicht haltmachen. Bereits 1954 schlug der Präsident der niederländischen Eisenbahn, Ing. F.Q. den Hollander, der UIC (Union Internationale de Chemins de Fer) vor, ein dem deutschen Schnellverkehrsnetz der Vorkriegsjahre nicht unähnliches europäisches Netz von Schnellverbindungen zwischen den europäischen Metropolen einzurichten.

Die anspruchsvolle Vision des Ing. den Hollander umfasste die Schaffung eines eigenständigen Unternehmens als Rechtspersönlichkeit mit eigenem Kapital, eigenen einheitlichen Fahrzeugen und eigenem Personal, nach dem Beispiel der Internationalen Schlafwagen-Gesellschaft-Compagnie Internationale des Wagons-Lits (CIWL). Der Fahrzeugpark sollte grundsätzlich aus 140 km/h schnellen Triebzügen, auf Grund der verschiedenen Stromsysteme vorzugsweise mit Dieselantrieb, bestehen. Die Züge sollten eine 1. Klasse-Ausstattung mit mindestens 100 bis 120 Sitzplätzen, je nach Unternehmensphilosophie in Abteilen oder/und Großräumen untergebracht, und einen Restaurantbetrieb, entweder im eigenständigen Speisewagen oder mit Bedienung am Platz erhalten. Weiterhin waren höchste Komfort-Ansprüche, sowohl fahrwerks- als auch ausstattungsseitig, je nach Unternehmen mit oder ohne Klima-Anlage vorgesehen. Außerdem sollten die Triebzüge untereinander kuppelfähig sein und ein einheitliche Farbgebung in Rot-Crème erhalten.

Die anschließend gegründete »Commission TEE« bestand ursprünglich aus den Niederländische Eisenbahnen (NS), der Société Nationale des Chemins de Fer Belgique (SNCB), der Société Nationale des Chemins de Fer Français (SNCF), den Chemins de Fer Luxembourgois (CFL), der Deutsche Bundesbahn (DB), den Schweizerische Bundesbahnen (SBB) und der Ferrovie dello Stato Italia (FS). Im Jahr 1969 schloss sich die Red Nacional de los Ferrocarriles Españoles (RENFE) der Commission TEE an. Leider stellte sich bei der Fahrzeugbeschaffung die übliche Kleinstaaterei wieder ein: Lediglich die NS und die SBB beschafften mit dem Triebzug 1001–1003 (NS) und dem RAm 501 und 502 (SBB) ein gemeinsames Fahrzeug. Am Bau der Triebzüge beteiligten sich Hersteller aus beiden Staaten. Hierbei lieferte die niederländische Firma Werkspoor die Triebköpfe, die schweizerische SIG die Mittel- und Steuerwagen und BBC die elektrische Anlagen. 1961 schuf die SBB mit dem E-Triebzug RAe einen eigenen Fahrzeugtyp, der Dank der Viersystem-Ausrüstung nicht aus dem vorgegebenen TEE-Rahmen fiel; Hersteller war SIG/BBC. Die SNCF startete den TEE-Betrieb mit 20 zweiteiligen Triebzügen vom Typ RGP, Hersteller De Dietrich und Brissonneaux & Lotz. Die FS nahm 1957 sieben neue Zweiwagen-Triebzüge vom Typ Aln 448–442 der Firma Breda in Betrieb. Die Deutsche Bundesbahn stellte im Juni 1957 den ersten von insgesamt 19 Triebzügen der Baureihe VT 11.5 (ab 1968: 601) vor. Da der TEE-Betrieb bereits im Mai 1957 begonnen hatte, griff die DB zunächst auf Triebzüge der Baureihe VT 08 zurück.

Der VT 11.5 bestand aus zwei Triebköpfen und fünf Mittelwagen. In Anlehnung an die mit den Gliederzügen VT 10 501 und 551 gemachten Erfahrungen erhielten auch die Wagen des VT 11.5 bei einem Drehzapfenabstand von 12.600 mm eine Breite von 3.012 mm, wobei sie allerdings über eigene Drehgestelle verfügten. Beim Anblick der Triebköpfe werden Erinnerungen an die Baureihe 137 155 wach, und so wabert durch diese Triebzüge immer noch ein wenig der Geist des genialen Franz Kruckenberg. Die Triebzüge waren motorisiert mit 2 x 810 kW und einem zusätzlichen Triebwerk für Hilfsbetriebe mit 219 kW.

Beteiligt an der Herstellung waren MAN (Federführer) sowie LHB und Wegmann für den Mechanteil; die Triebwerke stammten von u. a. MAN, Daimler und Maybach, das Strömungsgetriebe von Voith.

Im TEE-Verkehr wurden die Triebzüge auf den Verbindungen Hamburg–Zürich (»Helvetia«), Hamburg–Paris (»Parsifal«), Frankfurt–Amsterdam (»Rhein-Main«), Dortmund–Bruxelles–Oostende (»Saphir«) und Dortmund–Paris (»Paris-Ruhr«) eingesetzt. Ab Herbst 1968 erschienen sie auch im Ft-Netz und ab 1971 im neu eingerichteten IC-Netz der Bundesbahn. Für einen Triebzug mit fünf Mittelwagen reichte die Leistung des VT 11.5 gerade noch. Bei Beschleunigungen über 100 km/h verfügte der Zug jedoch über keine Re-

Die Deutsche Bundesbahn beschaffte für den TEE-Verkehr die Schnelltriebwagen der Baureihe VT 11.5 (ab 1968: Baureihe 601). Der 601 014 durcheilte am 21. Februar 1987 Augsburg-Hochzoll. Foto: Kleine, Archiv transpress

Die Talgo-Garnitur Madrid–Hendaye stand am 11. Juni 1990 im Bahnhof Madrid-Chamartin. Mit einer ähnlichen Garnitur wurde der TEE-Verkehr von Barcelona nach Genf (TEE-Catalan) aufgenommen.
Foto: Ton Voogel

serven mehr. Deshalb ließ die DB in den Jahren 1971 und 1972 vier Triebköpfe mit einer Lycoming-Gasturbine ausrüsten. Diese Triebköpfe trugen die Baureihen-Bezeichnung 602. Äußerlich waren die Triebköpfe an den zwei vergrößerten Lufteinlassöffnungen, einer zusätzlichen Lufthutze am Vorbau sowie einem größeren Abgasschlot zu erkennen. Mit der auf 1.620 kW gesteigerten Leistung war es möglich in der vorgesehenen Zusammenstellung des Zuges drei weitere Mittelwagen einzureihen. Die Abstimmung der Steuerung der beiden Triebköpfe nahm jedoch mehr Zeit als geplant in Anspruch. Erst 1975 kamen vier artreine Garnituren der Baureihe 602 auf den IC-Verbindungen Hamburg–Ludwigshafen und Hamburg–Köln/ Bonn–Hannover zum Einsatz. Durch die gesteigerte Leistung konnte die Höchstgeschwindigkeit bei den gemischten Triebzügen der Baureihen 601 und 602 auf 160 km/h angehoben werden. Bei Versuchsfahrten mit einem artreinen Triebzug der Baureihe 602 wurden einmal 200 km/h erreicht!

Als die DB 1979 im IC-Verkehr die 2. Klasse einführte, verschwanden die markanten Triebzüge aus dem planmäßigen Verkehr. Sie wurden fortan nur noch zu Sondereinsätzen herangezogen. Ihren vorläufig letzter Einsatz absolvierten sie am 9. April 1988 als Reisebüro-Sonderzug »Alpen-See-Express«. Nach der Aufarbeitung einer Einheit durch die italienische Firma Vervet, mietete die Deutsche Reichsbahn 1990 eine Garnitur der Baureihe 601 sowie einen Reserve-Triebkopf an und setzte den Triebzug als IC »Max Liebermann« auf der Strecke Berlin–Hamburg ein.

Als letztes Bahnunternehmen beteiligte sich ab 1969 die spanische RENFE am TEE-Verkehr. Für die Verbindung Barcelona–Genève, dem TEE »Catalan« hielt die RENFE einen lokbespannten TALGO-Zug des Typs RD (Ruedas Desplazables; deutsch: Umspureinrichtung) vor, so dass das Wechseln der Räder in Port Bou entfallen konnte. Bekanntermaßen besitzt der TALGO keine Drehgestelle. Die zu der TALGO-Garnitur gehörende Diesellok, hatte Krauss-Maffei geliefert und war stilistisch den Wagen angepasst. In Port Bou allerdings übernahm eine französische Maschine den Zug.

Bereits 1960 forderte die Commission TEE die beteiligten Bahnunternehmen auf, ihre Anstrengungen bei den Untersuchungen für eine mögliche elektrische Zugförderung zu verstärken. Wie bereits erwähnt, reagierte die Schweiz schon 1961 auf diese Forderung und stellte den Viersystem-Triebzug RAe auf die Schienen. Mit dem RAe erfüllten die Schweizer noch die ursprünglichen Vorstellungen der »Commission TEE«. Die SNCF und die SNCB arbeiteten ab 1960 zusammen und beschlossen die Einführung der elektrischen Zugförderung auf ihrer Paradestrecke Amsterdam–Bruxelles–Paris, die nahezu vollständig elektrifiziert war. Die Elektrifizierung der Strecke mit insgesamt drei Systemen (NS: 1500 V DC; SNCB: 3000 V DC; SNCF: 25 kV 50 Hz) stellte schaltungstechnisch kein Problem dar, so dass 1964 der TEE-Betrieb auf dieser Verbindung aufgenommen werden konnte. Die hier verkehrenden lokbespannten Züge läuteten das Ende der Triebzug-Einsätze im TEE-Verkehr ein. Bekannt wurden die französische Viersystem-Lokomotive CC 40 100, mit ihrem eigenwilligen Outfit. Dazu wurden Wagen aus rostfreiem Stahl, die »Voitures Inoxydables« oder kurz »Inox-Wagen« genannt, beschafft. Auf dem rotlackierten Dachlangträger stand der Schriftzug »Trans Europ Express«. Die Wagen boten auf jedem Fall den im TEE-Abkommen festgelegten Komfort. Da die Züge in Bruxelles Midi wenden mussten, kamen auf dem Abschnitt Bruxelles–Amsterdam belgische Zweisystemlokomotiven zum Einsatz. Die Entscheidung zu Gunsten der lokbespannten Züge begründeten die Bahngesellschaften mit der größeren Flexibilität im Betrieb, besonders bei Verkehrsspitzen mit unerwartet hohen Fahrgastzahlen.

1965 begann die SNCF mit der Einführung von TEE-Inlandsverbindungen, wobei auch hier den lokbespannten Zügen der Vorzug gegeben wurde. Den »Mistral« Paris–Nice, mit 160 km/h der schnellste Zug in Frankreich, erhob die SNCF als Ersten in den TEE-Stand. Damit wurden gleich zwei Grundsätze des TEE gebrochen – der internationale Charakter und das einheitliche Aussehen des TEE. Der »Mistral« bestand zwar aus Inox-Wagen, führte aber zusätzlich einen blauen Generatorwagen sowie einen Speise- und Salonwagen des CIWL mit.

Die Bundesbahn deklarierte den F-Zug »Blauer Enzian« (Hamburg–München), das F-Zug-Paar »Rheingold« (Amsterdam–Genève) und den »Rheinpfeil« (Dortmund–München) als TEE und stellte die bereits bestehenden TEE-Züge »Helvetia« (Hamburg–Zürich), »Parsifal« (Hamburg– Paris), »Rhein-Main« (Frankfurt–Amsterdam) und »Paris-Ruhr« (Dortmund–Paris) schrittweise auf Lokförderung um. Begünstigt wurde die Entwicklung hin zum lokbespannten Zug durch die Indienststellung 1965 der entwickelten 200 km/h schnellen Elloks der Baureihe E 03 (ab 1968: Baureihe 103). Als letzte TEE-Züge behielten der »Saphir« (Frankfurt/M–Bruxelles) und der »Bavaria« (München–Zürich) ihre Dieseltriebzüge – der »Saphir« bis zu seiner Einstellung und der »Bavaria

Die SNCF-Lokomotive CC 40 100 für den TEE-Verkehr von Paris nach Bruxelles wurde erstmals auf der Internationalen Verkehrsausstellung (IVA) 1965 in München präsentiert. Foto: Riechers

mit dem NS/SBB-Triebzug RAm bis zur Katastrophe am 9. Februar 1971 bei Aitrang im Allgäu. Der ab 1971 eingeführte IC-Verkehr verdrängte schließlich in Deutschland den TEE schrittweise. Im Sommerfahrplan 1983 gab es nur noch zwei TEE auf deutschen Gleisen – den »Mediolanum« (München–Milano) und »Rheingold« (Amsterdam–Mannheim–Basel/Mannheim–Stuttgart–München). Während der »Mediolanum« bis zum Juni 1984 überlebte, schlug sowohl für den »Rheingold«, der zuletzt ein reiner Touristikzug war, als auch für den TEE überhaupt im Mai 1987 die letzte Stunde. Anstelle des TEE trat ab 1988 künftig eine neue Zuggattung: der EuroCity (EC).

Das InterCity-System der DB und der erneute Griff nach der 200-km/h-Marke

Zunächst eine Bemerkung vorab: Wenn in den folgenden Zeilen ausschließlich von der Deutschen Bundesbahn die Rede ist, so hat dies einen einfachen Grund: Bei der Deutschen Reichsbahn der DDR konnte es aus wirtschaftlichen und strukturellen Gründen keine Bestrebungen zum Aufbau eines Hochgeschwindigkeitsnetzes geben. Die wenigen, mehr als 160 km/h schnellen Lokomotiven, wie z.B. die aus der 61 002 entstandene Schnellfahrdampflok 18 201 sowie die E 18 19 und E 18 31 dienten fast ausschließlich Versuchszwecken.

Im Jahr 1965 veröffentlichte die 1963 vom DB-Vorstand eingesetzte »Gruppe für allgemeine Studien« ein Gutachten über »Schnellbahnen für die Hauptverkehrsströme Deutschlands«. Laut diesem Gutachten lag die Wirtschaftlichkeitsgrenze bei Schnellfahrten bei 200 km/h, da höhere Geschwindigkeiten – und da wird erstmals der Hochgeschwindigkeitsverkehr (HGV) tangiert – umfangreiche Umbauten an der Infrastruktur oder gar Streckenneubauten erfordern würden. Erste Untersuchungen ergaben, dass, selbst wenn auf den geplanten Fernstrecken nicht durchgängig 200 km/h gefahren werden könnte sondern abschnittsweise nur 160 km/h, Reisezeitgewinne von 25–30 % denkbar wären. Unter diesen Voraussetzungen entstand die Struktur eines zukünftigen Schnellfahrnetzes, das mit den Verbindungen Hamburg–Bremen–Ruhr/Wupper–Köln, Hamburg–Hannover–Ruhr/Wupper–Köln, Hamburg–Hamm–Hannover–Göttingen–Frankfurt/M., Köln–Mainz–Frankfurt/M.–Basel, Frankfurt/M.–Stuttgart–München und Frankfurt/M.–Würzburg–Nürnberg–Augsburg–München die wichtigsten Ballungsgebiete und Städte der Bundesrepublik verband. An diesem Netz sollten außerdem die Grenzbahnhöfe in Emmerich (NS), Aachen (SNCB) und Salzburg (ÖBB) angeschlossen werden. Dieser Plan umfasste ca. 3.200 Streckenkilometer. Gesamtlänge der Ausbau- und Neubaustrecken betrug jeweils 250 km.

Bereits seit dem 27. Mai 1962 verkehrte der F 9/10 »Rheingold«, gemäß einer Genehmigung des Bundesverkehrsministeriums, streckenweise mit einer Höchstgeschwindigkeit von 160 km/h. Ein Jahr später folgte der Flügelzug F 21/22 »Rheinpfeil«. Damit gehörten beide Züge bis 1966 zu den schnellsten Zügen Deutschlands. Der »Rheingold« stellte einen Höhepunkt in der Entwicklung des Fernschnellverkehrs in Deutschland dar. Seiner früheren Bedeutung als Luxuszug entsprechend setzte die DB für den »Rheingold«, und ab 1963 für den »Rheinpfeil, neu entwickelte blau-crème lackierte Reisezugwagen ein. Diese waren das modernste, was bis dahin auf die Schienen gestellt wurde. Die Zusammenstellung des Zuges wandelte sich im Laufe der Jahre: Ursprünglich bestand der »Rheingold« aus zwei Großraum-,

Für den hochwertigen Reisezugdienst ließ die Bundesbahn einige E 10 in den TEE-Farben lackieren, dazu gehörte auch die E 10 1265. Foto: Kleine, Archiv transpress

Auf der Internationalen Verkehrsausstellung (IVA) 1965 in München präsentierte die Deutsche Bundesbahn die nagelneue E 03 003. Foto: Riechers

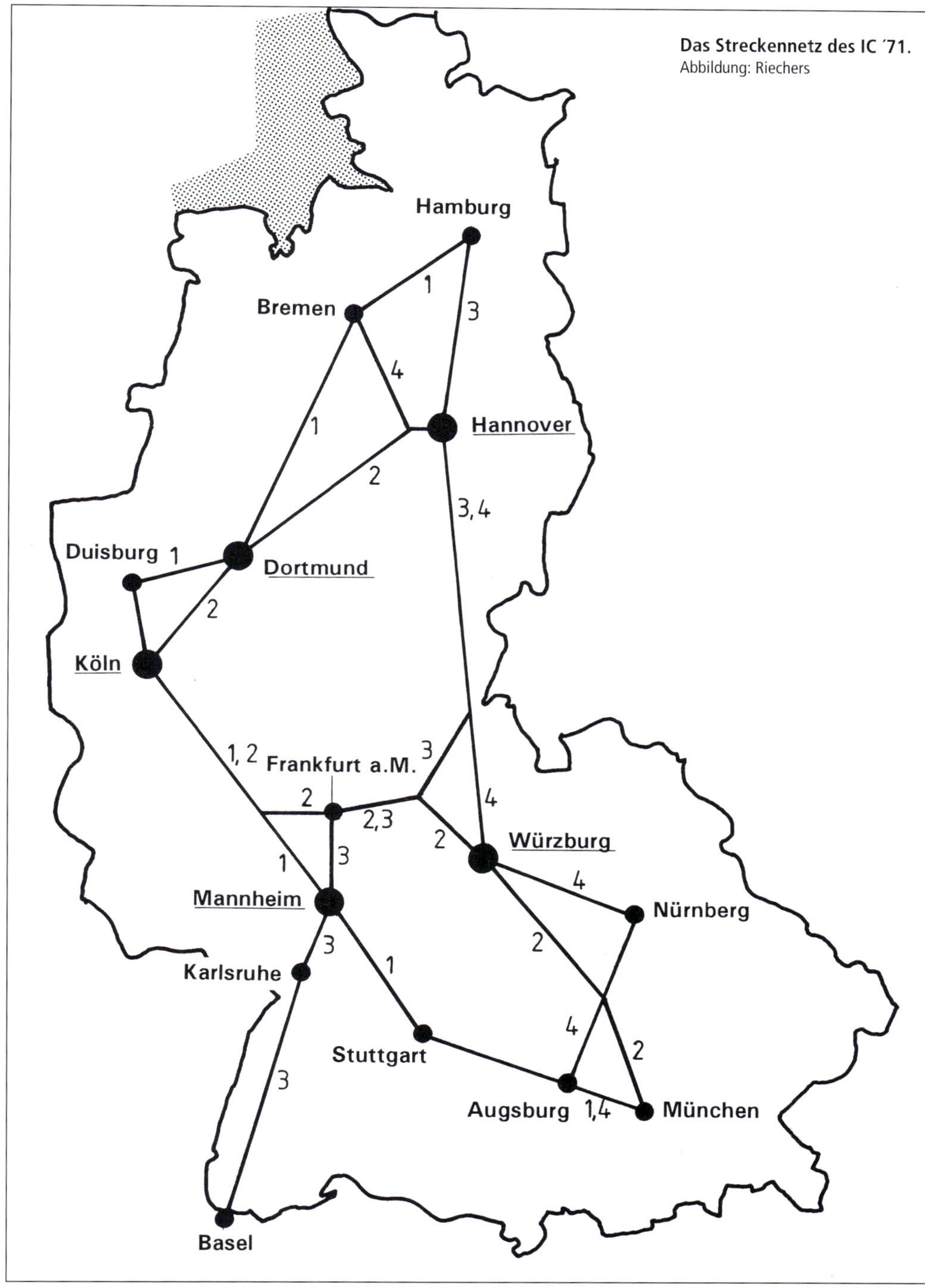

Das Streckennetz des IC '71.
Abbildung: Riechers

drei Abteil-, einem Aussichtswagen – nach dem Beispiel der amerikanischen Dome-Cars – mit Bar und einem benachbarten Speisewagen. Die Ausstattung war für diese Jahre edel – Teppichboden in den Gängen, bei den Abteilwagen bis zum Fußboden verglaste Schiebetüren, drehbare Sessel im Großraumwagen und im Aussichtsabteil, ein Schreibabteil sowie Wärme dämmende Verglasung und Klimaanlage. Um bei der normalen Wagenlänge von 26,40 m 48 Sitzplätze im Speisewagen unterbringen zu können, wurde die Küche zweigeteilt und in zwei Ebenen übereinander angeordnet. Dadurch erhielt der Speisewagen sein charakteristisches Aussehen und seinen Spitznamen – »Buckelspeisewagen«. Alle Wagen waren auf Grund der V_{max} von 160 km/h mit Magnet-Schienenbremsen (Mg-Bremsen) ausgerüstet.

In Duisburg begegneten sich die beiden F-Züge und tauschten dort ihre Kurswagen von und nach Basel bzw. München aus. Der Aussichtswagen des »Rheingold« konnte wegen des geringeren Lichtraumprofils der NS nicht in die Niederlande fahren und wurde auf dem Streckenabschnitt Dortmund–Duisburg dem »Rheinpfeil« beigestellt. Für die Bespannung der Züge griff die Bundesbahn zunächst auf die Elloks der Baureihe E 10^1 zurück, die durch eine geänderte Übersetzung eine V_{max} von 160 km/h erreichten. Zur Unterscheidung von ihren unveränderten Schwesterlokomotiven erhielten diese Maschinen vor der Ordnungsnummer eine »1« (z.B. E 10 1242 statt E 10 242). 1963 wurden die ersten Exemplare der weiterentwickelten E 10, die Baureihe E 10^3 abgeliefert, die auf Grund ihres Aussehens bald »Bügelfalten-E 10« genannt wurden. Die mit einer Übersetzung für 160 km/h ausgerüsteten Maschinen wurden als E 10^{12} und E 10^{13} (ab 1968: BR 112) bezeichnet und waren fortan für die Förderung von F- und TEE-Züge vorgesehen.

Die Deutsche Bundesbahn gliederte 1965 den »Rheingold« und den »Rheinpfeil« in das TEE-System ein. Dadurch verloren beide Züge schrittweise ihre Lackierung in Blau-Crème und wurden nun rot-crème gespritzt. Mit Beginn des Sommerfahrplans 1971 vergab die Bundesbahn in Vorbereitung für die im September 1971 geplante Einführung des IC-71-Systems neue Nummern für die beiden Züge. Der »Rheingold« hieß fortan TEE 6/7 und der »Rheinpfeil« TEE 106/107. Gleichzeitig wurde der Zuglauf des »Rheinpfeil« von Dort-

Für den IC-Verkehr beschaffte die Bundesbahn die elektrischen Triebzüge der Baureihe 403, die auf Grund ihrer Form »Donald Duck« hießen. Als Airport-Express durcheilten am 20. Mai 1987 die Einheiten 403 002/001 und 43 006/003 den Bahnhof Bacharach. Foto: Kleine, Archiv transpress

mund bis Hannover verlängert. Wie erwähnt hielten beide Züge bis 1966 das »Blaue Band« auf Deutschlands Schienen. Dies änderte sich mit der Indienststellung der Baureihe E 03 (ab 1968: Baureihe 103)

Die heute schon legendäre E 03 hatte ihren ersten Auftritt auf der Internationalen Verkehrsausstellung (IVA) 1965 in München. Hier stellte sie auch gleich ihre Leistung eindrucksvoll unter Beweis. Bei öffentlichen Demonstrationsfahrten zwischen München und Augsburg erreichte die E 03 eine Höchstgeschwindigkeit von 200 km/h. Zuvor hatte die Bundesbahn die Strecke als Teil des 1964 vorgeschlagenen Schnellfahrnetzes entsprechend ausgebaut. Bereits ab 22. Mai 1966 erreichte dann der TEE »Blauer Enzian« München–Hamburg zwischen München und Augsburg eine fahrplanmäßige Höchstgeschwindigkeit von 200 km/h. und damit das »Blaue Band«. Damit war außerdem die 200-km/h-Grenze endgültig erreicht! Die Reisegeschwindigkeit des »Blauen Enzian« auf der 813 km langen Strecke betrug immerhin 106 km/h.

Im April 1967 unterbreitete ein Mitglied der DB-Hauptverwaltung, Dipl.Ing. Wattenberg, den Vorschlag, *»zur Verbesserung der Fern- und Städteschnellverbindungen«* ein dichtes innerdeutsches Netz von Schnelltriebzügen einzurichten, um alle wichtigen Wirtschaftszentren miteinander zu verbinden. Dabei fiel auch zum ersten Mal der Begriff *»InterCity«*. Dieser Vorschlag, der auf das 1964 erarbeitete Gutachten über »Schnellbahnen für die Hauptverkehrsströme Deutschlands« basierte, fand die Zustimmung des Vorstands. Im August 1969 wurde ein umfassend und detailliert ausgearbeiteter Plan für ein neuartiges, »rhythmisches« InterCity-Netz-System mit 1.-Klasse-Zügen vorgelegt. Diesem Konzept stimmte der Vorstand der DB umgehend zu. Am 26. September 1971 war es dann so weit: Unter dem Motto: »Deutschland im 2-Stundentakt« ging das System »IC ′71« an den Start. Das so genannte Netz A – ein Netz B war für 1973 angedacht – umfasste vier Linien mit einer Gesamtlänge von rund 3.500 km. Dieses Netz verband 33 deutsche Städte acht Mal pro Tag von Montag bis Freitag miteinander. Es bestand aus folgenden Verbindungen: Hamburg–Bremen–Münster–Dortmund–Köln–Mainz–Mannheim–Stuttgart–München (Linie 1), Hannover–Dortmund–Köln–Wiesbaden– Frankfurt–Würzburg–München (Linie 2), Hamburg–Hannover–Fulda–Frankfurt–Mannheim–Basel (Linie 3) und Bremen–Hannover–Bebra–Würzburg–Nürnberg–Augsburg–München (Linie 4). Verknüpft wurden die Linien 1 und 2 in Dortmund und Köln, die Linien 1 und 3 in Mannheim, die Linien 2 und 4 in Würzburg sowie die Linien 3 und 4 in Hannover.

Neu bei den Verknüpfungen war das System *»cross platform«*, bei dem die korrespondierenden Züge durch eine identische Wagenreihung am gleichen Bahnsteig ein schnelles und unkompliziertes Umsteigen ermöglichten. Die bisherigen 1.-Klasse-F-Züge sowie ein Großteil der TEE-Züge gingen im IC 71-Netz auf. An Stelle der ursprünglich geplanten Triebzüge kamen jedoch Lokomotiven der Baureihe 103 zum Einsatz mit Wagen der Rheingold- bzw. TEE-Bauart. Diese besaßen klimatisierte Abteil- und Großraumwagen der Bauart Avm bzw. Apm sowie die 27,5 m langen Speisewagen der Bauart WRmh/z. Das Farbschema der IC-Züge entsprach dem der TEE-Züge. Ferner wurden die vom TEE- in den IC-Verkehr umgesetzten Triebzüge der Baureihe 601 eingesetzt. Die Triebzüge trugen an Stelle eines Schildes mit der Aufschrift »TEE« nunmehr die Aufschrift »InterCity« an ihrer Stirnfläche. Die Höchstgeschwindigkeit der IC-Züge betrug 160 km/h. Obwohl der Start des IC ′71 unter einem ungünstigen Stern stand – auf Grund mangelnder Unterhaltung des Oberbaus wiesen die Strecken zahlreiche Langsamfahrstellen (La-Stellen) auf – stieg die Fahrgastzahl im Vergleich zu den durch die IC ersetzten F- und TEE-Züge immerhin um 40 %.

1969 forderte die DB die Industrie auf, Entwürfe für den als Baureihe 403 vorgesehenen elektrischen 1.-Klasse-Triebzug einzureichen. Im Frühjahr 1970 vergab die Bahn den Auftrag für drei Prototypen in vierteiliger Ausführung an die Firmen Linke-Hofmann-Busch (Endwagen), MBB (Mittelwagen), MAN (Drehgestelle), AEG, BBC und Siemens (elektrische Ausrüstung). Ab März 1973 wurden die drei Triebzüge abgeliefert und im August 1973 absolvierte die Baureihe 403 auf der Strecke Augsburg–Donauwörth ihre ersten Schnellfahrten, bei denen eine Höchstgeschwindigkeit von 215 km/h erreicht wurde. Die Antriebstechnik des allradgetriebenen Triebzugs basierte auf den fast zeitgleich entwickelten S-Bahn-Triebzügen der Baureihe 420. Die Baureihe 403 war zudem mit einer auf 2° begrenzten gleisbogenabhängigen Wagenkastensteuerung ausgerüstet. Die Gestaltung des 403 erfolgte nach »verkehrswerbenden Gesichtspunkten« und zeigte ein futuristisch geprägtes Erscheinungsbild. Bei der Gestaltung der Kopfform, die dem Triebzug den Spitznamen »Donald Duck« einbrachten, war das Strömungstechnische Institut der TU-Hannover mit involviert. Während die Endwagen über Abteile verfügten, war ein Mittelwagen als Großraumwagen und ein weiterer Mittelwagen mit Küche und Restaurant eingerichtet. Noch während der ersten erfolgreichen Probefahrten änderte die DB ihre Meinung in Sachen Triebzug-erneut, und setzte weiterhin auf lokbespannte Züge. Zwei der drei Triebzüge kamen dennoch ab dem Winterfahrplan 1974/75 auf der Strecke München–Würzburg–Bremen als IC »Hermes« und »Albrecht Dürer« zum Einsatz. Auf entsprechend ausgebauten Abschnitten, wie z.B. zwischen München und Augsburg, erreichte der 403 eine Höchstgeschwindigkeit von 200 km/h.

Mit der Einführung des System »IC 79«, das nun Züge mit Wagen der 1. Und 2. Klasse vorsah, hatte die DB für die Baureihe 403 im Prinzip keine Verwendung mehr. Zunächst blieben sie hochwertigen Sondereinsätzen vorbehalten. Ab 1982 kamen sie unerwartet zu völlig neuen Ehren: Die Lufthansa charterte die Triebzüge für ihren »Lufthansa Airport Express« zwischen den Flughäfen Düsseldorf und Frankfurt a.M.. Die beim Publikum äußerst beliebten Triebzüge wurden flugzeugähnlich ausgestattet und boten auch sonst den in der Luft üblichen Service. Bis zum 23. Mai 1993 pendelten die in den Lufthansa-Farben lackierten Triebzüge mehrmals täglich auf »Flughöhe 0«, teilweise in Doppeltraktion. Auf Grund der Kostensituation bei der Lufthansa musste der Betrieb mit der Baureihe 403 zu diesem Termin eingestellt werden. Bereits am 23. Juli 1993 musterte die DB alle drei Triebzüge aus – die Baureihenbezeichnung 403 ging auf den ICE 3 (Einsystem-Fahrzeug) über.

Am 3. Juni 1973 wurde dann das angekündigte IC-B- oder, wie es von der Bahn genannt wurde »**DC**-Netzv« (**D**-Züge, **City**-Verkehr) in Betrieb genommen. Es bestand aus je acht Ergänzungs- und Anschlussstrecken die neben den Knoten des IC-A-Netzes weitere 73 Städte erschlossen. Die Züge führten 1. und 2. Klasse und das Wagenmaterial durfte nicht älter als acht bis zehn Jahre sein. An Stelle des Speisewagens trat nun der Minibar-Service. Die Züge auf den Ergänzungsstrecken verkehrten dreimal täglich, deren Namensgebung war landschaftsbezogen, wie z.B. »Frankenland« oder »Badenerland«. Die Züge der Anschlussstrecken die relativ kurze Strecken zu den Anschlussknoten zu bewältigen hatten erhielten Namen mit der Endsilbe »City« (z.B. »Förde-City«, »Kiel–Hamburg«). Dieses so genannte DC-Netz umfasste die **Ergänzungsstrecken** Emden–Frankfurt a. M. (Linie 11), Stuttgart–Mannheim–Kassel, (Linie 12), (Bebra–) Kassel–Dortmund (–Duisburg) (Linie 13), Köln–Kassel (–Göttingen) (Linie 14), Saarbrücken–Koblenz (–Düsseldorf) (Linie 15), Saarbrücken–Mannheim–Nürnberg (Linie 16), Karlsruhe–Nürnberg (–Regensburg) (Linie 17) und Stuttgart–Hof (Linie 18). Zu den **Anschlussstrecken** gehörten die Linien 21: Kassel–Bebra, 22: Kassel–Göttingen, 23: Hamburg–Kiel, 24: Hamburg–Lübeck, 25: Bremerhaven–Bremen, 26: Oldenburg–Bremen, 27: Braunschweig–Hannover und 28: Nürnberg–Regensburg. Mit diesem erweiterten InterCity-Netz hatten, laut DB, insgesamt 121 Städte des Bundesgebietes regelmäßige, gut über den Tag verteilte Verbindungen erhalten. Sowohl bei IC-A als auch bei IC-B wurde ein bestimmter Qualitätsbegriff vorausgesetzt.

Es kam jedoch alles ganz anders: Da die Züge des B-Netzes (1. **und** 2. Klasse) in ihrer Zubringerfunktion in den Knoten nur Anschluss an die Züge des A-Netzes (**ausschließlich** 1. Klasse) hatten, liefen viele 2. Klasse-Fahrgäste anschlussseitig ins Leere. Auch die Qualität der Wagen ließ oft zu wünschen übrig, so dass die Reisenden letztlich das Angebot nicht in dem erwarteten Umfang annahmen. Nach ersten Korrekturen 1974 wurde mit dem Winterfahrplan 1975 das Angebot des B-Netzes erheblich reduziert. Am 1. Oktober 1978 entfiel das DC-Netz vollständig; erst in dem am 25. September 1988 eingeführten InterRegio (IR)-Netz fand sich ein Teil des früheren DC-Netzes wieder.

Dafür machte die DB mit ihrem neuen Angebot »IC 79« zum Fahrplanwechsel am 27. Mai 1979 erneut auf sich aufmerksam. Der Einsatz von hochwertigen Reisezügen mit Wagen der 1. und 2. Klasse hatte einen einfachen Grund: In der Vorstandsetage der DB wurde festgestellt, dass einerseits das IC 71-System zwar das Image der Bundesbahn verbessert hatte, andererseits der Markt für 1.-Klasse-Kunden zu klein war, um auf Dauer dieses Netz wirtschaftlich betreiben zu können.

Außerdem »*führte das IC-Angebot von 1971 dazu, daß in den großen Fernverkehrsverbindungen für die Reisenden der 2. Wagenklasse, die den stark überwiegenden Teil der Kunden ausmachen, nur 65% des Zugangebots der Fernzüge zur Verfügung standen und für diesen Markt die durchschnittliche Reisegeschwindigkeit bei 80 km/h stagnierte*«, heiß es seitens der DB. Unter dem Motto »Jede Stunde – Jede Klasse« wurde aus dem zuvor nur zweistündlich bedienten IC 71-Netz mit reinen 1.-Klasse-Züge nun ein geschlossenes Fernverkehrsnetz mit 152 IC-Zügen für die 1. und 2. Klasse. An den bereits bestehenden Knotenpunkten wurden nun stündlich Umsteigeverbindungen angeboten.

Die Höchstgeschwindigkeit der doppelklassigen Züge betrug, wie auch beim IC 71-Netz, 160 km/h, auf entsprechend ertüchtigten Streckenabschnitten 200 km/h, so dass die Reisegeschwindigkeit auf durchschnittlich 103 km/h anstieg. Noch heute besteht das 1979 geschaffene Grundnetz in unveränderter Form, wenn einmal von Verbesserungen durch Neubaustrecken und Erweiterungen besonders nach 1990 absieht. Machte die Bundesbahn mit dem erfolgreichen IC 79-System einen wegweisender Schritt in die Zukunft, so brachte das IC 85-System im Jubiläumsjahr der Deutschen Eisenbahn weitere Verbesserungen im IC-Verkehr. Zunächst wurden das Netz sowie die Fahr- und Aufenthaltszeiten optimiert. Zusammen mit der Erweiterung der 200 km/h-Abschnitte auf insgesamt 440 Streckenkilometer konnte die Reisegeschwindigkeit im Durchschnitt noch einmal auf 108 km/h angehoben werden. Die Spitzenleistung erbrachten auf der Strecke Hamburg–Hannover drei IC-Züge, die eine Reisegeschwindigkeit von 150 km/h erreichten.

Die Verbesserung der Service-Leistungen war eine weitere Komponente des IC 85-Systems. »Park & Rail« (reservierte Parkplätze an 35 IC-Bahnhöfen), »Rail & Road« (Mietwagenservice am Zielbahnhof) sowie »Rail & Fly« (Pauschalangebote zu den Flughäfen mit Gepäckservice) hießen die neuen Angebote im Eisenbahnverkehr. Weitere neue Begriffe waren der Zugchef« an Stelle des Zugführers sowie »Zugbegleiter« an Stelle des Schaffners. Sie galten bei der Bahn als Synonyme für eine verbesserte Information im Zug. Am 31. Mai 1987 schließlich fiel nach einem längeren Siechtum der Vorhang für den Trans Europ Express (TEE). An seine Stelle trat der EuroCity (EC), der in IC-Qualität 200 Städte in 13 Staaten miteinander verbindet. Im Bereich der Deutschen Bundesbahn verkehrten 31 EC-Tages- und zwei EC-Nachtzugpaare, die 60 Bahnhöfe bedienten.

Der Hochgeschwindigkeitsverkehr (HGV)

Der Aufbruch in höhere Geschwindigkeitsregionen

Der gestiegene Individualverkehr und die dadurch sinkenden Fahrgastzahlen zwangen die Eisenbahnverwaltungen in allen westlichen Ländern, ihre Wirtschaftlichkeit zu verbessern. Dabei galt es aber gleichzeitig die Attraktivität des Verkehrsmittels Eisenbahn zu steigern. Bereits in den frühen 60er-Jahren gab es erste Überlegungen, durch einen verbesserten Komfort und kürzere Reisezeiten zumindest einen Teil der auf das Auto umgestiegenen Fahrgäste zurückzugewinnen. Noch 1962 herrschte in der DB-Hauptverwaltung beim Thema »Schnellstverkehr auf der Schiene« die Ansicht vor, »*dass Geschwindigkeiten weit über 200 km/h erst recht über 300 km/h, dem Flugzeug vorbehalten bleiben dürften…*«.

Doch bereits zu diesem Zeitpunkt gab es Entwicklungen im Schienenverkehr, die dazu angetan waren, diese Ansicht Lügen zu strafen. Immerhin startete die Japan National Railways (JNR) 1964 rechtzeitig zu den olympischen Spielen den regulären Tokaido-Express zwischen Tokio und Osaka mit einer Höchstgeschwindigkeit von zunächst 210 km/h. Obwohl in der Anwendung des HGV zwischen Japan und Europa eine Lücke von 17 Jahren klafft, beschäftigten sich auch die europäischen Bahnunternehmen, allen voran die französische SNCF, bereits früh mit dieser Thematik. Hierbei stand die Erforschung der Grenzen des Rad/Schiene (R/S)-Systems im Vordergrund.

Bereits am 21. Februar 1954 erreichte die elektrische SNCF-Lokomotive CC 7121 eine Geschwindigkeit von 243 km/h; hierüber wird an anderer Stelle ausführlicher zu berichten sein.

In der Bundesrepublik kamen die ersten Gedanken an den HGV erst auf, nachdem die gröbsten Kriegsschäden beseitigt waren und der Schienenverkehr wieder reibungslos verlief. Auch hier loteten die Ingenieure zunächst die Grenzen des RS-Systems aus. Allerdings wurden die Untersuchungen hierzulande durch die parallel verlaufende Entwicklung der Magnet-Schwebetechnik beeinflusst. Auf Grund der Forschungsergebnisse wurde von den europäischen Bahnverwaltungen ein Konzept für ein europäisches HGV-Netz erarbeitet, das jedoch erst 1990 der EU-Ministerrat genehmigte.

Neben den Aktivitäten der Bahnunternehmen leistete auch die Bahnindustrie erhebliche Anstrengungen bei der Erforschung neuer leistungsfähiger und energiesparender Antriebe und Steuerungstechniken sowie verbesserter Fahrzeugbauweisen, die eine Verringerung des Fahrzeuggewichts zum Ziel hatten. Weitere Forschungskriterien waren u.a. die Schalldämmung und Schwingungsdämpfung, die Reduzierung ungefederter Massen, die Entwicklung der aerodynamischen Gesetze sowie die Entwicklung neuer Zugsicherungs- und Telekommunikationssysteme. Ein weiteres wichtiges Kriterium war die Erhöhung der Verfügbarkeit der Fahrzeuge. Durch eine Optimierung der Wartungssysteme waren noch erhebliche Kostenpotenziale zu erwarten. Das HGV-Zeitalter in Europa begann schließlich am 27. September 1981 mit der Aufnahme des TGV-Verkehrs auf der Strecke Paris–Lyon.

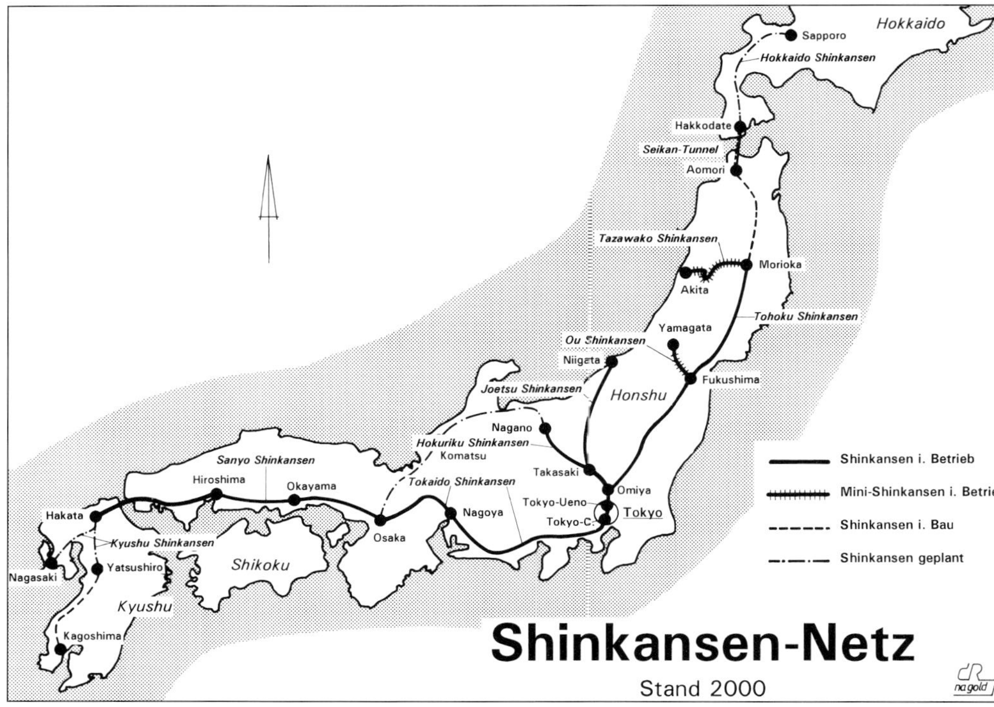

Das Shinkansen-Netz in Japan (Stand 2000). Abbildung: Riechers

Der Auftakt des HGV fand in Japan statt.

Obwohl bereits 1939 die Planungen für eine Schnellbahnlinie von Tokyo über Osaka nach Shimonoseki, an der äußersten westlichen Spitze des Insels Honshu gelegen, abgeschlossen und 1940 mit den ersten Bauarbeiten begonnen wurden, vergingen über 20 Jahre, bis der erste Hochgeschwindigkeits-Zug verkehrte. Auch in Japan war der Zweite Weltkrieg Ursache für diese Entwicklung.

Im Jahr 1957 musste sich die Japanese National Railways (JNR) mit der Frage auseinander setzen, wie sie sinkenden Pendlerzahlen auf der Tokaido-Strecke zwischen Tokyo und Osaka begegnen könnte. Nach Prüfung mehrerer Alternativen entschied 1958 das Verkehrsministerium den Bau eines »Shinkansen« (deutsch: Neubaustrecke) in Normalspur – das bisherige Netz der JNR hatte Kapspur (1.067 mm) – in etwa gemäß den Planungen aus dem Jahr 1939. Im April 1959 begannen bereits die Bauarbeiten. Die ersten beiden 1962 gelieferten, für den Verkehr auf der neuen Strecke vorgesehenen Prototyp-Triebzüge wurden auf einem fertig gestellten Abschnitt gründlich erprobt. Dabei wurde März 1963 eine Höchstgeschwindigkeit von 256 km/h erreicht.

Am 1. September 1964, lange vor dem ersten TGV-Einsatz in Frankreich, nahm die JNR den so genannte Tokaido-Shinkansen offiziell in Betrieb. Die Reisegeschwindigkeit des »Tokaido-Express« auf der 515 km langen Strecke betrug zunächst 128,7 km/h, da noch nicht überall mit der Zunächst zulässigen Höchstgeschwindigkeit von 210 km/h gefahren werden konnte. Das war erst der Fall, nachdem sich der Oberbau verfestigt hatte. Danach wurde der Welt höchste Reisegeschwindigkeit von 162,6 km/h erreicht.

Beflügelt durch den Erfolg, plante die JNR die Erweiterung des Shinkansen-Verkehrs. Als erste Erweiterungsmaßnahme wurde am 15. März 1972 die Verbindung von Osaka nach Okayama eröffnet. Am 10. März 1975 folgte die Verlängerung nach Hakata. Dieser »Sanyo-Shinkansen« war faktisch eine Verlängerung der Tokaido-Shinkansen. Die Gesamt-Streckenlänge von Tokyo bis Hakata betrug nun 1.068 km.

In der Zwischenzeit hatte die Japanische Regierung erkannt, dass der Bau von HGV-Strecken das Wachstum der nationalen Wirtschaft förderte und bei der Landesentwicklungsplanung eine wichtige Rolle spielen könnte. Im Jahr 1970 wurden deshalb per Gesetz der Bau des »Tohoku-Shinkansen« Tokyo–Fukushima–Takasaki–Morioka (496 km), des »Joetsu-Shinkansen« Tokyo–Takasaki–Niigata (270 km), des »Hokuriku-Shinkansen« (Tokyo–) Takasaki–Osaka über Nagano (600 km), des »Kyushu-Shinkansen« Hakata–Kagoshima (249 km) und des »Narita-Shinkansen« Tokyo–Flughafen Narita (65 km) als vorrangig bezeichnet. Bereits ein Jahr später wurde mit dem Bau der Tohoku- und der Joetsu-Shinkansen begonnen. Zahlreiche Proteste und Einsprüche der Anlieger begleiteten beide Projekte, so dass der ursprünglich angedachte Fertigstellungstermin 1977 Frage gestellt werden musste. Tatsächlich verkehrten auf beiden Strecken am 23. Juni bzw. 15. November 1982 die ersten Züge zunächst bis Omiya. Erst im Juni 1980 konnte die JNR, ebenfalls auf Grund von Einsprüchen, mit dem Abschnitt Tokyo Central–Omiya beginnen. Aber auch hierbei gab es durch Proteste bedingte Verzögerungen bei der Einführung der Strecke in das Stadtgebiet Tokyos, so dass die Strecke zunächst in Tokyo-Ueno endete. Die Inbetriebnahme erfolgte im März 1985. Erst 1987 wurden die Bauarbeiten zwischen Tokyo-Ueno und Tokyo Central wieder aufgenommen und am 14. Juni 1991 beendet.

1974 begannen auch die Arbeiten für den »Narita-Shinkansen«. Als die Strecke 1978, zu gleicher Zeit mit dem umstrittenen Flughafen, fertiggestellt war, wurde die Verbindung zum Flughafen nicht von JNR auf der Narita-Shinkansen sondern von der Keisei Electric Railway betrieben. Diese hatte bereits fünf Jahre zuvor auf eigene Rechnung eine Stichstrecke von ihrer eigenen Bahn zum Flughafen verlegt. Die Narita Shinkansen verwaiste…

Auf Grund der finanziellen Situation wurde ab 1983 über eine Reform der Staatsbahn diskutiert. Das dazu notwendige Gesetz trat am 1. April 1987 in Kraft. In Übereinstimmung mit dem neuen Gesetz entstand innerhalb der JNR eine Holding für den Shinkansen, die die Verwaltung der gesamten Infrastruktur übernahm und an die neu ge-

Die Baureihe 500 »Nozomi« der JR West bezeichnet sein Designer Alexander Neumeister als *»eine Synthese von Technik und Design«.* **Aus aerodynamischen Gründen erheilt das Fahrzeug eine 15 m lange Fahrzeugspitze.** Foto: Neumeister

gründeten Personenbeförderungsgesellschaften verpachtete. Diesen neu gebildeten, geografisch orientierten Gesellschaften wurden die folgenden, bis dahin fertiggestellten bzw. geplanten Strecken zugeteilt: Kyushu Railway (JR Kyushu) – »Kyushu-Shinkansen« *(gepl.),* West Japan Railway (JR West) – »Sanyo-Shinkansen«, Central Japan Railway (JR Central) – »Tokaido-Shinkansen«, East Japan Railway (JR East) – »Tohoku- und Joetsu-Shinkansen«, Hokkaido Railway (JR Hokkaido) – «Hokkaido-Shinkansen« (gepl.). Ferner sind diese Gesellschaften für die Beschaffung des erforderlichen Rollmaterials zuständig.

Obwohl die Regierung den Bau neuer Shinkansen auf Grund der finanziellen Situation untersagte, wurden Mitte der 80er-Jahre die Planungen aus dem Jahr 1970 einer Prüfung unterworfen und entsprechend modifiziert. Zu den bestehenden Vorhaben kamen nun noch der »Tohoku-Shinkansen« Morioka–Aomori (175 km), der Kyushu-Shinkansen II Hakata–Nagasaki (125 km) und der »Hokkaido-Shinkansen« (Aomori)–Hakkodate–Sapporo (225 km) hinzu. Als nach der Bahnreform in Japan 1987 das Neubau-Verbot fiel, wurde der Verlängerung des Tohoku-Shinkansen nach Aomori höchste Priorität eingeräumt. Diese Strecke bildete das Sprungbrett nach Sapporo auf der Insel Hokkaido. Kernstück dieser Strecke ist der 53,9 km lange Seikan-Tunnel unter der Tsugarusstraße. Dieser Tunnel wurde bereits im März 1988 im Betrieb genommen, jedoch zunächst mit Kapspur bis der verlängerte Tohoku-Shinkansen über Aomori hinaus den Tunnel erreicht hat. Im Jahr 1989 wurde mit dem Bau des Teilstücks Takasaki–Nagano des Hokuriku-Shinkansen begonnen, das 1997 eröffnet werden konnte.

Nicht nur der Widerstand der Bevölkerung gegen den Bau neuer Strecken, auch die enormen Kosten für die Neubaustrecken zwangen die Bahnunternehmen zur Zurückhaltung. So wurden erst 1998 die Baugenehmigungen für das letzte nördliche Teilstück des Tohoku-Shinkansen bis Aomori, für ein erstes Teilstück des Kyushu-Shinkansen sowie für ein zentrales Teilstück des Hokuriku-Shinkansen von Nagano bis Komatsu erteilt. Für zwei Shinkansenstrecken – Fukushima–Yamagate und Morioka–Akita – wurden Sparvorschläge unterbreitet. Dabei sollen die vorhandenen Kapspurstrecken mit einer dritten Schiene ausgerüstet werden, so dass die HGV-Züge bis Yamagate bzw. Akita weiterfahren können. Aus politischen und finanziellen Gründen entschied die JR East, diese Strecken bei unveränderter Infrastruktur auf Normalspur umzuspuren. Allerdings mussten hier auf Grund des kleineren Lichtraumprofils neue Fahrzeuge beschafft werden. Diese Strecken wurden deshalb »Mini-Shinkansen« genannt. Sie gingen 1992 bzw. 1997 im Betrieb.

Der Fahrzeugpark in Japan setzt sich aus verschiedenen Triebzügen zusammen. Die bekanntesten Triebzüge, die 1964 als erster Tokaido-Express weltweit Berühmtheit erlangten, ist die Baureihe 0. Diese erste Generation steht derzeit kurz vor der Ausmusterung. Die weiterentwickelten Baureihen 100, 200 und 300 verkehrten zunächst auf allen Shinkansen-Strecken. Die Baureihe 400 war für den Einsatz auf dem Ou-Shinkansen vorgesehen. Die Triebzüge der späteren JR East erhielten als Kennzeichen später den Buchstaben »E«. Eine Besonderheit war, dass die Fahrzeuge der BR 400 – wie auch die der späteren Baureihe E 3 für die Tazawako-Shinkansen der JR East – mit allen breiteren Triebzügen kuppelbar waren. Damit wurde der durchgehende Verkehr von Tokyo nach Yamagata bzw. Akita ermöglicht. Sie mussten allerdings in Fukushima bzw. Morioka geflügelt werden.

Die erreichten Höchstgeschwindigkeiten hielten sich anfangs in Grenzen – auch auf Grund von Bürgerprotesten. Beim Tokaido-Shinkansen war lange Zeit nur eine V_{max} von 210 km/h erlaubt. Erst ab November 1986 konnte die Geschwindigkeit auf 220 km/h angehoben werden. Mittlerweile ist auf nahezu allen Strecken eine V_{max} von 275 km/h gestattet, womit die HGV-Marke endgültig überschritten wurde. Ausgenommen sind hiervon die Mini-Shinkansen, die auf Grund ihrer Streckenführung nur 130 km/h zulassen. Die dort eingesetzten Fahrzeuge jedoch sind wegen des Durchgangsbetriebs bis nach Tokyo für eine V_{max} von 275 km/h zugelassen.

Die Gestaltung der Züge wird von Typ zu Typ futuristischer: Als Beispiel können hier die doppelstöckigen E4 der JR East und die Baureihe 500 »Nozomi« der JR West genannt werden, die wie die deutschen ICE-Triebzüge die Handschrift des Münchener Designers Alexander Neumeister tragen und für eine V_{max} von 300 km/h zugelassen sind. Die japanischen Neubaustrecken sind mit 25 kV bei 50 Hz elektrifiziert.

Shinkansen.Netz in Japan:

Eröffnung	Namen	Strecke	Länge(km)	Unternehmen	Bemerkungen
1. September 1964	Tokaido	Tokyo C.–Nagoya–Osaka	515,0	JR Central	
10. März 1975	Sanyo	Osaka–Hiroshima–Hakata	554,0	JR West	
23. Juni 1982	Tohoku	Omiya–Fukoshima–Morioka	466,0	JR East	
15. November 1982	Joetsu	Omiya–Takasaki–Niigata	270,0	JR East	
14. März 1985	Tohoku	Tokyo-Ueno–Omiya	27,5	JR East	
14. Juni 1991	Tohoku	Tokyo C.–Tokyo-Ueno	3,5	JR East	
1. Juli 1992	Ou	Fukushima–Yamagata	87,0	JR East	Mini-Shinkansen
März 1997	Tazawako	Morioka–Akita	127,0	JR East	Mini-Shinkansen
Oktober 1997	Hokuriku	Takasaki–Nagano	118,0	JR East	

Der TGV 001 während seiner Erprobungsfahrten. Foto: ALSTOM

Der TGV-PSE Nr. 77, Paris–Lyon, passiert hier am 16. Juli 1991 Lyon-Perrache. Foto: Ton Voogel

Der Hochgeschwindigkeitsverkehr in Europa

LGV und TGV

Die Société Nationale des Chemins de Fer Français (SNCF) begann ebenfalls recht früh mit der Erforschung der Grenzen der Rad/Schiene-Technik. Um die Grenzen sowohl der Traktion als auch des Oberbaus bei höheren Geschwindigkeiten zu erforschen, rüstete die SNCF die sechsachsige Ellok CC 7121 entsprechend um und führte mit ihr über mehrere Tage Versuchsfahrten auf dem Abschnitt Dijon–Beaune der 1952/53 mit 1,5 kV DC elektrifizierten Hauptstrecke Paris– Lyon durch. Dabei wurde am 21. Februar 1954 eine Höchstgeschwindigkeit von 243 km/h erreicht – der erste Weltrekord nach der Rekordfahrt des SVT 137 155 am 23. Juni 1939 zwischen Hamburg und Berlin, bei der 215 km/h erreicht wurden.

Für 1955 sah die SNCF weitere Versuche auf dem Streckenabschnitt Lamothe–Morcenx der Hauptstrecke Bordeaux–Hendaye vor. Hierzu wurde mit mobilen Unterwerke die Oberleitungsspannung von 1.500 auf 1.900 V DC erhöht. Zur Verfügung standen die Elloks BB 9004 und CC 7107. Nach einer Reihe von Vorversuchen erreichte die BB 9004 am 26. März 1955 zunächst eine geschwindigkeit von 276 km/h. Zwei Tage später erreichte Lok CC 7107 während einer wahren Höllenfahrt – ein Stromabnehmer löste sich brennend in seine Bestandteile auf – eine Höchstgeschwindigkeit von 326 km/h. Am 29. März schließlich erreichte Lok BB 9004 den Weltrekord von 331 km/h. Dieser Wert wurde erst 26 Jahre später, genauer am 26. Februar 1981, von TGV-Nr. 16 der SNCF mit 380,4 km/h überboten.

Allerdings mussten die Ingenieure der SNCF dieselbe Erfahrung machen wie im Jahr 1901 ihre Kollegen von Siemens und AEG bei den Schnellfahrversuchen mit ihren Drehstrom-Triebwagen: Auch diesmal stellte sich der Oberbau als zu schwach heraus. Beinahe wäre es in Frankreich zur Katastrophe gekommen, da sich die Gleise seitlich verschoben hatten. Dennoch konnte die SNCF nachweisen, dass mit der Rad/Schiene-Technik, auch im Falle planmäßigen Verkehrs, höhere Geschwindigkeiten zu erreichen waren als bisher üblich.

In der Folgezeit begann die SNCF, mit den Erfahrungen aus den Schnellfahrversuchen die Höchstgeschwindigkeit auf ihren Hauptstrecken langsam aber stetig anzuheben. 1957 lag die Höchstgeschwindigkeit des »Mistral« auf der Strecke Paris–Lyon bei 150 km/h. Als 1965 der Mistral von »Rapide« zu »TEE« mutierte, betrug seine Höchstgeschwindigkeit bereits 160 km/h. Allerdings nur bis zum 28. Mai 1967: Als die SNCF bei der Einführung des TEE 75/74 und 77/76 »Capitole« (Paris–Toulouse) die Geschwindigkeit auf dem Abschnitt Les Aubrais–Vierzon auf 200 km/h erhöhte, stieg die Reisegeschwindigkeit auf der gesamten Verbindung auf 121,1 km/h. Der 1971 eingeführte TEE 1/2 »Aquitaine« Paris–Bordeaux setzte allerdings noch einen darauf – auf Grund der fehlender Zwischenhalte bei der Fahrt in südlicher Richtung betrug, bei gleicher Höchstgeschwindigkeit wie in Richtung Norden, seine Reisegeschwindigkeit 145,3 km. Damit war der »Aquitaine« der schnellste Zug Europas.

Auf Grund der Ergebnisse aus den Schnellfahrversuchen und den ständigen Anhebungen der Höchstgeschwindigkeiten waren die Ingenieure der SNCF davon überzeugt, dass auf den bisherigen Strecken die wirtschaftliche Obergrenze bei 200 km/h anzusiedeln war. Eine Steigerung auf 300 km/h und mehr wäre nur zusammen mit dem Bau von neuen Strecken möglich. Diese Trassen sollten ausschließlich neu zu entwickelnden Reisezügen vorbehalten sein. Auf Grund der enormen Investitionen sollten diese Strecken nur dort entstehen, wo ein entsprechendes Potential an Fahrgästen vorhanden war. Eine dieser Verbindungen war die Strecke Paris–Lyon. Diese Strecke wies seit 1960 eine jährliche Zunahmen im Reisezugverkehrs um 6 % aus. Damit war trotz des viergleisigen Ausbaus einiger Abschnitte, die Grenze der Leistungsfähigkeit abzusehen. Ein Komplettausbau auf vier Gleise kostete etwas die Hälfte der Summe, die für eine Neubaustrecke notwendig gewesen wäre, allerdings hätte die viergleisige Strecke keine wesentlich höheren Geschwindigkeiten erlaubt.

1969 legte die SNCF den Plan für eine weitgehend neu zu bauende Hochgeschwindigkeitsstrecke (»Ligne Grande Vitesse« – LGV) zwischen Paris und Lyon vor. Für die Einfädelung in die Bahnhöfen von Paris und Lyon war die Nutzung vorhandener Trassen vorgesehen. Die in Frankreich für öffentliche Bauvorhaben erforderliche Déclaration d'utilité publique (deutsch: Erklärung der Gemeinnützigkeit) wurde am 23. März 1976 abgegeben. Die gesamte Strecke wurde schließlich in zwei Abschnitten bis September 1983 fertig gestellt.

Die Suche nach einem geeigneten Fahrzeug verlief parallel zu den LGV-Plänen. Da zu Beginn der 60er-Jahre weltweit der Gasturbinenantrieb als das non-plus-ultra im Schnellverkehr galt, wurde in der SNCF-Werkstatt Le Mans im April 1967 einen aus einem Zweiwagen-Triebzug vom Typ RGP umgebauter Versuchs-Triebzug abgeliefert. Mit seiner 850 kW starken Turbomeca-Gasturbine erreichte der Triebzug eine Geschwindigkeit von 240 km/h. Auf Grund der Versuchsergebnisse bestellte die SNCF am 11. Juli 1969 einen neuen Ver-

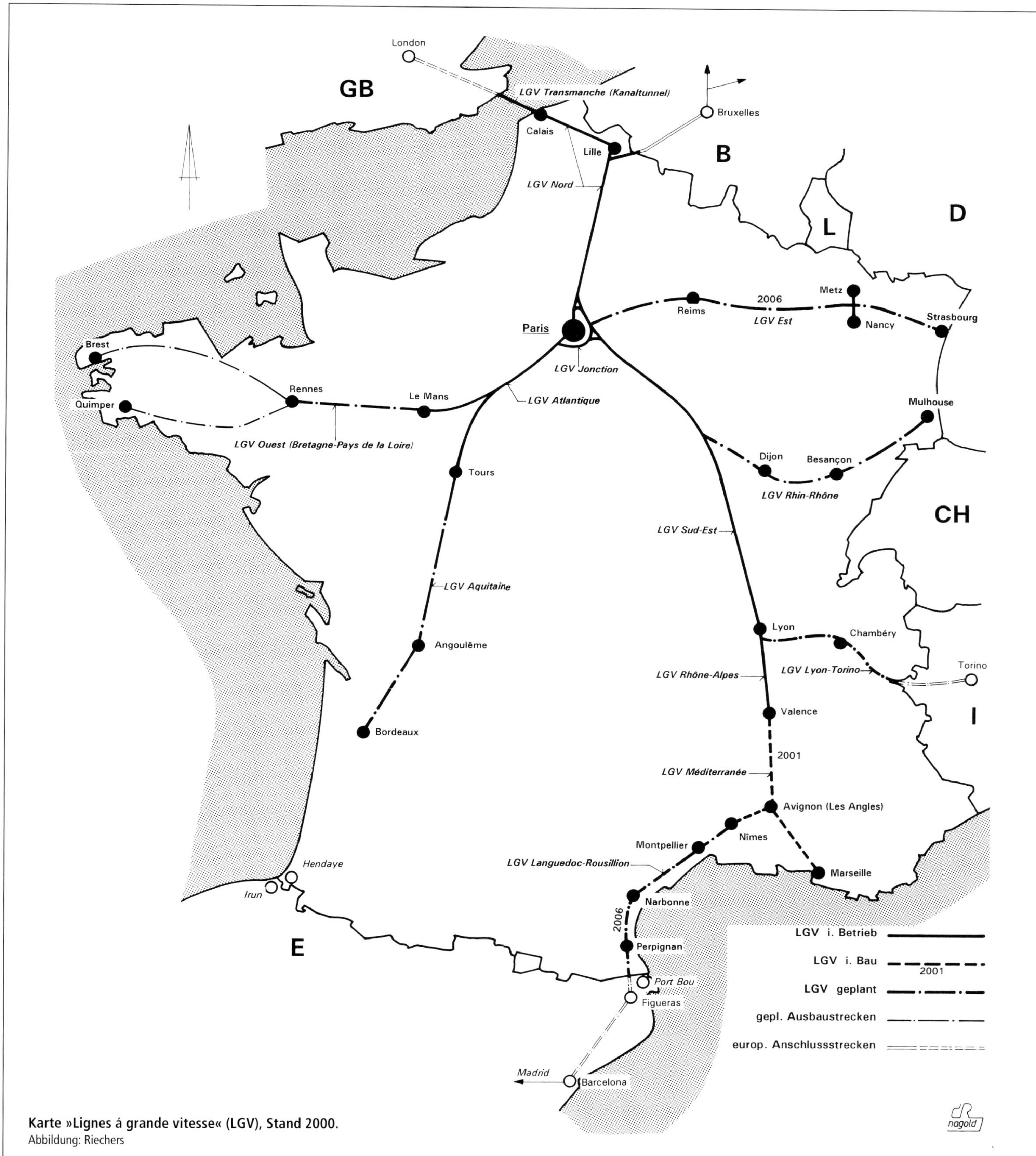

Karte »Lignes á grande vitesse« (LGV), Stand 2000.
Abbildung: Riechers

suchszug bei Alsthom in Belfort. Dieser Zug erhielt die Bezeichnung TGV »Train Grande Vitesse« 001. Auch dieser, im April 1972 vorgestellte fünfteilige Triebzug war mit Gasturbinen-Antrieb ausgerüstet und zeigte bereits deutliche Design-Details der späteren Serienversion des TGV.
Da die Schnellfahrversuche in den 50er-Jahren die momentanen Grenzen der Stromabnahme aufgezeigt hatten, wollte die SNCF zunächst die geplante so genannte LGV-Sud-Est nicht elektrifizieren. Die 1973 durch den arabisch-israelischen Krieg ausgelöste Ölkrise zwang die SNCF jedoch zum Umdenken und sie fasste die Elektrifizierung der LGV Sud-Est ins Auge. Dabei half der SNCF, dass es ihr gelungen war während einer Reihe von Schnellfahrversuchen auf der Strecke Strasbourg–Mulhouse die Probleme mit der Stromabnahme, sowohl Oberleitungs- als auch Stromabnehmerseitig, in den Griff zu bekommen. Auf Grund einer einfacheren Infrastruktur – leichtere Oberleitungskonstruktion und geringere Verluste – erwies sich das Wechselstromsystem mit 25 kV 50 Hz für die SNCF attraktiver als das bisherige System mit 1,5 kV DC.
Aber auch nach dieser Entscheidung war die Gasturbine noch nicht ganz aus dem Rennen. Für die Verlängerung der TGV-Züge von Lyon aus nach Grenoble und in die Schweiz (Genève) dachte die SNCF zunächst an Hybrid-Triebköpfe mit einem Elektro- und einem Gasturbinenantrieb. Doch die weitere negative Preisentwicklung in der Mineralölbranche brachte auch diese Idee zu Fall.
Mit dem Z (»Zébulon«) 7001 stellte die SNCF 1974 ein weiteres, jetzt elektrisch angetriebenes Versuchsfahrzeug auf die Schienen gestellt. Mit diesem Fahrzeug wurden die Anordnung der Fahrmotoren am Wagenkasten, der Antrieb über Gelenkwellen auf Achsgetrieben und die neuentwickelte Wirbelstrombremse erprobt. Als Ende 1976 die Bauarbeiten an der LGV Sud-Est aufgenommen wurden, gab die SNCF zunächst zwei Vorserien- und 85 Serien-Triebzüge der Bauart TGV-PSE (Paris-Sud-Est) in Auftrag; bis 1988 lieferte die Industrie insgesamt 107 Triebzüge.

Ein TGV-A ist hier am 13. Mai 1994 bei Croisiles unterwegs. Foto: Ton Voogel

Auf Grund der in Paris und Lyon über Altstrecken führenden Anschlüsse an die LGV Sud-Est wurden die Triebzüge für zwei Stromsysteme (1,5 kV DC, 25 kV 50 Hz) ausgerüstet. Acht Einheiten erhielten für Einsätze in der Schweiz zusätzlich eine 15 kV 16,7 Hz-Anlage. Die orange lackierten zehnteiligen TGV-PSE verfügen über zwei Triebköpfe mit einer Dauerleistung von je 3225 kW. Der Antrieb erfolgt über die beiden Drehgestelle des Triebkopfes sowie über das erste Drehgestell des benachbarten Mittelwagens.
Am 27. September 1981 wurde der TGV-Verkehr zwischen Paris und Lyon aufgenommen. Allerdings mussten die Züge von Paris bis St. Florentin noch die alte PLM-Strecke benutzen, da dieser LGV-Abschnitt erst im September 1983 fertig gestellt war. Die zulässige Höchstgeschwindigkeit auf der LGV Sud-Est betrug zunächst 260 km/h, womit es der SNCF gelang, die Tür zum HGV endgültig aufzustoßen. Das LGV-Netz wuchs in den folgenden Jahren stetig an . Am 15. Februar 1985 wurde mit dem Bau der LGV-Atlantique Paris–Montparnasse–Tours/Le Mans begonnen, die im September 1990 vollständig in Betrieb genommen wurde.
Zu den in der Tabelle aufgeführten LGV-Strecken kommen noch 1.760 km Ausbaustrecken, die für den Einsatz der TGV-Zügen für eine Höchstgeschwindigkeit von 220 km/h ertüchtigt wurden. Die Fertigstellung des Nord-Süd-Astes der LGV Jonction 1994 ermöglicht es, dass die TGV-Züge in Richtung Lyon nach Verlassen des Bahnhofs Paris-Gare de Lyon bereits nach 9 km, anstatt wie zuvor 29 km, die LGV Sud-Est erreichen. Nach Erneuerung des Oberbaus und Ertüchtigung der Sicherungsanlagen kann die Geschwindigkeit auch auf dieser LGV Sud-Est auf bis zu 300 km/h angehoben werden.
Ferner plant die SNCF weitere LGV-Strecken. Dazu gehören u.a. die LGV Est Paris–Strasbourg. Sie beginnt bei Vaires sur Marnes an der bestehenden Strecke nach Strasbourg und schließt bei Baudrecourt wieder an diese an. Die Fertigstellung ist für 2006 geplant. Die LGV Ouest (Bretagne–Pays de la Loire) von Le Mans nach Rennes (–Brest/Quimper) ist eine Erweiterung der TGV Atlantique. Die Strecken von Rennes nach Brest und Quimper sollen nicht neu gebaut, sondern modernisiert und für eine Höchstgeschwindigkeit von 160 km/h, zu einem späteren Zeitpunkt 200 km/h, ertüchtigt werden. Mit der Erteilung der Gemeinnützigkeitserklärung rechnet die SN-

LGV-Netz (Stand: Juli 2000)

	Strecke	Länge (km)	V_{max}(km/h)	in Betrieb[1]	Bemerkungen
LGV Sud-Est	Paris–Lyon	417	270	1983	
LGV Atlantique	Paris–Tours/Le Mans	282	300	1990	
LGV Nord	Paris–Lille–Calais	320	300	1993	
LGV-Transmanche	Calais–Kanaltunnel–Folkestone (GB)	51	160	1994	
LGV Rhône-Alpes	Lilleyon–Valence	113	300	1994	Verlängerung LGV Sud-Est
LGV Jonction	Verbindung LGV Nord/Sud-Est/Atlantige	102	270	1996	
LGV Nord (Abzw.)	Frétin–belgische Grenze	12	300	1997	
LGV Méditerannée	Valence–Avignon (Les Angles)–Marseille/Nimes	303	300	2001	
		Gesamtlänge:1.600			

[1] Jahr der endgültigen Fertigstellung

Die Rekordfahrt des TGV-A, Nr. 325, vom 18. Mai 1990 mit 515,3 km/h wurde mit einer aufgemalten Schärpe am Bug des Fahrzeugs verewigt (Eurailspeed '92, Bruxelles). Foto: Ton Voogel

Eine Gedenktafel neben dem Einstieg am Führerstand erinnert an die spektakuläre Rekordfahrt mit 15,3 km/h vom 18. Mai 1990 des TGV-A-325 mit 515,3 km/h. Foto: Ton Voogel

TGV-Duplex. Foto: ALSTOM

CF im Jahr 2001. Die **LGV Aquitaine,** Tours–Bordeaux, stellt ebenfalls eine Erweiterung des TGV Atlantique dar. Als erster Bauabschnitt ist das Teilstück Angoulême–Bordeaux vorgesehen. Baubeginn ca. 2004. Die **LGV Languedoc-Rousillon** Nimes–Montpellier–spanische Grenze (–Barcelona) soll voraussichtlich 2006 in Betrieb gehen. Die **LGV Rhin–Rhône** schließt die Städte Dijon, Besançon und Mulhouse an die LGV Sud-Est an. Mit der Erteilung der Gemeinnützigkeitserklärung wird für 2001 gerechnet. Die Planungen für die **LGV Lyon–Torino** Lyon–Chambéry–italienische Grenze–Satolas (–Torino) hat die SNCF noch nicht abgeschlossen. Auch die Realisierung ist noch offen. Für den Einsatz auf der LGV-Atlantique sowie auf den weiterführenden Strecken LGV-Aquitaine und -Ouest hatte die SNCF neue, weiterentwickelte als mit TGV-A(tlantique) bezeichnete Triebzüge bestellt. Diese Triebzüge verfügen über eine Leistung von 8.800 kW mit modernster Drehstromtechnik und eine V_{max} von 300 km/h.

Der TGV-A verfügt ausschließlich über eine Zwei-System-Ausrüstung, für 1,5 kV DC und 25 kV 50 Hz. Die augenfälligste Abweichung vom TGV-PSE besteht in einer verbesserten Dachkontur und einem neuen silber-blauen Farbschema. Mit dem am TGV-A angelehnten TGV-Réseau wurde die dritte Generation abgeliefert. Wie der Name – in der deutschen Übersetzung »Netz« – andeutet, ist dieser Fahrzeugtyp für alle LGV-Strecken geeignet. Neben der bekannten Zwei-System-Ausführung erhielt ein Teil der Triebzüge eine zusätzliche 3 kV DC-Ausrüstung für Einsätze nach Belgien.

Eine weitere Varainte des TGV stellt die doppelstöckige »Duplex« dar, deren Triebköpfe zwar technisch identisch mit dem TGV-Réseau sind, aber ein gefälligeres Aussehen erhielten. Seit Dezember 1996 befinden sich die neuen Garnituren im Plandienst auf der LGV-Sud-Est und auf der LGV-Méditeranneé.

Aber auch die Rekordfahrten wurden nicht vernachlässigt: Zunächst stellte am 26. Februar 1981 der TGV-PSE mit der Nummer 16 einen neuen Weltrekord mit 380,4 km/h auf. Erst am Morgen des 28. April 1988 fiel dieser Rekord: Der ICE-Versuchstriebzug ICE/V – ehemals ICE(xperimental) – fuhr auf der Neubaustrecke Würzburg– Fulda zwischen Rohrbach und Burgsinn 387 km/h schnell. Am Nachmittag desselben Tages zeigte der Tachometer 401,1 km/h – am nächsten Tag sogar 404 km/h. Am 1. Mai 1988 erreichte der ICE/V schließlich 406,9 km/h!

Das konnte die SNCF natürlich nicht auf sich sitzen lassen! Da sich abzeichnete, dass sich die Ablieferung des TGV-A verspätete, wurde, um frühzeitig Komponenten dieses Triebzugs erproben zu können, im Mai 1987 ein TGV-PSE mit Komponenten des TGV-A ausgerüstet. Das Fahrzeug erhielt die Bezeichnung »Garnitur 88« und absolvierte monatelang Probefahrten auf der LGV-Atlantique bei denen mehrmals eine Geschwindigkeit von 365 km/h erreicht wurde. Nach einer weiteren Umrüstung holte die »Garnitur 88« am 12. Dezember 1988 auf dem Abschnitt Pasilly–Tonnerre der LGV-Sud-Est mit 408,4 km/h den Geschwindigkeitsrekord wieder nach Frankreich zurück.

Die nächsten Rekordversuche erfolgten erst ein Jahr später. Am 1., 4. und 5. Dezember 1989 erreichte der TGV-A mit der Nummer 325 auf dem Streckenabschnitt Courtalain–Tours Geschwindigkeiten von jeweils 442,6 km/h, 473 km/h und 482,4 km/h. Am 4. Mai 1990 wurde mit dem gleichen Fahrzeug eine Geschwindigkeit von 485 km/h, am 9. Mai 510,6 km/h und am 16. Mai 510,8 km/h erreicht. Am 18 Mai schließlich wurde mit 515,3 km/h ein neuer Rekord aufgestellt – die bisher höchste Geschwindigkeit, die ein Schienenfahrzeug bis dahin je erreicht hatte. An der Nase des TGV-A-325 kündet sowohl eine blaulackierte »Schärpe« als auch eine Gedenktafel mit der entsprechenden Geschwindigkeitsangabe von diesem Ereignis.

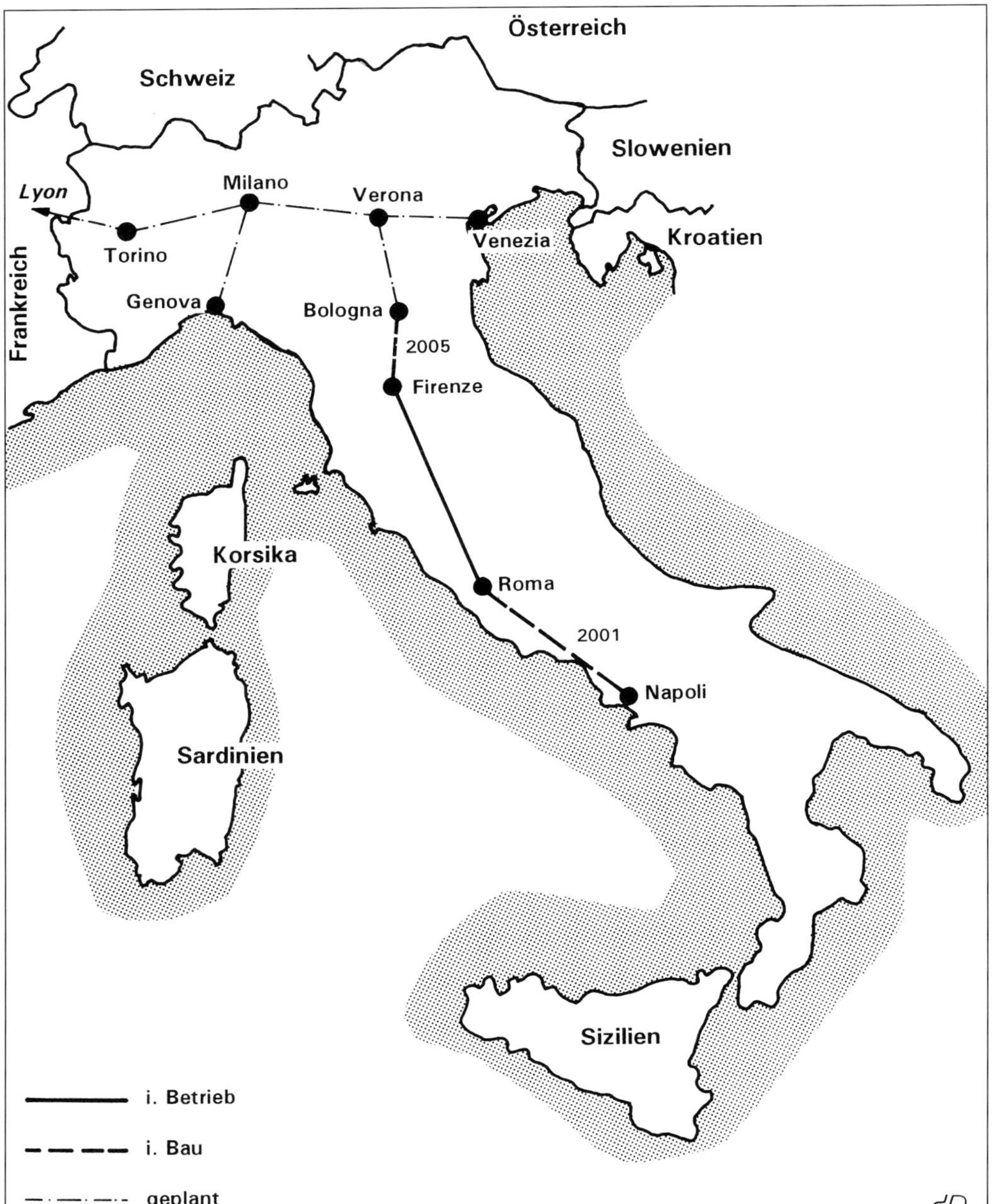

Übersicht für Direttissime in Italien (Stand 2000). Abbildung: Riechers

Direttissime

Die italienische Ferrovie dello Stato (FS) setzte 1936 auf zwei neugebauten und begradigten Strecken Bologna–Firenze und Roma–Napoli neue Dreiwagen-Triebzüge der Serien ETR 201 und 221 mit einer V_{max} von 160 km/h ein. Ein Triebzug der Serie ETR 201 erreichte auf der zwischen Roma und Napoli am 27. Juni 1938 sogar eine Höchstgeschwindigkeit von 201,3 km/h. Auch die Sonderfahrt vom 20. Juli 1939 von Firenze nach Milano, bei der eine inoffizielle Höchstgeschwindigkeit von 203 km/h erreicht wurde, bewies, dass die Triebzüge dieser Zeit zu wesentlich höheren Leistungen im Stande waren. Im selben Jahr betrug die planmäßige Fahrzeit zwischen Milano und Napoli bei einer Streckenlänge von rund 840 km anstatt 17 Stunden (1914) nur noch acht Stunden und bis Roma sechs Stunden. Die weitere Entwicklung des Schnellverkehrs kam durch den Ausbruch des Zweiten Weltkriegs zum Erliegen.
1953 konnte auf der Verbindung Milano–Roma die Vorkriegsfahrzeit von sechs Stunden wieder erreicht werden. Zum Einsatz kamen die markanten Triebzüge vom Typ »Settebello«, die an den Zugenden über Aussichtsabteile verfügten. Die Führerstände befanden sich auf dem Dach.
Allgemein wurde Anfang der 60er-Jahre auf geeigneten Streckenabschnitten eine Höchstgeschwindigkeit von 160 km/h, auf einer Distanz von 80 km der Strecke Roma–Napoli sogar 180 km/h erlaubt. Auf dem südlichen Abschnitt der Hauptstrecke Firenze–Roma jedoch konnte auf Grund der kurvenreichen Trassierung nur eine Höchstgeschwindigkeit von 110 km/h erreicht werden, weiter nördlich waren 145 km/h erlaubt.
Ab 1962 begann die FS mit der Planung für die 257,1 km lange »Direttissima« zwischen Firenze und Roma, auf der Geschwindigkeiten bis 250 km/h möglich sein sollten. Finanzierungsprobleme führten dazu, dass erst Anfang 1970 mit dem Bau dieser Strecke begonnen werden konnte. Da sich die finanziellen Probleme auch während der Bauzeit fortsetzten, konnte die letzte Lücke zwischen Valdarno Nord und Valdarno Süd erst nach 22 Jahren (!) im März 1992 geschlossen werden. Diese Strecke wurde noch mit 3 kV DC elektrifiziert. 1986 reiften neue Pläne für weitere Direttissime, die insgesamt in der Eisenbahnstruktur ein »T« mit einer Ost-West- und einer Nord-Süd-Achse darstellten. Die Ost-West-Achse bildete die Verbindung (Lyon–) Moncenisio–Torino–Milano–Verona–Venezia–Trieste (–Ljubljana), die Nord-Süd-Achse die Verbindung Milano–Bologna–Firenze–Roma–Napoli. Hiervon war die Strecke Firenze–Roma bereits im Bau, die Strecken Bologna–Firenze und Roma–Napoli sollten neu gebaut werden.
Während auf dem Grundnetz nur eine Höchstgeschwindigkeit von 150 km/h möglich war, konnte auf den fertig gestellten Teilstrecken der Direttissima Firenze–Roma bereits durchgehend mit 160 km/h gefahren werden. Die Eröffnung des nördlichsten Teilstücks am 30. Mai 1986 wurde dann zum Anlass genommen, offiziell den 200-km/h-Betrieb zu eröffnen. Erst nach Fertigstellung der gesamten Strecke 1992 wurde die Höchstgeschwindigkeit auf 250 km/h angehoben. Zum Einsatz kamen TEE- und Rapidi-, später Intercity-Züge mit u.a. E447 (Tartaruga)-Lokomotiven. Ab 1988 erschien der erste von Fiat Ferroviaria hergestellte Triebzug mit aktiver Neigetechnik, der ETR 450, mit einer V_{max} von 250 km/h. Er verringerte die Fahrzeit zwischen Milano und Roma auf rund vier Stunden, wobei die Neigetechnik auf der alten Strecke zwischen Milano und Bologna eine um 30 % höhere Geschwindigkeit ermöglichte als bei herkömmlichen Fahrzeugen erlaubt ist. Bei einer Versuchsfahrt im November 1985 befuhr dieser »Pendolino« genannte Triebzug mit 200 km/h! Die Baureihe ETR 450 ist abgeleitet von dem 1976 in Betrieb genommenen Versuchs-Triebzug ETR 401. Die Neigetechnik basiert auf dem Federbeinprinzip, wobei sich diese auf dem Drehgestell abstützen und bis unter den Dachlangträger reichen. Die DB-Baureihe 610 ist im Übrigen mit der gleichen Technik ausgestattet.
1994 nahm die FS das erste Nachfolge-Modell, den ETR 460, mit einer im Drehgestell integrierten

Schnellverkehr in Italien (Stand 2001)

Strecke	System	Länge (km)	Tunnelanteil (km)	Zustand	Termin	Bemerkungen
Roma–Firenze	3 kV DC	257,1	77,0 (29,9 %)	in Betrieb	1992[1]	
Roma–Napoli	25 kV 50 Hz	217,5	36,5 (16,8 %)	im Bau	2001	
Bologna–Firenze	25 kV 50 Hz	78,3	73,0 (93,2 %)	im Bau	2005	
(Lyon–)Torino–Milano	25 kV 50 Hz	124,7	3,3 (2,6 %)	in Planung	?	
Milano–Bologna	25 kV 50 Hz	180,4	3,1 (1,7 %)	in Planung	?	
Milano–Verona	25 kV 50 Hz	135,7	24,2 (17,8 %)	in Planung	?	Milano–Brescia: Parallelgleis zur vorhandenen Strecke
Verona–Venezia	25 kV 50 Hz	121,2	8,4 (6,9 %)	in Planung	?	Padova–Venezia: Parallelgleis zur vorhandenen Strecke
Milano–Genova	25 kV 50 Hz	123,7	34,6 (27,9 %)	in Planung	?	
	Gesamtlänge:	1238,6				

[1] Jahr der endgültigen Fertigstellung

Neigetechnik in Betrieb. Mit der Baureihe ETR 460 lieferte Fiat 1994 eine verbesserte und gefälligere Ausführung des Pendolino. Ein Teil dieser Fahrzeuge erhielten zusätzlich eine 1,5 kV DC-Ausrüstung für den Verkehr nach Frankreich (Lyon); diese Ausführung wird mit ETR 480 bezeichnet. Entgegen der Anordnung beim ETR 450 wurde bei den Nachfolgetypen die Neigungsrichtung im Drehgestell integriert. Mittlerweile besteht die Familie aus folgenden Typen: ETR 460 (3 kV DC), ETR 470 (3 kV DC, 15 kV 16,7 Hz) und ETR 480 (1,5 kV DC und 3 kV DC). Mit ihrer Höchstgeschwindigkeit von 250 km/h gehören sie nicht eigentlich zu den HGV-Fahrzeugen.

Auch die Neigetechnik wurde entscheidend verbessert. 1992 wurden für den ausschließlichen Betrieb auf die Direttissime Triebzüge vom Typ ETR 500 bestellt – die so genannten Treno ad Alta Velocita (TAV). Sie sind als richtige Hochgeschwindigkeitszüge für 300 km/h ausgelegt. Die Leistung beträgt 4.400 kW je Triebkopf . Insgesamt 30 der bestellten 60 Triebzüge haben nur eine 3 kV DC-Anlage. Die anderen 30 Triebzüge wurden mit einer zusätzlichen Anlage für 25 kV 50 Hz und mit einem neugestalteten Triebkopf versehen. Seit Mitte 1996 werden diese eleganten Triebzüge nach und nach in den Plandienst aufgenommen.

Ein Exemplar des italienischen Hochgeschwindigkeitszug ETR 500 besucht die Eurailspeed ´92 in Bruxelles.
Foto: Ton Voogel

AVE

»Ave« ist spanisch und bedeutet »Vogel«. AVE ist jedoch gleichzeitig das Kürzel für »Alta Velocidad Española« was soviel bedeutet wie »Hochgeschwindigkeitsverkehr Spaniens«. Demzufolge besteht das auf den Zügen angebrachte Logo aus dem Kürzel AVE mit einem, im V angebrachten stilisierten Vogel.

Als Spanien 1986 der Europäischen Union beitrat, begannen umgehend Überlegungen für bessere Schienenverbindungen mit Frankreich. Spanien verfügte damals über ein 12.700 km umfassendes Eisenbahnnetz mit einer Spurweite von 1.668 mm. Bereits Anfang 1985 führte die Red Nacional de los Ferrocarriles Españoles (RENFE) auf drei für eine Höchstgeschwindigkeit von 200 km/h ertüchtigten Streckenabschnitten mit TALGO-Zügen, die mit entsprechend leistungsfähigen TALGO-Diesellokomotiven bespannt waren, Schnellfahrversuche durch. Auf Grund der gesammelten Erfahrungen hob die RENFE bereits im Sommer 1985 die Höchstgeschwindigkeit auf geeigneten Abschnitten der Strecke Madrid–Barcelona auf bis zu 160 km/h an. 1987 folgte die Strecke Madrid–Irun an der französischen Grenze. 1986 gab das spanische Verkehrsministerium bekannt, dass bis zum Jahre 2000 die größte Eisenbahn-Investition des Jahrhunderts getätigt werden sollte. Geplant waren drei breitspurige, für eine Höchstgeschwindigkeit von 250 km/h geeignete Neubaustrecken. Dies waren die Verbindungen Madrid–Córdoba (–Sevilla), Madrid–Valladolid und Bilbao–Vitoria. An Stelle des vorhandenen Gleichstrom-Systems mit 3 kV war eine Elektrifizierung mit 25 kV 50 Hz vorgesehen.

Im Dezember 1987 fiel zunächst die Entscheidung, sowohl die geplanten HGV-Strecken als auch eine neue Verbindung von Madrid nach Port Bou an der französischen Grenze in Normalspur (1.435 mm) auszuführen. Am 21. Oktober 1988 verkündete die RENFE jedoch, dass, im Gegensatz zu den ursprünglichen Planungen zunächst völlig neue normalspurige HGV-Strecken von Madrid nach Sevilla und Barcelona gebaut werden sollen.

Der Versuchs-Triebkopf des künftigen Talgo HST-350 ist die spanische Antwort auf den europäischen HGV.
Foto: Siemens

Diese sollten für 300 km/h zugelassen sein. Am 9. Dezember 1988 genehmigte dies die spanische Regierung. Die geplante EXPO '92 in Sevilla war schließlich der Grund, warum sich die Planungen der RENFE zunächst auf die Strecke Madrid–Córdoba–Sevilla, die mit einer Länge von 478 km rund 90 km kürzer war als die alte breitspurige Strecke, konzentrierten. Die Strecke wurde am 14. April 1992 eingeweiht und am darauf folgenden 21. April offiziell in Betrieb genommen.
Als Betreiber der Strecke gründete die RENFE ein Tochterunternehmen mit dem Namen »AVE«. Für den Betrieb auf der AVE-Strecke wurden bei Alsthom in Belfort 16 Triebzüge bestellt. Die Züge hatte eine Gesamtleistung von 8.800 kW. Die Technik und das Design basierten auf den TGV-A-Triebzügen, wobei auf Wunsch der RENFE der Fahrzeugbug »entschärft« wurde. Die harten Konturen wurden durch weichere Rundungen ersetzt. Ferner wurde ein erheblicher Local-Content[3]-Anteil vereinbart. Die Triebzüge waren für den Betrieb auf beiden Stromsystemen vorbereitet. Zusätzlich zu den AVE-Triebzügen wurden bei Krauss-Maffei 75 Lokomotiven der Serie 252 bestellt, von denen ein Teil in Spanien gebaut wurde. 15 Loks erhielten normalspurige Radsätze für die Förderung von TALGO-Zügen auf der AVE.
Mit der Inbetriebnahme der neuen Normalspurstrecke galt zunächst eine Höchstgeschwindigkeit von 250 km/h, die am 30. November 1992 auf 270 km/h angehoben wurde. Im April 1993 begann die RENFE mit dem AVE-Triebzug Nr. 15 einer Versuchsreihe, um Oberbau und Stromabnahme bei extrem hohen Geschwindigkeiten zu erforschen. Im Rahmen dieser Versuche erreichte dieser Triebzug eine Höchstgeschwindigkeit von 356,8 km/h. Schließlich wurde am 10. September 1995 die Höchstgeschwindigkeit auf 300 km/h angehoben.
Nachdem sich die AVE Madrid–Sevilla zur vollsten Zufriedenheit entwickelt hatte, plante die RENFE weitere AVE-Strecken. Nach mehrmaliger Korrektur stehen jetzt mehrere Projekte zur Realisierung an. Dazu gehört die Verbindung Madrid–Zaragoza–Lleida–Barcelona (Höchstgeschwindigkeit 350 km/h). Von der 692 km langen Neubaustrecke sind gegenwärtig mehrere Abschnitte im Bau. Bis 2002 soll der erste Abschnitt Madrid–Lleida (444 km) in breitspuriger Ausführung im Betrieb genommen werden. Wenn sich 2004 die Fertigstellung des letzten Abschnitts Lleida–Barcelona (248 km) abzeichnet, wird die gesamte Strecke in Normalspur umgespurt.
Die 170 km lange Neubaustrecke Barcelona–Figueras–französische Grenze (–Perpignan) schließt in Frankreich an die LGV Languedoc–Roussillon (Perpignan–Montpellier–Nimes) an und soll letzten Informationen zufolge 2006 fertig gestellt sein. Der neue Grenzübergang ist ca. 24 km vom bisherigen Übergang Port Bou entfernt.
Mit dem Bau der Strecke Córdoba–Málaga (157 km) sollte noch im Jahr 2000 begonnen werden. In Córdoba schließt die Strecke auf der AVE Madrid–Sevilla an.
Im April 1998 unterzeichneten Patentes Talgo und Adtranz Spanien eine Übereinkunft über die Entwicklung und Herstellung eines Prototyps des Talgo 350 – einen Hochgeschwindigkeitstriebzug mit Talgo-Technologie. Hierbei steuert Adtranz die Traktionsanlage ihres OCTEON-Plattforms, die Trieb-Drehgestelle sowie Leit- und Kommunikationstechnik bei, während der Kasten des Prototyp-Triebkopfes im Auftrag von Talgo bei Siemens-Krauss Maffei hergestellt wurde.
Der Triebzug soll auf der AVE-Strecke Madrid–Barcelona eingesetzt werden und stellt mit einer möglichen Reisedauer von zwei Stunden und 15 Minuten (heute 6 h 35 min) für die 692 km lange Strecke eine ernst zu nehmende Konkurrenz für den Luftverkehr zwischen beiden Städten (eine Stunde Flugzeit) dar. 1999 schrieb die RENFE die Lieferung von 32 Hochgeschwindigkeitszügen aus, an der sich Siemens mit dem ICE 3, Talgo/Adtranz mit der Talgo-HST 350 und Alstom/CAF mit dem TGV beteiligten. Am 24. März 2001 veröffentlichte die RENFE ihre Entscheidung zu Gunsten von Siemens (16 Triebzügen nach dem ICE 3-Konzept mit einem gewissen Local-Content Anteil und Talgo (16 Talgo-Triebzüge vom Typ HST 350 mit Adtranz-Antriebstechnik). Ein Erfolg für die deutsche Schienenfahrzeugindustrie!

Thalys und Eurostar

Innerhalb dieser Betrachtung nehmen **Thalys** und **Eurostar** eine Sonderstellung ein. Zwar verfügen beide Systeme nicht über eigene Netze, sie nehmen jedoch einen erheblichen Teil des grenzüberschreitenden HGV für sich in Anspruch. Außerdem bildet der Thalys mit Verbindungen von Paris über Bruxelles nach Köln und Amsterdam zurzeit den Kern eines mitteleuropäischen HGV-Netzes, während der Eurostar die Verbindungen von Paris und Bruxelles nach London bestreitet.
Die Gründung von Thalys geht auf Überlegungen der jeweiligen Bahnverwaltungen aus den frühen 80er-Jahren zurück, denen ein europäisches HGV-Netz zu Grunde lag. Es dauerte jedoch bis, 1990 ehe diese Pläne von den EU-Ministern genehmigt wurden. Zum Fahrplanwechsel am 2. Juni 1996 verkehrte schließlich der erste Thalys-Triebzug zwischen Paris und Amsterdam.
Hierzu unterzeichneten am 28. Januar 1993 SNCF, SNCB, NS und DB unter der Bezeichnung »International Product Management« eine Vereinbarung für die Steuerung des so genannte PBKA (Paris-Bruxelles-Köln-Amsterdam)-Verkehrs. Im Mai 1995 gründeten SNCF und SNCB die »Westrail International« als gemeinsames Tochterunternehmen mit Sitz in Bruxelles. Zur gleicher Zeit wurden Partnerverträge mit NS und DB geschlossen. Westrail International war in Frankreich und Belgien für die kommerzielle Steuerung der gleichzeitig mit der Betriebsaufnahme gegründeten Thalys zuständig. NS und DB beauftragten

[3] Local-Content – nationaler Zulieferanteil an einem ausländischen Produkt

Ein Exemplar der neuen, eigens für den PBKA-Betrieb beschaffte Generation von Viersystem-Thalys-Triebzügen war am 22. Mai 1997 bei Leidschendam unterwegs. Foto: Ton Voogel

Seltener Besuch in Rotterdam: Für einen »Tag der offenen Tür« reiste am 6. April 1996 der Eurostar-Triebzug Nr 3309 an, der sonst nur zwischen Paris/Bruxelles, Lille und London im Einsatz ist. Foto: Ton Voogel

Westrail International mit der Übernahme gemeinschaftlicher Aufgaben, wie z.B. der Organisation von Fahrplänen, Fahrkarten und Bordservice.

Für den Betrieb auf den PBKA-Strecken wurden ursprünglich 27 neue Viersystem-Triebzüge, die im Design den Triebköpfen der TGV-Duplex nicht unähnlich sind, bestellt. Aus finanziellen Gründen wurde die Stückzahl auf 17 reduziert – fünf für die SNCF, sieben für die belgische SNCB, drei für die DB und zwei für die niederländische NS. Da die ersten der neuen Thalys-PBKA-Triebzüge erst im Laufe des Jahres 1997 erwartet wurden, setzte die SNCF für den bereits am 2. Juni 1996 begonnenen Verkehr Paris–Bruxelles–Amsterdam (PBA) zehn Dreisystem-Triebzüge vom Typ TGV-Réseau ein. Auf Grund der reduzierten Anzahl von PBKA-Triebzügen werden diese Triebzüge wohl noch längere Zeit insbesondere auf der PBA-Strecke eingesetzt werden. Am 14. Dezember 1997 konnte schließlich mit den neuen Triebzügen der Thalys-PBKA-Verkehr nach Köln aufgenommen werden.

Unter dem Namen »Eurostar« wird der Verkehr durch den Eurotunnel unter dem Ärmelkanal zwischen Paris, Bruxelles und London durchgeführt. Betreiber des Eurostar sind die SNCF, SNCB und Eurostar UK (ex European Passenger Services – EPS). Die drei Unternehmen verfügen über insgesamt 38 modern gestylte Eurostar-Triebzüge vom Typ TGV-Transmanche. Die Fahrzeuge sind für eine V_{max} von 300 km/h zugelassen. Sie besitzen aber ein völlig anderes Design und sind im Wagenkasten-Querschnitt dem kleinere britischen Lichtraumprofil angepasst. Ihre Gesamtleistung beträgt 12.000 kW. Insgesamt 31 dieser Triebzüge bestehen aus 20 Wagen; hiervon erhielt Eurostar UK 11, die SNCB 4 und die SNCF 16 Triebzüge. Drei der SNCF-Fahrzeuge wurden wegen Überkapazität abgezogen und nach entsprechender Umbezeichnung im französischen Inlandsverkehr eingesetzt. Die übrigen sieben Eurostar-Triebzüge sind 16-teilig und gehören Eurostar UK.

Wie sieht es in den anderen europäischen Staaten aus?

Die **Österreichischen Bundesbahnen (ÖBB)** haben sich mit ihrer Bestellung bei Siemens-Krauss-Maffei über insgesamt 400 Lokomotiven der Serie 1016 »Taurus« zwar auf den Schnellstverkehr vorbereitet, HGV im Sinne der Definition dürfte jedoch noch für lange Zeit eine Illusion bleiben. Die Elloks der Serie 1016 haben eine Höchstgeschwindigkeit von 230 km/h und sollen bis 2006 alle abgeliefert sein. Die gegenwärtig, nach dem 1998 verabschiedeten Masterplan, im Ausbau befindliche Westbahn Wien–Salzburg dürfte bis dahin fertig gestellt sein. Auf einem kleinen Teilstück bei Melk sind bereits 230 km/h erlaubt. Auch die Südbahn Wien–Klagenfurt einschließlich des Semmeringtunnels ist im Ausbau begriffen, aber zumindest die Neubaustrecke Graz–Klagenfurt soll höchstens für 200 km/h zugelassen werden.

In **Großbritannien** scheiterten die Versuche von British Rail (BR), mit dem APT (Advanced Passenger Train) zu einem HGV zu kommen. Die Ursache dafür lag in den Strecken, die aus dem vorigen Jahrhundert stammten.

Der fast gleichzeitig entwickelte dieselbetriebene High-Speed-Train (HST) brachte es mit dem »In-

Die ÖBB entschied sich für die Beschaffung der Hochgeschwindigkeits-Lokomotive der Reihe 1016 »Taurus«. Foto: Siemens

terCity 125« immerhin auf 200 km/h. Die Triebzüge bewährten sich zwar und stehen auch heute noch auf den von London ausgehenden Verbindungen nach Plymouth, Liverpool, Sheffield und Glasgow im Einsatz, aber zum HGV reichte es nicht.

Da hatte der elektrisch getriebene HST, der mit seinem Triebkopf der Klasse 91, der ab 1991 den InterCity-225[4]-Verkehr über die East Coast Main Line (ECML) von London nach Edinburg übernehmen sollte, bessere Aussichten, obwohl seine V_{max} nur 225 km/h beträgt, was unschwer aus der Bezeichnung zu entnehmen ist. Leider musste auch diese Zuggattung sich zunächst mit 200 km/h begnügen, denn, obwohl die Strecke mit Neigetechnik, über die der InterCity 225 verfügte, mit höheren Geschwindigkeiten zu befahren gewesen wäre, ist das Signalsystem hoffnungslos überaltert. Der Erfolg des französischen TGV wurde indes von den BR-Verantwortlichen hämisch mit »teurem Spielzeug« kommentiert.

Nachdem der Apparat BR zerschlagen und privatisiert wurde, könnte, optimistischen Aussagen zufolge, frühestens 2005 nach der notwendigen Ertüchtigung bzw. dem Umbau sowohl der ECML durch den neuen Betreiber Great North Eastern Railway (GNER) als auch der WCML, Betreiber Virgin, mit einem wirklichen HGV-Auftakt auch in Großbritannien zu rechnen sein.

Der HGV in **Finnland** beschränkt sich gegenwärtig auf die Strecken Helsinki–Turku und Helsinki–Tampere, die für 220 km/h zugelassen sind. Eingesetzt werden dort u.a. Neigezüge vom Typ Sm3, die finnische Breitspur-Übersetzung des Fiat-Triebzuges ETR 460.

Mit der Eröffnung der so genannte Øresundforbindelsen, der festen Uferverbindung zwischen Kopenhagen (Dänemark) und Malmö (Schweden) am 1. Juli 2000 verfügen auch **Dänemark** und **Schweden** über eine gemeinsame HGV-Strecke, die für 250 km/h ausgerüstet ist. Dor dort verkehrenden Züge dürfen zunächst 200 km/h schnell fahren. Die erste schwedische HGV-Strecke, die 200 km lange »Botniabane« von Umeå nach Nyland (Höchstgeschwindigkeit 250 km/h), ist gegenwärtig im Bau. Mit ihrer Fertigstellung wird im Jahr 2006 gerechnet. Die dort vorgesehenen Triebzüge sind bereits seit geraumer Zeit im Einsatz. Es handelt sich hierbei um die von Adtranz entwickelten und gebauten Neige-Triebzüge vom Typ X-2000.

In Skandinavien unterhält ferner **Norwegen** eine schnelle Verbindunge – die »Gardermobanen«. Die im September 1998 eröffnete Verbindung von Oslo zum Flughafen Gardermoen, wird mit einer Höchstgeschwindigkeit von 210 km/h betrieben.

In **Belgien** wurde die letzte Lücke in der HGV-Verbindung zwischen Paris und Bruxelles, der so genannte Zuidtak (Südast), am 14. Dezember 1997 geschlossen, so dass auch hier durchgehend mit einer V_{max} von 300 km/h gefahren werden kann. Im Bau befinden sich zwei weitere HGV-Strecken, der so genannte Oosttak (Ost-Ast) von Bruxelles über Leuven nach Liège und weiter zur deutschen Grenze bei Aachen, der bis 2002 fertig gestellt sein soll, sowie der Noordtak (Nord-Ast) von Bruxelles über Antwerpen zur niederländischen Grenze nahe der Stadt Breda. Diese beiden HGV-Projekte werden im Gegensatz zum Südast nicht durchgängig mit 300 km/h befahrbar sein. Es gibt

HGV in Schweden: Ein X 2000 mit Neigetechnik steht im Bahnhof Karlstad am 16. August 1992.
Foto: Ton Voogel

[4] Bemerkenswerterweise wurde der dieselbetriebene HST mit InterCity 125 (mph), der elektrisch betriebene HST dagegen mit InterCity 225 (km/h) bezeichnet.

einige Abschnitte, bei denen vorhandene Strecken umgebaut und auf 160 oder 200 km/h ertüchtigt wurden. Fahrzeugseitig investierte die SNCB in vier Eurostar-Triebzüge (TGV-Transmanche) für den Verkehr nach London sowie sieben TGV-Thalys-Triebzüge für den PBKA-Verkehr.
In den **Niederlanden** wurde mit dem Bau der HSL-Zuid (HGV-Strecke Süd) begonnen. Die Strecke verläuft vom Flughafen Schiphol über Rotterdam und Breda zur belgischen Grenze, wo an den Nordtaskt anschließt. Geplant ist auch eine HSL-Oost von Amsterdam über Utrecht zur deutschen Grenze bei Emmerich. Beide Strecken sollen für 300 km/h zugelassen werden. Die NS beschaffte dafür zwei TGV-Thalys-Triebzüge für den PBKA-Verkehr sowie vier ICE 3M-Triebzüge für den Verkehr nach Köln und Frankfurt a. M. Da in Frankfurt die Wartung erfolgt, fahren sie heute schon teilweise dorthin.

Der HGV in Deutschland

Wie bereits erwähnt, veröffentlichte 1965 die vom DB-Vorstand eingesetzte »Gruppe für allgemeine Studien« ein Gutachten über »Schnellbahnen für die Hauptverkehrsströme Deutschlands«. Das Ziel dieser Arbeitsgruppe war, die Anhebung der Höchstgeschwindigkeit bei F-Zügen auf 200 km/h zu studieren. Noch ein Jahr zuvor wurde in einer Sonderveröffentlichung der Zeitschrift »Die Bundesbahn« hinter diese Geschwindigkeitsmarke die Frage gestellt: Vision oder Wirklichkeit?
Mit der Einführung des F 9/10 »Rheingold« Amsterdam–Basel am 27. Mai 1962, der auf einige Abschnitten mit einer Höchstgeschwindigkeit von 160 km/h verkehren durfte, war bereits ein wichtiger Schritt in dieser Richtung gemacht. Ab 1963 fanden mit der E 10 299 und der E 10 300 auf der Strecke Forchheim–Bamberg Versuchsfahrten statt, bei denen beide Lokomotiven 200 km/h erreichten. Um die Bestrebungen in Richtung 200 km/h zu unterstreichen, bestellte die DB bei der Industrie vier Vorauslokomotiven der Baureihe E 03 für eine V_{max} von 200 km/h. Auf Betreiben der Arbeitsgruppe wurde eine dieser Lokomotiven während der IVA 1965 in München auf der entsprechend ausgebauten Strecke München–Augsburg mit planmäßigen Schnellfahrten von 200 km/h eingesetzt.
Auch in Sachen Fahrweg tat sich einiges. Im Oktober 1970 veröffentlichte die Bundesregierung den »Verkehrsbericht 1970« mit dem die Deutsche Bundesbahn eine Wende ihrer Verkehrspolitik einläutete. Mit diesem Bericht wurden die Weichen für den Bau der vier Neubaustrecken (NBS) Hannover–Gemünden, Köln–Groß Gerau, Mannheim–Stuttgart und Aschaffenburg–Würzburg bis 1985 gestellt. Die Strecken sollten für eine Höchstgeschwindigkeit von 300 km/h ausgelegt sein. Da ein ICE-ähnliches Fahrzeug jedoch noch nicht in Sicht war; sollten zunächst IC-Züge mit Lokomotiven der BR 103 verkehren.
Am 10. August 1973 erfolgte in Hannover-Laatzen bereits der erste Rammschlag für eine Straßenbrücke im Rahmen der NBS nach Gemünden. Mitte der 70er-Jahre entschieden sich dann die Planer, die NBS statt bis Gemünden nach Würzburg weiterzuführen, unter Nutzung eines Teilstücks der geplanten und inzwischen stornierten NBS Aschaffenburg–Würzburg.
Es kam anders: Im Jahr 1982, relativ kurz vor der geplanten Fertigstellung, waren lediglich bei jeweils 34 % der Nord-Süd- und der süddeutschen NBS die Planfeststellungsverfahren abgeschlossen. Erst 1990/91 sollten die beiden Strecken in Betrieb genommen werden. Grund für die Verzögerungen waren in der Hauptsache Einsprüche seitens der Anwohnern und von Umweltverbänden. Die NBS von Köln nach Groß Gerau kam erst überhaupt nicht in Gang. 1985 wurden schließlich die Pläne zu Gunsten einer NBS Köln–Frankfurt Flughafen geändert. Mit der Eröffnung dieser Verbindung ist auf Grund von Bürgerprotesten und Baupannen wohl nicht vor 2002 zu rechnen.

Ein erster Anlauf in Richtung HGV

Als Reaktion auf das 1969 von Krauss-Maffei in München vorgestellte erste magnetisch schwebende Versuchsfahrzeug mit Linearmotorantrieb gab der Bundesminister für Verkehr eine »Hochleistungs-Schnellbahn (HSB)-Studie« in Auftrag, die unabhängig von Systemen nach »*technischen und wirtschaftlichen Lösungen für den künftigen Hochgeschwindigkeits-Fernverkehr*« suchen sollte. Hierbei war ein zweigleisiges Vorgehen empfohlen worden: Erforschung der physikalischen Grenzen der klassischen Eisenbahn, also des Rad/Schiene-Systems, und Abschätzung ihres technisch-wirtschaftlichen Entwicklungspotenzials sowie die Untersuchung des möglichen Einsatzes der Magnetbahn als alternative Technik.
Daraufhin schlossen sich 1970 die vier deutsche Lokomotivfabriken zu einer Arbeitsgemeinschaft zusammen um die Entwicklungsmöglichkeiten der Rad/Schiene-Technik auszuloten. Dabei vertraten die Teilnehmer der »Forschungsgemeinschaft Rad/Schiene« den Standpunkt, dass trotz 150-jähriger Eisenbahngeschichte die Entwicklungsreserven noch nicht erschöpft, vielleicht sogar nicht bekannt seien. Nachdem sich seit 1972 auch das Bundesbahn-Zentralamt über ihre Projektgruppe »Rad/Schiene« mit derselben Thematik beschäftigte und mit diesbezüglichen Anfragen an die deutsche Schienenfahrzeugindustrie herangetreten war, zeigte sich alsbald ,dass eine industrie- und nutzerübergreifende Zusammenarbeit in dieser Frage vonnöten war. Daher schlugen die Vertreter der Lokomotiv-, Waggon- und Elektroindustrie Ende 1973 dem Vorstand der DB die Gründung eines »Gemeinschaftsbüros Hochgeschwindigkeits-Triebfahrzeug (GB)« vor, das im Mai 1974 mit Fördermittel des Bundesministeriums für Forschung und Technik (BMFT) seine Arbeit aufnahm. Die Projektbegleitung oblag dem, hierzu eigens vom Bundesbahn Zentralamt (BZA) delegierten Dipl. Ing. Heinz R. Kurz.
Diese Arbeit verlief zunächst »zweigleisig« in dem parallel die Entwicklung sowohl eines Rad/Schiene-Erprobungsträgers als auch eines Hochgeschwindigkeits-Triebfahrzeugs für die Deutsche Bundesbahn in Angriff genommen wurde. Hierbei wurde vorausgesetzt, dass die Versuchs-Ergebnisse des Rad-Schiene-Erprobungsträgers in die Entwicklung des Hochgeschwindigkeits-Triebfahrzeugs einfließen.
Alsbald liefen die Arbeiten für die Entwicklung eines Rad/Schiene-Erprobungsträgers an. Nach entsprechenden Untersuchungen wurde aus 30 verschiedenen möglichen Fahrzeug-Konfigurationen ein dreiteiliges Fahrzeug ausgewählt, das sowohl für Versuchseinsätze auf DB-Strecken als auch auf der ursprünglich für die erforderliche Praxisversuche beider Systeme – Rad/Schiene und Magnettechnik – im Donauried zwischen Donauwörth und Dillingen geplante Groß-Versuchsanlage gedacht war.
Dieses »Erprobungsträger Fahrzeug« setzte sich aus zwei Triebköpfen und einem Mittelwagen als »Booster« mit einem Messraum zusammen. Die Höchstgeschwindigkeit dieses Fahrzeugs wurden mit 400 km/h vorgegeben. Die Fertigstellung des Fahrzeugs war für das Jahr 1977 vorgesehen. Im April 1975 wurde das Projekt im Tiefgeschoss des Bonner Forschungsministeriums vorgestellt. Da jedoch konkrete Zielvorgaben aus der Politik fehlten und sich das Ende der notwendigen Versuchsanlage Donauried bereits abzeichnete, musste das Projekt letztlich eingestellt werden.

Der lange Weg zum ICE/V

Die Projektdefinition des Hochgeschwindigkeits-Triebzuges

Allgemein

Nachdem der Rad/Schiene-Erprobungsträger, oder das »Erprobungsträger Fahrzeug«, wie es später genannt wurde, 1975 aufgegeben wurde, konzentrierten sich die Arbeiten auf die Planung eines Hochgeschwindigkeits-Triebfahrzeugs mit Blick auf eine eventuellen Serienfertigung. Ferner wurde mit der Konzept-Definition eines neuen Versuchsfahrzeugs, dem R/S-VF 2, begonnen. Mit dem R/S-VF 2 sollten auch Elemente des geplanten Hochgeschwindigkeits-Triebzugs erprobt werden.

Die Projektdefinition des Hochgeschwindigkeits-Triebzuges war recht umfangreich. Allgemein setzte sich der für einen Hochgeschwindigkeits-Triebzug zu erforschende Gesamtkomplex sich aus den Komplex Fahrzeug und Fahrweg im Zusammenspiel sowie aus den Bereichen Fahrzeug, Fahrweg, Betriebsleittechnik, Energietechnik und Umweltfragen zusammen. Es muss vorausgesetzt werden, dass alle Bereiche dieses Gesamtkomplexes von dem Oberbegriff »Wirtschaftlichkeit« abgedeckt wurden. Da in der Fahrzeugtechnik die Betriebskosten überproportional zur Geschwindigkeit steigen standen im Komplex »Fahrzeug« die Bereiche Aerodynamik, Rollwiderstand und Verschleiß immer im Vordergrund.

Mit dem Ziel einer möglichst genauen Kostenermittlung bezüglich Beschaffung, Betrieb und Unterhaltung eines Hochgeschwindigkeits-Triebfahrzeugs wurde eine Nutzwert-Analyse (NWA) aller möglichen Zugkonfigurationen vorbereitet. Um die Untersuchungen nicht mit zusätzlichen Unsicherheiten zu belasten wurden folgende Parameter hierzu von der Deutschen Bundesbahn vorgegeben:

- Spurweite 1.435 mm
- Energieversorgung 15 kV 16,7 Hz (Einsystemfahrzeug)
- betrieblicher Höchstgeschwindigkeit 300 km/h
- Zugkraftüberschuss bei Höchstgeschwindigkeit 5‰
- Anfahrt bei maximaler Steigung 18 0/00
- Fahrzeugbegrenzung EBO, Begrenzung II nach Anlage 9, Bild 1, linke Seite
- Radsatzlast bei Treibradsätzen max. 160/180 kN bei Trieb(wagen)zügen, maximal 160/180/200 kN bei Triebköpfen und Boostern
- Radsatzanordnung der Triebköpfe Bo'Bo', Co'Co' (eventuell Bo'Bo'Bo')
- Platzkapazität 400 Personen (Richtwert), Minimum 200 Personen
- verstärken und schwächen auf Zugbildungsbahnhöfen
- Komfort wie beim TEE und IC (3 Sitzplätze in einer Reihe im Wagenquerschnitt); Mitführen eines Voll-Speisewagens als Zugrestaurant
- grenzüberschreitender Verkehr nur bedingt (nicht fährfähig)
- Bahnsteighöhe 760 mm ü. SO
- Kleinster befahrbare Gleisbogenhalbmesser 120 m, 180 m in S-Bögen mit 6 m langer Zwischengeraden (Betriebsgleise)

Grundeinheiten und Annahmen für die Vorauswahl des Hochgeschwindigkeits-Triebfahrzeugs

Grundeinheit		TK 6	TK 4	B 4	TWK	MWK	TW	MW	EW	W
Länge	m	22,00	18,00	16,00	26,40	26,40	26,40	26,40	26,40	26,40
Gesamtmasse, besetzt (Stahl)	t	96_120	64_80	64_80	64_72	64_72	64_72	64_72	64_72	45
Radsatzkraft	kN	160/180/200	160/180/200	160/180/200	160/180	160/180	160/180	160/180	160/180	112,5
Anzahl der Treibradsätze		6	4	4	4	4	4	4	-	-
Anzahl der Laufradsätze		-	-	-	-	-	-	-	4	4
Sitzplätze, Abteilwagen		-	-	-	45	45	54	54	54	54
Sitzplätze, Großraumwagen		-	-	-	42	42	51	51	51	51
Einstiege/Türen			-	-	-	2/4	2/4	2/4	2/4	2/4
Toiletten			-	-	-	1	1	2	2	2
Traktionsausrüstung		vollständig	vollständig	vollständig	vollständig	mit Antrieb, ohne Trafo	vollständig	mit Antrieb, ohne Trafo	ohne Antrieb, mit Trafo und Stromabnehmer	-
Bemerkungen				ohne Stromabnehmer und Führerstand		Nur als Einheit verbunden mit EW bzw. MW	ohne Stromabnehmer	nur als Einheit verbunden mit MWK bzw. EW-MWK bzw. MW	-	Persona-l toilette

Quelle: Projektdefinition Hochgeschwindigkeits-Triebfahrzeug (Grundeinheiten, Annahmen für Vorauswahl Hochgeschwindigkeits-Triebfahrzeug)

- Forderung eines allseitig dichten Übergangs jedoch nur für Bögen mit Radien größer als 250 m

Zusätzlich zu den o.g. DB-Vorgaben wurden die anzustrebenden Bremsverzögerungswerte so angesetzt, wie sie für einen Hochgeschwindigkeitsbetrieb auf Neubaustrecken unter Berücksichtigung der LZB oder ähnlicher Einrichtungen sinnvoll erschienen. Dies bedeutete folgende Richtwerte:

- Betriebsbremsungen 0,7 m/s²
- Schnellbremsungen im Hochgeschwindigkeits-Bereich 1,0 m/s²
  bei Bremsausgangs-Geschwindigkeit kleiner als 300 km/h und betriebsbereiter Führerstandssignalisierung
- auf vorhandenen Strecken 1,2 m/s² bei einer Höchstgeschwindigkeit von 160 km/h
  bei Ausfall der Führerstandssignalisierung bei den dort überwiegend vorhandenen Vorsignalabständen von 1000 m sollte einen Bremsweg wie mit den damals üblichen Fahrzeugen realisiert werden können.

Bei dem zu verwendenden Wagenmaterial wurde als Bemessungsgrundlage für Massen, Kosten und Platzzahl der im Vergleich zum Großraumwagen schwerere Abteilwagen berücksichtigt ohne jedoch die Festlegung dieses Wagentyps als gegeben vorauszusetzen; Bemessungsgrundlage für die Platzkapazität war der 26,4 m lange TEE/IC-Wagen (1. Klasse) mit 54 Sitzplätze. Eine 2. Wagenklasse war zu diesem Zeitpunkt noch nicht vorgesehen, die Möglichkeit war jedoch späteren Überlegungen vorbehalten. Ebenso wurde die gastronomische Versorgung im Zug (Restaurant oder »Am-Platz-Versorgung«) noch nicht in der Endkonsequenz festgelegt, weshalb für die Leistungsauslegung dem Mitführen eines nicht angetriebenen Zugrestaurants der Vorzug gegeben wurde.

Auch der grenzüberschreitende Verkehr wurde nur bedingt berücksichtigt. Auf eine Fährfähigkeit wurde von vornherein verzichtet. Durch die Festlegung auf eine Bahnsteighöhe von 760 mm ü.SO vereinfachten sich die konstruktiven Randbedingungen erheblich. Weiterhin wurde davon ausgegangen, dass die elektrischen Großgeräten bei Trieb(wagen)zügen nicht oberhalb der Fußbodenebene angeordnet würden, um die Räume für Fahrgäste nicht unnötig zu verkleinern. Ausgenommen von dieser Vorgabe waren die Triebköpfe, in deren Endwagen die Unterbringung von elektrischen Großgeräte unmittelbar hinter den Führerräumen vorgesehen war.

Die Anzahl möglicher Konfigurationen fiel sehr umfangreich aus. Im Hinblick darauf, dass ein Betriebseinsatz erst in 10–15 Jahren erfolgen könnte und mit einer Nutzungszeit von 25 Jahren bis in das 21. Jahrhundert zu rechnen war, waren alle praktikablen Techniken zu untersuchen. Das setzte voraus, dass auch solche Techniken zu berücksichtigen waren, die zu diesem Zeitpunkt noch nicht ausreichend erprobt waren.

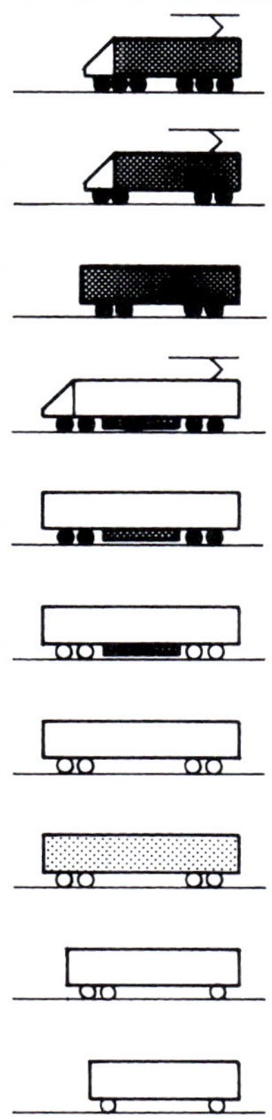

TK6	Triebkopf Co'Co' mit Führerstand
TK4	Triebkopf Bo'Bo' mit Führerstand
B4	Booster Bo'Bo' ohne Führerstand
TWK MWK	Triebwagen mit Führerstand und Traktionsausrüstung Motorwagen mit Führerstand und Traktionsausrüstung
TW MW	Triebwagen mit Traktionsausrüstung Motorwagen mit Traktionsausrüstung
EW	Mittelwagen mit Traktionsausrüstung
W	Mittelwagen
R	Restaurant
JW3	Jakobs-Endwagen, 3-achsig
JW2	Jakobs-Mittelwagen, 2-achsig

Die Grundeinheiten für die Zugkonfiguration. Abbildung: Riechers (Quelle: Projektdefinition Hochgeschwindigkeits-Triebfahrzeug)

Die Konfigurationen

Die Varianten von möglichen Zug-Konfigurationen die einer Grobauswahl (Bewertungsstufe 1) unterzogen wurden, setzte sich aus einer begrenzten Zahl von Grundeinheiten zusammen. Dabei musste jede Grundeinheit für sich die genannte Vorgaben erfüllen.

Nicht mehr aufgenommen wurden ursprünglich angedachten Ausführungen mit einem Kopfwagen mit elektrischer Traktionsausrüstung überflur aber ohne Antrieb, der Jakobswagen mit Traktionsausrüstung ohne Antrieb, der Jakobswagen mit Antrieb ohne Transformator und der Jakobswagen mit vollständiger Traktionsausrüstung. Aus den möglichen Konfigurationen kristallisierten sich vier Hauptgruppen heraus, die man mit einem Buchstabe kennzeichnete. Das »T« steht für Triebkopf-Konfigurationen, »W« für Triebwagen-Konfigurationen und »M« für Mischkonfigurationen. Die Mischkonfiguration enthielt Elemente aus den Gruppen T und W. Außerdem gab es noch die Jakobs-Konfigurationen »J«. Letztere wurden ursprünglich nach T-, W- und M-Varianten unterschieden.

Insgesamt ergaben sich nach der Grobauswahl für die zu erstellende Nutzwertanalyse I (NWA I) insgesamt 56 Konfigurationen. Die Variationen er-

R	JW 3	JW 2	
26,40	22,70	19,00	
48	38	31	
120	127	155	
-	-	-	
4	3	2	
-	42	36	
-	47	39	
2/4	1/2	1/2	2/4
2	1[1]	2	1
-	-	-	
-	-		

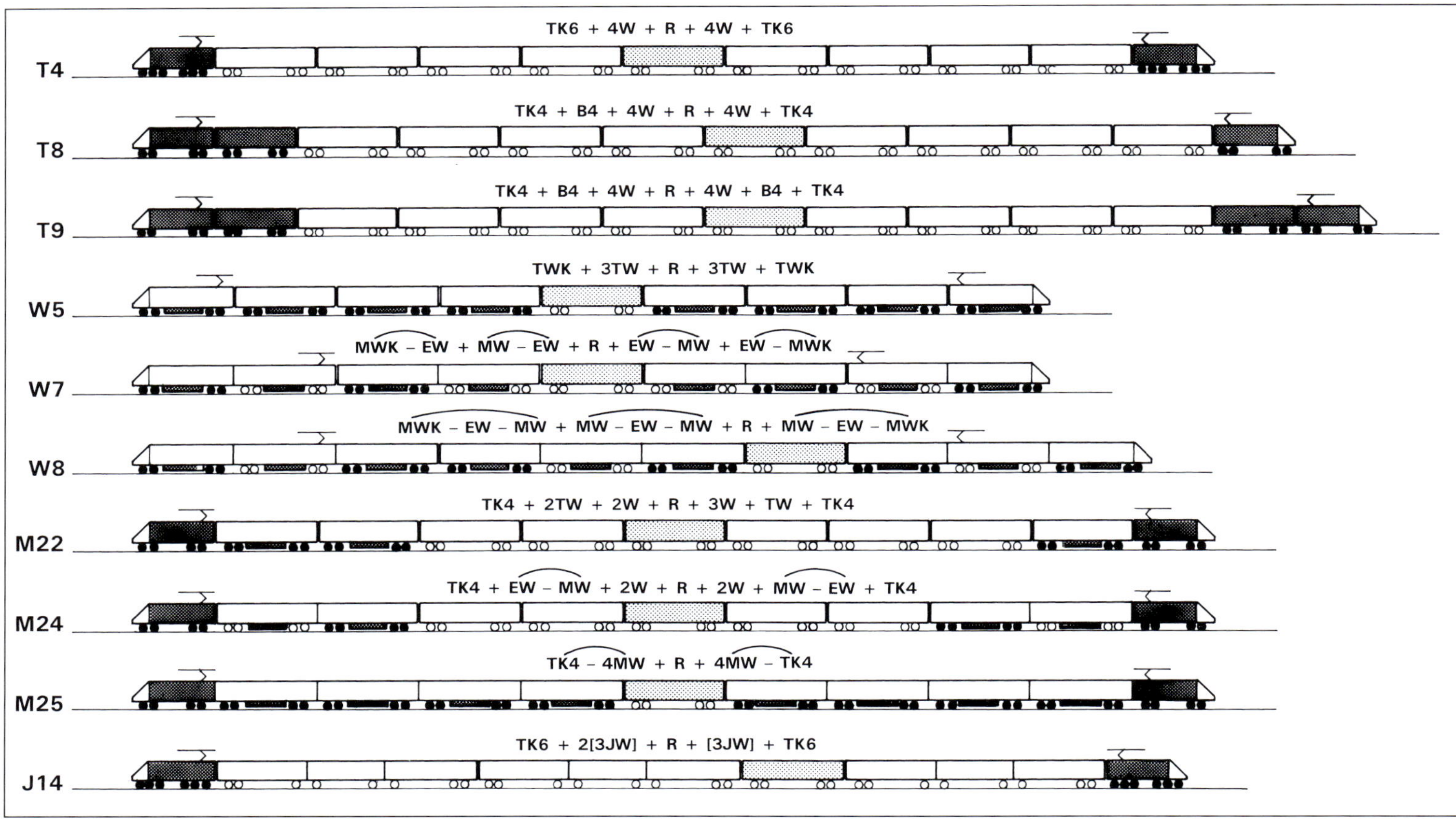

Erläuterungen:

+ Einheiten können betrieblich getrennt werden

⌒ Einheiten sind elektrisch (motorstromseitig) so gekuppelt, dass sie betrieblich nicht getrennt werden können

[ ] Einheiten sind mechanisch so gekuppelt, dass sie betrieblich nicht getrennt werden können

Für die Nutzwertanalyse I verbliebene Konfigurationen.
Abbildung: Riechers (Quelle: Projektdefinition Hochgeschwindigkeits-Triebfahrzeug)

streckten sich von Co'Co'- über Bo'Bo'-Triebkopfzüge mit und ohne Booster und mit vierachsigen Mittelwagen oder Jakobs-Drehgestelle bis hin zu Trieb(wagen)zügen. Geschobene Züge standen bei der Betrachtung nicht zur Debatte, da zur damaligen Zeit das Laufverhalten bei geschobenen Zügen noch durch Versuche unter Zugrundelegung der späteren Einsatzbedingungen untersucht werden musste.
Diese Konfigurationen unterwarf man zwei weiteren Bewertungsstufen, aus denen die vom Aufwand her günstigsten zehn Konfigurationen ausgewählt wurden. Die Vorgänge bei Wertung und Wichtung der zehn Konfigurationen innerhalb der NWA I sollen hier nicht weiter erläutert werden, da für die weitere Beschreibung der Voruntersuchungen das Ergebnis an erster Stelle steht. Danach wurden die Konfigurationen T4, T8 und W7 für die weiteren Untersuchungen empfohlen. Für diese drei Ausführungen wurden schließlich die Projektentwürfe erstellt, die als Grundlage für die Bewertungsstufe 4 dienten. Bei den Untersuchungen wurden, zwecks Absicherung der Ergebnisse auch die damals bekannten in- und ausländischen HGV-Konzepte einbezogen.

Die Fortsetzung der Rad/Schiene-Forschung

Bereits 1974 begann die DB 1974 in München-Freimann mit dem Bau eines Rollprüfstandes, auf dem unabhängig von der Realisierung der Versuchsanlage in Donauried Fahrversuche vorgenommen werden konnten. Der Rollprüfstand stand ab 1977 zunächst für Versuche an zweiachsigen Fahrzeugen zur Verfügung, ab 1980 auch für vierachsige. Da ein wichtiger Baustein innerhalb der Rad/Schiene-Forschung das Zusammenwirken von Fahrzeug und Fahrweg war, wurde nahezu parallel von der »Forschungsgemeinschaft« das so genannte Versuchsfahrzeug 1 (R/S-VF1), auch Fahrzeug/Fahrweg-Dynamik (FFD)-Messwagen genannt, entwickelt und 1979 in Betrieb genommen. Das nicht angetriebene VF1 besaß in der Wagenmitte eine Aufnahmevorrichtung, an der die verschiedensten Drehgestelle montiert werden konnten, um diese bei hohen Geschwindigkeiten zu testen. Obwohl der Wagen für eine V_{max} von 250 km/h ausgelegt war, erreichte der VF1 am 22. April 1982 auf dem Rollprüfstand in München-Freimann eine Geschwindigkeit von 500 km/h!
Auf Grund ständiger Proteste von Umweltschützern sowie fehlender Gelder scheiterte schließlich das Projekt »Versuchsanlage Donauried« Mitte 1977 endgültig. Als teilweiser Ersatz wurde 1983 die Anlage für die Magnetschwebetechnik bei Lathen im Emsland gebaut.
Nach dem Scheitern der Versuchsanlage Donauried unternahm die Bundesbahn einen neuen Anlauf für eine Versuchsstrecke. Die DB favorisierte die Strecke Rheine–Quakenbrück, auf der nur noch sporadisch Güterverkehr stattfand. Insbesondere der 23 km lange Abschnitt Rheine–Spelle–Freren war wegen seiner geradlinigen Trassenführung für Hochgeschwindigkeitsversuche bis zu 300 km/h geradezu prädestiniert. Aber auch dieses Vorhaben scheiterte Anfang der 80er-Jahre am fehlenden Geld.
Es blieb zunächst bei dem 28,2 km langen Abschnitt Gütersloh–Neubeckum der teilweise viergleisig ausgebauten Strecke Hamm–Hannover. Dort wurde ein umfangreiches Versuchspro-

gramm mit Geschwindigkeiten bis zu 250 km/h abgewickelt. Auf einem 5,7 km langen Teilstück zwischen Rheda-Wiedenbück und Oelde waren sogar Geschwindigkeiten von bis zu 300 km/h möglich. Ferner gab es, wie bereits erwähnt, in München-Freimann einen Rollprüfstand für ortsfeste Versuche.

Erst ab August 1986 stand im Zuge der in Bau befindlichen NBS Hannover–Würzburg, zwischen Burgsinn und Rohrbach ein 26,3 km langen Abschnitt für Versuchsfahrten zur Verfügung. Um diesen Streckenabschnitt einschließlich der gesamten Infrastruktur wie Oberbau, Oberleitung und Zugsicherung vorzeitig für den Versuchsbetrieb fertig stellen zu können, musste der Bauablaufplan geändert werden. Interessant an diesem Abschnitt waren vor allen die insgesamt fünf Tunnels und das Maintalviadukt bei Gemünden.

Parallel zur Projektdefinition eines Hochgeschwindigkeits-Triebzuges wurde an der Konzeptdefinition eines angetriebenen Pendants zu dem Versuchsfahrzeug 1(R/S-VF1), dem R/S-VF2 gearbeitet. Noch bevor diese Arbeit abgeschlossen werden konnte, erteilte im Herbst 1979 das BMFT der Forschungsgemeinschaft Rad-Schiene den Auftrag, die Definitionsphase für den R/S-VF 2 zu unterbrechen und zunächst ein Konzept für ein Rad-Schiene-Versuchs- und Demonstrationsfahrzeug (R/S-VD) zu erstellen.

Die Planung des Rad/Schiene-Versuchs- und Demonstrationsfahrzeugs (R/S-VD)

Die Konzeptphase

Nach dem Abbruch der Projektdefinition für den R/S-VF2 wurden die Planungsarbeiten für das Rad/Schiene-Versuchs- und Demonstrationsfahrzeug (R/S-VD) aufgenommen. Dieses Fahrzeug sollte im Gegensatz zu dem 1975 geplanten Forschungsfahrzeug oder dem geplanten R/S-VF2 kein reiner Erprobungsträger mehr sein, sondern neben seinen Erprobungsaufgaben der Darstellung von Gestaltungsdetails, sei es anwender- oder fahrgastseitig, mit Optionen für ein Serienfahrzeug dienen. Hierzu wurden zunächst folgende Eckpunkte festgelegt: Komponentenuntersuchungen sollten auf der damals noch in Vorbereitung befindlichen Eisenbahn-Versuchsanlage (EVA) Rheine-Spelle–Freren bis zu einer Höchstgeschwindigkeit von 350 km/h möglich sein. Weiterhin sollten Aussagen zu Systemeigenschaften eines Hochgeschwindigkeitsfahrzeugs erarbeitet und in Versuchen bestätigt werden, die auch einen Vergleich mit anderen R/S-System zulassen. Dazu sollte das R/S-VD leistungsmäßig für eine V_{max} von 350 km/h bei 400 Personen pro Zug ausgelegt werden, wobei sichergestellt sein musste, dass das Fahrzeug zu Demonstrationszwecken mit einer Geschwindigkeit von mindestens 300 km/h auf dafür geeigneten DB-Strecken fahren kann. Das BMFT gab weiterhin vor, *»daß zur Ermittlung des bestgeeigneten Fahrzeugkonzepts zunächst von den bereits im »Gemeinschaftsbüro Hochgeschwindigkeits-Triebfahrzeug (GB) erarbeiteten Projektentwürfen T4, T8 und W7 auszugehen ist. Außerdem ist das bisher definierte R-S-VF 2 in die Konzeptphase mit einzubeziehen.«* Unter der Federführung der Deutschen Bundesbahn wirkten an der Konzeptphase AEG-Telefunken, die Brown Boveri & Cie AG, die Krauss-Maffei AG, die Friedrich Krupp GmbH, der Krupp Industrie- und Stahlbau, die Linke Hofmann Busch GmbH (LHB), die Maschinenfabrik Augsburg Nürnberg AG (MAN), die Messerschmitt-Bölkow-Blohm GmbH (MBB), die Siemens AG, die Thyssen Henschel AG und die Waggonfabrik Uerdingen AG mit.

Die Arbeitsdurchführung

Der Forderung des BMFT, die vom Gemeinschaftsbüro GB bis 1979 erarbeiteten Ergebnisse der Untersuchungen an dem R/S-VF 2 in die Konzeptphase einfließen zu lassen, kam der Umstand entgegen, dass dafür lediglich fünf Monaten zur Verfügung standen. Die vorgelegten Entwürfe waren in Bezug auf den Fahrwiderstand und die Leistungsauslegung, die Haftwertausnutzung, die Fahrzeugzelle und das Wagenkastenmaterial, die Laufwerke, die elektrische Ausrüstung und das Bremskonzept bereits so eingehend untersucht worden, dass sich die Forschungsgemeinschaft bei der Aktualisierung auf eine für die Konzeptauswahl ausreichende Bearbeitungstiefe beschränken konnte. Diese Aktualisierung erstrecke sich daher auf die die Fahrzeugkonfiguration, die Leistungsauslegung, die Hauptabmessungen und sonstige wesentliche Konzeptmerkmale. Für die Ermittlung des bestmöglichen R/S-VD-Konzepts in Übereinstimmung mit den Forderungen des BMFT wurde eine so genannte Nutzwertanalyse erstellt.

Hierzu wurde das Zielprogramm in drei Teilzielbereiche aufgeteilt:

1. Einsatz auf der EVA,
2. Systemaussagen zu 350 km/h und einer Besetzung mit 400 Personen
3. Fahrten auf DB-Strecken (Systemaussagen zu 300 km/h und einer Besetzung mit 400 Personen).

Auf Wunsch des BMFT sollten ferner in der Konzeptphase auch Belange der R-S-Planungsstudie berücksichtigt werden, die in das deutsch-französische Kooperationsprojekt »Technologievergleich fortgeschrittener Bahnsysteme« (Deufrako) einzuordnen waren. Speziell war daran gedacht, für die Leistungsauslegung und die Ermittlung des Energieverbrauchs einen geeigneten Abschnitt der fiktiven Deufrako-Strecke Frankfurt am Main–Paris heranzuziehen. Da bereits zu einem frühen Zeitpunkt klar war, dass die Streckendaten erst nach Fertigstellung der R/S-VD-Konzeption vorliegen würden, vereinbarte man mit dem BMFT eine »repräsentative Modellstrecke« zu Grunde zu legen. Weiterhin wurden die Deufrako-Belange in das Zielprogramm der NWA einbezogen und die Deufrako-Projektleitung an der Wichtung des Zielprogramms beteiligt.

Die im Rahmen der Projektaktualisierung ermittelten Fahrwiderstände und Zugkräfte bildeten die Grundlage für die Festsetzung der erforderlichen zu installierenden Leistung. Diese ergab für die Konfiguration T4 insgesamt 6.000 kW je Triebkopf TK6, für die Konfiguration T8 insgesamt 4.000 kW je Triebkopf TK4 sowie Booster B4 und für die Konfiguration W7 jeweils 3.400 kW pro Triebwageneinheit. Bei der Festlegung der Wagenzahl, unter Berücksichtigung der Forderung nach 400 Fahrgäste, wurden für die Konfigurationen T4 und T8 »Triebkopfzüge« die bis dahin im IC-Verkehr eingesetzte Wagen Avmz 207 (Abteilwagen 1. Klasse), Apmz 122 (Großraumwagen 1. Klasse), Bpmz 291/292 (Großraumwagen 2. Klasse) und für den Abteilwagen 2. Klasse die Gattung Avmz zuzüglich einem Abteil zu Grunde gelegt. Für die Konfiguration W7 – »Triebwagenzug« – wurde dagegen die Baureihe 403 sowie die um einem Abteil verkürzte Gattung Bm 234 in die Betrachtung einbezogen. Zusammen mit dem Speisewagen ergab das modifizierte, sprich um zwei Wagen verkürzte Ausführungen der vom GB erarbeitete Projektentwürfe T4, T8 und W7.

Da sich bei der Projektaktualisierung ergeben hatte, dass der Entwurf W7 (Triebwagenzug) aus Gründen der unterflur installierbaren maximalen Antriebsleistung von 10.140 kW für einen Versuchseinsatz nach den vorgegebenen Prämissen auf der EVA nicht geeignet war, wurden für die weitere Beurteilung die genannten Projektentwürfe T* und T8 zu Grunde gelegt, beide Triebkopfzüge also.

Nach Abschluss der Nutzwertanalyse wurde vom Partnerkreis die Konfiguration T8 in folgende Variationen vorgeschlagen:

1. Für Systemaussagen zu 350 km/h und einer Besetzung mit 400 Personen (Teilzielbereich 2): T8 (350) mit zwei Triebköpfen und einem vierachsigen Booster.
2. Für Systemaussagen zu 300 km/h und einer Besetzung mit 400 Personen (Fahrten auf DB-Strecken mit größtmöglicher Geschwindigkeit – Teilzielbereich 3): T8 (300) Triebkopfzug wie T8 (350) jedoch ohne Booster.
3. Für Komponentenuntersuchungen auf der EVA Rheine–Spelle–Freren bis zu einer V_{max} von 350 km/h (Teilzielbereich 1): Triebköpfe wie T8 (350) bzw. T8 (300), jedoch ohne Boo-

Vergleich möglicher Konfigurationen des T8 mit dem französischen TGV sowie dem japanischen Shinkansen der zweiten Generation.

	TGV[1]	T8 (angepasst)	Shinkansen[2]	T8 (angepasst)	R-S-VD-T8
Plätze (gesamt)	375	372	375	375	402
Plätze 1. Klasse	135	132	-	-	102
Plätze 2. Klasse	240	240	375	375	300
Fläche je Platz 1. Klasse (m²)	1,0	1,35	-	-	1,0
Fläche je Platz 2. Klasse (m²)	0,61	0,71	0,63	0,63	0,66
Breite (mm)	2.810	2.900	3.380	3.200	2.800
Querschnitt-Fläche der Wagen (m²)	8,7	8,2	12,0	8,7	8,8
Zuglänge (mm)	200.100	205.400	147.800	162.800	224.800
Besetzt-Masse (t)	412	375	376	399	437
Masse je Platz (kg)	1.073	1.007	1.000	994	1.087
Gesamt-Leistung (kW)	6.300	8.000	6.600	8.000	8.000
Höchstgeschwindigkeit (km/h)	270	320	275	335	300

1 Konfiguration TGV: TK4 + JW3 (1.Kl.) + 2JW2 (1.Kl.) + 4JW2 (2.Kl.) + JW3 (2.Kl.)+ TK4. (JW3 jeweils mit zwei dem Triebkopf benachbarten angetriebenen Achsen)
2 Konfiguration Shinkansen: TWK + 4TW (einschließlich Restaurant) + TWK

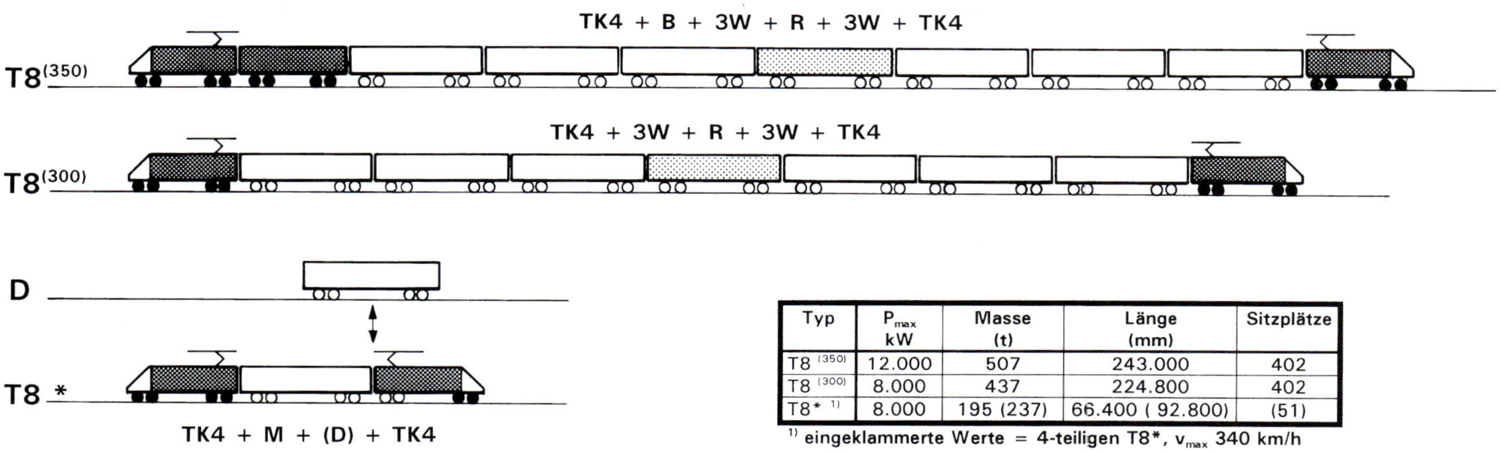

Typ	Pmax kW	Masse (t)	Länge (mm)	Sitzplätze
T8 (350)	12.000	507	243.000	402
T8 (300)	8.000	437	224.800	402
T8* 1)	8.000	195 (237)	66.400 (92.800)	(51)

1) eingeklammerte Werte = 4-teiligen T8*, v_{max} 340 km/h

M: Meßwagen
D: Demonstrationswagen

Das Ergebnis der R-S-VD-Konzeptphase.
Abbildung: Riechers (Quelle: Ergebnisbericht Konzeptphase R-S-VD)

ster, mit Messwagen und zusätzlichem Mittelwagen zu Demonstrationszwecken (Demowagen). Dieser Vorschlag wurde fixiert im gemeinsamen Abschlussbericht der »Forschungsgemeinschaft Rad-Schiene« sowie der »Arbeitsgemeinschaft Rheine-Freren« vom März 1980, der vom BMFT anschließend übernommen wurde.

Für das weitere Vorgehen wurde empfohlen, die im Herbst 1979 unterbrochene Definitionsphase des R/S-VF 2 auf der Basis der Konfiguration T8 als R/S-VD wieder aufzunehmen, in der die einzelnen Fahrzeugkomponenten für die Konstruktions- und Bauphase definiert und spezifiziert werden sollten.

Diese Vorgehensweise war deshalb wichtig, weil spätestens im 2. Quartal 1984 das R/-S-VD einsatzbereit sein sollte, was einen Fertigstellungstermin – im Hinblick auf eine sechsmonatige Inbetriebnahme- und Zulassungsphase – im 4. Quartal 1983 bedeutete. Durch eine Bauzeit von 24 Monaten und eine vorlaufende Konstruktionszeit von 12 Monaten stünde für eine Fortführung und Abschluss der Definitionsphase nur noch ein äußerst knapper Zeitraum von sieben Monaten zur Verfügung.

Natürlich war der gesamte Prozess der Konzeptphase wesentlich detaillierter, als er hier dargestellt werden kann. Allein die Vorbereitungen, Untersuchungen und Untersuchungsergebnisse dürften einen ganzen Band füllen. Da jedoch nach Vorgabe des BMFT die Ergebnisse der im vorgehenden Abschnitt beschriebenen Untersuchungen für ein Hochgeschwindigkeits-Triebfahrzeug in die Konzeptphase einzufließen hatten, bleiben dem Leser effektiv keine Informationen vorenthalten. Ein großer Teil der Untersuchungen befassten sich zudem mit den Planungen für die EVA, die jedoch relativ früh in den 80er-Jahren zu den Akten gelegt wurden. Ein Fehler, denn ein Bahnunternehmen wie es der Deutsche Bundesbahn war, konnte in dieser Phase durchaus eine Anlage gebrauchen ohne Rücksicht auf den laufenden Planverkehr nehmen zu müssen. Auch heute wäre eine solche Anlage durchaus wertvoll.

Der Weg zur Projektbeschreibung des R/S-VD

Sofort nach der Annahme des Abschlussberichtes gingen die Partner der »Forschungsgemeinschaft Rad/Schiene« in die Definitionsphase des Projektes, an deren Ende die endgültige Projektbeschreibung stand. Auch diese Phase wurde vom BMFT unterstützt. Mit Rücksicht auf die Absicht in den Komponenten möglichst viele neue Gedanken einfließen zu lassen, erteilte das BMFT dem Entwicklungsteam des R/S-VD eine Auflagen aus dem vorangegangen Rad-Schiene-Forschungsprogramm:

Eine Auswahl von Windkanalmodellen für den ICE zeigte die Deutsche Bahn AG auf dem Stand des Forschungs- und Technikzentrum (FTZ) auf der Innotrans 2000.
Foto: Riechers

- Wagenendeinheit, bestehend aus außenhautbündigem Übergang, Zentralkupplung und Koppelelementen
- elektronische Zugsteuerung mit Lichtwellenleiter als Datenbus, rechnergesteuerte Fahr- und Bremssteuerung
- Dreifach-Bremssystem mit linearer Wirbelstrombremse und Steuerrechner auf Mikroprozessorbasis;
- schallgedämpfte Räder
- Radareinrichtung zur berührungslosen Weg-, Geschwindigkeits- und Beschleunigungsmessung (v-s-b-Radar)
- Schallisolation für Hochgeschwindigkeitszüge
- aerodynamische Vorgaben hinsichtlich Kopfform, Fahrzeughöhe etc.
- mathematisches Instrumentarium für Auslegungs- und Dimensionsrechnungen (z.B. Lauftechnik, Zellendynamik)
- ausgelegt für eine V_{max} von 350 km/h bei 400 Fahrgästen auf die EVA sowie für eine V_{max} von 300 km/h auf DB-Strecken.

Bereits im Sommer 1980 wurde eine Lastenheft-Struktur verabschiedet, die im Rahmen der Definitionsphase Zug um Zug um die Ergebnisse von Detailuntersuchungen ergänzt wurde. Dazu gehörte u.a. die **Aerodynamik**. Maßgeblich beteiligt an den aerodynamischen Untersuchungen waren die Deutsche Forschungs- und Versuchsanstalt für Luft- und Raumfahrt (DFVLR) sowie die Firmen Messerschmitt-Bölkow-Blohm (MBB) und Krauss-Maffei. Hierzu wurde eine Reihe von Modellen möglicher Kopfformen im Maßstab 1 : 10 im Wind- und Wasserkanal der SNCF beim Institut Aérotechnique de St.-Cyr einen Vergleichstest unterzogen. Die Ergebnisse dieser Untersuchungen führten zu einem Ideal-Modell des Kopfes, das allerdings den stilistischen Spielraum einengte. Über Modelle und Foto-Simulationen entwickelte der Designer Alexander Neumeister zusammen mit den Design Center der DB verschiedene Varianten im Kopfbereich die schließlich zu dem endgültigen Aussehen des R-S-VD führten.

Ein große Rolle spielte der **Fahrzeugquerschnitt**. In den 60er- und 70er-Jahren wurden auf den Haupt-Abfuhrstrecken mit Rücksicht auf den Güterverkehr seiner zunehmenden Anzahl von Frachtsendungen mit Übermaß der Gleisabstand von 3.500 auf 4.000 mm vergrößert. Bei den Untersuchungen zur Ermittlung der erforderlichen Wagenkastenbreite waren sich die Partner der ARGE einig, diese Vergrößerung für den R-S-VD möglichst auszunutzen. Im Vergleich zu den heutigen Reisezugwagen mit einer Breite von 2.840 mm und einer komfortmäßig vertretbare Sitzanordnung von drei Plätzen je Sitzreihe, wie bei den ab 1987/1988 eingesetzten 2.-Klasse-IR- bzw. IC-Wagen der Gattung Bvmz (Mischbauweise Abteil/Großraum), wären bei einer möglichen Wagenkastenbreite von 3.200 mm statt drei Plätze in der 1. Klasse nunmehr vier Plätze und in der 2. Klasse fünf Plätze möglich. Bei einem Sitzplatz mehr auf einer Sitzreihe könnte ein so konzipierter Zug, bezogen auf die Mittelwagen, um ca. 25 % kürzer und 22 % leichter werden bei einer Senkung des Energieverbrauchs um 13 %.

Im Hinblick auf den freizügigen Einsatz im bestehenden IC-Netz sowie mögliche Einsätze im benachbarten Ausland musste letztlich die Fahrzeugbreite mit dem Umgrenzungsprofil nach UIC-505-1 abgestimmt werden. Danach wurden die Mittelwagen 2.930 mm und die Triebköpfe 3.070 mm breit; die Länge der Mittelwagen war, mit Rücksicht auf den erforderlichen Freigang bei kleineren Kurvenradien (z.B. im Bahnhofsvorfeld), von 26,40 m auf 24,30 m zu reduzieren.

Die endgültige Fassung der Projektbeschreibung vom März 1981 bildete die Grundlage für die vom BMFT im selben Monat vorgenommene Ausschreibung des Projektes. Nach der darauf folgende Bekanntmachung im Bundesanzeiger wurden die schließlich die entsprechenden Förderanträge gestellt. Im August 1981 teilte die DB dem BMFT ihre Förderempfehlung mit, die das Ministerium weitgehend übernahm. Die vom 18. September 1981 datierte Förderempfehlung teilte sich wie folgt auf: **Triebkopf** (ARGE Triebkopf mit Krupp, Krauss-Maffei, Thyssen Henschel) in Stahlbauweise mit Höckerplatte, den **Mittelwagen** (MBB) in Leichtmetall-Bauweise unter Verwendung von Aluminium-Strangpressprofilen, die **Triebdrehgestelle** (ARGE Triebkopf) in der Ausführung »UmAn«, die **Laufdrehgestelle** (Hier war die Entscheidung noch offen; Festlegung auf Ausführung Waggon-Union oder MAN zu einem späteren Zeitpunkt vorgesehen), die **Bremsanlage** (Knorr Bremse) als rechnergesteuertes Verbundsystem mit Wirbelstrombremse, die **Elektrische Ausrüstung und Zugsteuerung im Zugverband** (Siemens, AEG, BBC) als von der Baureihe 120 abgeleitete Drehstromtechnik, die **Messtechnik** (Vereinigte Flugtechnische Werke in Zusammenarbeit mit der DB), die **Diagnose** (MBB), die **Fahrgastinformation** (MAN) und die **Stromabnehmer** (Dornier System).

Mit dem gleichen Schreiben wies das BMFT jedoch darauf hin, dass »*die Finanzsituation es nicht zulassen wird, dass die Arbeiten 1981 und 1982 im*

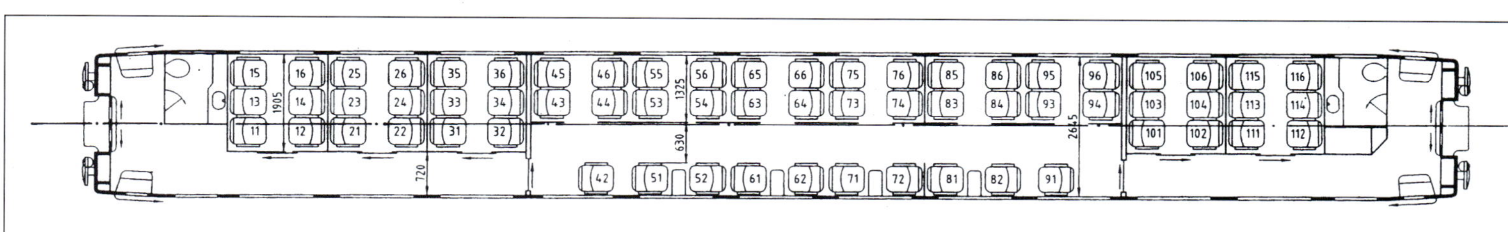

Die Reisezugwagen 2. Klasse, Gattung Bvmz. Abbildung: Deutsche Bahn AG

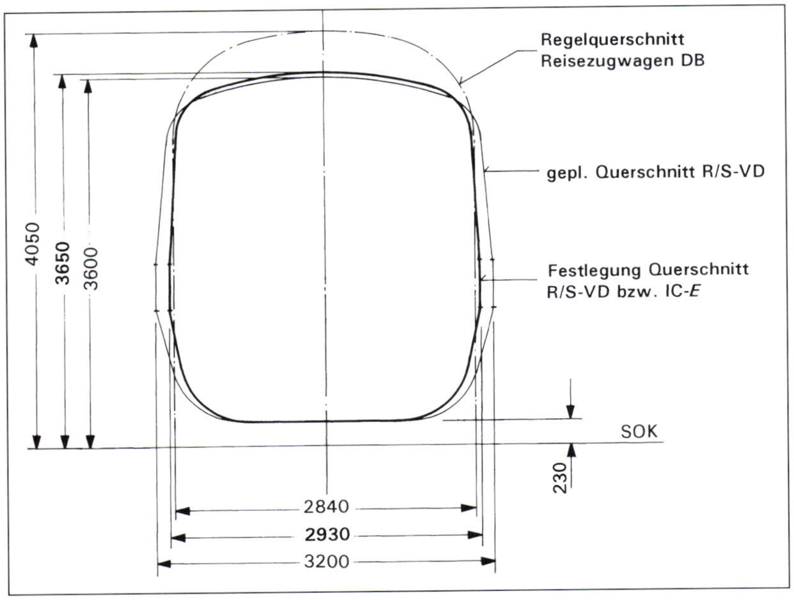

Querschnittsvergleich zwischen dem ICE-Mittelwagen und den Reisezugwagen der DB einschließlich des geplanten Querschnitts R/S-VD und dem realisierten Querschnitt R/S-VD (IC-E).
Foto: Riechers

geplanten Umfang anlaufen können. Ich (der Bundesminister, Anm. d. Autors) *halte es aber für wichtig, daß in einem finanzierbaren Rahmen Anfang 1982 die Projektierungsarbeiten in Angriff genommen werden, damit das Projekt überhaupt beginnt und die für eine erfolgreiche Durchführung notwendige Eigendynamik entwickeln kann«.* Da das BMFT bei der Regelung der Finanzierungsfrage für den Bau eines vierteiligen R/S-VD von einer Beteiligung sowohl der Industrie als auch der DB ausging – diese sich jedoch sich nicht in der Lage sahen, eine finanzielle Beteiligung in Aussicht zu stellen – schien das Projekt erheblich gefährdet wenn nicht schon gar abgeschrieben. Die daraufhin eingetretene Verzögerung warf das Projekt um mindestens ein Jahr zurück.

Die Entstehung des Begriffs »ICE«

Nach langen Verhandlungen zwischen den Projektbeteiligten gelang es am 6. September 1982, schließlich denn doch die endgültige Finanzierung zu verabschieden. Die Gesamtkosten beliefen sich auf 72 Millionen DM. Davon übernahm das BMFT 44 Millionen DM, die Bundesbahn 12 Millionen DM und die Industrie 16 Millionen DM. Dazu muss noch ein im März 1983 von der DB bestellter und mit 4,6 Mio DM finanzierter zweite Demonstrationswagen gerechnet werden, so dass die Gesamtkosten schließlich 76,6 Millionen DM betrugen.
Dabei wurde der Begriff »R/S-VD« durch **«InterCityExperimental« (ICE)** ersetzt. Dessen Namensteil »InterCity« sollte das Ziel der DB unterstreichen, dass die mit diesem Triebzug zu erzielenden Forschungs-Ergebnisse in künftige Triebzug-Entwicklungen für den IC-Verkehr einfließen sollen. Diese neuen Fahrzeuge benötigte die Deutsche Bundesbahn bis Anfang der 90er-Jahre um damit ihr Unternehmensziel – im Fernverkehr doppelt so schnell wie das Auto und halb so schnell wie das Flugzeug zu sein – erreichen zu können.
1981 wurden bei MBB unter der gestalterischen Leitung von Alexander Neumeister die Arbeiten für ein dem bisherigen Entwicklungsstand entsprechendes Mock-Up aufgenommen, welches im Mai 1982 dem Vorstand der Deutschen Bundesbahn vorgestellt wurde. Aanschließend wurde mit den Entwicklungsarbeiten für den ICE begonnen. Die zuvor durchgeführten umfangreichen Untersuchungen am Gesamtprojekt und den Komponenten galt es nun in die Realität umzusetzen und auf einander abzustimmen. Weiter gehende Untersuchungen betrafen u.a. die Stromabnehmer, die Laufwerke, die Wirbelstrombremse, die Fenstermontage und die Ausstattung der Mittelwagen. Beispielsweise hatte die Entscheidung, die Breite des Wagenkastens von 3.200 auf 2.930 mm (Triebkopf 3.070 mm) zu verringern auch Einfluss auf die Gestaltung des Triebzuges. Bei dieser Gelegenheit konnte Alexander Neumeister noch einige stilistische Retuschen anbringen und speziell im Interieur noch eine Optimierung von Gepäckablagen und Deckenverkleidungen vornehmen; ferner schlug er verglaste Trennwände zu den Einstiegsräumen und eine gänderte Farbgestaltung vor. Das geänderte Mock-Up des ICE wurde Anfang 1983 erneut vorgestellt.
Im Oktober 1983 wurde mit dem Bau des ersten Triebkopfs begonnen und bereits im August 1984 konnten an diesem Triebkopf die ersten Druckversuche durchgeführt werden. Am 31. Juli 1985 wurde der 1984 in ICE/V (»V« für Versuch) umbenannte Triebzug im Hof des MBB-Werks in Donauwörth der Presse vorgestellt, zunächst mit dem Messwagen und Demowagen 1. Der Demowagen 2 traf im September 1985 in München-Freimann ein. Das Innendesign des Demowagens 2 unterschied sich deutlich von dem des Demowagens 1; die DB wollte hiermit ein neuartiges Innenlayout testen. Hauptmerkmal des ebenfalls von Neumeister entworfenen Interieurs war der in Wagenmitte angeordnete Service- und Toilettenbereich mit dem der Gesamtraum in zwei besser proportionierte Fahrgastbereiche aufgeteilt wurde; diese Aufteilung ermöglichte zudem eine Trennung zwischen 1. und 2. Klasse. Nach gründlichen Versuchs- und Zulassungsfahrten erfolgte am 26. November 1985 auf der Strecke Bielefeld–Hamm die Jungfernfahrt. Bei der Gelegenheit wurde auf dem Abschnitt Rheda-Wiedenbrück–Oelde eine Geschwindigkeit von 317 km/h erreicht, ein neuer deutscher Eisenbahnrekord bei Passagierfahrten!

Das Mock-up des ICE-Experimental bei Messerschmitt-Bölkow-Blohm (MBB) mit Lackierungsvorschlag.
Foto: Sammlung Dr. Hassel

Beschreibung des ICE/V

Der InterCity-Experimental stellte einen vorläufiger Höhepunkt in der Entwicklung von Schienenfahrzeugen in Deutschland dar. Nach fast zehn Jahren Grundlagenforschung und Praxisversuchen konnte im Oktober 1983 schließlich mit dem Bau des ICE/V begonnen werden. Der Triebzug wurde als Baureihe 410/810 bezeichnet und bestand aus dem Triebkopf 410 001-2 von Krupp (TK1), dem Mittelwagen 810 002-6 (Abpz, Demowagen 2), dem Mittelwagen 810 001-8 (Apz; Demowagen 1), dem Mittelwagen 810 003-4 (Messwagen) und dem von Thyssen Henschel gebauten Triebkopf 410 002-0 (TK2). Hersteller der Mittelwagen war MBB.

Der grundierte Triebkopf des ICE/V wird auf die Triebdrehgestelle aufgesetzt.
Foto: Adtranz

Der Triebkopf

DER FAHRZEUGKASTEN

Rohbau und Lackierung

Die Struktur des Fahrzeugkastens wurde mit Hilfe der Finiten-Elemente-Methode (FEM)[1] ermittelt, wobei insbesondere die erwünschte Anordnung der Stromrichter über den mittig angebrachte Transformator die Anforderungen an die Struktur verschärften. Die statische Längskraft in Kupplungshöhe betrug 1.500 kN.

Das Untergestell des in selbsttragender Stahlbauweise ausgeführten Triebkopfkastens besteht aus zwei kräftigen, als Kastenprofil ausgebildeten Außenlangträgern sowie zwei mit der offenen Seite nach außen angeordneten u-förmige Mittellangträgern, die im Bereich des Geräteraums über die Ebene des Außenlangträgers hinausragen. Diese Langträger, die im Kopfbereich diagonal auf die in Kupplungshöhe angebrachten Prallflächen angeschlossen sind, werden auch zur Übernahme der Längskräfte herangezogen. Das hintere Kopfstück besteht aus einem geschweißten Kasten, dessen Abmessungen durch die Kupplungsaufnahme bestimmt wird.

Insgesamt 15 aus Kastenprofilen bestehende Querträger, die je nach Anforderung unterschiedlich dimensioniert sind, versteifen die gesamte Bodengruppe. An die in Drehgestellmitte angeordneten kräftigeren Querträger sind außer den integrierten Aufnahmen für die Sekundärfederung auch die Befestigungspunkte der Fahrmotoren angeordnet. In Wagenkastenmitte befinden sich die beiden stärksten Querträger, an die der Transformatorkessel aufgehängt ist. Ferner dienen diese Querträger auch der Aufnahme der Zug-Druckstangen für die Drehgestell-Anlenkung.

Die mit dem Untergestell verschweißten Seitenwände bestehen aus einem Gerippe aus Vierkantrohren mit Blechbeplankung. Das Besondere an der Beplankung sind die unterhalb der Lüftungsöffnungen sowie in Kastenmitte angebrachten Höckerbleche. Diese bestehen aus zwei als Sandwich zusammengefügte Bleche, wobei das Außenblech glatt und das Innenblech aus regelmäßig über die Oberfläche verteilten, in das Blech hineingezogene Töpfen besteht. Außen- und Innenblech sind an den Töpfen über Punktschweißungen miteinander verbunden. Die durch diese Anordnung erreichte zusätzliche Steifigkeit entlastet die Seitenwand so, dass durch den dadurch mögliche Entfall von zusätzlichen Verstrebungen Kosten und Gewicht eingespart werden konnten.

Die Beulsteifigkeit der Seitenwand konnte durch einen durchgehenden Dachlangträger verbessert werden. Dieser Langträger bildet einen Kasten mit einem glatten Außenblech und einem gelochten Innenblech, verbunden durch örtliche gelochte Querversteifungen.

Das Dach wurde, der Montage der Geräte wegen, über die gesamte Länge des Geräteraumes abnehmbar gestaltet. Die Dachelemente konnten als nichttragende Teile aus Gewichtsgründen aus Aluminium hergestellt werden und stützen sich auf den eingeschweißten Dachspriegeln ab. Der Fahrzeugkopf besteht aus einer Schweißkonstruktion aus verformten Abkantprofilen und Blech-Verkleidungsteilen. Die Bugspitze einschließlich der Abdeckung für die Notkupplung sowie die seitliche Schürzen wurden aus GFK hergestellt.

Durch seine aerodynamische Gestaltung mit den glatten Flächen und fehlenden Dachaufbauten unterstreicht der Triebzug seine HGV-Intention. Hierzu trägt nicht zuletzt auch das kurz vor Fertigstellung des ersten Triebkopfes 1984 festgelegte Farbschema des ICE/V bei – lichtgrau (RAL 7035) mit einem über die gesamte Länge bis zur GFK-Bugspitze durchgehenden Streifen in rotlila.

Die Kupplungen und Übergänge

Die Triebköpfe des ICE/V sind auf Grund der Kupplung mit den Mittelwagen an ihren Rückseiten mit automatischen Mittelpufferkupplungen der Bauart Scharfenberg ausgerüstet, die jedoch nur in den Werken gelöst werden können. An der Frontseite sind Notkupplungen verdeckt angebracht. Die komplette Beschreibung der Kupplungen und Übergänge ist bei den Mittelwagen zu finden.

Der Führerstand

Der Führertisch besteht aus einem Bedienfeld mit einer 6°-Ebene zur Aufnahme der Bedienelemente sowie einer in vier Flächen unterteilten Anzeigeebene. Über der Anzeigeebene wölbt sich eine Sonnenblende. Die Anordnung der Bedienelemente und Instrumente entspricht unter Anpassung an die besondere Form des ICE/V der der neueren DB-Triebfahrzeuge.

1 **Finiten-Elemente-Methode.** Dieser Begriff umschreibt eine Methode zur Statik-Berechnung, bei der ein Fahrzeugaufbau in Flächen aufgeteilt und für jede einzelne Fläche die Momentengleichung aufgestellt wird.

Ein Blick in den Führerstand des ICE/V. Foto: Adtranz

Die Frontscheibe aus Verbund-Sicherheitsglas ist beschusssicher. Die vorgeschriebene Formel zur Festlegung der Beschussgeschwindigkeit v_p lautet $v_p = v_{max} + 160$ km/h. Hierbei ist v_{max} die Höchstgeschwindigkeit des vorlaufenden Triebfahrzeugs oder Steuerwagens. Das Projektil ist ein zylindrischer Körper mit einem abgerundeten Kopf und einem Gewicht von einen Kilogramm. Beim ICE/V beispielsweise mit einer vorgesehenen Höchstgeschwindigkeit von 350 km/h müsste die Beschussgeschwindigkeit 510 km/h betragen. Hierbei darf die Frontscheibe nicht durchgeschlagen werden und muss im Rahmen verbleiben. Beim ICE/V beträgt die Scheibenstärke 22,75 mm. Die Frontscheibe ist über eine Schnellabtaustufe und Normalstufe elektrisch beheizbar. Für freie Sicht sorgt eine im Führertisch integrierte Defrosterdüse. Die seitlichen Führerstandstüren befinden sich im Maschinenraum und sind an der Außenseite mit versenkten Griffschalen und Haltestangen ausgestattet, damit die glatte Außenfläche nicht unterbrochen wird.

Die Geräteanordnung

Alle zum Betrieb des Triebzuges erforderlichen Geräte sind im Geräteraum des Triebkopfes untergebracht. Bei der Anordnung der Geräte wurde darauf geachtet, eine möglichst gleichmäßige Achslastverteilung zu erzielen. Hierzu wurden die schwereren Komponenten wie Transformator, Stromrichter und Saugkreis mittig im Geräteraum angeordnet. Siehe hierzu die hinten im Buch beigelegte Maßskizze

TRIEBDREHGESTELL UND ANTRIEBSKONZEPT

Ein wichtiger Schritt auf dem Weg zum HGV war die Entwicklung eines für hohe Geschwindigkeiten geeigneten Fahrwerkes, da das Fahrverhalten von Schienenfahrzeugen in hohen Maßen von der Drehgestellmasse abhängig ist. Eine der Aufgaben der Rad/Schiene-Forschung war es, gerade bei den angestrebten hohen Geschwindigkeiten das Kräftespiel zwischen Schiene und Rad, Achse und Drehgestell sowie Drehgestell und Fahrzeugkasten in seiner gesamten Komplexität so zu beherrschen, dass ein Optimum an Fahrverhalten dabei heraus kam.

Eine feste Größe bei der Masse des Triebdrehgestells ist die vorgesehene Antriebs-Bremseinheit mit Motor, Getriebe, Kupplung und Bremsen. Um das Verhältnis von gefederten und ungefederten Massen einerseits und die Kurvengängigkeit andererseits in extremen Fällen studieren zu können, wurde bei Thyssen Henschel in Kassel ein, mit »UmAn« (Umkopplung der Antriebsmasse) bezeichnetes Fahrwerk entwickelt. Als Erprobungsträger wurde eine der vier 1971 von Henschel und BBC gebauten dieselelektrische Versuchslokomotiven DE 2500 mit Drehstromantrieb mit diesen Drehgestellen versehen. Die Wahl fiel auf die 202 003-0. Die Lokomotiven der Baureihe 202 waren vom Beginn an mit einer neuartigen Drehgestell-Anlenkung versehen, wobei das Prinzip des Drehzapfens aufgegeben wurde zu Gunsten verschleißfrei gelagerter und tief liegender Zug-Druckstangen im Zusammenspiel mit der Aufnahme von Führungskräften durch querbeanspruchbare Flexicoil-Schraubenfedern in der Sekundärstufe. Nachdem sich dieses System im Praxiseinsatz bewährt hatte und bereits in mehreren für den Export hergestellten Lokomotiven erfolgreich eingebaut wurde, konnte nun seine Anwendung in Verbindung mit der UmAn-Antriebstechnik in zwei Versuchsdrehgestellen erprobt werden, mit dem Ziel diese Gesamtanordnung für den ICE/V vorzusehen.

Die beiden Antriebs-Bremseinheiten der UmAn-Lokomotive bestehen je aus einem Asynchron-Fahrmotor, Getriebe und Kardan-Hohlwellenantrieb. Der Kardan-Hohlwellenantrieb besteht aus einer Brems-Hohlwelle mit den drei Bremsscheiben, zwei Lenkerkupplungen und der konischen Kardan-Hohlwelle mit Lenkerstern. Die Brems-Hohlwelle einer Antriebs-Bremseinheit ist auf der einen Seite im Getriebe und auf der anderen Seite in einem Tragarm gelagert. Zwischen Tragarm und Getriebegehäuse sind zwei starre Verbindungen, die innere und die äußere Bremstraverse, angebracht, die Gewicht und Bremskräfte der Bremsgeräte aufnehmen. Während die Antriebs-Bremseinheiten motorseitig im Bereich der Drehgestellmitte am Lokomotivkasten befestigt wurden, waren die jeweils äußeren Bremstraversen an ihrer Unterseite jeweils über zwei Pendel mit den Kopfträgern des Drehgestellrahmens verbunden. Durch diese Anordnung wurde erreicht, dass von der vertikal wirkenden Masse der Antriebseinheiten zwei Drittel zu der sekundär abgefederten Masse (Fahrzeugkasten) und nur noch zu einem Drittel dem Drehgestellrahmen, der primär abgefederten Masse also, zugeordnet ist.

Am Obergurt der äußere Bremstraverse wurden ferner die beiden, für die Funktion des UmAn-Prinzips erforderlichen pneumatisch betätigten »aktiven« Koppelelemente angebracht. Je nach Fahrgeschwindigkeit stützt das eine Koppelelement die Antriebs-Bremseinheit am Lokomotiv-Kasten, das andere Koppelelement die Antriebs-Bremseinheit im Drehgestellrahmen ab. Die Ankopplung am Lokomotivkasten verringert die wirksamen Laufwerksmassen und wirkt somit stabilitätssteigernd. Die Ankopplung am Drehgestellrahmen erfolgte nur im Bereich geringerer Geschwindigkeiten, z.B. unter 120 km/h zur besseren Befahrbarkeit enger Gleisbögen.

Die in der DE 2500 UmAn eingebauten Koppelelemente hatten die Charakteristik vorgespannter Federn, womit sichergestellt war, dass die die Vorspannkraft überschreitenden Querstöße vom Antrieb federnd aufgenommen wurden. Innerhalb der Grenzen der Vorspannkräfte wurde der Antrieb von dem jeweils geschalteten Koppelelement kraftschlüssig mit dem Lokomotivkasten bzw. dem Drehgestellrahmen verbunden. Mit dieser Konstruktion sollten die konträren Forderungen nach hoher Laufstabilität im hohen Geschwindigkeitsbereich und guter Bogenlauf-

Das Triebdrehgestell des ICE/V: Oberhalb des Kopfträgers ist der hydraulische Koppeldämpfer und zwischen den Achslagern die Traverse für die lineare Wirbelstrombremse (LWSB) sichtbar. Foto: Adtranz

fähigkeit im niedrigen Geschwindigkeitsbereich erfüllt werden.

Zur Verringerung des Luftwiderstandsbeiwertes wurde die Lokomotive mit einer Kunststoff-Kopfverkleidung versehen, in die Frontfenster der Baureihe 103 eingepasst wurden. Auf der Hannover-Messe 1982 wurde die Lok erstmals der Öffentlichkeit präsentiert.

In der Folgezeit wurden intensive Versuchsfahrten, insbesondere auf dem Streckenabschnitt Brackwede–Neubeckum der Hauptstrecke Bielefeld–Hamm, durchgeführt. Dabei wurde mehrfach eine Geschwindigkeit von 250 km/h erreicht. Zusätzliche Schubkraft erhielt die Lok bei ihren Schnellfahrversuchen durch die Lok 103 118-6. Noch im November 1982 folgten mit der Lokomotive Versuche auf dem Rollprüfstand in München-Freimann.

Die Versuche verliefen insgesamt zufrieden stellend. Mehr noch, im Rahmen von Fahrversuchen bei Kurvenfahrten mit kleinen Radien, bei der die Ankopplung nur am Lokomotivkasten erfolgte, wurde genügend Freigang zwischen den Antriebs-Bremseinheiten und dem Drehgestellrahmen festgestellt.

Auf Grund dieser Erkenntnisse wurde bei der Entwicklung der Triebdrehgestelle des ICE/V die pneumatische Umkoppelvorrichtung nicht mehr weiter verfolgt und ausschließlich passive hydraulische Koppeldämpfer mit angepasster Kennlinie zwischen den Antriebs-Bremseinheiten und dem Fahrzeugkasten vorgesehen. Die beim Um-An bewährte Aufhängung der Antriebs-Bremseinheiten am Lokomotivkasten und an den Kopfträgern des Drehgestellrahmens wurde beibehalten.

Der Drehgestellrahmen des ICE/V besteht aus einem umlaufenden Rahmen in geschweißter Kastenbauweise aus Stahlblechen. Im Bereich der Sekundärfederung sind die Langträger des Drehgestells durchgekröpft. Durch die Anlenkung der Drehgestelle über Zug-Druckstangen am Wagenkasten konnte auf die Mitteltraverse im Drehgestellrahmen verzichtet werden. Die tief liegende Anlenkung der Zug-Druckstangen gewährleistet eine hohe Reibwertausnutzung.

Die Radsatzlager-Führung erfolgt in Längsrichtung durch Lenker mit sphärischen Gummigelenken, in Querrichtung durch die Schraubenfedern der Primärstufe.

Die Magneten der linearen Wirbelstrombremse (WB) sind über je zwei Betätigungszylinder im Drehgestell aufgehängt. Um einen gleichmäßigen Luftspalt zwischen den Magneten und den Schienen zu gewährleisten, ist zwischen den Radsatzlagern eine Bremstraverse angeordnet, auf die sich die Magneten beim Auslösen der Wirbelstrombremse abstützen.

Die Primärfederung besteht aus einem Schraubenfederpaar pro Radsatzlager. Je ein vertikal wirkender Stoßdämpfer unterstützen die Primärfederung. Die Sekundärfederung besteht, wie bereits erwähnt, aus je einem Paar Flexicoil-Schraubenfedern, die sich auf den Langträgern des Drehgestellrahmens abstützen und wird unterstützt durch einen parallel wirkenden Vertikaldämpfer. Die Antriebs-Bremseinheit mit Motor, Getriebe, Kupplung und Bremsen ist entsprechend der UmAn-Anordnung im Drehgestell und am Wagenkasten aufgehängt und über den hydraulischen Koppeldämpfer mit dem Wagenkasten verbunden. Die Laufstabilität des Drehgestells unterstützen zwei Querdämpfer in Drehgestellmitte sowie zwei Schlingerdämpfer, die im Bereich der zweiten Treibachse am Drehgestellrahmen befestigt sind.

ELEKTRISCHE AUSRÜSTUNG DER TRIEBKÖPFE

Hauptstromkreis

Eine wichtige Etappe auf dem Wege zum HGV war auch die Entwicklung der ersten Drehstrom-Universal-Lokomotive der DB, die Baureihe 120, für eine Höchstgeschwindigkeit von 200 km/h. Die 120 001-3 wurde auf der vom 8. Juni bis 1. Juli 1979 stattgefundenen Internationalen Verkehrsausstellung (IVA) in Hamburg der Öffentlichkeit vorgestellt. Mit dieser Lokomotive konnten erste Erfahrungen mit der umweltschonenden Drehstromtechnik gesammelt werden.

Am 13. August 1980 brach die 120 002-1 den seit den 27. Oktober 1903 bestehenden Weltrekord für Drehstromlokomotiven von 210,2 km/h. Auf der 50 km langen Strecke zwischen Celle und Uelzen erreichte die Maschine 231 km/h. Der, in den fünf Prototyp-Lokomotiven der Baureihe 120 erfolgreich erprobte Drehstromantrieb, wurde auch für den ICE/V vorgesehen.

Vier fremdbelüftete Drehstrom-Asynchronmotoren mit einer maximalen Gesamtleistung je Triebzug von 8.400 kW treiben den ICE/V an. Die Energieversorgung erfolgt über einen am Kurzkuppelende eines jeden Triebkopfes angeordneten Stromabnehmer. Da beim Betrieb des Triebzuges, mit Rücksicht auf eine sichere Stromabnahme wegen des kurzen Abstands zwischen den beiden Stromabnehmern (Gefahr vom Aufstauen des Fahrdrahts), nur der Stromabnehmer des nachlaufenden Triebkopfes angelegt werden darf, sind die beiden Triebköpfe über einen innerhalb der Dachstruktur verlegten 15 kV-Hochspannungsleitung mit einander verbunden. Der jeweils abgesenkte Stromabnehmer wird über einen Druckluft-Trennschalter von der Hochspannungsleitung abgekoppelt.

Die beiden Fahrmotoren eines Triebdrehgestells werden über eine Drehstrom-Sammelschiene zweier Leistungskreise mit Energie versorgt. Jeder Leistungskreis wird über einer der vier sekundärseitigen Transformatorwicklungen mit 1.430 V 16,7 Hz Wechselstrom versorgt. Ein Leistungskreis (Traktionsumrichter) besteht aus einem Vierquadranten-Steller (4q-S) als netzseitiger Stromrichter, der den vom Transformator gelieferten Wechselstrom in Gleichstrom umwandelt und über einen Gleichstrom-Zwischenkreis den maschinenseitigen Stromrichter (Pulswechselrichter – PWR) zuführt, wo sie in einem Dreiphasen-Drehstrom mit einer Ausgangsspannung von 0–2000 V umgewandelt wird. Jeweils zwei Stromrichtereinheiten sind einem gemeinsamen Saugkreis zugeordnet. Der Traktionsstromrichter ist in Thyristor-Technik ausgeführt.

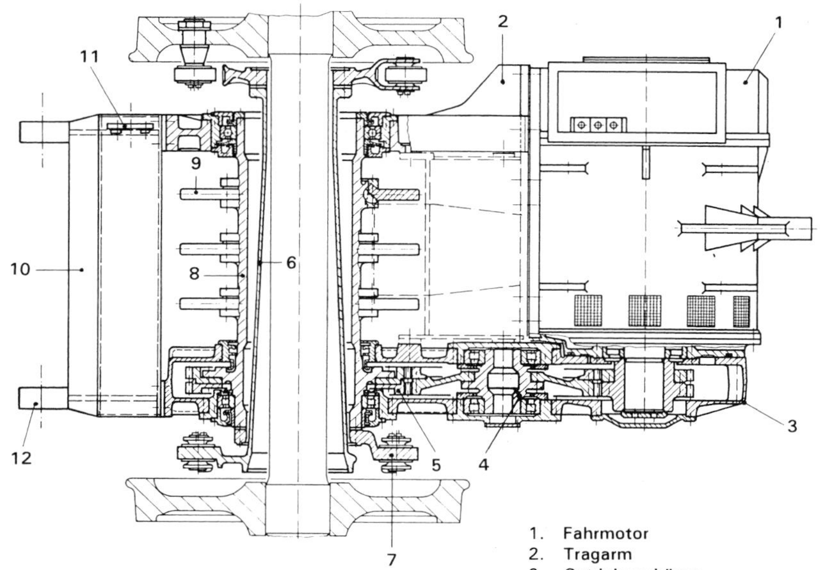

1. Fahrmotor
2. Tragarm
3. Getriebegehäuse
4. Zwischenrad
5. Großrad
6. Antriebshohlwelle
7. Lenkerkupplung
8. Bremshohlwelle
9. Bremsscheiben
10. Bremstraverse
11. Aufnahme Koppeldämpfer
12. Aufnahme vord. Pendelaufhängung

Antriebs-Bremseinheit ICE/V
Abbildung: Riechers (Quelle: Adtranz)

Hilfsbetriebeausrüstung

Für die Energieversorgung der Hilfsbetriebe verfügt der Transformator über eine 885 V- und eine 200 V-Wicklung. Mit dem 885-V-Ausgang verbunden sind zwei statische Hilfsbetriebe-Umrichter (HBU) mit einer Leistung von je 100 kVA. Der HBU-1 speist eine Dreiphasen-Sammelschiene mit variabler Spannung (0–440 V) und Frequenz (0–60 Hz) mit der die Lüfter für die Fahrmotoren und die Ölkühler versorgt werden. Der HBU-2 speist eine Dreiphasen-Sammelschiene mit konstanter Spannung (440 V) und Frequenz (60 Hz) mit der alle Geräte, die eine leistungsunabhängige Energieversorgung benötigen, wie z.B. Netzfilter-, Transformator- und Stromrichterölpumpen sowie diverse Lüfter und Ventilatoren versorgt werden. An dem 200 V-Ausgang des Transformators sind das Batterieladegerät mit einer 110 V-NiCd-Batterie sowie ein Hilfswechselrichter (HWA) angeschlossen für eine netzspannungs-unabhängige Stromversorgung der verschiedensten Verbraucher.

Stromabnehmer

Da die schnellsten Züge der Deutschen Bundesbahn bis dato mit einer Höchstgeschwindigkeit von 200 km/h verkehrten, musste für den geplanten HGV ein neuen Stromabnehmer entwickelt

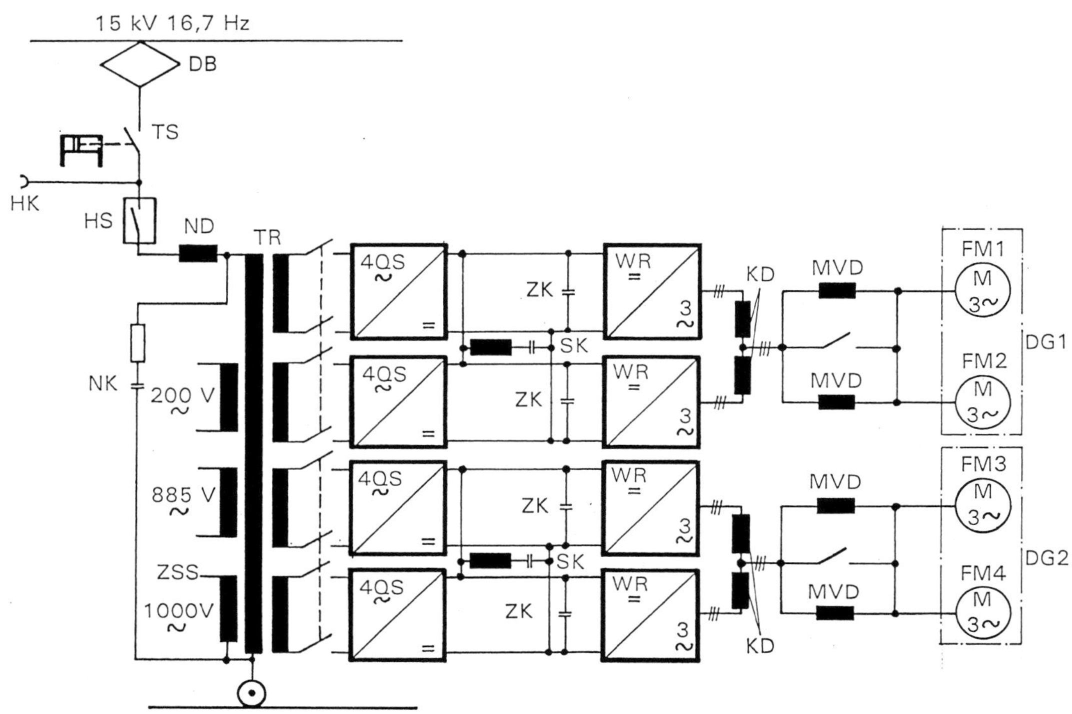

Schaltplan der Leistungskreise
Abbildung: Quelle Siemens TS

Legende:

DB	Stromabnehmer DB
DG	Drehgestell
FM	Fahrmotor
HK	Hochspannungskupplung
HS	Hauptschalter
KD	Kopplungsdrossel
MVD	Motor-Vordrossel
ND	Netzdrossel (Filter)
NK	Netzkondensator (Filter)
SK	Saugkreis
TR	Transformator
TS	Trennschalter
4QS	Vierquadrantensteller
WR	Wechselrichter
ZK	Zwischenkreis-Kondensator
ZSS	Zugsammelschiene
200V	Hilfsspannung, Batterie-Ladung, Fußbodenheizung
885V	Eingangsspannung HBU
1000V	Zugsammelschiene

werden, der sicherstellte, dass die Energieübertragung auch bei Geschwindigkeiten von 250 km/h und mehr störungsfrei erfolgt. Im Gegensatz zu anderen HGV-Systeme wie beispielsweise in Japan oder Frankreich stand keine eigens entwickelte Oberleitung zur Verfügung, sondern es musste von der vorhandenen DB-Oberleitung Re 250 Gebrauch gemacht werden. Somit hatte die Anpassung ausschließlich über einen dynamisch und aerodynamisch optimierten Stromabnehmer zu erfolgen.
Die Optimierungsarbeiten erfolgten in Zusammenarbeit mit der Gesamthochschule Kassel und der Deutschen Forschungs- und Versuchsanstalt für Luft- und Raumfahrt (DFVLR). Die Untersuchungen ergaben, das Wippenmasse und Wippendämpfung möglichst klein sowie die Wippensteifigkeit kleiner als Scherensteifigkeit sein mussten.
Bei der Befestigung des Stromabnehmers DSA 350 war aus aerodynamischen Gründen auf eine möglichst niedrige Bauhöhe bei abgesenktem Stromabnehmer zu achten. Dabei ist zu beachten, dass die Befestigung der Montageplatte des Stromabnehmers auf den Lokdächern auf herkömmlicher Art über Isolatoren erfolgte. Für die Unterschere des ICE/V wurde eine Rohr-Konstruktion mit integriertem Isolator gewählt. Die Montageplatte konnte deshalb direkt auf dem Dach befestigt werden, so dass die Bauhöhe im eingefahrenen Zustand nur 285 mm betrug. Die Oberschere war trapezförmig gestaltet mit einer Diagonalverspannung.

Der Wagenkasten ICE/V wurde in Donauwörth (MBB) einem Druckversuch unterzogen. Bei dem hier abgebildeten Wagen handelt es sich entweder um den Messwagen oder den Demowagen 1.
Foto: Sammlung Dr. Hassel

Blick auf den Übergang des Demowagens 2 mit der automatischen Mittelpufferkupplung: Rechts von den Übergangstüren sind die beiden Koppeldämpfer, auf der gegenüberliegenden Seite sind die Aufnahmen der Koppeldämpfer des nächsten Wagens zu sehen.
Foto: ALSTOM LHB

Mittelwagen

Ursprünglich wurden für den ICE/V zwei Mittelwagen – ein Demonstrationswagen 1. Klasse (Apz bzw. Demowagen 1) sowie einem Messwagen – vorgesehen. Da die DB an der Darstellung weiterer Ausstattungsvarianten interessiert war, bestellte sie im März 1983 einen weiteren, von ihr mit 4,6 Millionen DM finanzierte 1.- und 2.-Klasse-Demonstrationswagen (Abpz bzw. Demowagen 2).

DER WAGENKASTEN

Rohbau und Lackierung

Der Rohbau der Wagenkästen ist eine selbsttragende Schweißkonstruktion unter Verwendung von Aluminium-Strangpressprofilen der Qualitäten AlMgSi 0,7 und AlZnMg1 F35. Die vorgefertigten Seitenwände in Differentialbauweise aus Groß-Strangpressprofilen für die Außenhaut und Verstrebungen im Innenraum, insbesondere im Bereich der Fensterstiele und dem Dachrahmen, wurden auf dem aus Großstrangpressprofilen zusammengesetzten Untergestell aufgesetzt und verschweißt. Das auf den Seitenwänden aufgesetzte und verschweißte Dach besteht aus vier längsgerichteten und zusammengeschweißten Strangpressprofilen. Die Kopfwände bestehen aus einer Kombination von Strangpressprofilen, Abkantteilen und Aluminiumblechen.
Der Rohbau aller drei Mittelwagen ist nahezu identisch Lediglich der Demowagen 2 (ABpz) weist auf Grund eines abweichenden Ausstattungsvorschlags acht statt sieben Fenster auf. Der Fensterteiler ist mit 2.460 mm jedoch wieder gleich.
Die für die Unterflur-Geräteunterbringung erforderlichen Bodenwannen gehören nicht zum tragenden Bestandteil der Wagenkästen und sind lösbar befestigt. Die einzelnen Geräteräume sind über Klappen aus GFK zugänglich.
Das Farbschema entspricht dem des Triebkopfes. Der rotlila Farbstreifen setzt sich fort über die außenhautbündige Übergangsverkleidung.

Kupplungen

Triebkopf und Wagen des ICE/V sind über automatische Mittelpufferkupplungen der Bauart Scharfenberg miteinander gekuppelt, die über

Seitenansicht des Übergangs: Auf der gegenüberliegenden Seite ist das abgeschnittene Kugelgelenk sichtbar. Die dadurch entstandene Kurve ist auf der Außenhaut sichtbar und wird durch die Gummidichtung noch unterstrichen. Deutlich sichtbar sind die Verriegelungselemente. Auf der Scharfenbergkupplung stützt sich die neu entwickelte Gliederbrücke der Firma Hübner ab. Foto: ALSTOM LHB

seitliche Kontaktleisten (so genannte E-Altäre) alle zum Betrieb erforderlichen Versorgungsleitungen einschließlich der Lichtwellenleiter der Leittechnik verbinden. Das Lösen der Kupplungen kann nur in der Werkstatt erfolgen. Um das Fahrverhalten der Wagen im Zugverband zu verbessern sind ferner zwischen den Wagen im Boden- und Dachbereich je zwei, wechselweise befestigten Dämpferpaare angeordnet.

Übergänge

Besondere Aufmerksamkeit wurde den Übergängen zwischen Triebkopf und Wagen sowie zwischen den einzelnen Wagen zuteil. Da aus aerodynamischen Gründen die Außenfläche des Triebzuges möglichst ununterbrochen sein sollte, konnten die von den herkömmlichen Reisezugwagen her bekannten Gummi-Rohrbälge nicht verwendet werden. Da diese Konstruktion auch ungenügend Schutz gegen Lärm und Kälte bietet, wurde nach einer neuen Lösung gesucht.

Den Konstrukteuren von Linke-Hofmann-Busch in Salzgitter (heute ALSTOM LHB) wurde klar, dass die Lösung in einer »doppelwandigen« Ausführung zu suchen war, wobei die äußere Wand außenhautbündig zu sein hatte. Hierbei wird der »innere« Übergang durch einen zweigeteilten Einfach-Wellenbalg gebildet. An Stelle der Übergangsbleche kam eine von der Firma Hübner entwickelte so genannte Gliederbrücke zum Einsatz. Diese besteht aus einem Rahmen mit mehreren Gleitgliedern, die sich in Bögen ähnlich eines Parallelogramms gegeneinander verschieben können. Diese Gleitglieder sind aus Aluminium hergestellt und mit einem rutschfesten Belag beschichtet.

Damit war jedoch das Problem der außenhautbündigen Übergangsverkleidung noch nicht gelöst. Da die zunächst angedachte Lösung mit einer elastischen Gummihaut, ähnlich der der alten TEE-Triebzüge der Baureihe 601, auch nicht das Nonplusultra darstellte, fanden die LHB-Ingenieure die Lösung schließlich im Prinzip des Doppel-Kugelgelenks, bei dem die Wagenenden die »Gelenkköpfe«, das aus GFK hergestellte teilbare Übergangselement die »Kugelpfannen« bildeten. Aus konstruktiven Gründen blieb zwar von Gelenkkopf und -pfanne nicht mehr wie ein breiter Rand übrig, doch das reichte aus, um die Relativbewegungen zwischen den einzelnen Fahrzeugen auszugleichen. Bei sehr engen Gleisbögen trat zwar das Übergangselement geringfügig aus der Wagenkontur heraus, aber das hatte bei den, in dieser Situation erforderlichen niedrigen Geschwindigkeiten keinen Einfluss auf die Aerodynamik. Das Übergangselement kann im Bereich der Kupplungsebene getrennt werden. Kräftige Gummidichtungen sowohl an der Trennstelle als auch am Übergang zum Wagenkasten sorgen für eine wirksame Abdichtung.

Ausstattung

Wie bereits erwähnt, wurden ein Wagen als Messwagen und zwei als Demonstrationswagen eingerichtet. Für das gesamte Außendesign sowie die Innengestaltung des zunächst einzigen De-

Sitzgruppe der 1. Klasse in Demowagen 1: Gut zu erkennen sind die vom Flugzeug inspirierten verschließbaren Gepäckkästen. Auf diesem Bild sind die Stege zwischen den Gepäckkästen nicht sichtbar, auf denen sich die Displays des FIS befinden. Foto: Neumeister

monstrationswagens schrieb die Deutsche Bundesbahn 1982 ein Wettbewerb aus, an dem drei Designbüros teilnahmen. Den Zuschlag erhielt Alexander Neumeister aus München. Das Außendesign der seit März 1983 nunmehr drei Mittelwagen bezog sich schwerpunktmäßig auf die Gestaltung der Fensterzeile.
Neumeister erarbeitete hierzu mehrere Alternativen, die zusammen mit den Ausstattungs-Vorschlägen innerhalb eines geänderten Mock-Ups Anfang 1983 vorgestellt wurden. Schließlich entschied sich die DB für das bis in den heutigen Generationen von ICE-Züge bekannte durchgehend verglaste Fensterband mit dunklen Blindfenstern auf den Fensterstielen.
Die Sichtfenster waren eine Neuentwicklung der Firmen MBB und Flachglas. Die Fenster setzten sich aus zwei in einem Aluminiumrahmen eingeklebten Glasscheiben, deren Zwischenraum gasgefüllt war, zusammen. Die äußere Scheibe bestand aus Verbundglas mit Zwischenbedampfung und einer Dicke von 9 mm. Die innere Scheibe bestand aus Einscheiben-Sicherheitsglas. Zum Fahrgastraum hin war mit einem Abstand von 60 mm zur Isolierscheibe eine 5 mm starke Vorsatzscheibe aus Verbundglas angebracht. In diesem belüfteten Zwischenraum war eine vom Fahrgast zu bedienende Jalousie angebracht.
Die Einstiegsräume mit jeweils zwei einflügeligen elektro-pneumatisch betätigten Schwenkschiebetüren der Firma Kiekert befinden sich an den Wagenenden. Diese sind mit einer umlaufenden innen liegenden doppelten Gummilippendichtung ausgeführt. Zwecks Erhöhung der Schalldämmwerte sind die Türblätter mit zusätzlichen Schalldämmmatten versehen.
Der Demowagen 1 (Apz) verfügt über einen 1.-Klasse-Großraum mit 28 Sitzplätzen in der Aufstellung 2 + 1. Etwas außermittig befinden sich zwei Sitzreihen in der Aufstellung 1 + 1 mit einer kleinen Garderobe. Im ersten Drittel des Wagens ist eine 1.-Klasse-Lounge mit acht Sitzplätzen dargestellt, die durch eine Glaswand mit Schiebetür vom Großraum getrennt ist. An beiden Wagenenden befinden sich Toiletten mit Waschgelegenheit.
Der Demowagen 2 (ABpz) umfasst einen 1.- und 2.-Klasse-Großraum mit 24 bzw. 27 Sitzplätze, die durch einen Zwischenraum, in dem sich ein Galley und ein WC befinden, getrennt sind. Innerhalb des 1.-Klasse-Großraums befindet sich ein Konferenzraum mit sechs Plätzen. In der 2. Klasse sind die Sitze in der Aufstellung 2 + 2 angeordnet.
Die Gestaltung der Innenausstattung wurde, insbesondere durch das Engagement der Firma MBB, beeinflusst durch den Flugzeugbau (Airbus), was sich am deutlichsten durch die verschließbare Gepäckfächer oberhalb der Sitze dokumentiert. Die Sitze entwickelte der Amberger Sitzhersteller

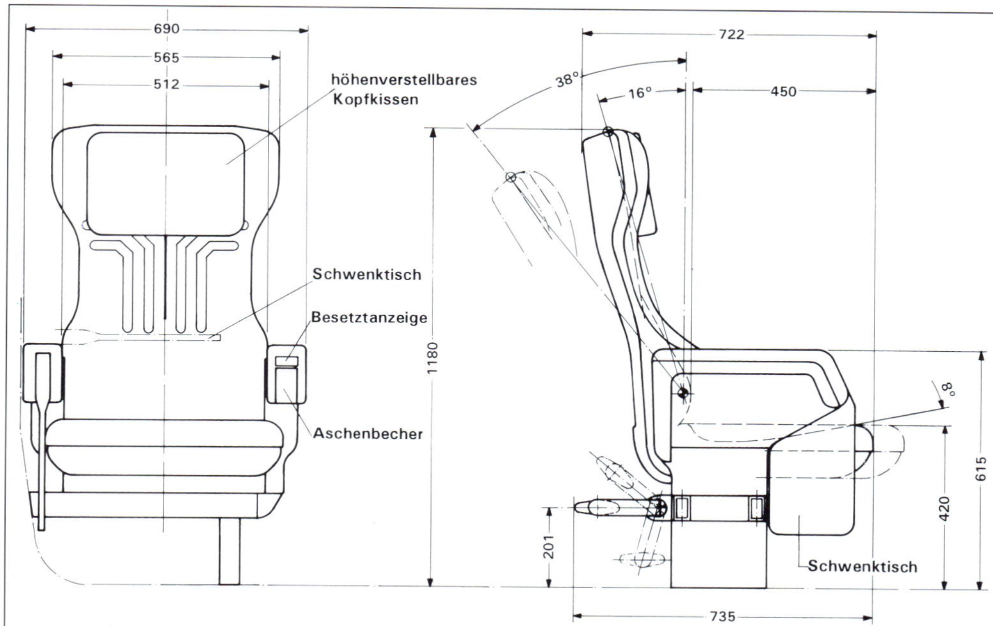

Der Einzelsitz der 1. Klasse. Abbildung: Riechers (Quelle: Grammer)

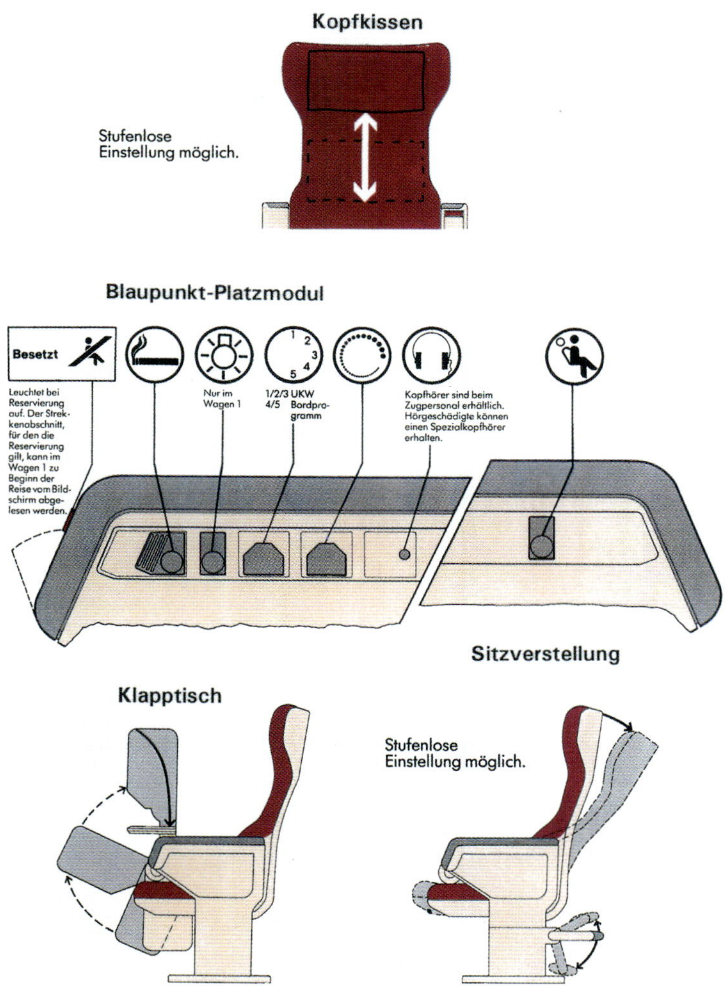

Die Armlehne des 1. Klassesitzes
Abbildung: Grammer

Grammer. Die endgültige Gestaltung oblag der US-Firma DesignWorks als als Subunternehmer der Firma Grammer. Die Sitze der 1. Klasse waren richtige High Tech-Elemente und waren als Einzelsitze konzipiert die entweder paarweise oder einzeln aufgestellt wurden.
Die Sitze bestanden aus je zwei Seitenbacken aus Alu-Guss, die mit den gelenkig gelagerten Sitz- und Rückenlehnenschalen einen Verbund bildeten. Die Sitz- und Rückenlehnenschalen waren aus einem GFK-Sandwich hergestellt. Die Sitze selber waren auf einem Sitzgestell montiert. Sitz- und Rückenlehnenpolster bestanden aus mit PUR direkthinterschäumten Dralon-Flachgewebe. Die Ausstattungsfarben waren hell- und dunkelrot.
Sitz und Rückenlehnen waren gelenkig mit einander verbunden. Durch einen Druck auf den Gasfeder-Auslöseknopf an der Innenseite der rechten Seitenbacke konnte die Rückenlehne zwischen 16° (Grundstellung) und 38° geneigt werden. In der jeweils rechten Seitenbacke wurde ferner ein Tisch integriert, der durch zweimaliges Schwenken in die Gebrauchsposition gebracht wurde. Die Tischplatte bestand aus einem ausgeschäumten Alu-Gussrahmen mit einer Abdeckung aus Polycarbonat (PC).
In der auf der linken Seitenbacke montierten Armlehne war stirnseitig ein Aschenbecher eingebaut, der durch einen Schieber innerhalb des so genannten »Blaupunkt-Platzmoduls« an der Innenseite der Armlehne geöffnet und geschlossen werden konnte. Oberhalb des Aschenbechers zeigte ein beleuchtetes Transparent mit einem Piktogramm an, wenn der Platz reserviert war. Die einzelnen reservierten Streckenabschnitte waren im Wagen 1 einem Bildschirm zu entnehmen. Ferner bestand das Blaupunkt-Platzmodul aus einer Buchse für einen Kopfhörer, einem Wählschalter für drei Hörfunk- und zwei Bord-Audioprogramme, einem Lautstärkeregler sowie einem Druckschalter für die Leseleuchte.
Auf der Rückenlehne war ein, mit Polyestervlies gefülltes und mit einem Baumwoll-Schonbezug überzogenes Kevlar-Kopfkissen angebracht. Über eine im Rückenpolster angebrachte Metallschiene konnte dieses Kissen stufenlos nach oben und unten verschoben werden. An den Rückenlehnenschalen waren Netze für Zeitungen und Zeitschriften sowie ein Kleiderhaken angebracht. Einige Sitze waren an den Rückenlehnen mit Video-Displays und Kartentelefonen versehen. Am Sitzgestell waren höhenverstellbare Fußstützen mit drehbaren Fußauflagen angebracht.
Gegenüber den Sitzen der 1. Klasse vermittelten die der 2. Klasse einen recht spartanischen Eindruck. Die Sitze waren als Einzel- und Doppelsitz konzipiert. Sie setzten sich aus zwei, bei der Doppelsitzanlage drei, weit ausgeschnittenen Seitenbacken aus Alu-Guss zusammen, die durch einen großförmigen Rahmen aus Alu-Vierkantrohren miteinander verbunden waren. Dazwischen wurden die gelenkig gelagerten und aus einem GFK-Sandwich hergestellten Sitz- und Rückenlehnenschalen befestigt. Sitz- und Rückenlehnenpolster bestanden aus mit PUR direkt-hinterschäumten Dralon-Flachgewebe. Die Ausstattungsfarben waren grün und gelb.
Sitz und Rückenlehnen waren gelenkig mit einander verbunden. Durch einen Druck auf den Gasfeder-Auslösehebel unterhalb der vorderen Kante der jeweils äußeren Armlehne konnte die Rückenlehne zwischen 16° und 30° verstellt werden. An der Rückenlehne war in Kopfhöhe ein Kopfpolstervlies aus Baumwollgewebe mittels Klettband befestigt. An den Rückenlehnenschalen war ein Klapptisch angebracht, der sich in allen Schräglagen in waagerechter Stellung befand. Der Knebel konnte als Kleiderhaken verwendet werden. Unterhalb des Klapptisches war ein Netz für Kleingepäck sowie Zeitungen und Zeitschriften angebracht. Die mittlere Armlehne bei den Doppelsitzen konnte hochgeklappt werden. Die variabel gestaltete Einrichtung erlaubte die Darstellung von Alternativ-Vorschlägen für Sitzanordnungen sowie unterschiedliche Polster, Designs und Innenverkleidungen.
Der Messwagen ist insbesondere durch die Anwendung der Mikroprozessortechnik das Modernste, was die DB bisher an Messfahrzeugen zu bieten hat. Die Messeinrichtung wurde von MBB und DB in engster Kooperation konzipiert. Sie besteht aus den Bereichen Sicherheits-, Betriebs- und Untersuchungs-Messtechnik mit insgesamt rund 600 Messgrößen. Die gewonnenen Daten dienen der Optimierung des Gesamtfahrzeugs im Hinblick auf die Serienproduktion sowie der Überwachung und Steuerung des laufenden Versuchsbetriebs.
Eine Videokamera auf dem Dach des Messwagens überwacht den auf dem benachbarten Triebkopf befindlichen Stromabnehmer. Durch die hohe Frequenz von 200 Bildern pro Sekunde ist sie in der Lage, dass Verhalten des noch zu optimierenden Stromabnehmers am Fahrdraht auch bei höchsten Geschwindigkeiten aufzulösen und zu dokumentieren.
Die Übertragung der Messdaten zwischen den einzelnen Fahrzeugen im Zugverband erfolgt über Lichtwellenleiter. Hierdurch ist eine vollständige galvanische Trennung zwischen den einzelnen Fahrzeugen und eine Immunität gegen elektromagnetischen Störfelder sichergestellt. Zum Wagenende 1 hin ist ein Aufenthaltsraum mit einer kleinen Küche für die Messtechniker eingerichtet.
Die Klimaanlage des ICE/V wurde von MBB im Zusammenarbeit mit der Firma Luwa entwickelt. Hierzu wurden zwei Varianten dargestellt – für den Messwagen und den Demowagen 1 mit Luftbehandlungsgeräten im Dachbereich an den Wagenenden oberhalb der Toiletteräumen und für den Demowagen 2 mit den Luftbehandlungsgeräten in Wagenmitte, ebenfalls im Dachbereich oberhalb Galley und Toilettenraum.
Die Anordnung zweier Luftbehandlungsgeräte sichert die Redundanz, so dass die Wagen auch bei

Blick in den Messwagen in Richtung Messraum: Im Vordergrund ist ein Teil der Auswerteplätze zu sehen.
Foto: Sammlung Dr. Hassel

Ausfall eines Geräts weiter temperiert werden können. Das Verdichter/Verflüssiger-Aggregat mit integriertem statischen Direktumrichter ist als Kompaktgerät unterhalb des Fahrzeugs in einem Container untergebracht. Die Luftansaugöffnungen befinden sich direkt bei den Luftbehandlungsgeräten. Für die Abdämpfung der bei Tunnelfahrten entstehenden Druckwellen sind in den Außenluft-Ansaugöffnungen Druckwellenventile angeordnet. Diese Ventile wirken wie ein Membran: Bei entstehendem Druck schließen sie die Ansaugöffnungen, bei Wegfall des Drucks öffnen sie diese wieder.
Über an der Decke angebrachte Zuluftkanäle wird die Luft zu den Ausblasöffnungen oberhalb der Fenster geführt. Die Abluft erfolgt über seitliche Bodenkanäle; der Abluftventilator befindet sich neben dem Verdichter/Verflüssiger-Aggregat. Auch hier ist ein Druckwellenventil vorgesehen. Die Deckenausblasung wurde später in allen ICE-Zügen übernommen.
Eine zusätzliche Fußbodenheizung sorgt für eine gleichmäßige Temperaturverteilung im Fahrgastraum. Ebenfalls von MBB stammte das geschlossene Toilettensystem. Neben der Entlastung der Umwelt hat dieses System für den Fahrgast den Vorteil der uneingeschränkte Verfügbarkeit, z.B. während des Aufenthalts in Bahnhöfen. Ebenso wie die Klimaanlage ist das Toilettensystem gegen plötzlich auftretende Druckschwankungen geschützt.
Automatische Brandmelder überwachen die Fahrgast- und Vorräume, Toiletten, Schaltschränke sowie die Geräte in den Bodenwannen. Im Falle eines Brandes werden über die Brandmeldeanlage die Klimalüfter abgeschaltet und die Schiebetüren an den Wagenübergängen geschlossen.
Für die Unterbringung der für den Betrieb der Wagen erforderlichen Geräte stehen neben der Gerätewanne unterhalb des Wagenkastens auch Schaltschränke und Geräteräume im Innenraum, u.a. neben den Toiletten und in den Dachräumen oberhalb den Einstiegsräumen, zur Verfügung.

Das Drehgestell MD 52-350 der Waggon Union: Unterhalb des Federträgers der Sekundärfederung befindet sich die Traverse für die lineare Wirbelstrombremse. Von der Wiege zum Rahmenende sind die paarweise angebrachten Anlenkstangen der Schlingerdämpfung zu erkennen. Foto: Adtranz (Siegen)

DREHGESTELLE

Für die Erprobung im ICE/V wurden von der Industrie insgesamt drei Laufdrehgestelle entwickelt:

- Waggon-Union (MD 52-350),
- MAN (Koppelrahmen-Drehgestell)
- MBB (Hochleistungs-Drehgestell als Versuchsträger

Drehgestell MD 52-350)

Beim Demowagen 2 und beim Messwagen des ICE/V kam das von der Waggon-Union entwickelte Versuchs-Laufdrehgestell MD 52-350 zum Einsatz. Dieses Drehgestell stellt eine Weiterentwicklung des bei der DB im IC-Verkehr erfolgreich eingesetzten Drehgestells MD 522 dar, das für eine Höchstgeschwindigkeit von 200 km/h zugelassen ist. Die Drehgestelle der Bauart Minden-Deutz in ihrer weiterentwickelten Ausführung sind gekennzeichnet durch eine verschleißfreie Führung der Radsätze im Drehgestellrahmen über Federblatt-Radsatzlenker, die die Parallelität der Radsätze untereinander gewährleisten.
Die Träger des H-förmigen Drehgestellrahmens sind aus Stahlblechen St 52-3 in Kastenform zusammengeschweißt. Die Radsätze bestehen aus Monobloc-Rädern mit Schallabsorbern und auf der Radsatzwelle aufgepressten Bremsscheiben. Die Radsatzlager sind als Wechsellager konzipiert, wodurch ein einfacher Aus- und Einbau des Radsatzes ohne Lösen der Radsatzlenker möglich ist. Wegen der vorgesehenen hohen Geschwindigkeiten sind die Radsatzlager des Messwagens mit Kegel-Rollenlagern vorgesehen. Die Drehgestelle des Demonstrationswagens 2 wurden versuchsweise mit Zylinder-Rollenlagern ausgerüstet.
Die Radsatzführung des Drehgestells MD 52-350 erfolgt verschleißfrei über zwei parallel übereinander angeordnete Federblatt-Radsatzlenker zwischen Drehgestellrahmen und Radsatzlager. Gummi-Metall-Elemente zwischen dem Radsatzlager und den Federblattlenkern dienen der elektrischen Isolierung.
Die Primärfederung besteht aus je einem zentrisch über dem Radsatzlager angeordneten Schraubenfedersatz. Dieser besteht aus einer äußeren und einer inneren Schraubenfeder mit einem parallel angeordneten hydraulischen Schwingungsdämpfer. Ein zusätzliches Gummi-Metall-Element zwischen Radsatzlager und Schraubenfeder dient der Körperschalldämmung und der elektrischen Isolierung.
Die Sekundärfederung besteht aus je zwei Schraubenfedersätzen pro Drehgestellseite, die sich auf einem mit je zwei Schwingenpendeln am Drehgestellrahmen aufgehängten Federträger abstützen. Jeder Schraubenfedersatz besteht aus einer äußeren und einer inneren Schraubenfeder. Für den Fall eines Pendelbruches sind zwischen Drehgestellrahmen und Federträger Fangbügel vorgesehen. Zwischen den Sekundärfederpaaren ist je ein hydraulischer Schwingungsdämpfer angeordnet. Wegen der besonders breiten Federbasis konnte auf eine Wankstütze verzichtet werden.
Der Wagenkasten ruht auf einer als geschweißten Hohlträger mit seitlichen Schmiedeteilen ausgebildeten Wiege, die sich auf die Sekundärfederung abstützt. Die Wiegen-Querbewegung ist durch einen mit dem Drehgestellrahmen verbundenen hydraulischen Schwingungsdämpfer abgedämpft. Die Längsführung übernehmen manganbewehrte Schwingmetall-Schienen. Die Verbindung des Wagenkastens mit dem Drehgestell erfolgt über den Drehzapfen. Die Führung des Drehzapfens in der in der Wiege eingeschweißten Mitnehmerbuchse erfolgt über einen Verbundblock. Dieser besteht aus einer in einem Gummilager einvulkanisierten Stahlfeder. Nach Einführung in die Mitnehmerbuchse wird der Verbundblock über eine Druckscheibe durch Anziehen einer Schraube verspannt. Durch ihre Gestaltung dient die Druckscheibe zugleich als Abhebesicherung.

Um die durch einen sinusförmigen Lauf im Gleis verursachten Schlingerbewegungen zu dämpfen, sind die Drehgestelle mit einer so genannten Drehhemmung ausgerüstet. Diese besteht aus zwei Komponenten. Zunächst wird die Wiege über zwei beidseitig der Wiege angebrachte Torsionswellen mit je zwei seitlichen Anlenkstangen verdrehfest mit dem Drehgestellrahmen verbunden. Eine weitere mechanische Drehhemmung wird gebildet durch je sechs paarweise angeordnete Gleitstücke pro Seite, auf die sich der Wagenkasten abstützt.
Zur Geräuschdämmung sind die Radscheiben mit Absorbern versehen. Auch am Drehgestellrahmen wurden konstruktive Maßnahmen vorgenommen, um den Körperschall zu reduzieren.
Die Magneten der Wirbelstrombremse sind über je zwei Betätigungszylinder im Drehgestell aufgehängt. Um einen gleichmäßigen Luftspalt zwischen den Magneten und den Schienen zu gewährleisten ist zwischen den Radsatzlagern eine Bremstraverse angeordnet auf die sich die Magneten beim Auslösen der Wirbelstrombremse abstützen.

Das MAN-Koppelrahmen-Drehgestell

Der Demowagen 1 wurde mit einem von MAN entwickelten Koppelrahmen-Drehgestell ausgerüstet. Dieses Drehgestell ermöglicht durch seine in der Konzeption definierten Steifigkeiten bezüglich einer relativen Querverschiebung (Scherung) und einer relativen Wendebewegung (Biegung) der beiden Radsätze. Die dadurch erreichte Variationsbreite der Struktursteifigkeit dieses Drehgestellrahmens erlaubt sowohl einen stabilen Lauf in der Geraden als auch eine gute Einstellbarkeit der Radsätze in Bögen.
Kernstück dieses Laufdrehgestells ist der Koppelrahmen, der an seinen vier Enden fest mit den Radsatzlagergehäusen verbunden wird und eine relative Querverschiebung (Scherung) sowie eine relative Wendebewegung (Biegung) der beiden Radsätze ermöglicht. Diese werden sonst in herkömmlichen Drehgestellen über die Primärfederung realisiert. Zum Drehgestellrahmen sind die Radsatzlagergehäuse über Gummi-Primär-Federn mit Vertikaldämpfer verbunden.
Die Sekundärfederung bilden zwei Luftfedern, auf die sich der Wagenkasten ohne Wiege direkt abstützt. Durch den Verzicht auf eine Wiege wurde allerdings die Anordnung einer als Drehstabfeder ausgebildeten Wankstütze erforderlich. Die Luftfederteller sind mit Quer-, Vertikal- und Längs-Schwingungsdämpfern abgestützt. Die Luftfederung bietet eine optimale Isolierung gegen die Übertragung von Körperschallschwingungen zwischen Drehgestell und Wagenkasten. Die Übertragung von Beschleunigungs- und Bremskräften erfolgt über einen Drehzapfen, dessen Lager über einen tief liegenden Längslenker mit dem Drehgestellrahmen verbunden sind. Im Gegensatz zum Drehgestell MD 52-350 stützen sich die Magnete der Wirbelstrombremse bei dem Auslösevorgang nicht auf einer gesonderten Bremstraverse sondern über Pneumatikzylinder auf dem Koppelrahmen ab. Zusätzliche seitliche Schlingerdämpfer gewährleisten einen ruhigen Lauf auch bei hohen Geschwindigkeiten.

Das MAN-Koppelrahmen-Drehgestell wurde im Demowagen 1 eingebaut. Die Aufsätze auf den Achslagergehäusen dienen der Messtechnik.
Foto: MAN-Foto

Das MBB-Hochleistungsdrehgestell

Auch die Firma MBB entwickelte für den ICE/V ein Hochleistungsdrehgestell, dessen besondere Merkmale der Einsatz von Faser-Verbundwerkstoffen, eine integrierte Primärfederung durch die Eigenelastizität des Rahmens und schlupfgeregelte Radsätze sind. Die Sekundärfederung besteht aus zwei wiegenlosen Luftfedern mit Rollstabilisierung. Die beiden Luftfederteller sind mit Vertikal-Schwingungsdämpfern abgestützt.
Die von MBB für die Anwendung in der Luftfahrt entwickelten Faser-Verbundwerkstoffe bringen eine Gewichtseinsparung von rund 25 % im Vergleich zu herkömmliche Drehgestellen. Die schlupfgeregelten Radsätze setzen aus zwei unabhängig von einander gelagerten Räder zusammen, die über zwei Hohlwellen und eine Magnetpulver-Kupplung miteinander verbunden sind. Je nach Fahrzustand sind eine Entkoppelung über Zwischenzustände bis hin zu einer Verkoppelung der beiden Radsatzhälften möglich.
Die Abstützung des Wagenkastens erfolgt über eine Mittelplatte – ebenfalls aus Faserverbundwerkstoff – und gummigelagerten Drehzapfen, die mäanderförmig am Rahmen abgestützt sind. Der Wagenkasten stützt sich direkt auf den beiden Luftfederbälgen ab.
Auf Grund der neuartigen Technologie wurden mit diesem Fahrwerk in der Hauptsache temporär Fahrversuche durchgeführt. Ein planmäßiger Einsatz im ICE/V war nicht vorgesehen. Bei Schwingungsversuchen auf dem Prüfstand der Versuchsanstalt Minden der DB, dem heutigen Forschungs- und Technologie-Zentrum-FTZ, wurden über sechs Millionen Lastwechsel erreicht und auf dem Rollprüfstand in Freimann waren mit dem Drehgestell mühelos 500 km/h möglich.

ELEKTRISCHE ANLAGE DER MITTELWAGEN

Wegen der teilweise neuen Systeme und Einrichtungen in den Mittelwagen war es notwendig, ein neues Energiekonzept zu entwickeln, welches den gestiegenen Anforderungen gerecht wurde. Die unterschiedlichen Systeme in den Mittelwagen benötigen die folgenden Wechsel- und Drehstromspannungen: 220 Volt 16,7 Hz, 220 V 50 Hz, 176 V 40 Hz, 264 V 60 Hz (variabel), 110 V DC und 24 V DC. Hierzu wurde für jeden Mittelwagen ein autarkes Energieversorgungssystem in modernster Halbleitertechnologie bereitgestellt, welches seine Energie wiederum aus zwei potenzialgetrennten und von jeweils einem Triebkopf gespeisten Zugsammelschienen (ZSS 1 und ZSS 2) mit je 1000 V 16,7 Hz erhält.
Diese Trennung ist deshalb erforderlich, um die benötigte Leistung annähernd gleichmäßig auf beide Triebköpfe zu verteilen. Ferner soll bei Ausfall eines Triebkopfes noch eine ausreichende Versorgung der Hilfsbetriebe sowie der Hälfte der Wirbelstrombremsen gewährleistet sein. Der in

jedem Mittelwagen u.a. für die Versorgung der Hilfsbetriebe an der 1000-V-Zugsammelschiene ZSS 2 liegenden Haupt-Transformator wird aus diesem Grunde bei Ausfall der ZSS 2 automatisch auf die ZSS 1 umgeschaltet.

Zusätzlich ist eine 110-V-Gleichstrom—Zugsammelschiene vorhanden, um im Falle eines Ausfalls einer Mittelwagen-Batterie wichtige Komponenten, wie z.B. Diagnose, durch andere Wagen des Triebzugs zu versorgen. Der luftgekühlte Haupttransformator ist mit zwei Sekundär-Wicklungen 220 V AC 19 kVA (Batterie-Ladegerät) und 230 V AC 16 kVA (Nebenverbraucher) ausgerüstet. Die Klimaanlage wird direkt aus der 1000-V-Zugsammelschiene ZSS 1 mit Energie versorgt. Eine automatische Umschaltung auf ZSS 2 im Falle eines Ausfalls von ZSS 1 ist nicht vorgesehen, da die Klimaanlage nur Komfortaufgaben erfüllt. Die zusätzliche Fußbodenheizung wird mit 220 V AC gespeist.

Zur Versorgung der umfangreichen Messausrüstung mit Energie ist der Messwagen mit einem eigenständigen »Messwagen-Energieversorgungs-Transformator« ausgerüstet, der wie der Haupttransformator, umschaltbar an den beiden Zugsammelschienen ZSS 1 und ZSS 2 angeklemmt ist. Für von der Oberleitung unabhängige Standversuche ist eine umschaltbare Ortseinspeisung vorgesehen. Der Transformator speist zwei eigenständige Wechselrichter-Anlagen die zwei potenzialgetrennte Wechselstromnetze mit je 220 V 50 Hz erzeugen. Eine Wechselrichter-Anlage versorgt die Messtechnik mit Energie. Die zweite Wechselrichter-Anlage dient zur Versorgung der Nebenbetriebe, wie z.B. die Klimatisierung der Messeinrichtungen sowie die Küche.

Die an jedem Mittelwagen-Drehgestell vorhandene Wirbelstrombremseinheiten werden von je einer Zugsammelschiene ZSS 1 bzw. ZSS 2 mit Energie versorgt. Neben einer gleichmäßigen Auslastung der beiden Zugsammelschienen ist durch diese Anordnung bei Ausfall eines Triebkopfes die Energieversorgung zumindest einer Einheit je Mittelwagen sichergestellt.

DER GESAMT-TRIEBZUG

Bremsanlage

Das Hochleistungs-Bremssystem des ICE/V besteht aus folgenden Teilsystemen: der elektrodynamischen Netzbremse der Triebköpfe (GB), der linearen Wirbelstrombremse (WB) und der pneumatisch gesteuerten Scheibenbremse (PB). Völlig neu bei diesen Bremssystemen ist die lineare Wirbelstrombremse. Diese besteht wie die bekannte Magnetschienenbremse aus einer Reihe Elektro-Magneten. Im Gegensatz zur Magnetschienenbremse, bei der die Magneten auf den Schienenkopf aufgesetzt werden, werden die Magnete der Wirbelstrombremse ca. 7 mm über den Schienenkopf geführt. Dadurch bilden sich in der Schiene, bedingt durch die Fahrzeugbewegung, Wirbelströme. Die hieraus entstehenden Magnetfelder führen zu einer sehr hohen und reibwert-unabhängigen Bremskraft. Da die genaue Einhaltung des Luftspalts während des Bremsvorgangs Voraussetzung für ein optimales Funktionieren der Wirbelstrombremse ist, mussten drehgestellseitige Maßnahmen zur exakten Führung der Magnete ergriffen werden.

Bei den Triebdrehgestellen sowie bei den Drehgestellen vom Typ MD 52-350 wurde die Wirbelstrombremse an einem Trägerrahmen montiert, der während des Bremsvorgangs hydraulisch auf einem Stützbalken zwischen den Radlagergehäusen abgesetzt wird. Beim MAN-Koppelrahmen-Drehgestell stützt sich der Trägerrahmen der Wirbelstrombremse auf dem Koppelrahmen ab. Im ungebremsten Zustand befindet sich die Wirbelstrombremse in Hochlage.

Im Vergleich zu der bekannten Magnetschienenbremse hat die Wirbelstrombremse mehrere Vorteile. Sie arbeitet absolut verschleißfrei und die notwendige Bremskraft lässt sich gut steuern, wodurch sich die Wirbelstrombremse als Betriebs- und Notbremse bei Hochgeschwindigkeitszügen empfiehlt. Der höhere elektrische Leistungsbedarf – je 60 kW pro Drehgestell – im Vergleich zur Magnetschienenbremse wird durch eine entsprechend ausgelegte Zugsammelschiene gedeckt. In Notfällen bezieht die Wirbelstrombremse ihre Energie aus den über alle Wagen des Zuges verteilten NiCd-Batterien.

Für die pneumatische Bremse sind auf jedem Treibradsatz drei und jedem Laufradsatz zwei Wellenbremsscheiben vorgesehen. Auch bei diesem bewährten Bremssystem waren im Hinblick auf die hohen Geschwindigkeiten mit den großen thermischen Belastungen im Bremsfalle Neuentwicklungen notwendig. So wurde für die Bremsscheiben einen besonders wärmefesten Stahlguss und für die Bremsbeläge eine Sintermetall-Lösung entwickelt. Jeweils zwei Radsätze eines Mittelwagens sind mit einer Federspeicher-Feststellbremse ausgerüstet.

Die Reihenfolge bei Betriebsbremsungen ist wie folgt: Über die Automatische Fahr-Bremssteuerung (AFB) oder die manuelle Betätigung des Fahr-Bremsschalters spricht zunächst die Netzbremse an. Bei steigender Bremsanforderung wird nach Erreichen deren Leistungsgrenze die Wirbelstrombremse zugeschaltet – bei Bedarf ergänzt durch die Scheibenbremse. Durch diese Reihenfolge wird bei der Mehrzahl der Bremsvorgänge die verschleißbehaftete Scheibenbremse geschont.

Parallel zum elektronischen Betriebsbremssystem ist eine unabhängige pneumatische Steuerung kombiniert mit einer elektrische Notbremsschleife als Sicherheitsebene für Gefahrenbremsungen, wozu auch LZB-, PZB- und Sifa-Zwangsbremsungen gehören, vorhanden. In diesem Fall wird ausschließlich mit der Scheibenbremse und der nunmehr aus der Batterie gespeisten Wirbelstrombremse gebremst. Die pneumatische Scheibenbremse kann auch im Abschleppfall über die Hauptluftleitung angesteuert werden.

Über die Sicherheitsebene ist auch ein Notbetrieb bis zu 300 km/h möglich, wodurch Versuchs- und Demonstrationsfahrten auch bei Ausfall der elektronischen Steuerung durchgeführt werden können, allerdings unter eingeschränkten Bedingungen.

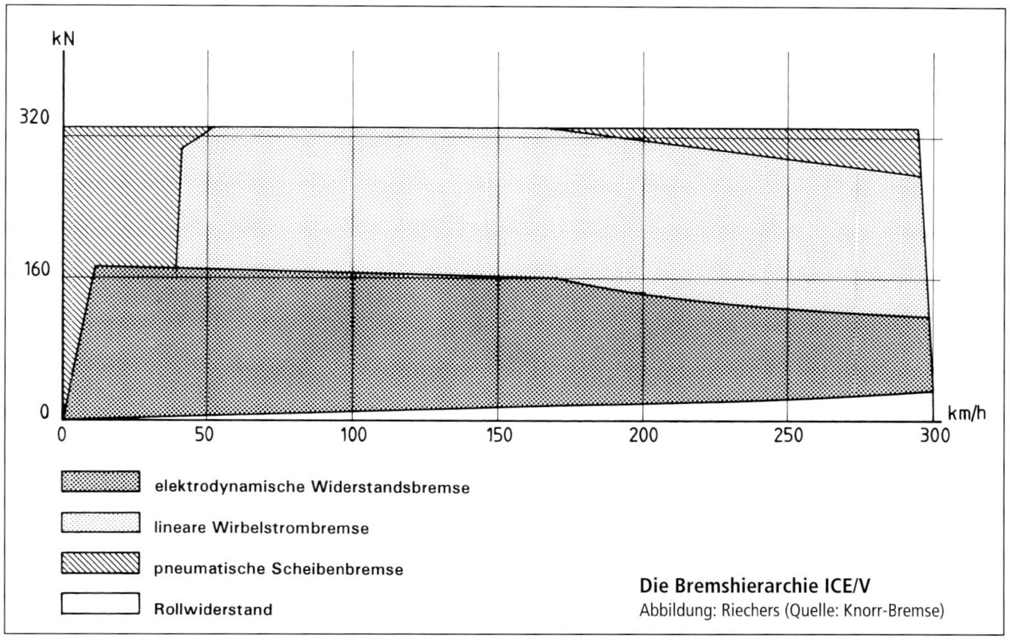

Die Bremshierarchie ICE/V
Abbildung: Riechers (Quelle: Knorr-Bremse)

LEITTECHNIK

Die Leittechnik des ICE/V setzt sich zusammen aus zwei Ebenen – die Wagensteuer- und die Zugsteuerebene. In der **Wagensteuerebene** sind im Triebkopf die Antriebssteuerung (ASG) und die Bremsensteuerung (BSG) integriert, in den Mittelwagen ausschließlich die Bremsensteuerung (BSG). Die Datenübertragung innerhalb der beiden Ebenen im Zugverband erfolg über Lichtwellenleiter (LWL). Für die Umsetzung der übertragenen Daten sind Mikroprozessoren eingesetzt.

In der **Zugsteuerebene** werden aus den Befehlen des Triebfahrzeugführers und die Informationen aus der Linienförmigen Zugbeeinflussung (LZB) die Sollwerte und Steuerbefehle für die einzelne Teilsysteme der Zugsteuerung gebildet. Hierzu ist in jedem Triebkopf einen Zugsteuergerät (ZSG) vorhanden, in dem die automatische Fahr- und Bremssteuerung (AFB) und die übergeordnete Befehlslogik zusammengefasst sind. Über den Datenübertragungsrechner (DÜ-Rechner) und die zwischengeschaltete LWL-Station wird der (E/A)-Ein-/Ausgabe-Rechner, als Schnittstelle zwischen ASG und BSG sowie 110-V- und Diagnose-Ebene erreicht. Die E/A-Rechner der Mittelwagen, als Schnittstelle zwischen BSG und 110 V-Ebene, werden über den LWL und die LWL-Station erreicht.

Das AFB-Programm wird vom ZSG beeinflusst. Der Rechner ermittelt aus dem Differenz von Soll- und Ist-Geschwindigkeit (v_{soll}/v_{ist}) den Beschleunigungs-Sollwert der wiederum im Beschleunigungsregler mit dem Beschleunigungs-Ist-Wert verglichen wird. Aus dieser Differenz werden Beschleunigungs- und Bremswerte ermittelt. Der Wert v_{ist} wird ermittelt über die Signale der Drehzahlgeber an allen Achsen des Triebzugs sowie des v-s-b-Radars. Die im ZSG ermittelten Sollwerte und Befehle werden im ASG in Zündimpulse für den Vierquadrantensteller (4q-S) oder den Pulswechselrichter (PWR) umgesetzt.

Wie bereits beschrieben, verfügt der ICE/V über drei Bremssystemen in der hierarchischen Reihenfolge: elektrodynamische Netzbremse der Triebköpfe, lineare Wirbelstrombremse und pneumatisch gesteuerte Scheibenbremse. Der im ZSG ermittelte Brems-Sollwert wird sowohl dem ASG als auch dem BSG übermittelt. Je nach der durch die elektrodynamische Widerstandsbremse erzeugten Bremskraft werden in getrennten Regelkreisen die erforderliche Teilbremskräfte von Wirbelstrom- und Scheibenbremsen eingestellt. Teilausfälle der Bremsanlage werden dem ZSG gemeldet. Überschreiten die Ausfälle ein bestimmtes Limit, wird die vom Lokführer oder der LZB vorgegebene Soll-Geschwindigkeit auf einen zulässigen Wert reduziert.

Die LWL-Station verfügt ferner für den gesamten Zugverband über eine automatische Initialisierungseinrichtung. Anhand der von ihr ausgegebenen, auf den führenden Triebkopf bezogenen Stationsnummer kann das ZSG die Herkunft ableiten und einen der Wagen des Zugverbandes zuordnen.

DIAGNOSESYSTEM

Das von MBB für den ICE/V konstruierte Diagnosesystem »DIAS« wurde im Hinblick auf einen eventuellen serienmäßigen Einsatz entwickelt, mit dem Ziel die Betriebskosten zu senken. Die Aufgabe von DIAS ist es, Störungen im gesamten Zugverband zu erkennen, zu melden, zu registrieren, anzuzeigen sowie die Art der Störung und ihre Quelle zu identifizieren. Ferner sollen die Betriebsbereitschaft und -sicherheit des Triebzugs beurteilt werden.

Das DIAS-System integriert eigenständige Diagnoseeinrichtungen wie z.B. bei den Türen, der Klimaanlage und dem Bremssystem zu einer Zentraldiagnose, um Maßnahmen ergreifen zu können die die Verfügbarkeit des Zuges erhöhen.

DIAS setzt sich aus vier Diagnose-Ebenen zusammen. Die Ebene »Vor Fahrtantritt« ist für die automatischen Sicherheits- und Funktionstests in den Subsystemen zuständig. Die Ebene »Während der Fahrt« übernimmt die automatische Betriebsüberwachung bezüglich Störfällen innerhalb der Bereiche Fahrsicherheit und Betriebsablauf. Die Ebene »Nach der Fahrt« erfasst schnell alle Schäden unter Zuhilfenahme der während der Fahrt gespeicherten Daten, wodurch eine technisch und ökonomisch effektive Wartung sichergestellt ist. Die letzte Ebene, »im Instandhaltungsbereich«, gewährleistet durch die gespeicherten Störungs- und Zustandsanalysen eine effiziente und zügige Abwicklung der Reparaturen, wodurch die Verfügbarkeit des Fahrzeugs gesteigert wird.

DIAS ist über ein Datenbussystem mit den Komponenten des Gesamtsystems verknüpft. Die in den Triebköpfen angeordneten Diagnose-Anzeige- und Bedieneinheiten (ABE) erfassen die Steuerkommandos, Messdaten und Betriebszustände aller angeschlossenen Komponenten, die über zwei Terminals pro Fahrzeugteil ausgelesen werden können. Die von den Terminals erfassten Einzeldaten der zu überwachenden Komponenten werden an die zentralen ABE übermittelt. Die in den Triebköpfen installierten Displays ermöglichen einen Zugriff auf die gespeicherten Daten um Einzelprüfungen und Prüfabläufe vorzunehmen.

DAS FAHRGAST-INFORMATIONSSYSTEM (FIS)

Das Fahrgast-Informationssystem gliedert sich auf in die Elemente optische Informationen, akustische Informationen, Kommunikation und Service sowie Unterhaltung. Die **optischen Informationen** werden durch das Zugpersonal entweder simultan oder über Datenträger (Diskette) an einem zentralen Terminal eingegeben. Zu den Informations-Ausgabestellen gehören die *Wagenlauf-Displays außen,* die an alle drei Mittelwagen hinter dem Blindfenster neben dem jeweils in Fahrtrichtung vorderen Einstieg angebracht sind. Das Display gibt Auskunft über die Zuggattung und -nummer, Wagennummer, Zugname und Laufweg.

Die *Wagenlauf-Displays innen* befinden sich in beiden Demowagen in den Einstiegsbereichen. Diese Displays geben Auskunft über die Zuggattung und -nummer, Wagennummer, Zugname und Laufweg.

Ferner gibt es nur im Demowagen 1 *Informationsdisplays in den Gepäckablagen.* Die Displays befinden sich in den Stegen zwischen den Gepäckfächern und informieren über die Platzreservierung mit Laufweg (Die jeweils belegten Plätze sind über beleuchtete Piktogramme in den Armlehnen der 1. Klasse-Sitze angezeigt.), den nächsten Haltebahnhof, die Soll- und Ist-Ankunftszeit, die Anschlüsse, die Service-Leistungen, die momentan gefahrene Geschwindigkeit, die DB-Angebote und -werbung sowie über Fremdwerbung.

Die **akustischen Informationen** werden eingegeben über Sprechstellen in den Wagen durch die Zugbegleiter, über Zugbahnfunk (ZBF), der auf das Breitband-Übertragungssystem zugeschaltet werden kann, über Datenträger aus Audiorecordern und über Hörfunk. Die Ausgabe erfolgt am jeweiligen Sitzplatz, der mit einem so genannten Blaupunkt-Platzmodul in der Armlehne ausgerüstet ist. Über einen einsteckbaren Kopfhörer können Hörfunkprogramme bzw. »Konserven« aus Audio-Recordern (maximal fünf Kanäle), touristische Informationen sowie eventuell Eigen- oder Fremdwerbung empfangen werden. Diese Anlage wurde nur in Demowagen 1 eingerichtet. Für allgemeine Durchsagen ist eine Lautsprecheranlage vorhanden. Digitale Durchsagen sind in Vorbereitung.

Kommunikation und Service

Weitere Kommunikationsangebote gibt es ein Rufsystem für Zugbegleiter, Zuginternes Btx-System über eine Info-Box im Einstiegsraum des Demowagens 1 (WE 2) sowie an einigen ausgewählten Sitzplätzen im selben Wagen sowie Bord-Funktelefon beim Info-Box im Einstiegsraum des Demowagens 1 (WE 2) sowie an einigen ausgewählte Sitzplätzen im selben Wagen. Die Telefone sind mit Wertkartenleser ausgerüstet, die hier – in Abstimmung mit der Deutschen Bundespost – erstmals mobil eingesetzt wurden.

Neben den genannten **Unterhaltungsprogrammen** aus Hörfunk oder Audio-Rekordern sowie touristischen Informationen gibt es die Möglichkeit, in der Lounge Video-Programme zu empfangen. Zusätzlich kann die auf dem vorlaufenden Triebkopf installierte Videokamera, beispielsweise bei Demonstrationsfahrten, auf dem

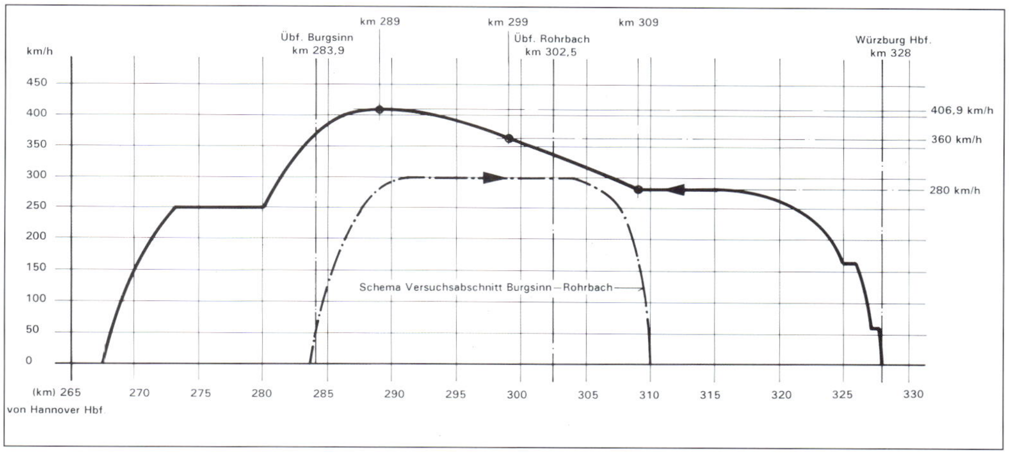

Schaubild der Weltrekordfahrt des ICE/V am 1. Mai 1988. Abbildung: Riechers

Monitor bzw. auf einem vorübergehend aufgestellten Großbildschirm zugeschaltet werden.

Die Erprobung des ICE/V

Nach der Jungfernfahrt am 26. November 1985 sowie einer anschließenden Präsentations-Rundreise durch Deutschland stand der ICE/V ab dem 1. Januar 1986 für ein ausgedehntes Versuchsprogramm zur Verfügung. Hierzu gehörten auch eine Versuchsfahrt im Stand« auf dem Rollprüfstand in München-Freimann, wo eine Geschwindigkeit von 385 km/h erreicht wurde, sowie im März 1985 ein Besuch in der Klimakammer der Staatlichen Versuchsanstalt in Wien.
Für die Praxis-Versuche stand zunächst der 28 km lange Streckenabschnitt Gütersloh–Neubeckum zur Verfügung, da, wie bekannt, die EVA Rheine-Spelle–Freren den Sparplänen der Regierung zum Opfer gefallen war. Auf Grund der vorhandenen Fahrleitung – Typ Re 200 mit Quertragwerke – konnte, mit Ausnahme eines 5,7 km langen Teilstücks zwischen Rheda-Wiedenbrück und Oelde, nur mit einer V_{max} von 250 km/h gefahren werden; zwischen Rheda-Wiedenbrück und Oelde dagegen mit 300 km/h, da hier eine Fahrleitung vom Typ Re 250 angebracht war.
Ab August 1986 stand auf der in Bau befindlichen NBS Hannover–Würzburg zwischen Burgsinn und Rohrbach ein 26,3 km langer Abschnitt für Versuchsfahrten unter NBS-Bedingungen zur Verfü-

Der ICE/V während der Rekordfahrt mit 406,9 km/h auf der Maintalbrücke bei Veitshöchheim am 1. Mai 1988. Bei dieser Rekordfahrt waren zwei Mittelwagen eingereiht.
Foto: Deutsche Bahn AG/Krusch

Bei Erprobungsfahrten des ICE/V mit der Bremslok 111 084-0 und zusätzlichem Messwagen entstand dieses Bild bei Obertraubling (b. Regensburg) am 11. Oktober 1985. Foto: Buchholz

gung, bei der Geschwindigkeiten von mindestens 300 km/h möglich waren. Auf Grund der Beschleunigungs- und Bremswege bei 300 km/h betrug die effektive Streckenlänge 13,7 km. Der zeitliche Ablauf der Versuchsfahrten auf diesem Abschnitt wurde in der Hauptsache bestimmt durch die Aufnahme des Regelbetriebs zum Fahrplanwechsel 1988.

Die Versuchsfahrten mussten ab 3. September 1986 für etwa fünf Wochen mit »halber« Kraft im Einrichtungsbetrieb durchgeführt werden, da der Triebkopf 410 001 im Überleitungsbahnhof Burgsinn zwischen der alten und neuen Strecke durch einen Bedienfehler des Stellwerks entgleiste. Dabei wurde neben den Triebdrehgestellen auch der Übergang zum Demowagen 2 beschädigt.

Den spektakulären Abschluss der regelmäßigen Versuchsfahrten mit dem ICE/V bildete am 1. Mai 1988 die Weltrekordfahrt, bei der 406,9 km/h erreicht wurden. Allerdings mussten hierzu Sondervorkehrungen an den Fahrleitung getroffen werden. Das gesamte Versuchsprogramm umfasste die Aspekte Fahrzeugtechnik, Oberbautechnik, Bautechnik, Energieversorgung und -übertragung, Betriebsleittechnik, Zusammenwirken von Fahrzeug und Fahrweg, Aerodynamik und Umweltfragen.

Bei der **Fahrzeugtechnik** waren folgende Punkte interessant: Obwohl das Antriebskonzept des ICE/V dem der Universallokomotive Baureihe 120 entspricht, über die ausreichend Versuchsergebnisse und Erfahrungsberichte vorhanden waren, war es dennoch erforderlich Leistung, Energieverbrauch und Wirkungsgrad zu messen zwecks Aufstellung von Energie- und Leistungsbilanzen für den HGV. Des Weiteren wurden die Anforderungen aus dem Lastenheft an z.B. Fahrmotor, Transformator, Drosseln, Traktionsumrichter und Hilfsbetriebe überprüft.

Da die Bremsanlage des ICE/V einem neuen Konzept entspricht, musste ihre Leistungsfähigkeit im mechanischen und elektrischen Bremsbereich unter Berücksichtigung der innovativen Wirbelstrombremse ermittelt werden. Auch die Auswirkungen der Wirbelstrombremse auf die Signaltechnik standen auf dem Prüfstand. Ferner mussten Erkenntnisse über den Schleuder- und Gleitschutz in Verbindung mit der Antriebs- und Bremssteuerung sowie das Rückspeiseverhalten der elektrischen Bremse gesammelt werden.

Auch musste die Funktionsfähigkeit der Antriebs- und Bremssteuerung überprüft werden, insbesondere mit Blick auf den innovativen Lichtleiter-Datenbus. Weitere Prüfkriterien waren die in Längsrichtung wirkenden Zug- und Druckkräfte, im Hinblick auf die Tatsache, dass die beiden Triebköpfe den Zug gleichzeitig schieben und ziehen würden, die Klimaanlage und das geschlossene WC-System.

Im Bereich **Energieversorgung und Übertragung** standen Erprobungen mit dem neu entwickelten Stromabnehmer DSA 350 sowie das optimale Zusammenspiel von Stromabnehmer und Fahrleitung im Hinblick auf eine verschleißarme Kontaktgüte zwischen beiden Systemkomponenten im Mittelpunkt. Ferner waren Messungen an der Fahrleitung bei hoher und niedriger Zugkraft im Tragseil und zur Feststellung der Fahrleitungstoleranzen durchzuführen.

Im Bereich der **Betriebsleittechnik** war die Signaltechnik insgesamt zu überprüfen bzw. zu erproben. Außerdem galt es die LZB sowie die fahrzeug- und fahrwegseitige LZB-Anlagen für höhere Geschwindigkeitsbereiche zu erproben und zu ertüchtigen. Weiterhin untersuchte die DB die an den Weichen-Stell- und Sicherungssystemen auftretenden Kräfte bei schrittweiser Steigerung der Geschwindigkeit, die Einflüsse der Traktionsströme und der Wirbelstrombremse auf den Gleis-Freimeldungsanlagen sowie das Übertragungs-

Der ICE/V mit den beiden ehemaligen Demowagen 1 und 2 auf einer seiner letzten Fahrten im Bahnhof Kassel-Wilhelmshöhe im Oktober 1997. Deutlich sichtbar der aus der umgebauten Bugverkleidung herausragende Zentrierholm der als Versuchsanordnung für den ICE 2 nachgerüsteten Scharfenbergkupplung. Foto: Buchholz

und Systemverhalten des Zugbahnfunks an der Strecke und im Tunnel. Der Zugbahnfunk wurde zudem im Versuchsbetrieb benötigt für den Sprechfunkverkehr zwischen dem Versuchszug und den Betriebs- und ortsfesten Messstellen.

Im Bereich **Zusammenwirken von Fahrzeug und Fahrweg** standen lauftechnische Zulassungs- und Prüfungsuntersuchungen sowie Untersuchungen zur Optimierung und Erkennung von Entwicklungspotenzialen der für den ICE vorgesehenen Laufwerke im Mittelpunkt des Interesses. Außerdem wurden Rad/Schiene-Kräfte ermittelt und Oberbaubeanspruchungen sowie Haftwertausnutzungen bei hohen Geschwindigkeiten untersucht.

Auch die **Aerodynamik** spielte ein große Rolle bei den Versuchen der Bundesbahn. So wurden die Ergebnisse aus den theoretischen Ermittlungen und den Windkanalversuchen mit der Praxis verglichen. Weiterhin wurden Messungen von Druck- und Strömungsbeanspruchungen bei einfachen Zugfahrten und Zugbegegnungen auf der freien Strecke und im Tunnel durchgeführt. Auch die Druckdichtheit im Eingangsbereich und in den Toiletten sowie in den Fahrgast- und Führerräumen waren Gegenstand von Messungen. Die Messung von Druckstößen im Begegnungsverkehr und der Einfluss der Aerodynamik auf Fenster, Türen und Klappen ergänzten das Versuchsprogramm.

Das weitere Vorgehen bis hin zum Serien-ICE

Bereits 1984 begannen die ersten Projektierungsarbeiten für den Serien-Triebzug. Bei dieser Gelegenheit wurde der Begriff »ICE« neu definiert. Der Serienzug erhielt jetzt die offizielle Bezeichnung »InterCityExpress« – ICE, Baureihen-Bezeichnung 401. Der bis dahin mit ICE(xperimental) – Baureihe 410/810 – bezeichnete Versuchs-Triebzug wurde bei dieser Gelegenheit umbenannt in ICE/V.

Nach langen, über 20 Monate währenden Verhandlungen konnten am 20. Januar 1989 die Lieferverträge zunächst für 82 Triebköpfe unterzeichnet werden. Die Verträge erhielten eine bis zum 30. Juni 1989 befristete Option über weitere 38 Triebköpfe zu den gleichen Bedingungen, die die Bundesbahn erst nach über einem Jahr einlöste. Ebenfalls im Frühjahr 1989 gab die Bahn die für das erste Baulos benötigten 492 Mittelwagen in Auftrag – mithin 41 komplette Triebzüge mit je 12 Mittelwagen.

Die Triebköpfe 410 001 und 002 wurden Ende 1993 nach Siemens Verkehrstechnik (vorm. Krupp) in Essen überstellt, wo sie als Erprobungsträger für den geplanten ICE 2 mit voll funktionsfähigen Scharfenbergkupplungen an den Fahrzeugköpfen versehen wurden. Es war geplant, den ICE 2 als Halbzug auszubilden mit einem Triebkopf und, an Stelle des zweiten Triebkopfes, mit einem Steuerwagen, die im Rahmen eines Flügelzug-Systems mit einem weiteren ICE 2 zu einem Vollzug gekuppelt werden konnten. Als Unterscheidung wurde der bisherige ICE in ICE 1 umbenannt. Der Umbau des 410 001/002 umfasste die Anpassung des Untergestells an die neuen Aufgaben und eine Änderung der Bugspitze, die durch eine Vollkunststoff-Verkleidung mit Schwenkklappen zur Abdeckung der Kupplung ersetzt wurde.

Nach der Betriebsaufnahme des ICE 2 hatte die ICE/V endgültig ausgedient. Für weitere Forschungsaufgaben griff man auf Serien-Triebköpfe der Baureihe 402 zurück. Der Triebkopf 410 001-2 (mit ICE 2 Kupplung) und der Mittelwagen 810 001-8 (Demowagen 1) stellte die Deutsche Bahn AG als Denkmal auf dem Gelände des FTZ in Minden auf, wobei der Wagen für Konferenzen genutzt wird. Der Triebkopf 410 002-0 und der Mittelwagen 810 002-6 befinden sich nach letzten Informationen in München bzw. Nürnberg. Über den Verbleib des Messwagens 810 003-4 war bei Drucklegung nichts bekannt.

Die technischen Daten des ICE/V

Gesamtzug		
Fahrzeugbegrenzung		UIC 505
Zug-Zusammenstellung, Versuch		TK-Messwagen-(Demo 1 oder 2)-TK
Zug-Zusammenstellung, Demonstration		TK-Messwagen-Demo 1-Demo 2-TK
Gesamtlänge (mit 3 Wagen)	mm	114.640
Höchstgeschwindigkeit, Versuch	km/h	350
Höchstgeschwindigkeit, Demonstration	km/h	300
Triebkopf		
Mechanteil		
Länge über Kupplung	mm	20.560
Breite	mm	3.070
Höhe (ohne Stromabnehmer)	mm	3.820
Achsfolge		Bo'Bo'
Drehgestell-Mittenabstand	mm	11.460
Achsabstand	mm	3.000
Treibraddurchmesser neu/abgenutzt	mm	1.000/950
Eigengewicht	kg	78.200
Elektrische Ausrüstung (je Triebkopf)		
Stromsystem		15 kV 16,7 Hz
Fahrmotoren, Bauart		Drehstrom-Asynchron
Fahrmotoren, maximale Leistung	kW	4 x 1050 = 4.200
Fahrmotoren, Dauerleistung	kW	4 x 910 = 3.640
Kühlung		Fremdbelüftung
Transformator, maximale Leistung	kVA	5.120
Transformator, Dauerleistung	kVA	3.480
Stromrichter, Ausführung		Thyristortechnik
Stromrichter, Dauerleistung	kVA	7.600
Mittelwagen		
Länge über Kupplung	mm	24.340
Breite	mm	2.930
Höhe über SO	mm	3.650
Fußbodenhöhe ü. SO	mm	1.150
Achsfolge		2'2'
Drehzapfenabstand	mm	17.000
Achsabstand	mm	2.800
Laufraddurchmesser neu/abgenutzt	mm	920/870
Eigengewicht (mit allen Vorräten) Demo-Wagen 1	kg	46.600
Eigengewicht (mit allen Vorräten) Demo-Wagen 2	kg	45.000
Eigengewicht (mit allen Vorräten) Messwagen	kg	50.540
Sitzplätze, 1. Klasse		60
Sitzplätze, 2. Klasse		27

Der ICE 1 – Aufbruch in ein neues Zeitalter

Die Konzeptphase

Noch während der Bauphase des ICE/V 1984 wurden die ersten Projektierungsarbeiten für den Serien-Triebzug, mit der offiziellen Bezeichnung InterCityExpress – ICE (der Zusatz »1« wurde erst nach der Entscheidung zum Bau einer Halbzug-Ausführung, des ICE 2, im Jahre 1992 aktuell) aufgenommen. Parallel dazu erarbeitete das damalige Bundesbahn-Zentralamt (BZA) in München das Lastenheft mit den technischen Vorgaben für Entwicklung und Bau des ICE-Serienfahrzeugs.
Als Erstes wurde am 20. Januar 1986 das Lastenheft für die Triebköpfe versandt. Das Lastenheft für die Mittelwagen folgte einige Monate später, da zunächst Unklarheit herrschte über die endgültige Festlegung der Wagenkastenlänge und -breite. Fest stand damals dagegen, dass der ICE mit bis zu 14 Mittelwagen ausgerüstet werden sollte.
Bereits zu Beginn der Entwicklung der Serienausführung des ICE bestand Klarheit darüber, dass mehrere Vorgaben im Vergleich zum ICE/V neu zu entwickeln waren. Des besseren Verständnisses wegen und um die spätere Fahrzeugbeschreibung nicht mit den Unterschieden zwischen Experimental- und Serien-Ausführung zu belasten, sollen an dieser Stelle die wichtigsten Abweichungen genannt werden.
Auf Grund der Forderung nach max 14 Mittelwagen sollte die Dauerleistung – jetzt Nennleistung – um rund 30 % auf 4.800 kW je Triebkopf angehoben werden. Die V_{max} wurde auf 250 km/h festgelegt. Lauf- und bremstechnisch sollte der Triebzug jedoch auf 280 km/h ausgelegt werden. Die DB verzichtete auf die Wirbelstrombremse. Die Vorgaben bei der Steuer- und Informations-Elektronik wurden erweitert. So sollte z.B. die Automatisierung erweitert und eine selbstständige Fehlerdiagnose entwickelt werden. Auf Grund der geforderten Vergrößerung des Führerraumes bei gleicher Kastenlänge musste eine der Maschinenraum neu aufgeteilt werden.
Das Lastenheft schrieb bei den Mittelwagen nun endgültig eine Wagenlänge von 26.400 mm und eine Breite von 3.020 mm vor. Die Entscheidung für dieses »Über-UIC«-Breitenmaß erfolgte erst nach Prüfung des für den ICE-Verkehr vorgesehenen 3.000 km langen Streckennetzes und der eventuell notwendigen Maßnahmen um den ICE in der innerhalb dieses Netzes vorhandenen Infrastruktur einsetzen zu könne. Die hierzu erforderlichen Umbauten schlugen schließlich mit rund sieben Millionen DM zu Buche.
Die Höhe von Triebkopf und Mittelwagen wurde ursprünglich mit 3.840 mm einheitlich festgelegt. Allerdings musste noch zu Produktionsbeginn aus konstruktiven Gründen die Höhe der Wagen um 16 mm angehoben werden, so dass diese jetzt eine Höhe von 3856 mm aufweisen – viele Veröffentlichungen weisen deshalb immer noch das alte Höhenmaß auf. Die Anhebung der Dachscheitelhöhe des Servicewagens um 455 mm war zu diesem Zeitpunkt noch Gegenstand von Untersuchungen.
Die konturgleichen Übergänge mit innen liegendem Einfach-Wellenbalg erforderten eine zu hohe Passgenauigkeit zwischen den Wagen und sollten durch Doppelwellenbälge ersetzt werden. Auch das System der Koppelelemente sollte nicht mehr weiter verfolgt werden. Außerdem sollten die Mittelwagen mit Laufdrehgestellen der Waggon-Union vom Typ MD 530 ausgerüstet werden – einer Weiterentwicklung der Laufdrehgestelle des ICE/V vom Typ MD 52-350
Die beschriebenen Abweichungen an der Maßkonzeption erforderten eine teilweise Überarbeitung des Designs. Während das Außendesign von Alexander Neumeister unter der Federführung des DB-Design-Centers in München überarbeitet wurde, schrieb die DB die Gestaltung des Interieurs neu aus. Aus den drei interessantesten Bewerbungen von Alexander Neumeister, Prof. Herbert Lindinger und dem Architekturbüro Billing, Peters, Ruff u. Partner (BPR) – Designer u.a. der IR/IC-Steuerwagen und des RegioShuttle – wurde 1987 das von Dipl. Ing. Jens Peters (BPR) vorgestellte Konzept ausgewählt.
Dieser Entwurf basierte auf den Überlegungen, dass ein Zug in der vorgesehenen Konzeption so zusagen als Organismus zu betrachten sei. Auf Grund von Marketing-Umfragen und Erhebungen bei den Fahrgästen ergab sich, dass rund ein Drittel der Fahrgäste die herkömmlichen Abteile bevorzugten, ein weiteres Drittel den Großraum

Ein ICE 1 aus Richtung Hannover erreicht den ICE-Bahnhof in Kassel-Wilhelmshöhe. Foto: Ton Voogel

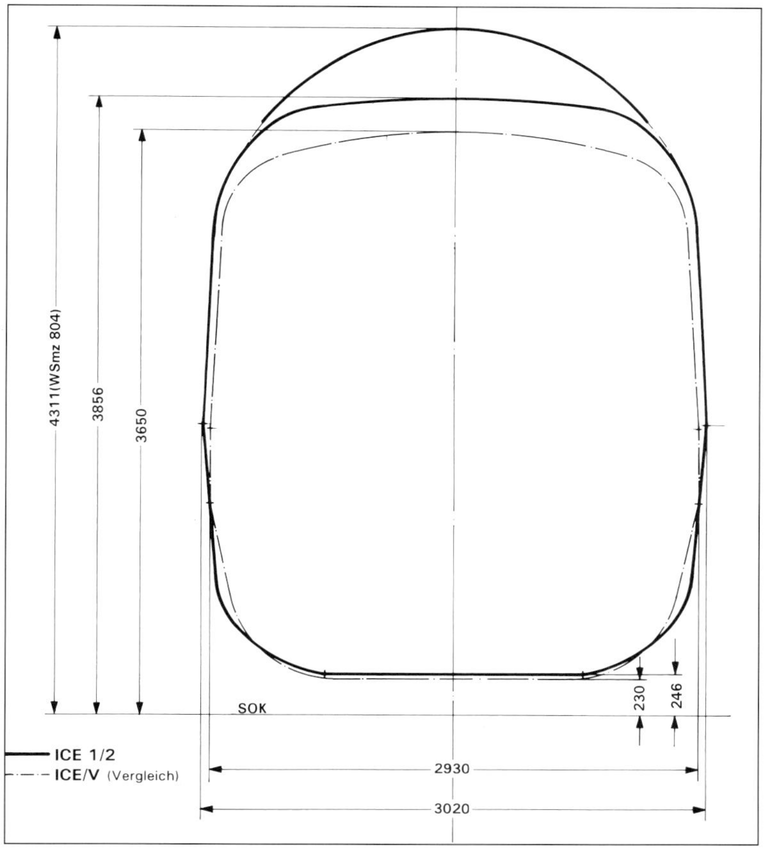

Vergleich des Querschnitts des Mittelwagenkastens des ICE/V mit dem ICE 1 (Sitzwagen und Servicewagen).
Abbildung: Riechers

in Reihenbestuhlung und schließlich ein Drittel den Großraum mit Vis-à-vis-Plätzen an Tischen. Demnach schlug Peters eine Dreiteilung des Fahrgastraumes in den Modulen A, B und C vor. Die einzelnen Module wiesen abweichende Sitzanordnungen auf. In der 1. Klasse (Raster 2288 mm; Sitzanordnung 2 + 1) sah das Modul A einen Großraum mit Abteilcharakter, bestehend aus je drei Vis-a-Vis-Sitzreihen mit Tischen, vor. Das Modul B bestand aus drei Abteilen der herkömmlichen Art und das Modul C war als Großraum mit Reihenbestuhlung und teilweise drehbaren Sesseln konzipiert. Zwischen den Modulen A und B, etwa auf 1/3 der Wagenlänge, war ein großer Einstiegsraum mit doppelflügeligen Schwenkschiebetüren und einem lichten Einstiegsmaß von ca. 1700 mm angeordnet. Dieser Einstiegsraum war zugleich als Kommunikationszone vorgesehen.

In der 2. Klasse (Raster 1900 mm; Sitzanordnung 2 + 2) war das Modul A als Großraum mit Reihenbestuhlung und teilweise drehbaren Sesseln angelegt. Das Modul B bestand aus vier Abteilen herkömmlicher Art. Das Modul C war ein Großraum mit Abteilcharakter bestehend aus je drei vis-a-vis-Sitzreihen mit Tischen. Zwischen den Modulen B und C war, wie in der 1. Klasse, etwa auf ein Drittel der Wagenlänge, ebenfalls ein großer Einstiegsraum mit doppelflügeligen Schwenkschiebetüren vorhanden. Die vorgeschlagene Aufteilung bot zudem die Möglichkeit einer variablen Einteilung. So gab es einen Vorschlag für einen 1. Klassewagen, bei dem die Abteile des Moduls B zu Konferenzabteilen umfunktioniert wurden Ein weiterer Einrichtungsvorschlag für die 1. Klasse sah vor, durch Zusammenlegung der Module B und C einen Pullmannraum mit eigenem Betreuer einzurichten.

Innerhalb der 2. Klasse wurde ein Wagen mit Sondereinrichtungen vorgeschlagen. Unter weit gehender Beibehaltung der übrigen Module wurde in dem Modul B durch die Zusammenlegung zweier Abteile ein Eltern-Kind-Großabteil geschaffen. Neben dem benachbarten Schwerbehinderten-Abteil war das Zub-Abteil angeordnet. Im Eingangsbereich befand sich ferner eine behindertengerechte Toilette.

Für den Servicewagen wurden zwei Vorschläge eingereicht – ein einstöckiger Wagen mit Bordtreff und Restaurant mit einem dazwischen angeordneten Küchenbereich sowie ein doppelstöckiger Wagen mit einer Höhe von ca. 4600 mm (Regelhöhe von doppelstöckigen Reisezugwagen). Im oberen Stock war ein 1. Klasse-Speiseraum mit 35 Plätzen, im Zwischenstock am WE 2 und im unteren Stock 30 Bistroplätze vorgesehen. Im unteren Stock war ferner die Küche mit einer Bistro-Ausgabetheke geplant. Die Versorgung des Speiseraums erfolgte über einen Speisenaufzug. Der Zwischenstock am WE 1 war der Technik vorbehalten.

Die »plastische« Ausbildung der Flächen im Innenraum, »deren Rhythmik und Sanftheit« sollte dem Fahrgast Nähe, Vertrautheit und Sicherheit vermitteln. Ihre Farbgestaltung bezieht sich auf die emotionalen Inhalte (Temperamente) der einzelnen Raumgruppen. Die 1. Klasse in rot blau sollte Hochwertigkeit vermitteln. Die 2. Klasse – grün in Verbindung mit Blau und Orange – sollte vielfältiger als die 1. Klasse, leichter und einfacher aber trotzdem hochwertig wirken. Für den Servicewagen war rot mit Naturholz vorgesehen. Diese Kombination soll Wärme vermitteln. Durch die Materialsteigerung wird die Mitte des Zuges charakterisiert. Bei der Auswahl der verschiedenen Werkstoffe standen Kriterien wie lange Nutzungsdauer und Reinigungsfreundlichkeit im Vordergrund. Die Werkstoffe GFK, Stahl und Aluminium sollten durch Farbe und Glanzgrad veredelt werden.

Nachdem BPR mit diesem Vorschlag den Wettbewerb für sich entschieden hatte, wurde auf der Basis der gemachten Vorschläge weitergearbeitet. Hierbei entfiel zunächst der Drittel-Einstieg zu Gunsten von Einstiegsräumen an den Wagenenden. Ausschlaggebender Grund war die Statik: Die ursprünglich geplante Anordnung hätte für den Wagenkasten in der vorliegenden Bauweise einen erheblichen Aufwand an Verstärkungsmaßnahmen zur Folge gehabt, was sich wiederum negativ auf das Gewicht ausgewirkt hätte. Ein weiterer Nachteil sah man in der Konzentration der Ausstiege an einer Stelle insbesondere im Gefahrenfall. Nachdem einige entsprechend angepasste Vorschläge gemacht wurden, entschied sich die DB für die heute geläufige Wageneinteilung des ICE 1 mit den Modulen A (Abteile), B (Großraum mit Reihenbestuhlung) und C (Großraum mit abteilähnlicher Einrichtung).

Bei der Konzeption des Servicewagens wurde der interessante Vorschlag einer Doppelstockausführung fallen gelassen. Dieser touristische Pluspunkt musste zu Gunsten einer besseren Aerodynamik sowie einer ungehinderten Begehbarkeit des Zuges aufgegeben werden. Auch wäre die Zugküche, die Galley, zu stark eingeschränkt gewesen. Dies stellte sich besonders bei der Einrichtung des einstöckigen Servicewagens heraus, da die vorgesehene Galley-Einrichtung doch noch eine, mit 455 mm geringere Erhöhung des Wagenprofils erforderte. Auch die vorgeschlagene Farbeinteilung wurde schließlich nur zum Teil beibehalten. Das gelungene Interieur des ICE 1 wurde 1991 vom Design-Zentrum Nordrhein-Westfalen prämiert.

Das Designbüro BPR wurde 1999, nachdem die ursprünglichen Gesellschafter aus dem Unterneh-

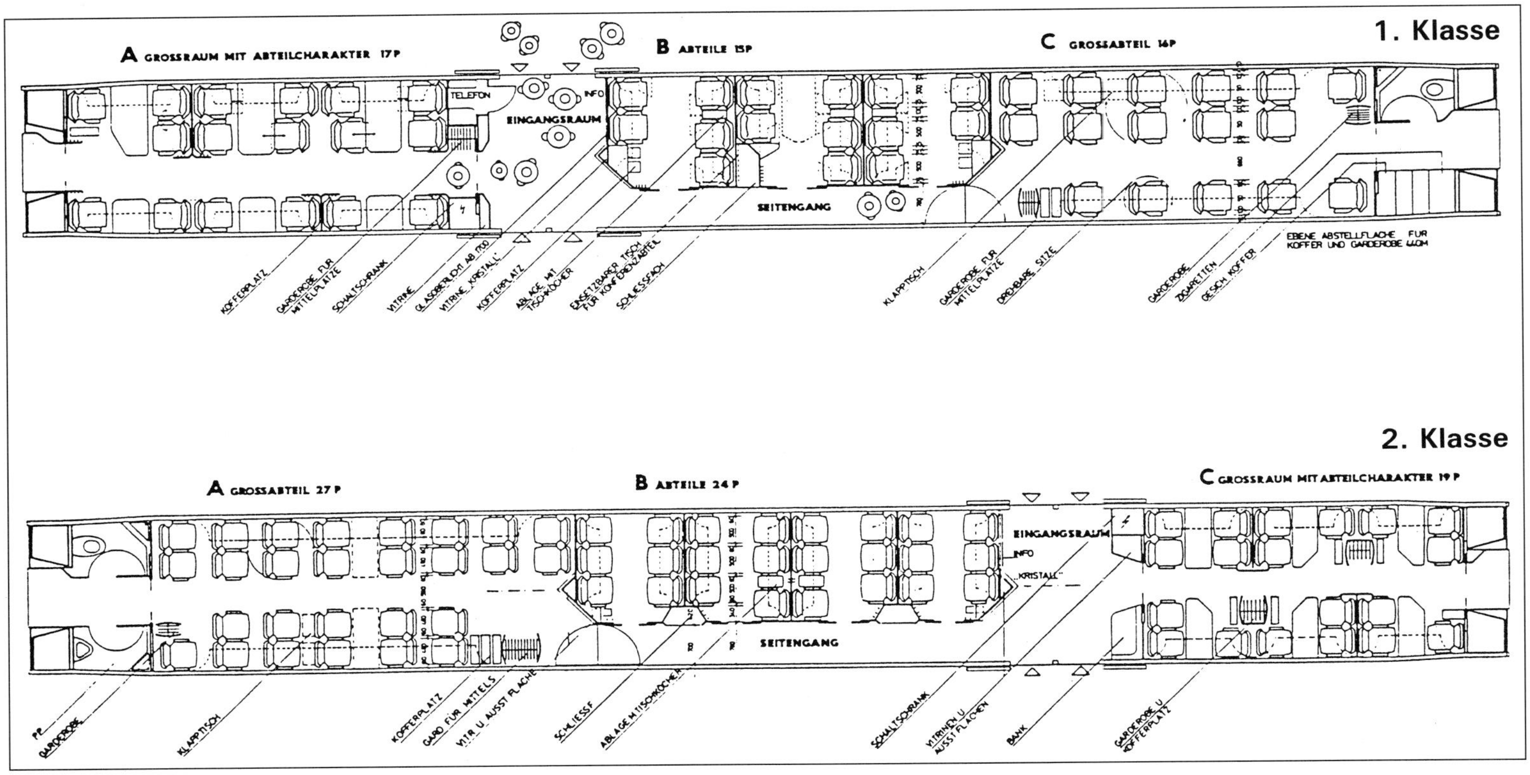

Vorschlag für den 1. und 2. Klasse-Wagen. Abbildung: Sammlung Jens Peters

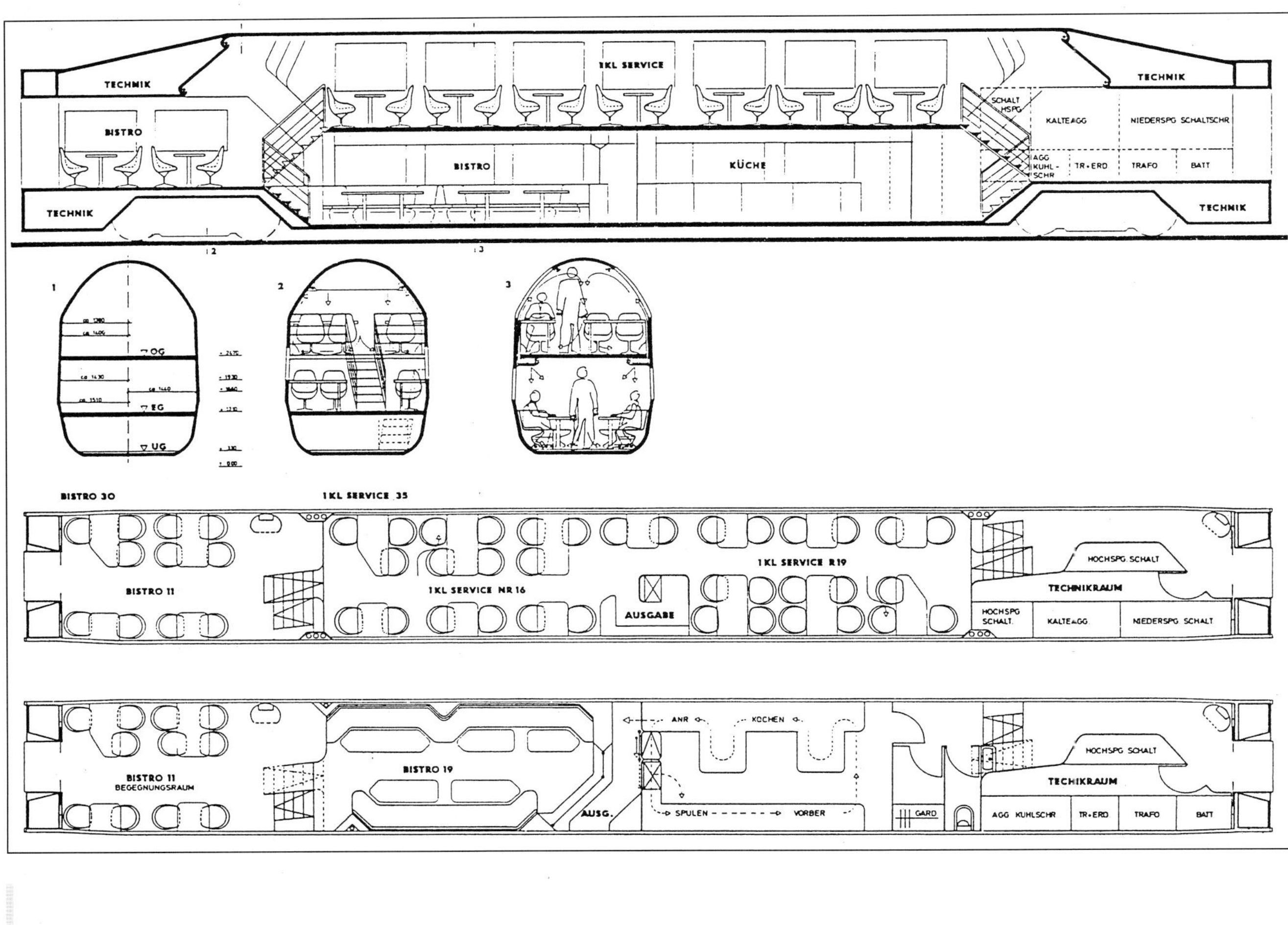

Vorschlag Doppelstock-Servicewagen. Abbildung: Sammlung Jens Peters

men ausgeschieden waren, in »Beraten, Planen, Realisieren« umbenannt. Während nun innerhalb des Büros die neue Gesellschafter Pracht und Hafner für Architektur zuständig sind, wird die Sparte Fahrzeuge unter der Bezeichnung PR Designpartner von den Dipl. Designern Andreas Panik und Max Ruhdorfer geführt.

Die Auftragserteilung

Da der ICE als Triebzug zu betrachten war, wurden folgende Baureihenbezeichnungen festgelegt: Die Triebköpfe erhielten die Nummern 410.0/5. Die Mittelwagen wurden in der vorgesehenen Reihung als 801.0 ff. (1. Klasse, Avmz), 804.0 (Servicewagen WSmz mit Bordrestaurant und Bordtreff), 803.0 (2. Klasse mit Sonderabteilen, BSmz) und 802.0 ff. (2. Klasse, Bvmz) bezeichnet. An dieser Stelle ist es notwendig, darauf hinzuweisen, dass nur noch die Wagen des ICE 1 aus organisatorischen Gründen Gattungsbezeichnungen erhielten. Diese wurden jedoch nicht mehr am Wagenkasten angeschrieben sondern nur noch die Baureihenbezeichnung, die Kennziffer der Wagenart und die laufende Nummer. Beim Nachfolgetyp ICE 2 wurden zwar zunächst Gattungszeichen festgelegt, in diesem Fall ohne den Zusatz »z« (Zugsammelschiene), da diese inzwischen zur Standardausrüstung gehören. Die Gattungsbezeichnungen kamen jedoch nicht mehr zum Einsatz, weshalb sie nur noch in diesem Kapitel verwendet werden.
Nachdem Anfang 1988 die Bundesregierung die Mittel für den ICE gekürzt hatte, musste auf Grund der für den geplanten Betrieb notwendigen 41 Triebzügen die Zahl der Mittelwagen von 14 auf 12 je Einheit verringert werden. Zwar verhandelte die DB noch über eine Kostensenkung in der Größenordnung von ca. 300.000 DM pro Wagen, doch diese wäre ausschließlich über eine Reduzierung der Ausstattung zu erreichen gewesen und führte trotzdem nicht zu dem gewünschten Ergebnis. Die Leistung der Triebköpfe sollte jedoch weiterhin auf einer Zuglänge von 14 Mittelwagen ausgelegt bleiben. Zunächst sollte jeder Zug aus vier Wagen Avmz 801, einem Wagen WSmz 804, einem Wagen BSmz 803 und sechs Wagen Bvmz 802 bestehen.
Entsprechend diesen Zahlen stellte die Deutsche Bundesbahn der Industrie 1988 für den ICE ein »Letter of Intend« (L.O.I.)[1] über 41 Triebköpfe der Baureihe 401.0, 41 baugleiche Triebköpfe der Baureihe 401.5 (Mechanteil Krauss-Maffei, Krupp und Thyssen-Henschel; elektrischer Teil ABB (BBC), AEG und Siemens), 492 Mittelwagen, davon 164 Avmz 801 (Duewag und Waggon Union), 246 Bvmz 802 (LHB, MAN und MBB), 41 BSmz 803 (Duewag) sowie 41 WSmz 804 (Waggon Union) aus. Der Lieferwert dieses Auftrags betrug 2,107 Milliarden DM. Diese verteilten sich auf die 82 Triebköpfe mit jeweils 8,7 Millionen DM (gesamt 0,713 Milliarden. DM), die 410 Wagen Avmz und Bvmz mit jeweils 2,7 Millionen DM (gesamt 1,107 Milliarden DM), 41 Wagen BSmz mit jeweils 3,0 Millionen DM (gesamt 0, 123 Milliarden DM) und 41 Wagen WSmz mit jeweils 4,0 Millionen DM (gesamt 0, 164 Milliarden DM).
Erst am 20. Januar 1989 wurden nach lang andauernden Verhandlungen die Lieferverträge für die 82 Triebköpfe unterschrieben. Die Verträge für die Lieferung der 492 Mittelwagen folgten einige Monate später. Die Verträge beinhalteten eine, der Fertigungskontinuität wegen bis zum 30. Juni 1989 befristete Option über weitere 19 Triebzüge für die, da die Preise bereits auf eine Stückzahl von 60 Triebzügen kalkuliert waren, keine weiteren Nachverhandlungen mehr erforderlich sein sollten.
Trotzdem wurde bereits im Herbst 1988 mit dem Bau der Triebköpfe begonnen. Nach dem feierlichen Roll-Out des ersten Triebkopfes am 26. September 1989 wurde von den beteiligten Herstellern im Durchschnitt jede Woche ein Triebkopf an das Bundesbahn-Ausbesserungswerk (Aw) Opladen geliefert, wo die Inbetriebnahme aller 82 Triebköpfe erfolgte.
Die Ablieferung des ersten Bvmz-Mittelwagens erfolgte am 2. Juli 1990 bei MBB in Donauwörth. Nach einem kurzen Aufenthalt wegen einer vorübergehenden messtechnischen Umrüstung im ICE-Bw Hamburg-Eidelstedt wurde der Wagen dem BZA-Minden überstellt. Der Lieferplan sah vor, dass bis zum 2. Juni 1991, dem Betriebsbeginn des ICE-Verkehrs, 25 komplette Züge zur Verfügung stehen sollten.
Am 23. Juli 1990 erteilte die DB endlich den Anschlussauftrag über 19 weitere ICE-Triebzüge. Nach Einwänden des Bundesverkehrsministeriums, wegen der angeblich nicht nachgewiesenen Serienreife hatte das Bundesfinanzministerium die für diese Züge vorgesehenen Mittel zunächst blockiert. Das hatte zur Folge, dass entgegen der ursprünglichen Vereinbarung doch nachverhandelt werden musste, da die Bundesbahn die Optionsfrist nicht eingehalten hatte und die Fertigung unterbrochen werden musste. Der Beginn der Ablieferung verschob sich deshalb um drei bis vier Monate auf den Herbst 1991.
Bei der Auftragsvergabe für die zweite Lieferung wurde der Umfang des Wagenmaterials durch die Absicht bestimmt, auf Grund von Fahrgastzählungen einen Großteil der ICE-Einsätze nunmehr mit drei Wagen der Gattung Avmz und sieben der Gattung Bvmz fahren zu lassen. Die Bundesbahn gab nun 19 Triebköpfe der Baureihe 401.0, 19 baugleiche Triebköpfe der Baureihe 401.5 sowie 202 Mittelwagen, davon 34 Avmz 801 (Duewag und Waggon Union[2]), 130 Bvmz 802 (LHB, MAN und MBB), 19 BSmz 803 (Duewag) sowie 19 WSmz 804 (Waggon Union), in Auftrag. Die Anzahl der Mittelwagen erhöhte sich damit auf 694 Einheiten.
Neben der Option auf weitere 19 Triebzüge bestand ferner die Absicht, sieben Triebzüge in einer Viersystemausführung für den Paris-Bruxelles-Köln-Amsterdam-Verkehr (PBKA) zu beschaffen – den ECE (EuroCityExpress). Dieses Projekt trug den internen Arbeitstitel »ICE-M« (Baureihe 411/811ff). Dieser Triebzug sollte eine Weiterentwicklung des ICE 1 darstellen, wobei Komponenten die zum Produktionsbeginn des ICE noch nicht serienreif waren, zum Einsatz kommen sollten, dazu gehörten z.B. die luftgefederten Laufdrehgestelle.
Allerdings ist es nie zu einer Bestellung dieser Variante des ICE gekommen. Der Grund dürfte wohl in der Wagenkastenbreite zu suchen sein. Die nach UIC notwendige geringere Wagenkastenbreite von 2.888 mm an Stelle von 3.020 mm hätte eine völlig neue Konstruktion verlangt – ein Aufwand der sich für diese vergleichsweise kleine Stückzahl nicht gelohnt hätte. Der Betrieb auf der Relation den Paris–Bruxelles–Köln–Amsterdam wird gegenwärtig vom TGV-Thalys durchgeführt, von der die DB zwei Exemplare finanziert hat.

Beschreibung des ICE 1

DER TRIEBKOPF

Die komplexe Herstellung aller 120 Triebköpfe war eine Gemeinschaftsarbeit aller im Lieferkon-

Serienproduktion der Triebköpfe des ICE 1. Foto: Adtranz

1 Letter of Intend = Absichtserklärung
2 Seit 1991 ABB Henschel

sortium zusammengeschlossenen großen Lokomotivhersteller und verdient an dieser Stelle besondere Erwähnung. Jeder Hersteller war für eine bestimmte Baugruppe zuständig: Krauss-Maffei lieferte die Führerhaus-Rohbauten, die Führertische und Antriebsteile und war für die Montage der Rohbaukästen zuständig: Kraus-Maffei lieferte die Führerhaus-Rohbauten, die Führertische und Antriebsteile und war für die Montage der Rohbaukästen zuständig.

Jeder Hersteller war für eine bestimmte Baugruppe zuständig, die sich wie folgt aufteilten:

- Kraus-Maffei: Führerhaus-Rohbauten, Rohbaukasten-Zusammenbau, Führertische, Antriebsteile
- Krupp: Untergestelle, Gerüste, Bremstraversen, Bremshohlwellen, Radsätze
- Thyssen-Henschel[1]: Seitenwände, Dächer, Drehgestellrahmen, Drehgestell-Montage
- ABB: Transformatoren und Stromrichter
- AEG: Fahrmotoren, Stromrichter und Elektronik (ASG und AFB),

die dann an die anderen beteiligten Lokomotivherstellern geliefert wurden.

Die Endmontage des ICE 1 erfolgte zu nahezu gleichen Teilen bei Krupp (28), Krauss-Maffei (27) und Thyssen-Henschel (27).

Der Bau eines Triebkopfes nahm ca. 20 Monate im Anspruch. Hierbei wurde folgendermaßen vorgegangen: Nach der Herstellung der Einzelteile und einzelnen Baugruppen montierte Krupp die Untergestelle und überstellte sie Krauss-Maffei. Parallel dazu wurden bei Krauss-Maffei die Führerhäuser und bei Thyssen-Henschel die Seitenwände und Dach-Elemente hergestellt. Bei Krauss-Maffei wurden dann im Wochenrhythmus Untergestell, Seitenwände, Führerhäuser und Dächer zu einem kompletten Rohbaukasten zusammengestellt, der im Wechsel entweder bei Krauss-Maffei verblieb oder zu Thyssen-Henschel bzw. Krupp ging. In den Werkhallen von Krauss-Maffei, Thyssen-Henschel und Krupp wurde der Mechanteil komplettiert. Nach der Lackierung des Innenraumes und Montage der Schallschluckmaßnahmen wurden die Rohre und Kabelkanäle verlegt, Bremsgeräte eingebaut sowie die Vorbereitungen für die Führerraum-Einrichtung und den Einbau des Führertisches getroffen. Anschließend übernahmen ABB, AEG und Siemens den Einbau der elektrischen Ausrüstung. Anschließend wurde der Fahrzeugkasten auf die Triebdrehgestelle aufgesetzt. Danach folgte die Komplettierung des Mechanteils (z.B. Fenstereinbau, Führerraumausbau) und die Außenlackierung. Nach der E-Prüfung gingen die Triebköpfe an das DB Aw Opladen zu Teilendprüfung.

[1] Seit 1991 ABB Henschel.

Ein Blick in den Triebkopf-Kasten des ICE 1 vor dem Einbau der Geräte. Foto: Adtranz

DER FAHRZEUGKASTEN

Rohbau und Lackierung

Durch eine Optimierung der aerodynamischen Vorgaben und des Belüftungskonzeptes musste der Serien-Triebkopf gegenüber dem ICE/V einigen optischen Retuschen unterzogen werden. Diese dokumentierten sich insbesondere in dem leicht geänderten »Gesicht« des ICE, den geänderten Lüftungsgittern sowie der nach hinten versetzten Führerstandstür. Weniger wichtig, jedoch unübersehbar war die Anbringung des DB-Logos unterhalb der hinteren Lüftungsgitter innerhalb des Farbstreifens sowie des ICE-Schriftzuges – mit riesigen Buchstaben – in Triebkopfmitte an der Seitenwand. Auch der waagerechte Doppelknick in der Seitenwand wurde durch einen Einfachknick ersetzt, wodurch die Kante markanter erschien.

Die Struktur des Fahrzeugkastens baut im Wesentlichen auf die des ICE/V auf, musste jedoch mithilfe der Finiten-Elemente-Methode (FEM) neu durchgerechnet werden. Der Hauptgrund für die Neuberechnung war in der Leistungsanhebung von 3.640 auf 4.800 kW, was ein Mehrgewicht von 2.800 kg zur Folge hatte, ferner wurde die Zugkraft zwischen den beiden Mittelpufferkupplungen um 500 kN auf 1.000 kN angehoben. Die statische Längskraft in Kupplungshöhe blieb mit 1.500 kN unverändert. Auch die mittlerweile gewonnnenen Messdaten über die Druckbelastung bei Begegnungsfahrten im Tunnel gingen in die Neuberechnungen ein.

Die Konstruktion des in selbsttragender Stahl-Leichtbauweise ausgeführten Triebkopfkastens besteht aus den Gruppen Untergestell, Seitenwände, Heckwand, Dach, Rückwand, Kopf mit Führerraum sowie Türen.

Das Untergestell besteht aus zwei äußeren Langträgern als geschweißte Kastenprofile (St 52-3), zwei inneren Langträgern als Rechteck-Hohlprofile (St 52-3), zwei in der Mitte des Untergestells symmetrisch angeordneten Trafo-Querträgern mit Aufnahmen für die Zug-Druckstangen der Drehgestell-Anlenkung als geschweißte Kastenprofile (St 52-3), einem Querträger zur Aufnahme der Abschleppkupplung als geschweißte Kastenprofile (St 52-3). jeweils im Bereich der Drehgestellmitten befindliche Querträger mit den Aufnahmen der Fahrmotoren sowie mit den außen liegenden Auflagen der Sekundärfederung als geschweißten Kastenprofilen (St 52-3), Kopf-Querträger als geschweißtes Kastenprofil (St 52-3), das hintere Kopfstück bestehend aus einem geschweißten Kasten, dessen Abmessungen durch die Kupplungsaufnahme bestimmt werden, (St 52-3) sowie mehrere quer- und längsgerichtete Träger für die Aufnahme der Geräte (St 37-2). Im Bereich des Führerraums befindet sich auf dem Untergestell ein 2 mm dickes, als Trapez-Wellblech ausgeführtes und mittragendes Bodenblech aus korrosionsarmen Stahl 1.4003. Die weiteren Bodenbleche bestehen aus St 14 Cu3 03m und sind, bis auf das 2,75 mm dicke Bodenblech im Trafobereich, 1,5 mm dick.

Die mit dem Untergestell verschweißten Seitenwände wurden neu konzipiert. Hierbei verzichtete man aus Gewichtsgründen auf die bei der Baureihe 120 und dem ICE/V verwendeten Höcker-

Die geöffnete Frontklappe gibt den Blick auf die Notkupplung frei: Neben den Anschlüssen für die Hauptluftleitung und die Hauptluftbehälterleitung ist der Anschluss für die 1000 V-Zugsammelschiene zu erkennen.
Foto: Ton Voogel

bleche. Das tragende Außenblech hat eine Stärke von 2,75 mm und ist versteift durch ein aus entsprechend dimensionierten Profilen aufgebautes Gerippe. Der obere Abschluss der Seitenwand wird gebildet durch einen aus zwei Profilen und einem 2 mm dicken Außenblech zusammengesetzten, durchgehenden Dachlangträger, der den Übergang von der Seitenwand in das Dach darstellt. Die Zugangstüren zum Triebkopf sind hinter den vorderen Luftansauggittern in den Seitenwänden angebracht.

Die Seitenwände bestehen aus korrosionsarmen Stahl der Qualität 1.4003. Die Rückwand setzt sich aus einem aus Hohlprofilen hergestellten Rahmen (St 37-2), einer Beplankung aus 2,75 mm starken korrosionsarmen Stahlblech (1.4003) sowie mehreren Abkantprofilen aus korrosionsarmem Stahlblech 1.4003 zusammen. Eine Drehtür in der Rückwand ermöglicht dem Zugpersonal vom Triebkopf in den Mittelwagen oder umgekehrt zu gelangen.

Das Dach setzt sich, ab der Rückwand des Führerraumes, aus fünf Aluminium-Dachelementen zusammen, die wegen der Gerätemontage abnehmbar gestaltet sind und sich auf eingeschweißten Dach-Auflagespriegeln aus Stahl (1.4003) abstützen. Das Dach ist durchgängig begehbar. Im zweiten und vierten Dachelement befinden sich Lüftungsgitter für die Ölkühler. Auf dem fünften Dachelement steht der Stromabnehmer. Bei den 38 Triebköpfen der zweiten Bestellung befindet sich auf dem vierten Dachelement ein weiterer Stromabnehmer für den Betrieb unter der SBB-Oberleitung. Im Bereich der Stromabnehmer sind die Dachelemente abgesenkt.

Der Fahrzeugkopf besteht aus einer Schweißkonstruktion aus verformten Abkantprofilen und ist beplankt mit Blech-Verkleidungsteilen aus nicht rostendem Stahl der Qualität 1.4301. In der linken Seitenwand befindet sich eine Öffnung für die Frischluft-Zufuhr der Führerstand-Klimatisierung. Unterhalb des Frontfensters befindet sich das obere Spitzensignal.

Die Bugspitze des Triebkopfes besteht aus einem GFK-Formteil mit Lufteinlass für die Kühlung des Kondensators der Führerstands-Klimaanlage und den Abdeckungen der Front- und Schlusssignale. Das Formteil ist fest mit dem vorderen Kopfstück verbunden. Hinter einer großen nach oben zu öffnenden Klappe, ebenfalls aus GFK, befindet sich eine Abschleppkupplung. Ferner sind durch diese Klappe im Reparaturfall die Front- und Schlusssignale sowie die beiden Makrofone – Lautstärke 120 dB (A) – erreichbar.

Die seitlichen Schürzen bestehen aus GFK-Sandwichmaterial. Davon ausgenommen sind die niedrigen Blenden im Drehgestellbereich. Sie werden an ihrer Unterseite über Puffer in am Untergestell angeschraubten Spriegeln eingesteckt und an ihrer Oberseite mit Zungenschlössern verriegelt.

Unterhalb des Fahrzeugbugs befindet sich ein Spoiler der nach hinten bis zum Untergestell hochgezogen ist. Der Spoiler kann je nach Radreifenzustand in der Höhe eingestellt werden. Mit einem Gewicht von 0,5 t/m wurde bei der Entwicklung des Fahrzeugkastens gegenüber vergleichbaren herkömmlichen Lokomotivkästen eine Gewichtsersparnis von rund 15 % erreicht.

Rechtzeitig zum Produktionsbeginn 1988 wurde auch das Farbkonzept des ICE verabschiedet. Nach Begutachtung mehrerer Vorschläge, u.a. lichtgrau mit einem farbigen IC-ähnlichen Fensterband, einigte sich der Vorstand der Deutschen Bundesbahn auf das am ICE/V angelehnte folgende Farbschema: Wagenkasten *lichtgrau* (RAL 7035), Streifen unterhalb des Fensterbandes *orientrot* (RAL 3031) mit einem unterhalb des Streifens angebrachten schmäleren »Begleitstreifen« in *pastellviolett* (RAL 4009) und integriertem DB-Logo, Schürzen *basaltgrau* (RAL 7012). Abweichend vom ICE/V wird der Streifen über den Bug der Triebköpfe, in etwa in Höhe der Schürzen, weitergeführt.

Kupplungen und Übergänge

Die Triebköpfe des ICE 1 sind wegen der Verbindung mit den Mittelwagen an ihren Rückseiten mit speziell entwickelten Mittelpufferkupplungen der Firma Schaku sowie mit einem Balgübergang ausgerüstet, die betrieblich nicht lösbar sind. An der Frontseite, hinter der großen Bugklappe befindet sich eine manuell herausziehund verriegelbare Scharfenberg-Abschleppkupplung mit ausschließlich mechanischer Funktion. Seitlich der Abschleppkupplung sind Not-Anschlüsse für die Haupt-Luftleitung (HL) und Haupt-Luftbehälterleitung (HBL) sowie die Zugsammelschiene (ZS) I bzw. II mit 1.000 V 16,7 Hz und die 110 V Batterie-Sammelschiene (BS) angeordnet.

Für den Abschleppfall muss die Frontklappe hochgeklappt und die Abschleppkupplung nach vorne gezogen werden. Wenn das Hilfsfahrzeug eine Lokomotive ist, die über eine UIC-Kupplung verfügt, muss der Zughaken der Hilfslok über eine Übergangskupplung mit dem Triebkopf verbunden werden. Diese Übergangskupplung befindet sich in jedem Triebkopf neben der rechten Zugangstür. Für den Anschluss der Hauptluft- und Hauptluftbehälterleitung, die externe Energieversorgung des Zuges sowie für eine Sprechverbindung mit dem Hilfsfahrzeug sind entsprechende Leitungen und Kabel vorgehalten.

Führerstand

Der Führerraum konnte gegenüber dem ICE/V durch eine Änderung der Geräteanordnung und die Verlegung der Zugangstüren, um 400 mm verlängert werden. Der Zugang zum Führerraum befindet sich jetzt in der Mitte der Trennwand zwischen Maschinen- und Führerraum. Um die im Lastenheft geforderte Druckdichtigkeit des Führerraumes zu gewährleisten, wurde bereits in der

Die Druckluftkanone und das notwendige Projektil für die Prüfung der Frontscheiben-Festigkeit. Die Aufnahmen entstanden bei der Erprobung der Frontscheiben des ICE 3. Fotos: van Halem (NS-Nedtrain), Sammlung Dr.Hassel

Rohbauphase auf dichte Schweißnähte geachtet. Ferner galt es Kabel- und Rohreinführungen sorgfältig zu verschließen (Verguss oder Schottverschraubung). Schließlich wurden Seitenfenster und Führerstandstür mit doppelten Dichtungen versehen.
Die in den Rohbau eingeklebten Frontscheiben aus Verbund-Sicherheitsglas sind beschusssicher. Die Beschusssicherheit muss durch einen Versuch nachgewiesen werden. Hierzu wird mit einer Druckluftkanone ein 1 kg schweres Projektil mit einem zylindrischen Körper und einem abgerundeten Kopf mit einer entsprechenden Geschwindigkeit auf die in einer Vorrichtung befestigte Frontscheibe geschossen. Die vorgeschriebene Formel zur Festlegung der Beschussgeschwindigkeit lautet $v_p = v_{max} + 160$ km/h. Hierbei ist v_{max} die Höchstgeschwindigkeit des vorlaufenden Triebfahrzeugs oder Steuerwagens. Beim ICE 1 mit einer technisch möglichen Höchstgeschwindigkeit von 280 km/h beträgt die Beschussgeschwindigkeit somit 440 km/h. Dabei darf die Frontscheibe nicht durchschlagen werden und muss im Rahmen verbleiben. Die Dicke der Frontscheibe beträgt 23,88 mm.
Die Frontscheibe ist mit einer Schnellabtaustufe und Normalstufe elektrisch beheizbar. Für freie Sicht sorgt eine im Führertisch integrierte Defrosterdüse. Für die Außenreinigung der Frontscheiben sind die Triebköpfe mit einer pneumatisch betätigten Scheibenwisch- und Waschanlage ausgerüstet. Durch die Parallelführung wird das Wischblatt parallel zu den seitlichen Fensterkonturen geführt. Kleine Windleitbleche an den Scheibenwischern stellen auch bei Höchstgeschwindigkeit einen ausreichenden Anpressdruck sicher. Durch je zwei, in den Wischarmen integrierte Waschdüsen wird jede Frontscheibe mit Waschwasser angespritzt.
Der Scheibenwischer kann sowohl in Dauer- als auch in Intervallbetrieb geschaltet werden. Im Intervallbetrieb sind einstellbare Intervalle zwischen zwei und zehn Sekunden möglich. Die Seitenfenster bestehen aus stark bedampften Isolierglas, das die Sonneneinstrahlung nahezu vollständig absorbiert. Durch eine speziell entwickelte Öffnungskinematik hat das Fenster beim Öffnen genügend Freigang innerhalb des Führerraumes.
Auf dem Außenblech wurde vor dem Fenster aus Design-Gründen ein dunkel getöntes Blindfenster in Dreiecksform angebracht. Die Gestaltung des Führerraumes wurde anhand eines 1 : 1-Modells dargestellt und mit mehreren Stellen des Betriebsdienstes sowie der Personalvertretung diskutiert, bevor die endgültige Festlegung erfolgte.
Die Innenverkleidung des Führerraumes besteht aus GFK-Elementen, die auf ihrer Rückseite mit so genannten Schallschluckmaterial beschichtet sind. Unterhalb der Fensterbrüstung verlaufen die Verkleidungsteile parallel zur Fahrzeugmitte, so dass sie an der Rückwand des Führerraumes ca. 200 mm auftragen.
Durch die Verwendung von Alu-Lochblech und das dahinter eingebaute Wellfolien-Paket (Resonaflex) wird eine optimale Schalldämmung erreicht. Um zu verhindern, dass der Außenschallpegel, insbesondere bei Tunnelfahrten, bis in den Führerstand eindringt, wurde ein hoher Schalldämm-Aufwand betrieben. Neben der Beschichtung des Außenbleches mit einer 3 mm starken Antidröhnmasse wurde in den Hohlräumen 100 mm starkes Resonaflex eingeklebt, so dass die Außenwände einschließlich der Verkleidungsteile ca. 117 mm dick sind. Die Rückwand des Führerraumes und die Führerstandstür sind mit dem Verbundblech Bondal beplankt und ebenfalls mit Resonaflex versehen.

Blick in den Führerstand des ICE 1. Foto: Ton Voogel

Der Führertisch wurde abweichend von dem in den Baureihen 111, 120 und ICE/V verwendeten Einheitsführertisch neu gestaltet. Die Anzeigeebene besteht nunmehr aus drei um 30° zueinander geneigten Flächen. In der mittlere Fläche befindet sich wie bisher das »Modulare Führerraum-Anzeigegerät« (MFA), das aus einer Zug-Bremskraft- und Geschwindigkeitsanzeige und der LZB-Zielanzeige dazwischen besteht. Darunter sind die LZB-Leuchtmelder angeordnet. Im linken bzw. rechten Feld befindet jeweils ein Display für grafisch aufbereitete Informationen zur Fahrzeugführung sowie Textausgaben zur Fehlerdiagnose (DAVID I und II). Ganz links befindet sich das Zugbahnfunk-Gerät (neu: Zugfunk-Gerät (ZF)). Im rechten Feld ist ein Doppelmanometer für die Bremsanlage vorgesehen. Über die Anzeigeebene wölbt sich eine Sonnenblende.
Eine Neuerung stellt die digitale Sprachausgabe wichtiger Informationen als Ersatz für die bisher üblichen akustischen Signale dar. Mit Worten wie »Notbremse«, »Zwangsbremse«, »Sifa« oder

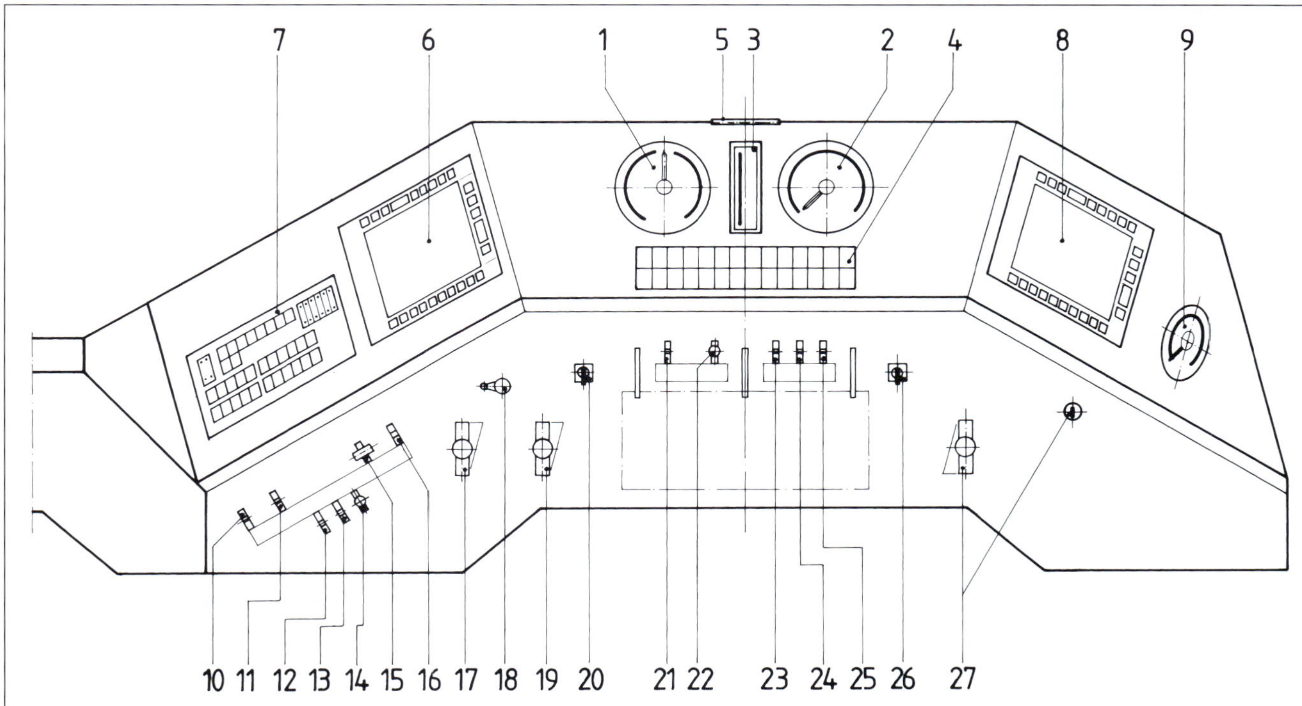

1. Traktionsanzeige
   links E-Bremskraft, rechts max. Motorzugkraft
2. Geschwindigkeitsmesser
3. LZB-Zielentfernungsanzeige
4. Leuchtmelderblock
5. Buchfahrplanleuchte
6. Display DAVID I
   (u.a. Eingaben f. Auf- und Abrüstung)
7. Zugbahnfunk-Gerät (ZBF)
8. Display DAVID II
   (u.a. Diagnose, Störung, Bremsberechnung)
9. Doppelmanometer Bremsanlage
10. Luftpresser
11. Lüftersteuerung
12. PZB (Indusi)-Befehl
13. LZB/PZB
14. PZB wachsam
15. Stromabnehmer
16. Hauptschalter
17. Sollwertgeber
18. Fahrtrichtungsschalter
19. Fahrschalter
20. Steuerschalter
21. Frontfensterheizung
22. sanden
23. Abblendschalter Frontsignal
24. Signallicht
25. Buchfahrplanleuchte
26. Steuerschalter Türfreigabe (li/re)
27. Führerbremsventil mit Schlüsselschalter

Anordnung der Bedienelemente auf dem Führerpult des ICE 1 und ICE 2.
Abbildung: Riechers

»Störung« wird der Lokführer über das Ansprechen verschiedener sicherheitsrelevanter Einrichtungen informiert.
Das Bedienfeld ist ähnlich dem Einheitsführertisch ausgeführt. Um das Fahrzeug eventuell stehend bedienen zu können, wurde der Tisch jedoch um 115 mm angehoben. Auf der 6°-schrägen Ebene sind links die Bedienelemente zum Fahren, rechts zum Bremsen angeordnet. Der räumlich zwischen Sollwertgeber und Fahrschalter angeordnete Fahrtrichtungsschalter mit den vier Stellungen »Vorwärts«, »Mitte«, »Null« und »Rückwärts« ist aus Gründen der Sicherheit einsteckbar und kann dem Führerpult beim Verlassen des Triebkopfes entnommen werden. Der Triebkopf, auf dem der Richtungsschalter aufgesteckt und in die Nullstellung verlegt wird, wird automatisch zum führenden Triebkopf (TK 1). Das Führerbremsventil ist ebenfalls durch einen Schlüsselschalter gesichert. Erstmals sind die Funktionen der Bedienelemente nicht mehr mit Beschriftungen sondern mit Piktogrammen angegeben.
Der Führertisch ruht auf drei Konsolen, die als Schränke ausgebildetet sind. Zwischen diesen Schränken befinden sich beheizte Fußräume für den Tfz-Führer und den Beimann. Im rechten Schrank befinden sich die Leitungen des Führer-Bremsventils und der Scheiben-Wisch-Waschanlage. Auf der Schranktür befinden sich die Bedienelemente der Wisch-Waschanlage sowie das Notbremsventil. Im mittleren Schrank ist das Klimagerät untergebracht. Auf der dem Triebfahrzeugführer zugewandten Schranktür befinden sich die Bedientafel der Klimaanlage sowie der Hörer des ZF. In dem linken Schrank ist der auf einer Schublade montierte Scheibenwaschbehälter untergebracht.
In den Rückwandschränken des Führerraumes sind auf der Seite des Tfz-Führers (rechts) im oberen Drittel Anzeige- und Bedientafeln, auf der Seite des Beimanns eine Tafel mit Kleinselbstschalter angebracht. Im mittleren Drittel befinden sich u.a. ein Thermofach und Schränkchen für Fahrpläne und Ersatzteile. Im unteren Bereich ist rechts ein Müllbehälter untergebracht. Hinter der verschraubten Wand befindet sich die ZBF-Ausrüstung. Links und rechts der Führerstandstür befinden sich Nischen. In der linken Nische ist eine Garderobe mit Ablagegitter untergebracht, in der rechten befinden sich zwei Feuerlöscher.
An der linken und rechten Seitenwand, im Bereich des »blinden« Dreiecks vor den Seitenfenstern, sind für Rangierfahrten sowie Anfahrten unter Beobachtung des Lokführers je ein Hilfsfahrschalter, ein Taster für LZB/PZB »Wachsam« und »Befehl«, ein Makrofon sowie eine Leseleuchte mit Schalter angebracht. Die Sitze für den Lokführer und den Beimann entsprechen denen der BR 120. Sie sind auf einem 115 mm hohen Podest montiert um die Anhebung des Führertisches auszugleichen. Der Einbau von luftgefederten Sitzen wurde vorbereitet.

Führerstands-Klimatisierung
Die Klimatisierung des Führerraumes erfolgt durch ein Klimagerät, ähnlich dem der BR 120 jedoch mit höherer Leistung. Das Gerät ist im mittleren Geräteschrank unterhalb des Führertisches untergebracht und körperschallisoliert sowie der Wartung wegen über Gleitschienen am Bodenblech befestigt. Die Luftein- und Auslässe zum Innenraum sind mit elastischen Bälgen abgedichtet. Die Luftzufuhr für das Klimagerät erfolgt an der Bugspitze zwischen den Frontsignalen. Die Abluft wird nach dem Durchströmen des Klimageräts nach unten durch den Boden in den Spoilerraum ausgeblasen. Dieser Luftstrom mit 2.000 m³/h dient ausschließlich der Kühlung des Kondensators und wird demzufolge nicht in den Innenraum geleitet. Zum Schutz vor Druckschwankungen im Innenraum werden bei Tunnelfahrt Zu- und Abluft über je einen Hochdruckventilator geführt.
Im Normalfall arbeitet die Klimaanlage mit Umluft aus dem Führerraum und einem 15 %igen Anteil an Außenluft, die über eine Öffnung in der linken Seitenwand angesaugt wird. Über einen,als Schalldämpfer ausgeführten Kanal und eine pneumatisch betätigte Druckschutz-Klappe gelangt die Außenluft in das Klimagerät. Bei Ausfall des Klimageräts erfolgt die Belüftung bei geöffneter Klappe ausschließlich mit Außenluft und ohne Druckdichtigkeit. Die Abluft aus dem Führerraum gelangt ebenfalls über Druckschutzeinrichtungen ins Freie.

Geräteanordnung
Alle, zum Betrieb des Triebzuges erforderlichen Geräte sind im Geräteraum des Triebkopfes untergebracht. Bei der Anordnung der Geräte wurde darauf geachtet, eine möglichst gleichmäßige Achslastverteilung zu erzielen. Hierzu wurden die schwereren Komponenten wie Transformator, Stromrichter und Saugkreis mittig im Geräteraum angeordnet.
Je nach Steuerungstechnik erhielten die Triebköpfe unterschiedliche Ordnungsnummern: Die Triebköpfe mit den Ordnungsnummern 401 001–020 bzw. 401 501–520 verfügen über die noch bei der Baureihe 120 sowie beim ICE/V verwendeten Stromrichter in Thyristor-Technik. Die Triebköpfe 401 051–090 bzw. 401 551–590 hingegen besitzen die energiesparenden, Stromrichtern in GTO-Technik. Der Einsatz dieser innovativen Technik ermöglichte neben Preisvorteilen auch eine Gewichtsreduzierung von 3,5 t je Triebkopf.
Beim Mechanteil machte sich die unterschiedliche Technik hauptsächlich in der Luftführung innerhalb des Triebkopfkastens bemerkbar. Mit Ausnahme des Druckluftgerüstes und des Luftverdichters sind alle Geräte in zum Durchgang hin verschlossen Schränken untergebracht. Die Einteilung des Maschinenraumes beider Ausführungen ist der hinten im Buch beigelegten Maßskizze zu entnehmen.

Triebdrehgestelle
Die Triebdrehgestelle basieren auf denen des ICE/V und zeichnen sich durch eine einfache Bauweise mit niedrigen Wartungskosten aus. Die Drehgestelle tragen den Anforderungen eines modernen Hochgeschwindigkeits-Triebzugs Rechnung. Der Drehgestellrahmen besteht aus einem umlaufenden Rahmen in geschweißter Kastenbauweise aus Stahlblechen. Im Bereich der Sekundärfederung sind die Langträger durchgekröpft. Durch die Anlenkung der Drehgestelle über Zug-Druckstangen am Wagenkasten, konnte auf die Mitteltraverse im Drehgestellrahmen verzichtet werden. Die tief liegende Anlenkung der Zug-Druckstangen gewährleistet eine hohe Reibwertausnutzung. Die Zug-Druckstange setzt sich zusammen aus zwei Stahlgussgehäusen für die Elastomerlager die durch ein Stahlrohr miteinander verbunden sind. Die Drehzapfen für das Elastomerlager sind mit einem Flansch versehen, der über eine Zentrierung direkt an dem Drehgestellrahmen bzw. an dem Fahrzeugkasten befestigt wird. Beim Ausbau des kompletten Drehgestells kann die Zug-Druckstange unter dem Fahrzeug verbleiben. Hierzu sind Not-Aufhängungen am Fahrzeugkasten vorgesehen.
Die Radsatzlager-Führung erfolgt in Längsrichtung durch einseitige Lenker mit sphärischen

Das Triebdrehgestell des ICE 1. Foto: Adtranz

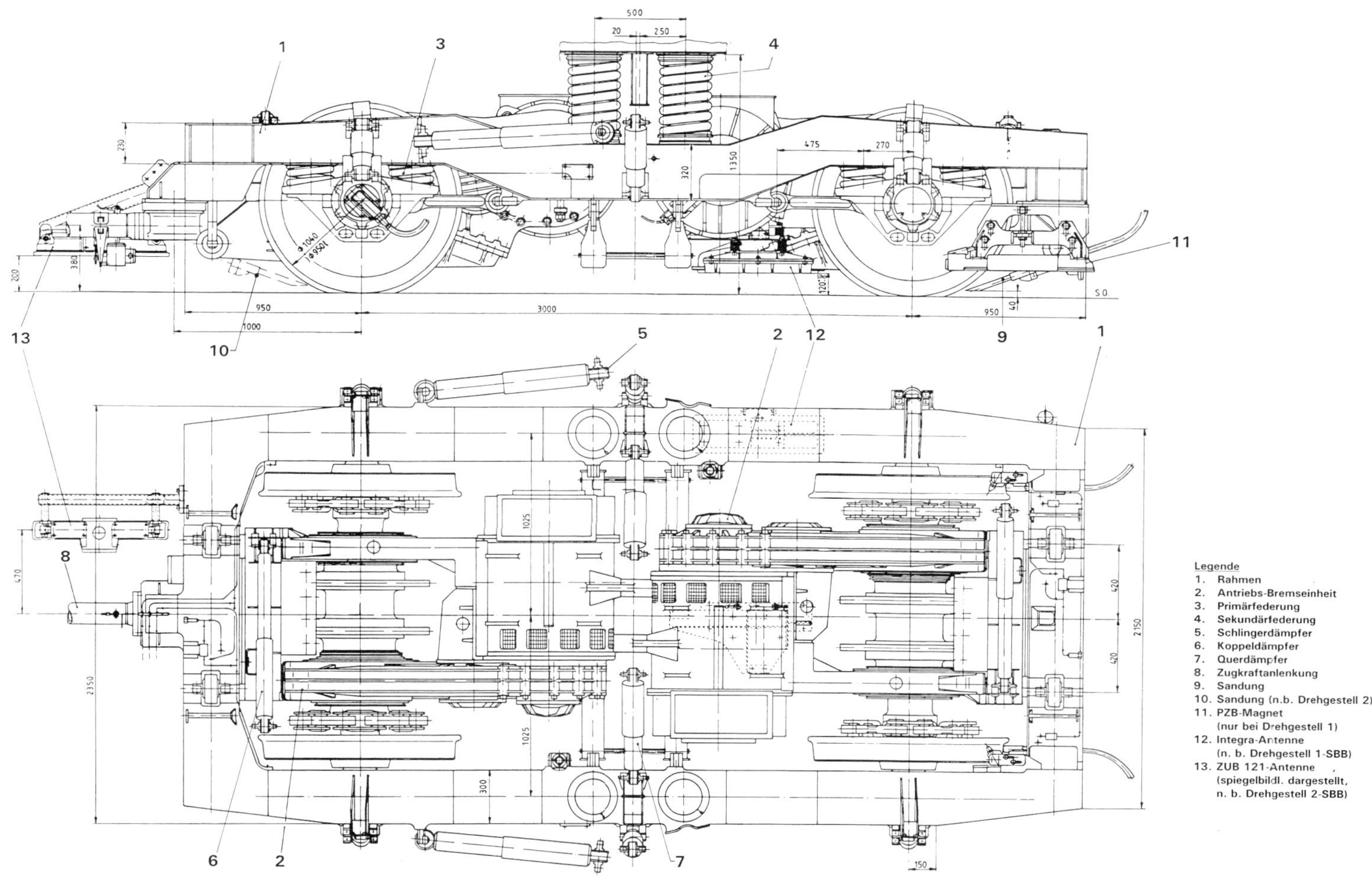

Zeichnung des Triebdrehgestells des ICE 1.
Zeichnung: Adtranz

Gummigelenken, in Querrichtung durch die Schraubenfedern der Primärstufe. Die Primärfederung besteht aus einem Schraubenfederpaar pro Radsatzlager mit einem parallel angeordneten vertikal wirkenden hydraulischen Stoßdämpfer. Die Sekundärfederung besteht aus je einem Paar Flexicoil-Schraubenfedern die sich auf den Langträgern des Drehgestellrahmens abstützen. Sie wird unterstützt durch einen vertikal wirkenden hydraulischen Stoßdämpfer.

Um die Querbewegungen des Fahrzeugkastens gegenüber dem Drehgestell zu dämpfen, sind in Drehgestellmitte zwei hydraulische Dämpfer angeordnet. Der Fahrzeugkasten kann sich quer zum Drehgestell nach jeder Seite um 20 mm frei verschieben. Weitere Querbewegungen werden durch elastische Anschläge mit progressiver Federkennung begrenzt. Im Bereich von Gleisbögen greift eine zusätzliche bogenabhängige Begrenzung des Querspiels um die Einhaltung des Lichtraumprofils nach UIC 505 zu gewährleisten.

Für einen ruhigen Geradeauslauf sorgen ferner je ein seitlicher Schlingerdämpfer der im Bereich der zweiten Antriebsachse am Drehgestellrahmen befestigt und mit dem Fahrzeugkasten verbunden ist. Am vorderen Drehgestell (Drehgestell 1) ist in Fahrtrichtung rechts vorne der PZB-Koppelspule angebracht. Die Antennen für die LZB dagegen befinden sich am Fahrzeugkasten. Weitere Antennen für die schweizerischen Zugbeeinflussungssysteme »Integra« und ZUB 121 befinden sich am Drehgestell 1 in Fahrtrichtung links Mitte bzw. am vorderen Kopfträger des hinteren Drehgestells 2, 470 mm rechts außerhalb der Mitte. Diese Antennen sind selbstverständlich nur bei denjenigen Fahrzeugen angebracht die für den Betrieb nach der Schweiz ausgerüstet sind.

Antrieb

Die Antriebs-Bremseinheit mit Motor, Getriebe, Kupplung und Bremsen ist entsprechend der modifizierten und erfolgreich im ICE/V erprobten UmAn-Anordnung mittig am Fahrzeugkasten und an den Kopfträgern des Drehgestellrahmens aufgehängt und mittels eines auf dem Bremsquerträger befestigten hydraulischen Koppeldämpfers mit dem Fahrzeugkasten verbunden. Wie bekannt, ermöglicht diese Anordnung eine Verringerung der ungefederten sowie primärseitig abgefederten Massen. Durch entsprechende Versuche untermauert, konnte die Bremsanlage von drei Scheibenbremsen je Antriebsachse auf zwei reduziert werden. Diese Kosten senkende Maßnahme wurde zusätzlich ermöglicht durch die größere Anzahl von Mittelwagen, die alle mit vier Scheibenbremsen je Laufachse ausgerüstet sind.

Da die Scheibenbremsen nur bei Ausfall der elektrischen Netzbremse oder bei Schnellbremsungen zum Einsatz kommen, konnte beim Triebkopf auf innen belüftete Bremsscheiben verzichtet und massive Bremsscheiben aus Stahlguss vorgesehen

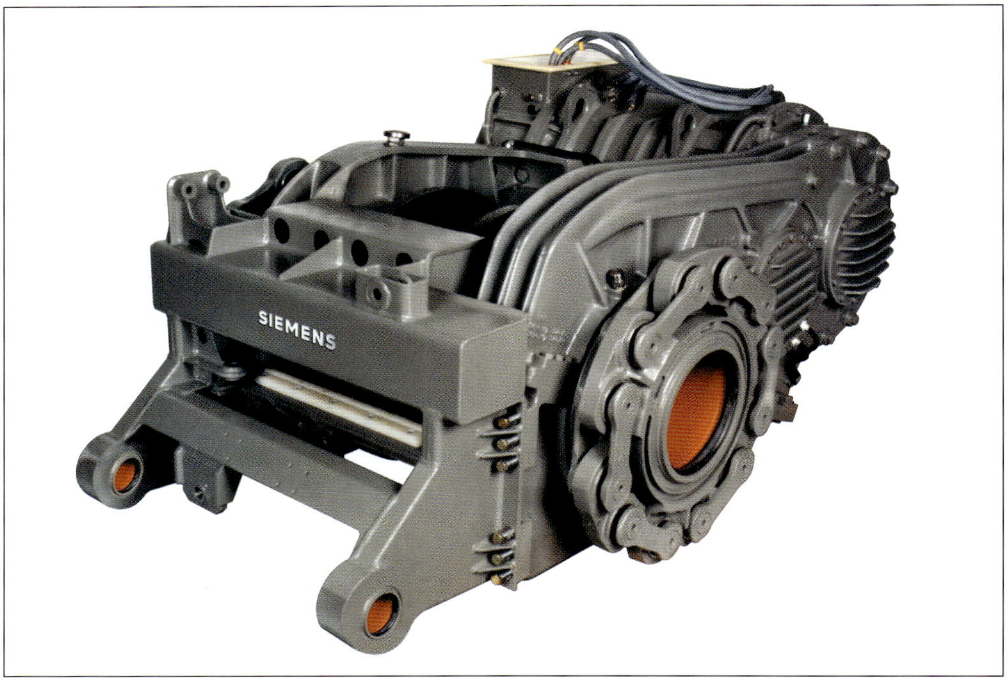

Die Antriebs-Bremseinheit des ICE 1. Foto: Siemens

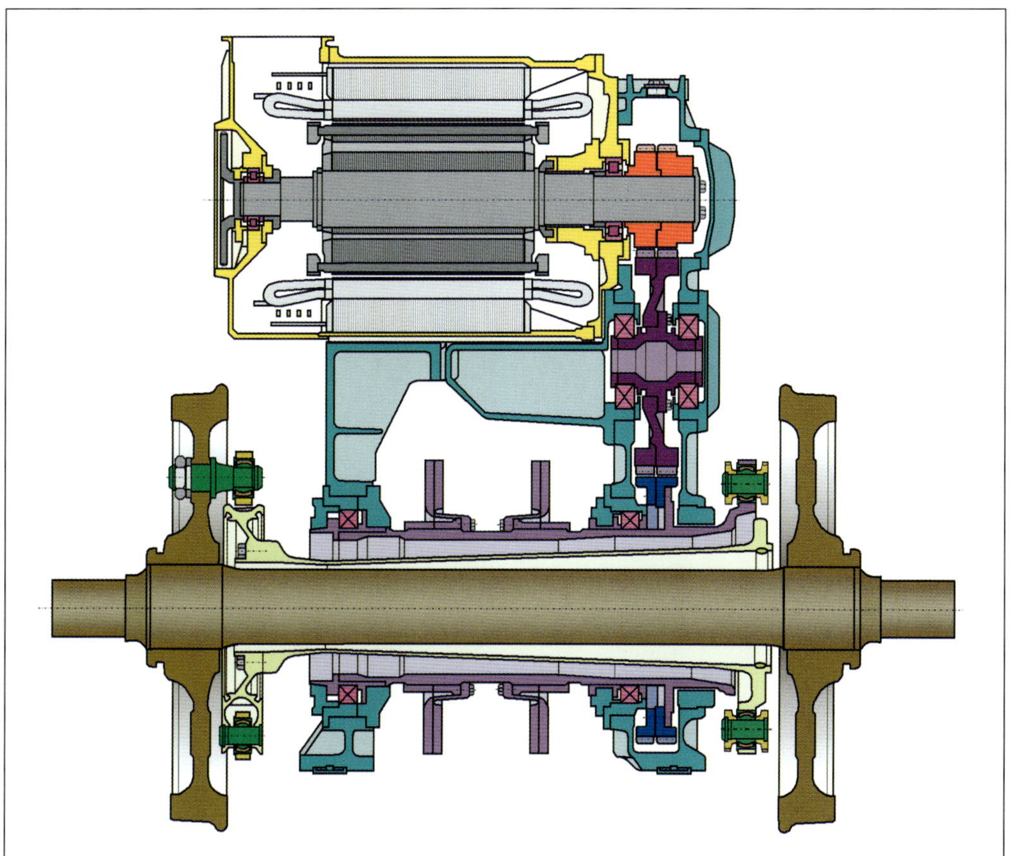

Schnitt durch die Antriebs-Bremseinheit des ICE 1. Abbildung: Siemens

werden. Die Bremsscheiben sind zusammen mit dem Getriebe-Großrad direkt auf der Bremshohlwelle befestigt. Die Kraftübertragung auf die Antriebshohlwelle erfolgt durch beidseitig angeordnete Lenkerkupplungen.

Bedingt durch den Verzicht auf das im ICE/V vorgestellte »Lineare Wirbelstrombremssystem« (WB) konnten die beim ICE/V zwischen den Radlagergehäusen vorhandenen Bremstraversen entfallen Mit der gleichen Begründung für den Verzicht auf eine Bremsscheibe je Treibachse wurde auch beim Triebkopf auf die bei allen Mittelwagen eingebaute Magnetschienenbremse verzichtet. Die Spurkranzschmierung beaufschlagt die Räder der Achse 1 des Drehgestells 1 beider Triebköpfe. Die Besandung erfolgt auf die Räder der Achsen 1 und 4 beider Triebköpfe.

ELEKTRISCHE AUSRÜSTUNG DER TRIEBKÖPFE

Eine wichtige Etappe auf dem Wege zum HGV war die Entwicklung der ersten Drehstrom-Universal-Lokomotive der DB, der Baureihe 120. Die 120 001-3 wurde auf der Internationalen Verkehrsausstellung (IVA) in Hamburg (8. Juni bis 1. Juli 1979) erstmals der Öffentlichkeit vorgestellt. Bei der Entwicklung dieser Lokomotive konnte man auf den Erfahrungen, die mit den vier 1971 von Henschel und BBC gebauten dieselelektrischen Drehstrom-Lokomotiven »DE 2500« gemacht wurden, aufbauen.

Am 13. August 1980 brach die Lokomotive 120 002-1 den seit den 27. Oktober 1903 bestehenden Weltrekord für Drehstromlokomotiven von 210,2 km/h: Auf der 50 km langen Strecke zwischen Celle und Uelzen erreichte die Lok 231 km/h. Den Umwelt schonenden Drehstromantrieb, der in den fünf Prototyp-Lokomotiven der BR 120 erfolgreich erprobt wurde, verwendete die DB auch beim ICE.

Die beiden Triebköpfe, Achsfolge je Triebkopf Bo'Bo', werden von jeweils vier fremdbelüfteten vierpoligen Drehstrom-Asynchronmotoren mit einer Gesamt-Nennleistung von 9.600 kW pro Triebzug angetrieben. Die Energieversorgung erfolgt über einen am Kurzkuppelende eines jeden Triebkopfs angebrachten Stromabnehmer.

Das Konzept des Fahrmotors entspricht dem des ICE/V. Die erhebliche Leistungssteigerung um rund 300 kW je Motor erforderte jedoch eine Optimierung der Kühlung, da nur geringe Möglichkeiten bestanden, Größe und, damit zusammenhängend, Gewicht der höheren Leistung anzupassen. Im Gegensatz zum ICE/V konnte auf eine durchgehende Hochspannungsleitung verzichtet werden, da entsprechende Versuche ergeben hatten, dass ab sieben Mittelwagen beide Stromabnehmer angelegt werden können, ohne dass sich die Fahrleitung »aufstaut«.

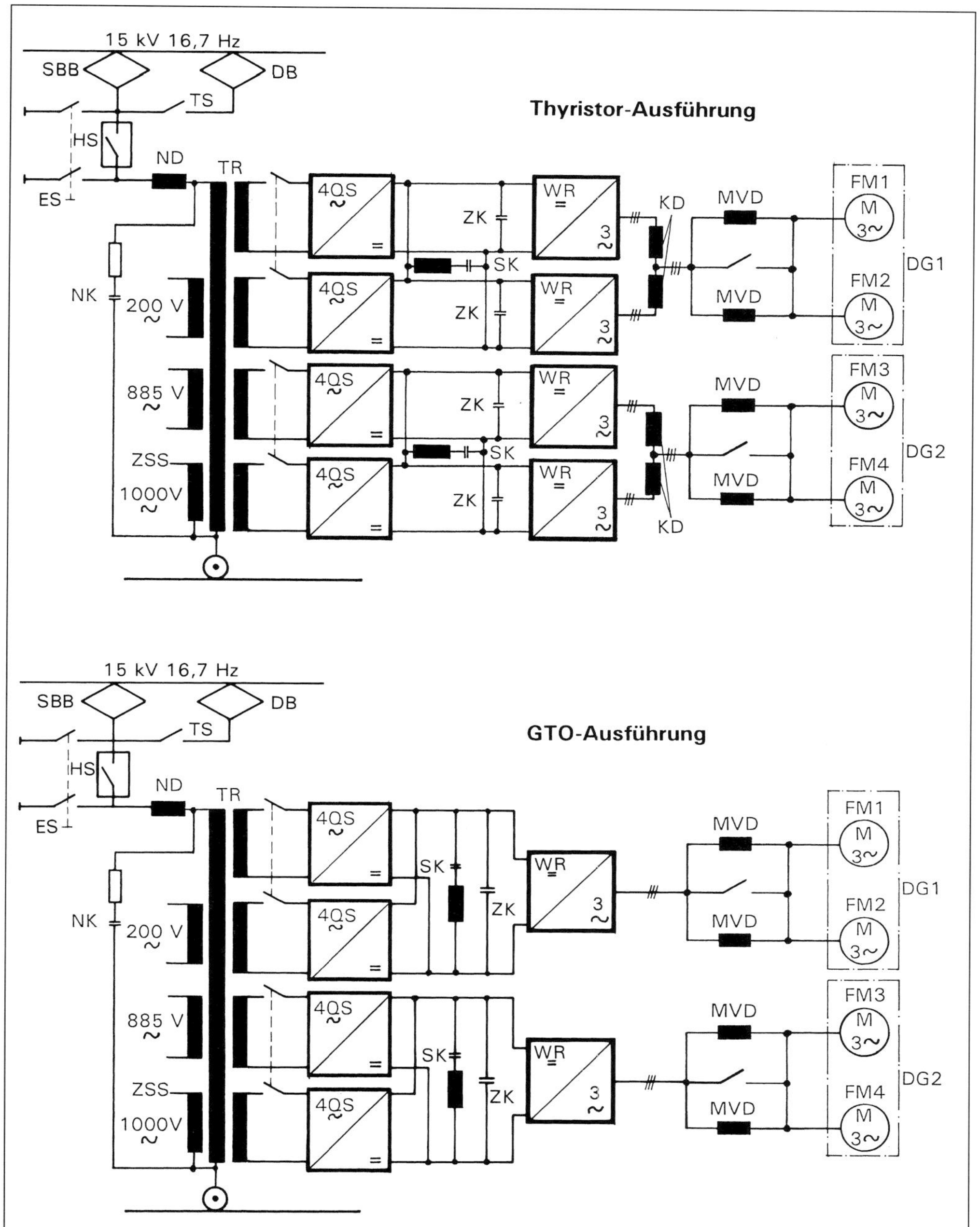

Legende:

DB	Stromabnehmer DB	SK	Saugkreis
DG	Drehgestell	TR	Transformator
ES	Erdungsschalter	TS	Trennschalter
FM	Fahrmotor	4QS	Vierquadrantensteller
HS	Hauptschalter	WR	Wechselrichter
KD	Kopplungsdrossel	ZK	Zwischenkreis-Kondensator
MVD	Motor-Vordrossel	ZSS	Zugsammelschiene
ND	Netzdrossel (Filter)	200V	Hilfsspannung, Batterie-Ladung, Fußbodenheizung
NK	Netzkondensator (Filter)	885V	Eingangsspannung HBU
SBB	Stromabnehmer SBB	1000V	Zugsammelschiene

Schaltplan der Leistungskreise des ICE 1 in Thyristor- und GTO-Ausführung (Ausführung mit DB- und SBB-Stromabnehmern). Abbildung: Siemens

Während, wie bereits erwähnt, die Triebköpfe 401 001–020 bzw. 401 501–520 noch mit ölgekühlten Traktionsumrichtern in Thyristor-Technik ausgerüstet wurden, erhielten die Triebköpfe 401 051–090 bzw. 401 551–590 bereits Traktionsumrichter in der leistungsfähigeren Gate-Turn-Off-Technik (GTO) und wurden mit einer Siedebadkühlung mit Zwangsbelüftung versehen.
Das Umstellen auf die GTO-Technologie brachte folgende Verbesserungen mit sich: So entfielen die Löschkreise der Thyristoren und die beim Umrichten entstehenden Leistungsverluste reduzierten sich um rund 30 %. Die vereinfachte Steuerung, die Reduzierung der notwendigen Halbleiterelemente, die Verringerung des Gewichts um 3,5 t je Triebkopf um 3,5 t und die mögliche Kostensenkung waren weitere Vorteile der GTO-Technik. Im Vorfeld der Serienproduktion des zweiten Bauloses wurden zwei Triebköpfe, im Vorgriff mit den Ordnungsnummern 401.051 bzw 401.551 versehen, eingehend erprobt.

Der Hauptstromkreis

Von dem Stromabnehmer wird die Energie (15 kV 16,7 Hz) über Hauptschalter und Netzdrossel dem Transformator zugeführt. Der Transformator verfügt über vier Sekundärwicklungen von jeweils 1.432 V 16,7 Hz – die so genannten Traktionswicklungen. Ferner besitzt der Transformator jeweils eine Sekundärwicklung mit 200 V und 885 V für die Versorgung der Hilfsbetriebe sowie eine Zugsammelschienen-Wicklung mit 1000 V für die Energieversorgung der Mittelwagen. Bei den Triebköpfen, die für Einsätze in der Schweiz mit einem zusätzlichen SBB-Stromabnehmer ausgerüstet sind, ist zwischen DB-Stromabnehmer und Hauptschalter ein Trennschalter vorgesehen, der bei Fahrten unter SBB-Oberleitung den DB-Stromabnehmer vom Hauptstromkreis trennt.
Jeder Traktionswicklung ist ein Vierquadrantensteller (4QS) als netzseitiger Stromrichter zugeordnet. Jeweils zwei 4QS gehören einem Leistungskreis an. Jedes der beiden mit je zwei Asynchron-Motoren ausgerüsteten Triebdrehgestelle eines Triebkopfes wird über einen eigenen Leistungskreis als Traktionsstromrichter mit einer dreiphasigen Spannung versorgt, deren Amplitude und Frequenz über das Zugsteuergerät (ZSG) und Antriebssteuergerät (ASG) auf dessen Wirkung im Abschnitt Leittechnik näher eingegangen wird, entsprechend den Vorgaben des Tfz-Führers eingestellt wird. Die zwei Traktionsstromrichter im Triebkopf können unabhängig von einander betrieben werden.
In der **Thyristor**-Ausführung besteht ein Leistungskreis aus zwei 4QS, die über einen Gleichstrom-Zwischenkreis einschließlich Saugkreis mit zwei Pulswechselrichtern (PWR) als maschinenseitiger Stromrichter verbunden sind. Die 4QS haben die Aufgabe, den benötigten Eingangsstrom aus

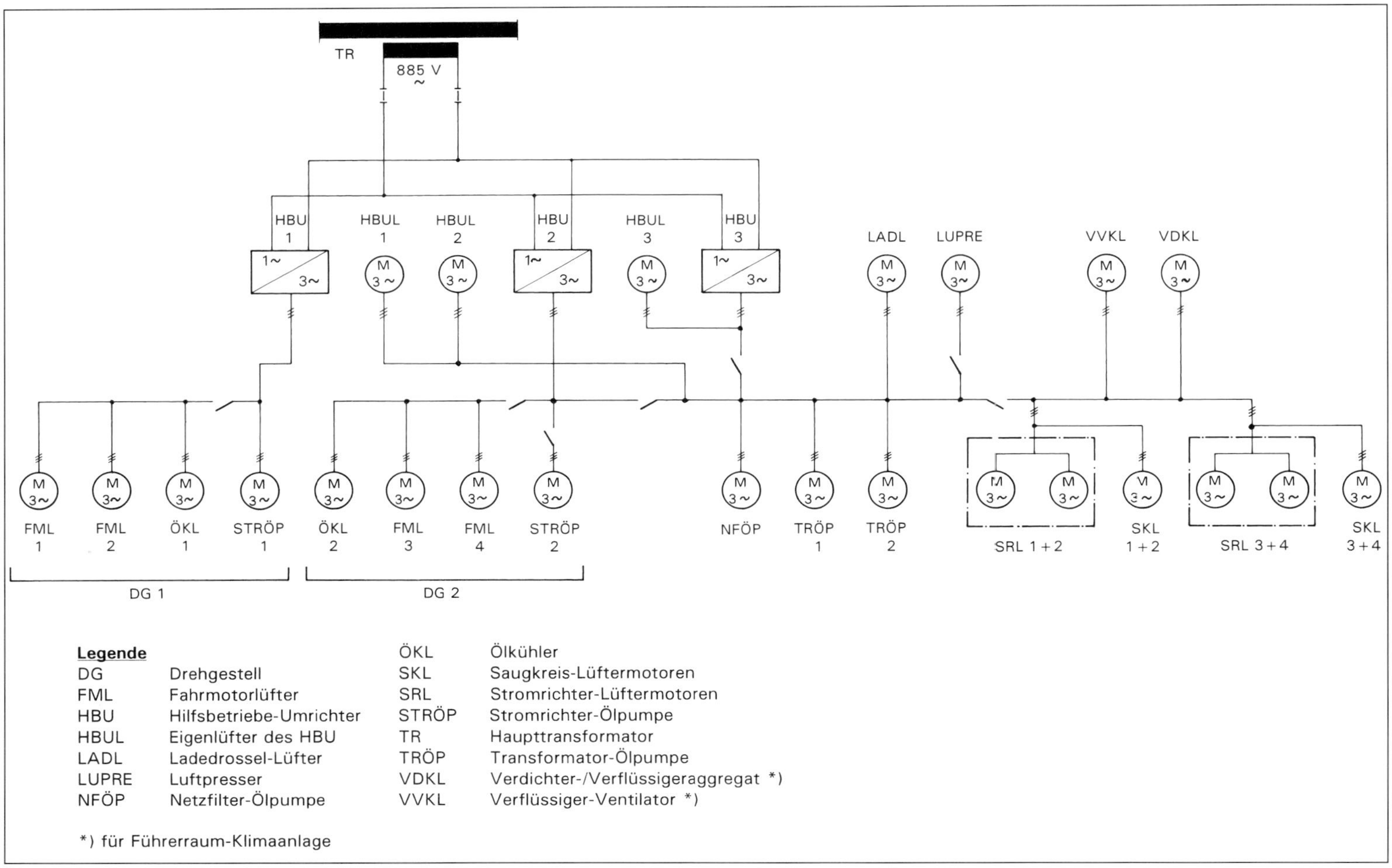

Schema der Hilfsbetriebeversorgung (Thyristor-Ausführung). Abbildung: Siemens

der Oberleitung in Phase mit der Netzspannung fließen zu lassen – beim Einsatz der Netzbremse in Gegenphase. Dadurch werden zusätzliche Verluste in der Fahrleitung vermieden. Die vier an den Traktionswicklungen des Transformators liegenden 4QS werden zeitlich versetzt getaktet, um im Netz kleinere Oberschwingungen zu erhalten, wodurch die zwischen Hauptschalter und Transformator befindliche Netzdrossel kleiner ausgelegt werden kann.

In den 4QS wird der von der Traktionswicklung des Transformators gelieferte Wechselstrom gleichgerichtet und dem Zwischenkreis als konstanter Spannung von 2800 V bereitgestellt. Die beiden Pulswechselrichter wandeln diese Gleichspannung in ein Dreiphasensystem variabler Frequenz und Spannung um und führen diese über Kopplungsdrosseln und eine Dreiphasen-Sammelschiene den beiden Asynchron-Fahrmotoren eines Triebdrehgestells zu.

In der leistungsfähigeren **GTO-Ausführung** wird nur ein PWR je Leistungskreis benötigt, wodurch die Kopplungsdrosseln entfallen können. Die GTO-Phasenbausteine unterscheiden sich von den Thyristor-Phasenbausteine durch einen einfacheren Aufbau, der durch den erwähnten Wegfall der Löschkreise möglich wurde.

Hilfsbetriebeausrüstung

Die Energieversorgung der Hilfsbetriebe erfolgt über je eine 885 V- und eine 200 V-Sekundärwicklung des Transformators. Mit dem 885 V-Ausgang verbunden sind drei statische Hilfsbetriebe-Umrichter (HBU) mit einer Leistung von jeweils 65 kVA. Die HBU 1 und HBU 2 sind den Hilfsbetrieben der beiden Triebdrehgestelle zugeordnet und erzeugen einen spannungs- und frequenzvariablen Dreiphasen-Drehstrom mit dem bei den Thyristor-Triebköpfen die Lüfter für Fahrmotoren und Ölkühler für das Transformator- und Stromrichteröl sowie die Stromrichter-Ölpumpe versorgt werden. Bei den GTO-Triebköpfen entfallen die Ölkühlkreisläufe und Ölpumpen für die Stromrichterkühlung (STRÖP), da diese über eine Siedebadkühlung mit Zwangsbelüftung verfügen. Spannung und Frequenz werden entsprechend der erforderlichen Kühlleistung eingestellt.

Der HBU 3 erzeugt eine konstante Spannung von 440 V bei einem Frequenz von 60 Hz, mit der alle Geräte, die eine leistungsunabhängige Energieversorgung benötigen, wie z.B. Netzfilter- und Transformator-Ölpumpen, diverse Lüfter und Ventilatoren sowie der Hauptluftpresser, versorgt werden. An der 200 V-Hilfsbetriebewicklung des Transformators sind das Batterieladegerät mit einer 110 V-Bleibatterie, die Heizwicklungen für Frontscheibe, Fußboden, Klimaanlage, Sandkästen und Ventile sowie das Steuerrelais direkt angeschlossen.

Über die Batterie werden insbesondere die Elektroniksysteme sowie die Steuerstromkreise mit Strom versorgt, wie die Stromabnehmer, Hauptschalter, Überwachungslogik für die HBU, Fahr- und Bremssteuerung sowie der Hilfsluftpresser für die Bedienung von Stromabnehmer und Hauptschalter bei zu geringem Druck im Luftbehälter. Die Ausgangsspannung des Batterieladegeräts speist teils direkt, teils über eine Diode entkoppelt, die 110 V-Batteriesammelschiene (BS) des Triebzugs. Diese gewährleistet, dass bei Ausfall einer Batterie in einem der Mittelwagen oder

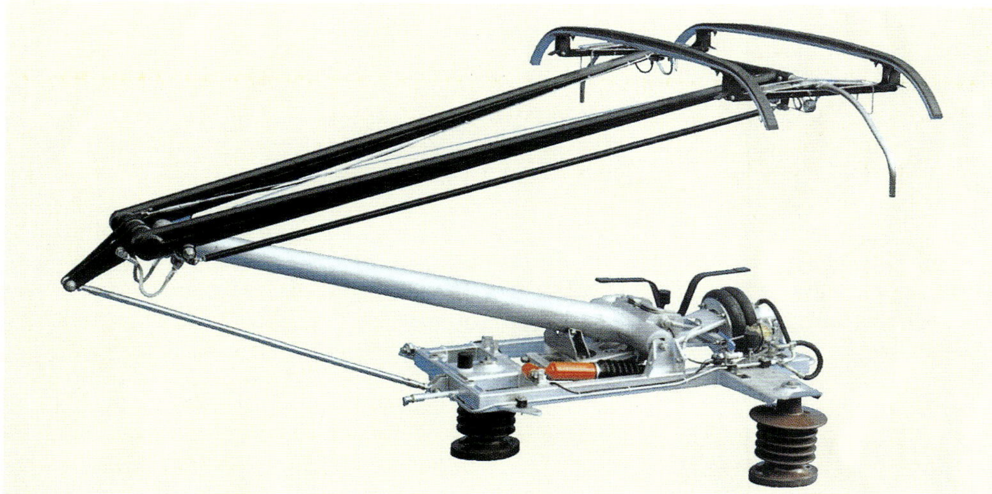

Der Stromabnehmer DSA 350 SEK: Dieser Stromabnehmer stellt eine Weiterentwicklung des ursprünglich verwendeten Stromabnehmers DSA 350 S dar und ist gegenwärtig auf allen Triebköpfen im Einsatz. Foto: Adtranz

eines Triebkopfes deren wichtigste Verbraucher mit Energie versorgt werden können.
Dem Batterieladegerät nachgeschaltet sind – der Redundanz wegen – zwei statische Hilfswechselrichter mit je 5 kVA für die netzspannungsabhängige Stromversorgung der verschiedenen Wechselstrom-Verbraucher. Die Versorgung erfolgt umschaltbar über einen gemeinsamen Transformator und einen LC-Filter. Der Anschluss der einphasigen Verbraucher erfolgt jeweils zwischen zwei Phasen des dreiphasigen 220 V 50 Hz-Netzes. Der Transformator besitzt eine zusätzliche Wicklung, die über eine zwischengeschaltete Gleichrichterbrücke die Versorgung der 24-V-Gleichstromverbraucher sicherstellt.

Stromabnehmer

Ursprünglich wurden die Triebköpfe des ICE 1 mit Stromabnehmern des Typs DSA 350 S ausgerüstet, einer Weiterentwicklung des Versuchs-Stromabnehmers DSA 350, des ICE/V ausgerüstet war. Die im Lastenheft vorgegebene Aufgabenstellung – Hochgeschwindigkeitsfahrten bis einer Höchstgeschwindigkeit von 300 km/h auf Neubaustrecken mit dem Fahrleitungssystem Re 250 und Regelgeschwindigkeiten bis zu einer Höchstgeschwindigkeit von 220 km/h auf Altbaustrecken mit den Fahrleitungssystemen Re 160 und Re 200 – bedingten eine Optimierung des Versuchs-Stromabnehmers sowohl in dynamischer als auch in aerodynamischer und fertigungstechnischer Hinsicht.
Hierbei standen Bedingungen wie möglichst kleine Wippenmasse, möglichst kleine Wippendämpfung und Wippensteifigkeit kleiner als Scherensteifigkeit im Vordergrund. Das Gesamtergebnis der Versuche ergab, dass auf Grund der ermittelten Werte für Standardabweichung und Funkenverhalten das Flachbaukonzept mit integrierter Isolation verlassen werden und auf eine herkömmliche Befestigung des Stromabnehmers zurückgegriffen werden konnte. Unter Beibehaltung von Wippe und Oberschere entstand so der Serien-Stromabnehmer DSA 350 S.
Die darauf folgende fertigungstechnische Optimierung des Stromabnehmers ergab schließlich, dass der Stromabnehmer nur noch ein Viertel dessen kostete, was ursprünglich für den DSA 350 kalkuliert worden war. Diese Kostensenkung wurde in der Hauptsache dadurch erreicht, dass die Baugruppen so konstruiert waren, dass ihr Zusammenbau nur noch zehn Minuten dauerte. Einen weiteren Beitrag zur Kostensenkung lieferte die Werkstoffauswahl, die es erlaubte auf Grund der Verwendung von Aluminium und rostfreiem Stahl zumindest teilweise auf Oberflächenschutz zu verzichten.
Für den Stromabnehmer wurde ferner eine hohe Standzeit mit geringem Verschleiß erwartet. Die Hauptlager sind lebensdauergeschmiert und die Kugellager sind aus Korrosionsgründen elektrisch isoliert eingebaut. Der Unterarm ist eine Aluminium-Gusskonstruktion mit hoher Steifigkeit und ohne Oberflächenschutz. Der Oberarm besteht aus einer pulverbeschichteten Aluminiumkonstruktion mit großer Verformungsenergie-Aufnahme. Die Schleifstücke bestehen aus einem durchgehenden Trägerprofil mit leitend verklebter Kohleschicht – auch im Endhornbereich. Der Stromabnehmer wurde versuchsweise mit einer Schleifstücküberwachung ausgerüstet, die im Falle eines Bruches oder unzulässig hoher Abnutzung den Stromabnehmer sofort senkt.
Der Stromabnehmer ist für hohe Ströme mit bis zu 2000 A Dauerstrom geeignet und damit mehrsystemfähig. Durch das modulare Konzept können die für andere Stromsysteme erforderlichen abweichenden Baugruppen mühelos und schnell ausgetauscht werden. Für die geplanten Einsätze in der Schweiz erhielten die 38 Triebköpfe der Anschlussbestellung (401 072-090/572-590) einen zweiten Stromabnehmer mit einer schmaleren, auf das schweizerische Lichtraumprofil abgestimmten Wippe. Mit Einsatzbeginn der ICE-Triebzüge der zweiten Generation, den ICE 2, wurden die Triebköpfe nach und nach mit dem für diese Triebzüge nochmals weiterentwickelten Stromabnehmer DSA 350 SEK umgerüstet.

Der fertiggestellte Triebkopf 401 008 wartet auf seine Abnahme durch die DB. Foto: Sammlung Buchholz

Ein Wagen der 2. Klasse der Gattung Bvmz 802. Foto: Hübner

Der Mittelwagen

Am Bau des Mechanteils der Mittelwagen waren u.a. Waggon Union – später ABB Henschel (Berlin und Siegen), Duewag, Linke-Hofmann-Busch (Salzgitter) und Messerschmitt-Bölkow-Blohm (Donauwörth) beteiligt. Die Konstruktion der Mittelwagen entspricht im weitesten Sinne der gleichen Bauweise der drei Mittelwagen des ICE/V. Die Maßkonzeption weicht dagegen völlig ab.

Bereits bei den Untersuchungen zur Feststellung der Wagenkastenbreite für den R-S-VD, den späteren ICE/V, wurde, wie im Kapitel ICE/V erläutert, auf Grund der in den 60er- und 70er-Jahren durchgeführten Vergrößerung des Gleisabstandes auf Hauptstrecken zu Gunsten des Güterverkehrs mit Übermaß überlegt, ob diese Vergrößerung nicht auch dem damaligen R/S-VD als Vorläufer eines deutschen Hochgeschwindigkeitszuges zugute kommen könnte. Mit Rücksicht auf Einsätzen auf unveränderten Strecken im bestehenden IC-Netz sowie der Möglichkeit, die Triebzüge auch im benachbarten Ausland einsetzen zu können, musste jedoch die Fahrzeugbreite mit dem Umgrenzungsprofil nach UIC-505-1 abgestimmt werden. Dies ergab für die Mittelwagen des ICE/V bei einer Länge von 24.300 mm eine Breite von 2.930 mm und für die Triebköpfe des kürzeren Drehzapfenabstandes wegen eine Breite von 3.070 mm. Die Darstellung einer 2 + 2 Anordnung in der 2. Klasse erfüllte jedoch nicht die selbstgestellten Komfort-Parameter und zwang für den Serienzug zu neuen Überlegungen.

Eine feste Größe hierbei war das Festhalten am Einzelwagen-Prinzip, schon aus Gründen der Flexibilität bei Schäden oder der Anpassung an temporär steigende oder sinkende Fahrgastzahlen. Das Verhältnis Wagenbreite zu Wagenlänge war indes nicht nur für den Freigang auf Weichenstraßen wichtig sondern auch für die Eigenfrequenz der Wagen. In einer Wagenkastenbreite von 3.020 mm bei einer Länge von 26.400 mm wurde schließlich ein Kompromiss gefunden, vier Plätze in einer Sitzreihe mit nur wenig Komforteinbußen anbieten zu können bei gleichzeitiger Ausnutzung der üblichen Wagenlänge zu Gunsten einer höheren Sitzplatzzahl.

Diese Überlegung machte jedoch zunächst eine Prüfung des für den ICE-Verkehr vorgesehene 3.000 km langen Streckennetzes erforderlich, um die eventuell erforderlichen Umbaumaßnahmen der in diesem Netz vorhandenen Infrastruktur untersuchen und kalkulieren zu können. Da für diese Änderungen schließlich »nur« rund sieben Millionen DM veranschlagt wurden, konnte für den ICE-Triebzug dieses »Über-UIC«-Maß endgültig festgelegt werden.

An dieser Stelle muss erwähnt werden, dass in der Literatur von zwei Dachscheitelhöhen die Rede ist. Zunächst sah die Maßkonzeption eine Höhe von 3.840 mm vor. Nachdem aus Festigkeitsgründen im Bereich des Drehzapfens Gleitplatten beigelegt werden mussten, ergab sich eine um 16 mm größere Dachscheitelhöhe (3.856 mm statt 3.840 mm).

Wie eingangs erwähnt fiel nach dem Kassensturz des Jahres 1988 die Entscheidung zu Gunsten eines ICE-Triebkopfzuges mit zwölf Mittelwagen Die zunächst vorgesehene Wagenreihung bestand aus vier Wagen 1. Klasse Avmz 801, einen Servicewagen (Bordrestaurant und Bordtreff)

Die Mittelwagen des ICE 1

Gattung/Baureihe	Anzahl	Ausstattung
Avmz 801.0	98	Ausstattungsfarbe blau; 60 Wagen mit Video und Handynutzung.
Avmz 801.4	41	Ausstattungsfarbe rot
Avmz 801.8	60	Ausstattungsfarbe rot; Kartentelefon; Handynutzung
Bvmz.802.0	98	Ausstattungsfarbe orange
Bvmz 802.3/4	158	Ausstattungsfarbe braun; 60 Wagen mit Video und Handynutzung
Bvmz 802.6	60	Ausstattungsfarbe blau
Bvmz 802.8	60	Ausstattungsfarbe blau; Handynutzung
BSmz 803.0	60	Ausstattungsfarbe orange; Zugführer- und Konferenzabteil; Behindertenausstattung, Kartentelefon
WSmz 804.0	60	Bordrestaurant
Gesamt	695[1]	

Anmerkungen:
[1] An dieser Stelle sei noch einmal darauf hingewiesen, dass die aufgeführten Zahlen auf den Ablieferungsstand beziehen. Nach der Katastrophe von Eschede reduzierte sich der Wagenbestand um eine kompletten Triebzug 801.0 (zwei Wagen), 801.8, 802.0, 802.3/4 (vier Wagen), 802.6, 802.8, 803.0 und 804.0.

WSmz 804, einen Wagen 2. Klasse mit Sonderabteilen BSmz 803 und sechs Wagen 2. Klasse Bvmz 802. Dabei unterschieden sich die Wagengattungen Avmz 801 sowie Bvmz 802 jeweils untereinander durch Ausstattung und Technik, was durch die angehängte Kennziffer der Wagenart dokumentiert ist.

Mit diesem Fahrzeugmaterial war es schließlich möglich, 60 ICE-Triebzüge mit je zwölf Wagen in unterschiedlicher Reihung zusammenzusetzen. Hierbei sind folgende Gesetzmäßigkeiten festzustellen:

1. Die auf den Wagen fest angebrachten Wagennummern laufen von 1 bis 14. Fest eingereiht sind die Wagen 1 (2. Klasse) und 14 (1. Klasse) direkt hinter den Triebköpfen. Diese Wagen stehen den Rauchern unter den Fahrgästen zur Verfügung. Bei der Konfiguration mit drei 1. Klassewagen entfallen die Wagen 8 und 13, bei einer Konfiguration mit vier 1. Klassewagen die Wagen 7 und 8. Die Plätze in diesen drei Wagen sind deshalb nicht reservierbar.
2. Der Servicewagen (Bordrestaurant und Bordtreff) – Wagen 10 – befindet sich zwischen den 1. und 2. Klasse. Der Wagen mit Sonderabteilen – Wagen 9 – ist im 2. Klasse-Abschnitt eingereiht.
3. Die Videoanlagen befinden sich immer in den Wagen 3 und 11 (urspr. Wagen 1 und 14).

Zu dem oben stehenden Wagenumfang gesellten sich zwischen 1996 und 1998 noch 26 Wagen der Baureihe 802.9, ursprünglich bestellt als Apm 805.9 (1 Wagen) und Bpm 806.9 (25 Wagen). Diese Wagen gehörten zum Auftragsumfang für den ICE 2. Obwohl sie den ICE 1-Zügen beigestellt werden, entspricht der Mechanteil den luftgefederten ICE 2-Großraumwagen. Sie werden folgerichtig als K-Wagen bezeichnet, wobei das »K« für Kompatibel steht. Im Falle eines Einsatzes des K-Wagens wird dieser in der Regel als Wagen 7 eingereiht. Die Beschreibung dieser Wagen erfolgt im Kapitel ICE 2.

Dass die Entscheidung, an dem Prinzip der Einzelwagen festzuhalten richtig war, zeigt die erwähnte ICE-Konfiguration mit drei oder vier 1. Klassewagen, und auch sonst sind Abweichungen in der Wagenzahl und Wagenreihung feststellbar. Insbesondere nach der Katastrophe von Eschede, als die Wagen zur Umrüstung in die Werke gerufen waren, konnten abweichende Reihungen festgestellt werden. Nicht auszudenken, was gewesen wäre, wenn die Entscheidung für den ICE-Triebzug auf der Basis von Jakobswagen gefallen wäre.

DER WAGENKASTEN

Rohbau und Lackierung

Nach den Vorgaben aus dem Lastenheft für die Mittelwagen des ICE sollten die Fahrzeuge eine

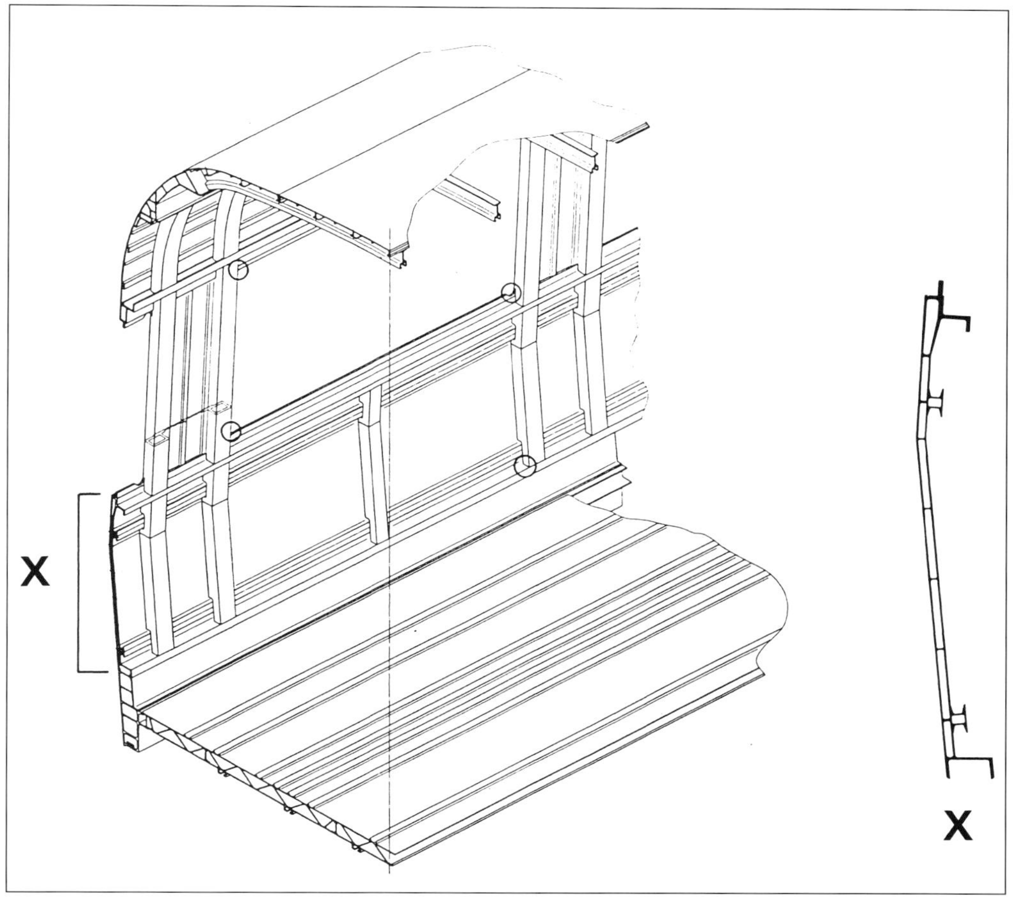

Schnitt durch den Wagenkasten des ICE 1 mit einem Schnitt durch das untere Seitenwandprofil. Abbildung: Adtranz

Blick in den Rohbau eines Wagenkastens: Auf diesem Bild wird die aufwändige Schweißkonstruktion deutlich sichtbar. Zu beachten sind besonders die Fensterecken. Foto: Sammlung Dr. Hassel

hohe Steifigkeit mit Blick auf die geforderte Mindest-Biege-Eigenfrequenz des Wagenkastens von 10 Hz aufweisen. Die Wagen sollten gegen aerodynamische Druckschwankungen im Begegnungsverkehr und bei Tunnelfahrten abgedichtet sein, wodurch zusätzliche Ansprüche an die Fahrzeugstruktur gestellt werden. Weitere Forderungen waren ein möglichst geringes Gewicht und die Einhaltung der Design-Vorgaben beim ICE, die ein markantes Erscheinungsbild vorsahen mit eckigen Fenstern und einem durchgehenden Fensterband, was wiederum zurückgesetzte Fensterstiele erforderte. Insbesondere diese Vorgaben führten zu einer Konzentration von Spannungen in den Fensterecken,was erheblichen Einfluss auf die Statik hatte. Trotz breiterer Wagenkästen waren aus Komfortgründen die Breitenmaße im Innenraum zu maximieren, was dünne Außenwände voraussetzte.

Unter Abwägung aller dieser genannten Gründe konnte die Entscheidung bei der Werkstoffauswahl nur zu Gunsten von Aluminium fallen. Die Berechnungen ergaben bereits zu einem frühen Zeitpunkt, dass die aerodynamischen Belastungen durch eine Differenzialstruktur, bestehend aus Strangpressprofilen und zusätzlichen Verstärkungsteilen, am Besten aufgenommen werden könnten.

Bei der Festlegung der Werkstoffqualitäten galt es Korrosionsprobleme, die es auch bei Aluminium gibt, von Beginn an auszuschließen, so dass zinkhaltige Legierungen trotz ihrer höheren Festigkeit erst gar nicht in Erwägung gezogen wurden. Die Entscheidung für Strangpressprofile die Legierung AlSiMg0,7 und für Bleche die Legierung AlMg4,5Mn einzusetzen, bedeutete jedoch, dass bei den Berechnungen insbesondere im Bereich von Schweißnähten niedrigere Werte für zulässige Spannungen zu erwarten waren. Es galt also, die Anzahl der Schweißnähte möglichst gering zu halten, wodurch die Profile entsprechend größer wurden. Der Wagenkasten setzte sich schließlich aus 17 teilweise unterschiedlichen Profilen zusammen. Das Beispiel der Entwicklung des 800 mm hohen Seitenwandprofils zeigt, dass an die Aluminium-Industrie erhebliche Anforderungen auf dem Gebiet der Presstechnik gestellt wurden. Zunächst war mit Hilfe der Finiten-Elemente-Methode (FEM) ein einwandiges Strangpressprofil entwickelt worden. Das Ergebnis von Spannungsmessungen an einem Segment dieses Seitenwandprofils sowie fertigungstechnische Überlegungen führten jedoch dazu, dieses Profil als doppelwandiges Hohlkammerprofil auszulegen. Das Profil galt als das damals größte Strangpress-Profil der Welt.

Im Rahmen der Entwicklung der Wagenkastenstruktur wurden im November 1989 von der Versuchsanstalt der DB im MBB-Werk Donauwörth sehr umfangreiche Druck- und Belastungsversu-

Die technischen Daten des ICE 1

Gesamtzug		
Fahrzeugbegrenzung		UIC 505-1
Mittelwagen		Sonderprofil
Zusammenstellung		2 TK + maximal 14 Mittelwagen
Höchstgeschwindigkeit (betrieblich)	km/h	280
Triebkopf		
Mechanischer Teil		
Länge über Kupplung	mm	20.560
Breite	mm	3.070
Höhe ohne Stromabnehmer (Rohbaumaß)	mm	3.840
Achsfolge		Bo'Bo'
Drehgestell-Mittenabstand	mm	11.460
Achsabstand	mm	3.000
Treibraddurchmesser neu/abgenutzt	mm	1.030/950
Masse, gesamt (GTO-Ausführung)	kg	77.500
Masse der E-Ausrüstung	kg	40.745
Masse des mechanischen Teils	kg	36.755
Masse, ungefedert	kg	8.858
Masse, primär gefedert	kg	10.705
Masse, sekundär gefedert	kg	57.935
Bremsen		
elektrische Netzbremse (maximale Leistung)	kW	4.000
mechanisch Bremse		zwei Scheiben je Radsatz
Feststellbremse		zwei Federspeicher je Radsatz
Elektrische Ausrüstung (je Triebkopf)		
Stromsystem		15 kV 16,7 Hz
Stromabnehmer, Hersteller		AEG
Stromabnehmer, Typ		DSA 350 S (ab Einsatz ICE 2: DSA 350 SEK)
Fahrmotoren, Hersteller		Siemens
Fahrmotoren, Bauart		Drehstrom-Asynchron
Fahrmotoren, Typ		BAZ 70096/4
Fahrmotoren-Dauerleistung	kW	4 x 1.200
größte Anfahrzugkraft	kN	200
Kühlung		Fremdbelüftung
Transformator, Hersteller		Siemens/AEG
Primärwicklung	kVA	5.220
Traktionswicklung	kVA	4 x 1127
Heizwicklung	kVA	500
Hilfsbetriebe HB 1	kVA	176
Hilfsbetriebe HB 2	kVA	36
Kühlung		Öl
Stromrichter, Hersteller		Siemens/AEG
Fahrmotoren, Ausführung		Thyristortechnik (401.001/501–020/520)
		GTO-Technik (ab 401.051/551)
Kühlung		Öl (Thyristortechnik)
		Siedebad (GTO Technik)
Zwischenkreisspannung	V	2.800
Mittelwagen		
Länge über Kupplung	mm	26.400
größte Breite	mm	3.020
Höhe über SO, Sitzwagen	mm	3.856
Höhe über SO, Servicewagen	mm	4.311
Fußbodenhöhe über SO	mm	1.226
Achsfolge		2'2'
Drehzapfenabstand	mm	19.000
Achsabstand	mm	2.500
Laufraddurchmesser neu/abgenutzt	mm	920/860
Bremsen		
pneumatische Scheibenbremsen		4 je Radsatz
Magnet-Schienenbremse		Drehgestell 1 und 2
Avmz 801	kg	51.700
Bvmz 802	kg	52.700
BR 802.9	kg	45.700[1]
BSmz 803	kg	52.900
WSmz 804	kg	56.000
maximale Radsatzlast	t	16
Sitzplätze Avmz 801		48
Sitzplätze Bvmz 802		66
Sitzplätze BR 802.9		74[1]
Sitzplätze BSmz 803		39+4+2
Sitzplätze WSmz 804		24 (Bordrestaurant), 16 (Bord-Treff)

1 entspr. ICE 2 Mittelwagen

Blick auf die Scharfenberg-Kurzkupplung des ICE 1: Seitlich angeordnet sind die mechanischen Verschlüsse. Foto: Ton Voogel

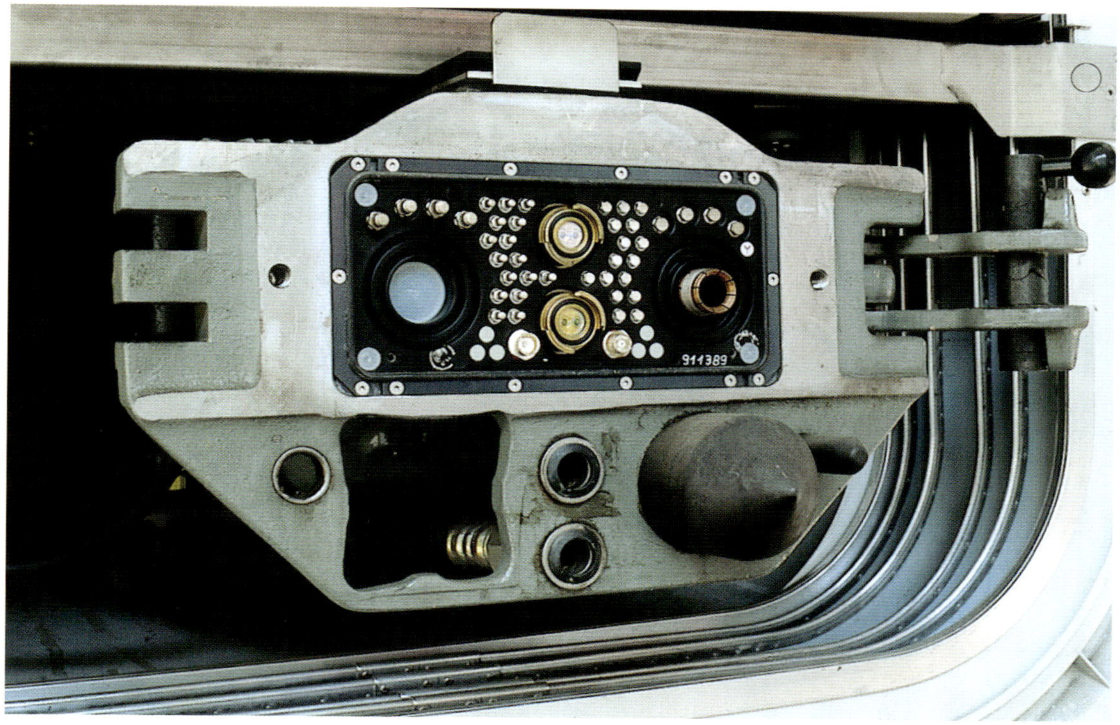

che auf Basis der UIC-Vorschriften durchgeführt – dem höchsten Messaufwand, den die DB jemals bei einem Wagenkasten betrieb. Nach den im Grundsatz positiv verlaufenen Versuchen gab die Bundesbahn den Rohbau mit kleinen Modifikationen für die Produktion frei.

Durch die Konzentration der technischen Einrichtungen, wie z.B. Toiletten, E-Schaltschränke und FIS-Apparatur, an den Wagenenden (WE) 1 war es möglich, die Wagenkasten-Rohbauten des Avmz, Bvmz und BSmz weitgehend identisch zu konzipieren. Sie unterscheiden sich ausschließlich auf Grund ihrer Aufgaben und Ausstattungen in der Anzahl und Anordnung der Fensterstiele.

Der Servicewagen entspricht in seiner Bauweise zwar den drei anderen Wagen unter teilweiser Verwendung gleicher Baugruppen, weicht jedoch auf Grund seines um 455 mm höheren Daches ab. Der Einbau der Versorgungstüren auf ca. zwei Drittel der Wagenkastenlänge beeinflusste zusätzlich die Statik des Wagens.

Der Wagenkasten teilt sich auf in die Rohbau-Schweißgruppen: Untergestell (als Bodenplatte konzipiert), Seitenwände, Dach und Stirnwände. Die Bodenplatte wiederum setzt sich aus zwei Langträgern und fünf Bodenelementen, zwei zusammengesetzten Kopfstücke für die Aufnahme von Kupplungen und Einstiegen, zwei zusammengesetzte Hauptquerträgern mit den Aufnahmen und Auflagen für die Drehgestelle und einem auf der Bodenunterseite aufgeschweißten zentralen Kabelkanal (Strangpressprofil) zusammen. Die zwei Langträgern und die fünf Bodenelemente bestehen aus Strangpress-Hohlkammerprofilen. An die Profile der Bodenelemente sind an der obere Seite hinterschnittige Halteprofile zur Aufnahme der Befestigungsschienen des Fußbodens und der Sitze, an der untere Seite C-förmige Schienen für die Aufnahme von Rohrleitungen anextrudiert.

Die in Differentialbauweise vorgefertigten Seitenwände bestehen aus einem unteren und einem oberen Seitenwandprofil als Außenhaut die mit den je nach Innenraumaufteilung angeordneten und über die gesamte Kastenlänge verteilten Fensterstielen verschweißt sind. Diese Fensterstiele bestehen ebenfalls aus Strangpressprofilen. Das untere Seitenwandprofil ist ein doppelwandiges Hohlkammerprofil mit einer partiellen Verstärkung im Bereich der Fensterbrüstung. Das obere Seitenwandprofil ist ein offenes Profil. Die Seitenwände sind mit Kastenprofilen verstärkt und im Bereich der Einstiege mit einem Aluminium-Pressteil als Türsäule abgeschlossen.

Das Dach setzt sich aus zwei seitlichen Dachrahmenprofilen, die aus einem doppelwandigen Hohlkammer-Strangpressprofil gefertigt werden, sowie vier offenen Strangpressprofilen, die zu einer Baugruppe zusammengeschweißt und durch Querspriegel versteift wurden, zusammen. Der Übergang vom Regelquerschnitt zur erhöhten Dachkontur des Servicewagens erfolgt von dessen Wagenenden aus mit einer Schräge von 16°. Die Stirnwände sind eine Kombination von Strangpressprofilen, Abkantteilen und Aluminiumblechen und wurden im unteren Bereich an die Kontur der Bodenwanne angepasst. Die für die Unterflur-Geräteunterbringung notwendigen Bodenwannen gehören nicht zum tragenden Bestandteil der Wagenkästen und sind lösbar befestigt. Aus Strangpressprofilen gefertigte Klappen ermöglichen den Zugang zu den einzelnen Geräteräumen.

Kupplungen und Übergänge

Der Triebkopf und die Wagen des ICE 1 sind über besondere Mittelpufferkupplungen der Firma Schaku miteinander gekuppelt, die gleichzeitig alle zum Betrieb erforderlichen Versorgungsleitungen einschließlich der Lichtwellenleiter der Leittechnik miteinander verbinden. Die Kupplungen werden mechanisch über seitliche Bügel-Spannverschlüsse miteinander verbunden und können nur in den Werken gelöst werden.

Besondere Aufmerksamkeit wurde auf Grund der aerodynamischen Anforderungen (z.B. Druckdichtigkeit der Wagen) den Übergängen zwischen den Wagen sowie zwischen Triebkopf und Wagen geschenkt.

Die beim ICE/V eingesetzten konturgleichen Übergänge erforderten eine zu hohe Passgenauigkeit bei den vorhandenen Toleranzen zwischen den Wagen und zeigten eine hohe Empfindlichkeit bei Fahrten über enge Gleisbögen. Die DB forderte deshalb in ihrem Lastenheft, auf diese so genannte Kulissen zu verzichten und stattdessen Doppelwellenbälge der Firma Hübner zu verwenden.

Die Übergänge setzen sich zusammen aus jeweils zwei Doppelwellenbalg- und Gliederbrückenhälften. Eine Doppelwellenbalghälfte besteht aus zwei Wellenbälgen, wobei beim äußeren Balg die Wellen nach innen (zum Übergang hin), beim inneren Balg nach außen angeordnet sind. Im Fußbodenbereich ist auf dem inneren Wellenbalg beidseitig eine Bodenabdeckung aufgenietet, die den Spalt zwischen Balg und der Übergangsbrücke abdeckt. Die aus pulverbeschichteten Aluminiumprofilen hergestellten Anschraub- und Kuppelrahmen sind kraft- und formschlüssig mit

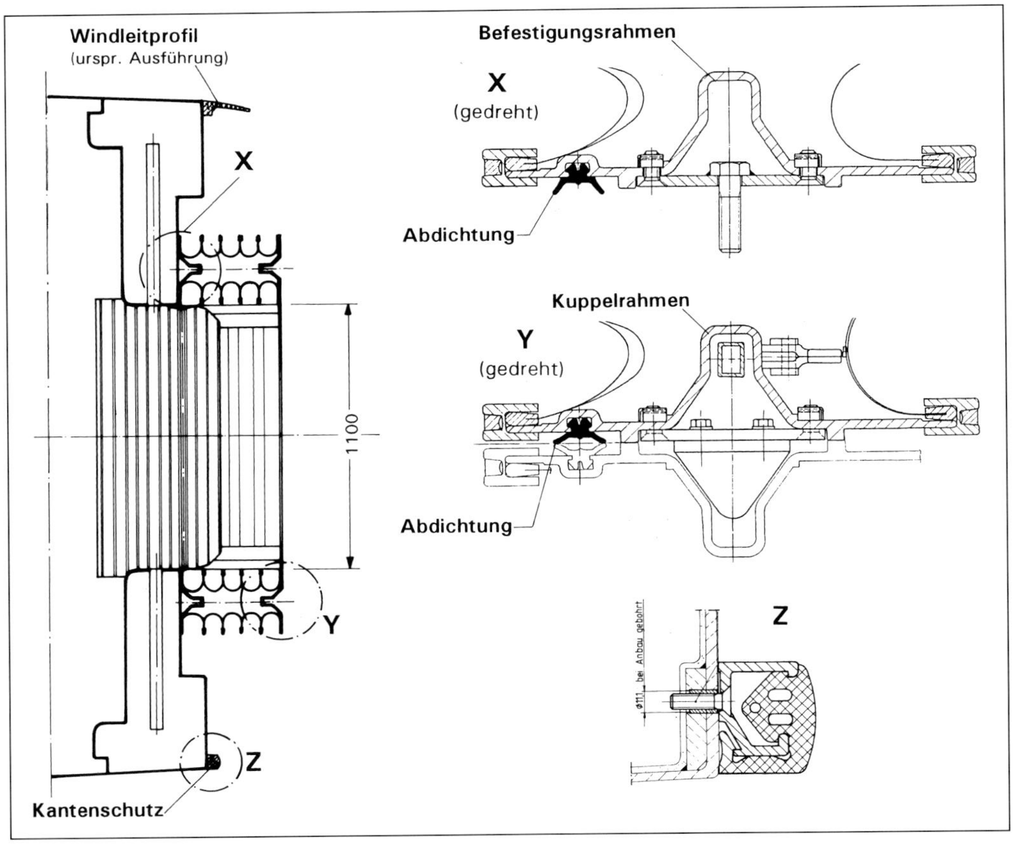

Übergang mit Doppelwellenbalg. Abbildung: Riechers

den beiden Bälgen verbunden. In jedem Kuppelrahmen ist ein Verriegelungssystem eingebaut, mit dem über Kniehebelspanner eine kraftschlüssige Verbindung hergestellt werden kann. Zur genauen Fixierung der beiden Kuppelrahmen untereinander dienen Zentrierspitzen und -aufnahmen in den beiden Rahmen. In den äußeren Flansch sowohl des Anschraub- als auch des Kuppelrahmens ist ein umlaufender Dichtgummi integriert.

An Stelle herkömmlicher Übergangsbleche entwickelte die Firma Hübner eine so genannten Gliederbrücke. Jede Gliederbrückenhälfte besteht aus zwei gelenkigen Rahmen aus Nirosta, in deren Seitenteilen mehrere Gleit- und Trittglieder gelagert sind, die sich in Bögen, ähnlich eines Parallelogramms, gegeneinander verschieben können. Die konstruktive Auslegung der Gliederbrücke erlaubt eine seitliche Auslenkung nach beiden Seiten von bis zu 45°.

Die Gleitglieder bestehen aus dem verschleißarmen Kunststoff Polystone. Die Trittglieder sind aus Aluminiumprofilen hergestellt und mit einem rutschfesten Belag beschichtet. Die Gliederbrücke liegt auf einer am Kuppelrahmen des Doppelwellenbalges angeschraubten Traverse auf, die sich beweglich auf einer auf dem Kupplungskopf befestigten Gleitvorrichtung abstützt. Eine Verriegelungsvorrichtung gewährleistet eine kraft- und formschlüssige Verbindung der beiden Gliederbrückenhälften. Zum Entkuppeln der Wagen können die Gliederbrückenhälften hochgeklappt werden.

Eine mit einem rutschfesten Belag beschichtete, zweiteilige Brückenabdeckung aus eloxiertem Aluminiumblech deckt den Spalt zwischen Wagenkasten und Gliederbrücke ab. Ein Teil der Abdeckung ist fest mit dem Wagenkasten verbunden – der andere Teil liegt auf der Gliederbrücke auf.

Nachdem die aus aerodynamischen Gründen angebrachte konturgleiche Kulisse zwischen den Wagen entfallen war, wurden zunächst zur teilweisen Überbrückung des Abstandes zwischen den Wagen, Windleitprofile aus Elastomer (EPDM) vorgesehen. Doch schon bald nach der Inbetriebnahme der ICE-Triebzüge zeigte sich, dass die Windleitprofile auf Grund des bei der Fahrt entstehenden Unterdrucks aus der Fahrzeugkontur heraustraten. Da die Profile aus diesem Grund Risse zeigten und das Bild des Triebzuges negativ beeinflussten, entschied sich die DB, die Profile zu entfernen und durch ein als Kantenschutz ausgebildetes Profil zu ersetzen.

Fußboden

Auf dem Wagenkastenboden sind für die Befestigung der Sitze durchgehende Schienen angebracht, auf die sich auch der Fußboden über Gummi-Metall-Elemente zur besseren Körperschallisolierung abstützt. Der Fußboden besteht aus einer wasserfest verleimten, 17 mm starken Sperrholzplatte und eingefrästen Nuten für die Fußbodenheizung. Auf der Holzplatte ist eine PVC-Folie als Unterbodenbelag angebracht.

Der Fußbodenbelag in den Fahrgasträumen besteht aus einem 6,5 mm dicken festverklebten Teppichboden, der wannenförmig an den Seitenwänden hochgezogen wurde. Die Vorräume, Seitengänge und Telefonnischen haben einen tragenden Fußboden aus 13,5 mm starken Aluminium-Verbundplatten. Die Platten sind zur Verbesserung der Schalldämmung an der Unterseite mit Schwermatten beklebt. Auf den Verbundplatten ist ein Bodenbelag mit einer Schmutz abweisenden Rippenstruktur (15 mm stark) angebracht. Der Restaurantbereich des Servicewagens ist ebenfalls mit einem Teppichboden ausgelegt. Der Seitengang neben der Küche sowie der Bordtreff wurden mit einem zweifarbigen Gummi-Noppenbelag ausgelegt.

Fenstereinbau

Als charakteristisches Merkmal haben die ICE 1-Mittelwagen das vom ICE/V übernommene durchgehende dunkle Fensterband, wobei sich die Sichtfenster mit Blindfenstern abwechseln. Lediglich die Einstiegs- und Versorgungstüren sowie die blinde Wand des Servicewagens unterbrechen dieses Fensterband. An die Fenster wurden hohen Anforderungen gestellt – besonders in Sachen Druckdichtigkeit, Wasserdampf-Undurchlässigkeit und Minimierung des Strömungswiderstandes. Immerhin entsteht bei Tunnelfahrt durch die entstehenden Sogkräfte eine Last von 0,8 t auf die Fenster.

Die Sichtfenster bestehen aus zwei Fensterscheiben. Die äußere Fensterscheibe besteht aus Verbundglas mit einer Stärke von 12 mm und einer 0,76 mm dicken Zwischenfolie aus Polyvinylbutyral. Die innere Fensterscheibe besteht ebenfalls aus Verbundglas mit einer Stärke von 9 mm und einer Zwischenschicht aus Gießharz. Das gesamte Fensterpaket ist in einem Z-Profilrahmen aus Aluminium mit einer PUR-Klebedichtmasse verklebt und hat eine Stärke von 37 mm. Die Toilettenfenster sind ähnlich aufgebaut. Dabei ist die innere Fensterscheibe jedoch eingefärbt. Das Blindfenster besteht aus dunkel getöntem Verbundglas mit einer Dicke von 6,6 mm und einer 0,76 mm dicken Zwischenfolie aus Polyvinylbutyral. Das Fenster ist ebenfalls mit einem Aluminium-Einschraubrahmen verklebt.

Die Oberlichter des Servicewagens sind der Dachform entsprechend gekrümmt und bestehen aus

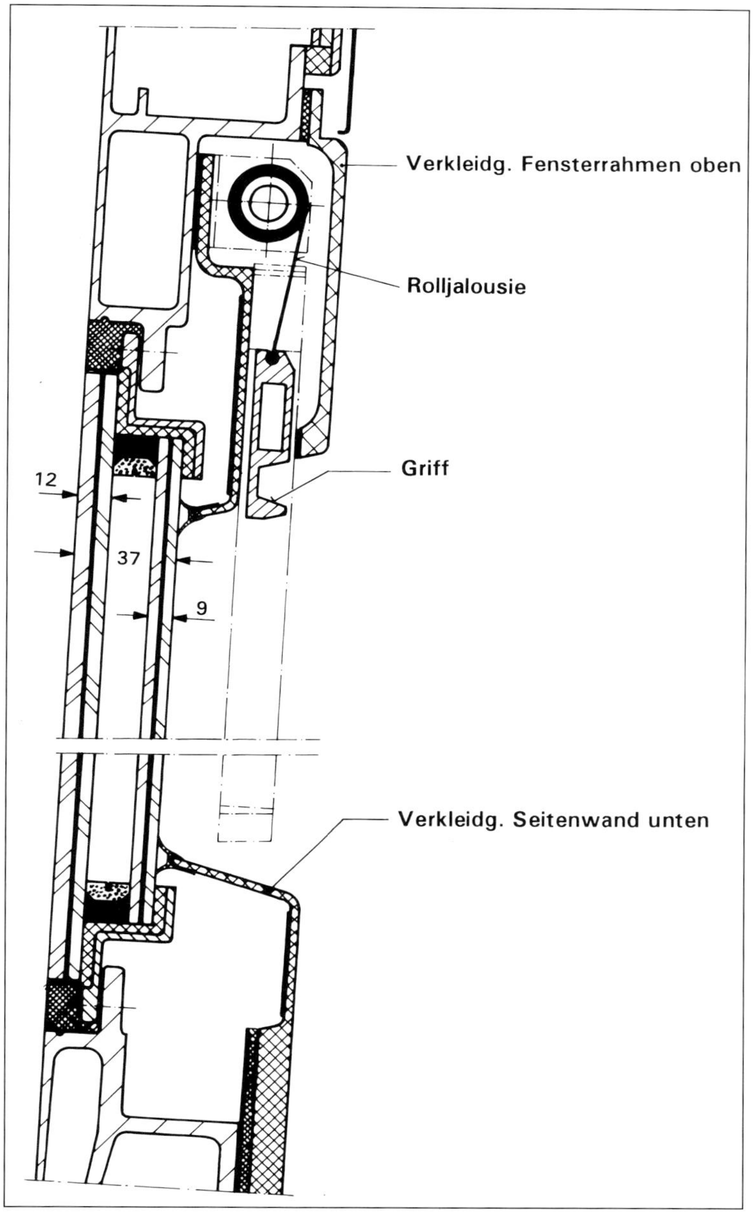

Einbau der Seitenfenster. Abbildung: DUEWAG, Sammlung Riechers

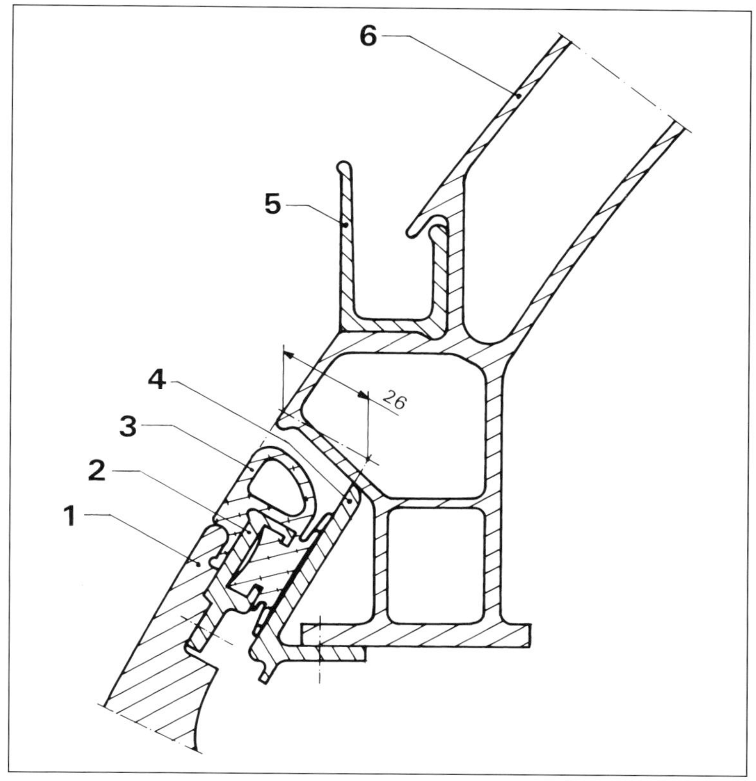

Schnitt durch Türabdichtung (3) und Wasserabweisrinne (5): Das Türabdichtprofil mit dem Einklemmschutz ist umlaufend mit Hilfe eines angeschraubten Klemmprofils (2) am Türblatt (1) befestigt und liegt an einem äquidistant (gleich weit voneinander entfernt) zur Außenhaut verlaufenden Anschlagprofil (4) an. Die Wasserabweisrinne (5) ist in einem ausgefrästen Schlitz im Dachprofil (6) befestigt.
Abbildung: Riechers

Verbundglas für die äußere und Einscheiben-Sicherheitglas für die inneren Scheiben. Auch diese Fenster sind luftdicht auf einem Aluminiumrahmen geklebt.

Bei der Fenstermontage werden Sicht- und Blindfenster von außen mit dem Wagenkasten verschraubt. Dabei werden sie auf eine Ausgleichmasse, die so genannten Shimmasse, gelegt und mit den Befestigungsschrauben zunächst justiert. Nach dem Aushärten, wobei die Masse hart wie Metall wird, werden die Schrauben mit Drehmoment angezogen. Um eventuelle Geräusche durch Schwingungen zu vermeiden (Glas auf Metall), wird hinter dem Blindfenster noch eine zentrisch auf dem Fensterstiel geklebte Schaumunterlage angebracht. Die Nähte werden mit einer elastischen Dichtmasse verfüllt. Nach erfolgter Montage sind die Fenster bündig mit der Außenhaut. Der Austausch der Fenster in den Werken kann innerhalb von vier Stunden erfolgen. Geplant ist, je Wagen vier Fenster als Notausstiegsfenster umzurüsten. Alle Fenster im Großraum sowie die Abteilfenster sind mit Rollvorhängen als Sonnenschutz versehen. Die Fenster im Seitengang sind ohne Rollvorhänge ausgerüstet, was in den Abteilen, insbesondere auf den Gangplätzen, als Manko angesehen wird.

Einstiege und Außentüren

Die Einstiege aller Wagen, mit Ausnahme des Servicewagens, der außer den Versorgungstüren nicht über Einstiege verfügt, befinden sich an den Wagenenden. Sowohl die Einstiegs- als auch die Versorgungstüren sind einflügelige Schwenk-Schiebetüren mit elektropneumatischer Betätigung. Hersteller ist die Firma Bode.

Das Türblatt besteht aus einem umlaufenden, 60 mm starken Rahmen mit einer beidseitig aufgebördelten Aluminium-Beplankung (Blechstärke 1,5 mm). Zur Aussteifung der Bleche sind in die Türen phenolharzgetränkte Papierwaben eingeklebt. Das Türfenster besteht aus einer doppelten und einer innen liegenden einfachen Glasscheibe, die in einem Aluminiumrahmen eingeklebt sind. Die Verglasung ist außenhautbündig mit einem Gummiprofil in dem Türblatt eingefasst. Das Fenstergummiprofil ist mit einem angespritzten Griff versehen, womit das Fenster im Notfall aus der Tür entfernt werden kann.

Die Tür schließt in geschlossener Stellung mit der Außenhaut des Wagenkastens bündig ab. Beim Öffnen hebt die Tür rund 90 mm von der Außenhaut ab. Ein an der Oberseite des Türblattes befindlicher Lenker und ein Führungsarm an der Unterseite führen die Tür an der Seitenwand entlang. Bei einer Portalbreite von 1.100 mm beträgt die lichte Einstiegsbreite 900 mm.

Der Antrieb erfolgt über einen parallel zur Tragwelle montierten kolbenstangenlosen Zylinder. Die Verriegelung des Türblattes übernehmen zwei elektropneumatisch betätigte Drehfallen an der Türhinterkante und zwei Verriegelungskeile an der Türvorderkante.

Auf Grund der Druckverhältnisse bei Tunnelfahrt, es wird dabei durch die entstehenden Sogkräfte eine Last von ca. 1 t auf die Tür ausgeübt, mussten die Abdichtungen so ausgelegt werden, dass sie in beiden Richtungen zuverlässig abdichten. Hierzu ist ein an der Außenkontur umlaufendes Gummiprofil mit doppelseitigen Lippen und Fingerschutz angebracht, das sich beim Schließen an dem an der Türöffnung befestigten, einstellbaren Dichtrahmen anlegt. An der zum Wagenende hin orientierten Türvorderkante befindet sich ein zusätzliches innen liegendes Fingerschutzprofil. Als Einklemmschutz dient eine im Bereich der Türvorderkante sowohl im äußeren als auch im inneren Fingerschutzprofil eingebaute Druckwelleneinrichtung. Diese leitet, solange die Tür nicht verriegelt ist, bei einem auftretenden Hindernis die sofortige Öffnung ein, Dabei wirkt der innerhalb des Fingerschutzprofils entstehende Druck auf einen Druckwellenschalter. Nach dem Verriegeln der Tür ist der Druckwellenschalter automatisch abgeschaltet.

Die Türbetätigung erfolgt außen wie innen über Taster. Der Öffnungstaster leuchtet bei Freigabe der Türen auf. Bei Ausfall der elektrischen oder pneumatischen Energie können mit Hilfe von außen und innen unterhalb der Türtaster angebrachten Entriegelungshebeln die Türen von Hand geöffnet werden. Hierzu sind in den Türblättern Griffmulden angebracht.

Bei einer Störung kann die Tür von den anderen Türen über einen Schalter innerhalb des Türportals entkoppelt werden. Dieser Schalter wird, ebenfalls außen wie innen, über ein Schaffnervierkant im Türblatt betätigt. Unterhalb der Türen befindet sich ein Klapptritt der zusammen mit dem Öffnen der Türen ausfährt. Zusammen mit einer festen Trittstufe kann, bei einer Fußbodenhöhe von 1.226 mm ü. SO, von den 550 und 760 mm hohen Bahnsteigen bequem eingestiegen werden. Hierbei ist die Höhe des Klapptritts auf die deutsche Regelbahnsteighöhe von 760 mm ü. SO abgestimmt.

AUSSTATTUNG

Einstiegsräume und Innentüren

Die Mittelwagen des ICE 1 – mit Ausnahme des Servicewagens – setzt sich aus einem Großraum und, je nach Wagenklasse, drei bzw. vier Abteilen sowie ein oder zwei Toilettenräumen zusammen. Die Abteile und die Toilettenräume befinden sich an den Wagenenden (WE) 1 und sind durch einen Seitengang mit einander verbunden. Die Einstiegsbereiche an beiden Wagenenden sind identisch. Im Einstiegsbereich am WE 1 sind die Schränke für die elektrische Apparatur und das FIS untergebracht. Die Schränke sind mit Vitrinen für bahneigene Werbung verkleidet. An diesem Einstiegsraum schließt unmittelbar der Seitengang an.

Der Großraum ist durch eine über Bewegungsmelder gesteuerte und elektropneumatisch betätigte einfache Schiebetür vom Seitengang und durch eine ebenfalls über Bewegungsmelder gesteuerte Doppel-Schiebetür vom Einstiegsbereich am WE 2 getrennt. Der Einklemmschutz funktioniert über den Druckanstieg in dem Pneumatikantrieb. Die Schiebetüren bestehen aus Einscheiben-Sicherheitsglas mit einer Stärke von 10 mm. Der Bewegungsmelder zu den Schiebetüren zum Einstiegsbereich am WE 2 hat einen recht breiten Streubereich wodurch es Fahrgäste, die direkt neben der Schiebetür sitzen, passieren kann, dass sie, wenn sie sich bewegen, die Türen betätigen, was als lästig empfunden wird.

Die Wagen sind mit handbetätigten Schiebetüren an den Übergängen ausgerüstet, die auf Grund der druckdicht ausgeführten Übergänge in geöffneter Stellung blockiert sind. Hiervon ausgenommen sind die jeweiligen Endtüren an den Übergängen zu den Triebköpfen, die nur über einen entsprechenden Schlüssel geöffnet werden können. Die Übergangstüren des Servicewagens dagegen sind im Ruhezustand geschlossen und werden über Bewegungsmelder elektropneumatisch geöffnet.

In beiden Einstiegsräumen sind, jeweils in Fahrtrichtung rechts gesehen, Zuglaufzeiten angebracht, die die Zug- und Wagennummer sowie Zugnamen und Fahrtziel anzeigen. Zusätzliche Anzeigen geben Auskunft über die augenblickliche Geschwindigkeit, die Uhrzeit sowie die voraussichtliche Ankunftszeit und die Ausstiegsseite. Am WE 2 ist zusätzlich links im Einstiegsraum ein FIS-Display mit Tastatur zum Einholen von zusätzliche Informationen eingebaut. Am WE 1 links ist eine Sprechstelle für das Zugpersonal vorgesehen.

Gepäckablagen

Da die beim ICE/V demonstrierte Art der Platzbelegung innerhalb der Armlehnen nicht befriedigte, zumal die Belegung zweigeteilt war, wurden zunächst an den Gepäckablagen die bekannten Zettelhalter angebracht. Gegenwärtig laufen zwar Versuche, auch den ICE 1 mit elektronischer Platzreservierung nachzurüsten, aber es ist fraglich, ob diese Nachrüstung überhaupt vorgenommen wird.

Die beim ICE/V vorgestellte Lösung der vom Flugzeug abgeleiteten Gepäckablagen mit verschließbaren Klappen wurde für die Serienfahrzeuge ebenfalls nicht weiterverfolgt. Die Gepäckablagen sind nunmehr offen gestaltet und aus Sicherheitsglas hergestellt; hierdurch ist jederzeit eine Kontrolle darüber möglich, ob beim Verlassen des Zuges alle Gegenstände mitgenommen wurden.

Sitzanlagen

Wie beim ICE/V entstanden die Sitze des ICE 1 als Gemeinschaftsprodukt des Amberger Sitzherstel-

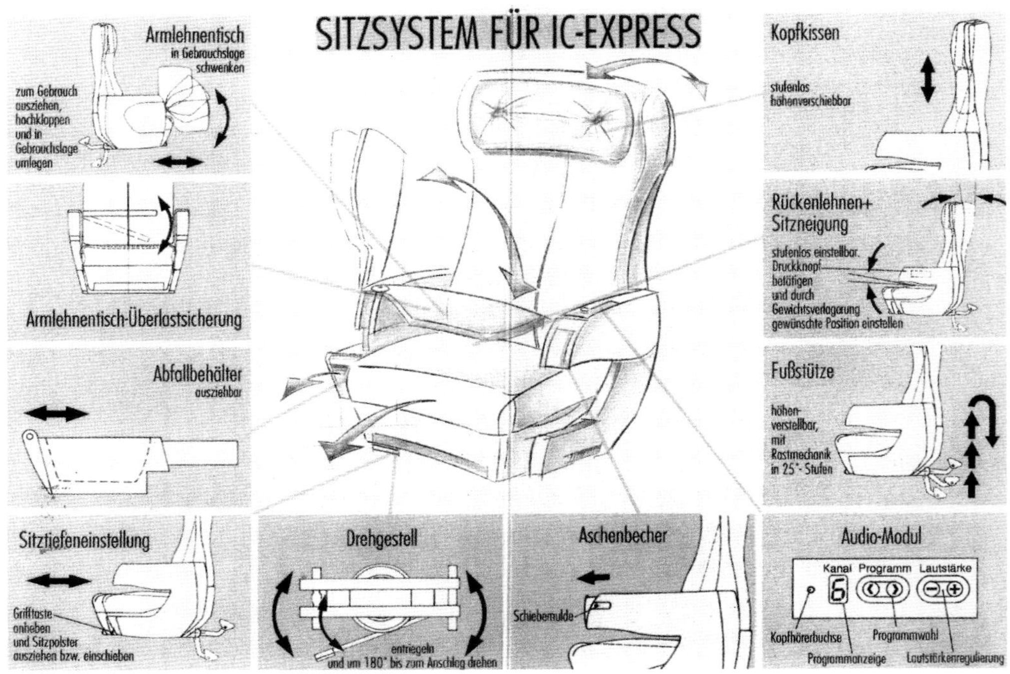

Schema des Sitzsystems für den ICE 1. Abbildung: Grammer

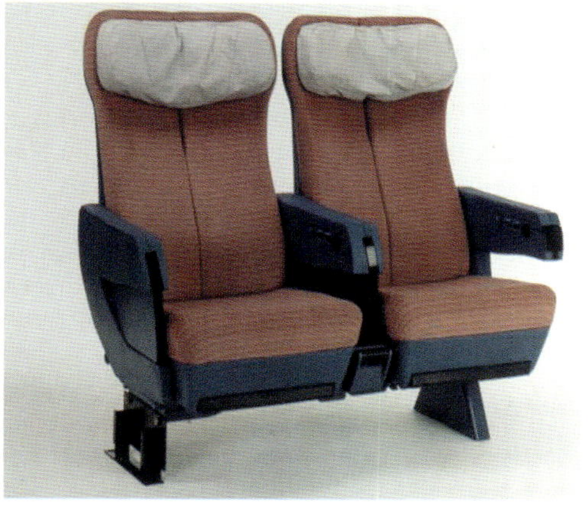

Schwenkbarer 2.-Klasse-Sitz. Foto: Fa. Grammer

ler Grammer (Entwicklung und Herstellung) und der US-Firma DesignWorks (Gestaltung). Die Sitzanlagen sind eine Weiterentwicklung der Sitze der 1. Klasse des ICE/V – sowohl gestalterisch als auch konstruktiv. Abweichend von der ICE/V-Ausführung sind die Sitzanlagen der 2. Klasse mit denen der 1. Klasse konstruktiv identisch. Die Sitze des ICE 1 sind in der 1. Klasse als Einzelsitze konzipiert, die einzeln und paarweise aufgestellt werden können. In der 2. Klasse sind die Sitze sowohl als Einzelsitz als auch als Doppelsitz mit einem gemeinsamen Sitzgestell und Mittelarmlehne ausgeführt.

Die Sitze bestehen aus jeweils zwei bzw. drei Seitenteilen aus Alu-Druckguss, die mit den gelenkig gelagerten Sitz- und Rückenlehnenschalen einen Verbund bilden. Die äußeren Seitenteile sind mit Polyamidverkleidungen in genarbter und lackierter Ausführung versehen. Die Armauflagen wurden aus PUR-Schaum gefertigt. Die Armlehen sind in der 1. Klasse mit Trevira-CS und in der 2. Klasse mit Kunstleder bezogen. Die Sitz- und Rückenlehnenschalen sind aus Polyamid mit einer genarbten Oberfläche hergestellt. Sie sind einheitlich blau lackiert. Die Sitze werden auf einem Sitzgestell, bestehend aus einer Stahl-Schweißkonstruktion, auf dem Boden befestigt. An diesem Sitzgestell sind höhenverstellbare Fußstützen mit schwenkbaren Fußauflagen angebracht.

Die Sitz- und Rückenlehnenpolster bestehen aus einem mit PUR-direkthinterschäumten Trevira CS-Gewebe. Die Ausstattungsfarben variieren je nach Wagengattung (siehe Seite 76). Sitz und Rückenlehnen sind gelenkig miteinander verbunden. Durch einen Druck auf den Gasfeder-Auslöseknopf an der Innenseite der linken Armlehne kann die Rückenlehne zwischen 15° und 40° geneigt werden. Die Sitzfläche neigt sich dabei automatisch zwischen 5° und 20° – je nach Schrägstellung der Rückenlehne. Unterhalb des Sitzkissens befindet sich ein Griff, mit dem die Sitztiefe in Schritten von 12,5 mm in der 1. Klasse um 100 mm und in der 2. Klasse um 50 mm vergrößert werden kann. Über einen weiteren Griff unterhalb der Sitztiefeneinstellung konnten anfangs einige Sitze um 180° gedreht werden. Diese Möglichkeit wurde aufgegeben und ist heute nicht mehr vorhanden.

Mit Ausnahme von den Vis-à-vis-Sitzgruppen sind alle Sitze in der rechten Armlehne mit einem integrierten Tisch versehen, der durch zweimaliges Schwenken in die Gebrauchsposition gebracht wird. Die Tischplatte besteht aus einem pulverbeschichteten Aluminium-Druckguss-Trägerteil mit Stahlbeschlägen und einer kratzfesten Resopalplatte. Die Konstruktion ist mit einem Überlastungsschutz versehen.

In der linken Armlehne ist nur in den Raucherwagen stirnseitig ein Aschenbecher eingebaut. Über eine an der Innenseite der Armlehne eingeformte Mulde kann dieser Aschenbecher schmutzfrei geöffnet werden. Ebenfalls in der linken Armlehne ist das so genannten Audio-Modul angebracht. Dieses besteht aus einer Buchse für einen Kopfhörer, einen Wählschalter für drei Hörfunk- und drei Bord-Audioprogramme (Klassik-, Pop- und Kinderprogramm) sowie einen Lautstärkeregler.

Ein höhenverschiebbares Kopfkissen erhöht den Komfort. Es besteht aus mit Polyestervlies gefülltem Kevlar und ist mit einem Baumwoll-Schonbezug überzogen. Über eine im Rückenpolster angebrachte Metallschiene kann dieses Kissen stufenlos nach oben und unten verschoben werden. Bei einigen Reihensitzen sind in den Rückenlehnenschalen Video-Displays eingebaut.

Beleuchtungseinrichtungen

Das Beleuchtungskonzept gliedert sich im Wesentlichen auf in die drei Gruppen Hauptbeleuchtung, Leseleuchten und Notbeleuchtung. Die Hauptbeleuchtung ist oberhalb des Fensterbandes angebracht, wodurch die Richtung des einfallenden Lichts auch bei Dunkelheit erhalten bleibt. Als Leuchtmittel werden Leuchtstoffröhren mit 36 W, örtlich auch 18 W, eingesetzt. Die unterhalb der Gepäckablagen angebrachten Leseleuchten im Großraum sowie in den Abteilen bestehen aus Halogenlampen mit 10 W Leistung. Die Notbeleuchtung ist in den Spriegeln der Gepäckablagen eingebaut und besteht aus Kompakt-Leuchtstofflampen mit 5 W. Die Notbeleuchtung brennt normalerweise zusammen mit der Hauptbeleuchtung. Die Notbeleuchtung wird direkt aus der Batterie versorgt.

Toiletten, Frisch- und Abwasseranlagen

Die ICE-Triebzüge verfügen über geschlossene Toilettensysteme die nach dem Vakuumprinzip funktionieren. Die Luftdruckdichtigkeit gewährleistet die Anordnung zweier in Serie geschalteter und gestaffelter Ventile, die verhindern, dass über die Belüftungs- und Absaugrohre ein Druckausgleich hergestellt wird.

Die Standard-Toilette des ICE 1. Foto: Riechers

Die 1. Klassewagen Avmz (Baureihe 801) verfügen über eine, die 2. Klassewagen Bvmz (Baureihe 802) über zwei Toiletten. Der Wagen mit Sonderabteilen BSmz (Baureihe 803) verfügt über eine Standardtoilette und eine behindertengerechte Toilette mit eingebautem Wickeltisch. Toilettenschüssel und Handwaschbecken sind aus Edelstahl und, wie der gesamte Toilettenraum, mit einer leicht zu reinigenden Kunststoffverkleidung versehen.

Der Fußboden besteht aus GFK, der wegen erhöhter Rutschgefahr mit einem Korundzusatz versetzt wurde. Der Belag ist an den Wänden wannenförmig hochgezogen und mit einem Gummiprofil wasserdicht an den Wandverklei-

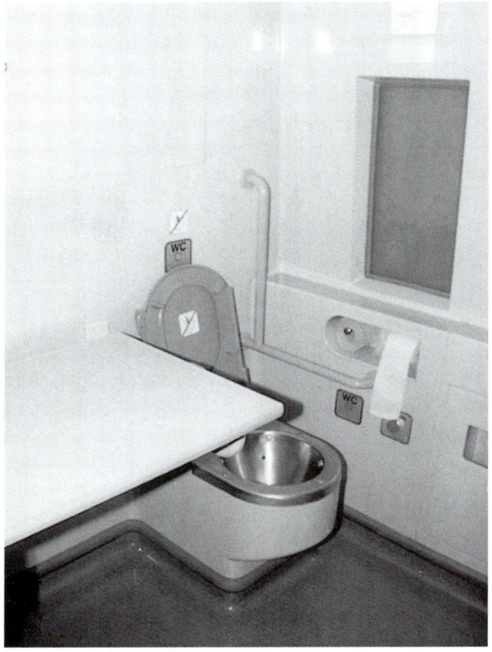

Im Wagen BSmz 803 gibt es eine behindertengerechte Toilette. Der klappbare Wickeltisch stützt sich bei Gebrauch auf die ebenfalls klappbare Armlehne ab. Foto: Riechers

dungen befestigt. Die beheizten Wasser- und Abwasserbehälter sind in der Bodenwanne untergebracht und mit beidseitigen Anschlüssen versehen, um eine schnelle Ver- und Entsorgung zu gewährleisten.

Klimatisierung

Die Mittelwagen verfügen alle über Klimaanlagen mit Deckenluftführung. Der Frischluftzufuhr erfolgt jeweils oberhalb des Dachrahmens, bei den A- und B-Wagen im Bereich des WE 1, beim Restaurantwagen in etwa in Wagenmitte. Die Abluft wird im unteren Bereich der Seitenwände abgesaugt.

Ein zusätzliches elektrisches Luftheizsystem unterhalb der Fensterzeile soll die durch Seitenwand und Fenster verursachte Kältebrücken verhindern. Ferner wurde eine Fußbodenheizung vorgesehen, um die Bildung eines Kaltluftbereichs über dem Fußboden zu vermeiden.

Die Klimaanlage erfordert für die Ansaugung der Frischluft und Absaugung der Abluft Öffnungen in der druckdichten Wagenkastenstruktur wodurch entstehende Außendruckschwankungen weitergegeben werden könnten. Dadurch wäre die druckdichte Abdichtung der Wagen wirkungslos. Bei den ICE-Wagen wurde dieses Problem gelöst, indem man vor der Luftumwälzeinheit mit Frischluftventilator ein Druckschutzgebläse und ein oberhalb angeordnetes Druckschutzventil einbaute. Da diese Druckschutzgeräte ausschließlich bei Tunnelfahrt eingeschaltet werden, sorgt eine so genannte Bypass-Klappe für die Umleitung der angesaugten Luft. Bei der Abluft wird entsprechend der Frischluftzufuhr verfahren.

Das für die Klimaanlage notwendige Luftbehandlungsgerät mit Frischluftventilator und Druckschutzgeräte ist oberhalb des Toilettenraumes unter dem Dach angeordnet und für Montage- und Wartungsarbeiten über Dachklappen erreichbar. Der Kompressor und Kondensator sowie die Druckschutzgeräte für die Abluft befinden sich in der Bodenwanne und sind über die seitlichen Klappen erreichbar.

BESCHREIBUNG DER WAGEN

Avmz 801.0/801.4/801.8

Die Wagen der 1. Klasse verfügen über drei Abteile und einen Großraum. Die Abteile sind mit je fünf Sitzplätzen ausgerüstet (Modul A). Die Einrichtung des Großraums besteht aus zwei Modulen, B und C. Das Modul B hat sechs Sitzreihen; Modul C drei Vis-à-vis-Sitzgruppen mit Tischen. Die Sitze sind in der Aufstellung 2 + 1 angeordnet. Die Module B und C sind an der Seite der Doppelsitzreihen durch eine Garderobe getrennt, hinter der sich zwei Einzelsitze befinden.

Der Sitzteiler bei den Reihensitzen beträgt in der Regel 1.144 mm, bei den Vis-à-vis-Sitzen 1.949 mm. Die Wagen der Baureihe 801.0 sind im Grundfarbton blau ausgestattet, die der Baureihe 801.4 rot. Die Metallbeschläge, z.B. die Fenster- und Türrahmen der Abteile, sind in einem rötlichen Farbton lackiert.

In 60 Wagen der Baureihe 801.0 sind pro Wagen elf Video-Schirme in den Rückenlehnen der Reihensitze angebracht. Außerdem sind diese Wagen mit Repeater für einen besseren Handyempfang ausgerüstet. Ursprünglich befanden sich die Videoschirme in den »Raucherwagen« 801.8 hinter dem Triebkopf (Wagen 14). Nach Beschwerden wurde der jeweils neben dem Zugrestaurant eingereihte Wagen 11 als Video-Wagen vorgesehen. Der Wagen 801.8 (Wagen 14) ist mit einem Kartentelefon und mit Handy-Repeatern ausgerüstet.

Bvmz 802.0/802.3/802.4/802.6/802.8

Die Wagen der 2. Klasse verfügen über vier Abteile mit je 6 Sitzplätzen (Modul A). Der Großraum ist aufgeteilt in zwei Module B und C. Modul B verfügt über sechs Sitzreihen, Modul C über drei Vis-à-vis-Sitzgruppen mit Tischen. Die Sitze sind in der Aufstellung 2 + 2 angeordnet. Die Module B und C sind durch, beidseitig des Mittelganges aufgestellte Garderoben getrennt, hinter denen sich zwei Einzelsitze befinden.

Der Sitzteiler bei den Reihensitzen beträgt in der Regel 1.025 mm, bei den Vis-à-vis-Sitzen 1.817 mm. Die Wagen der Baureihe 802.0 sind in einem orangen Grundfarbton ausgestattet, die Baureihen 802.3 und 802.4 braun sowie die Baureihen 802.6 und 802.8 blau.

Blick in den Großraum der 1. Klasse mit Video. Foto: Ton Voogel

Blick in den Großraum der 2. Klasse. Foto: Ton Voogel

Die Metallbeschläge, z.B. die Fenster- und Türrahmen der Abteile, sind in einem grünlichen Farbton lackiert. In 60 Wagen der Baureihe 801.3 sind jeweils 14 Video-Schirme in den Rückenlehnen der Reihensitze angebracht. Weiterhin sind diese Wagen mit Repeater für einen besseren Handyempfang ausgerüstet. Ursprünglich befanden sich die Videoschirme in den »Raucherwagen« 802.8 hinter dem Triebkopf (Wagen 1). Auf Grund von Beschwerden wurde zeitgleich mit der Umstellung in der 1. Klasse Wagen 3 als Video-Wagen vorgesehen. Der Wagen 802.8 ist ebenfalls mit Handy-Repeatern ausgerüstet.

BSmz 803.0

Dieser 2.-Klasse-Wagen verfügt innerhalb des Abteil-Moduls A über Sonderabteile. Der Großraum ist aufgeteilt in zwei Module B und C. Während das Modul C entsprechend der Baureihe 802 unverändert eingeteilt ist, wurde das Modul B mit fünf Sitzreihen in einer leicht geänderten Aufstellung ausgeführt. An der vorderen Trennwand ist ein Stellplatz für zwei Rollstühle eingerichtet. Aus diesem Grund ist der gegenüberliegende Doppelsitz so aufgestellt, dass mit der Begleitpersonen Sichtkontakt besteht. Auch bei diesem Wagen sind die Module B und C durch beidseitig des Mittelganges aufgestellte Garderoben getrennt. Die Wagen der Baureihe 803.0 sind im Grundfarbton orange ausgestattet.

Der eigentliche Kern des BSmz 803.0-Wagens ist die Anordnung von Sonderabteilen an Stelle der bei den anderen Wagen vorhandenen Fahrgastabteile. Zu der Sondereinrichtung gehören eine behindertengerechte Toilette mit Baby-Wickeltisch, eine Standardtoilette, ein Dienstabteil für Mitropa-Betreuer mit Vorrats- und Kühlschrank für die Minibar sowie Zugbegleiterabteil, das zugleich die FIS-Zentrale ist. In diesem Abteil befindet sich u.a. die zentrale Versorgung der Audio-Anlage mit je drei Hörfunk- und Bordprogrammen und die Video-Anlage mit zwei Bordprogrammen.

Weiterhin gibt es ein Konferenzabteil für geschäftliche Gespräche während der Reise. In diesem Abteil standen den Benutzern ursprünglich u.a. ein Telefon- und Telefaxgerät mit Gebührenzähler zur Verfügung. Da hiervon nur selten Gebrauch gemacht wurde, ließ die DB diese Geräte nach und nach wieder entfernen. Eine Steckdose für einen Laptop ist weiterhin vorhanden und wer ungestört Gespräche führen möchte, kann das hier nach wie vor tun. Insbesondere während Messen wird nach Auskunft der Zugbegleiter dieses Abteil gerne in Anspruch genommen. Eine Reservierung ist nicht möglich.

In einer Nische neben dem Mitropa-Abteil befindet sich ein Kartentelefon. An der Toilettenwand wurde eine Btx-Station eingerichtet. Auch diese Einrichtung wurde abgeschaltet, da diese einerseits zu wenig in Anspruch genommen wurde, andererseits auch recht unglücklich platziert war, so dass die wenigen Nutzer den durchlaufenden Reisenden permanent im Wege standen. Da keine Fahrgastabteile vorhanden sind, konnte der Seitengang um ca. 100 mm breiter gestaltet werden, damit Rollstühle ungehindert den Großraum erreichen können.

WSmz 804.0

Der Servicewagen mit Bordrestaurant und Bord-Treff ist zwischen der 1. und der 2. Klasse einge-

Blick in das Zub-Abteil mit der Audio-Video-Zentrale. Foto: Riechers

Der Bordtreff mit Ausgabetheke. Foto: Ton Voogel

Ein Blick in die Galley des ICE 1.
Foto: Grammer

Blick in das Bordrestaurant des ICE 1. Foto: Ton Voogel

Legende:

1. Geschirrschrank
2. Wärmestrahler
3. Abstellfläche
3a. Schlingerrand
4. Trolley ungekühlt
5. Dunstabzug
6. Salamander (z. Überbacken von Gerichte)
7. Toaster
8. Besteck-Schubladen
9. Kochplatte
9a. Schlingerrand
10. Bratplatte
11. Wärmeschrank
12. Abfall
13. Strauraum
14. Mikrowelle
15. Steamer
16. Arbeitsplatte
17. Vorratschrank (nicht gekühlt)
18. Tiefkühlfach (-18°bis -22°)
19. Wärmebrücke
20. Wasserbad
21. Einschübe für Leergut
22. Tassenschrank
23. Kaffeemaschine
24. Sonderkühlschrank
25. Flaschenauszug, gekühlt
26. Spüle für Gläser (Kaltwasser)
27. Einhängegestell für Gläser
28. Zapfanlage (1 × Bier, 3 × alkoholfr. Getränke)
29. Wärmevitrine
30. Stauraum für Getränkefässer
31. Trolley gekühlt
32. Geschirrkörbe für Spülmaschine
33. Rezepturhalter
34. Arbeitsfläche
35. Papierhandtücher
36. Handwaschbecken, Vorspülbecken, Mischbatterie
37. Vorratschrank, gekühlt
38. Geschirrspülmaschine
39. Demineralisierungsanlage
40. Warmwasserboiler
41. Pumpenschrank
42. Sprechstelle, Bondrucker, Kasse
43. Gläserschrank
44. Kühlvitrine
45. Kassenschrank
46. Fach f. Feuerlöscher

L: Ladetür
Dr: Drehtür

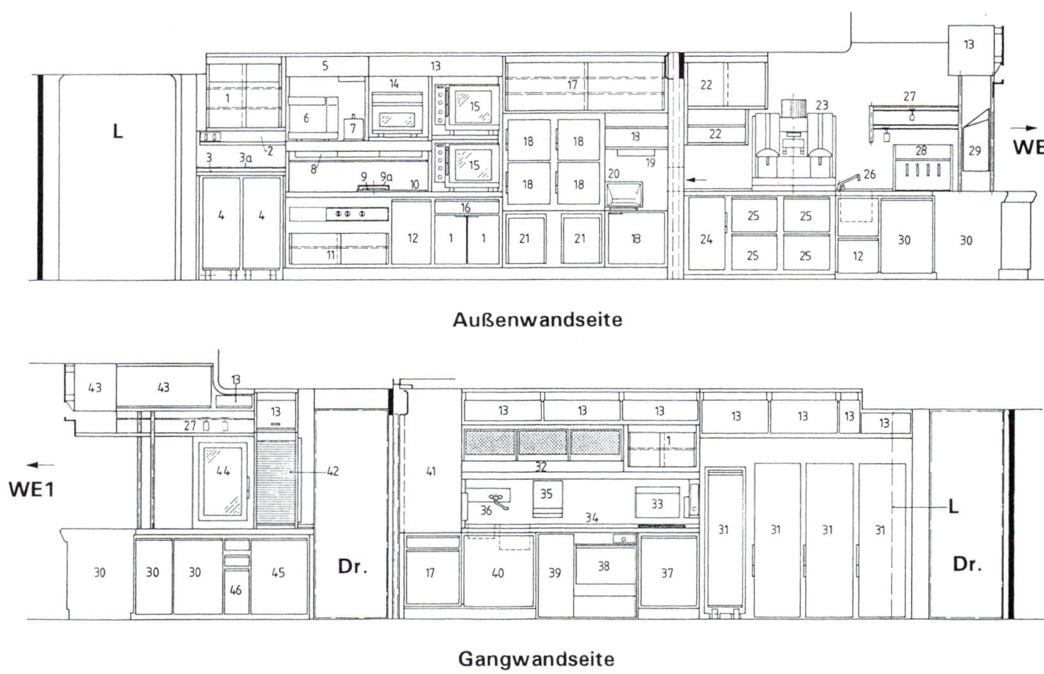

Die Anordnung Küchengeräte in der Galley des ICE 1 (Außenwandseite und Gangseite mit Ausgabetheke des Bordtreff). Abbildung: Riechers

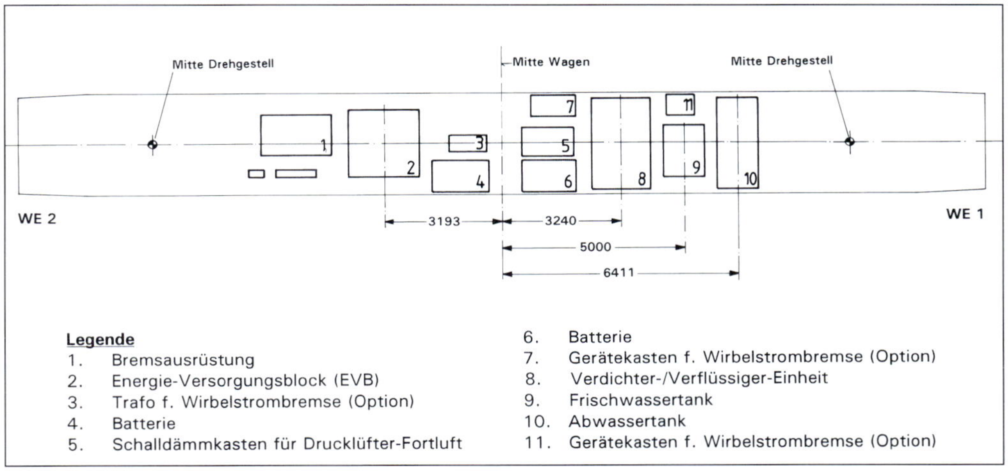

Die Geräteanordnung im Mittelwagen des ICE 1. Abbildung: Riechers

reiht. Für den Betrachter ist der Wagen sofort durch das um 455 mm höhere Dach, das sich durch die vorgegebene Kücheneinrichtung ergibt, erkennbar. Die Architekten haben aus der Not eine Tugend gemacht, indem das Interieur entsprechend angepasst wurde. Wichtige Gestaltungselemente waren hierbei im Bordtreff und Restaurant die je 3 bzw. 4 seitlich vom Dach angebrachten Oberlichter. Diese wurden mit dekorativen Holzlamellen versehen, um eine direkte Sonneneinstrahlung zu vermeiden. Überhaupt spielte Holz bei der Innenraumgestaltung eine tragende Rolle.
Der Servicewagen teilt sich auf in drei Abteilungen: Vom WE 1 aus gesehen kommt zunächst das Bordtreff mit 16, um vier Tische gruppierten Sitzplätzen, drei Stehtischen für insgesamt zehn Personen und einer Ausgabetheke, die bereits zur mittleren Abteilung, der Bordküche (Galley) gehört. Die Einrichtung der Galley sowie der Bordtreff-Ausgabetheke stammen von dem Großküchenhersteller Kiesel in Schwaig (b. Nürnberg). Die Geräteaufstellung und ihre Anordnung sind der nebenstehenden Zeichnung zu entnehmen. Zwischen Küchenblock und Ausgabetheke ist eine manuell zu betätigende Schiebetür vorgesehen. An die Galley schließt das eigentliche Bordrestaurant mit 24 Sitzplätzen an. Die Sitzplätze sind in vier Gruppen mit der Sitzanordnung 2+1 eingeteilt. Die erste und letzte Sitzgruppe ist mit Bänken ausgestattet, die beiden mittleren mit Stühlen. Küche und Restaurant sind durch eine elektrische Drehtür von einander getrennt. Neben der Versorgung im Speiseraum oder Bordtreff sind die Zugbegleiter gehalten, Fahrgäste der 1. Klasse mit kleineren Snacks oder Getränken am Platz zu versorgen.

Sonstige Einrichtungen
Im Seitengang neben der Toilette im Avmz 801.0 und 801.4 sowie zwischen den Toiletten in den Bvmz 801- und BSmz 803.0-Wagen sind Schließfächer mit Pfandschlössern für kleinere Taschen und Abfallbehälter eingebaut. Die Avmz-Wagen verfügen zusätzlich zwischen dem ersten und zweiten Abteil über eine weitere Reihe mit Schließfächern. Hinter der Schiebetür zwischen Seitengang und Großraum ist in den 1. Klasse-Wagen eine Lichtsäule, in den 2. Klassewagen eine weitere Vitrine vorgesehen.

Geräteanordnung
Bodenwanne
In den Bodenwannen der Mittelwagen sind die Bremsausrüstung, der Energie-Versorgungsblock (EVB), die Batterie, der Schalldämmkasten für Drucklüfter-Abluft, der Kompressor und Kondensator der Klimaanlage, der Frischwassertank und der Abwassertank untergebracht. Ferner wurde Platz freigehalten für die Energieversorgung und die Steuergeräte im Falle einer Nachrüstung der Mittelwagen mit Wirbelstrombremsen. In den unterhalb der tragenden Struktur des Wagenkastens angebrachten Schürzen sind Klappen angebracht, über die die in der Bodenwanne befindlichen Geräte erreicht werden können. An beiden Seiten des Wagens sind außen in den Schürzen die Bremszustandsanzeigen montiert. Die Bodenwanne gehört nicht zur Struktur des Wagenkastens. Sie ist vielmehr an den Langträgern über an-extrudierte Befestigungsschienen angebaut.

Schaltschränke
An den WE 1 der Sitzwagen Avmz 801, Bvmz 802 und BSmz 803 sind jeweils die Schaltschränke S1 und S2 vorgesehen. Der Schaltschrank S1 umfasst 48 Kleinselbstschalter, zwei Motorschutzschalter, die Steuerung Klimaanlage, die Türsteuerung, die Steuerung der Beleuchtung, die Steuerung der Toilette, den Gleitschutz, die Diagnose, das Zentralgerät ZEUS und der Lüftereinschub. In einer zweiten Ebene sind die Triac-Tafel für die Heizungssteuerung, die Leistungsschütze, die Relais und die zentralen Klemmleisten zur Verbindung mit den Geräten im Wagen vorhanden.
Im Schaltschrank S2 sind FIS, LWL und der Spleißkasten für die durchgehende LWL-Zugsteuerung untergebracht. Im S2 wird Luft aus dem Vorraum angesaugt, durch S1 und S2 geführt und über den Abluft- bzw. den Umluftkanal wieder abgegeben. Der Servicewagen WSmz 804 hat zusätzlich am WE 2 für die Küchenverbraucher die Schaltschränke S5 und S6, die neben den Bedien-, Schalt- und Anzeigegeräten einen Sinusfilter für bestimmte Küchengeräte enthalten.

Dachraum
Im Dachraum der Wagen Avmz 801, Bvmz 802 und BSmz 803 befindet sich das Luftbehandlungsgerät mit dem Hochspannungsheizregister sowie das Druckschutzsystem »Zuluft«. Betätigungseinrichtungen für Beleuchtung, Zub-Ruf, Lautsprechersteller und Temperaturregler sind in Bedieneinheiten zusammengefasst und in jedem Abteil sowie in den Großräumen vorhanden. Im Servicewagen WSmz 804 ist das Luftbehandlungsgerät im Dachraum über der Küche untergebracht.

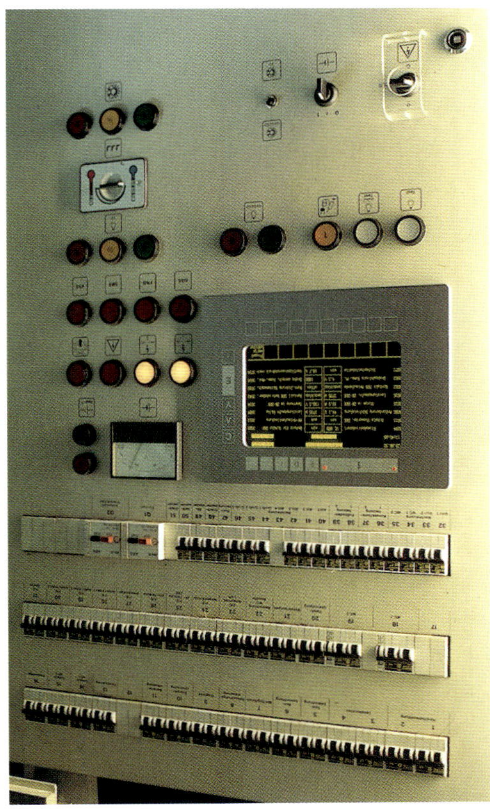

Der Schaltschrank S1 im Einstiegsraum am WE 1.
Foto: Ton Voogel

Das Laufdrehgestell MD 530. Foto: Adtranz-Siegen

DREHGESTELLE

Die Drehgestelle der Mittelwagen vom Typ MD 530 sind eine Weiterentwicklung des von der Waggon-Union für den ICE/V entwickelten Versuchsdrehgestells MD 52-350. Dieses Drehgestell wiederum entstand aus dem bei der DB im IC-Verkehr erfolgreich eingesetzten Drehgestell MD 522, das für eine Höchstgeschwindigkeit von 200 km/h zugelassen ist. Diese Drehgestelle, auch bekannt als Bauart Minden-Deutz, sind als besonderes Merkmal gekennzeichnet durch eine verschleißfreie Radsatzführung über Federblatt-Radsatzlenker.

Die wesentlichsten Unterschiede zwischen dem Serien-Drehgestell MD 530 zum Versuchs-Drehgestelle MD 52-350 sind der um 300 mm kürzere Radstand (2.500 mm), eine um 4 t höhere Radsatzlast von 16 t (Aus diesem Grund ist das Drehgestellgewicht trotz geringerer Längen- und Breitenmaße mit 7,5 t gleich geblieben.) und die höchstzulässige Geschwindigkeit von 280 km/h, die vier statt zwei Bremsscheiben je Radsatz. Weiterhin entfiel bei Drehgestell MD 530 die Wirbelstrombremse sowie die dafür erforderliche Traverse zwischen den Radlagern, stattdessen wurde eine Magnetschienenbremse (Mg-Bremse) vorgesehen.

Der H-förmige, verwindungsweiche Drehgestellrahmen besteht aus Kastenprofilen, die aus Stahlblechen der Qualität St 52-3 zusammengeschweißt sind. Durch die verkürzte Bauform konnte auch der Einbauraum unter dem Wagenkasten kleiner werden. Zunächst kamen Radsätze mit Vollrädern, so genannte Monobloc-Räder[3], mit Schallabsorbern und vier auf der Radsatzwelle aufgepressten Bremsscheiben zum Einsatz. Die

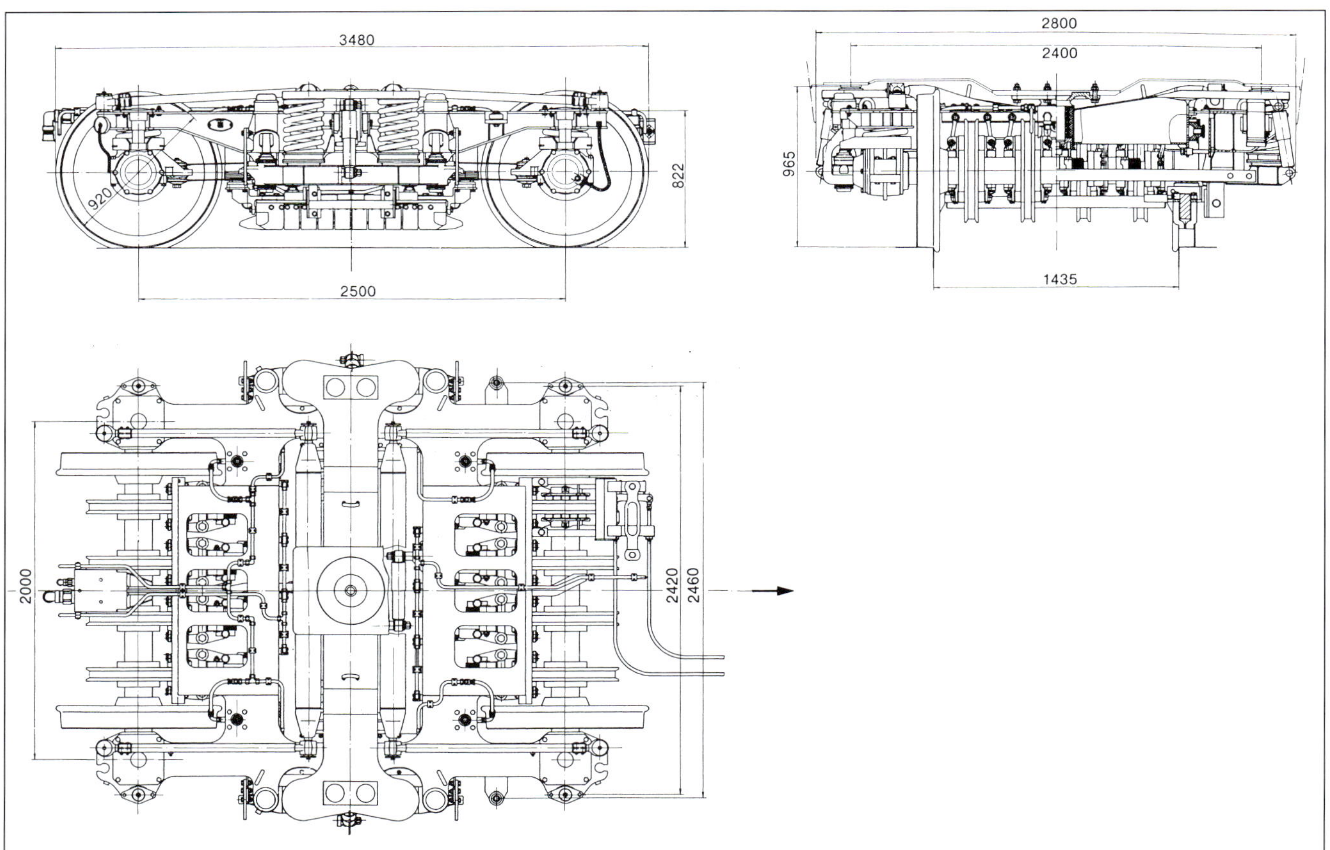

Zeichnung des Laufdrehgestells MD 530 des ICE 1. Abbildung: Adtranz-Siegen

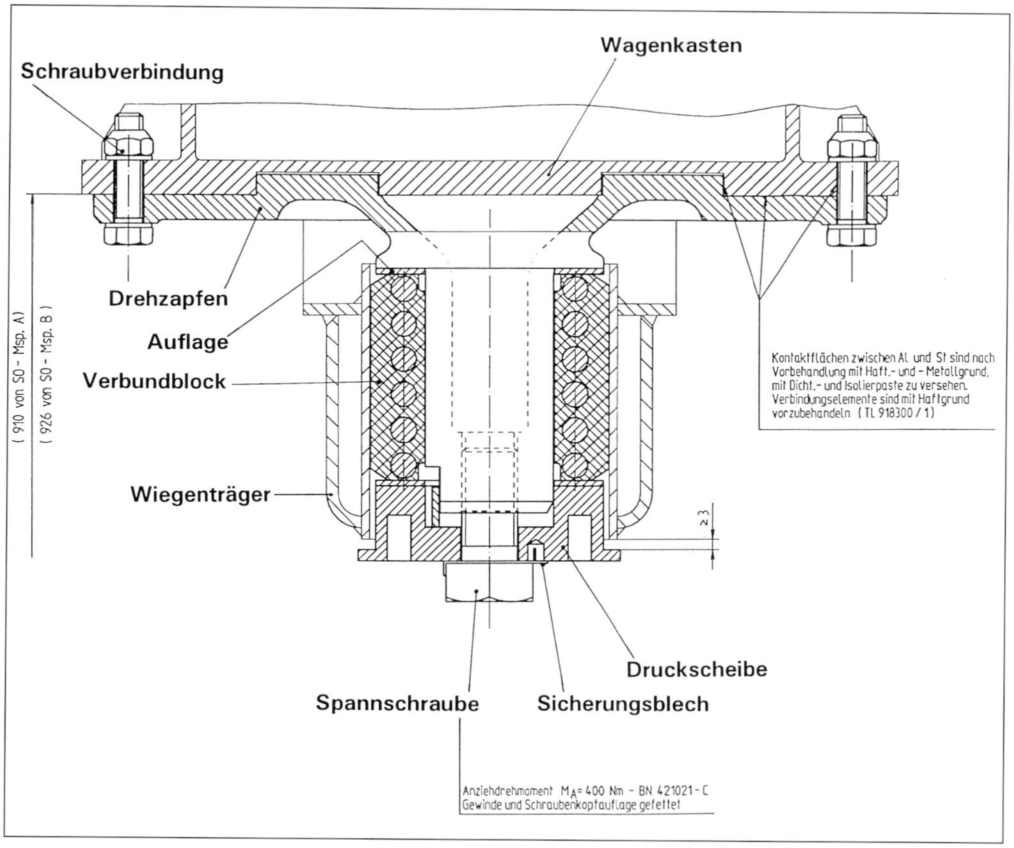

Die Anordnung der Drehzapfendes ICE 1. Abbildung: Riechers

Radsatzlager bestehen aus Kegelrollenlagern und sind als Wechsellager für einen einfachen Radsatzwechsel konzipiert.
Nachdem bei den zunächst eingebauten Monobloc-Rädern im Praxis-Betrieb auf Grund ungenügender Fahrbahn-Steifigkeit starke Schwingungen auftraten, die sich insbesondere in den Großräumen und im Bordrestaurant mit »Brummen« bemerkbar machten, wurde der ICE 1 mit gummigefederten Rädern der Bauart 064 umgerüstet, die zu einer sofortigen Verbesserung führten. Dieses bei Geschwindigkeiten bis über 300 km/h erprobte gummigefederte Rad besteht aus einem Radreifen, der über einen aufgeschraubten Ring mit der Radscheibe verbunden und der Reifen durch eine Gummi-Zwischenlage von der Radscheibe getrennt ist.
Die Katastrophe vom 3. Juni 1998, bei der ICE 884 »Wilhelm Konrad Röntgen« nahe dem niedersächsischen Eschede auf Grund eines Reifenbruchs entgleiste, setzte dem Einsatz dieser Radkonstruktion ein jähes Ende und führte zu einer erneuten umgehenden Umrüstung der Radsätze wieder auf Monobloc-Räder. Laut dem von der Staatsanwaltschaft beim Fraunhofer-Institut für Betriebsfestigkeit (LBF) in Darmstadt in Auftrag gegebenen Gutachten seien für den Unfall Mängel verantwortlich, die die Festlegung des Betriebsgrenzmaßes für den Raddurchmesser beträfen. Die DB AG wies im Januar 2000 in einer Erklärung darauf hin, dass diese Räder vor dem Unfall über einen Zeitraum von sechs Jahren eine Gesamtlaufleistung von rund 10 Milliarden Kilometern aufweisen konnten, ohne dass es zu irgendwelchen Schäden gekommen sei. Die Drehgestellkonzeptionen der nachfolgenden Generationen machte einen Einsatz von gummigefederten Rädern überflüssig.
Die Radsatzführung erfolgt – wie auch beim Versuchsdrehgestell MD 52-350 – verschleißfrei über zwei parallel übereinander angeordnete Federblatt-Radsatzlenker zwischen Drehgestellrahmen und Radsatzlager. Gummi-Metall-Elemente zwischen dem Radsatzlager und den Federblattlenkern dienen der elektrischen Isolierung.
Die Primärfederung besteht aus je einem zentrisch über dem Radsatzlager angeordneten Schraubenfedersatz, der sich aus einer äußeren und einer inneren Schraubenfeder mit einem parallel angeordneten hydraulischen Schwingungsdämpfer zusammensetzt. Ein zusätzliches Gummi-Metall-Element zwischen Radsatzlager und Schraubenfeder dient der Körperschalldämmung und der elektrischen Isolierung.
Die Sekundärfederung übernehmen jeweils zwei Schraubenfedersätzen pro Drehgestellseite, die sich auf einem mit je zwei Schwingenpendeln am Drehgestellrahmen aufgehängten Federträger abstützen. Der Radverschleiß kann durch Nachstellen der Pendel ausgeglichen werden. Jeder Schraubenfedersatz setzt sich aus einer äußeren und einer inneren Schraubenfeder zusammen. Ein zusätzliches Gummi-Metall-Element zwischen Radsatzlager und Schraubenfeder dient der Körperschalldämmung und der elektrischen Isolierung. Für den Fall eines Pendelbruches sind zwischen Drehgestellrahmen und Federträger Fangbügel vorgesehen. Zwischen den Sekundärfederpaaren ist jeweils ein hydraulischer Schwingungsdämpfer angeordnet. Wegen der besonders breiten Federbasis konnte auf eine Wankstütze verzichtet werden.
Der Wagenkasten ruht auf einer als geschweißter Hohlträger mit seitlichen Schmiedeteilen ausgebildeten Wiege, die sich auf die Sekundärfederung abstützt. Die Wiegen-Querbewegung ist durch einen mit dem Drehgestellrahmen verbundenen hydraulischen Schwingungsdämpfer abgedämpft. Die Längsführung übernehmen manganbewehrte Schwingmetall-Schienen. Die Verbindung des Wagenkastens mit dem Drehgestell erfolgt über den Drehzapfen. Die Führung des Drehzapfens in der in der Wiege eingeschweißte Mitnehmerbuchse erfolgt über einen Verbundblock, der aus einer in einem Gummilager einvulkanisierten Stahlfeder besteht. Nach Einführung in die Mitnehmerbuchse wird der Verbundblock über eine Druckscheibe durch Anziehen einer Schraube verspannt. Durch ihre Gestaltung dient die Druckscheibe zugleich als Abhebesicherung.
Um die durch einen sinusförmigen Lauf im Gleis verursachten Schlingerbewegungen zu dämpfen, sind die Drehgestelle mit einer so genannten Drehhemmung in doppelter Ausführung ausgerüstet. Neben einer mechanischen Drehhemmung über das Reibmoment der seitlichen Gleitstücke, auf die sich der Wagenkasten abstützt, sollen zwei beidseitig der Wiege angebrachte Torsionswellen mit jeweils zwei seitlichen und verdrehfest mit dem Drehgestellrahmen verbundenen Anlenkstangen die Übertragung von Längsschwingungen des Drehgestells auf den Wagenkasten verhindern.

ELEKTRISCHE ANLAGE DER MITTELWAGEN

Die Entwicklung der Stromversorgung der Mittelwagen oblag dem »Konsortium Elektro- und Kli-

[3] Radreifen und Radscheibe bestehen bei dieser Ausführung aus einem Stück. Die herkömmliche Radausführung mit aufgeschrumpften Reifen wäre für den HGV völlig ungeeignet gewesen, da diese sich im Falle einer starken Erwärmung von der Radscheibe lösen können.

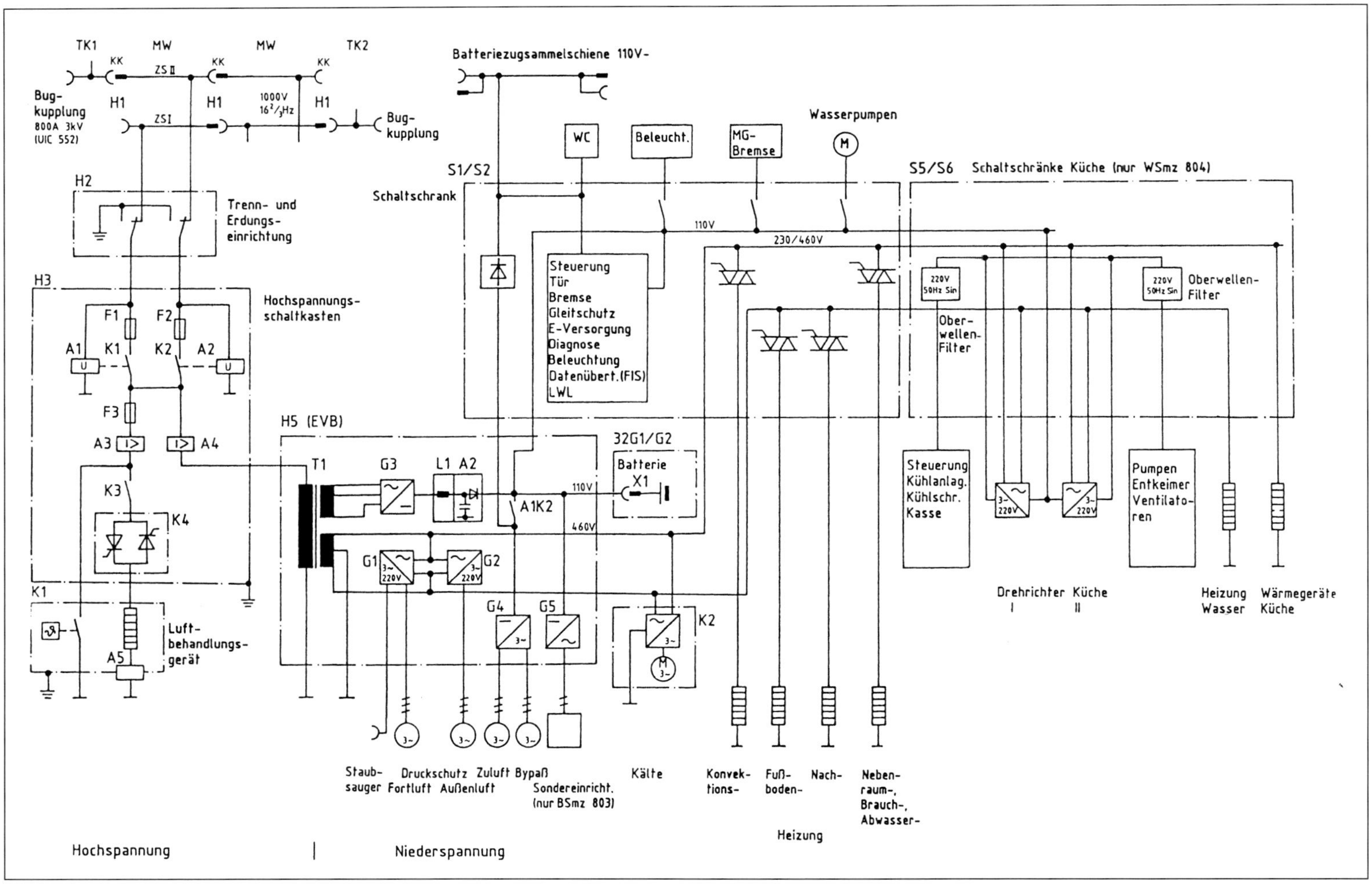

Die Bortnetzversorgung für die Mittelwagen des ICE 1. Abbildung: Adtranz

matechnik« (KEK). An diesem Konsortium waren unter der Federführung der AEG Westinghouse-Transportsysteme (Berlin, Frankfurt am Main) ABB (Mannheim), GEZ aus Frankfurt am Main, Hagenuk (Kiel), Krupp, Luwa aus Frankfurt am Main, Pintsch Bamag (Dinslaken) und Schaltbau München beteiligt.

Bordnetzversorgung
Die Energieversorgung der Mittelwagen erfolgt über zwei potentialgetrennte Zugsammelschienen (ZS I und ZS II) mit jeweils 1.000 V 16,7 Hz. Jeder Triebkopf speist in eine dieser Zugsammelschienen eine Abnahmeleistung von 500 kVA ein. Bei der bestehenden Konfiguration mit 12 Mittelwagen sind die Zugsammelschienen so geschaltet, dass alle 1. Klassewagen (Avmz 801), der Servicewagen (WSmz 804) sowie der Wagen mit den Sonderabteilen (BSmz 803) an die ZS I und alle weiteren Wagen der 2. Klasse (Bvmz 802) an die ZS II angeschlossen sind. Sollte sich die Konfiguration der Triebzüge ändern, könnte um eine symmetrische Belastung der Triebkopf-Transformatoren zu gewährleisten, auch eine Aufteilung der Wagen über die ZS I und II mithilfe der geraden und ungeraden Wagennummern erfolgen. Zusätzlich ist eine 110 V-DC-Zugsammelschiene vorhanden, um im Falle eines Ausfalls einer Mittelwagen-Batterie wichtige Komponenten (z.B. Diagnose) durch andere Wagen des Triebzugs zu versorgen.
Die dezentralen Energie-Umformer wurden in einem so genannten Energieversorgungsblock (EVB) zusammengefasst. Der EVB und das Luftbehandlungsgerät sind über eine Trenn- und Erdungseinrichtung sowie einen Hochspannungsschaltkasten direkt mit der ZS I bzw. II verbunden. Die Leistung des im EVB vorhandenen luftgekühlten Transformators beträgt beim Avmz 801/Bvmz 802 50 kVA, beim BSmz 803 54 kVA und beim WSmz 804 90 kVA. Der Transformator verfügt über die Sekundärwicklungen »a.« mit 230/460 V für die Verbraucher und »b.« mit 152/190V für die Batterieladung.
Mit 460 V werden der Drehstrom-Wechselrichter »Kälte« und die Druckschutz-Drehstrom-Wechselrichter »Zuluft« und »Abluft« betrieben. An 230 V sind die Fußbodenheizung, die Konvektions- und Nachheizung der Klimaanlage, die Nebenraumheizung sowie die Brauchwasser- und Schmutzwasserheizung angeschlossen.
Über das ebenfalls im EVB eingebaute und von der zweiten Sekundärwicklung des Transformators gespeiste Batterieladegerät werden die 110 V-Batterien der Wagen Avmz 801, Bvmz 802 und BSmz 803 mit einer Kapazität von 110 Ah und die Batterie des Servicewagens WSmz 804 mit 165 Ah aufgeladen. Für den 2. Klasse-Wagen mit Sonderabteilen BSmz 803 ist im EVB ein zusätzlicher Wechselrichter für 220 V, 50 Hz und eine Leistung von 2 kVA vorhanden, über den der Kühlschrank im Mitropa-Abteil, die Belüftung des im Zugbegleiterabteil befindlichen FIS-Zentralschaltschranks sowie die Steckdosen im Konferenzabteil versorgt werden. Der Servicewagen WSmz 804 ist mit einem stärkeren Trafo (90 kVA) im EVB

sowie einem stärkeren Lüfterwechselrichter und zwei zusätzlichen Drehstromwechselrichtern für je 7,5 kVA ausgerüstet.

Der Gesamt-Triebzug

BREMSANLAGE

Das Bremssystem des ICE 1 besteht einer elektrodynamischen Netzbremse der Triebköpfe, Scheibenbremsen in allen Trieb- und Laufdrehgestellen, einer Magnetschienenbremse (Mg-Bremse) in allen Laufdrehgestellen und einer elektropneumatisch vorgesteuerten Druckluftbremse mit Hauptluftleitung (gemäß UIC). Weiterhin gehören zur Bremsausrüstung eine Mikroprozessor-Bremssteuerung, die Drucklufterzeugung durch Schraubenluftpresser mit Lufttrocknung und die modulare Zusammenfassung der Bremskomponenten auf Gerätetafeln.

Von einem Einbau der ursprünglich vorgesehenen linearen Wirbelstrombremse (WB) musste Abstand genommen werden. Die im Falle eines Einsatzes der WB zu erwartenden Schienenerwärmung und elektromagnetischen Beeinflussungen erforderte eine Ertüchtigung der vorhandenen Streckenausrüstung, was zum vorgesehenen Einsatztermin nicht mehr möglich war. Drehgestelle und Bremsanlage wurden jedoch so konzipiert, dass spätere Serien ohne konstruktive Änderungen mit der WB ausgerüstet hätten werden können.

Tatsache ist jedoch, dass bei Drucklegung dieses Buches nur auf der NBS Hannover–Würzburg und Berlin–Hannover sowie der im Bau befindlichen NBS Köln–Frankfurt a. M. entsprechende Maßnahmen vorgenommen werden, weshalb beim ICE 1 zunächst auf die bewährte Mg-Bremse zurückgegriffen werden musste.

Die Bremsvorgänge sind zu unterscheiden in Regulierbremsungen, auch Betriebsbremsungen genannt, und Schnellbremsungen.

Bremsanlage Triebkopf

Die Triebköpfe verfügen über eine Netzbremse mit einer Leistung von jeweils 4 MW. Die beim Bremsen frei werdende Energie wird in die Oberleitung rekuperiert. Für den Fall, dass bei einer Störung mit Ausfall der Energieversorgung durch die Oberleitung auf die Netzbremse nicht zurückgegriffen werden kann, sind die pneumatischen Scheibenbremsen so dimensioniert, dass der Triebzug von der technisch möglichen Höchstgeschwindigkeit von 280 km/h auf 0 km/h heruntergebremst werden kann. Hierzu sind je Treibachse zwei Wellenbremsscheiben vorgesehen. Der Verzicht auf eine Bremsscheibe gegenüber dem ICE/V ist, neben Platzproblemen, insbesondere mit der größeren Anzahl von gebremsten Mittelwagen zu begründen.

Da die Scheibenbremsen nur bei Ausfall der Netzbremse sowie bei Schnellbremsungen oberhalb 160 km/h angesteuert werden, konnte bei den Treibachsen auf belüftete Bremsscheiben verzichtet und legierte Stahlgussbremsscheiben mit einer Stärke von 40 mm verwendet werden. Die Bremskraft wird über jeweils eine Doppelzange mit Sintermetall-Bremsbelägen durch einen Zwölf-Zoll-Bremszylinder mit kombiniertem Druckluft- und Federspeicherteil auf die Bremsscheiben übertragen.

Der Federspeicherteil dient als Feststellbremse, mit der es möglich ist einen Zug mit 14 Mittelwagen auf einer Steigung von 12,5 Promille festzuhalten. Eine solche Steigung kommt beispielsweise im Verlauf der der NBS Hannover–Würzburg vor.

Zur Verbesserung des Kraftschlusses bei glatten Schienen wurde eine Besandungsanlage vorgesehen, die auf die jeweils vorlaufenden Treibachsen eines jeden Triebdrehgestells wirken. Der Sand wird, elektrisch gesteuert, in zwei Stufen dosiert um sowohl bei niedrigen als auch bei höheren Geschwindigkeiten in etwa die gleichen Sandmengen streuen zu können.

Bremsanlage Mittelwagen

Auch bei den Mittelwagen wurde bei der Auslegung der Bremsanlage von einer technisch möglichen V_{max} von 280 km/h ausgegangen. Die Laufdrehgestelle verfügen über jeweils vier Bremsscheiben pro Achse – acht Bremsscheiben pro Drehgestell also. Die innen belüfteten Bremsscheiben sind aus Sphäroguss hergestellt. Ihr Durchmesser beträgt 640 mm bei einer Stärke von 80 mm. Die Bremskraft überträgt ein als Kompakteinheit ausgebildetes Gestänge über Zangen mit Sintermetall-Bremsbelägen durch einen Acht-Zoll-Bremszylinder auf die Bremsscheiben.

Eine handbetätigte Feststellbremse gewährleistet ein sicheres Abstellen eines Einzelwagens. Diese Handbremse wirkt auf die linke Bremsscheibe des vorderen Radsatzes im Drehgestell 1 über ein zusätzliches von dem druckluftbetätigten Bremsgestänge unabhängiges Gestänge. Das Handbremsrad befindet sich in einem Schrank im Einstiegsraum am WE 1.

Zusätzlich zu den Scheibenbremsen sind in den Laufdrehgestellen Magnetschienenbremsen (Mg-Bremsen) eingebaut. Die beiden Bremsmagnete sind in Längsrichtung in einer Höhe von 110 mm über die Schienen aufgehängt und durch zwei Spurhalter miteinander verbunden. Beim Einsatz der Mg-Bremse senken jeweils zwei pneumatische Betätigungszylinder die Magnete auf die Schienen ab.

Die Betriebsspannung der Mg-Bremse beträgt 110 V, der Betriebsstrom 9,8 A. Die Haftkraft beträgt 84 kN. Nach dem Einsatz werden die Magneten durch die Betätigungszylinder wieder hochgefahren und durch einen Pufferschalter abgeschaltet.

Bremssteuerung

Die Bremskraft kann manuell über den Fahr-Bremsschalter und über die automatische Fahr- und Bremssteuerung (AFB) vorgegeben werden. In diesem Fall hat die manuelle Vorgabe Priorität. Die von Knorr entwickelte Bremssteuerelektronik der Mikroprozessor-Führerbremsanlage (HSM) berechnet die Aufteilung der Bremskraft bei Betriebsbremsungen auf die einzelnen Bremsanlagen des Zugverbandes. Die Reihenfolge ist dabei festgelegt. Zuerst erfolgt das verschleißfreie Bremsen über die Netzbremse, unterhalb von 50 km/h wird die pneumatischen Scheibenbremse zugeschaltet. Bei Schnellbremsungen werden alle drei Bremssysteme gleichzeitig betätigt.

LEITTECHNIK UND DIAGNOSE

Die Leittechnik des ICE basiert auf dem Prinzip, ein redundantes Leitsystem aufzubauen das es erlaubt, dass im Falle eines vollständigen Ausfalls des führenden Triebkopfes dieser für den intakten Triebkopf eine Art Steuerwagenfunktion übernehmen kann. Der beim ICE/V erprobten Lichtwellenleitertechnik für die zuginterne Datenleitung kommt hierbei eine zentrale Bedeutung zu.

Integriert in die Leittechnik – jedoch unabhängig von den Steuer- und Regelfunktionen – arbeiten die für den ICE entwickelten Diagnosesysteme DAVID (Diagnose-, Aufrüst- und Vorbereitungsdienst mit integrierter Displaysteuerung) für den Triebkopf und ZEUS (Zentrale Einrichtung zur Überwachung und Steuerung) für die Mittelwagen.

Die Steuerung des ICE übernehmen die Elektroniksysteme der Zugsteuergeräte (ZSG), der Antriebssteuergeräte (ASG), der Automatischen Fahr- und Bremssteuerung (AFB) und der zentralen Bremssteuerung (HSM). Bei der Strukturierung der Leittechnik stand die Forderung im Vordergrund, dass ein an beliebiger Stelle auftretender einfacher Fehler nicht zum Totalausfall der Zugsteuerung führen darf. Hierzu wurde das ZSG voll-redundant ausgeführt. Die Umschaltung vom einem auf das andere Gerät erfolgt durch den Triebfahrzeugführer, unterstützt durch die Eigendiagnose und DAVID. Hierzu ist an der Rückwand des Führerraumes ein entsprechender Schalter vorhanden.

Der LWL-Zugbus ist teilredundant als Ring strukturiert und besitzt eine automatische Ersatzschaltung im Fehlerfall. Ferner sind die Geräte im Triebkopf sowie die Übertragungsstrecke doppelt vorhanden. Lediglich die Geräte der Mittelwagen sind nur einfach vorhanden, was bei einem Fehler allenfalls zum Verlust der Fernsteuerbarkeit führen könnte. Dadurch wäre der Zuglauf jedoch betrieblich nicht eingeschränkt.

Die Technik des **Zugsteuergerätes (ZSG)** basiert auf dem bewährten AEG-GEATRAC-System, das

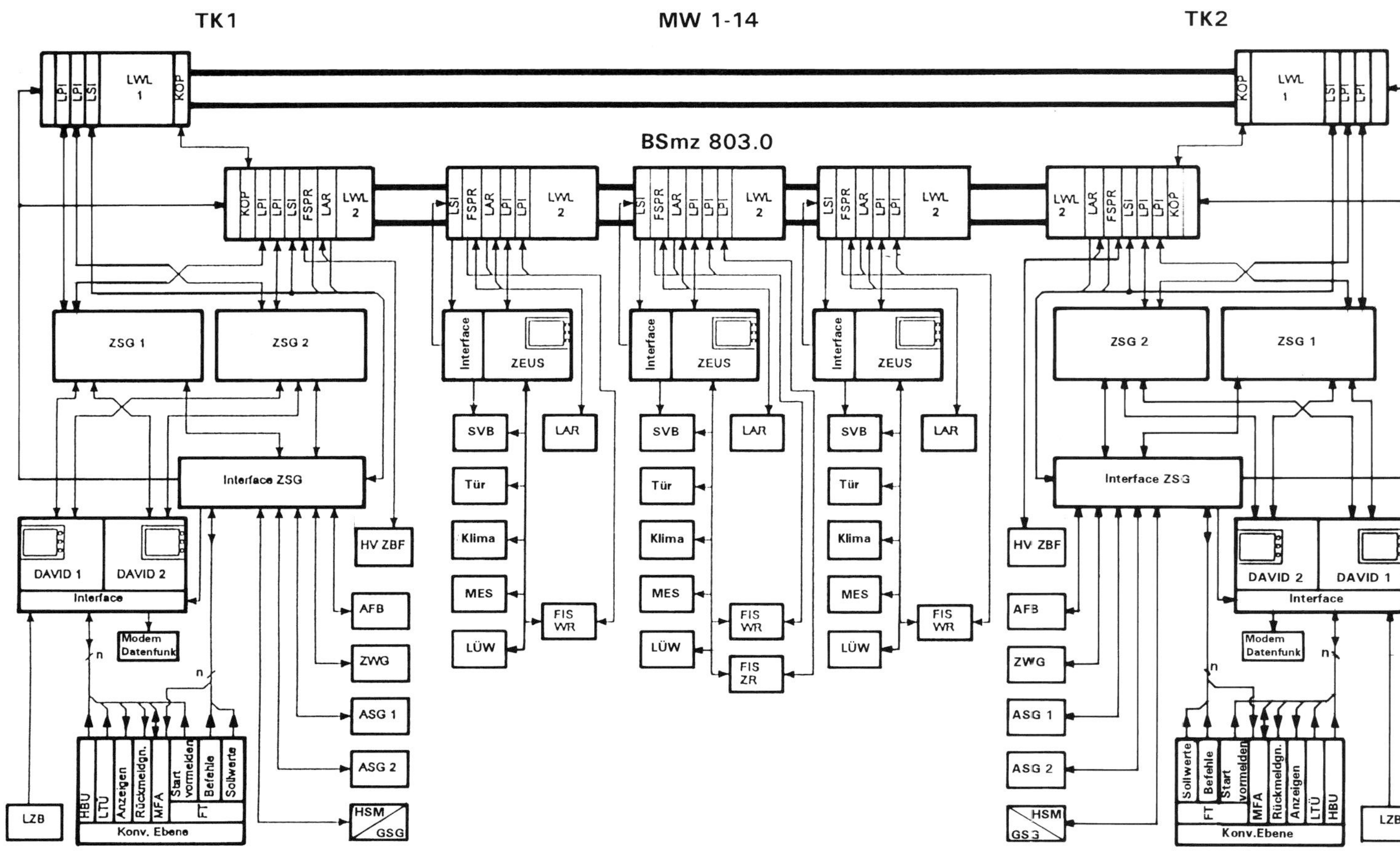

ASG	Antriebssteuergerät
AFB	Automatische Fahr- und Bremssteuerung
DAVID	Diagnose, Aufrüst- und Vorbereitungsdienst mit integrierter Displaysteuerung
FIS	Fahrgast-Informationssystem (Audio-/Videosystem, Telefon mit C-Netz
FT	Führertisch
FSPR	Interface Fernsprecher
GSG	Gleitschutz-Gerät
HBU	Hilfsbetriebe-Umrichter
HSM	Mikroprozessor-Führerbremsanlage
HV ZBF	Hauptverteiler Zugbahnfunk
KOP	LWL-Koppler
Klima	Klimaanlage
LAR	Interface Lautsprecheranlagen in Reisezugwagen
LPI	Lichtwellenleiter-Prozessor-Interface
LSI	Lichtwellenleiter-Signal-Interface
LTÜ	Lagertemperatur-Überwachung
LÜW	Laufzustandsüberwachung
LWL	Lichtwellenleiterstation
LZB	Linienförmige Zugbeeinflussung
MES	Messwert-Erfassungssystem
MFA	Modulares Führerstand-Anzeigesystem
SVB	Signalverarbeitung Bremse
Tür	Türsteuerungsanlage
ZEUS	Zentrale Einrichtung zur Überwachung und Steuerung
ZSG	Zugsteuergerät
ZWG	Zentrale Weg- und Geschwindigkeitserfassung

Die Leittechnik des ICE 1. Abbildung: Quelle Adtranz

nach einer technischen und wirtschaftlichen Optimierung bereits im ICE/V eingesetzt wurde. Das ZSG hat die Aufgabe, Daten von Steuerung und Diagnose für die Geräte der Leittechnik aufzubereiten. Bei der **Zugleitebene** sind dies der Führertisch und die LZB-Daten mittelbar über DAVID. Auf der **Zugsteuerebene** sind dies die Automatische Fahr- und Bremssteuerung (AFB), die Zentrale Weg- und Geschwindigkeitserfassung (ZWG) und DAVID. Die Fahrzeugsteuerebene umfasst die beide Antriebssteuergeräte (ASG), die elektronische Führerbremsanlage (HSM) sowie über den mit Lichtwellenleitern (LWL) ausgerüsteten Zugbus die leittechnischen Einrichtungen des nicht führenden Triebkopfes und die die ZEUS-Einrichtungen der Mittelwagen.

Als zweite Aufgabe übernimmt das ZSG die Überprüfung von so genannten »logischen Zulässigkeiten« wie die Verriegelungen, die Fahr-Bremslogik und die so genannten Unplausibilitäten (gehört schon zum Teil zur »Eigendiagnose«). Als dritte Aufgabe des ZSG wird die Fähigkeit der Mikroprozessoren ausgenutzt, Fehler im eigenen System, bei den peripheren Anwendungen oder in den Schnittstellen aufzudecken, die so genannte Eigendiagnose. Dabei werden nicht nur Fehlermeldungen an DAVID, sondern auch Mitteilungen über den Zustand der Datenwege an alle angeschlossenen Geräte übermittelt, damit diese fallweise Ersatzschaltungen aktivieren können.

Die Zugsteuerung besteht aus zwei identischen in Mikroprozessortechnik ausgeführten Zugsteuergeräten – ZSG 1 und ZSG 2. Normalerweise ist das

im führenden Triebkopf befindliche Steuergerät aktiviert. Dieses koordiniert den gesamten Datenverkehr innerhalb des Zuges, prüft die von den Subsystemen eingehenden Informationen und übermittelt sie nach Prüfung und Auswertung den jeweiligen Empfängern. Über den Soll-Istwert-Vergleich ist somit jederzeit ein Gesamtbild über den Zustand des Triebzuges im ZSG abgelegt, wodurch eine übergeordnete Überwachung gewährleistet ist.
Alle Schaltfunktionen im Führerraum werden im ZSG koordiniert; Befehle die den zweiten, nichtführenden Triebkopf betreffen, werden über den Lichtwellenleiter (LWL) dem ZSG dieses Triebkopfes übermittelt. Über die Verknüpfungen mit den Steuerstromkreisen und den Bedienungsgeräten im Führerraum werden alle vom Lokführer über Schalter und Taster gegebenen Befehle über das ZSG geführt.
Befehle die den unbesetzten Triebkopf betreffen, werden über den LWL an das ZSG dieses Triebkopfes weitergegeben. Auch die Befehle vom Fahrschalter an das Antriebssteuergerät (ASG) werden durch das ZSG auf ihre Zulässigkeit geprüft und erst bei Vorliegen aller Freigabebedingungen über den LWL weitergeleitet. In umgekehrter Richtung werden die Zugkraft-Istwerte zurückgemeldet und dem Tfz-Führer angezeigt.

Antriebssteuerung (ASG)
Wie bereits erwähnt, wurden die Triebköpfe 401 001–020 bzw. 401 501–520 noch mit Traktionsumrichtern (Leistungskreisen) in Thyristor-Technik ausgerüstet, während die Triebköpfe 401 051–090 bzw. 401 551–590 Traktionsumrichter in der leistungsfähigeren GTO-Technik erhielten. Im jeweiligen Triebkopf sind den zwei Leistungskreisen, bestehend aus zwei 4QS und, je nachdem ob die Thyristor- oder GTO-Technik zur Anwendung kommt, zwei bzw. einem PWR zwei identische Antriebssteuergeräte ASG 1 und ASG 2 zugeordnet.
Die Steuerung basiert auf dem bewährten System »SIBAS 16« von Siemens und übernimmt die von der übergeordneten ZSG kommenden Signale für die Steuerung und die vorgegebenen Zug- und Bremskraftwerte für die Fahrmotoren. Diese Daten werden im ASG weiter verarbeitet und in Form von Schaltsignalen an den Traktionsstromrichter, bestehend aus 4QS und PWR, weitergegeben. Die Triebköpfe verfügen über zwei autarke Antriebsanlagen.

Automatische Fahr-/Bremssteuerung (AFB)
Die als selbstständige SIBAS 16-Einheit in die Leittechnik integrierte und in wesentlichen Teilen in Zweikanaltechnik aufgebaute Automatische Fahr-Bremssteuerung (AFB) hat die Aufgabe, die Geschwindigkeitsvorgaben sowohl des Lokführers als auch der LZB elektrisch und pneumatisch für den gesamten Triebzug zu regeln und zu überwachen.
Die Regelung gewährleistet einen komfortablen Fahrbetrieb mit ruckfreiem Anfahren und Einpendeln in die vorgewählte Geschwindigkeit sowie weggeregelte Bremsvorgänge. In Verbindung mit der LZB wird ein weitgehend automatischer Zugbetrieb für Fahr- und Bremsvorgänge ermöglicht.
Die Überwachung erfolgt kontinuierlich und selbsttätig. Sie umfasst das Überfahren einer vorgewählten Sollgeschwindigkeit, das Nichteinhalten der Bremswege bei Vollbremsungen, Abweichungen der Gebersignale und die Funktion der automatischen Prüfprogramme.

Lichtwellenleiter (LWL)
Die beim ICE/V erfolgreich für den Zugbus erprobte Lichtwellenleiter-Technik kommt auch beim ICE 1 für die Datenübertragung innerhalb des Triebzuges zum Einsatz. Der LWL besteht aus zwei Lichtwellenleiterstrecken – LWL 1 für die Befehlsübermittlung der beiden Triebköpfe und LWL 2 für die Verbindung der Datenstationen der Mittelwagen. Jede Strecke setzt sich aus zwei Glasfaserkabeln mit einem Durchmesser von 3,2 mm als Sende- und Empfangsleitung zusammen. Die Datenstationen verwandeln die zur Weitergabe aufbereiteten Informationen in Lichtimpulse.
Die Durchverbindung der beiden LWL-Strecken innerhalb des Zugverbandes erfolgt über die Mittelpufferkupplungen mittels Linsen-Koppelelementen. In den Mittelwagen sind die Datenstationen verknüpft mit der »Zentralen Einrichtung zur Überwachung und Steuerung« (ZEUS) für die Verarbeitung der wagenbezogenen Daten.
Der im führenden Triebkopf für die Koordination des Datenverkehrs als »Master« arbeitende Mikroprozessor steht in engem Kontakt zum ZSG und sendet alle von ihr erhaltenen Informationen an alle LWL-Datenstationen im Zugverband. Der Datenabruf aus den Mittelwagen und dem unbesetzten Triebkopf erfolgt erforderlichenfalls einzeln durch den Master-Mikroprozessor. Die aus den jeweiligen Fahrzeugen übermittelten Daten werden im ZSG ausgewertet. Diese Daten umfassen die Befehle, die Soll- und Istwerte, die Funktionsfähigkeit der Fahrzeuge beeinträchtigende Störungen sowie die von ZEUS ermittelten und aufbereiteten Diagnosedaten. Außerdem aus dem FIS die Lautsprecherdurchsagen, die Fernsprechverbindungen in den Mittelwagenn und Informationen für die in den Einstiegsräumen befindlichen Displays (Geschwindigkeit, momentane Uhrzeit, Ankunftszeit, Ausstiegsseite im Zielbahnhof).
Für den Fall eines Ausfalls einer der Datenstationen des LWL 2 und der damit verbundenen Unterbrechung des LWL sind die beiden Datenstationen der Triebköpfe über einen Datenkoppler mit der jeweils nächsten Mittelwagen-Datenstation verbunden, so dass über den LWL 1 und die beiden Triebköpfe eine Ersatzverbindung zur unterbrochenen Datenstrecke im hinteren Teil des LWL 2 aufgebaut werden kann.

DIAGNOSE
Der ICE-Triebkopf ist ausgerüstet mit dem »Diagnose-, Aufrüst- und Vorbereitungsdienst mit integrierter Displaysteuerung« – kurz DAVID genannt. Die Mittelwagen verfügen über ein eigenständiges Diagnosesystem – die »Zentrale Einrichtung zur Überwachung und Steuerung« (ZEUS). Das Diagnosesystem ist hierarchisch aufgebaut und arbeitet unabhängig von den Steuer- und Regelfunktionen des Triebzuges. Eingriffe in die Fahrzeugfunktionen sind nicht vorgesehen.
Das Diagnosesystem hat die Aufgaben vor Fahrtbeginn die Stillstandsprüfung und den automatischer Aufrüstvorgang einschließlich automatischer Bremsprobe durchzuführen. Während der Fahrt erfolgte die Funktionsdiagnose und in der Werkstatt die Instandhaltungsdiagnose.

Aufrüstungs- und Vorbereitungsdienst
Anlässlich der Betriebsaufnahme des InterCityExpress 1991 machte die Deutsche Bundesbahn auf den innovativen Charakter des neuen Fernverkehrs-Produktes aufmerksam. Eine dieser Innovationen wurde von der DB mit dem Slogan umschrieben: »Der Zug, der früher aufsteht als sein Lokführer.« Damit wurde der von DAVID durchgeführte automatische Vorbereitungsdienst des ICE-Triebzugs für den nächsten Einsatz umschrieben. Dieser Vorgang umfasst das Aufrüsten des Triebzugs bzw. die Stillstandsprüfung bei einem aufgerüstet abgestellten Triebzug, das Vorklimatisieren von Führerstand und Wagen, die volle Bremsprobe und die Bremsberechnung.
Dieses erstmals im ICE 1 verwendete System ist es Wert, etwas eingehender betrachtet zu werden: Bisher wurde dieser Vorbereitungsdienst bei den bekannten E-Triebzügen wie denen der Baureihen 403 und 420 vom Tfz-Führer manuell durchgeführt. Die so genannte volle Bremsprobe kann, insbesondere bei langen Triebzugeinheiten, sehr Zeit raubend und aufwändig sein, da der Tfz-Führer das erfolgte Anlegen und Lösen der Bremse an jedem Wagen durch Augenschein prüfen muss. Der Wunsch der DB AG nach einer Lösung, bei der der Tfz-Führer einen fertig vorbereiteten Zug vorfindet, ist bei einer Zuglänge von maximal 16 möglichen Einheiten einschließlich der Triebköpfe nur zu verständlich. Da DAVID ohnehin über den Diagnosespeicher über alle Störungen innerhalb des Zugverbandes informiert ist, bot es sich an, den Vorbereitungsdienst über DAVID erfolgen zu lassen.

Da in den meisten Fällen die ICE-Triebzüge während den Wendezeiten schon deshalb aufgerüstet abgestellt werden, um die Vorräte in den Kühlschränken des Servicewagens und des Mitropa-Abteils nicht zu Schaden kommen zu lassen, werden die wesentlichsten Vorgänge am Beispiel eines aufgerüstet abzustellenden Triebzugs dargestellt.

»Aufgerüstet abgestellt« bedeutet mit angelegtem Stromabnehmer, eingeschaltetem Hauptschalter und spannungsführenden Zugsammelschienen. Hierzu hat der Tfz-Führer den Fahrtrichtungsschalter in die Mittelstellung zu legen und einen an der Führerraum-Rückwand befindlichen und entsprechend gekennzeichneten Leuchttaster zu betätigen. Ohne die Einstellung des Richtungsschalters bleibt die Betätigung des Drucktasters aus Sicherheitsgründen wirkungslos. Das System führt danach folgende Handlungen in der aufgeführten Reihenfolge durch:

1. Anlegen der Federspeicherbremsen (Parkbremse).
2. Ausschalten des Hauptschalters, da das nachfolgende Abtrennen der Traktionsstromrichter nur im spannungslosen Zustand erfolgen darf.
3. Die Traktionsstromrichter werden vom Transformator abgetrennt. Dadurch entladen sich die Zwischenkreise und werden spannungslos.
4. Die Hilfsbetriebe-Umrichter HBU 1 und 2 erhalten den Befehl, die traktionsbezogenen Lüftermotoren abzuschalten.
5. Die vom HBU 3 betriebenen Kleinlüfter und die Druckschutzventilatoren der Führerraum-Klimaanlage werden abgeschaltet.
6. Die Führerraum-Klimaanlage wird abgeschaltet.
7. Der HBU 3 erhält den Befehl die verbleibenden Hilfsbetriebe nach dem Wiedereinschalten des Hauptschalters mit zwei Dritteln der Normaldrehzahl zu betreiben.
8. Die Hauptluftbehälterleitung (HBL) wird durch das Abschließen eines Absperrventils in beiden Triebköpfen von den Hauptluftbehältern abgehängt.

Ein Dauerlicht im Leuchttaster zeigt dem Tfz-Führer, dass DAVID das Verfahren »Aufgerüstet abgestellt« abgeschlossen hat. Anschließend gibt der Tfz-Führer im linken Display über ein entsprechendes Eingabemenü den nächsten Übergabetermin ein. Für den Fall eines während der Abstellzeit auftretenden Defekts, der die Bereitstellung des Triebzugs verhindert, kann sich der Triebzug über die ebenfalls eingegebene Zugnummer oder ersatzweise die Nummer des Abstellgleises beim zuständigen Disponenten in der Einsatzzentrale melden. Schließlich sperrt der Tfz-Führer das Führerbremsventil mit dem Schlüsselschalter ab und stellt den Fahrtrichtungsschalter von der Mittelstellung in die Nullstellung um. Der Schlüssel wird abgezogen. Hierdurch ist es möglich, den Triebzug vom anderen Triebkopf aus in Betrieb zu nehmen.

Nachdem der Fahrtrichtungsschalter in die Nullstellung gebracht wurde, leuchten auch am führenden Triebkopf die Schlusssignale. Der aufgerüstet abgestellte Triebzug wird daraufhin kontinuierlich von DAVID überwacht. Auftretende Störungen werden über den LWL erfasst und per Datentelegramm gemeldet. Fallweise kann DAVID selbsttätig den Hauptschalter ausschalten, wenn die Sicherheit dies erforderlich machen sollte.

Die automatische Vorbereitung des aufgerüstet abgestellten Triebzugs beginnt etwa zwei Stunden vor der im Display eingegebenen Übernahmezeit mit dem Einschalten der Führerraum-Klimaanlage. Im Anschluss daran erhält die zentrale Bremssteuerung (HSM) den Befehl mit der Bremsprobe zu beginnen. Diese dauert ca. 15 Minuten und umfasst nacheinander die Durchgangsprüfung der Hauptluftbehälterleitung (HBL), die Funktionsprüfung der beiden Luftpresser, die Dichtheitsprüfung der Hauptluftleitung (HL), die Zustandsprüfung der Federspeicherbremsen in den Triebköpfen sowie die Handbremsen in den Mittelwagen, die Funktionsprüfung der durchgehenden Luftdruckbremse mit gleichzeitiger Prüfung der Gleitschutzeinrichtungen, die Funktionsprüfung der Mg-Bremse und die Ermittlung der wirksamen bei der Bremsberechnung zu berücksichtigenden Bremseinrichtungen.

Nach diesem Vorgang ermittelt die Bremssteuerelektronik (HSM) im führenden Triebkopf auf Grund der Ergebnisse der Bremsprobe die Anzahl der wirksamen Bremseinrichtungen und übermittelt diese DAVID zur Bremsberechnung und Feststellung der Bremshundertstel. Hierbei werden zwei Berechnungen durchgeführt – eine unter Berücksichtigung und eine ohne Berücksichtigung der elektrischen Netzbremse. Diese Vorgehensweise ist insbesondere erforderlich, da die Netzbremse auf Grund der abgeschalteten Stromrichter bei der Bremsprobe nicht berücksichtigt werden kann. Das Ergebnis der Bremsberechnung erscheint im linken Display. Im rechten Display kann der Tfz-Führer beim Dienstantritt Informationen über den Zustand der Bremsanlage abfragen.

Zum Schluss der Vorbereitung werden die Fahrgasträume vorklimatisiert. Wenn der Tfz-Führer zum vorgegebenen Übergabetermin auf einem der Triebköpfe erscheint, kann er dem linken Display entnehmen, dass der Vorbereitungsdienst erfolgreich abgeschlossen wurde und der Zug übernommen werden kann.

Die Übergabe erfolgt dann durch das Umstellen des Fahrtrichtungsschalters aus der Nullstellung, wonach DAVID den Vorbereitungsdienst einstellt. Der Triebzug wird durch das Betätigen des Tasters »Fahren« an der Führerraum-Rückwand wieder in fahrbereiten Zustand versetzt, in dem alle vorstehend umschriebenen Vorgänge zum Abstellen wieder rückgängig gemacht werden.

Nach dem Wiedereinschalten des Hauptschalters – dieser wird bekanntermaßen kurzzeitig abgeschaltet – durch den Tfz-Führer werden auch die Zwischenkreise der Traktionsstromrichter wieder reaktiviert. Anschließend kann der Tfz-Führer die noch ausstehende Prüfung der Netzbremse vornehmen. Dazu wird der Fahrschalter aus der Nullstellung in die Stellung »Fahren« gebracht, wodurch die Antriebssteuergeräte den Befehl erhalten, die Stromrichter zu takten und nunmehr eine Aussage über die Wirksamkeit der Netzbremsen aller vier Triebdrehgestelle möglich ist. Nach einem positiven Prüfergebniss aktualisiert DAVID die Bremsberechnungen und berücksichtigt nun endgültig die Berechnung unter Berücksichtigung der elektrischen Netzbremse. Dieses Ergebnis wird im Display dargestellt.

Ferner hat der Tfz-Führer eine Funktionsprüfung des Führerbremsventils durchzuführen – einmal ohne und einmal mit Beteiligung der HSM-Bremssteuerung.

Vor der Triebzug sein Abstellgleis verlässt, hat der Tfz-Führer eine Funktionsprüfung LZB/PZB und der AFB. Diese Prüfungen laufen automatisch nach einem entsprechenden Schaltvorgang ab. Anschließend folgt die Überprüfung aller Leuchtmelder auf der Anzeige- und Bedientafel an der Führerraum-Rückwand und das Ausfüllen des Tagesbremszettels entsprechend dem Ergebnis der Bremsberechnung, eventuell unter Angabe der nicht wirksamen Bremseinrichtungen im Zug. Nun gibt der Tfz-Führer die Bremshundertstel am Zugdateneinstellgerät im Maschinenraum ein – mit dem Betätigen der Übergabetaste werden die Zugdaten zur Bremskurvenberechnung an die LZB übertragen. Abschließend stehen die Beschriftung des LZB/PZB-Schreibstreifens für die Geschwindigkeits-Weg-Aufzeichnung im Registriergerät, das Bereitlegen des Buchfahrplans, die Eingabe des ZF-Kanals und der Zugnummer am ZF-Gerät einschließlich der Anmeldung bei der Streckenzentrale und die Prüfung der Makrophone mittels Achtungspfiff an.

Funktionsdiagnose

Die Diagnosestruktur besteht u.a. aus den Ebenen Zugdiagnose (DAVID), Fahrzeugdiagnose (ZEUS) und Subsystem-Diagnose. Jeder Triebkopf verfügt über zwei redundante DAVID-Systeme mit jeweils einem MICAS-S-Rechner und jeweils einem Display mit integrierter Tastatur auf dem Führerpult. Die mit Mikroprozessoren ausgestatteten Subsysteme der wesentlichen Komponenten von Triebkopf und Mittelwagen bilden im Störungsfalle Diagnosedaten, die im betroffenen Subsystem

abgespeichert und DAVID übermittelt werden. Ebenso übermittelt ZEUS die ermittelten Diagnosedaten an DAVID. Die Fahrzeuginterne Datenkonzentration wird in den Fahrzeugrechnern DAVID für den Triebkopf unter »Betriebsdaten« und ZEUS für die Mittelwagen unter »Zugbegleit- und Wagenmeisterdienst« abgelegt.
Das Diagnosesystem übernimmt mehrere Funktionen. Es erstellt die Datenverbindungen zwischen den Subsystemen und dem Fahrzeugdiagnosegerät. Weiterhin erfolgt die Zugdiagnose mit Datenverbindung über den LWL der Zugsteuerung. Dabei werden ausgewählte Diagnosesignale des Zugverbandes, also beider Diagnosesysteme wie z.B. Bremssteuerung oder Türsteuerung, im Speicher des DAVID-Triebkopfgerätes abgelegt und, falls für die Betriebsführung erforderlich, auf dem Führerstands-Display gezeigt. Die für die Instandhaltung notwendigen Informationen werden für eine spätere Datenausgabe gesammelt. Zudem kann der Zugbegleiter (Zub) über vorgegebene Codes Defekte manuell eingeben wie z.B. zerbrochene Glasscheiben. Das Diagnosesystem überwacht ebenfalls die Lagertemperatur der Hohlwellen- und Fahrmotorlager sowie das Laufwerk. Das Speichern, Verwalten und Abgleichen der Diagnosedaten zwecks Erstellung einer zentralen Triebkopf- und Zugdiagnose gehört ebenfalls zu den Aufgaben des System. Es zeigt auf der Anzeige- und Bedientafel an der Führerraum-Rückwand die Betriebszustände des Zuges an. Das Diagnosesystem erledigt auch die Datenfernübertragung. Hierzu wird etwa eine Stunde vor dem Erreichen eines Endbahnhofs mit einem ICE-Werk (z.Zt. Hamburg-Eidelstedt, München-Laim, Frankfurt a. M.-Griesheim und Berlin-Rummelsburg) an festgelegten Übertragungspunkten die im Rechner aufgestellte Störungsliste über Funk der Abteilung »Arbeitsvorbereitung« der betreffenden Werkes übermittelt, so dass die Vorbereitungen für die Instandhaltung umgehend anlaufen können. Siehe hierzu das Kapitel »Fazit und Zukunft des ICE«.

FAHRGAST-INFORMATIONSSYSTEM (FIS)

Das Fahrgastinformationssystem des ICE 1 umfasst die inneren Wagenanzeigen mit Zuglauf und sonstige sachdienliche Informationen, das Beschallungssystem, das Zub-Rufsystem (Serviceruf nur in der 1. Klasse), den europäischen Funkruf, das Audiosystem an allen Sitzplätzen, das Videosystem an den Reihensitzen in den Großraumabteilen der Wagen 3 und 11, die Kommunikationsmöglichkeit zwischen Lokführer und Zugpersonal sowie die Kartentelefone. Die Kartentelefone waren bei Redaktionsschluß vorübergehend abgeschaltet wegen der zu erwartenden Umstellung auf das D-Netz. Die FIS-Zentrale ist im Zub-Abteil des Wagens 9 (BSmz 803). In der Zentrale befinden sich der zentrale FIS-Rechner mit Bedientableau und Drucker sowie die Abspielgeräte für Audio- und Videokonserven und Empfangsgeräte für UKW.
In den für den Video-Empfang vorbereiteten Sitzen sind 5,7 Zoll große LCD-Flachschirme eingebaut. Schwenkrahmen ermöglichen den Ausgleich bei wechselnder Lehnenneigung. Jeder Monitor verfügt über zwei Bedienelemente für Programmwahl und Helligkeit. Der Videoton kommt über das sitzplatzbezogene Audiomodul. Mit Ausnahme der Audio- und Video-Anlagen nutzt das FIS den LWL 2. Für Audio und Video ist ein eigenes Koaxialkabel verlegt.

Der ICE 1 im Betrieb

Mit Beginn des Sommerfahrplans im Juni 1991 wurde der Betrieb auf der ersten ICE-Strecke, der Linie 6[1] Hamburg–Fulda–Frankfurt a. M.– Mannheim–Stuttgart–München aufgenommen. Für diesen Einsatz standen 23 ICE-Züge zur Verfügung. Zunächst bereitete die teilweise völlig neue Technik in den ersten Tagen nach der Betriebsaufnahme einiges Kopfzerbrechen, aber über dies Probleme sprach nach relativ kurzer Zeit niemand mehr.
Insbesondere die neuentwickelten Komponenten wie das Triebdrehgestell mit querentkoppeltem Antrieb, die Drehstrom-Antriebstechnik mit Asynchron-Fahrmotoren und elektronischen Steuerungssystemen, die FCKW-freien Kühlmittel der Stromrichter, die Datenübertragung über Lichtwellenleiter (LWL) mit Datenvormeldung über Funk an das ICE-Werk Hamburg-Eidelstedt und das Druckschutzsystem des ICE mit Druckschutz-Ventilatoren und -Ventile haben sich bewährt. Auch die druckgeschützten Übergänge, deren gute Schallschutzwerte es erlauben die Übergangstüren während der Fahrt geöffnet zu lassen, was die durchgehende Begehbarkeit innerhalb des Zuges ungemein erleichtert, haben sich während des intensiven Betriebs bewährt.
Inzwischen ist der ICE aus dem Fernverkehr der Deutschen Bahn AG nicht mehr wegzudenken. Wie bereits angedeutet, dürfte die Flottenleistung der ersten Generation des ICE bereits rund 250–280 Millionen Kilometer betragen! Dies bedeutet immerhin, dass jeder Triebzug jährlich rund 500.000 km im Jahr zurücklegen muss! Leider wurde dieser Tatsache in der Öffentlichkeit bisher wenig Aufmerksamkeit geschenkt – umso mehr jedoch nach der Katastrophe von Eschede, nach sieben Jahren störungsfreiem Betrieb, jeder einzelnen technischne Störung.
Obwohl ursprünglich vorgesehen, das geplante ICE-Netz in seiner Gesamtheit in Betrieb zu nehmen, zwangen Terminverschiebungen bei der Fertigstellung der Strecken und der Fahrzeuge zu einer stufenweisen Inbetriebnahme. Mit der Indienststellung weiterer ICE-Garnituren wurden

1 Bis 2001 haben sich die Liniennummern mehrmals geändert.

Lange vor der offiziellen Inbetriebnahme der ICE-Triebzüge fanden ausgedehnte Testfahrten statt. Hier ein Messzug bestehend aus zwei Triebköpfen des ICE 1, drei Messwagen und einer Bremslokomotive der Baureihe 103 auf der NBS Hannover–Würzburg im Oktober 1990. Die rot-weiße Stange am vorderen Triebkopf ist ein so genanntes Staurohr, mit dessen Hilfe Druckmessungen in den Tunnel durchgeführt wurden. Foto: DB AG

nach und nach die Linie 4 Hamburg–Fulda–Würzburg–München (Juni 1992), die Linie 3 (teilweise) Bremen/Hamburg–Fulda–Frankfurt–Karlsruhe–Basel (SBB) (September 1992) sowie die Linien 3 (vollständig) und 6 Berlin–Fulda–Frankfurt–Stuttgart–München (Juni 1993) eröffnet. Mit der Inbetriebnahme der ersten ICE-2-Triebzüge Ende 1996 umfasste das ICE-Netz die folgenden Linien:

- 2 (Kiel–) Hamburg–Fulda–Frankfurt–Mannheim– Stuttgart/Basel mit einzelnen Durchverbindungen nach Zürich und Interlaken,
- 3 Hamburg/Bremen–Fulda–Würzburg–München, mit einem Zugpaar (ICE 90/91) ab Würzburg über Nürnberg und Passau bis Wien Westbf,
- 5 Berlin–Hannover–Hamm–Wuppertal/Essen–Köln–Koblenz,
- 6 Berlin–Braunschweig–Fulda–Frankfurt–Mannheim–München,
- 8 Berlin–Leipzig–München
- 9 Hamburg–Berlin.

ICE 1 auf Demo-Tour in USA, hier mit Amtrak-Beschriftung vor der Skyline von San Francisco. Foto: Siemens

Der »ice-train«

Erwähnenswert ist der Einsatz einer ICE 1-Garnitur zu Demonstrationszwecken in den Vereinigten Staaten. Auf Grund des wachsenden Interesses in den USA für den HGV wurden zuvor dem ICE Demonstrationsfahrten mit einer Talgo-Garnitur (1988) und einer Einheit des schwedischen X2000 (1992/93) statt. Eine weitere denkbare Lösung für einen HGV stellten Siemens und AEG mit einem von der DB geleasten ICE 1-Triebzug vor. Der Triebzug setzte sich aus den beiden Triebköpfen 401 084/584 sowie einem Mittelwagen 1. Klasse Avmz 801, drei Mittelwagen 2. Klasse Bvmz 802, einem Mittelwagen 2. Klasse BSmz 803 sowie einem Servicewagen WSmz 804 zusammen. Dazu wurden im April und Mai 1993 die beiden Triebköpfe für den Einsatz im Nord-Ost-Korridor der USA vorbereitet. Dazu gehörte u.a. die Umstellung des Zuges auf eine Oberleitungsspannung von 12 kV 25 Hz. Diese Änderung wurde in der Hauptsache an der Software der Traktionssteuerung vorgenommen, so dass kein neuer Transformator erforderlich wurde. Zwar verringert sich dadurch die Leistung um rund 30%, doch durch die kürzere Zuglänge und im im Hinblick auf die Streckenverhältnisse in dem Nord-Ost-Korridor war die Leistung mehr als ausreichend. Weiterhin erhielt der Zug eine Führerraumsignalierung und Geschwindigkeitssteuerung mit Originalgeräten der Amtrak sowie einen von der Amtrak gestellten Stromabnehmer. In weiteren Details musste der Zug den von der Federal Railroad Administration (FRA) vorgegebenen Sicherheitsvorschriften angepasst werden. In der zweiten Junihälfte erfolgte schließlich der Transport in die USA, wo der ICE am 29. Juli 1993 im Union-Pacific-Bahnhof von Washington D.C. der Öffentlichkeit präsentiert wurde.

Bis zum September 1993 wurde der Triebzug in rund 50 Städten, u.a. Detroit, Chicago, St. Louis, Milwaukee, Los Angeles, San Francisco, Portland gezeigt. Dabei hatte die Bevölkerung Gelegenheit, den Zug zu besichtigen. Auch wurden »special guests« zu Demonstrationsfahrten eingeladen. Vom Oktober bis Mitte Dezember wurde der Zug einmal täglich planmäßig als »Metroliner« von Washington D.C. nach New York und zurück eingesetzt. Auf Grund des Schriftzuges und seiner hellen Farbe erhielt der Triebzug in der Bevolkerung schnell den Beinamen »ice-train«.

AIRail

Jeder Eisenbahnfreund wird sich noch an den »Lufthansa-Express« erinnern, der von März 1981 an zunächst zwischen Köln Hbf, ein Jahr später ab Düsseldorf-Flughafen, und dem Frankfurter Flughafen pendelte. Zum Einsatz kamen die Triebzüge Baureihe 403 in Lufthansa-Ausstattung. Als die Auslastung der Züge die 50-Prozent-Marke überstieg, wurde eine weitere Version des »Lufthansa-Express« eingesetzt. Diese verkehrte von Mai 1990 an zwischen Stuttgart Hbf und dem Frankfurter Flughafen. Zum Einsatz kamen lokbespannte Züge mit drei so genannten Eurofimawagen der Gattung Avmz[107], die mit Elloks der BR 111 und nach Fertigstellung der NBS Stuttgart–Mannheim mit der BR 103 bespannt wurden. Auch diese Fahrzeuge erhielten die Lufthansa-Ausstattung. Die Fahrzeit von Stuttgart zum Frankfurter Flughafen betrug damals statt 120 nur 90 Minuten. Die Züge und das Zugpersonal wurden von der Deutschen Lufthansa bei der Bundesbahn gemietet. Der Bordservice wurde von Lufthansa-Personal übernommen und entsprach dem Standard im Flugzeug. Aufgrund der angespannten Finanzlage und den rückläufigen Fahr- bzw. Fluggastzahlen stellte die Lufthansa den Betrieb auf beiden Verbindungen zum 22. Mai 1993 ein. Stattdessen fuhren die Fluggäste in nomalen IC-Zügen in der 1. und 2. Klasse mit einer speziellen Reservierung. Die Züge hielten im heutigen so genannten »Regiobahnhof« des Frankfurter Flughafens.

Als sich die Inbetriebnahme des neuen Flughafen-Fernbahnhofs im Zuge der NBS Köln–Frankfurt am Main zum 30. Mai 1999 abzeichnete, gab es erste Gespräche zwischen DB AG, Deutsche Lufthansa und der Frankfurter Flughafengesellschaft »Fraport«, wie eine Renaissance des Lufthansa-Express, besonders zwischen Stuttgart und Frankfurt aussehen könnte. Es galt, den defizitären Luftverkehr zwischen beiden Städten zu ersetzen und gleichzeitig dem Fluggast ein attraktives Angebot zu machen. Hierbei spielte auch die Tatsache eine Rolle, dass der Anteil der Fluggäste in den DB-Zügen auf dieser Verbindung von 7 % im Jahr 1998 auf 16 % im Jahr 2000 gestiegen ist. Am 1. März 2001 wurde unter der Bezeichnung »AIRail« die neue Verbindung aus der Taufe gehoben.

Dazu richtete die DB im Stuttgarter Hauptbahnhof, wo einmal die Gepäckaufbewahrung und die Expressgutannahme waren, ein Abfertigungszentrum ein, wo der Fluggast sich bis 20 Minuten vor der Abfahrt des Zuges einchecken kann. Er erhält dabei Bordkarten mit Platzreservierung bis zum Zielflughafen, einschließlich der Zugfahrt.

Wagen 1 vor Umbau AIRail (66 Plätze)

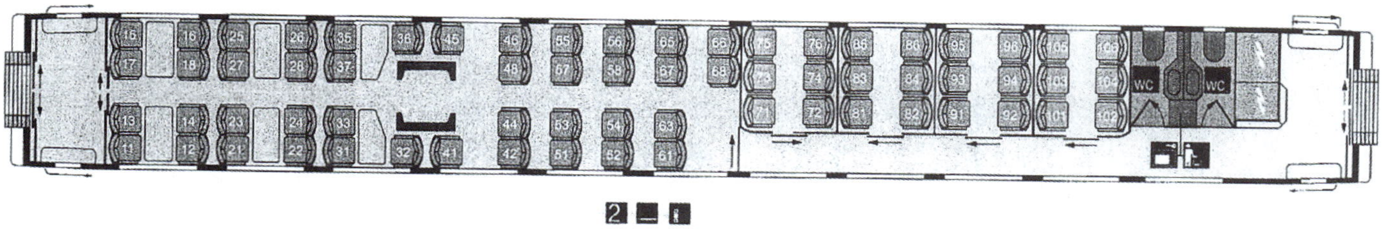

Wagen 1 nach beschlossenem AIRail-Konzept (52 Plätze)

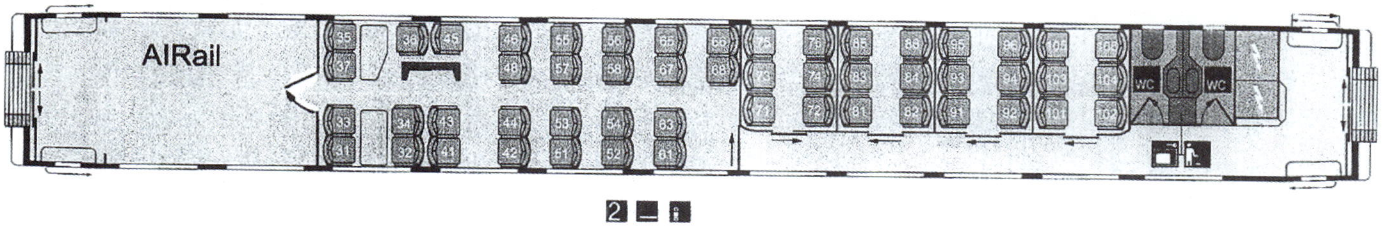

Änderungsmaßnahmen am Wagen 1 (Bvmz 802.8) für AIRail. Abbildung: ALSTOM LHB

Reihung ausgewälter ICE-Züge

ICE 995 »Ernst Bloch« Wiesbaden–München (Abfahrt Stuttgart Hbf am 22. November 2000 um 8.12 Uhr)							
	TK	801.8-T/R	801.0	801.0-V	804.0-B	803.0-S	802.0
	802.0	802.3	802.4	802.3-V	802.6	802.9-R	TK
ICE 894 »Theodor Fontane« München–Berlin Ostbahnhof (Abfahrt Stuttgart Hbf am 22. November 2000 um 8.51 Uhr)							
	TK	801.8-T/R	801.0	801.0-V	804.0-B	803.0-S	802.9
	802.0	802.3	802.3	802.3-V	802.6	802.8-R	TK
ICE 997 »Friedrich List« Hannover–München (Abfahrt Stuttgart Hbf am 22. November 2000 um 9.12 Uhr)							
	TK	801.8-T/R	801.0	801.0-V	804.0-B	803.0-S	802.0
	802.0	802.3	802.3	802.3-V	802.6	802.8-R	TK
ICE 670 »Karl Jaspers« Stuttgart–Hamburg-Altona (Abfahrt Stuttgart Hbf am 22. November 2000 um 9.25 Uhr)							
	TK	801.8-T/R	801.0	801.0-V	804.0-B	803.0-S	802.9
	802.0	802.3	802.3	802.3-V	802.6	802.8-R[1]	TK
ICE 578 »Heinrich Hoffmann« Stuttgart–Kiel (Abfahrt Stuttgart Hbf am 15. Januar 2001 um 11.25 Uhr)							
	TK	801.8-T/R	801.0	801.0-V	801.4	804.0-B	803.0-S
802.0	802.3	802.3	802.3-V	802.6	802.8-R[1]	TK	
ICE 576 »Roswitha von Gandersheim« Stuttgart–Hamburg-Altona (Abfahrt Stuttgart Hbf am 15. Januar 2001 um 13.25 Uhr)							
	TK	801.8-T/R	801.4	801.0-V[1]	804.0-B	803.0-S	802.0
	802.0	802.3	802.3-V	802.4	802.8-R[2]	TK	

[1] Ab 1. März 2001 mit AIRail-Gepäckabteil.
[2] Trotz Ankündigung am Wagenstandsanzeiger nicht eingereiht.

B = Bordrestaurant, R = Raucherwagen, S = Servicewagen (+T), T = Telefon, V = Video

Ein Blick in den Frachtraum im ICE-Wagen 1 (Bvmz 802.8): Im Hintergrund ist die Verbindungstür zum Großraum der 2. Klasse zu sehen. Foto: Riechers

Auch das Gepäck muss bis zum Abflug nicht mehr angefasst werden.

Eingesetzt wurden zunächst sechs, ab Fahrplanwechsel im Juni 2001 sieben ICE-Zugpaare im Zwei-Stunden-Takt der Verbindung Stuttgart–Hamburg-Altona. Neben der ICE-Zugnummer führt der Zug auch ein LH-Flugnummer – z.B. ICE 670/LH 9385.

Für die Fluggäste ist der Wagen 12 (1. Klasse) von Stuttgart bis Frankfurt am Main und umgekehrt fest reserviert. Bahnkunden haben auf diesem Streckenabschnitt keinen Zutritt – darauf weisen gelbe Schilder hin, die an den Zugängen angebracht sind. Während der Fahrt wird der Bordservice nach LH-Art durchgeführt mit speziell ausgebildetem Mitropa-Personal und Trolleys die nach LH-Muster beschafft wurden. Der Bordservice entspricht der Businessclass auf innerdeutschen Flügen und umfasst kostenlose Tageszeitungen und Illustrierte, Getränke sowie kleine Snacks.

Das Gepäck wird während des Eincheckens in speziellen Containern verpackt, die 15 Minuten vor Abfahrt des Zuges zum Bahnsteig gebracht werden. Für den Transport dieser Container erhielt der Wagen 1, ein Raucherwagen Bvmz 802.8, einen Frachtraum für sechs Container, wofür 14 Sitzplätze ausgebaut werden mussten. Dazu wurden bei ALSTOM-LHB 21 Wagen entsprechend umgebaut, so dass für den AIRail-Service insgesamt 21 Garnituren des ICE 1 zur Verfügung stehen.

Der Umbau erfolgte im Bereich des Wagenendes 2 und umfasste den Ausbau der Glasschiebetür und Trennwand, der ersten vier Sitzreihen mit acht Plätzen, vier Rechtecktische sowie vier Gepäckablagen. Weiterhin wurden die Teppichböden im Einstiegsraum und im Fahrgastraum bis zur fünften Sitzreihe entfernt. Anschließend wurden die Wagen mit Fußbodenplatten aus nicht rostendem Stahl mit Antirutsch-Belag, einer Trennwand mit Drehtür zwischen Frachtraum und dem verbleibendem Fahrgastraum sowie einer mechanischen Notentriegelung für die Drehtür in der Trennwand, gekoppelt mit einem akustischen Warnmelder ausgerüstet. Weiterhin wurde bei ALSTOM-LHB ein Befestigungssystem mit Spezialklammern zum Arretieren der Container, ein neues Leuchtenband auf Höhe der ehemaligen Gepäckablage, vier Deckenspots im Deckenspiegel und einen Rammschutz an den Wänden ein. Der grüne »Tür auf«-Drucktaster an den beiden Einstiegstüren wurde durch einen Schlüsselschalter ersetzt und mit dem roten »Tür zu«-Drucktaster vertauscht. Der Notbremsschalter und der Temperaturfühler über der ausgebauten Glastür sitzen nun auf dem Deckensturz der neuen Trennwand.

Auch der verbleibende Fahrgastraum wurde modifiziert: Durch den Ausbau einer Garderobe konnten zwei Einzelsitze gegen zwei der ausgebauten Doppelsitze ausgetauscht und ein Rechtecktisch eingebaut werden.

Das Be- und Entladen der Container erfolgt über Rampen und kann beim Zwischenstopp in Frankfurt Flughafen-Fernbahnhof innerhalb der Haltezeit von vier Minuten durchgeführt werden. In der Gegenrichtung von Frankfurt nach Stuttgart (das Ziel heißt jetzt Stuttgart City – Kürzel STR-ZWS), wird umgekehrt verfahren. Bereits in Hamburg sind die Zettel mit den ab Frankfurt reservierten Lufthansa-Plätzen angebracht und während der Fahrt zwischen Frankfurt Hbf und Flughafen-Fernbahnhof prüfen die Zugbegleiter, ob sich noch Reisende im Wagen befinden. Auch das Mitropa-Team steigt in Frankfurt Hbf zu.

Nach Ankunft in Stuttgart kann der Fluggast seinen Koffer in der Gepäckausgabe des Abfertigungszentrums abholen, eventuell erst nach erfolgter Zollkontrolle.

Verladung des Gepäck-Containers in Frankfurt-Flughafen-Fernbahnhof. Foto: DB AG

Der ICE 2 – Die zweite Generation eines erfolgreichen Konzeptes

Konzeptphase und Auftragserteilung

Nach der Aufnahme des ICE-Betriebs im Juni 1991 erfreute sich das neue Angebot rapide steigender Fahrgastzahlen. Bis Juni 1993 waren alle vier geplanten ICE-Linien sowie die bestellten 60 Triebzüge in Betrieb. Nach Angaben der Deutschen Bahn AG wurden 1993 allein im ICE-Verkehr rund 22 Millionen Fahrgäste befördert, was einer Leistung von ca. 64.000 Reisenden pro Werktag entspricht. Die Einnahmen beliefen sich auf etwa 1,073 Milliarden DM.
Da sich bereits frühzeitig abzeichnete, dass auf Grund der weiteren Netzplanung – insbesondere nach der für 1997/1998 vorgesehenen Inbetriebnahme der Neubaustrecke (NBS) Berlin–Hannover – Bedarf für weitere Triebzüge bestand, erstellten die Entwicklungsabteilungen der DB bereits 1992 eine erste Projektstudie für eine zweite Generation des ICE, folgerichtig ICE 2 genannt. Bei der Konzipierung dieses ICE 2, anfangs noch wie der ICE 1 als Langzug geplant, sollten die Erfahrungen einfließen, die im Praxisbetrieb mit der ersten Generation gemacht wurden. Dabei standen die Gewichtsreduzierung je Mittelwagen um mindestens 5 t, eine Kostensenkung durch vereinfachte Ausstattung und Ausstattungselemente sowie die Verbesserung der Fahreigenschaften durch die Anwendung der Luftfederung im Vordergrund.
Ferner wurden Vergleiche zwischen der bekannten Langzugkonzeption mit zwei Triebköpfen und zwölf Mittelwagen und zwei Kurzzug-Konzepten mit jeweils einem Triebkopf und einem Steuerwagen sowie fünf bzw. sechs Mittelwagen angestellt. Diese Kurzzug-Varianten waren deshalb interessant, weil daran gedacht wurde, Verbindungen von Berlin aus mit Flügelzügen zu realisieren, z. B. in das Rheinland oder nach Bremen sollte mit Flügelzügen gefahren werden. Bei diesem Vergleich stellte sich die Variante »*Kurzzug mit sechs Mittelwagen*« als die wirtschaftlich günstigste heraus, da sie die höchste Auslastung bei der geringsten Zahl der zu beschaffenden Zugeinheiten versprach. Die im Oktober 1992 fertig gestellte Spezifikation »ICE 2« bezog sich folgerichtig auf diese Variante, wobei die Möglichkeit, einen Kurzzug (Triebkopf + fünf Mittelwagen + Steuerwagen) und einen Langzug (Triebkopf + maximal 14 Mittelwagen + Triebkopf) aus dieser Variante zu bilden, vorbehalten bleiben sollte.
Anhand dieser Spezifikation erfolgte, ebenfalls noch im Oktober, die Einladung an die Industrie zur Abgabe von Angeboten. Allerdings hatten die Bewerber das Projekt als Generalunternehmer sozusagen »schlüsselfertig« abzuwickeln.
Ende Januar 1993 lagen die entsprechenden Angebote vor. Im August 1993 erteilte die DB der Arbeitsgemeinschaft Siemens/AEG einen »Letter of Intend« über die Lieferung von insgesamt 60 Triebzügen. Der Vertragsabschluss erfolgte im Dezember 1993 und sah die Lieferung von 44 kompletten Kurzzügen des ICE 2 vor. Jeder Zug sollte aus einem Triebkopf der Baureihe 402.0, einem 1. Klassewagen der Baureihe 805.0[1], einem 1. Klassewagen der Baureihe 805.3, einem Servicewagen der Baureihe 807.0, einem 2. Klassewagen der Baureihe 806.0, einem 2. Klassewagen der Baureihe 806.6 und einem 2. Klasse-Steuerwagen der Baureihe 808.0 bestehen. Als Reservefahrzeuge orderte die DB zwei Triebköpfe der Baureihe 402.0 und einen 2. Klasse-Steuerwagen der Baureihe 808.0. Für Einsätze in ICE 1-Triebzügen gab die Bahn weiterhin einen 1. Klassewagen der Baureihe 805.9 und 25 2. Klassewagen der Baureihe 806.9 in Auftrag. Damit wurden insgesamt 335 Wagen und 46 Triebköpfe bestellt. Der Vertrag sah außerdem die Lieferung von 13 ICE 2-Halbzügen mit Umwandlungsrecht und eine Option auf weitere 60 ICE 2-Halbzüge mit Umwandlungsrecht vor. Das gesamte Auftragsvolumen belief sich auf 1,6 Milliarden DM.

[1] An dieser Stelle muss darauf hingewiesen werden, dass die Wagen des ICE 1 aus damals organisatorisch erforderlichen Gründen noch Gattungsbezeichnungen erhielten die jedoch nicht mehr am Wagenkasten angeschrieben wurden. Die Wagen führten nur noch die Baureihenbezeichnung, die Kennziffer der Wagenart und die laufende Nummer. Beim ICE 2 wurden zwar zunächst noch Gattungszeichen festgelegt, diese kamen jedoch nicht mehr zum Einsatz. Deshalb werden in diesem Kapitel nur noch die Baureihenbezeichnungen verwendet.

Zu den Reservefahrzeugen ist anzumerken, dass die Triebköpfe abwärtskompatibel sind und somit auch in ICE 1-Formationen eingesetzt werden werden. Die 25 Wagen 2. Klasse, Baureihe 806.9 sowie der 1. Klassewagen Baureihe 805.9 wurdenzu 26 Wagen 2. Klasse zusammengefasst und kommen als Baureihe 802.9 in ICE 1-Zugkonfigurationen zum Einsatz. Sie verfügen über die Technik der ICE 2-Wagen mit den elektrischen Schnittstellen des ICE 1. Die Plätze in diesen Wagen können, da der ICE 1 nicht mit einer elektronischen Platzreservierung ausgerüstet ist, nicht reserviert werden; deshalb laufen sie in der ICE 1-Konfiguration als Wagen 7 (nicht reservierbar) mit.
Die Aufträge über 13 ICE 2-Halbzüge und die Option auf weitere 60 Einheiten flossen später in die Aufträge für den ICE 3 ein, der anfangs noch als ICE 2.2 bezeichnet wurde.
Es war vorgesehen, die neuen ICE 2-Garnituren zum Sommerfahrplan 1997 in Betrieb zu nehmen. Da der Steuerwagen jedoch eine längere Entwicklungszeit benötigte als die vom bestehenden Konzept abgeleiteten übrigen Fahrzeuge, sah das Inbetriebnahmekonzept vor, dass zu diesem Termin auf der Strecke Berlin–Köln zunächst ICE 2-Langzüge zum Einsatz kommen sollten. Diese Langzüge wurden gebildet aus zwei ICE-Kurzzügen ohne Steuerwagen und verfügten also über zwei Triebköpfe und zwei Servicewagen. Ab Sommerfahrplan 1998 – zeitgleich mit der Inbetriebnahme der NBS Berlin–Oebisfelde – sollten dann mit den inzwischen abgelieferten Steuerwagen die vorgesehenen Halbzüge für die Verbindung Berlin–Hamm–Düsseldorf/Köln zum Einsatz kommen.

Die weitere Entwicklung

Die im vorangegangenen Abschnitt genannten Forderungen nach Gewichtsreduzierung, Kostensenkung und Verbesserung der Fahreigenschaften zwangen zu neuen Überlegungen, da diese Forderungen nur bei den Mittelwagen zu erfüllen waren, und hier speziell bei den Rohbauten der Wagenkästen, ihrer Einteilung sowie der Konzeption der Drehgestelle. Es galt Geld zu sparen, ohne dass das Image des ICE Schaden nimmt. Kostenseitig war also kein Platz für stilistische Spie-

Der fertiggestellte Triebkopf 402 001-2 mit halb geöffneten Kupplungsklappen. Foto: ARGE Siemens/Adtranz

lereien wie beispielsweise die unterschiedliche farbliche Gestaltung innerhalb einer Wagenklasse. Der Verzicht auf Abteile brachte neben einer Gewichtseinsparung – u.a. durch Wegfall von Trennwänden, Gangtüren und -fenstern – pro Sitzreihe immerhin einen Sitzplatz mehr. Bei vier Abteilen in der 2. Klasse sind dies immerhin acht Sitzplätze für zahlende Reisenden. Es stand sogar die Überlegung im Raum, das Bordrestaurant wegfallen zu lassen; glücklicherweise wurde da im rechten Augenblick von maßgeblicher Seite die »Notbremse« gezogen.
Ferner entfiel der beim ICE 1 eingereihte Wagen mit Sondereinrichtungen (BSmz 803). Das Mitropa-Abteil mit der Minibar wurde fortan in der Galley des Servicewagens integriert. Das Zub-Abteil und die behindertengerechte Toilette wurden ebenfalls in den Servicewagen verlegt. Allerdings verkleinerte sich dadurch der Bordtreff, nunmehr »Bistro« genannt. An Stelle des nicht reservierbaren Konferenzabteils wurde in den benachbarten Wagen ein reservierbares Kleinkindabteil mit sieben Sitzplätzen eingerichtet – eine wesentlich sinnvollere Einrichtung. Unter Berücksichtigung eines Stellplatzes für einen Rollstuhl bietet dieser Wagen immerhin ein Plus von 24 Sitzplätzen im Vergleich zum BSmz 803-Wagen. Mit der Innengestaltung der Wagen wurde wiederum das Designbüro BPR in Stuttgart betraut.

Beschreibung des ICE 2

Der Triebkopf

FAHRZEUGKASTEN

Die Struktur des Fahrzeugkastens sowie Fahrzeugkontur, Abmessungen und Grundriss sind mit der des ICE 1 identisch. Konstruktive Änderungen ergaben sich ausschließlich durch das geänderte Betriebskonzept mit dem Anbau einer Betriebskupplung an der Frontseite. Dadurch mussten am Fahrzeugkopf einige konstruktive und optische Veränderungen durchgeführt werden. Bei dieser Gelegenheit überarbeitete man den Rohbau dort, wo während des ICE 1-Betriebs Schwachstellen entdeckt wurden oder es aus Gründen der Zuverlässigkeit geboten erschien.
Die wichtigste Änderung stellt das Zurückversetzen des vorderen Kopfstücks, als konstruktiver Abschluss des Fahrzeugkastens, bis direkt vor der Frontscheibe dar, was u.a. Konsequenzen für die konstruktive Ausführung des Kondensators der Führerraum-Klimaanlage hatte. Der gesamte Bug besteht nun aus einern am Kopfstück angeschraubten GFK-Konstruktion. Um die Verkürzung der Fahrzeugstruktur auszugleichen, sind links und rechts am Kopfstück zwei irreversible Aufprallelemente angebaut.
Die ICE 2-Triebköpfe sind an ihren Frontseiten, abweichend vom ICE 1, mit einer vollautomatischen Mittelpufferkupplung ausgerüstet. Der Kupplungskopf entspricht der Bauform Scharfenberg. Die elektrischen und pneumatischen Verbindungen entsprechen den mechanisch kuppelbaren Mittelpuffer-Kupplungen am Triebkopfende zum Mittelwagen sowie der Mittelwagen untereinander. Die Front-Kupplung ist mit einem festen Drehpunkt ausgeführt und nicht teleskopierbar. Sie erlaubt das Kuppeln mit einer V_{max} von 4 km/h und in Gleisradien bis mindestens 150 m.
Im Hinblick auf den Luftwiderstand war es notwendig, die Kupplung beim jeweils führenden Triebkopf durch zwei Klappen aus glasfaserverstärktem Kunststoff (GFK) abzudecken. Aus diesem Grund musste im GFK-Bug eine große Öffnung vorgesehen werden, in die beide Klappen eingepasst wurden. Die Klappen sind über zwei Lenkerpaare und zwei Konsolen mit einem zentralen Drehpunkt am vorderen Kopfstück befestigt und werden pneumatisch vom Führerstand aus betätigt. Im Notfall ist auch eine manuelle Betätigung möglich.
Durch die Anordnung dieser Klappen mussten der Lufteinlass der Führerstands-Klimaanlage sowie die Front- und Schlusssignale höher als beim ICE 1 angeordnet werden. Allerdings änderte sich der Charakter des Triebkopfes nur geringfügig. Aus diesem Grund ist der ICE 2 auf den ersten Blick nur an dem aus der Verkleidung ragenden Zentrierholm der Scharfenbergkupplung erkennbar. Die freigegebene Öffnung ist groß genug, um das Ausschwenken der Kupplung bei Bögen- oder »Wannen«-Fahrt nicht zu behindern.
Um die Öffnung kleiner zu halten, wurde alternativ eine Kupplung mit einem Teleskoparm untersucht, die beim Kupplungsvorgang den Kupplungskopf pneumatisch nach vorne schieben konnte. Der Vorteil war, dass die Öffnung in der Bugklappe durch den weiter nach vorn geschobenen Kupplungskopf tatsächlich kleiner werden konnte. Allerdings erforderte dies einen zu großen Abstand zwischen den Köpfen und führte dadurch zu einem unverhältnismäßig erhöhten Luftwiderstand. Bei der für den ICE 2 letztendlich gewählten Lösung beträgt an der Kupplungsstelle zwischen zwei Triebzügen der Luftwiderstand lediglich rund 8 % mehr als an der Zugspitze. Davon entfallen rund 2,5% auf die geöffneten Klappen.
Da die gesamte Anordnung für die DB Neuland war, wurde sie zunächst in einer ortsfesten Anlage gründlich getestet. Die anschließende Praxis-Erprobung erfolgte, wie bereits im Kapitel »Der lange Weg zum ICE/V« erläutert, unter Zuhilfenahme der Triebköpfe des ICE/V 410 001 und 002, die Ende 1993 bei Siemens Verkehrstechnik (ex Krupp) in Essen entsprechend umgebaut wurden. Dieser Umbau umfasste sowohl die Anpassung des Untergestells an die neuen Aufgaben als auch eine Änderung der Bugspitze, die durch eine Vollkunststoff-Verkleidung mit Schwenkklappen zur Abdeckung der Kupplung ersetzt wurde. Die Erprobungsfahrten im Hochgeschwindigkeitsbereich erfolgten mithilfe von ICE 1-Fahrzeugen.
Für den Abschleppfall mit einem Fahrzeug, das mit einer UIC-Schraubenkupplung ausgerüstet ist, muss dessen Zughaken über eine Übergangskupplung mit dem Triebkopf verbunden werden. Diese Übergangskupplung befindet sich in jedem Triebkopf neben der rechten Zugangstür. Die

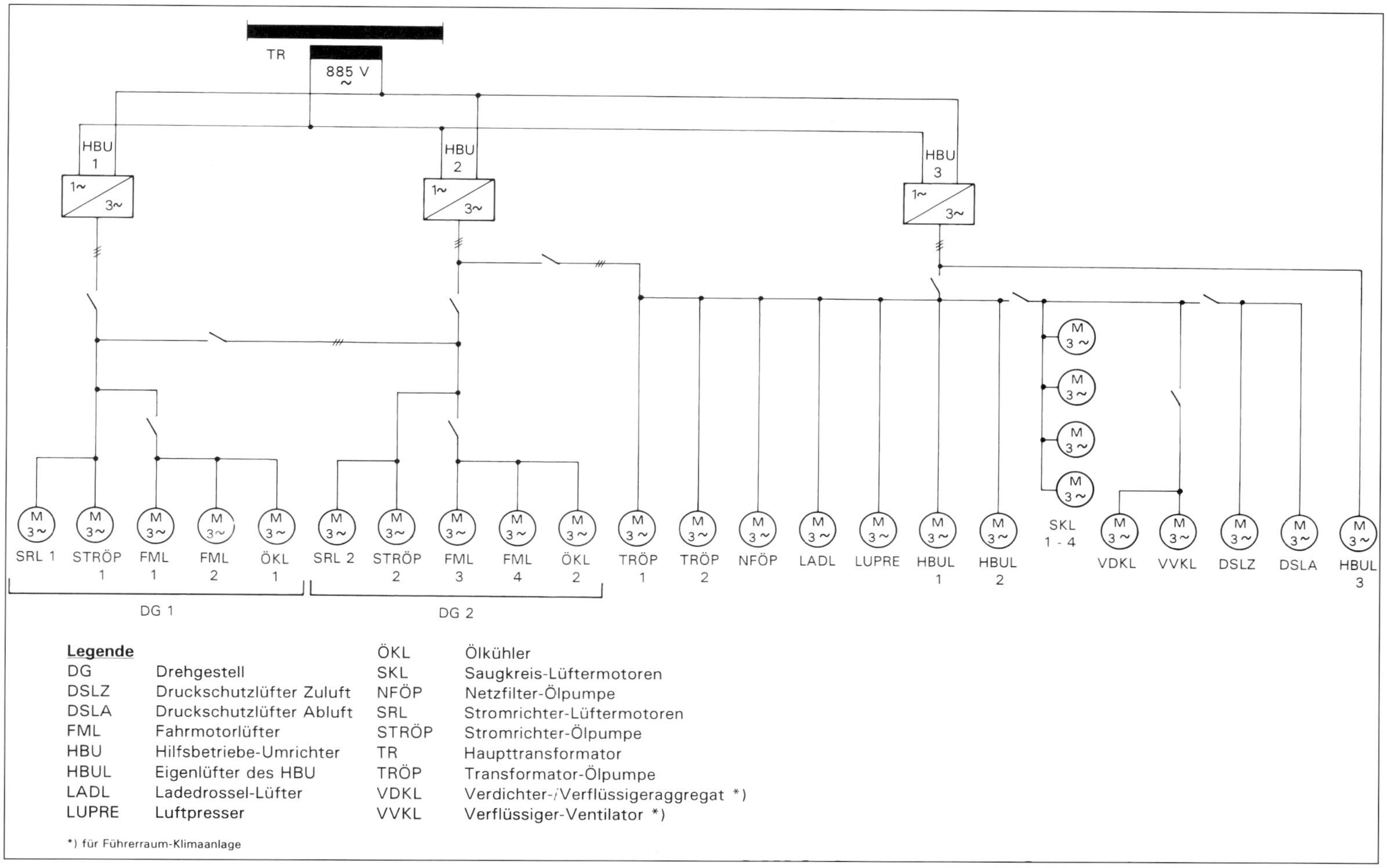

Schema Hilfsbetriebe des ICE 2. Abbildung: ARGE Siemens/Adtranz

Hauptluft- und Hauptluftbehälterleitung werden über die an dem Abschlepp-Fahrzeug befindlichen Bremsschläuche angeschlossen. Für die externe Energieversorgung des Zuges sowie für eine Sprechverbindung mit dem Hilfsfahrzeug sind ebenfalls Kabel vorgehalten. Die entsprechenden Steckdosen befinden sich im Bugraum.
Die an der Rückseite des Triebkopfes angebrachte mechanische Mittelpufferkupplung ist identisch mit der des ICE 1.

FÜHRERSTAND
Der Führerraum des ICE 1 konnte bis auf einige kleinere Änderungen unverändert übernommen werden. Lediglich für die Betätigung der Kupplungsklappen und den Kupplungsmechanismus wurden am Schaltschrank an der Führerraum-Rückwand weitere Schalter und Anzeigegeräte eingebaut. Dazu gehören ein Leuchttaster zum Öffnen der vorderen Bugklappe sowie zum Eingeben der Kuppelgeschwindigkeit von 2 km/h, ein Leuchttaster zur Öffnung der hinteren Bugklappen, ein Leuchttaster mit Abdeckhaube zum Schließen von geöffneten Bugklappen, ein Taster mit Abdeckhaube für die Funktion »Datenverkehr beenden« und zur Vorbereitung des Entkupplungsvorgangs, ein Leuchttaster für das Entkuppeln mit Rückmeldung des Vorgangs sowie ein Leuchtmelder als Anzeige für den gekuppelten Zustand.
Auf den beim ICE 1 an der linken und rechten Seitenwand im Bereich des blinden Dreiecks vor den Seitenfenstern für Rangierfahrten vorgesehenen Hilfsfahrschalter sowie den Taster für die LZB/PZB verzichtete man beim ICE 2, da sie nach den vorliegenden Erfahrungen nicht erforderlich waren. Lediglich für das Makrofon sind weiterhin an beiden Seiten Taster vorhanden. Eine kleinere Änderung erfuhr das Beimannpult: Dort wurde eine ebene Fläche geschaffen und Becherhalter für Lokführer und Beimann angebracht.

GERÄTEANORDNUNG
Die Triebköpfe des ICE 2 sind mit den energiesparenden Stromrichtern in GTO-Technik mit Siedebadkühlung ausgerüstet. Als Kühlmittel wird das FCKW-freie Kühlmittel FC 72 eingesetzt. Die Einrichtung des Geräteraumes entspricht der des ICE 1 mit den Betriebsnummern 401.051–090 bzw. 401.551–590.

TRIEBDREHGESTELLE
Die Triebdrehgestelle einschließlich des Antriebssystems und dessen Aufhängung sowie die Anbindung an den Fahrzeugkasten über eine Zug-Druckstange sind mit der des ICE 1 identisch.

Elektrische Ausrüstung der Triebköpfe

Die Triebköpfe, Achsfolge Bo'Bo', werden von vier fremdbelüfteten vierpoligen Siemens Drehstrom-Asynchronmotoren vom Typ BAZU 7096/4 mit einer Gesamt-Nennleistung je Triebzug von 9.600 kW angetrieben. Die Motoren entsprechen in ihrem Aufbau zwar denen des ICE 1, wurden jedoch in einigen Details, insbesondere im Dichtungsbereich, verbessert.
Mit Ausnahme der Energieversorgung der Hilfsbetriebe ist die elektrische Ausrüstung des ICE 2-Triebkopfes weitgehend identisch, wobei darauf

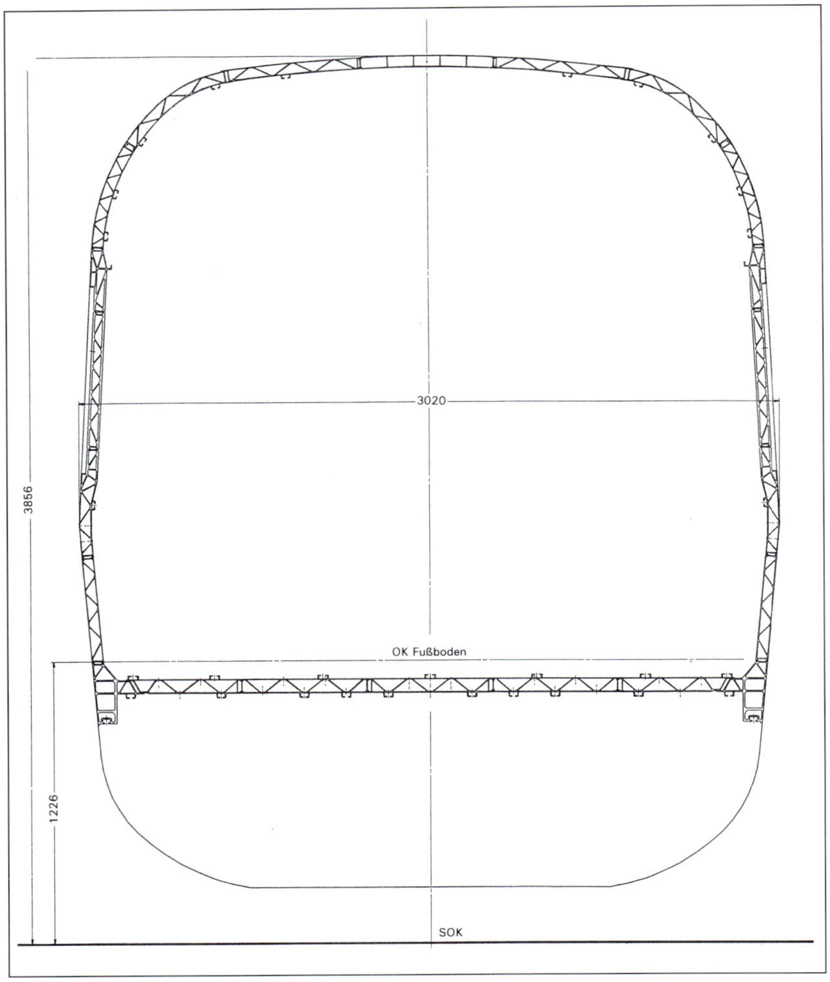

Querschnitt durch den Wagenkasten des ICE 2.
Abbildung: ARGE Siemens/Adtranz

hinzuweisen ist, dass die Triebköpfe ausschließlich für Einsätze im DB-Netz ausgerüstet sind. Sie können jedoch jederzeit für Einsätze in der Schweiz nachgerüstet werden.

Die drei statischen Hilfsbetriebe-Umrichter (HBU 1, 2 und 3) mit einer Leistung von jeweils 65 kVA wurden durch HBU mit einer Leistung von je 120 kVA ersetzt. Hierdurch ist bei Ausfall eines HBU die volle Redundanz der Hilfsbetriebeversorgung sichergestellt, was beim Halbzugkonzept mit nur einem Triebkopf unabdingbar ist.

Von Anfang an war geplant, den Steuerwagen des ICE 2 ohne Stromabnehmer auszurüsten. Der Einsatz eines weiteren Stromabnehmers hätte auf Grund des kürzeren Zugverbandes und des zu erwartenden so genannten Aufstauens der Fahrleitung eine Hochspannungsleitung zwischen Triebkopf und Steuerwagen erfordert.

Durch ein weitere Massenreduktion durch den Einsatz einer elastischen Wippe, die Verringerung des Gewichts der Schleifstücke und eine Optimierung der Kinematik durch Veränderung der Scherenabmessungen entstand aus dem beim ICE 1 eingesetzte Einholm-Stromabnehmer vom Typ DSA 350 S der neue Stromabnehmer vom Typ DSA 350 SEK. Dieser Stromabnehmer wurde zunächst auf einigen ICE 1-Triebköpfen erprobt. Nachdem einem Einsatz beim ICE 2 bei allen möglichen Kuppelvariationen nichts mehr im Wege stand, wurden auch die ICE 1-Triebköpfe mit diesem Stromabnehmer umgerüstet. Für einen eventuellen Einsatz auf schweizerischen Strecken ist Platz für einen SBB-Stromabnehmer vorgehalten.

DIE MITTEL- UND STEUERWAGEN

Verschiedene Maßnahmen bei der Weiterentwicklung der ICE-Mittelwagen führten zu einer deutlichen Reduzierung des Wagengewichts sowie der damit verbundenen Kosten, aber auch zu einer deutlichen Komfortanhebung. Letztere ist in der Hauptsache darauf zurückzuführen, dass die Drehgestelle des ICE 2 mit Luftfederung ausgerüstet waren. Eine weitere Optimierung des Geräuschverhaltens wurde erreicht, indem zu einem späteren Zeitpunkt ca. in Wagenkastenmitte im Innenraum eine Versteifung eingebaut wurde, wodurch weitere Schwingungen abgebaut werden konnten.

Zunächst ist festzuhalten, dass sich die Maßkonzeption der Mittelwagen an der des ICE 1 orientiert. Auch das charakteristische ICE-Design mit dem durchlaufenden Fensterband und den dunklen Fensterstielen sowie die Konzepte für Kupplung und Übergang, Einstiegsräume, Einstiegs- und Innentüren, Klimatisierung und Toiletten wurden beibehalten.

Die erwähnte Gewichts- und Kostenreduzierung wurde nicht nur durch konstruktive Maßnahmen an der Wagenkasten-Struktur erreicht, auch eine Änderung der Sitzplatzeinteilung trug zu einer verbesserten Wirtschaftlichkeit der Wagen bei. Hierzu gehört z.B. der Wegfall der Abteile, womit allerdings auch ein Stück Reisequalität verloren ging. Insbesondere Reisende mit kleineren Kindern werden die Abteile sehr vermissen, weil diese in einem geschlossenen Raum leichter zu beaufsichtigen sind als in einem Großraum. Die neuen Kleinkind-Abteile, so sehr ihre Einrichtung zu begrüßen ist, stellen dafür leider keinen vollen Ersatz dar.

Auch die Optimierung von Zulieferteilen, sei es durch Neukonzeption oder durch die Ausnutzung des technischen Fortschritts, war ein Beitrag zur geforderten Gewichts- und Kostenreduzierung.

Zusätzliche Kostenpotentiale ergaben sich aus einer Reduzierung der Ausstattungsvarianten. An Stelle der zwei Polsterfarben in den Wagen der 1. Klasse bzw. der drei Polsterfarben in den Wagen der 2. Klasse des ICE 1 wurde beim ICE 2 nur noch die Wagenklassen farblich unterschieden.

Im Unterschied zum ICE 1 sind beim ICE 2 die Wagennummern jetzt nicht mehr fest am Wagenkasten, angebracht sondern den äußeren Zuglaufanzeigen an den Seitenwänden zu entnehmen. Die Nummerierung beginnt beim Steuerwagen

Gewichtsreduzierung beim ICE 2 im Vergleich zum ICE 1

	A-Mittelwagen		B-Mittelwagen	
	Gewicht (kg)	**Sitzpl.**	**Gewicht (kg)**	**Sitzpl.**
ICE 1	52.800	48	52.800	66
ICE 2	46.000	53 (max)	46.000	74 (max)
Vergleich ICE 2 zu ICE 1	-6.800 (13%)	+5	-6.800 (13%)	+8

Ausstattungsfarben beim ICE 2

Baureihe	Ausstattung
805.3	Ausstattungsfarbe rot; Video und Handynutzung; rauchen/nicht rauchen
805.0	Ausstattungsfarbe rot; Video und Handynutzung; nicht rauchen
807.0	Bordrestaurant; Bistro, Zub-Abteil, behindertengerechte Toilette; Telefonnische
806.0	Ausstattungsfarbe grün; Kleinkindabteil; Rollstuhlplatz; Handynutzung; nicht rauchen
806.3	Ausstattungsfarbe grün; nicht rauchen
806.6	Ausstattungsfarbe grün; nicht rauchen[1]
808.0	Ausstattungsfarbe grün; Handynutzung; rauchen

1 Wagen 806.6 war ursprünglich als Raucherwagen geplant, ist jetzt identisch mit 806.3

mit den Nummern 21 bzw. 31 bis hin zu den Nummern 27 bzw. 37. Die 20er- und 30er-Nummernreihen ergeben sich durch die möglichen zwei Fahrtziele je Langzug. Der Servicewagen des ICE 2 enthält außer Bordrestaurant und Bistro jetzt auch das Zub-Abteil. Dieses Abteil befindet sich weiterhin zwischen den Wagen der 1. und 2. Klasse und trägt die Nummer 25 bzw. 35. Die Videoanlagen befinden sich jetzt nur noch in beiden 1. Klassewagen.

Zu dem obengenannten Lieferumfang gehören, wie eingangs berichtet, noch 26 Wagen der Baureihe 802.9; obwohl diese Wagen den ICE 1-Zügen beigestellt werden, entspricht der Mechanteil im vollen Umfang den ICE 2-Wagen, die elektrische Ausrüstung ist jedoch auf den ICE 1 zugeschnitten; sie werden daher folgerichtig mit »ICE 1-K-Wagen« bezeichnet, wobei das **»K«** für **K**ompatibel steht.

Der Wagenkasten

MITTEL- UND STEUERWAGEN

Der Wagenkasten teilt sich wie bisher in die Rohbau-Schweißgruppen Untergestell (Bodenplatte), Seitenwände, Dach und Stirnwände auf. Bei der Werkstoffauswahl wurde von den gleichen Kriterien ausgegangen wie bei den Mittelwagen des ICE 1, d.h. für Strangpressprofile die Legierung AlSiMg0,7 und für Bleche die Legierung AlMg4,5Mn.

Die Bodenplatte wurde im Prinzip unverändert vom ICE 1 übernommen. Sie besteht aus zwei Langträgern und fünf Bodenelementen, bestehend aus Strangpress-Hohlkammerprofilen. An den Profilen der Bodenelemente sind an der oberen Seite hinterschnittige Halteprofile zur Aufnahme der Befestigungsschienen des Fußbodens und der Sitze, an der unteren Seite C-förmige Schienen für die Aufnahme von Rohrleitungen anextrudiert. Die Aufnahme des Fußbodens wurde im Hinblick auf die Übertragung von Körperschall überarbeitet. Weiterhin gehören zur Bodenplatte zwei zusammengesetzte Kopfstücke für die Aufnahme von Kupplungen und Einstiegen, die im Hinblick auf die Integration von Kupplungsleitungen weiter verbessert wurden. Außerdem besitzt die Bodenplatte zwei zusammengesetzte Hauptquerträger mit den Aufnahmen und Auflagen für die Drehgestelle. Nachdem beim ICE 1 aus Festigkeitsgründen im Bereich des Drehzapfens Gleitplatten beigelegt werden mussten, wodurch sich eine um 16 mm größere Dachscheitelhöhe ergab (3.856 mm statt 3.840 mm), wurde für den ICE 2 der Hauptquerträger neu entwickelt, wobei die Biege- und Torsionsfestigkeit gegenüber den ICE 1 verbessert wurde. Ferner wurden sie für den Einsatz von Luftfedern konstruktiv vorbereitet.

An dieser Stelle muss darauf hingewiesen werden, dass es unterschiedliche Informationen über die Dachscheitelhöhe der Wagenkästen des ICE 2 gibt. Während in einigen Publikationen von 3.840 mm die Rede ist, wird in den Zeichnungsunterlagen der Industrie das vom ICE 1 übernommene Maß 3.856 mm angegeben. Der Grund ist, dass aus dem ICE 2-Lieferumfang 26 Wagen für den Einsatz im ICE-1 vorgesehen waren (K-Wagen). Da es als wenig sinnvoll galt, innerhalb einer Fertigungslinie mit unterschiedlichen Maßen zu arbeiten, wurde für alle ICE 2-Mittelwagen sowie den Steuerwagen die Dachscheitelhöhe einheitlich mit 3.856 mm festgelegt.

Gravierender sind die Änderungen an den Seitenwänden: Beim ICE 1 wurden die Seitenwände in Differentialbauweise aus Groß-Strangpressprofilen mit Verstrebungen im Innenraum und Einzel-Fensterstielen vorgefertigt. Die Seitenwände der ICE 2-Wagen wurden ebenfalls vorgefertigt, jedoch jetzt in der Integralbauweise, d.h. sie bestehen nunmehr der Länge nach durchgehend aus mehreren zusammengeschweißten Strangpress-Hohlkammerprofilen in einer stärkeren Ausführung als beim ICE 1 ohne weitere innere Verstrebungen. Das, in etwa auf Fensterhöhe befindliche Profil wird im Bereich der Fensteröffnungen bereits in der Schweißvorrichtung ausgespart. In einem nächsten Arbeitsgang werden die Fenster dann auf das Sollmaß gefräst, wodurch extra Fensterstiele überflüssig werden. In die zwischen den jeweils ersten beiden Fenstern des Fahrgastraumes, vorne links und hinten rechts vorhandenen Fensterstiele werden die erforderli-

Ein ICE 2-Steuerwagen im Rohbau: Unterhalb der Öffnung für die Führerstands-Klimaanlage ist die Befestigungsplatte für die automatische Mittelpufferkupplung sichtbar. Links und rechts daneben im äußeren Bereich befinden sich die Aufnahmepunkte für die Energieverzehrelemente. Foto: ARGE Siemens/Adtranz

chen Öffnungen und Verstärkungen für die Zugzielanzeige vorgesehen.
Die Vorteile dieser Bauweise gegenüber der Bauweise des ICE 1 liegen auf der Hand: Durch den Wegfall der Schweißarbeiten zum Einbau der Verstrebungen und der Fensterstiele wird die Oberflächenqualität nicht angetastet, dadurch sind Nacharbeiten nicht erforderlich. Ferner werden durch die Nachfräse-Operation der Fensteröffnungen die Fensterecken ausgerundet, wodurch Spannungsspitzen in der Statik vermieden werden. Da die 1. und 2. Klassewagen zudem einen gleichen Fensterteiler von 1.980 mm aufweisen, konnten die Vorrichtungskosten deutlich gesenkt werden bei einer gleichzeitigen Beschleunigung der Fertigung. Ein weiterer Vorteil dieser Vereinheitlichung ist im Übrigen die Möglichkeit der bedarfsweisen Umrüstung in eine andere Klasse. Bei der küchenseitigen fensterlosen Außenwand des Servicewagens wird das in Fensterebene befindliche Strangpressprofil einfach weitergeführt.
Beim Dach wurde gleichermaßen vorgegangen: An Stelle der auf zwei Dachlangträgern aufgebauten nach innen offenen Strangpressprofile mit zusätzlichen Dachspriegeln traten auch hier Strangpress-Hohlkammerprofile. Die seitliche Öffnungen für die Luftansaugung der Klimaanlage sowie die beiden Dachöffnungen – alle am Wagenende (WE) 1 – werden auch hier nachträglich eingefräst. Die Dachöffnungen sind mit einem eingeschweißten Rahmen verstärkt, der auch der Aufnahme der Geräte dient. Die Öffnungen werden nach der Endmontage mit außenhautbündigen und druckdicht ausgeführten Deckeln verschlossen.
Im Gegensatz zum ICE 1 erhielt der Servicewagen des ICE 2 die gleiche Dachhöhe und Dachkonstruktion wie die übrigen Wagen. Das wurde möglich durch eine geänderte Anordnung sowie technische Verbesserungen der Küchengeräte und eine Verlegung der Klimaanlage am WE 1. Auch hierdurch konnten weitere Kosten gespart werden.
Nach dem Zusammenfügen von Dach und Seitenwand werden die Türöffnungen zur Seitenwand hin mit einem Aluminium-Pressteil als Türsäule abgeschlossen.
Die Stirnwände bestehen nach wie vor aus einer Kombination von Strangpressprofilen, Abkantteilen und Aluminiumblechen. Im mittleren Bereich ist die Kopfwand um 100 mm zurückgesetzt, um Übergang und Doppelwellenbalg aufzunehmen. Die Kopfwände sind im Gegensatz zum ICE 1 mit Verstärkungen für die Aufnahme von Anlenkpunkten für eventuell notwendige Koppeldämpfer versehen, die Relativbewegungen zwischen den einzelnen Wagenkästen dämpfen sollten.
Die für die Unterflur-Geräteunterbringung erforderlichen Bodenwannen gehören nicht zum tragenden Bestandteil der Wagenkästen und sind lösbar befestigt. Die einzelnen Geräteräume sind über Klappen aus GFK zugänglich.

STEUERWAGEN Bpmf
Die Steuerwagen entsprechen in ihren Haupt-Abmessungen weitgehend den Mittelwagen. Die Länge über die Kupplungsebene ist zwar mit 26.400 mm ebenfalls gleich, die effektive Wagenkastenlänge beträgt bei geschlossenen Kupplungsklappen jedoch 26.560 mm. Auch der Drehzapfenabstand ist mit 18.100 mm um 900 mm kürzer, die dem vorderen Wagenkastenüberhang (WE 2) zugeschlagen sind.
Die Kopfform am Wagenende 2 entspricht im Wesentlichen dem des Triebkopfes, wobei Breite und Höhe an die Wagenkastenmaße angepasst wurden. Die Konstruktion des Wagenkastens ist bis auf den Vorbaubereich mit dem der Mittelwagen identisch.
Das Untergestell besteht im Vorbaubereich im Anschluss an die Bodenplatte aus einer Kombination von Profilen und Blech-Schweißgruppen, die mit identischen Anschlüssen und Aufnahmen für die vom Triebkopf zu übernehmende Teile und Baugruppen versehen sind.
Auch Dach und Seitenwände sind bis auf den Kopfbereich mit denen der Mittelwagen gleich. Der Kopf besteht aus einem Gerippe aus sphärisch gebogene Aluminium-Profilen, beplankt mit entsprechend vorgeformten Blechteilen. Die Herstellung der sphärisch gebogenen Profilen erfolgte bei der »Deutsche Aerospace« (DASA) in Nordenham, die auf Grund ihrer Teilefertigung für den Airbus über den entsprechenden Werkzeug- und Vorrichtungspark verfügt. Die Kupplungsklappen und ihre Anbringung entsprechen denen des Triebkopfes.
Die Lackierung ist mit der des ICE 1 identisch.

KUPPLUNGEN UND ÜBERGÄNGE
Triebkopf und Wagen des ICE 2 sind wie der ICE 1 über Mittelpufferkupplungen mechanisch miteinander gekuppelt, die alle zum Betrieb erforderlichen Versorgungsleitungen einschließlich der Lichtwellenleiter der Leittechnik miteinander verbinden. Die Kupplungen werden über seitliche Bügel-Spannverschlüsse verbunden und können nur in den Werken gelöst werden.
Die druckdichten Doppelwellenbälge entsprechen in ihrem Aufbau denen des ICE 1. Sie sind jedoch leichter ausgeführt. Während das Balg-Außenmaß um 16 mm kleiner wurde, erweiterte man die lichte Durchgangsbreite um 16 mm auf 1.116 mm und die lichte Durchgangshöhe um 4 mm auf 2.051 mm. Die Gliederbrücken wurden unverändert vom ICE 1 übernommen.
Die Brückenabdeckung wurde dagegen dreiteilig ausgeführt, um eine größere Flexibilität zu gewährleisten. Beim ICE 2 wurde auf den Anbau eines Kantenschutz-Abschlussprofils verzichtet.

Fußboden
Auch der Fußboden wurde verbessert. Neben einer Optimierung der Befestigung am Fahrzeugboden, um eine bessere Körperschalldämmung zu erreichen, wurde die Dicke der Sperrholzplatten um 7 mm auf 24 mm angehoben. Der weitere Aufbau ist mit dem des ICE 1 identisch. Auch die Vorräume, Seitengänge und die im Servicewagen befindliche Telefonnische haben wie der ICE 1 einen tragenden Fußboden aus Aluminium-Verbundplatten mit Schwerbeschichtung sowie einen Bodenbelag mit Schmutz abweisender Rippenstruktur (Gesamtstärke 28,5 mm). Der Restaurantbereich des Servicewagens ist ebenfalls mit einem Teppichboden, der Bistro- und Küchenbereich mit einem rutschfesten PVC-Belag ausgestattet.

Fenstereinbau
Das bereits von Weitem sichtbare ICE-Merkmal – das durchgehende Fensterband mit wechselweise Sicht- und Blindfenstern – wurde auch beim ICE 2 übernommen. Aufbau und Montage der Fenster sind ebenfalls mit dem ICE 1 identisch. Durch die geänderte Bauweise der ICE 2-Wagen mit durchgehenden Groß-Strangpress-Hohlkammerprofilen und auf Maß gefrästen Fensteröffnungen wurden die Ecken zwischen den Fensterstielen und den Seitenwandprofilen ausgerundet. Aus diesem Grund musste abweichend von den ICE 1-Fenstern das innere Glaspaket abgerundet werden.
Bei der Fenstermontage verschraubt man Sicht- und Blindfenster von außen mit dem Wagenkasten. Dabei werden sie, wie beim ICE 1 auch, auf eine so genannte Shimmasse gelegt und mit den Befestigungsschrauben zunächst justiert. Nach dem Aushärten, bei dem die Masse hart wie Metall wird, werden die Schrauben mit Drehmoment angezogen. Um eventuelle Geräusche durch Schwingungen zu vermeiden (Glas auf Metall), wird hinter dem Blindfenster noch eine zentrisch auf dem Fensterstiel geklebte Schaumunterlage angebracht. Die Nähte verfüllt man mit einer elastischen Dichtmasse. Nach erfolgter Montage sind die Fenster bündig mit der Außenhaut. Der Austausch der Fenster in den Werken kann innerhalb von vier Stunden erfolgen.
Geplant ist, je Wagen vier Fenster als Notausstiegsfenster umzurüsten. Alle Fenster im Großraum sind mit Rollvorhängen als Sonnenschutz versehen. Die Fenster im Seitengang besitzen keine Rollvorhänge.

Einstiege und Außentüren
Die Einstiege der Wagen befinden sich an beiden Wagenenden. Ausnahmen bilden der Service-

und der Steuerwagen, die lediglich jeweils am WE 1 nur einem Einstieg haben. Dafür besitzen der Service- und der der Steuerwagen beidseitig jeweils eine Betriebstür – der Servicewagen als Ladetür, der Steuerwagen als Zugangstür zum Geräte- und Führerraum. Der Aufbau, die Ausführung und die Betätigung aller diese Türen sind gleich und entsprechen denen der von der Firma Bode gelieferten Türen für den ICE 1.

AUSSTATTUNG

Einstiegsräume und Innentüren

Die Mittelwagen des ICE 2 haben im Gegensatz zu den ICE 1-Mittelwagen ausschließlich einen Großraum und zwei Standard-Toiletten. Der Steuerwagen ist mit einem Großraum- und einer Standard-Toilette versehen. Die behindertengerechte Toilette ist in dem Servicewagen untergebracht. Die Toilettenräume befinden sich an den WE 1.
Die Einstiegsbereiche an beiden Wagenenden sind identisch. Im Einstiegsbereich am WE 1 sind die Schränke für die elektrische Apparatur und das FIS untergebracht. Die beiden Schränke sind mit Vitrinen für Werbung kaschiert. An diesem Einstiegsraum schließt ein kurzer Seitengang an, der an den Toiletten vorbei zum Großraum führt. Im Servicewagen liegt an diesem Seitengang auch das Zub-Abteil.
Der Großraum – beim Servicewagen das Bistro – ist durch eine über Bewegungsmelder gesteuerte und elektropneumatisch betätigte, einfache Schiebetür vom Seitengang getrennt. Zwischen dem Einstiegsbereich am WE 2 und dem Großraum ist ebenfalls eine über Bewegungsmelder gesteuerte Doppel-Schiebetür vorhanden. Die Schiebetüren bestehen aus Einscheiben-Sicherheitsglas mit einer Stärke von 10 mm. Die Betätigung erfolgt elektropneumatisch. Der Einklemmschutz funktioniert über den Druckanstieg in dem Pneumatikantrieb.
Die Wagen sind mit handbetätigten Schiebetüren an den Übergängen ausgerüstet, die auf Grund der druckdicht ausgeführten Übergänge in geöffneter Stellung blockiert sind. Hiervon ausgenommen sind die jeweiligen Endtüren an den Übergängen zu den Triebköpfen, die nur über einen entsprechenden Schlüssel geöffnet werden können. Die Übergangstüren am WE 2 des Servicewagens dagegen sind im Ruhezustand geschlossen und werden über Bewegungsmelder elektropneumatisch geöffnet.
In den Einstiegsräumen sind jeweils in Fahrtrichtung rechts die inneren Zuglaufanzeigen angebracht, die den Fahrgast mit diversen Informationen versorgen. Im Vorraum am WE 1 ist an der linken Seite eine Sprechstelle für das Zugpersonal vorhanden.

Gepäckablagen

Die Gepäckablagen entsprechen weitgehend der in den ICE 1-Wagen eingebauten Ausführung mit Glasablage und integrierten Leseleuchten in der 1. Klasse. Sie wurden jedoch stilistisch geringfügig überarbeitet. Die altertümlich anmutenden Zettelhalter für die Platzreservierung entfielen und wurden durch ein elektronisches Reservierungssystem mit LED-Displays ersetzt.

Der Klapptisch dürfte ein bessere Lösung darstellen als der Schwenktisch des ICE 1. Unterhalb des Klapptisches ist ein Netz für Literatur oder Kleinstgepäck.
Foto: Riechers

Sitzanlagen

Die Sitzanlagen des ICE 2 sind eine Weiterentwicklung der ebenfalls von der Firma Grammer entwickelten Sitze des ICE 1. Die Änderungen an den Sitzen brachten erhebliche Gewichts- und Kosteinsparungen. Es heißt, dass der 2. Klasse-Sitz des ICE 2 etwa um mehr als die Hälfte leichter wurde als beim ICE 1 und jetzt nur noch 25 kg wiegt.
Die Anzahl der Sitzvarianten (51 Grundvarianten in der 1. und 2. Klasse beim ICE 1) konnte deutlich reduziert werden, da die Sitzeinteilungen in den Fahrgasträumen vereinheitlicht und Video-Schirme nur noch in der 1. Klasse vorgesehen wurden. Details die sich beim ICE 1 nicht bewährt hatten, wurden ersetzt. Hier sind die Schwenktische zu nennen, die durch in den Rückenlehnen integrierte Klapptische wie bei den IC-Großraumwagen ersetzt wurden. Das Bedauern über diese Maßnahme dürfte sich beim Publikum in Grenzen halten. Manch einer kam mit der Kinematik des Schwenktisches nicht klar und häufig ließ sich der Tisch nicht ganz in die Lehne hineinschieben.
Eine weitere Kostensenkung stellte der Wegfall des Audio-Moduls und der Sitzbedienung in den Armlehnen dar. Die Sitzverstellung erfolgt beim ICE 2 über einen rechts von der Sitzfläche angeordneten Hebel. Das Audiomodul ist beim Doppelsitz zwischen den Sitzen, beim Einzelsitz wandseitig neben dem Sitz angeordnet und in den Armlehnenträger integriert.
Auch die Teilevielfalt wurde erfolgreich reduziert. Beispielsweise wurden die Armlehnenträger nicht mehr mit zusätzlichen Polyamidverkleidungen kaschiert, sondern durch konstruktive Umgestaltung für eine dekorative hellgraue Pulverbeschichtung vorbereitet.
Beim ICE 1 gibt es insgesamt 21 Varianten bei den Sitzgestellen: Einzelsitze, Doppelsitze jeweils für die 1. und 2. Klasse, Sitze für Abteile in mehreren Varianten und dann drei verschiedene Gestelle für drehbare Sitze, alle in geschweißter Stahlausführung. Beim ICE 2 dagegen schmolz diese Zahl auf lediglich zwei zusammen: Für die 1. und 2. Klasse jeweils ein einheitliches Gestell für Einzel- und Doppelsitz in geschraubter Aluminium-Ausführung für Wand- und Bodenbefestigung. Der eigentliche Träger besteht aus einem Strangpressprofil.
Die Sitze des ICE 2 sind in der 1. Klasse weiterhin als Einzelsitze konzipiert, die sowohl einzeln als auch paarweise – jedoch auf einem gemeinsamen Sitzgestell – aufgestellt werden. In der 2. Klasse sind die Sitze als Einzel- und Doppelsitz mit einem gemeinsamen Sitzgestell und Mittelarmlehne ausgeführt. Die Sitzkinematik entspricht weitgehend der des ICE 1. Die Ausführung der Polster und Armlehnen entspricht der der ICE 1-Sitze. Die Ausstattungsfarben unterscheiden sich jetzt ausschließlich nach der Wagenklasse: 1. Klasse rot, 2. Klasse grün.
Die Rückenschale besteht aus Polycarbonat (PC) in Ätznarbung. In dieser Schale ist bei Reihenbe-

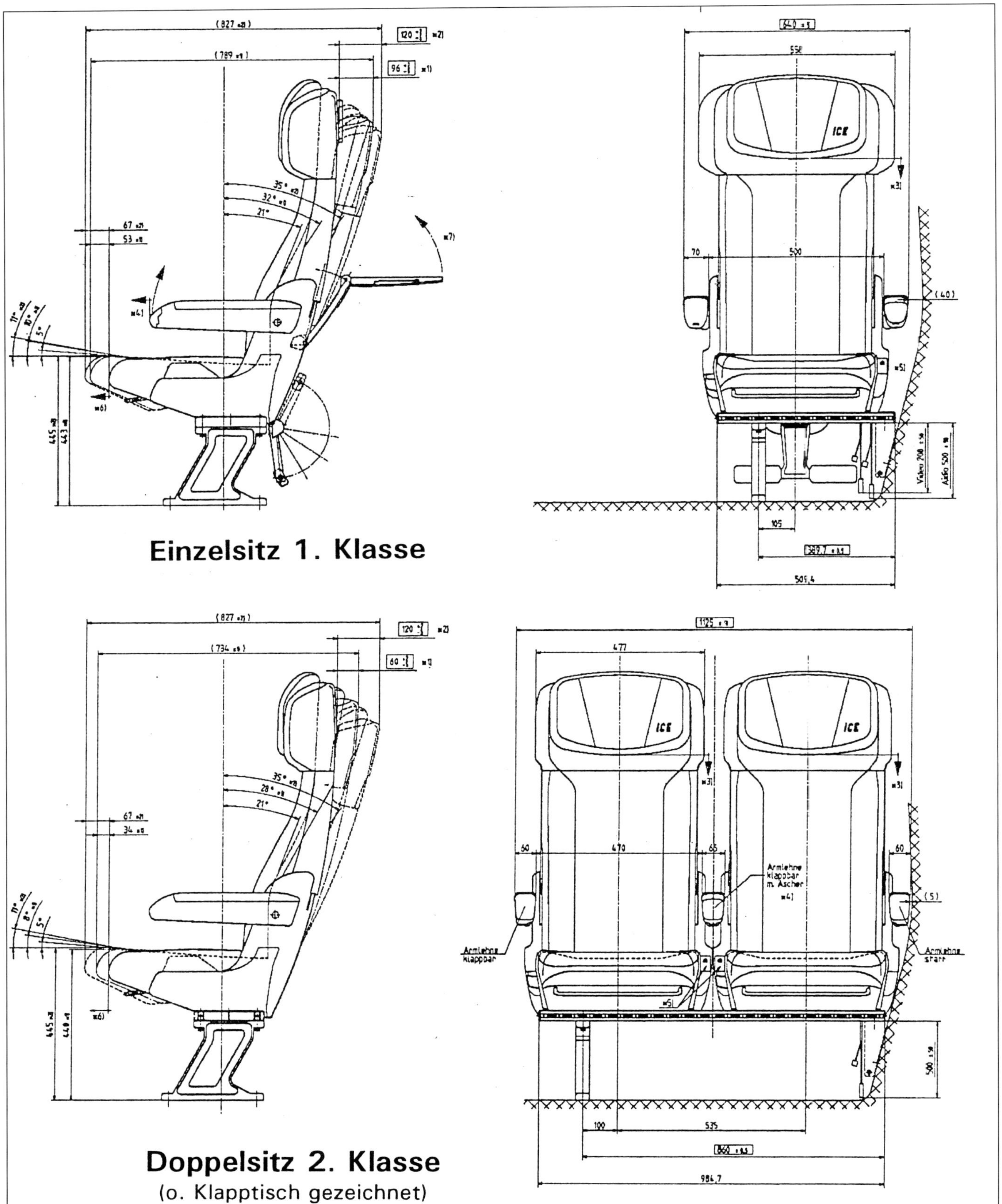

Zeichnung für den 1. Klasse-Einzelsitzes und den 2. Klasse-Doppelsitzes. Abbildung: Grammer

stuhlung ein Klapptisch integriert. Dieser Tisch besteht aus einem Träger aus einem thermoplastischen Spritzteil mit einer kratzfesten Kunststoffplatte. Der Tischhalter ist aus einer Magnesiumlegierung. Gehalten wird der Klapptisch über einen seitlich angeordneten Vorreiber. Unterhalb des Klapptisches ist ein Netz für Literatur oder sonstige Kleinigkeiten angebracht. In allen Sitzen der 1. Klasse ist in der Rückenlehne zusätzlich ein Video-Schirm angebracht. Davon ausgenommen sind die Sitze, die mit den Rückenlehnen aneinander bzw. an einer Wand stehen. Ein Wechseleinsatz im Spritzwerkzeug ermöglicht die Fertigung von Rückenlehnen mit und ohne Video-Ausschnitt.

Beleuchtungseinrichtungen

Das Beleuchtungskonzept lehnt sich im Wesentlichen an das des ICE 1 an; Leseleuchten gibt es aber nur in der 1. Klasse.

Toiletten, Frisch- und Abwasseranlage

Die Toilettensysteme des ICE 2 sind mit denen des ICE 1 identisch. Lediglich die Peripherie wurde nach den Betriebserfahrungen mit dem ICE 1 optimiert. So wurden Pumpen und Armaturen als eine kompakte Baugruppe im Untergestell zusammengefasst, um die Wartung zu erleichtern.

Die Frisch- und Abwasserbehälter wurden verkleinert, da sich herausstellte, dass bei den dreitägigen Ver- und Entsorgungsfristen die Frischwassertanks mit einem Volumen von 600 l (bisher 850 l) und Abwassertanks mit einem Volumen von 750 l (bisher 1.000 l) ausreichen.

Die 1. Klassewagen Baureihe 805 sowie die 2. Klassewagen Baureihe 806 sind mit zwei Standard-Toiletten, der Servicewagen Baureihe 807 mit einer behindertengerechten Toilette und eingebautem Wickeltisch ausgerüstet. Der Steuerwagen der Baureihe 808 hat eine Standard-Toilette. Die Toilettenschüssel und das Handwaschbecken sind aus Edelstahl und, wie der gesamte Toilettenraum, mit einer leicht zu reinigenden Kunststoffverkleidung versehen. Der Fußboden besteht aus GFK, der wegen erhöhter Rutschgefahr mit einem Korundzusatz versehen wurde. Der Belag ist an den Wänden wannenförmig hochgezogen und mit einem Gummiprofil wasserdicht an den Wandverkleidungen befestigt.

Die Trinkwasserversorgung des Servicewagens erfolgt aus einem größeren Frischwasserbehälter mit einem Fassungsvermögen von 900 l. Die Versorgung der Galley erfolgt mithilfe eines zweiten Wasserkreislaufs über einen im Dachbereich angeschlossenen Wasserbehälter, als Zwischenspeicher mit einem Fassungsvermögen von 60 l. Dieser separate Kreislauf wird durch eine Pumpe aufrechterhalten. In diesem Kreislauf sind ein UV-Entkeimer und ein Entkalker eingebaut.

Klimatisierung

Das Klimatisierungskonzept der Wagen einschließlich Druckschutz entspricht dem des ICE 1. Allerdings wurden durch die Neueinteilung der Fahrgasträume Modifikationen erforderlich. Dabei konnte die Anlage in mehreren Details verbessert werden. So erhöhte sich die Frischluftmenge von 1.400 auf 1.520 m^3/h. Die Leistung des Drehrichters »Kälte« konnte von 26 auf 30 kVA gesteigert werden. Das FCKW-haltige Kältemittels R12 wurde durch das neue Kältemittel R134a ersetzt. Im Kältekreis fand ein Schraubenverdichter Verwendung. Die Druckschutzventile entfielen und die Versorgung der Druckschutzlüfter für Zu- und Abluft übernimmt ein gemeinsamer Umrichter. Neu sind ferner die definierte Umluftabsaugung auch aus den Vorräumen und die Sammlung der gesamten Abluft aus dem Fahrgastraum in einem Seitenwandkanal unterhalb der Fenster. Durch die aktive Isolation durch diesen Kanal gegen Kältebrücken konnte das zusätzliche elektrische Luftheizsystem unterhalb der Fensterzeile entfallen. Die Fußbodenheizung blieb aber erhalten.

BESCHREIBUNG DER WAGEN

Baureihe 801.0/801.4/801.8

Die Wagen der 1. Klasse verfügen über einen durchgehenden Großraum mit Reihensitzen sowie in den Wagen 805.0 und Wagen 805.3 drei bzw. zwei Vis-à-vis-Sitzgruppen je Seite. Die Sitze

Ein Mittelwagen 1. Klasse der Baureihe 805 mit Blick auf das Wagenende 2: Außer der außenseitigen Klassenandeutung sowie der äußeren Zuglaufanzeigen ist die Außengestaltung der Mittelwagen der 1. und 2. Klasse vollkommen identisch. Die vier neben dem Faltenbalg sichtbaren Schraublöcher sind eine Vorbereitung für die eventuelle Montage eines Koppeldämpfers zwischen zwei Wagenkästen. Der Anbau am Wagenende 1 war im Dachbereich vorgesehen.
Foto: Bombardier

Eine Sitzgruppe in der 1. Klasse mit Schmetterlingstisch. Foto: Riechers

sind in der Aufstellung 2 + 1 angeordnet. Die Vis-à-vis-Sitzgruppen sind mit Tischen ausgestattet, die zum besseren Erreichen der Sitzplätze über bewegliche Flügel verfügen (so genannte Schmetterlingstische). Der Sitzteiler bei den Reihensitzen beträgt in der Regel 980 mm, bei den Vis-à-vis-Sitzen 1.980 mm.
Der Wagen 805.3 ist ein, durch eine Glaswand mit elektropneumatisch betätigter einfacher Schiebetür geteilter Raucher-Nichtraucherwagen mit 21 Raucher- und 32 Nichtraucherplätzen. Die Wagen sind in der Zugformation mit der Raucherseite (WE 2) zum Triebkopf aufgestellt. Der Wagen 805.0 ist ein Nichtraucherwagen mit 52 Sitzplätzen. In den Vorräumen am WE 1 befinden sich zwei Toiletten, eine zentrale Abfallentsorgung und Gepäckschließfächer. Die Ausstattungsfarbe ist rot.

Baureihe 806.0/806.3/806.6 sowie 802.9
Auch die Wagen der 2. Klasse verfügen, mit Ausnahme des Wagens 806.0 über einen durchgehenden Großraum mit Reihensitzen in der Aufstellung 2 + 2 und drei Vis-à-vis-Sitzgruppen je Seite. Die Vis-à-Vis -Sitzgruppen sind mit Tischen mit einteiligen Tischplatten ausgestattet. Der Sitzteiler bei den Reihensitzen beträgt 957, teilweise 965 mm, bei den Vis-à-vis-Sitzen generell 1.900 mm. Im Großraum sind jeweils eine Garderobe und eine zentrale Abfallentsorgung aufgestellt, hinter der jeweils zwei Einzelsitze angebracht sind.
Die Vorräume verfügen über zwei Toiletten und eine zentrale Abfallentsorgung. Der Wagen 806.0 ist mit einem neu gestalteten Kleinkindabteil ausgerüstet, das mit einer Glaswand und einer Glasschiebetür vom Seitengang abgetrennt ist. Das Abteil besteht aus einer Gruppe von zwei Doppelsitzen mit einem so genannten Schmetterlingstisch. Als Raumteiler dient eine zweistöckige Krabbelfläche mit einer Leiter. Ihr gegenüber ist eine Sitzbank mit drei Plätzen eingerichtet. Gepäckablage, sieben Audiomodule und ein Videomodul, eine Steckdose für 230 V 50 Hz sowie zwei 7,5 l fassende Abfallbehälter runden die Ausstattung ab. Links von der Zugangstür ist ein Abstellplatz für einen Kinderwagen eingerichtet. An der Trennwand zum Einstiegsraum am WE2 ist der Stellplatz für einen Rollstuhl vorgesehen. Dieser Platz befindet sich in unmittelbarer Nähe zur behindertengerechten Toilette in dem benachbarten Servicewagen Baureihe 807.0.

Baureihe 807.0
Der Servicewagen wurde ebenfalls umgestaltet. Auf den ersten Blick fällt auf, dass das Dach die gleiche Höhe hat wie die anderen Mittelwagen. Die Platzierung ist wie beim ICE 1 zwischen der 1. und der 2. Klasse. Der Servicewagen teilt sich vom WE 1 gesehen auf in den Einstiegsraum, die behindertengerechte Toilette mit Wickeltisch und das Zugbegleiterabteil. Dieses Abteil ist zugleich FIS-Zentrale. Dort befindet sich u.a. die zentrale Versorgung der Audio-Anlage mit jeweils drei Hörfunk- und Bordprogrammen und der Video-Anlage mit zwei Bordprogrammen. In einer Nische neben dem Zub-Abteil befindet sich ein Kar-

Das Kleinkindabteil im wagen der 2. Klasse (Baureihe 806.0.) verfügt über ein Klettergerüst mit Liegen.
Foto: Riechers

Das Kochzentrum verfügt über eine Mikrowelle, zwei so genannte Steamer zum Erwärmen von Fertiggerichten. darunter ein Ceran-Kochfeld mit heruntergeklapptem Schlingerrand. Foto: Riechers

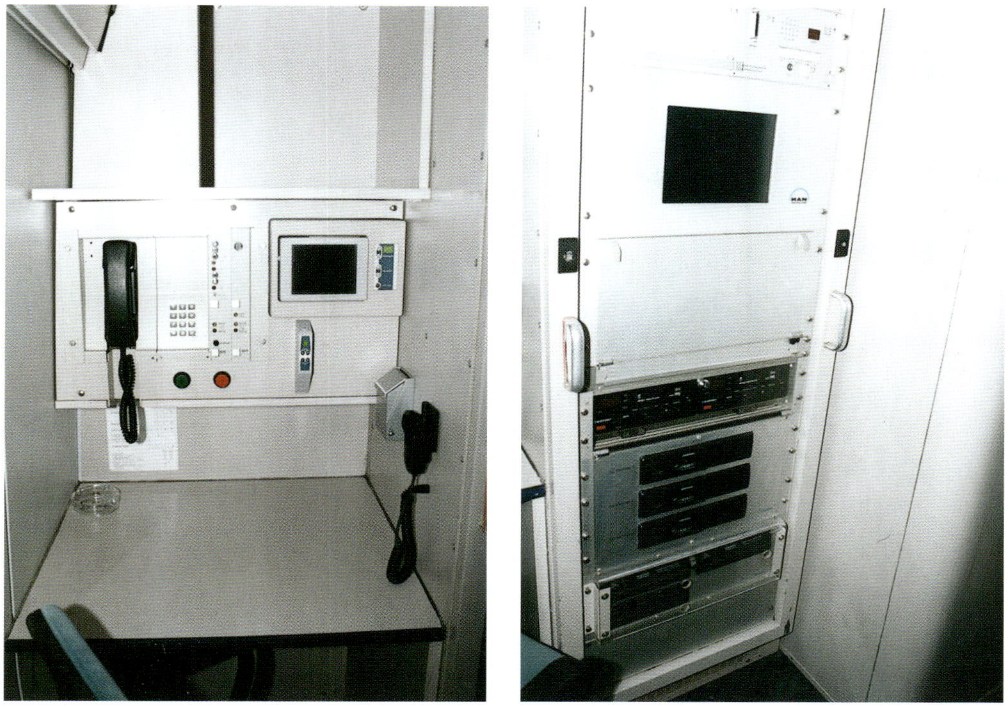

Das Zub-Abteil im Servicewagen: Links ist der Arbeitsplatz des Zugbegleiters mit FIS-Display, Zugtelefon und Ansagegerät zu sehen, rechts die Audio- und Video-Anlage. Fotos: Riechers

Der Restaurantbereich im Servicewagen der Baureihe 807. Foto: Riechers

tentelefon. An das Zugbegleiterabteil schließen sich ein kleines Bistro mit einer Verkaufstheke und ca. 15 Stehplätzen, die Galley und das Restaurant mit 23 Sitzplätzen an. Die Plätze sind in vier Gruppen mit der Sitzanordnung 2 + 1 angeordnet. Die erste und letzte Sitzgruppe sowie die mittlere Einzelsitzgruppe sind mit Bänken ausgestattet, die mittleren Doppelsitzgruppen mit Stühlen. Im Bereich des Übergangs am WE 2 ist an Stelle eines Doppelsitzes ein Einzelsitz vorhanden.

Der Seitengang bei den Service-Abteilen ist mit einer Glastür vom Bistrobereich abgetrennt. Die Galley ist mit einer manuell zu öffnenden Drehtür vom Restaurant getrennt. Die Einrichtung von Galley- und Bistro-Ausgabetheke stammen von dem Großküchenhersteller Kiesel in Schwaig (b. Nürnberg). Aufstellung und Anordnung der Geräte sind der Zeichnung zu entnehmen. Die gesamten Kühlanlagen sind FCKW-frei. Neben der Versorgung im Speiseraum oder Bistro sind die Zugbegleiter gehalten, Fahrgäste in der 1. Klasse mit kleineren Snacks oder Getränken am Platz zu versorgen.

Der Küchenbetrieb erforderte eine Erweiterung der Klimaanlage. Aus dem Wagenzuluftkanal werden 450 m^3/h Zuluft zugeführt, die über Luftschlitze an der Küchendecke eingeblasen und über Luftheizstäbe nachgeheizt werden. Eine erhöhte Abluftmenge von 500 m^3/h die zum Teil der Dunstabzughaube entnommen wird, sorgt für einen kleinen Unterdruck gegenüber dem Restaurant. Auch der neben der Galley liegende Gang wird über Schlitze in der Decke klimatisiert.

Baureihe 808.0

Auch der Steuerwagen verfügt über einen Großraum mit 52 Reihensitzen in der Aufstellung 2 + 2 und jeweils zwei Vis-à-vis-Sitzgruppen je Seite. Die Vis-à-vis-Sitzgruppen sind mit Tischen mit einteiligen Tischplatten ausgestattet. Der Sitzteiler bei den Reihensitzen beträgt durchgängig 965 mm, bei den Vis-à-vis-Sitzen 1900 mm. Im Großraumabteil ist eine zentrale Abfallentsorgung vorhanden, hinter der zwei Einzelsitze angebracht sind. Der Vorraum hat eine Toilette und eine zentrale Abfallentsorgung.

Zwischen dem Führerraum und dem Fahrgastraum befindet sich ein 4.519 mm langer Geräteraum. Der Zugang zum Führerraum erfolgt über im hinteren Bereich des Geräteraumes beidseitig angeordnete Einstiegstüren. Vom Geräteraum führt eine Diensttür zum Fahrgastraum. Der vordere Teil des Fahrgastraumes ist für den Gebrauch als Mehrzweckraum vorbereitet. In diesem Fall können drei Sitzreihen entfernt und eine Trennwand eingebaut werden. Der Zugang erfolgt über die Diensttür. Ob diese Möglichkeit jemals ausgenutzt, wird bleibt abzuwarten.

Legende:
1. E-Schrank
2. 2-fach Trolley, ungekühlt
3. Geschirrschrank
4. Geschirrkörbe f. Spülmaschine
5. Platz f. Spülmittel
6. Boiler m. Mischbatterie
7. Handwaschbecken
8. Vorspülbecken
9. Abfallbehälter
10. Geschirrspülmaschine
11. Sonderkühlschrank
12. Kaffeevorrat
13. Kaffeemaschine
14. Tassenfach
14a. Tassenfach, beheizt
15. Warmhalteplatte Kaffee
16. Besteck-Schublade
17. Fach f. Feuerlöscher
18. Tiefkühlfach (-18° bis -22°)
19. Einhängegestell für Gläser
20. Zapfanlage (1 × Bier, 3 × alkoholfr. Getränke)
21. Spüle für Gläser (Kaltwasser)
22. Stauraum für Getränkefässer
23. Wertfach
24. Personalgarderobe
25. E-Schrank (Kälte)
26. E-Schrank m. Temperaturanzeige
    a. Vitrine
    b. Flaschenauszüge
    c. Zapfanlage
    d. Trolley-Kühlschränke
    e. Sonderkühlschrank
    f. Tiefkühlfach
27. Vorratschrank (nicht gekühlt)
28. Reinigungs- und Putzmittel
29. 3-fach Trolley, gekühlt
30. Steamer
31. Mikrowelle
32. Dunstabzug
33. Ceran-Kochfeld
33a. Schlingerrand (klappbar)
34. Arbeitsfläche
35. Geschirrschrank, beheizt
36. Kühlvitrine
37. Drucker
38. Flaschenauszug, gekühlt
39. Display, Tastatur
40. Kassenschub
41. Abrechnungseinheit.

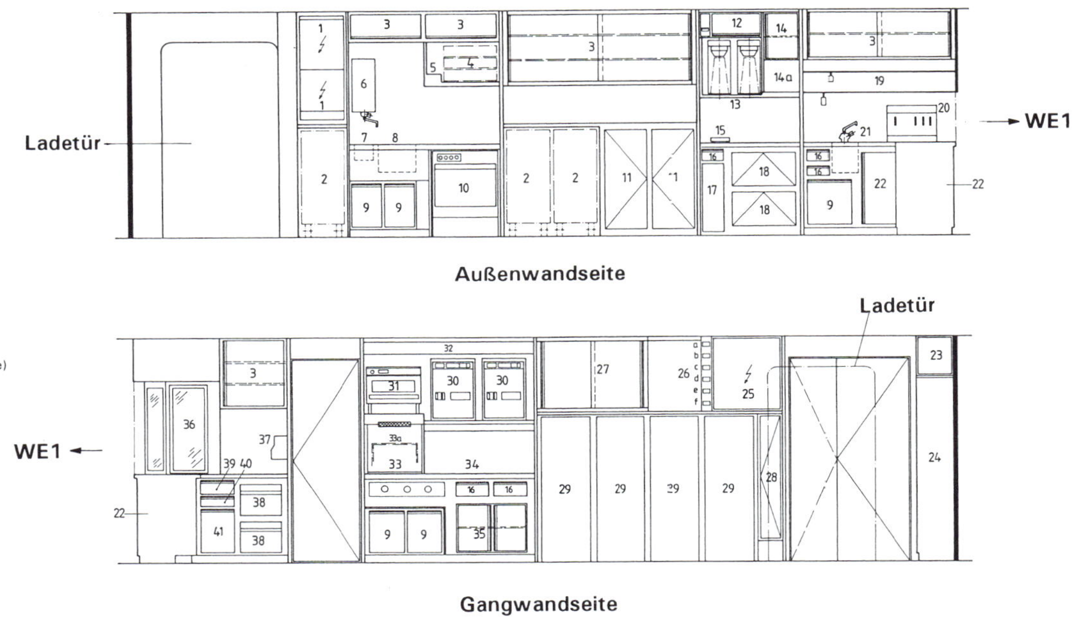

Die Galley des ICE 2 und die Einteilung der Geräte. Abbildung: Riechers

Ein Steuerwagen der Baureihe 808: Deutlich sichtbar ist der Zentrierholm der Scharfenbergkupplung. Foto: Adtranz

Die Inneneinrichtung des Steuerwagens der Baureihe 808 in der 2. Klasse. Im Hintergrund ist der der Dienstdurchgang in den Geräteraum und zum Führerraum zu sehen. Der dunkle Streifen oberhalb des Dienstdurchgangs ist das Info-Display, das in jeden Wagen an den Kopfenden des Fahrgastraumes angebracht ist.
Foto: Adtranz

Elektrische Anlage der Mittelwagen

BAUREIHEN 805, 806 UND 807

Bei der Suche nach Kosten- und Gewichtspotentialen wurden die Entwickler auch bei der Bordelektrik der Mittelwagen fündig. Kernstück der Überlegungen war der Energieversorgungsblock (EVB), der durch eine verbesserte Konzeption und einen kompakteren modularen Aufbau mit vielen identischen Bausteinen um stolze 1,6 t leichter werden konnte als beim ICE 1. Dabei blieb der Systemaufbau der Bordversorgung nach ICE 1-Vorbild erhalten.

Abweichend vom ICE 1 wurde der ICE 2 mit nur einem Triebkopf auch mit nur einer Zugsammelschiene (ZS) mit 1000 V 16,7 Hz. ausgerüstet. Der EVB stellt die verschiedenen Spannungsebenen für alle Systeme im Mittelwagen zur Verfügung. Über einen potentialtrennenden AC-DC-Umrichter mit einer Leistung von 70 kVA und 20 Hz, der aus der ZS versorgt wird, werden über eine Sammelschiene mit 650 V DC diverse ausgangsseitige Stromrichter mit Energie versorgt. Hierzu gehören u.a. die Drehrichter für Druckschutz, Zuluft, Kälte, Nebenheizungen und 50 Hz-Verbraucher sowie das Batterieladegerät. Beim Servicewagen WSm 807 kommt hier noch der Drehrichter »Küche« hinzu.

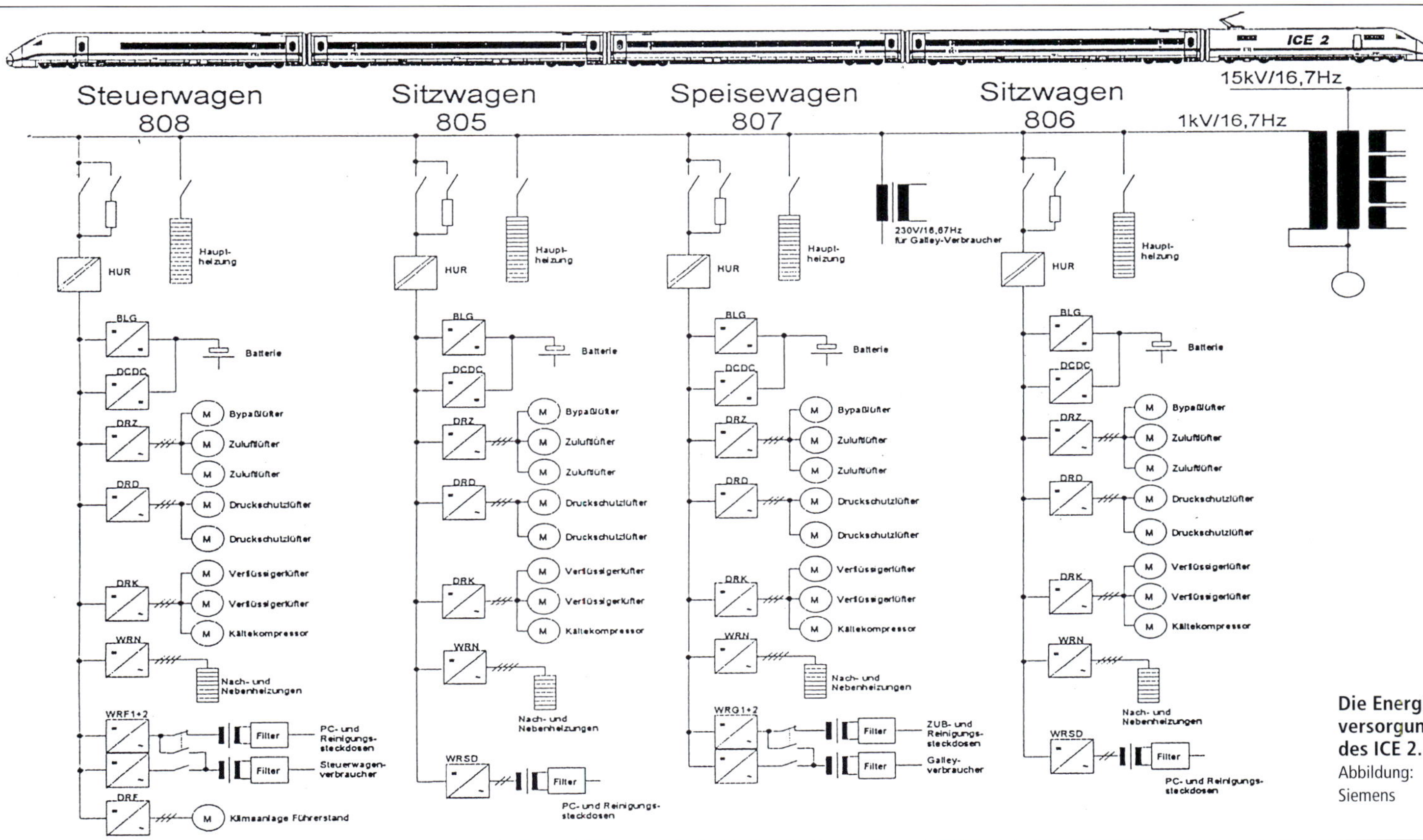

Die Energieversorgung des ICE 2.
Abbildung: Siemens

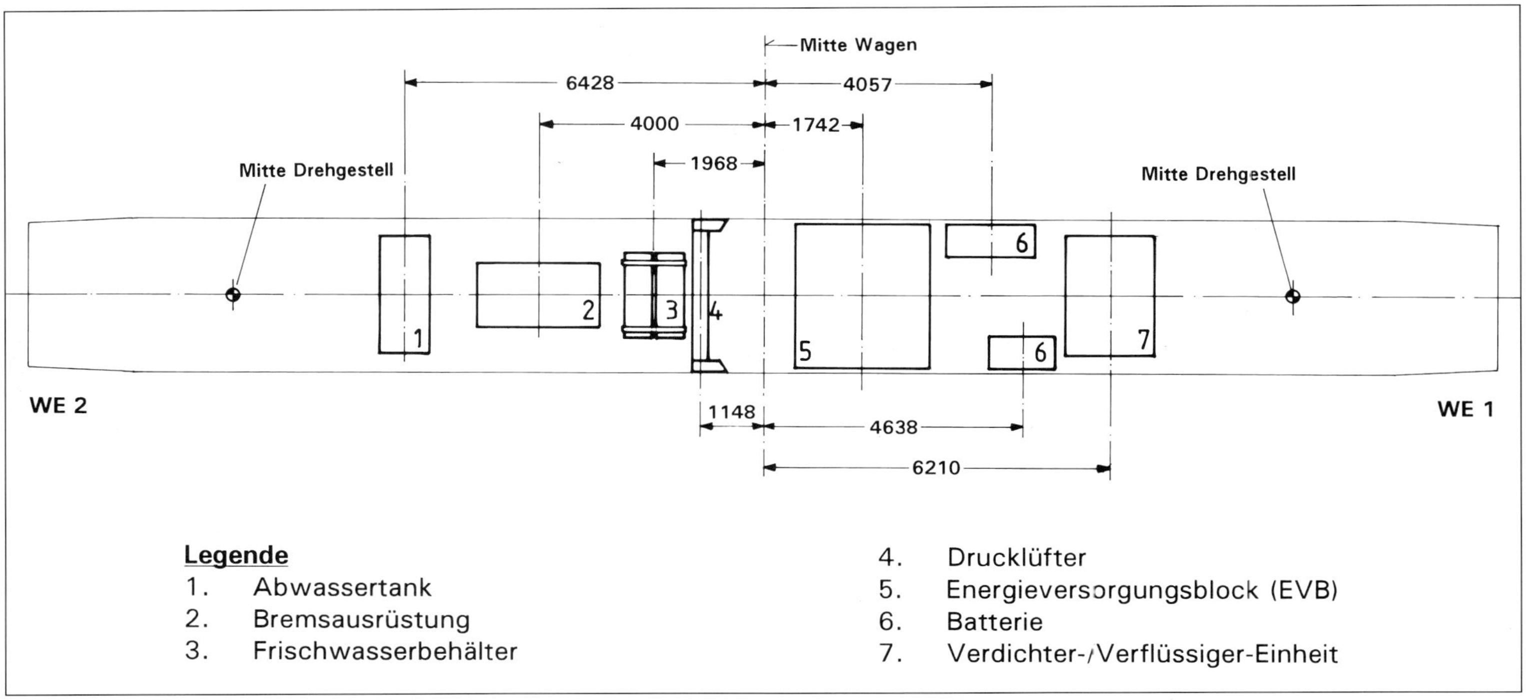

Die Geräteanordnung im Mittelwagen des ICE 2. Abbildung: Riechers

Die Steuerungs-, Überwachungs- und Diagnosefunktionen für den EVB sind in dem EVB-Zentralgerät zusammengefasst. Dieses Gerät ist aus Standardbaugruppen des Systems SIBAS 16 aufgebaut und an den Fahrzeugbus gekoppelt. Die Aufgabe des EVB-Zentralgeräts besteht in der Steuerung und Regelung des Eingangsstromrichters, die Kommunikation mit den Ausgangsstromrichtern, die Verarbeitung der von der Wagensteuerung kommenden Signale, die Lüftersteuerung des EVB sowie der zentralen Gerätediagnose.

Aus der 650 V-Sammelschiene wird über das Batterieladegerät eine 110 V DC-Batterie-Zugsammelschiene gespeist, die von 110 V-Bleibatterien mit 52 Zellen und einer Kapazität von 110 Ah (Baureihe 805 und 806) bzw. 165 Ah (Baureihe 807) gestützt wird.

Die aus der Batterie-Zugsammelschiene versorgten 110 V-Verbraucher werden in drei Gruppen unterteilt. Zur Verbrauchergruppe 1 – sicherheitsrelevante Systeme die nach UIC-Norm unmittelbar an die Batterie angeschlossen sind – gehören die Magnetschienenbremse (Mg-Bremse), die Gleitschutzeinrichtung sowie die Notbeleuchtung und das Minimalspannungsrelais. An die Verbrauchergruppe 2 sind über das Batteriesammelschütz an die Batteriesammelschiene und über eine Entkoppeldiode an das 110 V-Batterienetz angeschlossen die EVB-Steuerung sowie die Steuerung der DC-Wandler und der Lüfter des EVB, die LWL-Datenübertragung und das Diagnosesystem, die Klima- und Türsteuerung, die Gangtüren, der DCDC-Wandler 110 V/24 V für die Toilettensteuerung, die FIS (Sitzplatzreservierung, Audiosystem, Telefon) und die Versorgung der Lüfter im Schaltschrank 1. Zur Verbrauchergruppe 3, die wie die Verbrauchergruppe 2 aus der Fahrzeugbatterie versorgt wird, jedoch über ein Schütz zu- und abschaltbar ist, gehören die Hauptbeleuchtung und Leseleuchten.

BAUREIHE 808

Die elektrische Ausrüstung des Steuerwagens wurde gegenüber den Mittelwagen um folgende Einrichtungen erweitert: zwei redundant ausgeführte Hilfswechselrichter mit einer Leistung von je 2 kVA (230 V 50 Hz) für das Führerraum-Gebläse und zur Belüftung der Elektronikschränke, eine Elektronik-Stromversorgung für die Zugsteuerung, die Bremssteuerung und die automatische Fahr-Bremssteuerung sowie die LZB, ein Heizregister im Führerraum (230/460 V) und eine Heizung für die Sandbehälter erweitert.

Notversorgungskonzept

Bei Ausfall der Zugsammelschiene greift ein wagenautarkes Notversorgungskonzept. Dieses sieht vor, dass über die Batterie bzw. die Batteriesammelschiene die Energieversorgung ausgewählter und sicherheitsrelevanter Verbraucher sichergestellt ist.

Hierzu wurde ein so genanntes Lastabwurfkonzept erstellt, welches in Abhängigkeit von der Zeit nach dem Ausfall der ZS und der Höhe der Batteriespannung die Reihenfolge der schrittweisen Abschaltung der Geräte festlegt. Im 1. Schritt werden die Heizung, die Klimaanlage und der aktive Druckschutz abgestellt. Die Zuluftlüfter laufen zeitlich begrenzt weiter (mindesten 60 Minuten). Die Lüfterdrehzahl wird der Raumtemperatur angepasst (Kaltblasschutz). Unterhalb einer Raumtemperatur von 15° wird der Lüfter zeitweilig abgeschaltet. Außerdem werden die Steckdosen für Elektrogeräte abgeschaltet und die Batterieladung eingestellt. Beim 2. Schritt werden – acht Minuten nach Ausfall der ZS bzw. bei Abfall der Spannung der Batteriesammelschiene unter 106 V – werden die Leseleuchten abgeschaltet. Der 3. Schritt umfasst 30 Minuten nach Ausfall der ZS bzw. bei Abfall der Spannung der Batteriesammelschiene unter 104 V die Abschaltung der Hauptbeleuchtung. Im 4. Schritt (60 Minuten nach Ausfall der ZSS) entfällt die Versorgung der Diagnoseeinrichtungen, der Klimasteuerung, der Zuluftlüfter und der EVB-Steuerung. Bei der Aktivierung des 5. Schrittes, 120 Minuten nach Ausfall der ZS bzw. bei Abfall der Spannung der Batteriesammelschiene unter 96 V, ist auch die Toilette nicht mehr nutzbar. Bis zur völligen Entleerung der Batterien können der Gleitschutz, die Notbeleuchtung, die Türsteuerung, die Minimalspannungsrelais, die LWL-Datenübertragung, die Lautsprecheranlage und die für den Führerstandsbetrieb erforderlichen Geräte (nur bei Baureihe 808) betrieben werden.

Geräteanordnung
Wie beim ICE 1 sind alle für die Mittelwagen erforderlichen Geräte in einer Bodenwanne oder in Schaltschränken am WE 1 untergebracht. Die Bodenwanne gehört nicht zur Struktur des Wagenkastens. Sie ist vielmehr an den Langträgern über anextrudierte Befestigungsschienen montiert. Abweichend zum ICE 1, auch in abweichender Anordnung sind in der Bodenwanne u.a. die Bremsausrüstung, der Energie-Versorgungsblock (EVB), die Batterie, die Schalldämmkasten für Drucklüfter-Abluft, die Verdichter-Verflüssiger-Einheit der Klimaanlage, der Frischwasserbehälter und Abwassertank untergebracht. An beiden Seiten des Wagens sind außen in den Schürzen die Bremszustandsanzeigegeräte angebracht.
Die Anordnung der Schaltschränke und ihre Bestückung der Baureihen 805 und 806 ist mit den Avmz-, Bvmz- und BSmz-Wagen des ICE 1 identisch. Die erweiterte elektrische Ausrüstung des Servicewagens der Baureihe 807 ist nicht wie beim ICE 1 in zwei Schaltschränken am WE 2 sondern in jeweils einem Schaltschrank im Zub-Abteil und in der Galley untergebracht. Im Geräteraum des Steuerwagens Baureihe 808 befinden sich zudem die für einen Steuerwagenbetrieb des ICE 2 erforderlichen Steuergeräte. Die Einteilung des Geräteraumes ist der hinten im Buch beigelegten Maßskizze zu entnehmen.

DREHGESTELLE
Da die Drehgestelle des ICE 1 von Beginn an eine gewisse Unruhe («Brummen«) in den Großräumen verursachten, wurde umgehend nach besseren Lösungen für den Einsatz im ICE 2 gesucht. Eigentlich wurde bereits beim ICE/V mit der Entwicklung dieser Drehgestelle begonnen, wo einer der Wagen mit einem von der AEG entwickelten Hochleistungsdrehgestell mit Koppelrahmen (HLD-KL) ausgerüstet wurde. Neben diesem Drehgestell wurden im Herbst 1993 in verschiedenen ICE 1-Wagen mit neuentwickelten Drehgestellen erprobt. Dazu gehörten das Hochleistungsdrehgestell für 300 km/h (HLD 300) mit einem Rahmen aus Verbundwerkstoffe und Losrädern (Hersteller AEG), das Starrrahmen-Hochleistungsdrehgestell (SIG 300) mit in der Federtraverse integrierten Luftbehältern (Hersteller SIG), das Doppellenker-Drehgestell (WU-GL 92) in Variation mit aktiver Querfeder (Waggon-Union), das Hochleistungsdrehgestell Görlitz-Dresden-Salzgitter (GDS 300) mit Radsatzanlenkung über Faserverbundlenker von LHB (Hersteller DWA/LHB), das Starrrahmen-Drehgestell in modularem Aufbau mit aktiver Querfederung (Hersteller SGP) und das Hochgeschwindigkeits-Drehgestell mit torsionsweichem Rahmen (TR 300) (Hersteller Talbot).
Für die Drehgestelle der Mittel- und Steuerwagen des ICE 2 entschied sich die DB schließlich für das von Siemens-SGP in Graz entwickelte Drehgestell SGP 400. Nach Fertigstellung der ersten Exemplare dieses Drehgestell-Baumusters erfolgten intensive Erprobungen unter einem ICE 1-Mittelwagen zunächst auf dem Rollprüfstand in Freimann später auch im Fahrbetrieb.

Baureihen 805, 806 und 807
Der Drehgestellrahmen ist eine Schweißkonstruktion, bestehend aus zwei steifen und stark durchgekröpften Langträgern, verbunden durch zwei rohrförmige Querträger. Die Langträger sind aus Stahlblechen (Werkstoff St 52-2) in Kastenform zusammengeschweißt. Der Zuschnitt der oberen und unteren Schließbleche orientiert sich an den Erfordernissen der Anbauteile. Wo erforderlich, z.B. im Bereich der Luftfederaufnahmen, sind Schottbleche eingeschweißt.

Das Versuchsdrehgestell für 300 km/h (HLD 300) hat einem Rahmen aus Verbundwerkstoffen und Losrädern. Foto: AEG

Das Laufdrehgestell SF 400 für die Mittelwagen der Baureihen 805, 806 und 807. Foto: Siemens-SGP

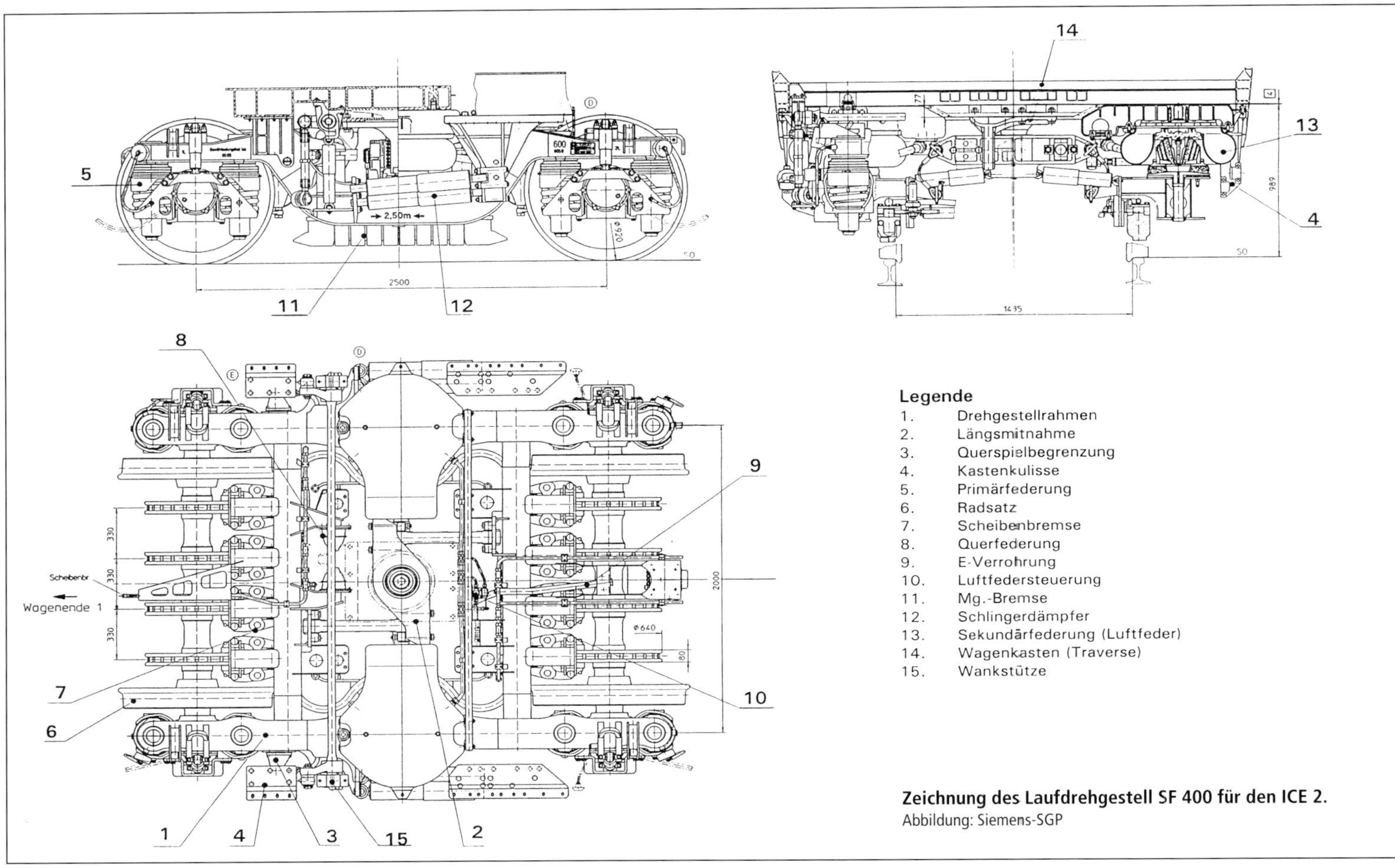

Zeichnung des Laufdrehgestell SF 400 für den ICE 2.
Abbildung: Siemens-SGP

Die Radsatzlager sind über jeweils zwei Säulenführungen an den Enden der Langträger befestigt. Die Primärfederung besteht aus jeweils einen Paar Schraubenfedern in Verbindung mit Gummielementen und jeweils einem Vertikaldämpfer. Der Radsatzabstand beträgt 2.500 mm. Die Radsatzlager sind bestückt mit Gleitschutzsensoren (GS), Erdungskontakten (EK) und Schutzwiderständen (SW). Die Anordnung ist von von WE 1 aus gesehen Radsatz 1 links mit GS, SW und rechts EK, Radsatz 2 links GS, SW und rechts SW, Radsatz 3 links GS, SW und rechts SW sowie Radsatz 4 links GS, SW und rechts EK.

Die Sekundärfederung besteht aus zwei Luftfedern je Drehgestell. In den Luftfederbälgen ist jeweils eine Konus-Gummifeder als Notfeder integriert. Luftfeder und Zusatzluftbehälter bilden eine Einheit. Die beiden Zusatzluftbehälter sind über eine angeschraubte Querstrebe mit einander verbunden.

Der Wagenkasten stützt sich auf den beiden Zusatzluftbehältern ab. Im seitlichen Bereich sind die Luftbehälter mit dem Wagenkastenlangträger verschraubt. Die Längsmitnahme des Wagenkastens erfolgt über einen Drehzapfen. Das Drehzapfenlager wird über Lemniskatenlenker am Querträger des Drehgestellrahmens befestigt. Die Luftfederung macht eine Wankstütze erforderlich, deren Drehstab über das Befestigungslager des Sekundärdämpfers direkt am Wagenkasten-Hauptquerträger befestigt ist.

Versuchsweise wurden in den Triebzügen Tz 239[2] und 240 Koppeldämpfer zwischen den Wagenkästen erprobt, die jedoch keine signifikante Verbesserung bei den tatsächlich auftretenden Wagenkastenschwingungen ergaben, so dass es bei einem Versuch geblieben ist. Um Erfahrung im Langzeitverhalten zu sammeln wird der Versuch jedoch weitergeführt.

Die Schlingerdämpfung erfolgt über jeweils zwei paarweise angeordnete Dämpfer, die über eine angeschweißte Konsole am Drehgestellrahmen und über eine Konsole aus Stahlguss am Wagenkastenlangträger befestigt sind. Die Konsolen sind zur Wagenkastenmitte hin orientiert.

Die Querfederung wird realisiert durch einen am Drehzapfen angeformten Arm sowie zwei beidseitig angeordnete Gummifedern, die am Drehgestellquerträger befestigt sind. Die Querspielbegrenzung besteht aus jeweils einer außen am Drehgestellrahmen gelagerten Rolle sowie einer am Wagenkasten-Langträger befestigten Konsole mit Führungskulisse. Sowohl die Querfederung als auch die Querspielbegrenzung sind zu den Wagenkastenenden hin orientiert.

Je Radsatz sind vier Wellenbremsscheiben aus Kugelgraphitguss vorgesehen. Die pneumatisch betätigten Bremszylinder sind am Querträger des Drehgestellrahmens befestigt. Jeder Wagen besitzt ein Drehgestell mit einer Leichtbau-Mg-Bremse. Diese befindet sich immer am WE 1. Im Vergleich mit den konventionellen Mg-Bremsen beim ICE 1, die an beiden Drehgestellen vorgesehen waren, brachte allein schon diese Maßnahme eine Gewichtsersparnis von knapp 600 kg.

Baureihe 808

Diese Drehgestelle entsprechen in ihrem Aufbau den vorstehend beschriebenen Drehgestellen. Zu-

2 Diese DB-internen Betriebsnummern setzen sich zusammen aus dem Typ, hier z. B. das 2 aus ICE 2, und der Ordnungsnummer der Baureihenbezeichnung, hier also 402 039 und 040. Diese Nummerierung gilt für alle bisher gebauten und künftig zu bauenden ICE-Triebzüge.

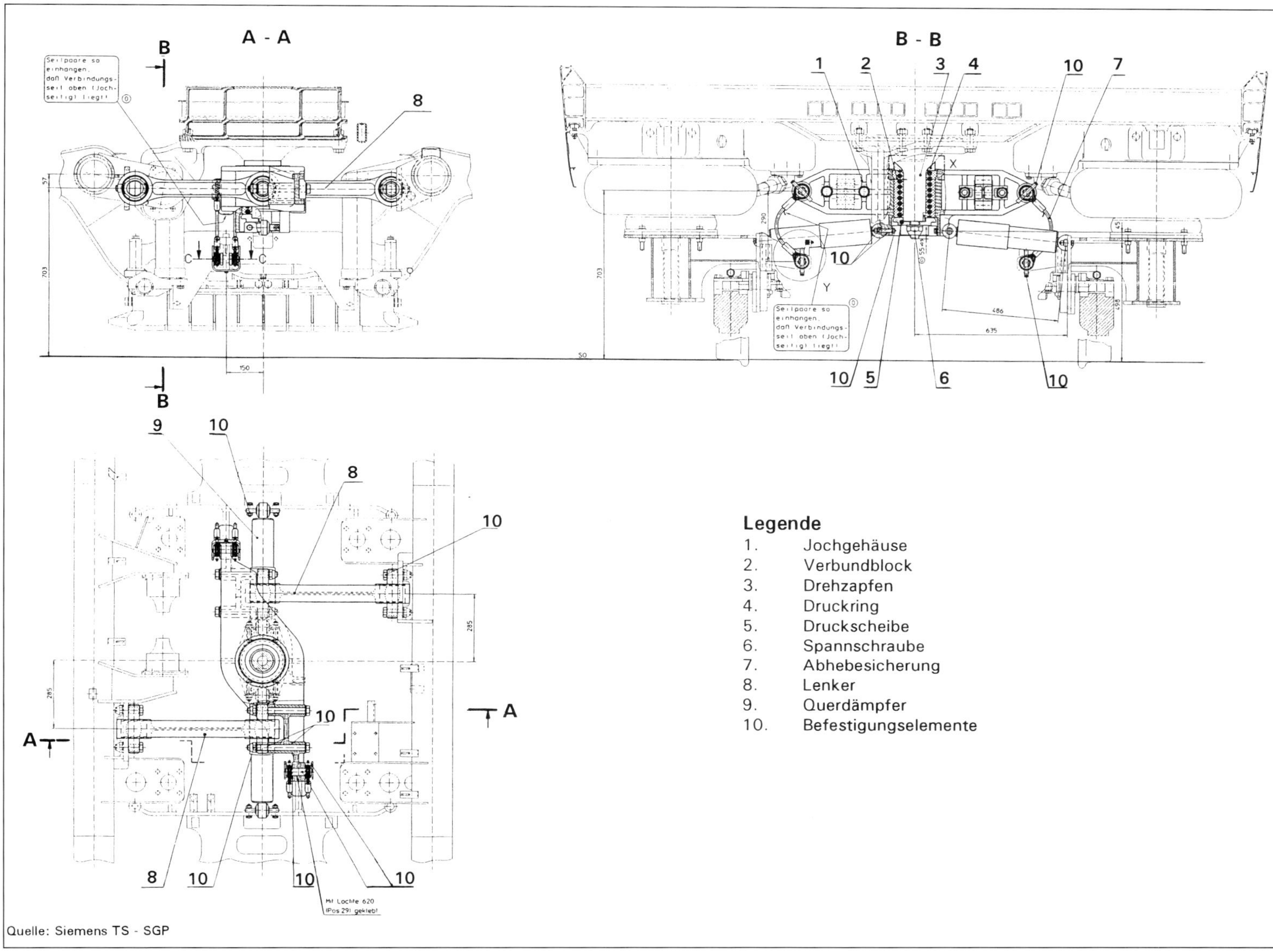

Die Anordnung der Längsmitnahme: Drehzapfen und Verbundblock sind ähnlich wie beim ICE 1 ausgeführt. Abweichend vom ICE 1-Laufdrehgestell ist die Drehzapfenaufnahme über ein Jochgehäuse und einen Lemniskatenlenker. Abbildung: Siemens-SGP/Riechers

sätzlich sind an den Drehgestellenden Ausleger und Querrohre für den PZB-Koppelspule und die LZB-Antennen befestigt. Die Drehgestelle sind für den Anbau von Zugbeeinflussungsantennen der SBB vorbereitet.

Der Gesamt-Triebzug

BREMSANLAGE

Das Bremssystem des ICE 2 entspricht dem des ICE 1, mit dem Unterschied, dass die Magnetschienen (Mg)-Bremsen nur noch bei den Laufdrehgestellen an den Wagenenden (WE) 1 vorhanden sind. Zusätzlich zum Triebkopf verfügt auch der Steuerwagen über eine Federspeicherbremse als Feststellbremse. Auch die Bremssteuerung des ICE 2 entspricht der des ICE 1.

LEITTECHNIK UND DIAGNOSE

Die bewährte hierarchisch aufgebaute Struktur der Leittechnik des ICE 1 wurde ebenso wie die zentrale Datenleitung über Lichtwellenleiter (LWL) beibehalten, wodurch auch die Mittelwagen des ICE 1 uneingeschränkt mit einem oder beiden Triebköpfen des ICE 2 (Abwärtskompatibilität) betrieben werden können. Das bedeutet nicht, dass einzelne Leittechnik-Systeme weiterentwickelt bzw. neue Funktionsgruppen hinzugefügt wurden. Unverändert vom ICE 1 übernommen wurden die Automatische Fahr-Bremssteuerung (AFB), die HSM, die LZB und die Zentrale Weg- und Geschwindigkeitsmessung (ZWG). Verbessert wurden hingegen die Antriebssteuerung (ASG), die mit dem bewährten SIBAS 32-Bit-System von Siemens einen leistungsfähigeren Prozessor erhielt. Dieser Prozessor gewährleistet eine schnellere und effektivere Antriebssteuerung, wodurch u.a. eine bessere Zugkraftausnutzung zu erwarten ist. Der neue Prozessor wurde in ICE 1-Triebkopf 401 063-3 einer intensiven Erprobung unterzogen. Verbessert wurden ferner der Integrierte Fahrzeug-Zubringerbus (IFZ) sowie die Zugsteuerung (ZSG) und Fahrzeugdiagnose (DAVID), die um die Doppeltraktionsfähigkeit erweitert wurden.

Blick auf die Längsmitnahme. In Bildmitte die Drehzapfenaufnahme mit Jochgehäuse und Lemniskatenlenker.
Foto: Siemens-SGP

FAHRGAST-INFORMATIONSSYSTEM (FIS)
Das Fahrgastinformationssystem des ICE 2 wurde auch in einigen Punkten gegenüber dem ICE 1 überarbeitet. Die äußeren Zuglaufanzeigen in LED-Technik sind in Fahrtrichtung gesehen im jeweils rechten vorderen Bereich angebracht und zeigen die Zugnummer, die Wagennummer, den Start- oder Unterwegsbahnhof sowie den Zielbahnhof an. Die inneren Zuglaufanzeigen in den Vorräumen jeweils auf der rechten Seite informiert den Fahrgast über die Zugnummer, den Zugnamen, die Wagennummer, die Zugart, den Laufweg mit Start- und Zielbahnhof sowie die wichtigsten Unterwegsbahnhöfe. Außerdem werden der nächste Haltbahnhof mit Angabe der Ausstiegsseite sowie der planmäßigen Ankunftszeit, die aktuelle Geschwindigkeit und die Uhrzeit angezeigt. Je Bild 800 mm breite Großraum-Anzeigendisplays in LED-Technik an beiden Stirnseiten der Großräume gibt Auskunft über die Zugnummer, den Zugnamen, den Start- und Zielbahnhof und den nächsten Haltbahnhof. Letztere Displays ermöglichen auch über den ICE-Standard hinausgehende Informationen. Weitere Veränderungen des ICE 2 sind das Beschallungs-

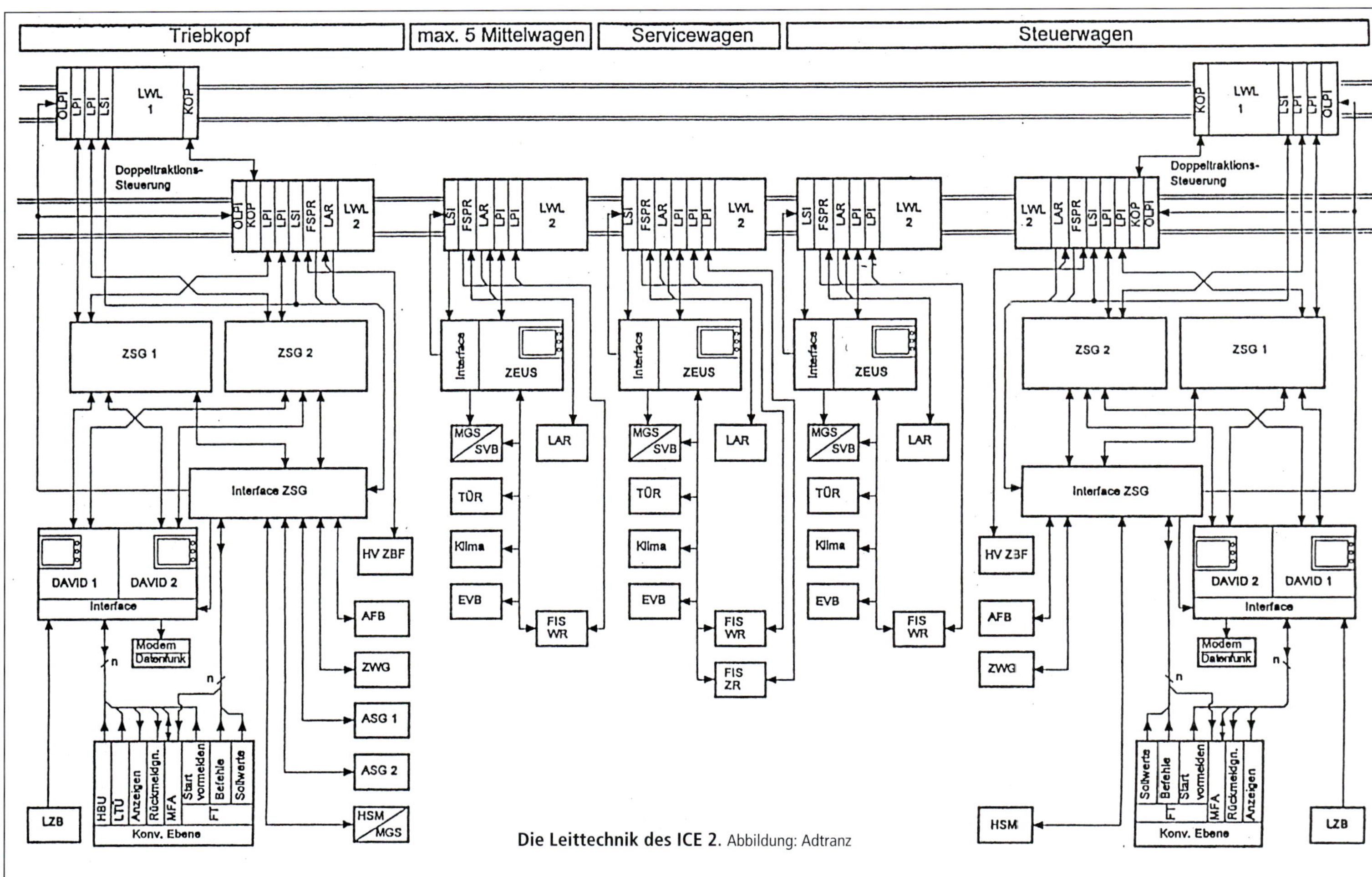

Die Leittechnik des ICE 2. Abbildung: Adtranz

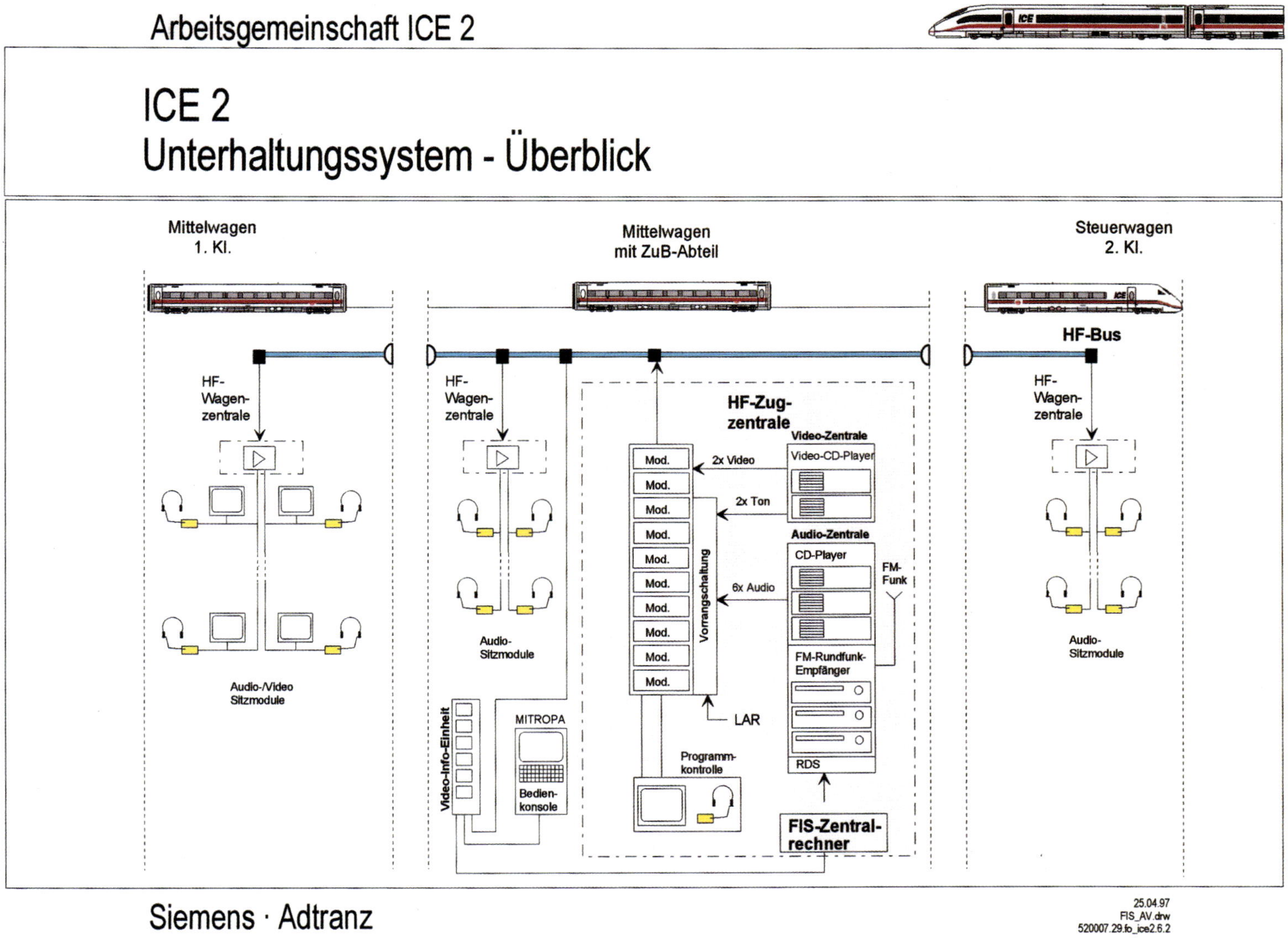

Überblick über die Datenkommunikation und das Unterhaltungssystem des ICE 2. Abbildung: Adtranz

system, der Audioanschluss an allen Sitzplätzen, das Videosystem an den Reihensitzen in der 1. Klasse, die Kommunikationsmöglichkeit zwischen Tfz-Führer und Zub sowie das Kartentelefon im Servicewagen (Baureihe 807).

Die FIS-Zentrale ist im Zub-Abteil des Servicewagens (Baureihe 807) untergebracht, wo sich der zentrale FIS-Rechner mit Bedientableau und Drucker sowie die Abspielgeräte für die Audio- und Videokassetten und Empfangsgeräte für UKW befinden. Ferner befindet sich in dem Seitengang an der Toilettenwand ein Fahrplan-Auskunftsrechner. Die Platzreservierung im ICE 2 erfolgt elektronisch mit Reservierungs-Displays über den Sitzplätzen.

Der ICE 2 im Betrieb

Die Ablieferung der ersten ICE 2-Fahrzeuge begann im Juli 1995 mit der Überstellung des ersten Triebkopfes in das ICE-Werk München, wo am 6. September 1996 mit einem Kuppelvorgang zweier Langzüge die offizielle Inbetriebsetzung der ersten ICE 2-Triebzüge stattfand. Ende September 1996 nahm die Bahn AG mit den ersten sechs Langzügen den Betrieb auf. Sie bestanden aus zwei Triebköpfen, vier Wagen der 1. Klasse und fünf Wagen der 2. Klasse. Da diese Züge noch nicht über Servicewagen verfügten, wurde ein beschränkter Am-Platz-Service angeboten. Hierzu wurde in einem 2. Klassewagen ein Trolley-Abstellplatz eingerichtet. Eingesetzt wurden die Züge auf den Verbindungen Bremen–Frankfurt/M. Ab Sommerfahrplan 1997 konnten bereits zwölf Garnituren als Langzug zusammengestellt werden. Diese bestanden aus zwei gekuppelten Kurzzügen ohne Steuerwagen, so dass diese im Endeffekt über zwei Servicewagen verfügten. Mit diesen Zügen wurde der Betrieb von Berlin nach Köln aufgenommen.

Als Ende 1997 alle Steuerwagen abgeliefert waren, konnte ab Sommerfahrplan 1998 mit den kompletten Halbzügen der Betrieb von Berlin nach Köln und Düsseldorf aufgenommen werden, wobei die Züge in Hamm geflügelt, d.h getrennt bzw. gekuppelt wurden.

Der Eurotrain während einer Testfahrt bei Niederaula auf der Neubaustrecke Fulda–Kassel.
Foto: Siemens

Da der vorauslaufende Steuerwagen, auf Grund des geringeren Gewichts, eine größere Seitenwindempfindlichkeit aufweist als der Triebkopf, kann, abhängig von der Linienführung, der lokalen Umgebungssituation (freies Feld oder windgeschützt) und der vorherrschenden Windrichtung und/oder Windstärke eine Geschwindigkeitsreduzierung vorgegeben werden; deshalb werden für alle Einsatzstrecken Seitenwinduntersuchungen durchgeführt. Für die Strecke Berlin–Hannover sind diese Untersuchungen bereits abgeschlossen; dort kann der ICE 2 mit Steuerwagen voraus die volle Streckengeschwindigkeit von 250 km/h fahren. Für die weiteren Einsatzstrecken sind diese Untersuchungen noch im Gange. Bis zu ihrem Abschluss gilt bei »Steuerwagen voraus« ei-

Die technische Daten des ICE 2

Gesamtzug		
Fahrzeugbegrenzung Triebkopf		UIC 505-1
Fahrzeugbegrenzung Mittelwagen		Sonderprofil
Zusammenstellung		1 TK + 6 Mittelwagen + 1 Steuerwagen
Höchstgeschwindigkeit (betrieblich)	km/h	280
Triebkopf		
Mechanteil		
Länge über Kupplung	mm	20.560
Breite	mm	3.070
Höhe o. Stromabnehmer (Rohbaumaß)	mm	3.840
Achsfolge		Bo'Bo'
Drehgestell-Mittenabstand	mm	11.460
Achsabstand	mm	3.000
Treibraddurchmesser neu/abgenutzt	mm	1.030/950
Masse		
gesamt	kg	77.500
elektrischen Ausrüstung	kg	40.745
Mechanteil	kg	36.755

ungefedert	kg	8.858
primär gefedert	kg	10.705
sekundär gefedert	kg	57.935
Bremsen		
elektrische Netzbremse (maximale Leistung)	kW	4.000
mechanische Bremse		zwei Scheiben je Radsatz
Feststellbremse		zwei Federspeicher je Radsatz
Elektrische Ausrüstung (je Triebkopf)		
Stromsystem		15 kV 16,7 Hz
Stromabnehmer		
Hersteller		Adtranz
Typ		DSA 350 SEK
Fahrmotoren		
Hersteller		Siemens
Bauart		Drehstrom-Asynchron
Typ		BAZU 7096/4
Dauerleistung	kW	4 x 1.200
größte Anfahrzugkraft	kN	200
Kühlung		Fremdbelüftung
Transformator		
Hersteller		Siemens/AEG
Primärwicklung	kVA	5.220
Traktionswicklung	kVA	4 x 1127
Heizwicklung	kVA	500
Hilfsbetriebe HB 1	kVA	176
Hilfsbetriebe HB 2	kVA	36
Kühlung		Öl
Stromrichter		
Hersteller		Siemens/AEG
Ausführung		GTO-Technik
Kühlung		Siedebad (FC 72 FCKW-frei)
Zwischenkreisspannung	V	2.800
Mittelwagen		
Länge über Kupplung	mm	26.400
größte Breite	mm	3.020
Höhe über SO	mm	3.856
Fußbodenhöhe über SO	mm	1.226
Achsfolge		2'2'
Drehzapfenabstand Mittelwagen	mm	19.000
Drehzapfenabstand Steuerwagen	mm	18.100
Achsabstand	mm	2.500
Laufraddurchmesser neu/abgenutzt	mm	920/860
Bremsen		
pneumatische Scheibenbremse		4 pro Radsatz
Magnet-Schienenbremse		Drehgestell
Leergewicht		
(m. 2/3 Vorräten) Apm 805.0/3	kg	45.700
(m. 2/3 Vorräten) Bpm 806.3/6	kg	45.700
(m. 2/3 Vorräten) Bpm 806.0	kg	46.300
(m. 2/3 Vorräten) Bpm 802.9	kg	45.700[1]
(m. 2/3 Vorräten) Bpmf 808.0	kg	53.000
(m. 2/3 Vorräten) WSm 807.0	kg	51.700
maximale Radsatzlast	t	16
Sitzplätze		
Apm 805.0	kg	52
Apm 805.3	kg	53
Bpm 806.0	kg	63
Bpm 806.3/6	kg	4
Bpm 802.9	kg	74[1]
Bpmf 808.0	kg	52
WSm 807.0	kg	23 (Bordrestaurant)

1 Für Einsatz im ICE 1 vorgesehen

ne V_{max} von 200 km/h. Bei der Zusammenstellung von ICE 2-Langzügen wird zudem darauf geachtet, dass beide Steuerwagen in Zugmitte laufenl. An dieser Stelle muss auf die **Sprinter**-Zugpaare hingewiesen werden. Diese ICE-Züge verkehren sowohl zwischen Berlin und Frankfurt a. M., mit teilweise Weiterfahrt nach Stuttgart und Karlsruhe, sowie zwischen München und Frankfurt a. M., weitestgehend ohne Halt. Bis zur Betriebsaufnahme der ICE 2-Triebzüge bestanden diese Züge aus ICE 1-Rollmaterial in Regel-Konfiguration, nach der Betriebsaufnahme des ICE 2 ausschließlich aus ICE 2-Halbzügen. Während der EXPO-2000 verkehrten diese Züge teilweise mit zwei Triebköpfen.
Zu erwähnen ist der Einsatz zweier ICE 2-Triebköpfe (402 042-6 und 046-7) zusammen mit acht TGV-Duplex-Wagen als Eurotrain. Der Eurotrain ist ein erster Versuch einer gesamteuropäischen HGV-Offerte für den asiatischen Markt insbesondere mit Blick auf das Taiwan High-Speed Rail Project. Dazu haben die Firmen Siemens (Triebkopf) und ALSTOM (TGV-Duplex-Doppelstockwagen) ihre Kompetenzen zusammengelegt. Am 4. Mai 1998 – 18 Monate nach Gründung eines entsprechenden Joint-Ventures – stellte das Konsortium Siemens/ALSTOM in Göttingen den Triebzug vor, der bei einer anschließenden Demonstrationsfahrt mit geladenen Gästen aus Fernost eine Geschwindigkeit von 316 km/h erreichte.
Neben Anpassungen an der elektrischen Anlage mussten die Triebköpfe an ihren Rückseiten mit UIC-Zug- und Stoßeinrichtungen versehen werden um sie mit den entsprechend ausgerüsteten Duplex-Endwagen kuppeln zu können. Unterstützt wurde das Konsortium sowohl seitens der DB AG als auch der SNCF. Leider wurde es um dieses Projekt still.

Die Entwicklung einer neuen ICE-Generation

Das Konzept

Die Ablieferung des ICE 1 war noch nicht beendet, als die Projektingenieure der Industrie und der Deutschen Bahn AG bereits an der nächsten Generation von ICE-Triebzügen arbeiteten. Die Entscheidung, nach welchem Fahrzeugkonzept die neuen ICE-Triebzüge zu entwickeln waren, wurde insbesondere durch die Anforderungen, die das Konzept der Neubaustrecke (NBS) Köln–Frankfurt am Main an die künftig dort einzusetzenden Fahrzeuge stellte, beeinflusst. Diese Strecke wurde für eine V_{max} von 300 km/h bei maximalen Steigungen von 40 Promille ausgelegt. Eine weitere Forderung, die sich aus den bisherigen Erfahrungen mit dem ICE 1 ergab, bestand in einer Anhebung der Antriebsleistung, um beim Befahren von Altstrecken, die es innerhalb des ICE-Netzes noch lange geben wird, Fahrzeitverluste durch häufige Geschwindigkeitswechsel mit einer größeren Beschleunigung begegnen zu können.

Ferner wurde nun ernsthaft das angestrebt, was beim ICE 1 zwar ursprünglich beabsichtigt, jedoch zum größten Teil nicht verwirklicht wurde – der Einsatz im grenzüberschreitenden Verkehr nach Belgien, Frankreich, den Niederlanden und der Schweiz im Rahmen der erweiterten Planungen für ein europäisches Hochgeschwindigkeitsnetz. Hierbei wäre die Energieversorgung das kleinere Problem gewesen. Das größere Problem stellte die aus Komfortgründen für den ICE 1 festgelegte Wagenkastenbreite dar, die mit 3.020 mm für den Verkehr insbesondere nach Frankreich zu groß war. Ein im Sommer 1990 für die Relation Paris–Brüssel–Köln–Amsterdam (PBKA) erarbeitetes Konzept für einen Viersystem-ICE M sah demzufolge auch, bei gleicher Wagenlänge (26.400 mm), eine Breite von 2.888 mm vor. Es kam jedoch nicht zu einer Umsetzung dieses Projekts. Die Verbindung Paris–Brüssel–Köln–Amsterdam wird jetzt mit Thalys-Triebzügen befahren. Lediglich auf den zwei schweizerischen Strecken Basel–Zürich (drei Zugpaare) und nach Interlaken (ein Zugpaar) sowie in Österreich mit je einem Zugpaar Passau–Wien bzw. Wien–Salzburg kommt der ICE 1 in seiner Ursprungsausführung zum Einsatz. Das sollte nun beim ICE 3 anders werden.

Mit Blick auf die für 1997 erwarteten neuen »Technical Specifications for Interoperability« (TSI) wurden seitens der DB bereits frühzeitig die Eckpunkte für das neue Fahrzeug festgelegt. Zu den Forderungen gehörten mit Rücksicht auf die bestehenden Bahnsteiglängen eine maximale Zuglänge von 400 m, eine maximale Radsatzlast von 17 t, eine V_{max} von 330 km/h, eine Leistung von nunmehr 20 kW/t (auf Grund der größeren Höchstgeschwindigkeit), Viersystembetrieb (15 kV - 16,7 Hz; 25 kV - 50 Hz; 3 kV DC; 1,5 kV DC) und eine Fahrzeugbreite, entsprechend dem europäischen Lichtraumprofil UIC 505, unter Berücksichtigung der Sondervereinbarung zwischen SNCF und DB AG. Weitere Eckpunkte waren Maßnahmen zur Energie-Absorption im Crash-Fall, druckgeschützte Fahrgast- und Führerräume, auf Bahnsteighöhen von 550 und 760 mm ü. SO abgestimmte Einstiege, Berücksichtigung aller europäischen Zugsicherungs- und Kommunikationssysteme sowie die Senkung der Sitzplatz-Kosten um 25 %.

Insbesondere die geforderte Leistungssteigerung, die größere V_{max} sowie die Beschränkung der Radsatzlasten auf 17 t – der ICE 1-Triebkopf brachte es auf nahezu 20 t (!) – stellte das bisherige Trieb**kopf**zug-Konzept infrage zu Gunsten eines Trieb**wagen**zug-Konzeptes. Dieses Konzept bot, durch eine über die gesamte Zuglänge verteilte Unterbringung der elektrischen Ausrüstung, den Vorteil einer gleichmäßigen Massenverteilung im Zug sowie eines besseren Traktionsverhaltens als bei einem Triebkopfzug. Ein weiterer Vorteil des Triebwagenzugs ist die Möglichkeit, die Fahrgasträume bis in die Zugspitze zu erweitern und damit zusätzliche Sitzplätze zu gewinnen.

Mittlerweile war die Industrie auf dem Gebiet der Elektrotechnik, insbesondere der Antriebstechnik, nicht untätig gewesen und konnte Anfang der 90er-Jahre Komponenten vorzeigen, die auf Grund ihrer Leistung und insbesondere ihrer Einbaumaße die Realisierung eines Hochgeschwindigkeits-Triebwagenzuges in greifbare Nähe rücken ließ. Es wurde also der Faden dort aufgenommen, wo er im März 1980 im Rahmen der Konzipierung des R/S-VD (Rad-Schiene-Versuchs- und Demonstrationsfahrzeug) bei der Erstellung des gemeinsamen Abschlussberichts der »Forschungsgemeinschaft Rad/Schiene« sowie der »Arbeitsgemeinschaft Rheine-Freren« fallengelassen werden musste. Einen weiteren Vorbehalt früherer Jahre, eine über den gesamten Triebwagenzug verteilte Antriebsanlage würde höhere Wartungs- und Instandsetzungskosten auf Grund der Vielzahl der Geräte und ihrer räumlichen Verteilung verursachen, konnte durch der Weiterentwicklung der wartungsfreien Elektronikelemente ebenfalls ausgeräumt werden.

Da es auf Grund fehlender Versuchserfahrungen einerseits für eine Serieneinführung eines solchen Triebwagenzuges jedoch noch zu früh war, andererseits durch die weitere Netzplanung, insbesondere nach der für 1997/1998 vorgesehenen Inbetriebnahme der NBS Berlin-Hannover, kurzfristig Bedarf für weitere Triebzüge bestand, konzentrierte sich die Entwicklungsabteilung der Deutschen Bahn 1992 zunächst auf einen, auf den ICE 1 als Triebkopfzug basierenden Nachfolgetyp, den ICE 2. Bei diesem sollten die Erfahrungen einfließen, die im Praxisbetrieb mit der ersten Generation gemacht wurden. Da ohnehin für die Zukunft ein Betriebskonzept mit Halbzügen angestrebt wurde, um einen »Flügelbetrieb« durchführen zu können und um flexibel auf Verkehrsspitzen reagieren zu können, wurde das Projekt darauf abgestimmt.

Als im Dezember 1993 die Verträge zum Bau des ICE 2 unterzeichnet wurden, liefen die Planungen für einen Triebwagenzug bereits auf Hochtouren. Aus diesem Grund wurde neben der Bestellung von 44 Halbzügen vom Typ ICE 2 die Lieferung von 13 weiteren Halbzügen mit Umwandlungsrecht sowie eine Option auf weitere 60 Halbzüge mit Umwandlungsrecht vereinbart.

Diese Optionen flossen dann bei dem von der DB AG am 2. August 1994 abgegebenen »Letter of Intend« (L.O.I.) über die Bestellung von 50 zunächst mit ICE 2.2[1] bezeichneten ICE-Triebwagenzügen ein. Ein weiterer L.O.I. enthielt einen

[1] Mit dem Begriff »ICE 2.2« sollte zunächst eine Weiterentwicklung des ICE 2 dokumentiert werden.

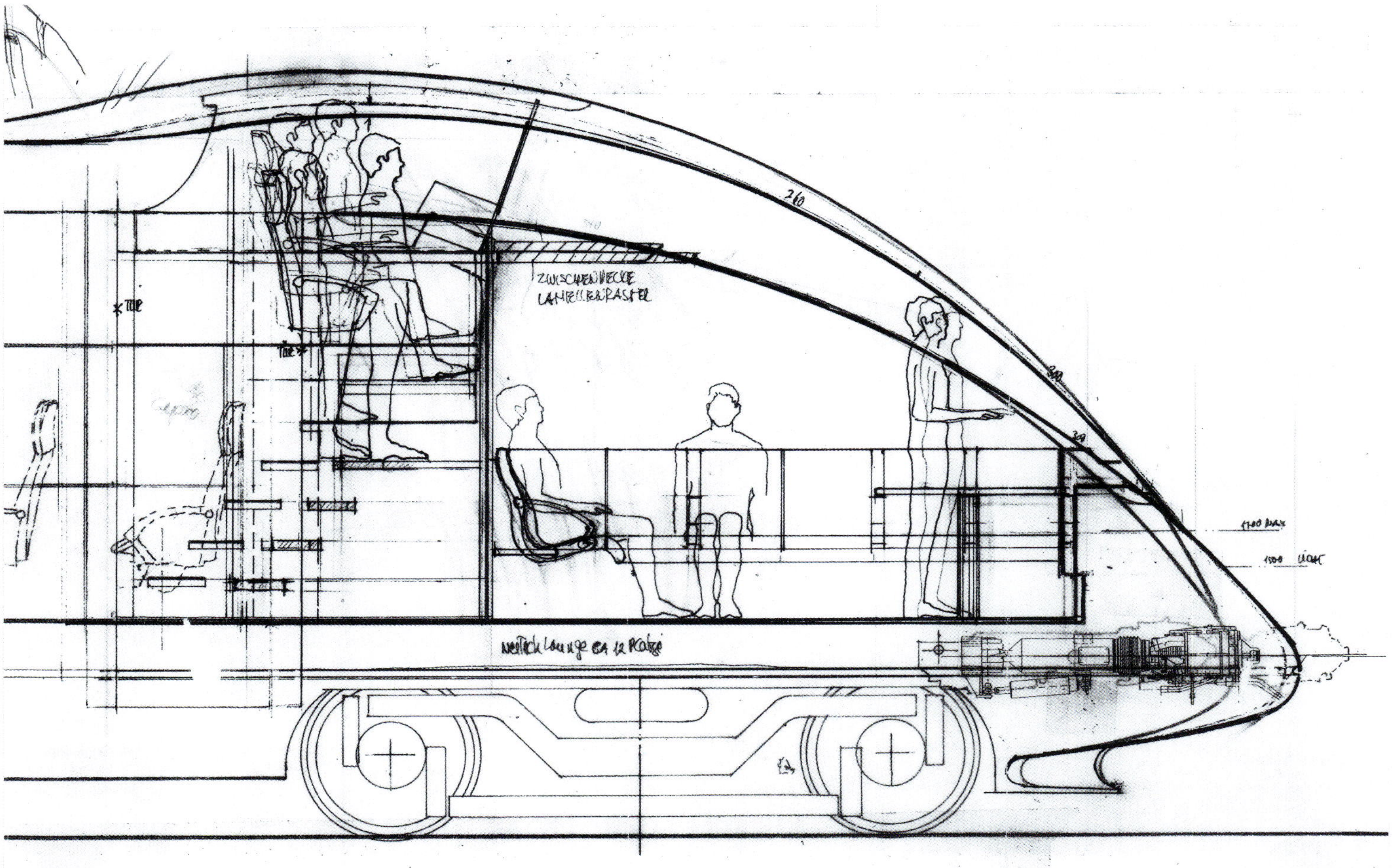

Die ersten Gedanken eines Designers werden zunächst mit »dicken Strichen« – aber annähernd maßstabsgerecht – wertfrei einem Blatt Papier anvertraut. Abbildung: Neumeister Design

Auftrag über 43 Triebwagenzüge mit Neigetechnik für einen Betrieb in IC-Qualität auf elektrifizierten Altstrecken unter der Bezeichnung ICT, vom Hersteller mit IC NT – InterCity NeiTech – bezeichnet. Von Anfang an wurde der ICT jedoch in der Kategorie A, der höchsten Angebotsstufe der DB AG, eingestuft.
Die, unter den gleichen Bezeichnungen mit der Entwicklung der Triebzüge beauftragten Konsortien setzten sich wie folgt zusammen: Das Konsortium ICE 2.2 bestand aus Siemens VT (Federführer) und AEG. An dem Konsortium IC NT beteiligten sich neben der DWA als Konsortialführer Siemens Verkehrstechnik und FIAT Ferroviaria.

Die Gestaltung der Triebzüge

Nahezu zeitgleich mit der Abgabe des L.O.I. am 2. August 1994 wurden die drei Designbüros Pininfarina in Turin, Designworks aus Los Angeles (USA) und Neumeister-Design, München, zu einem Designwettbewerb eingeladen, um für die neue Generation von ICE-Triebzügen Vorschläge zu entwickeln. Auf eigene Kosten beteiligten sich Siemens-Design aus München und die DWA Görlitz an diesem Wettbewerb. In dem Wettbewerbsbriefing forderte die Deutsche Bahn, dass die Entwürfe eine zukunftsweisende sowie die damaligen nationalen und internationalen Standards übertreffende Gestaltung der Fahrzeuge aufweisen sollten.
Die neue ICE-Generation sollte sich ferner außen wie innen von ihren Vorgängern absetzen und den technischen Fortschritt sowie eine neue Fahrzeuggeneration dokumentieren. Dennoch sollte der Familiengedanken deutlich herausgestellt werden. Ferner wurde verlangt, dass sich die angestrebten Höchstgeschwindigkeiten (ICE 2.2. mit 330 km/h; ICT mit 230 km/h) in der äußeren Dynamik der Fahrzeuge wiederspiegeln sollten.
Obwohl Designworks und Siemens-Design neuartige Exterieur-Entwürfe vorlegten, entsprachen die Entwürfe Alexander Neumeisters dem Forderungskatalog und den Vorstellungen der DB am meisten. In einer bereits sehr detaillierten Darstellung sowohl des Exterieurs als auch des Interieurs dokumentierte Neumeister die Weiterentwicklung der ICE-Technik und stellte eine Reihe neuartiger Designlösungen, wie z.B. die Frontlounges, vor. Aus diesem Grunde erhielt Neumeister im Dezember 1994 den Zuschlag zur weiteren Ausarbeitung der Entwürfe.
Bei der Gestaltung der beiden Triebzüge konnte sich Neumeister auf die Erfahrungen und Erkenntnisse stützen, die er bei der Entwicklung des Designs der Magnetschwebebahn »Transrapid« und für den japanischen JR-W-500 »Nozomi-Shinkansen« gewonnen hatte. Letzteres Projekt wurde kurz zuvor gemeinsam mit den Designern von Hitachi durchgeführt. Der Prototyp dieses Triebzuges war gerade zum Zeitpunkt des Design-Wettbewerbs fertig gestellt worden.
Während die Gestaltung des ICE/V und des ICE 1-Exterieurs auf den zuvor erfolgten aerodynamischen Untersuchungen der Industrie basierte und lediglich von den Designern der DB AG verfeinert

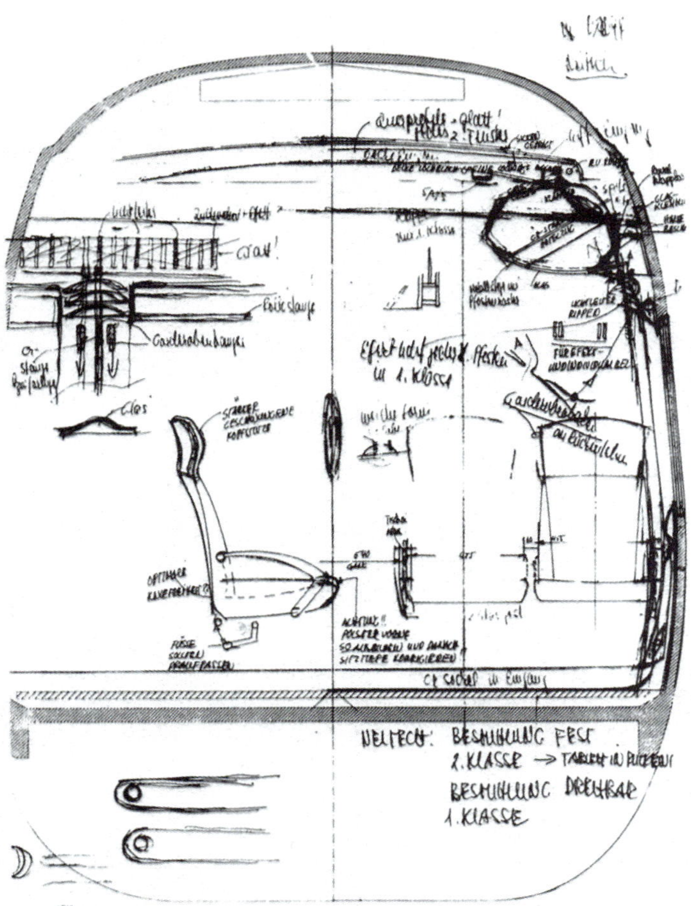

Auch die Gedanken über die Innengestaltung entstanden zunächst skizzenhaft, hier am Beispiel des ICT.
Abbildung: Neumeister Design

wurde, hatten bei der Gestaltung des ICE 2.2 und ICT die Designer ein maßgebliches Mitspracherecht.

Interessanterweise war zu Beginn des Design-Wettbewerbs keineswegs klar, ob sich beim ICT die Kopfgestaltung an die des ICE 2.2 anlehnen würde. Es stand nämlich seitens eines der Wettbewerbsteilnehmer alternativ eine Lösung zur Debatte, die eine durchgehende Begehbarkeit bei gekuppelten Zügen vorsah – mit entsprechend negativen Konsequenzen für die Gestaltung. Beim Büro Neumeister machte sich also Erleichterung breit, als entschieden wurde, dass auch für den ICT ausschließlich eine aerodynamisch optimierte Kopfform vorzusehen war. Somit gelang es, die Höchstgeschwindigkeiten der Fahrzeuge durch eine unterschiedliche Kopfform zu dokumentieren bei gleichzeitiger Erhaltung des Familiencharakters bei der neuen ICE-Generation.

Als Basis für die Entwürfe dienten die von DB AG und Siemens gemeinsam erarbeiteten UIC-Hüllkurven, wobei beim ICT die maximale Neigung des Wagenkastens von 8° in diese Hüllkurve eingearbeitet werden musste. In einer wechselseitigen Optimierung zwischen innen und außen wurde bereits in der Wettbewerbsphase ein optimaler Querschnitt für beide Fahrzeugtypen vorgeschlagen. Hierbei galt es Rücksicht zu nehmen auf diverse Einbauten, die Breite des Mittelgangs, die maximale Wagenkastenbreite in Armlehnenhöhe sowie den Wunsch nach Übernahme von möglichst vielen Ausstattungs-Komponenten – wie z.B. der Sitze, Gepäckablagen, Seitenwandpaneele – in beiden Triebzug-Typen. Auch die Forderung nach einem verwandtschaftlichen Aussehen hatte Einfluss auf den Wagenkasten-Querschnitt.

Die Tatsache, dass es sich insbesondere bei dem ICE 2.2 um den ersten europäischen Hochgeschwindigkeits-Triebzug mit Unterflur-Antriebstechnik handelte, beeinflusste besonders die Gestaltung des Kopfbereiches. Relativ früh im Designwettbewerbs reifte die Idee, in der Zugspitze Lounges einzurichten, um den dort sitzenden Fahrgästen eine Sicht auf die Strecke zu ermöglichen.

Es gab sogar einen Vorschlag, den Führerstand auf einer Zwischenebene erhöht anzuordnen mit einer völlig ungehinderten Aussicht für die Fahrgäste. Dieser Vorschlag erschien nach detaillierteren Untersuchungen, wegen einem zu stark eingeschränkten Führerraum, als unrealistisch. Es gelang jedoch auf jeden Fall, eine Lounge hinter dem Führerraum einzurichten, getrennt durch eine Glaswand. Das war jedoch nur möglich, in dem Schaltelemente, die beim ICE 1 und 2 in der Führerraum-Rückwand integriert waren, entweder funktionell in das Führerraum-Display aufgenommen oder an anderer Stelle unterhalb der Fensterbrüstungsebene untergebracht wurden. Im Hinblick auf eventuelle grenzüberschreitende Einsätze mit Linksverkehr wurde der Fahrerplatz von der rechten Seite in die Mitte des Führerraumes verlegt.

Vier weitere Merkmale unterstrichen trotz unterschiedlicher Kopfform die Familienzugehörigkeit der beiden Triebzugausführungen. Dazu gehören die großen Panoramafenster ohne Mittelstrebe, die jedoch durch einen horizontal verlaufenden Spriegel unterteilt wurden, das durchgehende Fensterband mit den dunkel-verglasten Fensterstielen, der weich verlaufende, gewellte Absatz im Übergangsbereich der Seitenwand zum Dach, der sich unterhalb des Frontfensters zur anderen Wagenkastenseite fortsetzt und eine Sicke oberhalb der seitlichen Schürzen bis zu den Kupplungsklappen. Diese Sicke führte zu langen Diskussionen zwischen Designern und Techniker, besonders mit den Aerodynamikern. Alexander Neumeister wusste jedoch auf Grund der Erfah-

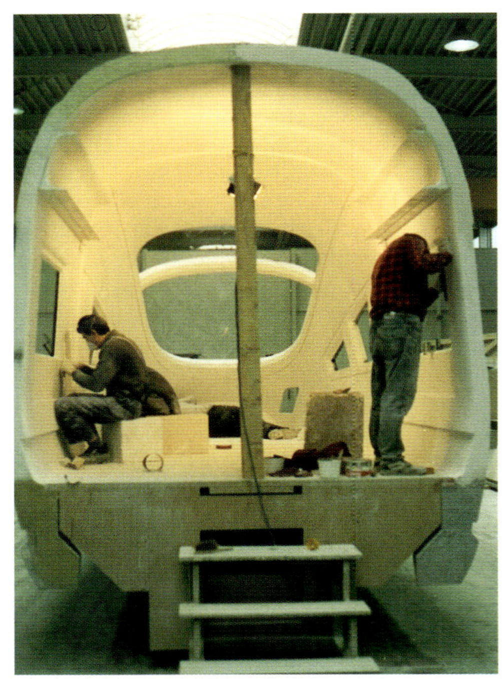

Der Bau des ICT-Kopfes bei der Firma Speedwave. Der anschließende Transport nach Poing war für den Hersteller und für den Spediteur ein wahrer Kraftakt.
Foto: Neumeister Design

Die Kopfwagen

Ihr Außendesign wird von der Aerodynamik bestimmt. 230km/h, das erfordert einen schmal zulaufenden Bug, weiche, kontinuierliche Kurvenverläufe und flächenbündig integrierte Klappen und Frontscheiben.
Auch die Kupplung sitzt hinter der aerodynamischen Verkleidung. Die Bugklappe wird im Bedarfsfall geöffnet und die Kupplung ausgefahren.

Im Betrieb entsteht dadurch nur ein schmaler Schlitz für das Kupplungsrohr.
Fertigungstechnisch sind beide Kopfwagen identisch - mit unterschiedlichen Serviceeinrichtungen und verschiedenartiger Bestuhlung und Ausstattung der 1.& 2. Klasse-Lounge.
Der erhöhte Führerstand ist mit einer Tür gesichert und wird durch eine Zwischenscheibe akkustisch von der Lounge abgeschirmt.
Störende Lichtreflexe und ein direkter Einblick von unten werden durch eine gerasterte Zwischendecke ausgeblendet.

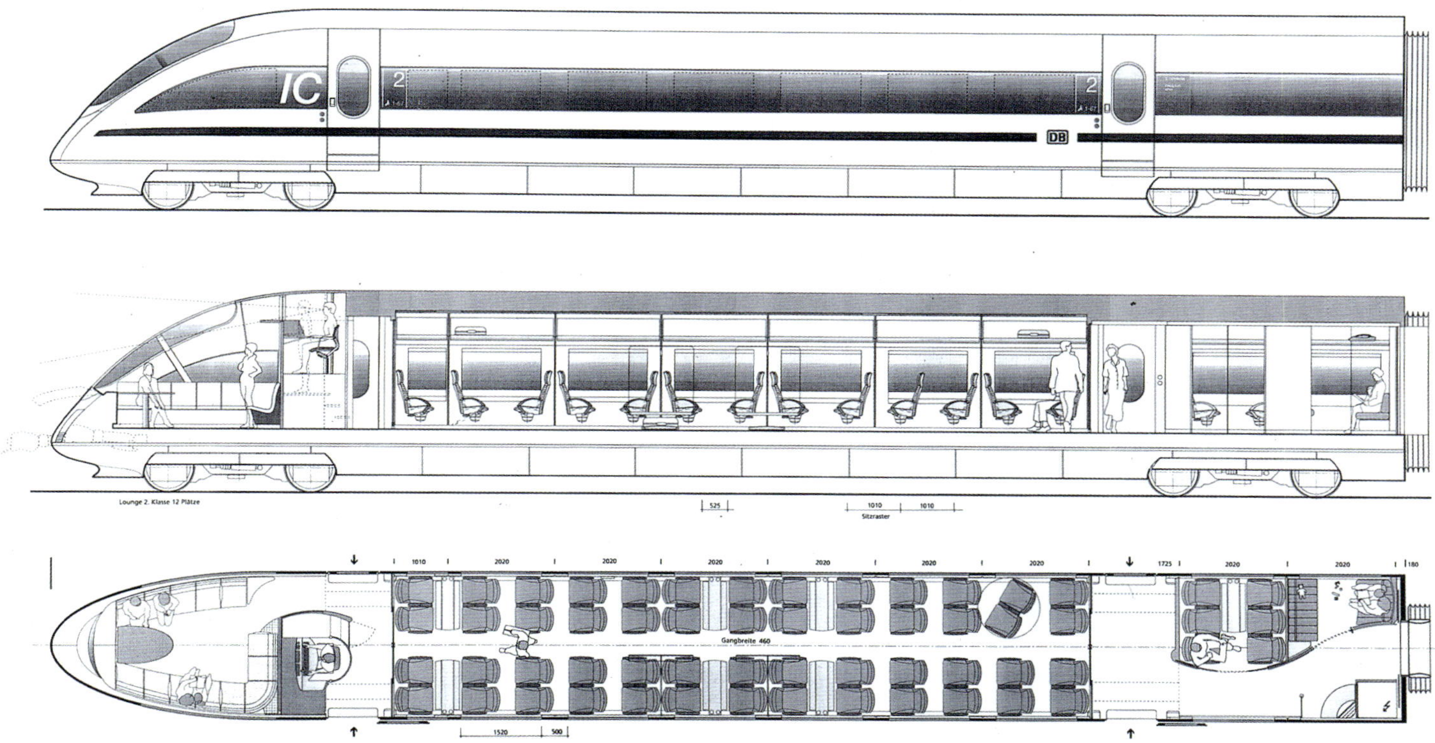

Ein bereits konkreter Entwurf des ICT-Endwagens, noch mit höher gelegtem Führerstand und einem zweiten Dritteleinstieg. Abbildung: Neumeister Design

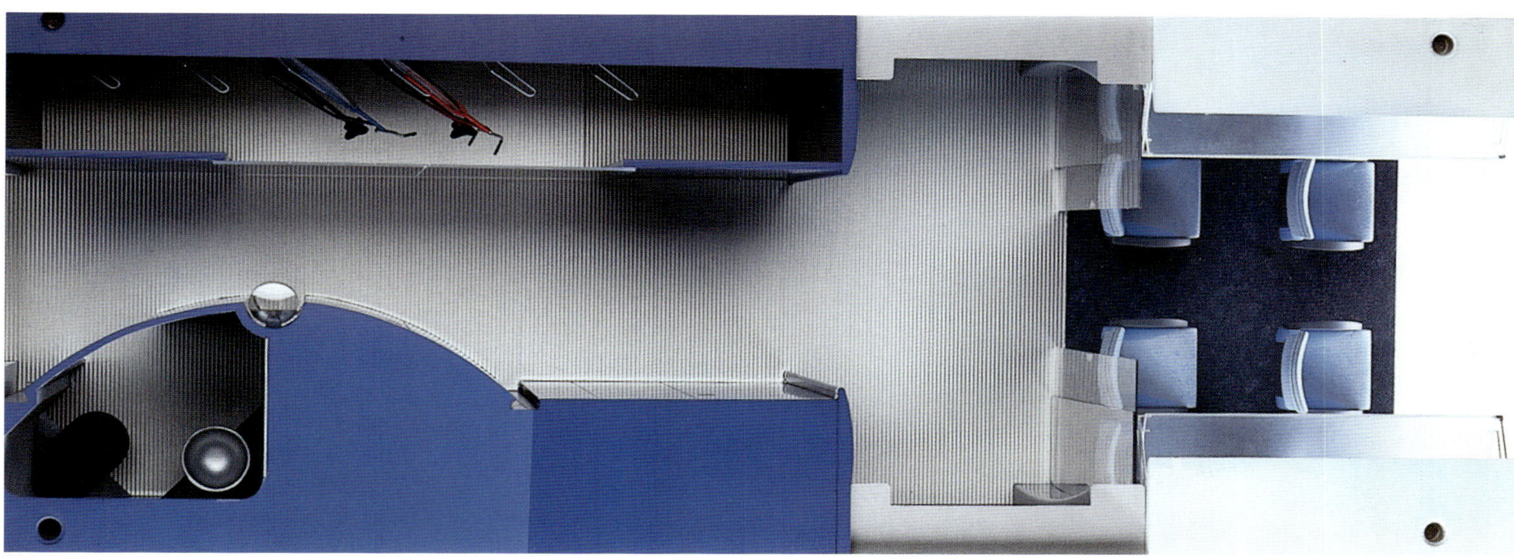

Detaillierte Entscheidungen erfolgten anhand von Modellen. Hier wurde der Servicebereich zwischen Einstieg und Übergang mit Toilettenraum und Fahrrad-Abstellraum dargestellt. Abbildung: Neumeister Design

Die Kopf- und Wagenkasten-Modelle wurden in Poing zusammengefügt. Jetzt beginnen die Finish-Arbeiten. Foto: Neumeister Design

Das Ergebnis lässt sich sehen: Die Modelle sind bereit zur Präsentation. Foto: Neumeister Design

So sieht ein fertig gestelltes Mock-up, am Beispiel eines 1. Klasse-Großraums des ICT (oder ICE 2.2), von innen aus. Foto: Neumeister Design

Vorschlag für die Gestaltung des Restaurants des ICE 3 mit blauen Lederpolstern. Foto: Neumeister Design

rungen beim Design des »Nozomi«, dass diese Sicke, je weiter sie noch vorne durchgezogen wird, eine Verringerung der Windgeräusche bringt, was durch Versuche später bestätigt wurde. Deshalb bestand er sowohl auf dieser Sicke als auch auf dem gewellten Absatz im Dachrahmen, da hierdurch die Triebzüge optisch schlanker erschienen.

Bei den Detailarbeiten für die Innengestaltung wurden Siemens-Design und Designworks hinzugezogen, um unter der gestalterischen Oberleitung Alexander Neumeisters Komponenten wie Führerstand, Bordrestaurant, Fahrgast-Informationssystem (FIS) und Sitzanlagen zu bearbeiten.

Bis Mitte 1995 wurden die Entwürfe durch die Projektleiter der Bahn und der Industrie in Zusammenarbeit mit Neumeister optimiert und im August 1995 konnten die endgültig ausgearbeiteten Entwürfe sowie Modelle im Maßstab 1 : 20 dem DB-Vorstand vorgelegt werden. Begleitend zu den Arbeiten fanden mit 1 : 10-Modellen bei »Flowscience« in Manchester Windkanalversuche statt. Diese Windkanalversuche wurden im Anschluss daran im »Institut für Entwicklungs-Aerodynamik« in Braunschweig fortgesetzt um den akustischen Einfluss der Fahrzeuggestaltung auf die Umwelt zu erforschen. Da negative akustische Einflüsse nicht festgestellt wurden, wurde hier auch die umstrittene Sicke endgültig verabschiedet.

Nachdem im August 1995 der DB Vorstand die endgültig ausgearbeiteten Entwürfe sowie die Modelle im Maßstab 1 : 20 verabschiedet hatte, kam es zu der spektakulären Fertigung zweier begehbarer 1 : 1 Teil-Modelle vom ICE 2.2 und ICT – so genannte »Mock-up's«, die nach einem wahren »Husarenritt« ab dem 5. Dezember 1995 in einer Siemens Fertigungshalle im bayerischen Poing (bei München) dem DB-Vorstand sowie den verschiedenen Personalräten zur Besichtigung und Beurteilung zur Verfügung standen. Dieser Kraftakt wurde von der Augsburger Firma Stonner vollbracht, unterstützt u.a. von den Firmen Speedwave und DeMo-Modellbau, die die Darstellung der beiden Köpfe bzw. des Führerpults übernommen hatten. Für die Darstellung der beiden unterschiedlichen Bordrestaurant-Vorschläge wurden in derselben Halle noch zwei spezielle Innenraummodelle ohne Außenkontur aufgebaut.

Bei dieser Gelegenheit wurde der rote Streifen auf der Seitenwand erstmals ohne den pastellvioletten so genannten Begleitstreifen gezeigt, der später auch bei den vorhandenen ICE-Triebzügen entfiel. Bei der Entwicklung des Interieurs wollte Neumeister die Aneinanderreihung gleicher Wagen, wie sie bei den lokbespannten Zügen sowie bei den ICE 1- und ICE 2-Triebzügen vorkommen, durchbrechen und – wie er zu sagen pflegte – eine »differenzierte Reiselandschaft« schaffen. Dass ihm das trotz der Forderung der DB nach ei-

ICE S auf Versuchsfahrt auf der Neubaustrecke Hannover–Berlin. Foto: DB AG/Reiche

ner möglichst hohen Anzahl von Sitzplätzen noch recht gut gelungen ist, zeigen die Grundrisse der Fahrzeuge. Beispielsweise wurden von den acht Wagen des ICE 2.2 nur je zwei Wagen der 1. und 2. Klasse gleich eingerichtet. Die anderen vier waren alle unterschiedlich gestaltet.
Es fällt auf, dass sich bereits in einer frühen Entwicklungsphase der ICE 2.2 und der ICT in der Anordnung der Einstiege unterschieden. Während die Mittelwagen des ICE 2.2 über eine herkömmliche Einstiegsanordnung an den Wagenenden verfügten, wurde beim ICT auf Grund der Maßkonzeption sowie einer durch die Neigetechnik beeinflussten abweichenden Geräteaufstellung im Innenraum der um einen zusätzlichen Endeinstieg ergänzte Dritteleinstieg bevorzugt. Hier wurden Service-Einrichtungen wie Groß-Gepäckablagen, Telefonzellen oder das so genannte quadronale Abfallsystem integriert. So können die Reisenden direkt den durch eine Glastür abgeschirmten Fahrgastbereich betreten ohne an Schaltschränken oder Toiletten vorbeilaufen zu müssen. Die Endwagen des ICE 2.2. erhielten, wie die des ICT, im vorderen Bereich ebenfalls einen Dritteleinstieg, dessen Einstiegraum die Lounge vom Großraum trennt. Diese Anordnung wurde erforderlich wegen der Unterbringung von elektrischen Geräten am Wagenende 1. Gleichzeitig wurde hiermit dem Wunsch Neumeisters, den Fahrgästen beim Betreten des Endwagens sofort einen Blick in die Lounge zu ermöglichen, entsprochen. An dieser Stelle muss erwähnt werden, dass Dritteleinstiege auf Grund statischer Probleme nicht gerade das Non-plus-ultra für den Fahrzeugkonstrukteur darstellen, aber darauf wird an anderer Stelle noch detaillierter eingegangen.
Neumeisters Bestreben war es, an möglichst vielen Stellen Naturmaterialien einzusetzen, was nicht immer mit dem Bestreben der Ingenieure, die Gewichtsvorgaben zu erfüllen hatten, zu vereinbaren war. So musste z.B. die ursprüngliche Idee, in den Einstiegsbereichen gewichtsoptimierte Echtsteinböden einzusetzen, aus Sicherheits- und Gewichtsüberlegungen fallengelassen und auf die Toilettenräume beschränkt werden. Jedoch schufen die Gepäckablagen aus sandgestrahltem Glas, verchromte Beschläge, die Verwendung von Leder als Sitzbezüge in der 1. Klasse sowie Buchenfurnier für Schrankverkleidungen und Trennwände ein neuartiges und hochwertiges Design. Wegen der zu erwartenden Nassreinigungen z.B. in der Galley oder den Toilettenräumen, musste an diesen Stellen auf Kunststoffdekor ausgewichen werden.
Mit dem »Service-Point« hielt ein neuer Begriff Einzug in die ICE-Welt. An Stelle des abteilähnlichen Raumes für Zugchef und Zugbegleiter trat ein offener Raum mit Info-Tresen, der erforderlichenfalls mit einem Glasschiebefenster geschlossen werden kann; mehr Transparenz also. Bei den Toiletten nahm die Bahn Abschied vom herkömmlichen Zug-Toiletten-Image, etwas was bei den ersten ICE-Generationen nur zum Teil gelungen war. Das erstmals im ICE 2 eingerichtete Kleinkindabteil konnte weiter »kindgerechter« gestaltet werden.

Etwas mehr Diskussionsbedarf ergab sich bei der Gestaltung des Bordrestaurants. Ein ursprünglich präsentierter Vorschlag hatte laut Bahn-Managern ein zu amerikanisch angehauchtes Image, so dass sie Neumeister mit einer Überarbeitung beauftragten. Das von ihm entworfene Innendesign wurde ebenfalls in 1 : 1-Modellen dargestellt, wobei für die Lederpolsterung die Farben Blau und Rot vorgeschlagen wurden. Die Entscheidung fiel schließlich zu Gunsten der roten Farbe.
Auch bei der Innenbeleuchtung wurden neue Wege beschritten. Lange Zeit versuchte man, eine neuartige Kaltlicht-Technologie einzusetzen – mit Glasfaser-Lichtleitern und zentral angeordneten Lichtkästen. Da das technologische Niveau jedoch nicht den Bedingungen der DB AG entsprach wurde, kurz nach einer Zwischenpräsentation im August 1995, wieder auf die übliche Innenbeleuchtung oberhalb der Fensterzeile zurückgekommen, jedoch ergänzt durch den verstärkten Gebrauch von Spots und Wandleuchten. Nach der Präsentation in Poing sprach die DB AG an Stelle von ICE 2.2 fortan von »ICE 3«.

Blick in den Messraum des ICE S: Das mittlere Monitorenpaar vermittelt einen Blick auf den Stromabnehmer.
Foto: DB AG/Reiche

Der ICE D/S

Wie eingangs erwähnt, bedurfte es noch einer Reihe von Versuchen bevor die neuen Antriebskomponenten im ICE 3, aber auch im ICE T, im täglichen Fahrbetrieb störungssicher eingesetzt werden konnten. Aus diesem Grunde wurden 1997 von der DB AG »Forschung und Technologie« (FT) zusammen mit der Arbeitsgemeinschaft Siemens-Adtranz zwei Erprobungsträger mit der Bezeichnung ICE D und ICE S in Betrieb genommen, um die neuen Komponenten zu erproben und ihre Zulassung vom EBA zu erhalten. Während die erforderlichen Triebköpfe von der DB AG gestellt wurden, wurden die Wagen von Arge Siemens-Adtranz beigesteuert.

Die Fahrzeuge

Der ICE D bestand aus einem ICE 2-Triebkopf, von dem das Triebdrehgestell 2 abgeschaltet wurde, und einem Mittelwagen mit zwei neu entwickelten Triebdrehgestellen, die über den Triebkopf mit Energie versorgt wurden. Der Mittelwagen war nicht für den Fahrgastbetrieb vorgesehen. In einem Teil des Wagens war ein Messraum eingerichtet. Triebkopf und Mittelwagen wurden in einem regulären ICE 1-Triebzug eingestellt, wobei die neuen Triebdrehgestelle im laufenden Fahrgastbetrieb einer Dauererprobung unterzogen wurden. Hierbei sollten innerhalb von zwei Jahren insgesamt rund 200.000 km zurückgelegt werden.

Der zweite Erprobungsträger, der ICE S, war ein kompletter Triebzug aus ICE 2-Material mit der Baureihenbezeichnung 410, bestehend aus dem Triebkopf 410 101, dem angetriebenen Mittelwagen 410 201 (MW 1 oder VIP-Wagen), dem nicht angetriebenen Mittelwagen 410 801 (Messwagen), dem angetriebenen Mittelwagen 410 202 (MW 2) und dem Triebkopf 410 102. Der Bau des ICE S kostete 60 Millionen DM.
Die Gesamtleistung des ICE S betrug 13.600 kW (2 × 4.800 kW für die beiden Triebköpfe und 2 × 2000 kW für die beiden Mittelwagen). Diese Leistung entsprach drei Triebköpfen des ICE 1 bzw. ICE 2. Die hohe Leistung verleiht dem ICE S hohe Beschleunigungswerte, die erforderlich sind, um auf relativ kurzen Messstrecken die entsprechenden Testgeschwindigkeiten rasch erreichen zu können. Die beiden Triebköpfe wurden für eine Höchstgeschwindigkeit von 400 km/h umgerüstet. Die Anordnung der Traktionskomponenten der Mittelwagen erfolgte, wie bei der neuen ICE-Generation vorgesehen, unterhalb der Wagenböden.
Der ICE S war zwar auf Hochgeschwindigkeitsbetrieb vorbereitet und somit auf dem ICE 3 ausgerichtet, dennoch konnten aus diesen Versuchen wertvolle Erkenntnisse für den um ca. 100 km/h langsameren ICE T gewonnen werden.

Der **Wagen MW 1** (VIP-Wagen) hatte 43 Sitzplätze in 1. Klasse-Bestuhlung, eine kleine Galley und zwei Toiletten. Die Versuchsausrüstung des Mittelwagens 1 bestand aus zwei Triebdrehgestellen mit achsreitendem Antrieb und Bogenzahn-Kupplung sowie einem Stromrichter. Die für den ICE 3 vorgesehene luftgestützte Klimaanlage stammt aus dem Flugzeugbau und wurde erstmalig in einem Eisenbahnfahrzeug verwendet. Bei dieser Technik wird Luft als Prozessgas eingesetzt.
Der **Messwagen** hatte einen Messraum, einen Besprechungs- und Arbeitsraum sowie einen Lagerraum. Die Versuchsausrüstung des Messwagens bestand aus zwei Laufdrehgestellen mit Wirbelstrombremse, dem Haupttransformator, einem funktionierenden AC-Stromabnehmer sowie einer luftgestützten Klimaanlage.
Im **Wagen MW 2** war ein kleiner Messraum für die DB-Messtechnik bei Zulassungsfahrten vorgesehen. Die Versuchsausrüstung des Mittelwagens 2 bestand aus zwei Triebdrehgestellen mit voll-abgefedertem Hohlwellenantrieb sowie einem Stromrichter. Zwei funktionslose Mehrsystem-Stromabnehmer auf dem Dach dienten Aeroakustik-Messungen; bei diesen Stromabnehmern handelt es sich um einen 25 kV AC-Stromabnehmer mit schmaler Wippe für das französi-

sche und belgische Netz sowie einen Stromabnehmer für das niederländische und belgische DC-Netz.

DIE VERSUCHSANORDNUNGEN

Laufwerke und Antriebe

Die luftgefederten Trieb- und Lauf-Drehgestelle entsprachen den von Siemens für den ICE 3 neu entwickelten Drehgestellen vom Typ SF-500. Die Triebdrehgestelle wurden je nach Wagen mit zwei unterschiedlichen Antriebsausführungen ausgerüstet. Der Antrieb des MW 1 erfolgte mit Bogenzahnkupplungen mit achsreitenden Getrieben, bei dem das Großrad auf einer Nabe im Getriebegehäuse und das Ritzel auf der starren Radsatzwelle befestigt war. Da das im Triebdrehgestell des MW 1 angewandte Getriebe- und Kupplungsprinzip zumindest in Europa bisher noch nicht eingesetzt wurde, erhielten die Triebdrehgestelle des MW 2 vollabgefederte Hohlwellenantrieben. Der Messwagen hatte Laufdrehgestelle desselben Typs die mit den Magneten der Linearen Wirbelstrombremse (LWSB) ausgerüstet waren.

Traktionsausrüstung

Der Messwagen wurde in Anlehnung an den Transformatorwagen des ICE 3 konzipiert und beinhaltete die wichtigsten Komponenten der Wechselstrom-Hochspannungsausrüstung, wie den 15 kV-DB-Stromabnehmer, den Trennungs- und Erdungsschalter und den Haupttransformator. Im Falle eines Ausfalls des Stromabnehmers kann die gesamte Traktionsanlage über eine 15 kV Dachleitung von einem der Triebköpfe mit Energie versorgt werden. Die Stromrichter wurden den MW 1 und MW 2 zugeordnet und speisen je vier Asynchronmotoren mit einer Leistung von je 500 kW.

Bremssystem

Das Bremssystem wurde abgestimmt auf eine Höchstgeschwindigkeit von 330 km/h und war für lange Gefällstrecken mit maximal 40 Promille geeignet. Zur Bremsausrüstung gehörten die generatorische Netzbremse, die lineare Wirbelstrombremse und die pneumatische Scheibenbremse.

Die Netzbremse entspricht der im ICE 1 und 2 bewährten Ausführung. Als weitere verschleißfreie Bremse wurde eine so genannte Lineare Wirbelstrombremse (WB) vorgesehen. Diese WB war bereits für den ICE 1 geplant, weshalb sie auch im ICE/V erprobt wurde. Da weder genügend Erkenntnisse vorlagen und das Netz ohnehin nicht auf eine Anwendung dieses Bremssystems vorbereitet war, insbesondere im Bereich der Sicherungsanlagen, wurde schließlich von einer Anwendung im ICE 1 und später auch im ICE 2 abgesehen. Die WB ist an den Laufdrehgestellen des Messwagens angebracht. Beim Bremsen werden die Bremsmagneten bis auf 7 mm über SOK abgesenkt. Die Energieversorgung der WB erfolgt über ein zusätzliches Phasenmodul beim Stromrichter im MW 1. Neben der Funktion wurde auch die Verträglichkeit der WB mit den Sicherungsanlagen an der Strecke sowie ihr laufdynamisches Verhalten im Ruhe- und Betriebszustand getestet. Das dritte Bremssystem, die pneumatische Scheibenbremse sollte, die Endphase des Bremsvorganges abdecken sowie im Falle eines Ausfalls der Netz- oder Wirbelstrombremse zum Einsatz kommen.

Die Bremsscheiben waren wie folgt aufgeteilt: Die Laufdrehgestelle des Messwagens hatten je Radsatz drei Wellenbremsscheiben. Die Triebdrehgestelle der MW 1 und MW 2 waren mit jeweils zwei Radbremsscheiben auf jedem Radsatz ausgerüstet. Zum Einsatz kamen erstmals so genannte Isobar-Bremsbeläge, die eine um 40 % höhere Bremsleistung ermöglichen sollten als herkömmliche Beläge.

Bordnetz und Leittechnik

Auch die Versorgung des Bordnetzes war auf die künftigen Aufgaben im ICE 3 abgestimmt. In jedem Wagen befand sich ein Ausgangsstromrichter (ASR) der über eine durch die drei Mittelwagen durchgeführte Zugsammelschiene mit 670 V DC mit Energie versorgt wurde. Die Zugsammelschiene wurde über die Hilfsbetriebewicklungen des Haupttransformators gespeist.

Auch die Leittechnik der drei Mittelwagen entsprach der für den ICE 3 vorgesehenen Leitebene. Die Wagen waren über einen Fahrzeugbus, den Multi-Vehicle-Bus (MVB), als Teil einer neuen Zugkommunikation TCN (Train Communication Networks), miteinander verbunden. Alle Serienkomponenten in den Mittelwagen wie z.B. ZSG, ASG, ZSU, ASR, BLG sowie die Klimaanlage wurden mit einem MVB-Anschluss versehen, der für die Umsetzung der Systemdaten Sorge trägt.

Der Einsatz

Die Messungen übernahm Messteam der Industrie, DB AG und, wegen einer 1995 erfolgten Bestellung des ICE 3 M, der niederländischen Eisenbahnen (NS). Für die Einsätze im Netz der DB AG war eine Zulassung, sowohl brems- und lauftechnisch als auch für den neuen Hochgeschwindigkeitsstromabnehmer durch das EBA erforderlich, die Mitte 1997 erteilt wurde.

Technische Daten ICE S

Gesamtzug		
Fahrzeugbegrenzung		UIC 505-1
Zusammenstellung		TK 1-MW 1-Messwagen-MW 2-TK 2
Achsfolge		Bo'Bo'+Bo'Bo'+2'2'+Bo'Bo'+Bo'Bo'
Stromsystem		15 kV 16,7 Hz
Gesamtleistung	kW	13.600
Gesamtlänge	mm	120.320
Gesamtmasse	t	325
Höchstgeschwindigkeit	km/h	400
Triebkopf		
Länge über Kupplung	mm	20.560
Breite	mm	3.070
Höhe (ohne Stromabnehmer)	mm	3.820
Achsfolge		Bo'Bo'
Drehgestell-Mittenabstand	mm	11.460
Achsabstand	mm	3.000
Treibraddurchmesser	mm	1.000
Leistung	kW	4 × 1200 = 4.800
Mittelwagen		
Länge über Kupplung	mm	26.400
Breite	mm	3.020
Höhe über SO	mm	3.856
Fußbodenhöhe über SO	mm	1.226
Achsfolge Messwagen		2'2'
Achsfolge MW 1 bzw. MW 2		Bo'Bo'
Drehzapfenabstand	mm	19.000
Achsabstand	mm	2.500
Laufraddurchmesser	mm	920
Leistung MW 1 bzw. MW 2		4 × 500 kW
Sitzplätze MW 1		43

Der ICE 3

Der ICE 3 ist, wie bereits berichtet, ein Teil einer im August 1994 bestellten, zunächst 93 Triebzüge umfassenden Fahrzeugflotte für den Fernverkehr der Deutschen Bahn AG – die umfangreichste Fahrzeugbestellung seit ihrer Gründung. Im April 1997 wurde dieser Auftrag erweitert um 20 dieselelektrische, vierteilige Neige-Triebzüge vom Typ ICE TD (Baureihe 605) und umfasste somit schließlich 113 Einheiten. Des Weiteren bestand über zunächst 50 Triebzüge der Baureihe 403 eine Option, die auf Grund geänderter Streckenplanungen (u.a. Planungsstopp der NBS Nürnberg–Erfurt) auf 13 Fahrzeuge reduziert wurde. Diese Option wurde am 27. Februar 2001 eingelöst. Etwa zum selben Termin bestellte die DB AG 28 weitere Triebzüge vom Typ ICE T.

Im Jahr 1995 orderten die Nederlandse Spoorwegen (NS) für die Verbindung Amsterdam–

Der ICE 3 M bei seinen ersten Fahrversuchen im Siemens-Prüfcenter in Wegberg-Wildenrath. Foto: Riechers

Bestellung der Deutschen Bahn für neue ICE-Züge

Anzahl	ursprüngliche Bezeichnung	Bezeichnung ab Dezember 1995	Baureihe	Ausführung
37	ICE 2.2	ICE 3	403	Einsystem
13	ICE 2.2 M	ICE 3 M	406	Viersystem
32	ICT	ICE T[1]	411	siebenteiliger Triebzug
11	ICT	ICE T[1]	415	fünfteiliger Triebzug[2]

1 Triebzug mit Neigetechnik
2 Hiervon wurden fünf Triebzüge mit einem Stromabnehmer für das schweizerische Lichtraumprofil ausgerüstet (T_2 1580–1584)

Der erste ICE 3M der Niederländischen Eisenbahnen (NS) bei Den Haag-Mariahoeve. Foto: Ton Voogel

Frankfurt am Main vier Triebzüge der Baureihe 406 (ICE 3 M), womit die Industrie erstmals von einem ausländischen Bahnunternehmen einen Auftrag für ICE-Triebzüge erhielt. Diese Mehrsystem-Triebzüge der DB AG und NS sind völlig identisch ausgeführt. Abweichend von den in den Niederlanden üblichen Serien-Bezeichnungen sind die NS-Triebzüge mit der DB-Baureihenbezeichnung 406 gekennzeichnet, einschließlich der entsprechenden Wagenordnungs-Nummern, und von 51 bis 54 nummeriert. Die NS-Triebzüge sind auf den ersten Blick erkennbar an dem Logo der Nederlandse Spoorwegen sowie der Aufschrift »Restaurant« am Servicewagen. Der Begriff »Bord-Restaurant« konnte im Niederländischen nicht übernommen werden, da dort »Bord« mit »Teller« übersetzt wird. Ferner sind alle wichtigen Beschriftungen und Hinweise technischer Art in Niederländisch ausgeführt.
Die spanische RENFE erteilte schließlich am 24. März 2001 Siemens den Zuschlag zur Lieferung von 16, dem ICE 3 entsprechenden Triebzügen für die Strecke von Madrid über Barcelona zur französischen Grenze. Mit einer betrieblichen Höchstgeschwindigkeit von 350 km/h gehören diese Triebzüge zu den schnellsten Europas und sind in der Lage, die Fahrzeit auf der 692 km langen Neubaustrecke Madrid–Barcelona von heute rund 6,5 Stunden auf etwa 2,5 Stunden zu reduzieren. Mit diesem Auftrag hat Siemens, und damit die deutsche Schienenfahrzeugindustrie und ihre Zulieferern, seine Leistungsfähigkeit und Qualität nun endgültig international unter Beweis stellen.

Die Konzeption des ICE 3

Die Gründe, die zur Festlegung des Grundkonzepts des ICE 3 als Triebwagenzug führten wurden bereits behandelt. Es sollte jedoch auch an dieser Stelle noch einmal darauf hingewiesen werden, dass es sich beim ICE 3 erstmals um einen europäischen Trieb**wagen**zug für den Hochgeschwindigkeitsverkehr – also oberhalb von 250 km/h – handelt. Sowohl beim TGV mit seinen Varianten als auch beim schwedischen X 2000 oder dem italienischen ETR 500 handelt es sich um Trieb**kopf**züge.
Das Fahrzeugkonzept des ICE 3 folgt dem Konzept des ICE 2 mit einer Halbzug-Konfiguration um Verkehrsspitzen besser auffangen bzw. ein Flügelzug-Konzept realisieren zu können. Ein

Konfigurationen des ICE 3

Wagen	Baureihe Einsystem	Baureihe Mehrsystem	Antrieb	Funktion	Klasse	Stromabnehmer Einsystem	Stromabnehmer Mehrsystem
EW 1	403.0	406.0	X	SR	1	-	-
TW 2	403.1	406.1	-	T	1	Typ DSA380D für DB/ÖBB 15 kV AC	Typ DSA380D für DB/ÖBB 15 kV AC, NS 25 kV AC[1]
SW 3	403.2	406.2	X	SR	1	-	Typ DSA350G für NS 1,5 kV DC, SNCB 3 kV DC
MW 4	403.3	406.3	-	-	R	-	Typ DSA380F für SNCF 25 kV AC, SBB 15 kV AC, SNCB 25 kV AC[1]
MW 5	403.8	406.8	-	-	2	-	Typ DSA380F für SNCF 25 kV AC, SBB 15 kV AC, SNCB 25 kV AC[1]
SW 6	403.7	406.7	X	SR	2	-	Typ DSA350G für NS 1,5 kV DC, SNCB 3 kV DC
TW 7	403.6	406.6	-	T	2	Typ DSA380D für DB/ÖBB 15 kV AC	Typ DSA380D für DB 15 kV AC, NS 25 kV AC[1]
EW 8	403.5	406.5	X	SR	2	-	-

[1] Elektrifizierung mit 25 kV AC in Vorbereitung

ICE 3-Halbzug besteht aus acht fest mit einander gekuppelten Wagen einschließlich den beiden Endwagen. Die einzelnen Wagen können nur in den Werken getrennt werden. Der Halbzug kann mit einem weiteren Halbzug zu einem Vollzug gekuppelt werden. Da diese Kuppel- und Entkuppelvorgänge im laufenden Betrieb am Bahnsteig vorgenommen werden können, besteht die Möglichkeit »Flügelzüge« zu bilden. Neben einem gemischten Einsatz der Baureihen 403 und 406 ist auch eine gemischte Mehrfachtraktion der Baureihen 403 bzw. 406 mit den Baureihen 411 und 415 vertraglich festgelegt, wobei die maximal mögliche Zuglänge durch die größte Bahnsteiglänge von 400 m bestimmt wird.

Die Maßkonzeption des Triebzuges wurde in der Hauptsache bestimmt durch die Forderung nach einer maximalen Zuglänge von 200 m je Halbzug unter Einhaltung des Lichtraumprofils nach UIC 505. Das bedeutete, bei einem Acht-Wagenzug eine durchschnittliche Wagenlänge von 25 m, wobei zu berücksichtigen war, dass die Endwagen, – um die aerodynamisch optimierte Kopfform mit der integrierten, abdeckbaren automatischen Bugkupplung zu kompensieren – mit einer etwas größeren Länge ausgestattet werden mussten. Schließlich ergab die endgültige Maßkonzeption eine Länge der Mittelwagen von 24.775 mm (26.400 mm bei ICE 1 und 2). Die Endwagen wurden 25.835 mm lang. Der Drehzapfenabstand wurde bei allen Wagen gleich mit 17.375 mm festgelegt, wodurch bei allen Wagen eine UIC-konforme Wagenkastenbreite von 2.950 möglich wurde, unter Berücksichtigung der Sondervereinbarung zwischen SNCF und DB AG, die eine Verbreiterung des UIC Maßes um 23 mm vorsieht. Die Wagen waren damit um 70 mm schmaler als beim ICE 1 und 2.

Im Hinblick auf die vorgesehenen Einsatzgebiete ist der ICE 3 in zwei Baureihen aufgeteilt. Die Baureihe 403 ist als Einsystem-Ausführung für 15 kV 16,7 Hz für den Betrieb innerhalb Deutschlands vorgesehen. Die Baureihe 406 hingegen kann als Viersystem-Variante mit 15 kV 16,7 Hz (Deutschland, Schweiz), 25 kV 50 Hz (Frankreich), 3 kV DC (Belgien) und 1,5 kV DC (Frankreich und Niederlande) im grenzüberschreitenden Verkehr zum Einsatz kommen. Zunächst war ebenfalls eine Dreisystem-Ausführung mit 15 kV 16,7 Hz, 25 kV 50 Hz und 1,5 kV DC im Gespräch (Baureihe 405), doch davon nahm man bald wieder Abstand.

Die Gesamtleistung des Triebzugs wurde, mit Blick auf die von der DB vorgegebenen Parameter, mit 8.000 kW in den beiden Wechselstromsystemen projektiert, verteilt über 16 Fahrmotoren; die generatorische Bremsleistung war auf 8.200 kW veranschlagt.

Da eine Höchstgeschwindigkeit, einschließlich der Reserven, von 330 km/h vorgegeben wurde, besteht bei einer betrieblichen Höchstgeschwindigkeit von 300 km/h ein Zugkraftüberschuss der einer fünf Promille starken Steigung entspricht. In den Gleichstromnetzen ist die Leistung auf Grund der Netzstrombegrenzung auf höchstens 4.300 kW begrenzt – auf Grund der geringeren Leistung beträgt hier die Höchstgeschwindigkeit 220 km/h. Bei den Untersuchungen, wie die Antriebsleistung zu verteilen wäre, ergaben sich deutliche Vorteile zu Gunsten einer Anordnung mit 50 % Antriebs- und 50 % Laufradsätzen. Die hieraus abgeleitete Achsfolge lautet Bo'Bo'+2'2'+Bo'-Bo'+2'2'+2'2'+Bo'Bo'+2'2'+Bo'Bo'.

Äußerlich sind die Baureihen 403 und 406 an der Anzahl und Anordnung der Stromabnehmer zu unterscheiden. Die Aufteilung der Stromabnehmer sowie der Traktionskomponenten (T = Transformator, SR = Stromrichter) über den Triebzug ist der Tabelle zu entnehmen. Hierbei ist zu beachten, dass der Triebzug in zwei Traktionseinheiten aufgeteilt ist. Da diese jedoch nicht identisch sind, ist ausschließlich ein Betrieb in der folgenden Konfiguration möglich:

Beim Betrachten der Tabelle fällt auf dass, im Gegensatz zu den Triebkopfzügen ICE 1 und ICE 2, alle Wagen nunmehr über eine einheitliche durchgängige Baureihenbezeichnung verfügen. Für Entwicklung und Bau des ICE 3 wurde die »Arbeitsgemeinschaft ICE 3 Siemens/Adtranz« gebildet, die seit dem 1. November 1999 unter dem geringfügig geänderten Namen »Arbeitsgemeinschaft (ARGE) ICE Siemens/Adtranz« firmiert; wobei Siemens als Konsortialführer auftritt. Bei der Herstellung der Fahrzeuge übernahmen Siemens und Adtranz den elektrischen Teil, während die Wagenkästen bei Siemens-Duewag (TW 2, SW 3, SW 6) und Adtranz (EW 1, EW 8) gebaut wurden. Mittlerweile wurde Adtranz von Bombardier übernommen. Im Auftrag des Konsortiums beteiligten sich auch Bombardier in Görlitz und Ammendorf (MW 5, TW 7) sowie ALSTOM LHB (MW 4) in Salzgitter an der Herstellung der Wagenkästen.

Ein Novum beim Bau von Triebzügen ist der Einbau von Energieverzehr (Crash)-Elementen, wie sie im Lastenheft des ICE 3 M, Stand Juli 1996, auf Grund der für 1997 erwarteten »Technical Specifications for Interoperability« (TSI) gefordert wurden. Durch die Anordnung dieser speziellen Crash-Elemente, sowohl am Wagenkasten als auch in den Kupplungssystemen, sollte ohne Deformation der Fahrgasträume annähernd der gleiche Effekt erreicht werden wie bei den, insbesondere vom PKW her, bekannten »Knautschzonen« – Abbau der Aufprallkräfte in einem für die Insassen erträglichen Maß. Hierzu wurde 1997 das Projekt »SAFETRAIN« gestartet. »SAFETRAIN« hat das Ziel, anhand der Auswertung einer Vielzahl von Unfällen relevante Aufprall-Referenzszenarien zusammenzustellen und die dabei zu erfüllenden Crash-Kriterien festzulegen.

Nachdem am 5. Dezember 1995, nach einer wahren Husarenritt, im bayerischen Poing dem DB-Vorstand sowie den verschiedenen Personalräten zwei begehbare 1 : 1-Modelle vom ICE 3 und ICE T, so genannte Mock-up's, präsentiert wurden, konnten anhand dieser Modelle noch eini-

ge Unstimmigkeiten ausgeräumt bzw. Detailverbesserungen angebracht und im Laufe des Jahres 1996 nach eingehenden Voruntersuchungen die Konstruktionsarbeiten aufgenommen werden. Im Rahmen der Entwicklung mussten, der schwingungstechnischen Auslegung des Wagenkastens wegen – ein Komfortmerkmal – umfangreiche Simulationsrechnungen durchgeführt werden.
Bereits im Dezember 1997 führte das Forschungs- und Technologiezentrum der DB AG im Adtranz-Werk Nürnberg mit dem ersten Endwagen-Rohbau erfolgreich Druck- und Belastungsversuche durch. Ende 1998 konnte der erste komplette ICE 3-Triebzug im Siemens Prüfcenter in Wegberg-Wildenrath zusammengestellt und mit eingehenden Erprobungen angefangen werden. Seit dem Sommerfahrplan 2000, rechtzeitig zur EXPO 2000, stehen nun die ersten ICE 3 Garnituren im planmäßigen Einsatz.

Beschreibung des ICE 3

DER WAGENKASTEN

Rohbau und Lackierung

Die Struktur des Wagenkasten-Rohbaus baut im Wesentlichen auf den Erfahrungen auf, die mit der Konstruktion der Wagenkästen für den ICE 2 gemacht wurden, auf. Ein erheblicher Unterschied zwischen beiden Wagentypen ist jedoch darin zu sehen, dass es sich bei den Wagen des ICE 2, auf Grund von deren Konzeption als Triebkopfzug konstruktiv um Reisezugwagen handelte. Die Wagenkästen des als Triebwagenzug konzipierten ICE 3 hingegen unterliegen durch die Anordnung von Antriebskomponenten unterhalb des Fahrzeugbodens oder im Fahrzeugdach höheren statische Anforderungen.
Bei der Festlegung der Werkstoffqualitäten wurde von den gleichen Kriterien ausgegangen wie zuvor beim ICE 1 und 2. Dies hieß, dass aus Korrosionsgründen zinkhaltige Legierungen, trotz ihrer höheren Festigkeit, nicht in Erwägung gezogen wurden. Die Entscheidung, für Strangpressprofile die siliziumhaltige Legierung AlSiMg0,7 einzusetzen, bedeutete jedoch, dass bei den Berechnungen niedrigere Werte für zulässige Spannungen angesetzt werden mussten. Für Bleche wurde die vollschweißbare Legierung AlMg4,5Mn verwendet.
Trotz gleicher Aufteilung der Wagenkasten in die Rohbau-Schweißgruppen Untergestell (Bodenplatte), Seitenwände, Dach und Stirnwände sind End- und Mittelwagen einer getrennten Betrachtung zu unterziehen. Das ist zu begründen mit der extrem abweichenden Kopfform der Endwagen sowie mit der Anordnung der Einstiege. Zwar sind auch beim MW 4 (Servicewagen) Abweichungen dahingehend festzustellen, dass dieser

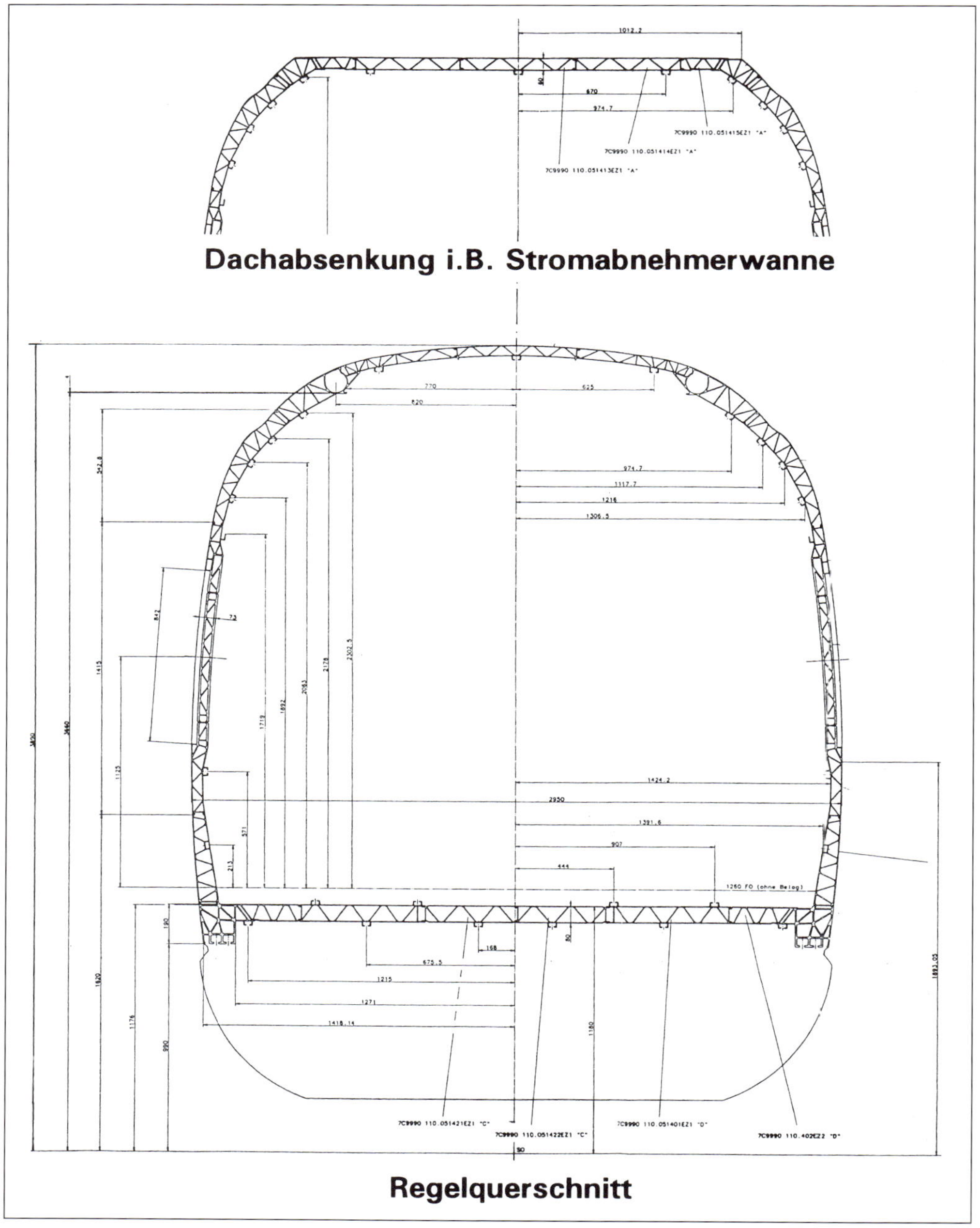

Der Querschnitt des Wagenkastens. Abbildung: ARGE ICE Siemens/Adtranz

Wagen keine Endeinstiege besitzt, dafür aber je eine Versorgungstür in der linken und rechten Seitenwand. Da diese Tür jedoch nur bis zum Fußboden reicht, gab es hier keine größeren statischen Probleme zu bewältigen.

Rohbau Mittelwagen

Die Bodenplatte setzt sich zusammen aus zwei Langträgern und sechs Bodenelementen, bestehend aus Strangpress-Hohlkammerprofilen, die zu einer Baugruppe zusammengeschweißt sind. An den Profilen der Bodenelemente sind an der oberen und unteren Seite C-förmige Schienen zur Aufnahme des Fußbodens und der Sitze bzw. zur Aufnahme von Rohrleitungen anextrudiert. Die Langträger sind an ihrer Unterseite ebenfalls mit jeweils zwei paarweise angeordneten C-förmigen Nuten versehen, sei es auch in einer wesentlich kräftigeren Ausführung zur Aufnahme der Drehgestell-Traversen, der Traktionsaggregate (z. B. Transformator oder Umrichter) sowie diverse Konsolen für die Aufnahme von Dämpfern. An den Wagenkastenenden ist jeweils ein zusammengesetztes Kopfstück als Schweißgruppe für

Eine interessante Schweißkonstruktion ist das Kopfstück der Wagenenden. Mittig ist die Aufnahme für die Kurzkupplung zu sehen, links der Einstiegskasten. Foto: Riechers

die Aufnahme der Kurzkupplungen und – wo notwendig – Einstiege angebracht.
Die Seitenwände bestehen der Länge nach durchgehend aus fünf zusammengeschweißten Strangpress-Hohlkammerprofilen. Das in etwa auf Fensterhöhe befindliche Profil wird im Bereich der Fensteröffnungen bereits in der Schweißvorrichtung ausgespart. In einem nächsten Arbeitsgang werden die Fenster dann auf das Sollmaß gefräst. In einigen der dadurch entstandenen »Fensterstiele« werden für die Aufnahme der äußeren Zuglaufanzeigen die erforderlichen Öffnungen gefräst sowie kastenförmige Bauteile eingeschweißt.
Das Dach besteht ebenfalls aus fünf zusammengeschweißten Strangpress-Hohlkammerprofilen. Die außen liegenden Profile sind mit einer kreisförmigen Kammer versehen zur Aufnahme der 15 kV-Dachleitung, die nach erfolgter Montage mit einer Blende verschlossen wird. Bei den mit Stromabnehmern ausgerüsteten Wagen sind an den WE 2 großflächige Absenkungen im Dach angebracht zur Aufnahme der Dachausrüstung. Diese Absenkungen bestehen aus fünf Strangpress-Hohlkammerprofilen die seitlich durch ein an die Dachkontur angepasstes Außenprofil abgeschlossen sind. Dieses Außenprofil liegt in der Flucht mit den außen liegenden Dachprofilen und wird in der Zusammenbauvorrichtung mit dem Dach verbunden.
Die am WE 1 vorhandenen seitlichen Öffnungen für die Luftansaugung der Klimaanlage sowie die für den Einbau des Kompakt-Klimagerätes (KKG) erforderliche Dachöffnung werden ebenfalls nachträglich ein- bzw. nachgefräst. Die Dachöffnung ist mit einem eingeschweißten Rahmen verstärkt, der auch der Aufnahme des KKG dient. Die Öffnung wird nach erfolgter Montage außenhautbündig und druckdicht durch den Deckel des KKG verschlossen.
Nach dem Zusammenfügen von Dach und Seitenwand werden die Türöffnungen zur Seitenwand hin mit einem Aluminium-Pressteil als Türsäule abgeschlossen. Die Stirnwände an den Kurzkuppelenden bestehen aus einer massiven Schweißkonstruktion aus Aluminiumblech und Kastenprofilen die einen kräftigen umlaufenden Rahmen bilden. Das zur Kaschierung der Übergangsbefestigung und der elektrischen Anschlüsse um 100 mm zurückversetzte Stirnwandblech ist mit Befestigungslöchern für die Aufnahme des Doppelwellenbalges versehen.
Die für die Unterflur-Geräteunterbringung notwendigen Bodenwannen gehören nicht zum tragenden Bestandteil der Wagenkästen und sind lösbar an den C-förmigen Nuten der Langträger montiert. Die einzelnen Geräteräume sind über Klappen aus Aluminium-Strangpressprofilen zugänglich.

Rohbau Endwagen

Die Bodenplatte des Endwagens EW 1 bzw. 8 ist analog den Bodenplatten der Mittelwagen aufgebaut. Sie unterscheidet sich am WE 2, der Frontseite, durch ein erheblich verstärktes Kopfstück mit den Aufnahmen für die automatische Schar-

Blick in den Wagenkastenrohbau von vorne nach hinten: Hierbei handelt es sich um den Endwagen, was an dem Dritteleinstieg im Vordergrund erkennbar ist. Die Mittelwagen sind gleichermaßen aufgebaut. Die Integral-Bauweise kommt auf diesem Bild besonders gut zum Ausdruck. Man beachte im Einstiegsbereich den Kragen des als Verstärkung des Wagenkastens konzipierten Einstiegskastens. Im vorderen Bereich ist gerade noch die Differenzialbauweise des Kopfes zu erkennen. Foto: ARGE ICE Siemens/Adtranz

Eine wahre Meisterleistung im Fahrzeugbau ist die konstruktive Gestaltung des Kopfbereiches. Insbesondere fallen die bei Airbus Industries hergestellten, sphärisch gebogenen Längs- und Querprofile auf.
Foto: ARGE ICE Siemens/Adtranz

fenberg-Kupplung, die puffer-ähnlichen Energieverzehr-Elemente (Pufferabsorber) und den Unterfahrschutz.
Als kritischer Punkt bei dieser Bodenplatte stellten sich die so genannten Dritteleinstiege dar. Während mit Ausnahme des MW 4 (Servicewagen) alle Mittelwagen mit Einstiegen an beiden Wagenenden ausgerüstet sind, verfügen die Endwagen ausschließlich über Dritteleinstiege, die sich in Richtung WE 2 gesehen, vor den vorderen Drehgestellen befinden. Die Trittkästen dieser Einstiege unterbrechen die Langträger der Bodenplatte, wodurch diese geschwächt werden. Es musste also eine Überbrückungskonstruktion geschaffen werden, die die Festigkeit an dieser Stelle wieder herstellt. Hierzu wurde der Trittkasten als Träger ausgebildet, der über einen Kragen bündig mit dem Fußboden abschließt. Ferner wurden zur Versteifung zusätzliche Querträger eingeschweißt.
Kernstück des Endwagens bildet der extrem stromlinienförmige Kopf, der sich über eine Länge von nahezu sieben Metern erstreckt. Dieser Kopf wurde nach stilistischen und aerodynamischen Aspekten gestaltet, wodurch die Effekte der Druckwelle bei Begegnungen in sowie des »Sonic-Booms«[2] bei Ausgahrten aus den Tunneln erheblich verringert werden. Seine Realisierung stellte jedoch hohe Anforderungen an das Knowhow der Entwicklungs- und Produktionsmannschaft.

Bei der Entscheidung über die Bauweise des Kopfes, standen vier Varianten zur Auswahl und zwar ein sphärisch gebogenes Gerippe mit aufgeschweißter Beplankung analog des ICE 2, ein Kopf aus GFK-Sandwich als nicht tragendes Verkleidungsteil oder als tragendes Konstruktionselement, sphärisch gebogene Groß-Strangpressprofile, die sich nahtlos an der Wagenkastenstruktur anfügen, oder eine Kombination der vier vorangegangenen Möglichkeiten. Ende November 1996 fiel die Entscheidung zu Gunsten der sphärisch gebogenen Groß-Strangpressprofile, eine Konstruktion in Aluminium-Strangpressbauweise die tragend mit dem Wagenkasten verbunden ist. Wesentlicher Grund für diese Entscheidung war die Aufnahme von Crash-Belastungen.
Die Herstellung der sphärisch gebogenen Profile oblag dem DASA-Werk Nordenham, das über enorme Streckziehmaschinen für Airbus-Bauteile verfügt. Die schweißtechnische Realisierung der Aufgabe lag in den Händen der Nürnberger Adtranz-Mitarbeiter. Das Ergebnis aller Bemühungen ist den Abbildungen zu entnehmen, und jeder der einigermaßen im Fahrzeugbau bewandert ist muss bei der Betrachtung dieser Bilder zugeben, dass hier von den Mitarbeitern sowohl der Konstruktions- als auch der Fertigungsabteilungen eine wahre Meisterleistung vollbracht wurde.
Die Strangpressprofile enden in einer Frontplatte, die nach dem Zusammenbau des Wagenkastens mit dem Kopfstück der Bodenplatte eine Einheit bildet. Diese Frontplatte dient der Aufnahme der für den Brüstungsbereich erforderlichen Energie-Verzehrelemente. Nach der Fertigstellung eines jeden Rohbaukastens werden diese mit Holzverschalungen abgedichtet und »aufgeblasen«. Damit wird die Druckdichtigkeit des Wagenkasten-Rohbaus geprüft.
Der Fahrzeugkopf wird abgeschlossen durch eine »Bugnase« aus GFK, die mit den Bugklappen eine Baugruppe bilden. Die zur Abdeckung der Kupplung notwendigen Bugklappen bestehen aus jeweils zwei GFK-Schalen. Zwischen der äußeren und inneren Schale sind die Befestigungselemente und Beschläge für die Montage an der Bugklappen-Kinematik geklebt. Die gesamte Bugnase ist mit Stiftschrauben und selbstsichernden Muttern an der Frontplatte befestigt.
Das Aussehen des ICE 3 wird weiter bestimmt durch zwei ebenfalls als Montageteile konzipierte Spoiler. Zwischen Frontscheibe und Bugnase ist ein zweigeteilter Spoiler angebracht, dessen Spalt in der Mitte durch die Blende des oberen Spitzensignals abgedeckt ist. Der unterhalb der Bugnase in einer Höhe von ca. 250 mm ü. SO angeordnete Unterfahrschutz ist ebenfalls mit einem Spoiler abgedeckt.

Lackierung

Da die Außenhaut des Wagenkastens aus Strangpressprofilen gebildet wird, entfallen die bei der Differential-Bauweise erforderlichen kostenintensiven Spachtelarbeiten vor dem Lackieren. Der Lackaufbau setzt sich aus einem chromatfreien Epoxy-Metallgrund, einer PUR-Grundfarbe und einer PUR-Deckfarbe zusammen.
Der ICE 3 ist in dem Farbschema, die die DB Reise und Touristik AG für den ICE festgelegt hat, lackiert. Der Wagenkasten erhielt einen lichtgrauen (RAL 7035) Anstrich. Der Streifen unterhalb des Fensterbandes wurde verkehrsrot (RAL 3020) lackiert mit einem integriertem DB-Logo. Der ursprünglich beim ICE 1 und ICE 2 unterhalb des Streifens angebrachte schmale so genannte Begleitstreifen in pastellviolett entfiel und wird gegenwärtig auch bei den ICE 1 und 2-Triebzügen entfernt. Die Schürzen wurden basaltgrau (RAL 7012) abgesetzt. Der große ICE-Schriftzug ist oberhalb des vorderen Drehgestells in dem roten Streifen integriert.

Energieverzehrkonzept

Auf Grund der für 1997 erwarteten »Technical Specifications for Interoperability« (TSI) und dem

[2] Unter Sonic-Boom ist der akustische Druckstoß (»Tunnelknall«) zu verstehen, der bei der Ausfahrt aus einem Tunnel entsteht.

in dieser Beziehung ebenfalls 1997 begonnenen Projekt »SAFETRAIN« wurde im Lastenheft für den ICE 3 M vom 12. Juli 1996 ein Energiekonzept gefordert, welches im Zusammenarbeit mit der Abteilung für Forschung und Technik der DB AG definiert wurde. Zusammen mit den Forschungsabteilungen der DaimlerChrysler AG, damals noch Daimler-Benz AG, in Ulm wurden die hierzu erforderlichen Energieverzehr-Elemente aus Stahl und aus Faserverbund-Werkstoffe (FVW) entwickelt.

Für die Auslegung dieser Energieverzehr-Elemente gab man drei Unfall-Szenarien vor. Beim ersten Szenario prallt ICE 3 auf einen anderen ICE 3 mit einer Relativgeschwindigkeit von 36 km/h (entspricht TSI) auf. Das Zweite beinhaltete den Aufprall eines ICE 3 auf ein Fahrzeug mit UIC-Kupplungen und Seitenpuffer mit einem Gewicht von 80 t und einer Relativgeschwindigkeit von 36 km/h (entspricht TSI). Das dritte Szenario sollte eine Kollision mit Hindernissen (laut TSI: LKW mit einer Masse von 15 t bei 110 km/h) umfassen. Das Szenario 3 betrifft in der Hauptsache Strecken mit schienengleichen Kreuzungen, die aber im HGV-Betrieb nicht befahren werden.

Die daraus resultierenden Crash-Anforderungen umfassen keine Verformung der Fahrgast- und Personalräume, was in bedeutet, dass die tragende Wagenkastenstruktur erhalten bleiben muss. Weiterhin darf die mittlere Beschleunigung, die auf die Fahrgäste wirkt, größer als 5g[3] sein. Hindernisse (z.B. PKW, oder die so genannte Normkuh) dürfen nicht unter das Fahrzeug gelangen, sondern sollen von einem, von einem Spoiler verkleideten Unterfahrschutz seitlich abgelenkt werden. Hierbei ergab sich, dass Energieverzehr-Elemente aus Stahlrollrohren die besten Energieverzehr-Eigenschaften aufweisen. Durch eine Kombination von Verbundrohren aus FVW kann ein besonders hoher Energieverzehr auf kürzerem Wege erreicht werden.

[3] Mit »g« wird der Wert der Erdbeschleunigung (9,81 m/s^2) umschrieben. 5g bedeutet im konkreten Fall das fünffache des eigenen Körpergewichts.

SAFETRAIN und TSI

1. SAFETRAIN

- EU-gefördertes Projekt (50%) unter Mitwirkung der Eisenbahnbetreiber, de r Eisenbahnindustrie und zahlreicher Forschungseinrichtungen (unter Federführung der DaimlerChrysler Rail Systems Adtranz), Laufzeit 1997–2001;
- Auswertung von mehreren hundert Kollisionsunfällen zwecks Ermittlung so genannter typischer Unfallhergänge und daraus Festlegung von Referenz-Unfällen
- Erarbeitung der wissenschaftlich-technischen Grundlagen für die künftige Konstruktion von Schienenfahrzeugen aller Gattungen (Nah- und Fernverkehrszüge)
- Prototypentests mit Energieabsorbern, Simulationsrechnungen und reale Crashtests (2001);
- Festlegung von Crash-Anforderungen und Zulassungsverfahren in europäischen Normen und Merkblättern

2. TSI (Technical Specifications for Interoperability)

- Grundlage der TSI ist eine Europäische Richtlinie mit Gesetzeskraft für den Hochgeschwindigkeitsverkehr (HGV) in Europa(TEN – Transeuropäisches Netz) unter Mitwirkung der europäischen Regierungen, Eisenbahnen und Eisenbahnindustrie
- HGV-Züge sind definiert als Züge mit einer betrieblichen Höchstgeschwindigkeit von mindestens 250 km/h.
- Ziel ist die Festlegung funktionaler Anforderungen hinsichtlich Interoperabilität zur Gewährleistung des grenzüberschreitenden Verkehrs (nicht Schaffung eines Standard-Zuges).
- TSI gliedert das Bahn-Gesamtsystem in sechs funktionale Teilsysteme. Das »TSI-Fahrzeug« ist ein Teilsystem daraus und umfasst – neben einer Vielzahl fahrzeugtechnischer Bestimmungen – auch Anforderungen zum Crash-Verhalten.

Quelle: Adtranz

Auf Grund dieser Versuchsergebnisse entstand das untenstehende Crash-Konzept entsprechend der vorgenannten Crash-Szenarien und unter Einbeziehung der in den Kupplungen integrierten Energieverzehr-Elemente.

Hierzu sind die Energieverzehr-Elemente wie folgt angeordnet: Im Brüstungsbereich zwischen den beiden Makrofonen sitzen zwei Stahl-Elemente, darunter zwei parallel geschaltete Kombi-Elemente aus Stahl mit einer FVW-Ummantelung. Beidseitig neben der automatischen Kupplung wurde jeweils ein Kombi-Element bestehend aus je einer Ummantelung und einem innenliegenden Element aus FVW mit einem Stahl-Element dazwischen montiert. Hinter dem Spoiler befin-

Der Kopf des Endwagens ohne Bugverkleidung. Auf diesem Bild sind besonders gut die Energieverzehrelemente zu erkennen. Im oberen Bereich zwischen den beiden Makrophonen sind zwei Rollrohre aus Stahl vorgesehen, darunter die zwei Kombielemente-Paare aus Stahl und Faser-Verbundwerkstoff (FVW). Auf Höhe der Scharfenbergkupplung sind die zwei »Puffer« aus FVW mit Stahlkern sichtbar.
Foto: ARGE ICE Siemens/Adtranz

Crash-Konzept für den ICE 3

Szenario 1:	**Frontkupplung zweistufig**
	Brüstungsabsorber zweischichtig
	Kurzkupplung zwischen den Wagen zwei-stufig
Szenario 2:	**Frontkupplung zweistufig**
	Pufferabsorber dreischichtig,
	Kurzkupplung zwischen den Wagen zweistufig;
Szenario 3:	**Frontkupplung zweistufig,**
	Pufferabsorber dreischichtig,
	Brüstungsabsorber zweischichtig.

det sich ein Unterfahrschutz mit vier Stahl-Elementen. Das realisierte Energiemanagement sieht wie folgt aus:

Das Energiemanagement des ICE 3

Einbauort	Kraft	Absorbtion
Brüstungsbereich	1440/1730 kN	648/717 kJ
Pufferbereich	1440 kN	650 kJ
Unterfahrschutz	580 kN	217 kJ
Frontkupplung	1400/1800 kN	145/445 mm
Kurzkupplung	1200/2500 kN	230/300 mm

Brüstungs- und Pufferelemente überdecken sich teilweise mit den Kupplungsabsorbern.

Der Unterfahrschutz in ausgebautem Zustand. Foto: ARGE ICE Siemens/Adtranz

Kupplungen und Bugklappen

An der Frontseite sind die Endwagen des ICE 3 mit automatischen Scharfenberg-Kupplungen ausgerüstet. Diese Kupplungen ermöglichen ein selbsttätiges mechanisches Kuppeln ohne manuelle Hilfe, in dem ein Triebzug mit einer Geschwindigkeit zwischen 0,6 und 2 km/h auf den stehenden und zu kuppelnden Triebzug auffährt. Bei diesem Kupplungsvorgang werden alle elektrischen und Bus-Leitungen sowie die Hauptluft (HL)- und Hauptluftbehälter (HBL)-Leitungen verbunden. Das Kupplungssystem erlaubt Kuppelvorgänge in Gleisradien bis 150 m. Die Triebzüge der Baureihen 403 und 406 können betrieblich mit den Baureihen 411 und 415 gekuppelt werden, wobei die maximal mögliche Zuglänge durch die größte Bahnsteiglänge von 400 m bestimmt wird. Sowohl der mechanische Kupplungskopf als auch die elektrische Kupplung sind elektrisch beheizbar, um einen störungsfreien Winterbetrieb zu ermöglichen.

Im Hinblick auf die schlanke Kopfform des ICE 3 und die Forderung nach genügendem Freigang sowie einer Kuppelfähigkeit mit dem ICE 2 z. B. im Abschleppfall wurde die Kupplungsstange der Frontkupplung teleskopisch ausgeführt. Kurz vor dem Kuppelvorgang fährt der Kupplungskopf, pneumatisch gesteuert, um 200 mm nach vorne und wird in der vorderen Position mit zwei kegelförmigen Bolzen arretiert.

Im nicht gekuppeltem Zustand wird die Kupplung, ebenfalls pneumatisch, durch eine Mittelstell-Einrichtung in der Längsachse des Triebzugs fixiert. Der Entkuppelvorgang erfolgt elektropneumatisch vom Führerstand aus.

Die Kupplungsstange ist über ein Sphärolager schwenkbar mit dem Wagenkasten verbunden. Die Zug- und Druckkräfte werden vom Kupplungskopf über die Kupplungsstange und das Sphärolager bis zu einer definierten Höhe von einem Federapparat, bestehend aus zwei ineinanderliegenden Ringfedern sowie einer nicht regenerativen Stoßsicherung, übertragen. In der Kupplungsstange sind ferner zwei Energieverzehr-Elemente eingebaut, die sich beim Überschreiten der zulässigen Druckkräfte stufenweise plastisch verformen. Sollten auch diese Kräfte überschritten werden, wird die Kupplungsstange vom Untergestell abgetrennt und in dieses hineingedrückt.

Wie bereits erläutert, werden die Frontkupplungen in Ruhestellung von zwei Frontklappen abgedeckt. Die Betätigung der Frontklappen erfolgt über insgesamt sechs Pneumatikzylindern, die über elektromagnetische Ventile paarweise angesteuert werden. Die Bedienung der Kupplung und der Bugklappen erfolgt immer vom besetzten Führerstand aus über das Führerstands-Display. Nach dem entsprechenden Befehl wird zunächst die Verriegelung der Bugklappe geöff-

Die Frontansicht des ICE 3 mit Scharfenberg-Kupplung und geöffneten Bugklappen. Links und rechts neben dem Kupplungskopf sind die beiden »Altäre« für die elektrischen Durchverbindungen. Oberhalb der Kupplung innerhalb der Öffnung zwei Scheinwerfer, die den Kupplungsvorgang beleuchten können. Oberhalb der Öffnung die zwei Leuchteinheiten der Frontsignale mit Makrophon-Gitter. Darüber der obere Frontspoiler mit mittlerer Blende für den Scheibenwischer und das obere Spitzensignal. Unterhalb der Kupplung ist der untere Spoiler zu sehen, der den Unterfahrschutz abdeckt. Foto: ARGE ICE Siemens/Adtranz

net. Nun schwenken die Bugklappen um 2° ein und werden zurückgezogen. Dann werden die Bugklappen um 2° ausgeschwenkt und die Verriegelung der Kupplung geöffnet. Erst dann fährt die Kupplung aus. Zum Schluss schließt sich die Verriegelung der Kupplung. Das Einfahren der Kupplungen und Schließen der Bugklappen erfolgt in umgekehrter Weise nach dem Befehl »Bugklappen schließen« im Displaybild. Bei Geschwindigkeiten über 30 km/h werden alle nicht gekuppelten Kupplungen automatisch eingefahren und die Bugklappen geschlossen.
Für den Störungsfall können die Bugklappen mit einem Vierkantschlüssel von außen an beiden Bugklappenseiten manuell geöffnet und geschlossen werden Der pneumatische Antrieb zum Ausfahren der Kupplung kann über vier Taster im Bugraum von Hand betätigt werden. Mit entsprechenden Hilfsmitteln kann die Kupplung auch manuell ausgefahren werden. Die Kupplungshöhe beträgt 1.016 mm ü. SO.
Die Mittelwagen werden über Kurzkupplungen miteinander verbunden, die aus zwei unterschiedlichen Hälften bestehen. Die beiden Hälften werden über eine Schalenmuffe aneinander befestigt und können somit nur in den Werken gelöst werden. Eine Kupplung gleicher Hälften ist nicht möglich.
Zwei in die Kupplungsflächen integrierte Luftleitungskupplungen verbinden die HL und HBL. Die Strom-, Steuer- und Busleitungen werden über separate neben der Kupplung angeordnete Verbindungskabel zum nächsten Wagen geführt. Die Anordnung der Stoßverzehr-Elemente ist ähnlich der der Frontkupplung.
Die Kupplungshöhe beträgt, abweichend von der Frontkupplung, 600 mm ü. SO, womit sich die Kupplung unterhalb des Übergangs befindet. Diese Kupplungshöhe wurde gewählt, um einen eventuell erforderlichen Einsatz von Querdämpfern zu ermöglichen. In der Zwischenzeit hat sich aber herausgestellt, dass diese Maßnahme nicht erforderlich ist.

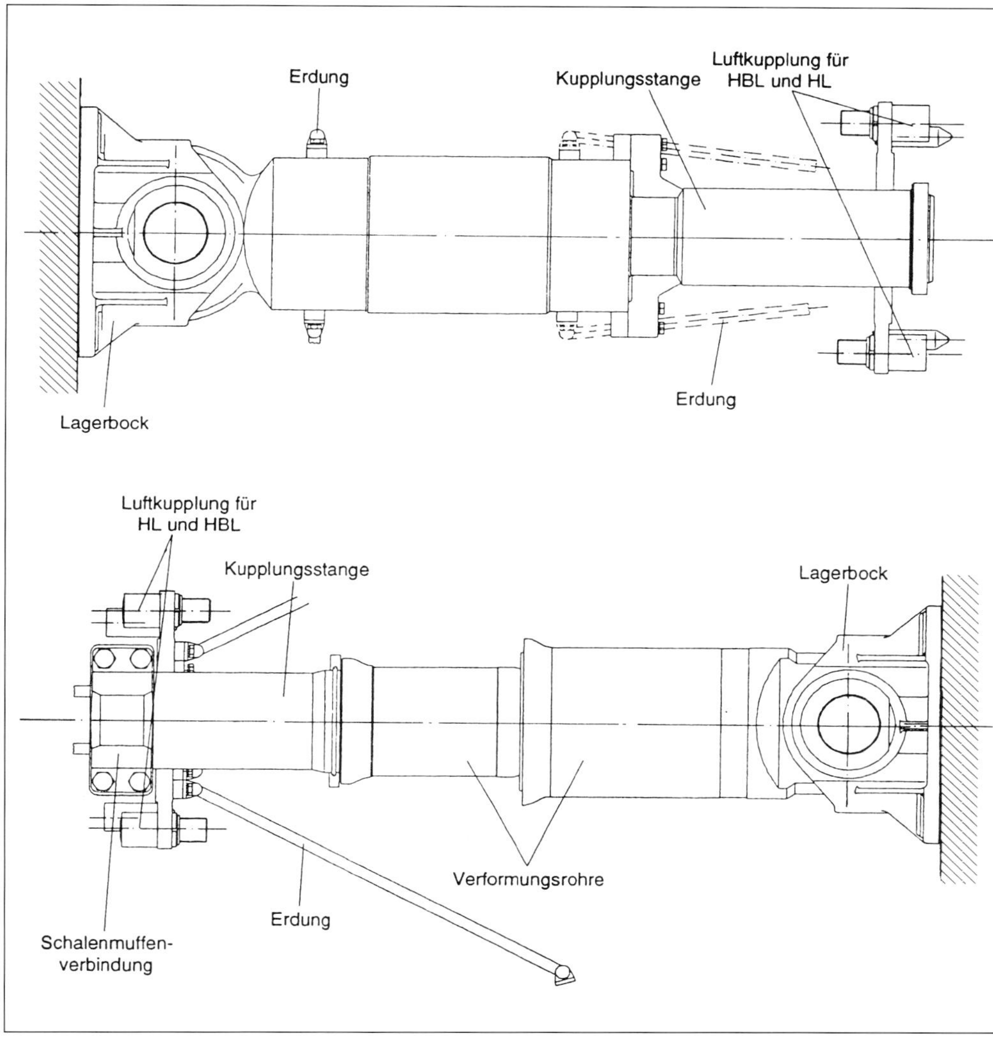

Die Kurzkupplung des ICE 3. Abbildung: ARGE ICE Siemens/Adtranz

Übergänge
Der Übergang zwischen zwei Wagen erfolgt über einen Doppelwellenbalg und eine Gliederbrücke, die von der Firma Hübner geliefert wurden. Der Doppelwellenbalg setzt sich zusammen aus einem Innen- und Außenwellenbalg sowie zwei Kuppelrahmen, die mit den beiden Bälgen kraftschlüssig verbunden sind. Im Gegensatz zum ICE 1 und ICE 2 sind die Bälge mittig nicht teilbar sondern einteilig. Sie bestehen aus jeweils fünf Wellen, die in der Mitte über einen Aluminiumrahmen unlösbar mit einander verbunden sind. Dadurch konnte erheblich Gewicht eingespart werden.
Die aus Aluminium-Strangpressprofilen hergestellten und pulverbeschichteten Kuppelrahmen verfügen beide über ein Kuppelsystem, bei dem über Kniehebelspanner eine form- und kraftschlüssige Verbindung zu beiden Wagenkästen hergestellt wird. Die genaue Fixierung der Kuppelrahmen mit der Kopfwand erfolgt über Fixierstifte bzw. Fixierlöcher. Wie bereits erläutert, befindet sich die Unterseite des Balges oberhalb der Kurzkupplung.
Beim äußeren Wellenbalg sind die Wellen, wie beim inneren Wellenbalg, nach außen gerichtet – dies im Unterschied zu den Bälgen von ICE 1 und ICE 2. Diese umgedrehte Anordnung ermöglichte eine Verbesserung der Schallisolierung.
Die aus Gewichtsgründen ebenfalls einteilig konzipierte Gliederbrücke besteht aus einem gelenkigen Rahmen aus nicht rostendem Stahl in dessen Leisten Tritt- und Gleitglieder gelagert sind. Die Trittglieder bestehen aus eloxiertem Leichtmetall mit Antirutsch-Belag, die Gleitglieder aus Polystone.
Zwischen Wagen und Gliederbrücke ist jeweils eine Brückenabdeckung angebracht, die aus drei gelenkig mit einander verbundenen Teilen besteht. Das hintere Ende ist am Wagenkasten verschraubt, die beiden vorderen Teile liegen lose sowohl am Wagenkasten als auch auf der Gliederbrücke auf. Diese Brückenabdeckung gewährleistet einen weitestgehend ebenen Übergang zwischen Wagen und Gliederbrücke, auch bei Höhenbewegungen. Der lichte Durchgang beträgt 1.116 mm, die lichte Höhe ab Oberkante Gliederbrücke 2.055 mm.

Fußboden
Der Fußboden besteht aus einer 20 mm dicken Holzplatte, die mit ihrer oberen Fläche 80 mm über der Bodenplatte des Wagenkastens angebracht ist (1.260 mm ü. SO. ohne Belag). Die Befestigung erfolgt über, auf der Bodenplatte aufgenietete Schienen mit eingeschobenen Distanz-

stücken. Die Holzplatte ist mit einer Hartpapierlaminat-Schicht versiegelt, auf die der 6,5 mm dicke Teppichboden verklebt ist; der Teppichboden ist im Wandbereich wannenförmig hochgezogen.
In den Nasszellen sind aus hygienischen Gründen auf einer GFK-Unterlage Echtstein-Böden angebracht.
Der Einstiegsbereich ist mit einem Schmutz- und Nässeschutzbelag ausgelegt.

FENSTER

A Seitenfenster

Als charakteristisches ICE-Merkmal hat auch der ICE 3 ein durchgehendes Fensterband, wobei sich Sicht-und Blindfenstern abwechseln. Lediglich die Einstiegs- und Versorgungstüren sowie die blinden Wände in den Bereichen der Geräteschränke und des Servicewagens unterbrechen das Fensterband.
Die Fenster der Fahrgasträume und der Führerräume unterscheiden sich darin, dass die erstgenannten eine zylindrische, die der Führerräume eine leicht sphärische Oberfläche aufweisen. Von den Führerraumfenstern können die jeweils hinteren Fenster geöffnet und als Notausstieg genutzt werden An die Fenster werden, insbesondere bei Tunnelfahrt, durch die entstehenden Sog- und Druckkräfte bei der betrieblichen Höchstgeschwindigkeit von 300 km/h erheblich höhere Anforderungen an die Druckdichtigkeit und Festigkeit gestellt als bei den vorangegangenen ICE-Ausführungen. Durch entsprechende Maßnahmen konnte verhindert werden, dass die Fensterpakete im Vergleich zum ICE 1 und 2 schwerer wurden. Auch die Verklebung und Abdichtung der Fenster konnte im Hinblick auf die Alterung optimiert werden.
Aufbau und Montage der Fenster sind identisch mit denen des ICE 1 und 2, wurden aber den Verhältnissen des ICE 3 angepasst. Die Sichtfenster setzen sich aus zwei Fensterscheiben zusammen. Die äußere Fensterscheibe besteht aus Verbundglas mit einer Stärke von 13,26 mm einschließlich einer 0,76 mm dicken Zwischenfolie aus Polyvinylbutyral. Die innere Fensterscheibe besteht ebenfalls aus Verbundglas mit einer Stärke von 6,5 mm mit einer Zwischenschicht aus Gießharz. Das gesamte Fensterpaket ist in einem Z-Profilrahmen aus Aluminium mit einer Silikon-Klebedichtmasse verklebt und hat eine Stärke von 35,76 mm.
Das Blindfenster besteht aus dunkel getöntem Verbundglas (Stärke 9 mm) einschließlich einer 0,76 mm dicken Zwischenfolie aus Polyvinylbutyral. Das Fenster ist ebenfalls mit einem Aluminium-Einschraubrahmen verklebt.

B Frontscheibe

Die sphärisch gewölbte Frontscheibe ist Teil des Designs des ICE 3 mit einem für den Zug typischen überrollbügel-ähnlichen Spriegel, der diese Frontscheibe in zwei Teile aufteilt. In diesem Spriegel ist ein elektrisch betätigtes Sonnenschutzrollo integriert.
Die untere Frontscheibenhälfte besteht aus Klarglas, die obere Frontscheibenhälfte aus getöntem Glas. Zusätzlich sind hier zum Führerraum hin feste Lamellen angebracht, um eine direkte Sonneneinstrahlung u.a. auf die Führerstand-Displays zu verhindern.
Die in einem Rahmen in den Rohbau eingeklebten Frontscheiben aus Verbund-Sicherheitsglas sind beschusssicher. Die Beschuss-Sicherheit wurde wie beim ICE 1 durch einen Versuch im Schießkanal der Schweizer Armee nachgewiesen, wobei abweichend von der UIC-Vorschrift der Beschuss nicht nach der Formel V_{max} + 160 km/h sondern mit V_{max} + 200 km/h durchgeführt wurde, was eine Beschuss-Geschwindigkeit von 530 km/h bedeutete. Die Stärke der Frontscheibe beträgt 18,4 mm.
Die Frontscheibe ist über eine Schnellabtaustufe und Normalstufe elektrisch beheizbar. Für freie Sicht sorgt eine im Führertisch integrierte Defrosterdüse.
Durch die extrem flache Anordnung der Frontscheibe sowie die weit zurückversetzte Sitzposition des Tfz-Führers – wodurch sich ein UIC-Sichtfeld mit einer Länge von 1.000 mm ergab – musste für die Außenreinigung der Frontscheibe ein neuartiger Scheibenwischer entwickelt werden. Um das Anpress-Verhalten auch bei hohen Geschwindigkeiten zu studieren, wurden an einem 1 : 1-Modell Windkanalversuche durchgeführt. Durch eine geeignete Gestaltung des aus CFK (Kohlenfaserstoff) hergestellten Wischerarmes konnte erreicht werden, dass keine Windleitbleche erforderlich waren, um über die gesamte Wischfläche einen ausreichenden Anpressdruck zu erhalten. Ferner ragt der Wischerarm in der seitlichen Parkstellung nicht in das Sichtfeld des Lokführers.
Ebenfalls im Windkanal wurde das Verhalten der Scheibenwaschanlage bis zu einer Geschwindigkeit von 260 km/h optimiert. Durch vier in den Wischarm integrierte Waschdüsen wird die Frontscheibe mit ausreichendem Waschwasser angespritzt. Simuliert wurden ferner das Verhalten der Wisch-Waschanlage bei Seitenwind sowie das Losbrechen des Wischerarmes bei einer Eisschicht von 4 mm. Der Scheibenwischer kann im Dauer- und im Intervallbetrieb geschaltet werden. Im Intervallbetrieb sind einstellbare Intervalle zwischen 2 und 10 sek. möglich.

Einstiege und Außentüren

Mit Ausnahme der beiden Endwagen EW 1 und EW 8 und des Servicewagens MW 4 sind bei der Baureihe 403 an beiden Wagenkastenenden Endeinstiege vorgesehen. Bei den Endwagen musste auf Grund der erforderlichen Unterbringung elektrischer Geräte am WE 1 auf Endeinstiege verzichtet werden. Dafür wurden im vorderen Bereich Dritteleinstiege eingeführt. Dadurch kann der einsteigende Fahrgast sofort einen Blick in die Lounge und den Führerstand werfen. Bei der Baureihe 406 (Mehrsystem) muss bei den SW 3 und SW 6 an den WE 2 wegen der erweiterten elektrischen Anlagen auf Endeinstiege verzichtet werden.
Beim MW 4 steht der gesamte Raum ohne Einschränkungen dem Zub-Abteil sowie dem Restaurant mit Nebenräumen zur Verfügung. Räumlich gesehen sind zwischen Restaurant und der Galley beidseitig Versorgungstüren vorhanden.
Alle Außentüren des ICE 3 bestehen aus elektropneumatisch betätigten Schwenkschiebetüren der Firma Bode. Die Türen geben eine lichte Öffnung von 900 mm frei. Die Einstiege sind auf eine Bahnsteighöhe von 760 mm abgestimmt. Über einen beweglichen Klapptritt kann auch von einer Bahnsteighöhe von 550 mm eingestiegen werden.

AUSSTATTUNG

Bei der Ausstattung, z.B. bei den Außenwänden von Funktionsräumen, Großgepäckablagen und Schließfächern, Trennwänden, Tischen und Wandvertäfelungen in einigen Räumen wurde mit Holzfurnier nicht gespart, wodurch eine gewisse Behaglichkeit vermittelt wird. Bei den Holzvertäfelungen handelt es sich um Trägerelemente aus Honeycomb[4] mit Buchenfurnier. Lediglich bei den Innen- und Außenverkleidungen der Toilettenräume, den Schaltschränken sowie der Außenverkleidung der Galley wird statt Buchenfurnier ein passendes Kunststoffdekor verwendet.

Innentüren

Die Fahrgasträume sind, mit Ausnahme der Lounges, durch über Bewegungsmelder gesteuerte und elektropneumatisch betätigte einfache und doppelte Glas-Schiebetüren von den Einstiegsräumen getrennt. Die Türen der Lounges werden teilweise über eine Berührungsfläche betätigt. Die Schiebetüren bestehen aus Einscheiben-Sicherheitsglas mit einer Stärke von 10 mm. Der Einklemmschutz funktioniert über den beim Einklemmen entstehenden Druckanstieg in dem Pneumatikantrieb. Ein Teil der Übergangstüren sind antriebslos ausgeführt und in geöffnetem Zustand arretiert; die in einigen Wagen vorhandenen elektro-pneumatisch betätigten Übergangsschiebetüren werden fallweise in dem Abschnitt »Beschreibung der Wagen« erwähnt.

[4] Wabenstruktur aus Kunststoff.

Die Montage der Innenverkleidungspaneele bei Siemens im Werk Uerdingen. Oberhalb der Gepäckablage ist die Isolation des Wagenkastens, bestehend aus Mineralwolle, zu sehen. Foto: Riechers

Innenverkleidungen

Die Seitenwandverkleidungen und die seitlichen Deckenverkleidungen sind hergestellt aus GFK und mit einer dekorativen Beschichtung mit Strukturlack versehen. Die Verkleidungsteile umfassen segmentweise den gesamten Wandbereich einschließlich der Fenster. Um Fertigungstoleranzen nicht sichtbar werden zu lassen werden jeweils zwei Wandverkleidungen über eine eingeschobene Feder miteinander verbunden, wodurch eine Art Schattenfuge entsteht. Alle Wandverkleidungen, die sich neben Sitzplätzen befinden, sind mit zwei zierlichen Klapphaken und einem integrierten Sonnenschutzrollo ausgestattet. Dort, wo Seitengänge vorhanden sind, z.B. in der 1. Klasse neben den Abteilen, fehlen die Klapphaken und das Rollo. Die Klapphaken sind durch eingeklipste Blenden ersetzt. Im jeweils mittleren Fenster ist eine Haltestange angebracht.

An der Rückseite der Verkleidungen sind Belüftungskanäle angeformt. Der von oben kommende Luftstrom wird über Öffnungen im Bodenbereich und oberhalb der Fensterbrüstung an die Fenster geleitet. Die mittleren Deckenverkleidungen in den Großräumen bestehen aus Schallschluckmaterial (Lochdecken). In den Gängen und Nebenräumen sind Flachdecken angebracht, die teilweise über Vierkantschlüssel geöffnet werden können um die dahinter liegenden Geräte erreichen zu können. Im Einstiegsbereich der Endwagen ist hinter einer Deckenklappe eine Notleiter untergebracht.

Gepäckablagen

Die Gepäckablagen sind in Längsrichtung über den Sitzen angebracht und bestehen aus sandgestrahltem Glas, wodurch dieses einen gelblich-matten Ton erhält. Das Abschlussprofil zum Mittelgang sowie die Stege zwischen den einzelnen Glaselementen bestehen aus verchromten Stahlprofilen.

Sitzanlagen

Die Sitzanlagen der Firma Grammer entsprechen in ihrem Aufbau den Sitzanlagen des ICE 2, wobei sie unter der gestalterischen Oberleitung Alexander Neumeisters geringfügig von der US-Firma Designworks überarbeitet wurden. Sie wurden entworfen, um in allen Triebzügen der neuen Generation (ICE 3, ICE T und ICE TD) eingebaut zu werden. Abweichend von den ICE 1- und ICE 2-Triebzügen sind die Sitze der 1. Klasse mit Leder in einem grau-blauen Farbton bezogen. Die Reihensitze in der 1. Klasse verfügen über Video-Schirme mit integrierten Programmwählern in den Rückenlehnen. Die Sitze der 2. Klasse sind mit einem blaugetöntem Stoffpolster versehen. Wie auch beim ICE 2 sind die Reihensitze mit Klapptischen und Netzen für Kleingepäck oder Literatur versehen. Die Anschlüsse und Programmwähler für das Audio-System befinden sich bei den Doppelsitzen auf dem Sitzgestell zwischen den Sitzkissen bzw. bei Einzelsitzen an der Wandseite.

Beleuchtungseinrichtungen

Die Signalbeleuchtungen bestehen aus dem Dreilicht-Spitzensignal, wobei die obere Signalleuchte unterhalb der Frontscheibe hinter einer eingeklebten Blende angebracht ist. Bei der Baureihe 406 ist die obere Signalleuchte mit einer umschaltbaren weiß-roten Signalleuchte für Einsätze in der Schweiz ausgerüstet.

Die unteren Leuchteinheiten verfügen jeweils über zwei Reflektoren, wobei der obere Reflektor mit dem Fernlicht, der untere Reflektor mit dem umschaltbaren Abblend-Schlusslicht ausgerüstet ist. Neben den Leuchteinheiten befindet sich das Gitter für das Typhon.

Die Hauptbeleuchtung in den Großräumen sowie in den Abteilen der 1.Klasse besteht aus unterhalb der Gepäckablagen hinter einer Blende angebrachten Leuchtstoffröhren. Unterhalb der Leuchtstoffröhren ist eine durchsichtige Lamellenleiste zur Lichtverteilung angebracht. Eine oberhalb der Leuchtstoffröhre angebrachte Glasscheibe lässt auch nach oben gegen die Decke Licht durch. In dieser Blende sind die Reservierungsdisplays angebracht. In der 1. Klasse befinden sich dort zusätzlich die 10-Watt-Halogen-Leseleuchten und die dazu gehörenden Taster.

Bei der Hauptbeleuchtung in den Endwagen sowie im Großraum der 1. Klasse und im Wagen MW 5 sind jeweils drei, in den Wagen der 2. Klasse vier versetzte Leuchtstoffröhren als Notbeleuchtung geschaltet. In den Seitengängen, z.B. neben der Galley und im Bistro, sind die Leuchtstoffröhren hinter einer klappbaren Verkleidung mit Holzdekor angebracht.

Eine Sitzgruppe der 1. Klasse in Lederausführung: Oberhalb der Fenster in der Lichtblende integriert sind die Reservierungsdisplays und die Leseleuchten mit zugehörigen Schaltern sichtbar. Der Schmetterlingstisch ist umgeklappt. Foto: Riechers

An mehreren Stellen, u.a. in den Lounges, in Gängen z.B. neben den Abteilen der 1. Klasse, dem Kleinkind-Abteil oder in den Bereichen der Übergänge sowie in den Einstiegsräumen, sind Gruppen von 20-Watt-Halogenspots in den Deckenverkleidungen eingelassen, die teilweise als Notbeleuchtung dienen. In den durch die Anordnung der Toilettenwände entstandenen Hohlkehlen sind zusätzliche so genannte Hohlkehlen-Leuchten angebracht, die aus einem verchromten Sockel und drei schräg nach oben zeigenden grünen Glasscheiben bestehen. Die ebenfalls als Notbeleuchtung geschalteten Trittstufenleuchten sollen ein sicheres Ein- und Aussteigen gewährleisten.

Toiletten, Frisch- und Abwasseranlage

Der Triebzug verfügt über geschlossene Toilettensysteme, die nach dem Vakuumprinzip funktionieren. Die Luftdruckdichtigkeit gewährleisten Ventile, die verhindern, dass über Belüftungs- und Absaugrohre ein Druckausgleich hergestellt werden kann.

Insgesamt elf Toiletten, einschließlich einer Personaltoilette und einer behindertengerechten Toilette, sind über die sechs Mittelwagen verteilt. Toilettenschüssel und Handwaschbecken sind aus Edelstahl und, wie der gesamte Toilettenraum, mit einer leicht zu reinigenden Kunststoffverkleidung versehen.

Die Fußböden in den Toilettenräumen bestehen aus einer Unterlage aus einem GFK-Divinylcell-Sandwich mit einer Einlage aus Echtstein (Granit). Die Unterlage ist an den Wänden hochgezogen. Auf sie stützt sich die GFK-Wandverkleidung ab. Bei Verriegelung der Toilettenräume durch den Benutzer oder das Personal leuchtet an der entsprechenden Kopfwand des Großraumes ein rotes Schild mit dem Schriftzug »Besetzt« auf.

In den Wagen TW 2, SW 3, MW 5, SW 6 und TW 7 befindet sich ein 320 l großer Frischwasserbehälter im Deckenbereich, während die je nach Wagen 1.050 und 1.200 l fassenden Abwasserbehälter in der Bodenwanne untergebracht sind. Beidseitige Anschlüssen gewährleisten eine schnelle Ver- und Entsorgung. Die Volumina der Behälter sind auf einen eintägige Versorgungs- und einen dreitägigen Entsorgungszyklus abgestimmt. Bei 100%iger Füllung des Abwasserbehälters oder sonstigen Störungen wird die Toilette abgeschaltet. Es erfolgt eine Rückmeldung an das Führerstandsdisplay und es leuchtet das rote »Besetzt«-Schild auf.

Die Frisch- und Abwasseranlage des MW 4 weicht von den Sitzwagen ab, da dieser Wagen über einen größeren Frischwasser- und Abwasserhaushalt verfügt. Der 1.000 l große Haupt-Frischwasserbehälter ist in der Bodenwanne untergebracht. Zwei im Dachbereich angeordnete Tagesvorratsbehälter mit 45 l und 40 l sind mit dem Haupt-Frischwasserbehälter über einen ständig zirkulierenden Primär-Kreislauf miteinander verbunden. Die beiden Tagesbehälter versorgen in einem weiteren Sekundär-Kreislauf das Personal-WC, bzw. die Küche. In den Kreisläufen sind zwei hinter den Pumpen angeordnete UV-Entkeimer angebracht. Durch diese Anordnung wird erreicht, dass Keimbildung durch stehendes Wasser vermieden wird.

Das Abwasser wird in einem 2.000 l fassenden ebenfalls in der Bodenwanne untergebrachten und beheiztem Behälter gesammelt. Dieser Behälter besteht aus zwei Kammern. In der einen Kammer mit einem Inhalt von 400 l werden die Fäkalabwässer der Personaltoilette gesammelt. Die zweite Kammer mit einem Volumen von 1.600 l nimmt das gesamte Grauwasser aus dem Galley-Bereich auf. Beide Kammern haben eigene Entsorgungsanschlüsse an beiden Wagenseiten.

Der Kältekreislauf im KKG. Abbildung: ARGE ICE Siemens/Adtranz

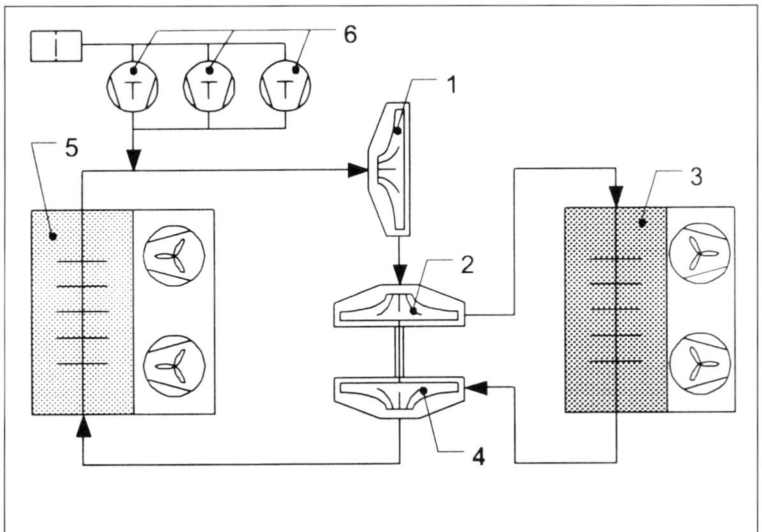

Klimatisierung

Nachdem aus Gründen des Umweltschutzes die Verwendung von FCKW-haltigen Kältemitteln verboten wurde, und Ersatz-Kältemittel mit erheblichen Nachteilen z. B. einem künftigen möglichen Verbot behaftet waren, beauftragte die DB AG 1990 die Firma Dornier mit einer Machbarkeitsstudie für eine Klimaanlage die, wie seit Jahren in der Luftfahrt üblich, Luft als Prozessgas benutzt. Neben einer höheren Umweltverträglichkeit versprach sich die Bahn auch eine Gewichtsreduzierung bei der Anwendung dieser neuen Technik.

Nach einer 1991 durchgeführten Projektstudie wurde 1992 den Firmen Liebherr Aerospace und Normalair Garett ein Auftrag zur Komponentenentwicklung einschließlich der Herstellung je eines Labormusters erteilt. Die Projektleitung oblag Dornier System Consult. Parallel dazu entwickelte die Firma HAGENUK einen neuen einfacheren Druckschutz. Das gesamte Projekt wurde von der DUEWAG, im Hinblick auf die Anwendung bei Schienenfahrzeugen, begleitet.

Ab 1994 wurden die beiden Anlagen versuchsweise in jeweils einem ICE 1-Wagen eingebaut und bereits nach einem Jahr konnte die grundsätzliche Eignung nachgewiesen werden. Nach einem Vergleich beider Systeme mit einem äußerst knappen Ergebnis erhielten 1996 die Firmen Hagenuk-Faiveley und Normalair Garett den Auftrag zur Lieferung der Klimaanlagen für die Baureihen 403 und 406 einschließlich der für die vier NS-Fahrzeugen.

Das gesamte Kompakt-Klimagerät (KKG) wird im Dach am WE 1 eines jeden Wagens installiert. Die beiden Deckel des KKG verschließen hierbei die Montageöffnung im Dach über einen Dichtrahmen druck- und wasserdicht. In einem Deckel sitzen die Ein- und Austrittsöffnungen für die Kühlluft des Umgebungswärmetauschers. Der zweite Deckel befindet sich über der Luftbehandlungseinheit. Das Zuluft-Kanalsystem ist zwischen Dach und gelochter Innendecke installiert und über Kulissenschalldämpfer mit dem KKG verbunden. Die Zuluftkanäle reichen bis an das WE 2. Der Luftkanal besteht aus mehreren Einzelkanälen. Der mittig verlaufende Kanal dient der Kaltluftzuführung. Die beiden außen liegenden Kanäle dienen der Versorgung mit Warmluft. Über angeschlossene Stichkanäle werden Fuß- und Fensterbereiche mit Warmluft versorgt.

Der **Kälteprozess** der Klimaanlage wird dargestellt durch einen geschlossenen Kreislauf mit Motor-Verdichtereinheit, Kühleinheit, Umgebungswärmetauscher und Lastwärmetauscher. Die stufenlos regelbare Motor-Verdichtereinheit (1) ist die erste Verdichtungsstufe, in der die Luft aus dem Lastwärmetauscher (5) angesaugt und im nachgeschalteten Kompressor (2) der Kühleinheit endverdichtet wird. Die so erwärmte Luft tritt in den Umgebungswärmetauscher (3) ein, wo sie nach erfolgter Zwischenkühlung mit der Außenluft in der Expansionsturbine (4) mit +2° C ihre Ausgangstemperatur erreicht. Im weiteren Verlauf durchströmt die Luft den Lastwärmetauscher (5) wo die Kälteleistung für die Wagenklimatisierung bereitgestellt wird. Der aus Umluft und Außenluft (6) zusammengesetzte Zuluftstrom kühlt sich im Lastwärmetauscher ab und wird über Deckenkanäle in den Fahrgastraum geführt, wo die Luft durch entsprechende Austrittsöffnungen im Deckenbereich sowie zu einem kleinen Teil im Fußbodenbereich ausgeblasen wird.

Im **Heizbetrieb** ist der Kältekreis abgeschaltet. In diesem Fall wird mittels Heizregister die Zuluft im Klimagerät konditioniert und über Deckenkanäle und durch die Seitenwandverkleidung ausgeblasen. Da im Bereich der Seitenwandverkleidungen die Luft sowohl am Boden als auch oberhalb der Fensterbrüstung austritt, konnte auf zusätzliche elektrische Konvektionsheizungen verzichtet werden.

Die Außenluft wird seitlich am Dach im Bereich des WE 1, erforderlichenfalls über ein Druckschutzgebläse, angesaugt. Die Umluft wird im Deckenbereich am WE 1 abgesaugt und, gemischt mit der Außenluft, dem Klimagerät zugeführt.

Die in den Bodenwannen untergebrachten Fortluftgeräte saugen die Abluft aus den Einstiegs- oder Vorräumen, den Toilettenräumen und den Elektrogeräteträgern über die Fortluftkanäle ab und blasen sie als Fortluft über das Druckschutzventil ins Freie. Im Vergleich zu den Klimaanlagen des ICE 1 und ICE 2 ergab sich beim ICE 3 eine Gewichtsreduzierung von 500 kg.

Zusätzlich zum Heizbetrieb der KKG sind über den einzelnen Wagen elektrische Nachheizer verteilt, die der Ausregelung unterschiedlicher Leistungsbedürfnisse und der sich daraus ergebenden Temperaturunterschiede dienen. Diese Geräte sind im Großraum und in den Lounges von EW 1 und 8 in den Zuluftkanälen für Warmluft, in den Abteilen (1. Klasse, Kleinkind und Zub) in den Warmluft-Stichkanälen sowie bei den Einstiegräumen und Übergängen rechts und links vom Übergang in der Wandverkleidung untergebracht. Die Austrittstemperatur regelt ein Thermostat.

Der Führerraum wird über ein eigenes Luftverteilgerät, das sich über der Lounge-Decke befindet, mit Luft aus dem KKG versorgt. Das Gerät verteilt die Luft im Führerraum über Warm- und Kaltluftkanäle und ist mit einem Lüfter und ein Nachheizer ausgerüstet.

Beschreibung der Wagen

Bei der Beschreibung der Wagen wird der Triebzug ausgehend vom Endwagen (EW) 1 nach hinten zum EW 8 betrachtet. Entsprechend sind die Positionsangaben (links, rechts vorn, hinten) zu sehen. Die zweistellige Wagenordnungsnummer gibt den organisatorischen Platz des Wagens innerhalb der Reihung im Zugverband an. Da auf Grund des Flügelzugprinzips die Zehnerstelle (x) wechselt, ist in der folgenden Aufstellung ausschließlich die eigentliche laufende Nummer angegeben.

EW 1 – WAGENORDNUNGSNUMMER X8

Baureihe 403.0

Der Wagen teilt sich in den Führerraum, die Lounge 1. Klasse, den Einstiegsraum, den Großraum 1. Klasse und den Verbindungsgang auf. Der am WE 2 befindliche Führerstand wurde neu konzipiert. Im Hinblick auf eventuelle grenzüberschreitende Einsätze wurde endgültig vom möglichen Zweimann-Betrieb Abstand genommen und der Platz des Tfz-Führers von der rechten Seite in die Mitte des Führerstandes verlegt. Die Anordnung der Bedienelemente auf dem Führerpult lehnt sich stark an die des ICE 1 und ICE 2 an.

Da für Rückwandschränke mit weiteren sekundären Bedien- und Überwachungsgeräten auf Grund der Glastrennwand für die angrenzende Lounge kein Platz mehr war, sind die wichtigsten dieser Bediengeräte in einem auf der rechten Seite angeordneten zusätzlichen Bedienpult untergebracht. In diesem Bedienpult befindet sich ferner, hinter einer Klappe im hinteren Bereich, eine Störschaltertafel.

Die Rückwand bildet 570 mm hohes Geschränk, in dem die Elektronik für die Zugsteuerung, Komponenten der Bremse und Sicherheitsausrüstungen für den grenzüberschreitenden Einsatz untergebracht sind. Im rechten Schrank neben der Tür ist ferner ein zuklappbarer gepolsterter Notsitz für einen eventuellen Beimann oder Lozen angeordnet. Die Schränke bestehen aus einem Alurahmen mit Verkleidungen aus GFK die mit Strukturlack veredelt sind.

Der Führerraum ist durch eine Glaswand mit Glastür von der Lounge abgetrennt und kann ausschließlich durch diese Tür betreten werden. Die Lounge bietet Platz für acht Fahrgäste, die durch die Glaswand dem Tfz-Führer sozusagen »über die Schulter« schauen können, was eine zusätzliche Attraktion darstellt.

Das Glas der Trennwand ist aus elektrochromen Glas hergestellt. Beim Einschalten richten sich die Kristalle in der in den Glasscheiben integrierte Folie in einer Richtung aus, wodurch die Scheibe durchsichtig wird. Wenn der Strom abgeschaltet wird, nehmen die Kristalle ihre Ausgangsstellung wieder ein und die Scheibe wird »blind«. In der linken hinteren Ecke ist neben einem Abfallbehälter und einer Garderobe für die Fahrgäste auch eine Garderobe und ein Thermofach für den Tfz-Führer vorgesehen.

Die Lounge hat acht Sitzplätze und ist durch eine Glaswand mit einer einflügeligen Glasschiebetür vom Einstiegsraum getrennt. Diese Schiebetür wird innerhalb der Lounge über einen Bewegungsmelder, vom Einstiegsraum aus über eine Berührungsfläche pneumatisch geöffnet.

Im Einstiegsraum ist auf der rechten Seite neben der Tür-Bedieneinheit die innere Zuglaufanzeige angebracht. Sie informiert den Fahrgast über Zugart, Zugnummer, Zugname, Wagenordnungsnummer, den Laufweg mit Start- und Zielbahnhof sowie wichtigsten Zwischenbahnhöfe, den nächsten Haltebahnhof, die fahrplanmäßige Ankunftszeit und Ausstiegsseite sowie über aktuelle Daten (z.B. Uhrzeit, Geschwindigkeit). Im Deckenbereich ist eine Notleiter vorhanden.

Der Einstiegsraum und der Großraum sind ebenfalls durch eine Glaswand mit einer einflügeligen Glasschiebetür von einander getrennt. Diese Schiebetür wird beidseitig über einen Bewegungsmelder pneumatisch geöffnet. Oberhalb der Trennwand zum Einstiegsraum ist das Großraum-Anzeige-Display. Zusätzlich zu den Informationen der inneren Zuglaufanzeige bringt das Großraum-Display sonstige allgemeine Informationen oder Werbung.

Der Großraum umfasst 41 Sitzplätze in der Aufstellung 2 + 1. Auf der linken Seite sind neun Reihen-Einzelsitze und zwei Vis-à-vis-Plätze mit Tischen und einer Garderobe vorgesehen. Auf der rechten Seite ist ca. in der Mitte des Großraums eine Vis-á-vis-Sitzgruppe mit Tisch vorgesehen. Alle anderen Sitze sind in Reihenbestuhlung angeordnet. Im hinteren Teil des Großraums ist ein weiteres Großraum-Anzeige-Display vorhanden. Zum Übergang am WE 1 sind beidseitig Geräteschränke angeordnet, u.a. für FIS sowie LZB und ZUB 262. Im rechten Schrank ist zusätzlich die Abfallentsorgung untergebracht.

Die Übergangsschiebetüren werden über einen Bewegungsmelder geöffnet und schließen selbsttätig. Der elektro-pneumatische Antrieb kann abgeschaltet, die Türen in geschlossener Stellung mit einem Vierkant blockiert werden.

Auf dem Dach ist zum WE 2 hin je eine Antenne für die Datenfernübertragung (DFÜ) und den Zugbahnfunk (ZBF) angebracht. Im Bereich des

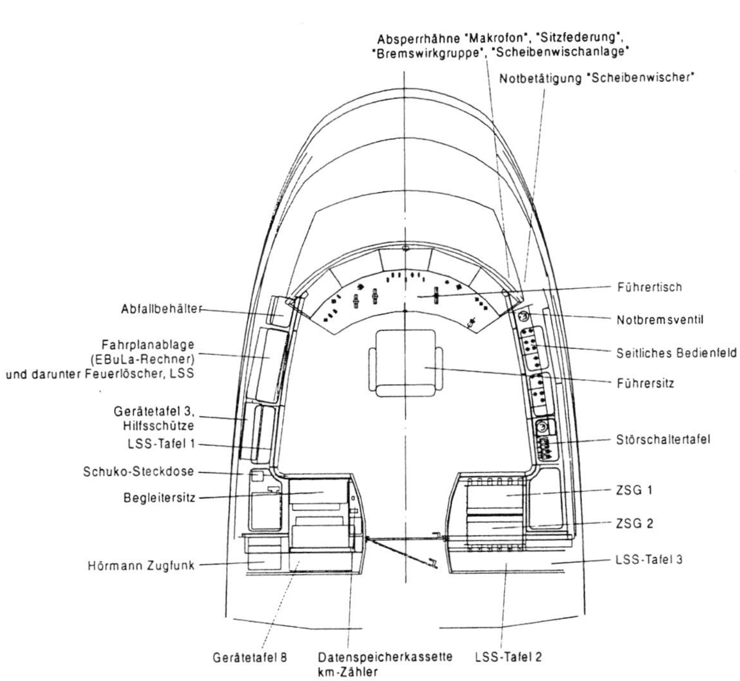

Führerraum Baureihe 403

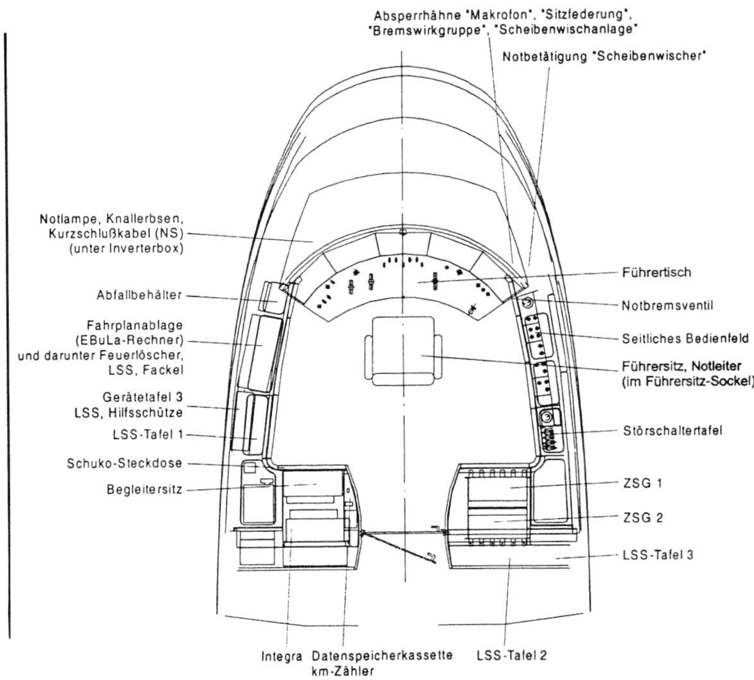

Führerraum Baureihe 406

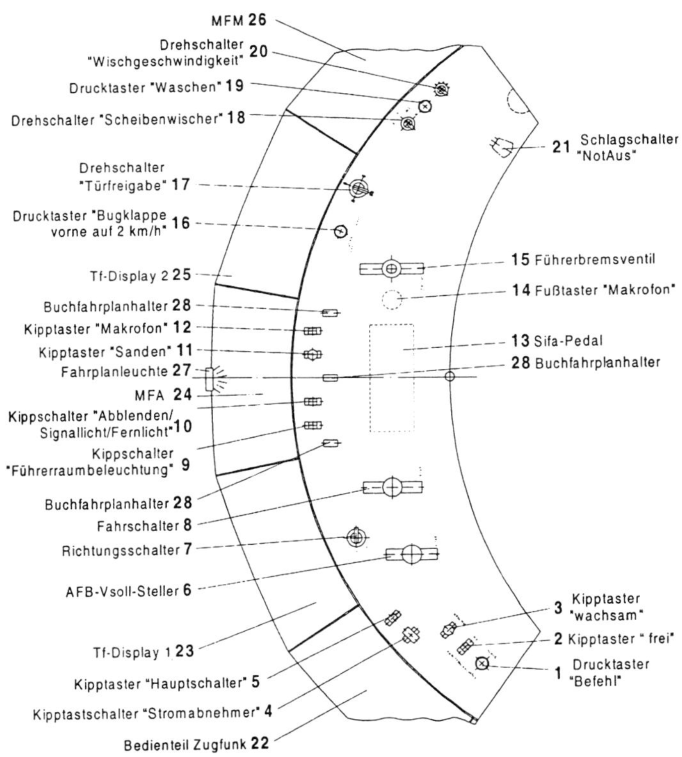

Führerpult

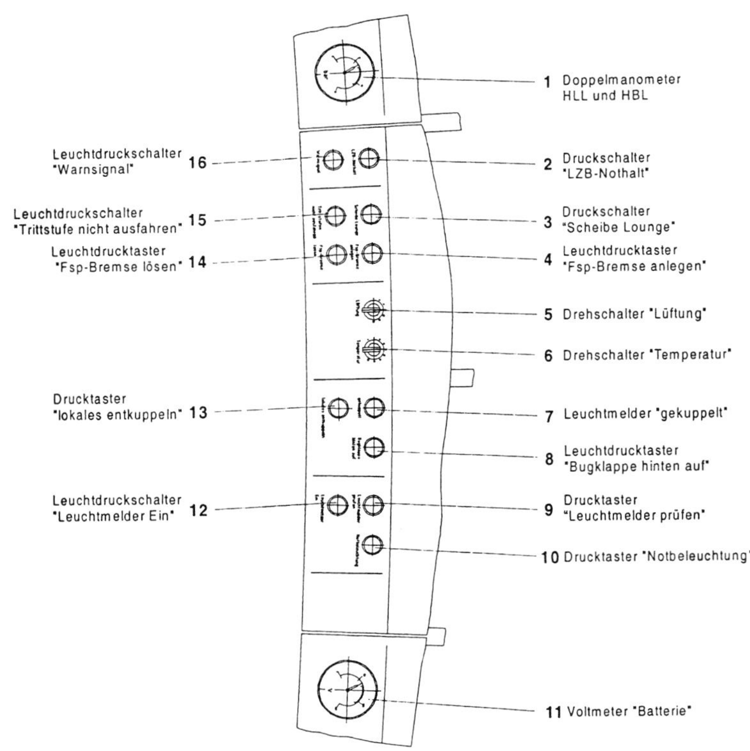

seitl. Bedienfeld

Die Einteilung des Führerstands. Abbildung: ARGE ICE Siemens/Adtranz

WE 1 befindet sich eine D-Netz-Antenne. Der Einbau von Antennen für Funkzugbeeinflussung (FZB) ist vorbereitet.
In der Bodenwanne sind der Reihe nach die folgenden wichtigsten Geräte untergebracht: Fahrmotorlüfter, die Fortlufteinheit mit Druckschutzventil, der E-Geräte-Container, der Traktionsstromrichter mit Kühlanlage, der Ausgangsstromrichter, die Bremsgerätetafel, der E-Gerätecontainer und die Fahrmotorlüfter untergebracht.

Baureihe 406.0
Dieser 1. Klasse-Wagen besitz 46 Nichtraucher-Sitzplätze. Auf Grund weiterer erforderlicher elektronischer Geräte für die Mehrsystem-Ausrüstung wurden am WE 1 auf Kosten einer Sitzreihe (drei Sitzplätze) größere Geräteschränke eingebaut. Ansonsten ist der Wagen mit den Fahrzeuge der Baureihe 403.0 identisch.
Die Dachausrüstung ist mit Wagen 403.0 identisch.
In der Bodenwanne sind der Reihe nach die folgenden wichtigen Geräte untergebracht: Fahrmotorlüfter, die Fortlufteinheit mit Druckschutzventil, der Bremswiderstand, der Traktionsstromrichter mit Kühlanlage, der Ausgangsstromrichter, die Bremsgerätetafel und die Fahrmotorlüfter.

TW 2 – WAGENORDNUNGSNUMMER X7
Baureihe 403.1
Dieser Wagen hat in der 1. Klasse 46 Raucher-Sitzplätze. Im Einstiegsraum befindet sich links, neben der Tür-Bedieneinheit, die innere Zuglaufanzeige. Rechts ist ein RIA-Terminal (RIA = Informationsautomat für Reiseauskünfte) vorhanden. Das Gerät verfügt über einen Touchscreen und einen Drucker.
Auf der rechten Seite befinden sich zwei Standard-Toiletten. Der gegenüberstehende Geräteschrank beinhaltet außerdem einen Diaträger für Werbezwecke und die Abfallentsorgung. Durch einen Seitengang, an dem sich drei Abteile mit 14 Plätzen befinden, wird über eine einflügelige Glasschiebetür der Großraum erreicht. Die Schiebetür wird über einen Bewegungsmelder pneumatisch geöffnet. Oberhalb der Glasschiebetür ist das Großraum-Anzeige-Display angebracht.
Der Großraum umfasst 32 Sitzplätze in der Aufstellung 2 + 1. Auf der linken Seite sind acht Reihen-Einzelsitze und eine Vis-á-vis-Sitzgruppe mit Tisch, auf der rechten Seite neun Reihen-Doppelsitze und eine Vis-á-vis-Sitzgruppe mit Tisch angeordnet.
Am WE 2 befindet sich ein Einstiegsraum, der durch eine Glaswand mit einer einflügeligen Glasschiebetür vom Großraum getrennt ist. Die Schiebetür wird über einen Bewegungsmelder pneumatisch geöffnet. Oberhalb der Trennwand befindet sich ein weiteres Großraum-Display. In der Verkleidung zur rechten Außentür ist die innere Zuglaufanzeige angebracht.
Die Dachausrüstung besteht aus einem Stromabnehmer DSA 380 D für den 15 kV 16,7 Hz-Betrieb in Deutschland am WE 2. Die Hochspannungsanlage besteht aus dem Hauptschalter, dem Trennschalter, dem Oberspannungswandler, dem Oberstromwandler und dem Überspannungsableiter. Die gesamte Hochspannungsausrüstung ist aus aerodynamischen Gründen mit einer Dachverkleidung umgeben. Diese Dachverkleidung besteht aus zwei GFK-Schalen mit einem Schaumkern. Unterhalb der Verkleidung ist Platz für einen Ölausgleichsbehälter vorgesehen. Am WE 2 befindet sich ferner der Endverschluss der Hochspannungs-Dachleitung sowie der Stützisolator für die Überleitung zum jeweils benachbarten Wagen. Zum befindet sich eine Antenne für das D-Netz.
In der Bodenwanne sind die Zugsammelschienen-Umrichter, der Abwasserbehälter, der Transformator mit Kühlanlage, die Bremsgerätetafel, der E-Container, die Fortlufteinheit mit Druckschutzventil und der Ausgangsstromrichter untergebracht.

Baureihe 406.1
Die 1. Klasse-Wagen der Baureihe 406.1 haben 44 Raucher-Sitzplätze. Entspricht weitgehend der der Baureihe 403. Im Großraum war an der Trennwand zu den Abteilen auf Grund der erweiterten Mehrsystem-Ausrüstung ein weiterer Geräteschrank notwendig. Dadurch mussten zwei Sitzplätze entfallen. Oberhalb dieses Geräteschrankes ist das zweite Großraum-Anzeige-Display angebracht.
Die Dachausrüstung besteht aus einem Stromabnehmer DSA 380 D für den 15 kV 16,7 Hz-Betrieb in Deutschland. Nach Fertigstellung der 25 kV 50 Hz-Elektrifizierung für die HGV-Strecken in den Niederlanden (NS) kann dieser Stromabnehmer auch für dieses System genutzt werden. Die Hochspannungsanlage setzt sich aus dem Hauptschalter, dem Trennschalter, dem Oberspannungswandler, dem Oberstromwandler, dem Überspannungsableiter und dem Fühlsystem zusammen. Die gesamte Hochspannungsausrüstung ist aus aerodynamischen Gründen mit einer geschäumten Dachverkleidung umgeben. Unterhalb der Verkleidung ist Platz für einen Ölausgleichsbehälter.
Am WE 2 befindet sich ferner der Endverschluss der Hochspannungs-Dachleitung sowie der Stützisolator für die Überleitung zum benachbarten Wagen. Zum WE 1 hin ist eine Antenne für das D-Netz vorhanden.
In der Bodenwanne sind der Zugsammelschienen-Umrichter, der Abwasserbehälter, der Transformator mit Kühlanlage, die Bremsgerätetafel, der Bordnetztrafo und Trennschaltergerüst, die Fortlufteinheit mit Druckschutzventil und der Ausgangsstromrichter untergebracht.

SW 3 – WAGENORDNUNGSNUMMER X6
Baureihe 403.2
Der 1. Klasse-Wagen (Nichtraucher, 46 Sitzplätze) hat die gleiche Einteilung wie die Baureihe 403.1, jedoch um 180° gedreht. Die Übergangsschiebetüren am WE 2 werden über einen Bewegungsmelder geöffnet und schließen selbsttätig. Der elektro-pneumatische Antrieb kann abgeschaltet, die Türen in geschlossener Stellung mit einem Vierkant blockiert werden. Auf dem Dach befinden sich an den WE 1 und 2 die Endverschlüsse der Hochspannungs-Dachleitung sowie die Stützisolatoren für die Überleitung zum jeweils benachbarten Wagen. Auch hier wurde zum WE 1 hin eine Antenne für das D-Netz vorgesehen. In der Bodenwanne sind der Reihe nach die Fahrmotorlüfter, die Bremsgerätetafel, die Ausgangsstromrichter, die Fortlufteinheit mit Druck-

Ein Blick in den Großraum der 1. Klasse: Man beachte die Video-Schirme, die nur in der 1. Klasse vorhanden sind.
Foto: ARGE ICE Siemens/Adtranz

schutzventil, die Traktionsstromrichter mit Kühlanlage, der E-Gerätecontainer, der Abwasserbehälter, der Hilfsluftpresser und die Fahrmotorlüfter untergebracht.

Baureihe 406.2
Der 1. Klasse-Nichtraucher-Wagen (46 Sitzplätze) ist identisch mit der Baureihe 403.2. Da wegen der Mehrsystem-Ausrüstung weitere Geräteschränke notwendig wurden, musste der Einstieg am WE 2 entfallen. Auf dem Dach am WE 2 ist ein Stromabnehmer DSA 350 G für den 1,5 kV DC-Betrieb in den Niederlanden und den 3 kV DC-Betrieb in Belgien vorgesehen. Die Hochspannungsanlage besteht aus dem Trennschalter, dem Oberspannungswandler, der Dachdurchführung mit Oberstromwandler, dem Überspannungsableiter und dem Fühlsystem. Die gesamte Hochspannungsausrüstung ist aus aerodynamischen Gründen mit einer geschäumten Dachverkleidung umgeben. An den WE 1 und 2 befinden sich die Endverschlüsse der Hochspannungs-Dachleitung sowie die Stützisolatoren für die Überleitung zum jeweils benachbarten Wagen. Auch die Baureihe 406.2 wurde mit einer Antenne für das D-Netz ausgerüstet. In der Bodenwanne befinden sich die Fahrmotorlüfter, die Bremsgerätetafel, der DC-Hochspannungscontainer, der Bremswiderstand, die Fortlufteinheit mit Druckschutzventil, die Traktionsstromrichter mit Kühlanlage, der Abwasserbehälter, der Hilfsluftpresser und die Fahrmotorlüfter.

MW 4 – WAGENORDNUNGSNUMMER X.5
Baureihe 403.3
Der Servicewagen teilt sich wie folgt auf: das Restaurant, die Galley und das Zugbegleiter-Abteil (Zub). Im Vorraum gibt es einen Stehtisch für wartende Restaurantbesucher. Auf der rechten Seite befindet sich die Garderobe. Hier ist auch ein Evakuierungssteg untergebracht, über den die Fahrgäste im Notfall von einem Zug in einen anderen umsteigen können.
Das Restaurant hat 24 Nichtraucher-Sitzplätzen in vier Gruppen mit der Sitzanordnung 2 +1. Alle Sitze sind als Sitzbank mit Unterkästen ausgeführt. Die erste und letzte Doppelsitzbank ist mit einer Befestigungsmöglichkeit für einen Kindersitz versehen. Zwei Kindersitze sind im Unterkasten der ersten Doppelsitzbank untergebracht, hiervon kann einer der Sitze bei Bedarf im Kleinkindabteil (MW 5) verwendet werden. Diese Kindersitze sind aus Holz und werden über zwei Einsteckstifte arretiert. Der Sitz ist mit einem Dreipunkt-Sicherheitsgurt (System »Fastex«) versehen.
Die Galley ist mit einer doppelten Drehtür vom Restaurant getrennt. In der Flucht dieser Drehtüren sind in beiden Außenwänden Versorgungstüren vorgesehen, die von der Ausführung her mit den Einstiegstüren identisch sind. Die Aufstellung und die Anordnung der Geräte sind der Zeichnung zu entnehmen. Die gesamten Kühlanlagen sind FCKW-frei.
Das Bistro (Raucherbereich) hat eine Ausgabetheke mit Kaffeemaschine sowie Zapfanlage für Bier und drei alkoholfreie Getränke. An beiden Seiten neben dem Fenster sind jeweils ein Stehtisch mit gepolsterten Rückenstützen angebracht. Die Einrichtung der Galley und der Bistro-Ausgabetheke stammen von dem Großküchenhersteller Kiesel in Schwaig (b. Nürnberg).
Das Zub-Abteil ist zugleich die FIS-Zentrale. In diesem Abteil befindet sich u.a. die zentrale Versorgung der Audio-Anlage, mit je drei Hörfunk- und Bordprogrammen, und Video-Anlage mit zwei Bordprogrammen. Neben dem Zub-Abteil ist eine Toilette für das Restaurantpersonal. Dem Zub-Abteil gegenüber befindet sich eine Telefonzelle mit

Die Innengestaltung des Bordrestaurants: Im Hintergrund ist der Übergang mit den offenen Übergangstüren zu sehen. Foto: Riechers

Die Ausgabetheke des Bistros mit Blick in die Galley. Foto: Riechers

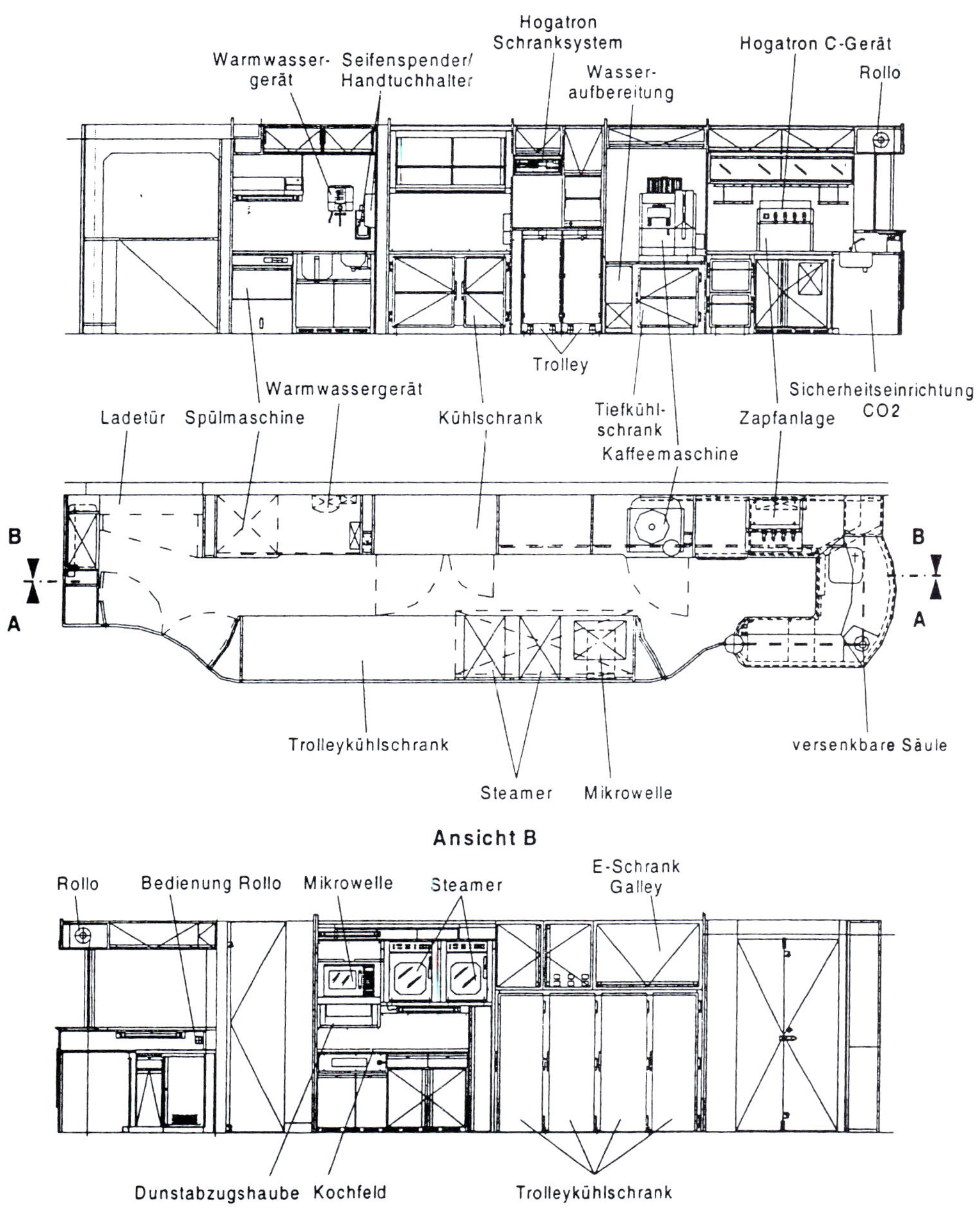

Die Galley des ICE 3. Abbildung: ARGE ICE Siemens/Adtranz

Blick in das Zub-Abteil (Service-Point): Links die Info-Theke mit schwenkbarem FIS-Display sowie Audio-Video-Anlage mit Video-Kontrollschirm. Foto: Riechers

Das Fax-Gerät im Zub-Abteil dem Zub-Display darüber. Foto: Riechers

Kartentelefon, eine Bahn-Shop-Vitrine und einen Diaträger für Werbezwecke. Die zweiflügeligen Übergangsschiebetüren an beiden Wagenenden werden über einen Bewegungsmelder geöffnet und schließen selbsttätig. Der elektro-pneumatische Antrieb kann abgeschaltet, die Türen in geschlossener Stellung mit einem Vierkant blockiert werden.

Auf dem Dach befinden sich an den W 1 und W 2 die Endverschlüsse der Hochspannungs-Dachleitung sowie die Stützisolatoren für die Überleitung zum jeweils benachbarten Wagen. Zum WE 1 sind die Antennen für D-Netz, BOS[5], Audio 2, D-Netz, Audio 1 und D-Netz montiert. Die Antennen für Audio 1 und 2 sind außermittig angeordnet. Vorbereitet ist der Einbau von Antennen für Datenfunk, GPS (Global Positioning System) und Satelliten-Fernsehen.

In der Bodenwanne sind, der Reihe nach, vier Batterietröge mit Batterien, die Batterieladeeinrichtung, der Ausgangsstromrichter, die Bremsgerätetafel, der Küchentrafo, die Kühlanlage für die Galley, der Frischwasserbehälter, der E-Gerätecontainer, die Fortlufteinheit mit Druckschutzventil, der Abwasserbehälter und der Grauwasserbehälter untergebracht.

[5] Behörden-, Ordnungs- und Sicherheitsdienst

Baureihe 406.3

Der Servicewagen ist mit der Baureihe 403.3 identisch. Am WE 2 befindet sich der Stromabnehmer DSA 380 F für den 25 kV 50 Hz-Betrieb in Frankreich (SNCF) und Belgien (nach der Fertigstellung der entsprechenden Elektrifizierung) sowie für den 15 kV 16,7 Hz-Betrieb in der Schweiz (SBB). Die Hochspannungsanlage besteht aus dem Trennschalter und dem Überspannungsableiter. Die gesamte Hochspannungsausrüstung ist aus aerodynamischen Gründen mit einer geschäumten Dachverkleidung umgeben. An den WE 1 und 2 befinden sich die Endverschlüsse der Hochspannungs-Dachleitung sowie die Stützisolatoren für die Überleitung zum jeweils benachbarten Wagen.

Anordnung der Antennen wie bei Baureihe 403.3. In der Bodenwanne sind der Reihe nach vier Batterietröge mit Batterien, die Batterieladeeinrichtung, der Ausgangsstromrichter für Baureihe 406.2, der E-Gerätecontainer, die Bremsgerätetafel, der Küchentrafo, die Kühlanlage der Galley, der Frischwasserbehälter, der Ausgangsstromrichter für die Baureihe 406.3, die Fortlufteinheit mit Druckschutzventil, der Abwasserbehälter und der Grauwasserbehälter untergebracht. Die Mittelwagen 406 351–406 354 (NS-Ausführung) sind an den Außenwänden mit »Restaurant« an Stelle von »BordRestaurant« beschriftet.

Blick in das Kleinkindabteil mit dem Schaukel-Motorrad und dem als Klappsitz ausgeführtem Doppelsitz. Die linke Kopfstütze ist an dem ausklappbaren Wickeltisch angebracht. Man beachte den Teppichboden mit dem Straßenmuster.
Foto: Riechers

MW 5 – WAGENORDNUNGSNUMMER X4

Baureihe 403.8

Der 2. Klasse-Wagen hat 50 Sitzplätze (Nichtraucher). Im Einstiegsraum befindet sich an der linken Seite neben den Tür-Bedieneinheit die innere Zuglaufanzeige. An der rechten Seite ist eine Standard-Toilette und daneben eine behindertengerechte Toilette mit Wickeltisch eingerichtet. Zwischen beiden Toiletten befindet sich ein Fach für Kuriergut. Der Standard-Toilette gegenüber befindet sich ein Geräteschrank mit Abfallentsorgung.

Neben der Behindertentoilette gibt es ein Kleinkindabteil mit sechs Sitzplätzen. Davon sind vier um einen Tisch gruppiert. Beide Wandsitzgruppen sind mit Befestigungsmöglichkeiten für einen Kindersitz versehen. In der vorderen Ecke steht eine Schaukel-Motorrad und als Trennwand fungiert eine Spielwand von »Ravensburger«. Diese Spielwand gibt es in den Varianten »Tempo, kleine Schnecke« (403 801–403 819) und »Kind Memory« (403 820–403 837). Das Reservierungsdisplay befindet sich außerhalb des Abteils. Das Kleinkindabteil verfügt über Leseleuchten.

Eine einflügelige Schiebetür trennt das Abteil vom Seitengang.

An dieser Stelle muss wieder einmal das Fehlen einiger Abteile der 2. Klasse moniert werden: So schön die Kleinkindabteile auch sind, sie stellen je-

An das Kleinkindabteil (hinter der Schiebetür) grenzt der Rollstuhl-Platz mit den beiden Klappsitzen an.
Foto: Riechers

doch – siehe ICE 2 – leider keinen vollwertigen Ersatz für ein paar Abteile dar, wo sich Reisende mit Kindern etwas unauffälliger Aufhalten können als in den Großräumen.
Der Großraum ist vom Seitengang durch eine einflügelige Glasschiebetür getrennt. Die Schiebetür wird über einen Bewegungsmelder pneumatisch geöffnet. Oberhalb der Schiebetür befindet sich das Großraum-Anzeige-Display.
Rechts an der Wand zum Kleinkindabteil ist Platz für einen Rollstuhl. Gegenüber diesem Platz sind für Begleitpersonen zwei Sitzplätze mit einem höhenverstellbaren Tisch vorgesehen. Für den Fall der Nichtbenutzung durch einen Rollstuhl sind zwei Klappsitze angebracht. Neben dieser Behinderten-Sitzgruppe umfasst der Großraum vier Vis-á-vis-Sitzgruppen mit Tisch sowie sieben (links) bzw. sechs (rechts) Reihen-Doppelsitze.
Am WE 2 befindet sich ein Einstiegsraum, der durch eine Glaswand mit einer zweiflügeligen Glasschiebetür vom Großraum getrennt ist. Ein Bewegungsmelder öffnet pneumatisch die Tür. Oberhalb der Trennwand befindet sich ein weiteres Großraum-Anzeige-Display. In der Verkleidung zur rechten Außentür ist neben der Tür-Bedieneinheit die innere Zuglaufanzeige angebracht.
Auf dem Dach an den WE 1 und 2 befinden sich die Endverschlüsse der Hochspannungs-Dachleitung sowie die Stützisolatoren für die Überleitung zum jeweils benachbarten Wagen. Ferner befindet sich am WE 1 eine Antenne für das D-Netz.
In der Bodenwanne sind, der Reihe nach, Abwasserbehälter, Ausgangsstromrichter, die Fortlufteinheit mit Druckschutzventil, der E-Gerätecontainer, vier Batterietröge mit Batterien, die Batterieladeeinrichtung, die Bremsgerätetafel und der Hauptluftpresser untergebracht.

Baureihe 406.8
Dieser Wagen der 2. Klasse hat insgesamt 50-Nichtraucher-Sitzplätze. Das Interieur ist identisch mit dem der Baureihe 403.8. Das Kleinkindabteil ist mit den Spielwänden »Tempo, kleine Schnecke« (406 801–406 806, 406 851 und 406 852) und »Kind Memory« (406 807–406 813, 406 853 und 406 854) ausgerüstet.
Die Hochspannungsausrüstung entspricht der Baureihe 406.3.
Am WE 1 befindet sich eine Antenne für das D-Netz.
In der Bodenwanne sind, der Reihe nach, der Abwasserbehälter, der Ausgangsstromrichter für die Baureihe 406.8, die Fortlufteinheit mit Druckschutzventil, der Ausgangsstromrichter für die Baureihe 406.7, der E-Gerätecontainer, vier Batterietröge mit Batterien, die Batterieladeeinrichtung, die Bremsgerätetafel und der Hauptluftpresser untergebracht.

SW 6 – WAGENORDNUNGSNUMMER X3
Baureihe 403.7
Das Fahrzeug bietet in der 2. Klasse 68 Sitzplätze (Nichtraucher). Im Einstiegsraum ist auf der linken Seite neben den Tür-Bedieneinheit die innere Zuglaufanzeige vorgesehen; rechts befindet sich ein RIA-Terminal. Ebenfalls auf der rechten Seite sind zwei Standard-Toiletten. Der gegenüberstehende Geräteschrank beinhaltet außerdem einen Diaträger für Werbezwecke und die Abfallentsorgung. Der Einstiegsraum ist vom Großraum durch eine zweiflügelige Glasschiebetür getrennt. Die Schiebetür wird über einen Bewegungsmelder pneumatisch geöffnet. Oberhalb der Glasschiebetür wurde Großraum-Anzeige-Display angebracht.
Der Großraum umfasst 68 Sitzplätze in der Aufstellung 2 + 2. Auf der linken Seite sind drei Vis-á-vis-Sitzgruppen mit Tisch, insgesamt elf Reihen-Doppelsitze sowie eine Großgepäckablage vorhanden. Auf der rechten Seite sind eine Vis-á-vis-Sitzgruppe mit vier Plätzen und Tisch sowie zwei Vis-á-vis-Sitzgruppen mit drei Plätzen und Tisch vorhanden. Neben den Einzelsitzen dieser Sitzgruppen befindet sich eine Garderobe, ferner sind insgesamt zwölf Reihen-Doppelsitze vorhanden.
Am WE 2 befindet sich ein Einstiegsraum, der durch eine Glaswand mit einer zweiflügeligen Glasschiebetür vom Großraum getrennt ist. Ein Bewegungsmelder öffnet pneumatisch die Schiebetür. Oberhalb der Glastrennwand befindet sich das Großraum-Anzeige-Display. In der Verkleidung zur rechten Außentür ist die innere Zuglaufanzeige eingebaut. Die Übergangsschiebetüren am WE 2 werden über einen Bewegungsmelder geöffnet und schließen selbstätig. Der elektro-pneumatische Antrieb kann abgeschaltet, die Türen in geschlossener Stellung mit einem Vierkant blockiert werden.
Die Dachausrüstung entspricht der der Baureihe 403.2. Die Anordnung der Geräte in der Bodenwanne ist, in umgekehrter Reihenfolge, identisch mit der Baureihe 403.2.

Baureihe 406.7
Der Wagen der 2. Klasse bietet 68 Nichtraucher-Sitzplätze. Die Inneneinrichtung ist identisch mit der Baureihe 403.7. Da wegen der Mehrsystem-Ausrüstung weitere Geräteschränke notwendig waren, musste der Einstieg am WE 2 entfallen. Die Dachausrüstung entspricht der Baureihe 406.2. Die Geräte in der Bodenwanne sind, in umgekehrter Reihenfolge, identisch mit Baureihe 406.2.

TW 7 – WAGENORDNUNGSNUMMER X2
Baureihe 403.6
Das Fahrzeug bietet in der 2. Klasse insgesamt 68 Raucher-Sitzplätze. Das Interieur ist identisch mit der Baureihe 403.7, jedoch um 180° gedreht. Die Dachausrüstung der Wagen der Baureihe 403.6 ist identisch mit der der Baureihe 403.1. Die Anordnung der Geräte in der Bodenwanne ist, in umgekehrter Reihenfolge, identisch mit der Baureihe 403.1.

Baureihe 406.6
Dieser Wagen hat 66 Sitzplätze (Raucher) in der 2. Klasse. Bei sonst gleicher Ausstattung des Innenraumes wie bei der Baureihe 403.6 wurde an der Trennwand zum Einstiegsraum am WE 1 wegen der Mehrsystem-Ausrüstung ein weiterer Geräteschrank erforderlich, wodurch zwei Sitzplätze entfallen mussten.
Die Dachausrüstung ist identisch mit der Baureihe 406.1. Die Anordnung der Geräte in der Bodenwanne ist, in umgekehrter Reihenfolge, ebenfalls identisch mit Baureihe 406.1.

EW 8 – WAGENORDNUNGSNUMMER X1
Baureihe 403.5
Der Wagen der 2. Klasse hat 64 Nichtraucher-Sitzplätze. Der Wagen ist wie folgt eingeteilt: ein Verbindungsgang, ein Großraum 2. Klasse, ein Einstiegsraum, eine Lounge 2. Klasse und der Führerraum. An Stelle eines Einstiegsraumes sind am WE 1 beidseitig Geräteschränke angeordnet, u.a. für FIS sowie LZB und ZUB 262. In dem linken Schrank ist zusätzlich die Abfallentsorgung untergebracht
Die Übergangsschiebetüren am WE 2 werden über einen Bewegungsmelder geöffnet und schließen selbstätig. Der elektro-pneumatische Antrieb kann abgeschaltet, die Türen in geschlossener Stellung mit einem Vierkant blockiert werden.
Das Großraum-Display befindet sich zwischen der 3. und 4. Sitzreihe. Der sich anschließende Großraum umfasst 54 Sitzplätze in der Aufstellung 2 + 2. Auf der linken Seite sind sieben Reihen-Doppelsitze und drei Vis-á-vis-Plätze mit Tischen vorgesehen. Etwa in der Mitte befindet sich eine Großgepäckablage. Auf der rechten Seite sind acht Reihen-Doppelsitze und drei Vis-à-vis-Plätze mit Tischen vorgesehen. Der Einstiegsraum und der Großraum sind durch eine Glaswand mit einer zweiflügeligen Glasschiebetür von einander getrennt. Diese Schiebetür wird beidseitig über einen Bewegungsmelder pneumatisch geöffnet. Oberhalb der Glaswand befindet sich das Großraum-Anzeige-Display.
Im Einstiegsraum ist auf der rechten Seite neben den Tür-Bedieneinheit die innere Zuglaufanzeige angeordnet. Im Deckenbereich ist eine Notleiter vorhanden.
Durch eine Glaswand mit einer zweiflügeligen Glasschiebetür wird die Lounge betreten. Diese Schiebetür wird innerhalb der Lounge über einen Bewegungsmelder, vom Einstiegsraum aus über eine Berührungsfläche pneumatisch geöffnet. In

der Lounge befinden sich zehn Sitzplätze in der Anordnung 2 + 2. In der rechten vorderen Ecke ist neben einem Abfallbehälter und einer Garderobe für die Fahrgäste auch eine Garderobe und ein Thermofach für den Lokführer vorgesehen. Der am WE 2 befindliche Führerstand mit der Glas-Trennwand ist mit dem Endwagen 403.0 identisch.
Die Dachausrüstung ist identisch mit der Baureihe 403.0. Die Geräteanordnung in der Bodenwanne ist, in umgekehrter Reihenfolge, identisch mit der Baureihe 403.0.

Baureihe 406.5
Dieses Fahrzeug hat in der 2. Klasse 60 Sitzplätze (Nichtraucher). Auf Grund weiterer Geräte für die Mehrsystem-Ausrüstung mussten am WE 1 zulasten einer Sitzreihe (vier Sitzplätze) größere Geräteschränke eingebaut werden. Ansonsten ist der Wagen mit den Fahrzeugen der Baureihe 403.5 identisch. Die Dachausrüstung sowie die Anordnung der Geräte in der Bodenwanne entsprechen der Baureihe 406.0.

DREHGESTELLE UND ANTRIEB

Drehgestelle
Auf Grund des Triebwagenzug-Prinzips mit 50 % angetriebenen Drehgestellen sowie der höheren Betriebsgeschwindigkeit musste die Drehgestell-Konzeption weiter verfeinert werden. Nachdem es bereits beim ICE 2 gelang, den Fahrkomfort anzuheben, galt es nun, beim ICE 3 mit höheren Geschwindigkeiten (bis 330 km/h), die Komfortanforderungen weiter zu steigern. Bei den Entwicklungs-Eckpunkten wurde deshalb neben einer technisch möglichen Höchstgeschwindigkeit von 363 km/h auch der Blick verstärkt auf Schwingungsverhalten, Schallabkopplung sowie eine kostengünstige aber effektive Instandhaltung in Verbindung mit den so genannten Life-Cycle-Costs (LCC) gerichtet.
Bei der Suche nach dem optimalen Drehgestell wurde zunächst das Laufdrehgestell SGP 400 von Siemens aus dem ICE 2 und das Koppelrahmen-Drehgestell HLD-KL (ex AEG), welches bei der Erprobung des ICE/V und in verbesserter Ausführung für den ICE 2 zur Debatte stand, zu Grunde gelegt. Die Drehgestellentwicklung erfolgte schließlich gemeinschaftlich durch Siemens SGP und Adtranz im Zusammenarbeit mit der DB AG. Als Ergebnis entstand das aus dem SGP 400 das weiterentwickelte Drehgestell SF 500 ICE 3.
Die Federführung bei der Fahrwerksentwicklung oblag Siemens SGP, die Herstellung erfolgte in Graz und im Adtranz-Werk Siegen. Als Auftragslieferant beteiligte sich auch das Bombardier-Werk Vetschau an der Herstellung.
Die Drehgestelle unterscheiden sich in die Triebdrehgestelle für EW 1 (Baureihe 403/406.0) und EW 8 (Baureihe 403/406.5), die Triebdrehgestelle für SW 3 (Baureihe 403/406.2) und SW 6 (Baureihe 403/406.7), die Laufdrehgestelle für TW 2 (Baureihe 403.1), MW 4 (Baureihe 403.3), MW 5 (Baureihe 403.8) und TW 7 (Baureihe 403.6) sowie die Laufdrehgestelle für TW 2 (Baureihe 406.1), MW 4 (Baureihe 406.3), MW 5 (Baureihe 406.8) und TW 7 (Baureihe 406.6).

BESCHREIBUNG DER DREHGESTELLE

Die Trieb- und Laufdrehgestelle sind mit Ausnahme der Anbauteile weitgehend baugleich. Der Drehgestellrahmen ist als doppelter H-Rahmen in Form einer Schweiß-Verbundkonstruktion ausgeführt, die aus zwei steifen und stark durchgekröpften Langträgern besteht, verbunden durch eine Querverbindungs-Konstruktion. Diese besteht aus zwei rohrförmigen Querträgern, die durch zwei so genannte Querpufferkonsolen verbunden sind. Die Langträger sind aus Stahlblechen, Werkstoff St 52-2, in Kastenform zusammengeschweißt. Der Zuschnitt der oberen und unteren Schließbleche orientiert sich nach den Erfordernissen der Anbauteile. Wo erforderlich, z.B. im Bereich der Luftfederaufnahmen, sind Schottbleche eingeschweißt. Durch eine ausgewählte Kombination von Blechen, Schmiedeteilen, Gussteilen und Rohren konnte eine gewichtsoptimierte Konstruktion erreicht werden.
Die Radsatzanlenkung ist als Schwingenführung ausgeführt, bei der das Radsatzlager-Oberteil in dem Achslenker integriert ist. Durch die Zweiteilung des Radsatzlager-Gehäuses können die Radsätze schnell und ohne Justierungsarbeiten ausgetauscht werden.
Die Primärfederung besteht aus einer doppelten Schraubenfeder, kombiniert mit einer Primärschichtfeder. Der parallele Primärdämpfer ist als Abhebesicherung ausgeführt. Der Radsatzabstand beträgt 2.500 mm.
Die Radsätze der Drehgestelle sind in Zylinder-Rollenlagern gelagert. Der Raddurchmesser beträgt im Neuzustand 920 mm, im abgenutzten Zustand minimal 830 mm (Triebdrehgestell) bzw. 858 mm (Laufdrehgestell).
Die Radsatzlager sind je nach Baureihe bestückt u.a. mit Wegimpulsgeber, Schutzerdkontakte, Gleitschutz-, Laufachs- und Wegimpulsgeber. Es würde den Rahmen dieser Publikation sprengen, alle diese Varianten zu beschreiben.
Die Sekundärfederung besteht aus zwei Luftfedern je Drehgestell. In den als Gürtelbalgfedern ausgeführten Luftfederbälgen ist jeweils eine Konus-Gummifeder als Notfeder integriert. Das Zusatzvolumen ist in einer am Wagenkasten befestigten Traverse untergebracht. Diese Traverse ist direkt mit den Luftfederbälgen verbunden. Die Luftfedersteuerung ist als Zweipunktsteuerung ausgeführt.
Zur Aufnahme eines Vertikaldämpfers und einer Wankstütze wurden an Langträger und Traverse

Die Radsatzführung am Beispiel eines ICE 3-Triebdrehgestells. Im Vordergrund die Führungsschwinge und die beiden ineinander montierten Schraubenfedern mit dem Primärdämpfer. Oberhalb der Schwinge ist die Radscheibenbremse sichtbar. Foto: Riechers

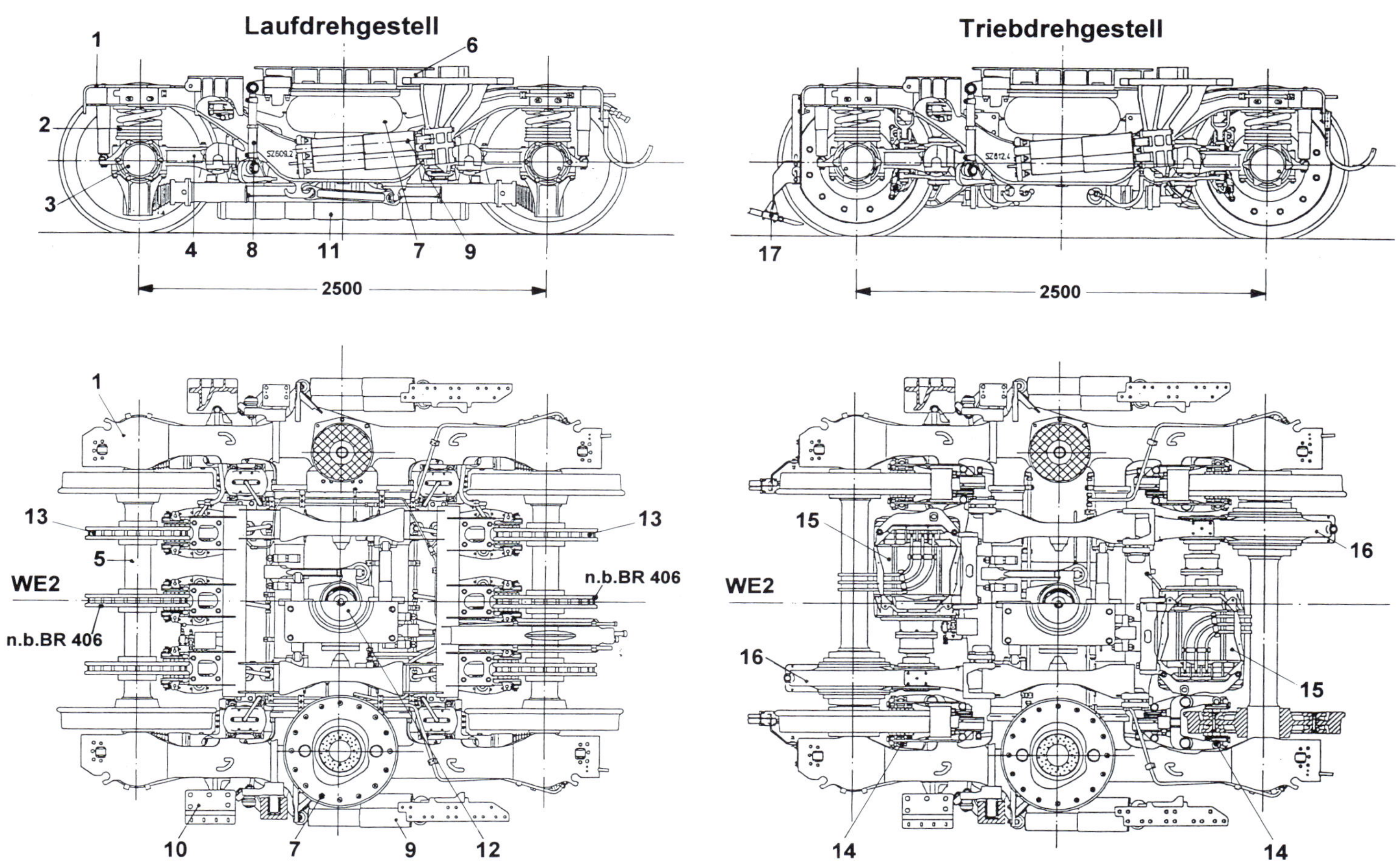

Legende

1. Drehgestellrahmen
2. Primärfederung
3. Radsatzlager
4. Radsatzlenker
5. Radsatz
6. Traverse
7. Sekundärfederung
8. Wankstütze
9. Schlingerdämpfer
10. Querspielbegrenzung
11. Wirbelstrombremse
12. Drehgestellanlenkung
13. Wellen-Scheibenbremse
14. Rad-Scheibenbremse
15. Fahrmotor
16. Getriebe
17. Besandung

Die Drehgestelle ICE 3 (ohne ZUB-Antennen).
Abbildung: ARGE ICE Siemens/Adtranz

Konsolen angebracht. Nachdem die Erprobungen jedoch ergaben, dass eine Wankstütze zur Stabilisierung ausreicht, kam der Vertikaldämpfer nicht mehr zum Einsatz. Die obere Konsole dient als Lager für den Drehstab der Wankstütze, die an diesem über einen Hebel angelenkt ist.

Die Übertragung der Zug- und Bremskräfte auf den Wagenkasten erfolgt über einen Drehzapfen, der über eine Montageplatte an der Traverse befestigt ist. Das Drehzapfenlager wird über Lemniskatenlenker an den Querträgern des Drehgestellrahmens befestigt. Diese Lenkeranordnung ermöglicht sowohl Dreh- und Lateralbewegungen sowie eine Einfederung des Wagenkastens gegenüber dem Drehgestell. An der Mon-

Das Enddrehgestell mit Schlingerdämpfer. Unterhalb des Schlingerdämpfers ist die PZB-Zugkoppelspule sichtbar. Das vordere Achslager ist mit einem Gleitschutzgeber, das hintere Lager zusätzlich mit einem Weg-Impulsgeber ausgerüstet.
Foto: Riechers

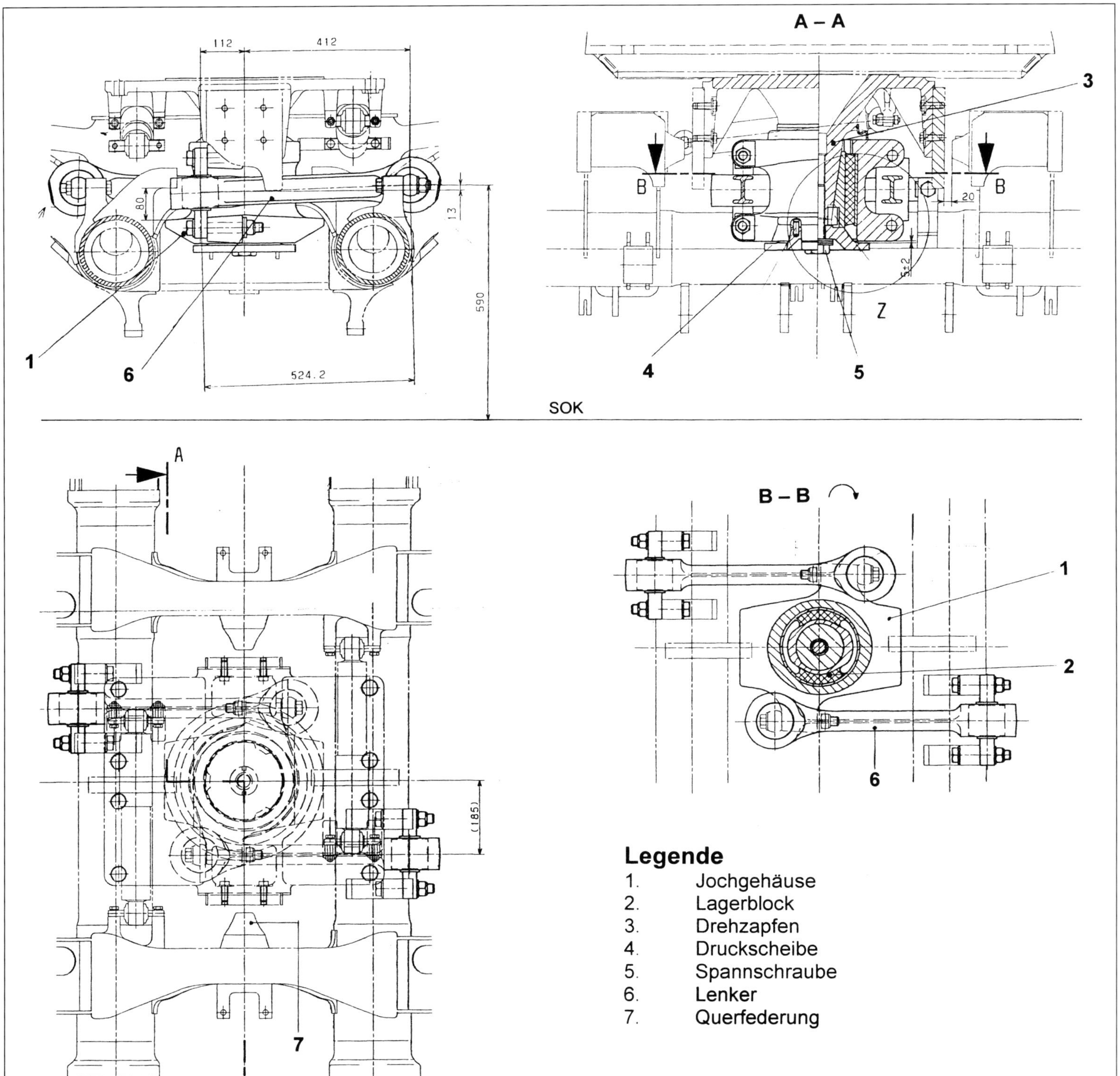

Die Drehgestellanlenkung des ICE 3.
Abbildung: ARGE ICE Siemens/Adtranz

tageplatte des Drehzapfens ist beidseitig ein Querdämpfer angelenkt, der mit dem Drehgestellrahmen verbunden ist. Zwei Querpuffer vervollständigen die Querfederung die ein gleisschonendes Fahrverhalten in Gleisbögen gewährleistet.

Die Schlingerdämpfung erfolgt redundant über jeweils zwei paarweise angeordnete Dämpfer, die über eine angeschweißte Konsole am Dreh-

gestellrahmen und über eine am Wagenkastenlangträger angeschraubte Konsole aus Stahlguss befestigt sind. Im Falle eines Ausfalls eines der Schlingerdämpfer übernimmt der andere seine Aufgaben in eingeschränkter Form, was bedeutet, das bis zu einer Höchstgeschwindigkeit von 200 km/h weitergefahren werden kann.
Die Querspielbegrenzung besteht aus jeweils einer außen am Drehgestellrahmen gelagert angebrachten Rolle sowie jeweils einer am Wagenkasten-Langträger befestigten Konsole mit Führungskulisse. Die Querspielbegrenzung ist zu den Wagenkastenenden hin orientiert.

Laufdrehgestelle
Die Laufdrehgestelle der Baureihen 403 und 406 (TW 2 und 7, MW 4 und 5) unterscheiden sich konstruktiv in der Anzahl der Bremsscheiben. Bei der Baureihe 403 sind je Radsatz zwei Wellenbremsscheiben aus Stahl vorgesehen. Die Baureihe 406 dagegen verfügt über jeweils drei Wellenbremsscheiben pro Radsatz. Für die Aufnahme der pneumatisch betätigten Bremszylinder sind zwei zusätzliche Bremsquerträger an den Querträgern des Drehgestellrahmens befestigt.
Die Laufdrehgestelle sind mit linearen Wirbelstrombremsen (WB) ausgerüstet, deren Haupt-Steuerelemente am Drehgestellrahmen befestigt sind. Die exakte Führung der Elektromagneten oberhalb der Schienen erfolgt über zwei an den Radlagergehäusen befestigten balggeschützten Tragarmen sowie einem zwischen dem Integralträger mit den Elektromagneten und dem Drehgestellrahmen angebrachten Lenker.

Das Triebdrehgestell des ICE 3. Abbildung: ARGE ICE Siemens/Adtranz

Triebdrehgestelle
Die Triebdrehgestelle der Baureihen 403 und 406 sind baugleich. Sie sind bestückt mit jeweils zwei fremdbelüfteten und innengekühlten Drehstrom-Asynchron-Motoren, die fest an einem Hilfsrahmen aus Aluminium-Guss montiert sind. Dieser Hilfsrahmen befindet sich unterhalb des Drehgestellrahmens und ist über jeweils zwei Blattfedern und einen Dämpfer pro Seite querelastisch an diesem befestigt. Der Fahrmotor hat eine Leistung von ca. 500 kW bei einer Drehzahl von 4.100 min^{-1}.
Das achsreitende Getriebe (Übersetzung 1 : 2,788) ist über eine obere und eine untere Schichtfeder radial vorgespannt mit dem Drehgestellrahmen verbunden. Die Verbindung vom Motor zum Ge-

Blick auf das achsreitende Getriebe: Hinter dem Getriebe, parallel zur Radsatzwelle ist die Bogenzahnkupplung zu sehen. Foto: Riechers

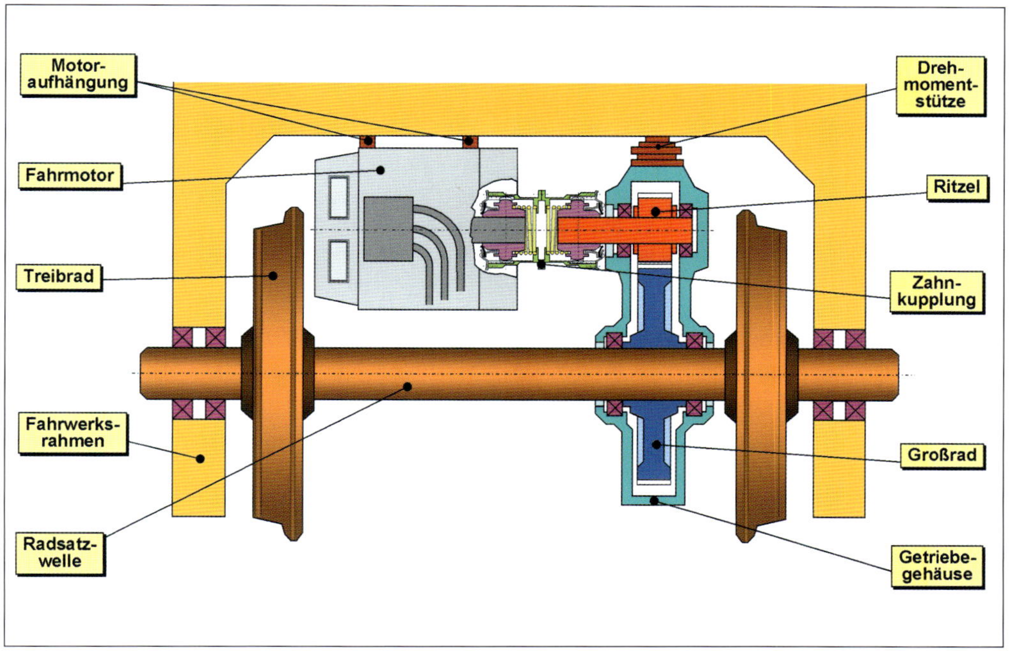

Das Schema des Antriebs des ICE 3. Abbildung: ARGE ICE Siemens/Adtranz

triebe erfolgt über eine Bogenzahnkupplung, die die Relativbewegungen des Antriebs zu den Treibrädern auf Grund Federwege und Achsauslenkungen ausgleichen. An den Langträgern der Triebdrehgestelle befinden sich Konsolen zur Aufnahme der Radscheibenbremsen.

Die außenliegenden Radsätze der angetriebenen Wagen sind mit Besandungsanlagen versehen. Die jeweils vorlaufenden Radsätze der Enddrehgestelle sind ferner mit Spurkranzschmierung und Schienenräumer ausgerüstet. Die Enddrehgestelle von EW 1 und 8 sind ferner mit Konsolen für Zugsicherungsantennen ausgerüstet.

BREMSANLAGE

In der Hierarchie der Bremssteuerung steht der Zugbremsmanager an erster Stelle. Der Zugbremsmanager wird angesteuert über die AFB (automatische Fahr- und Bremssteuerung), welche ihre Befehle erhält vom v_{soll}-Steller oder der LZB, oder (manuell) vom Bremssteller. Zugbremsmanager wird das Bremssteuergerät (BSG) desjenigen Endwagens, dessen Fahrtrichtungsschalter aus der Stellung »0« verlegt wird.

Der Zugbremsmanager errechnet im manuellen Betrieb, in Abhängigkeit der aktuellen Stellung des Bremsstellers anhand der Zugmasse und der Sollverzögerung des Bremsstellers die erforderlichen Bremskräfte und teilt sie auf die jeweiligen Bremssysteme auf.

Im AFB-Betrieb übernimmt die AFB die Aufteilung der Bremssysteme in Abhängigkeit des v_{soll}-Stellers und der Zielkoordinaten der Linienförmigen Zugbeeinflussung (LZB) und übergibt für jedes Bremssystem einen Sollwert an den Zugbremsmanager. Dieser verteilt dann wiederum die Werte an die einzelnen MVB-Segmentbremsmanager.

Die MVB-Segmentbremsmanager geben die von Zugbremsmanager erhaltenen Sollwerte zu den einzelnen Bremssteuerkomponenten weiter. Sie ermitteln die im Segment (Traktionseinheit) aktuell verfügbaren Bremskräfte und melden diese zurück an den Zugbremsmanager.

Die Bremssteuerkomponenten sind alle Steuerungen die ein Bremssystem ansteuern. Dazu gehören die Bremssteuergeräte (BSG) für die pneumatische Bremse (PB), die Antriebssteuergeräte für die generatorische Bremse (GB) sowie eine Kombination der Steuergeräte für die Ansteuerung der linearen Wirbelstrombremse (WB).

Die Endwagen verfügen aus Redundanzgründen über zwei BSG, wobei das zweite Gerät keinen vollen Ersatz für das erste darstellt, sondern sich nur beschränkt auf zugweite Funktionen wie MVB-Segmentbremsmanager und Zugbremsmanager sowie Steuerung der Hauptluftleitung (HL-Steuerung).

Alle anderen Wagen verfügen über ein BSG ohne Redundanz. TW und MW verfügen zwar über ein zusätzliches BSG, das nur der Roll-Überwachung dient. Das BSG des MW 5 dient der Ansteuerung der Kompressoren.

Neben den Bremssteuergeräten sind auch die Zentralen Steuergeräte (ZSG) und die Antriebssteuergeräte (ASG) maßgeblich am Bremsmanagement beteiligt. Die ASG steuern entsprechend den Vorgaben des jeweiligen Segmentbremsmanagers die GB sowie den Strom für die WB. In jedem Traktionscontainer der angetriebenen EW und SW ist ein ASG vorhanden. Über das ZSG wird die AFB-Funktion gesteuert.

Die Kommunikation aller am Bremsmanagement beteiligten Rechner erfolgt über den MVB (Fahrzeugbus) und den WTB (Wire Train Bus = Zugbus). Zusätzlich sind folgende Steuerleitungen vorhanden: Schnellbremsschleife (SBS – hardwaremäßige Ansteuerung der Schnellbremsung); die Fahrgast-Notbremsschleife (FNB-Schleife – hardwaremäßige Meldung der Fahrgastnotbremse an den Zugbremsmanager); die »Bremse gelöst«-Schleife (hardwaremäßige Erfassung des Lösezustandes aller pneumatischen Bremsen im Zugverband) und die Federspeicherbremsen-Überwachungsschleife (FÜS – hardwaremäßige Erfassung des Lösezustandes aller Federspeicherbremsen bei einer Geschwindigkeit über 10 km/h). Zusätzlich zu den Sicherheitsschleifen sind folgende Bremssteuerleitungen für den Zugverband vorhanden: pneumatische Bremse anlegen, pneumatische Bremse lösen, Federspeicherbremse anlegen und Federspeicherbremse lösen. Ferner sind in den EW 1 und 8 Sifa-Schleifen vorgesehen zur Übertragung des Sifa-Bremsbefehls vom ZSG zum Zugbremsmanager.

Bremsarten

Die **Betriebsbremsung** im manuellen Betrieb (ohne AFB) wird beim Anwählen einer der acht Bremsstufen des Bremsstellers aktiviert. Betriebsbremsung mit AFB außerhalb von LZB-Strecken erfolgen mit einer festen Verzögerung von 0,5 m/s². Im LZB-Betrieb hingegen wird die Bremsverzögerung durch die LZB vorgegeben. Die AFB ist im ZSG integriert.

Eine **Schnellbremsung** kann auf folgende Art und Weise ausgelöst werden: durch die Lage des Bremsstellers in Stellung SB, durch die Betätigung des Notbremsventils, den Eingriff eines der Zugbeeinflussungssysteme oder die Unterbrechung der Schnellbremsschleife. Bei einer Schnellbremsung wird die entsprechend der Geschwindigkeit erforderliche Bremsleistung durch die GB (falls einsetzbar), die WB (falls freigegeben) sowie die PB der Laufradsätze erbracht. Die PB der Treibradsätze wird ab einer Geschwindigkeit von 160 km/h eingesetzt. Unterhalb von 160 km/h wird die PB der Treibradsätze nur eingesetzt, wenn die GB nicht wirksam ist.

Als **Zwangsbremsung** werden alle Bremsarten bezeichnet, die nicht unmittelbar vom Tfz-führer oder der AFB eingeleitet werden. Dazu gehört:

a) Die Fahrgast-Notbremse (FNB). Die Betätigung des Notbremshebels durch den Fahrgast führt beim Zugbremsmanager zur Auslösung einer Vollbremsung. Die Notbremsbetätigung wird sowohl im Modularen Führerraum-Anzeigegerät (MFA) durch ein dauerhaftes Aufleuchten des entsprechenden Leuchtmelders als auch durch eine betreffende Sprachausgabe signalisiert. Diese Anzeigen bleiben erhalten bis der Notbrems-Zuggriff zurück gestellt wird. Durch die Verlegung des Führerbremsventils in der Stellung »Füllen« kann die FNB-Anforderung außer Kraft gesetzt werden um die Bremsung zu einem späteren Zeitpunkt durch den Tfz-Führer selbst einzuleiten (z.B. bei Tunnelfahrt). Bei Schlepp- oder Vorspannfahrt ist die FNB unwirksam, da in dieser Betriebsart der Eingriff des Zugbremsmanagers auf die HL unwirksam ist. Bei Vorspannfahrt wird die Betätigung jedoch im Führerraum angezeigt.
b) Die Sicherheits-Fahrschaltung. Das Ansprechen der Sicherheits-Fahrschaltung (Sifa) wird vom ZSG dem Zugbremsmanager sowohl über die Sifa-Schleife als auch mittels einem parallelen Bussignal über den MVB übermittelt. In beiden Fällen wird vom Zugbremsmanager die Vollbremsung eingeleitet.
c) Die Zugbeeinflussungssysteme LZB und PZB können durch Öffnen der Schnellbremsschleife eine Schnellbremsung einleiten.
d) Bei einem Schlauchriss in der Hauptluftleitung (HL) wird diese auf 0 bar entlüftet, wodurch zugverbandsweise die PB anspricht. Dieser Fall wird vom Zugbremsmanager durch Ansprechen der HL-Drucküberwachung (P_{HL}<= 2,8 bar) erkannt, so dass ein Schnellbremsbefehl unter Beteiligung der GB und (falls freigegeben) WB erzeugt wird.
e) Auch eine Unterbrechung der Schnellbremsschleife (SBS) leitet eine Schnellbremsung ein. Diese wird durch Schließen der SBS wieder aufgehoben. Bei Trennung des Zuges an der Frontkupplung ohne Entkupplungsbefehl wird die SBS des Zuges unterbrochen, wodurch eine Schnellbremsung eingeleitet wird.

   Die BSG aller Wagen mit Federspeicherbremsen können die Federspeicher-Überwachungsschleife (FÜS) unterbrechen, wenn der Mindestlösedruck der Federspeicher-Zylinder nicht erreicht und die Geschwindigkeit des Zuges höher als 10 km/h ist. Die FÜS greift mittels eines Schleifenrelais in den Endwagen in die SB-Schleife ein und löst dort eine Schnellbremsanforderung aus.

   Eine Zwangsbremsung kann je nach Art des Bremseingriffs sowohl eine Schnellbremsung als auch eine Vollbremsung sein.

Die Bremssysteme
Der ICE 3 verfügt über drei Bremssysteme in der operationellen Reihenfolge: generatorische Netzbremse (GB) in allen Triebdrehgestellen (EW 1/8, SW 3/6), lineare Wirbelstrombremse (WB) in allen Laufdrehgestellen der nicht angetriebenen Wagen (TW 2/7, MW 4/5) und pneumatische Scheibenbremse (PB) in allen Wagen. Zusätzlich ist an jedem Laufradsatz eine Bremszangeneinheit als Federspeicherbremse ausgeführt.

Die generatorische Netzbremse
Die generatorische Netzbremse (GB) ist auf Grund der verschleißfreien Wirkungsweise sowie der Möglichkeit der Energie-Rückgewinnung das bevorzugte Bremssystem. Bei Betriebsbremsungen wird vom AFB bzw. dem Zugbremsmanager der Bremskraftsollwert für die GB ermittelt. Der Zugbremsmanager gibt diesen Wert über den MVB (Multi-Vehicle-Bus = Fahrzeugbus)-Segmentbremsmanager an die einzelnen Antriebssteuergeräte (ASG) weiter, die schließlich die Steuerung der GB übernehmen.
Bei der Baureihe 403 erfolgt grundsätzlich die Rückspeisung der beim Bremsen freiwerdenden Energie in die Oberleitung. Bei der Baureihe 406 ist dies nur möglich in den AC-Netzen. In den DC-Netzen ist die Rückspeisung auf Grund prinzipieller Eigenschaften dieser Netze nur bedingt möglich. In diesem Falle wird die Rückspeisung der Aufnahmefähigkeit des Netzes angepasst. Bei Erreichen der Kapazitätsgrenze wird die überschüssige Energie den Bremswiderständen zugeleitet. Da auch deren Kapazität beschränkt ist, wird durch das ASG die Bremsleistung der GB soweit begrenzt, bis der Strom im Bremswiderstand auf »0« gefallen ist. Das ASG meldet die verringerte Bremsleistung an das Bremsmanagement weiter, das die fehlende Bremskraft auf die anderen Bremssysteme verteilt. Im Falle, dass das Netz wieder in der Lage ist mehr Energie aufzunehmen, erhöht das ASG mit zehn Sekunden Zeitverzögerung wieder den Wert der maximal möglichen generatorischen Bremskraft.

Die Wirbelstrombremse
Alle Laufdrehgestelle des ICE 3 sind mit Wirbelstrombremsen (WB) ausgerüstet. Bereits für den ICE 1 wurde an einen Einsatz der Wirbelstrombremse gedacht, aber da diese noch nicht ausreichend erprobt war und die Strecken auf Grund der physikalischen Eigenschaften der WB nicht auf deren Einsatz vorbereitet waren, musste für die beiden Typen ICE 1 und 2 hierauf verzichtet werden.
Die Wirbelstrombremse leitet ihren Namen von ihrer Wirkungsweise ab. Durch das Absenken einer Traverse mit einer Reihe von Elektromagneten bis auf eine Höhe von 7 mm ü. SO. wird ein Magnetfeld erzeugt. Zusammen mit der Bewegung des Zuges erzeugt dieses Magnetfeld in der Schiene Wirbelströme, die ihrerseits Magnetfelder erzeugen, die wiederum dem Erregerfeld entgegenwirken, wodurch schließlich eine Bremswirkung entsteht. Die WB ist also ein verschleißfreies und vom Haftwert unabhängiges Bremssystem und kann bei Schnellbremsungen eine Verzögerung des Zuges von bis zu 0,3 m/s^2 herbeiführen. Dies entspricht in etwa dem Wert der bisher verwendeten Magnetschienenbremsen[6]. Der Einsatz der WB kann sowohl bei Betriebsbremsungen als auch bei Schnellbremsungen erfolgen.
Ein momentaner Nachteil der WB ist, dass diese nicht überall einsetzbar ist. Die Induktion von Strömen erzeugt eine entsprechende Erwärmung der Schienen, die so hoch ist, dass bei nicht geeigneten Oberbauformen die Lagestabilität im Sommer eingeschränkt werden kann. Zusätzlich können ältere Gleisschaltmittel (wie z. B. Achszähler) durch die elektromagnetische Wirkung der WB gestört werden. Lediglich die NBS Hannover–Würzburg und Berlin–Hannover sowie die im Bau befindliche NBS Köln–Frankfurt a. M. sind für diese Einsätze präpariert. Darüber hinaus besteht eine allgemeine Betriebseinschränkung bei Geschwindigkeiten unter 50 km/h.

Die pneumatische Bremse
Die drehgestellseitige Ausrüstung der pneumatischen Bremse (PB) besteht aus jeweils zwei Radbremsscheiben pro Radsatz bei den Triebdrehgestellen beider Baureihen, jeweils zwei innenbelüfteten Wellenbremsscheiben pro Radsatz bei den Laufdrehgestellen der Baureihe 403 und, auf Grund des höheren Gewichts, jeweils drei innenbelüftete Wellenbremsscheiben pro Radsatz bei der Baureihe 406. Wegen der hohen Beanspruchung beim ICE 3 kommen im gesamten Zug Stahlbremsscheiben zum Einsatz. Weiterhin gehören zur drehgestellseitige Ausrüstung der PB die Bremszangen für Radbremsscheiben, die Kompaktbremszangen mit Membranzylindern ohne Federspeicher, die Kompaktbremszangen mit Membranzylindern mit Federspeicher, die Betriebsbremszylinder (in den Bremszangen) und die Hauptluftleitung (HL).
Die Bremsbeläge sind eine Neuentwicklung der Firma Knorr und bestehen aus Sintermetall auf Knorr-Isobar-Unterbau. Durch ihre Sechskantform passen sie sich besser auf eventuelle Verzüge der Stahl-Bremsscheiben an als herkömmliche Beläge.
Die Bremszylinder der Triebdrehgestelle sind an den Drehgestell-Langträgern befestigt. Bei den Laufdrehgestellen befinden sich die Bremszylinder an einem zusätzlichen Bremsquerträger, der an den Querträgern des Drehgestellrahmens befestigt ist.

[6] Der Unterschied zwischen WB und Mg-Bremse ist dieser, dass die Mg-Bremse voll auf die Schiene aufsetzt und den Bremsvorgang durch Reibung erzeugt.

Die Anordnung der Bremsscheiben, hier am Laufdrehgestell der Baureihe 406. Foto: Riechers

Die Bremszange einer Radscheibenbremse des Triebdrehgestells mit Aufhängung und Bremsbelägen. Man beachte die Sechskantform der einzelnen Belagteile.
Foto: Riechers

Jeweils eine Bremszangeneinheit pro Laufradsatz ist mit einem aufgesattelten Federspeicher als Feststellbremse versehen. Das Anlegen und Lösen erfolgt über ein Magnet-Impulsventil. Zum Schleppen eines Triebzuges ohne Druckluft können die Federspeicher mechanisch notgelöst werden.

Ungebremster Laufradsatz
Zur exakten Berechnung der Geschwindigkeit dient die Geschwindigkeits-Information eines ungebremsten Laufradsatzes. Hierzu ist jeweils der Radsatz 3 in TW 2 bzw. 7 als ungebremster Radsatz vorbereitet. Dieser Radsatz ist zusätzlich zum Doppeldrehzahlgeber für Gleitschutz und Rollüberwachung mit einem Doppelspurdrehzahlgeber ausgerüstet . Die ASG der beiden benachbarten Wagen lesen diesen Geber ein.
In jedem Zugverband gibt es nur einen ungebremsten Radsatz. Dieser befindet sich immer in der Traktionseinheit, in der sich der besetzte Führerstand sowie Zugmaster ZSG und Zugbremsmanager befinden. Alle weiteren als ungebremste Laufradsätze vorbereiteten Radsätze des Zugverbandes werden gebremst. Bei einer Schnellbremsung werden alle Radsätze gebremst.
Das Wagen-BSG des betreffenden Trafowagens (TW) aktiviert die Funktion »ungebremster Laufradsatz« in dem es das Gleitschutzventil des entsprechenden Radsatzes während Betriebsbremsungen ansteuert.

Bremszustandsanzeigen
An den Außenseiten aller Wagen befinden sich die Anzeige- und Bedientafeln der Wirbelstrombremse sowie der pneumatischen und Federspeicherbremse, die so genanten Bremszustandsanzeigegeräte.

SICHERHEITSFAHRSCHALTUNG
Die Sicherheitsfahrschaltung (Sifa) besteht aus einem im Fahrschalter integrierten Taster, einem Fußtaster (Sifa-Pedal), einem Leuchtmelder im MFA, der Sprachausgabe »Sifa«, einem plombierten Störschalter »Sifa« auf der Störschaltertafel, der zweikanaligen Sifa-Steuerung in jedem ZSG mit Eingriff in die Sifa-Schleifen und der redundanten elektronischen Bremssteuerung auf der Bremsgerätetafel. Damit die Arbeitsfähigkeit des Lokführers bestätigt wird, muss er während der Fahrt mit einer Geschwindigkeit von mehr als 5 km/h eines der Bedienelemente der Sifa betätigen und in Intervallen von 30 s, spätestens beim Ertönen der Sprachausgabe, kurz loslassen. Bei nicht ordnungsgemäßer Bedienung erfolgt eine Vollbremsung als Zwangsbremsung, gleichzeitig wird der Antrieb abgeschaltet.
Eine gestörte Sifa kann über den Störschalter überbrückt werden, was vom ZSG über MVB den Bremssteuergeräten übermittelt wird. In diesem Fall ignorieren die Bremssteuergeräte die Eingangssignale aus der Sifa-Schleife.

PNEUMATIK
Die Komponenten zur Drucklufterzeugung setzen sich zusammen aus zwei Hauptluftpressern und zwei Hilfsluftpressern. Die Hauptluftpresser sitzen beide in der Bodenwanne des MW 5 (Baureihe 403/406.8). Sie bestehen aus Schraubenluftpressern mit einem Fördervolumen von jeweils 1.550 l/min, die die Luft auf 10 bar verdichten. Jedem Luftpresser ist eine Luftaufbereitungsanlage mit einer Zweikammer-Absorptions-Lufttrocknungsanlage zugeordnet, die der komprimierten Luft die Feuchtigkeit entzieht. Diese wird im Kondensatsammelbehälter aufgefangen. Von den beiden mit einem Trocknungsmittel gefüllten Kammern ist jeweils nur eine aktiv; die zweite Kammer wird in dieser Zeitspanne regeneriert. Beide Hauptluftpresser speisen abwechselnd oder parallel über einen Hauptluftbehälter mit einem Volumen von 125 l die Hauptluftbehälterleitung (HBL). Jeder Endwagen verfügt zusätzlich über zwei jeweils 125 l fassende Hauptluftbehälter die an die HBL angeschlossen sind. Die Energieversorgung der Hauptluftpresser erfolgt über den Ausgangsstromrichter des MW 5 mit 440 V Drehspannung.
Die Hilfsluftpresser sind in den Bodenwannen der Stromrichterwagen SW 3/6 (Baureihen 403. bzw. 406.2/7) untergebracht. Sie speisen eine Hilfsluftleitung, die ausschließlich den Stromabnehmerantrieb, die Hauptschalter, die Trennschalter und das DC-Gerüst (Stromrichterkonfiguration, nur bei der Baureihe 406) versorgt. Über diese Hilfsluftleitung können bei abgerüstetem und ohne Druckluft abgestelltem Zug die Stromabnehmer gehoben und die Bordnetzversorgung eingeschaltet werden. Jede Traktionseinheit verfügt über einen Hilfsluftpresser mit einem 25 l fassenden Vorratsbehälter.
Die Hauptluftleitung (HL) und HBL sind zwischen den Wagen mit Schlauchleitungen verbunden. An den Triebzugenden enden HL und HBL in der automatische Mittelpufferkupplung. Neben der pneumatischen Bremsanlage und der Luftfederung sind weitere Verbraucher der Pneumatikanlage die Besandung, die Spurkranzschmierung, die Betätigung der Außen- und Innentüren, die Klimaanlage, die Toilettenspülung, der Führersitz, die Scheibenwisch- und Waschanlage, das Makrofon sowie die Mittelpufferkupplung mit den Bugklappen.

Elektrische Anlage
Bei der Hochspannungsanlage des ICE 3 muss unterschieden werden zwischen dem Einsystem (ES)-Triebzug der Baureihe 403 und der Mehrsystem (MS)-Ausführung der Baureihe 406.

HAUPTSTROMKREIS
Baureihe 403
Der Triebzug verfügt über zwei weitgehend von einander unabhängige Traktionsanlagen, die über je drei Wagen verteilt und unterflur untergebracht sind. Jede Traktionseinheit hat einen Transformatorwagen (TW) 2 bzw. 7. Im Anschluss an den Transformatorwagen folgen beidseitig je ein Stromrichterwagen, der Endwagen (EW) 1 bzw. 8 und der Stromrichterwagen (SW) 3 bzw. 6. Die TW sind mit jeweils einem Stromabnehmer DSA 380 D für 15 kV 16,7 Hz (Deutschland) ausgerüstet. Dieser Stromabnehmer hat eine Wippenbreite von 1.950 mm, ist mit einem pneumatisch einstellbaren Anpressdruck versehen und verfügt über eine pneumatische Schleifleistenüberwachung (z.B. Schleifleistenbruch) mit Schnellsenkeinrichtung.
Die Stromabnehmer sind direkt mit einer im Dach der Wagen verlegten Hochspannungsleitung, als Verbindung zwischen den beiden TW, verbunden. An den Wagenübergängen tritt diese Hochspannungsleitung über einen Endverschluss aus dem Dach aus und wird über Stützisolatoren mit einer doppelten, flexibel ausgeführten Leitung mit dem nächsten Wagen verbunden. Durch diese Hochspannungs-Dachleitung kann der gesamte Triebzug mit dem Stromabnehmer einer Traktionseinheit betrieben werden. Zwei auf den Dächern der TW angebrachte Dachtrennschalter ermöglichen im Falle einer Störung die Trennung der Dachleitung. Dadurch bleibt beim Ausfall einer Traktionseinheit die andere voll betriebsfähig. Wenn die Dachleitung zwischen den Trennschaltern gestört ist, können beide Traktionseinheiten über ihre eigenen Stromabnehmer voll weiterbetrieben werden.
Die Dachausrüstung wird ergänzt durch jeweils einen Überspannungsableiter (Schutz für atmosphärische Überspannungen), einen Oberspannungswandler und einen dem Transformator vorgeschalteten Oberstromwandler. Alle Dachaufbauten, einschließlich der Dachleitung, sind auf eine Spannung von 15 kV ausgelegt.
Vom Stromabnehmer wird die Energie über einen pneumatisch betätigten Vakuum-Hauptschalter zum Haupttransformator geführt. Der Hauptschalter trennt im Falle einer Störung in (Milli-)Sekundenschnelle sowohl die Traktionsanlage als auch die Bordnetzversorgung der jeweiligen Triebzughälfte vom Netz.
Der eigentliche Transformator ist in einem so genannten Transformatorkessel untergebracht und über die am Kessel vorhandenen Befestigungspratzen in etwa mittig an den Wagenkasten-Langträgern befestigt. Gekühlt wird der Transformator mit Mineralöl. Eine spätere Umstellung auf Ester ist möglich. Zwei parallel arbeitende Ölpumpen saugen das Trafoöl aus dem Kessel ab

und führen es über einen Kühlkreislauf der neben dem Trafo angeordneten Kühlanlage zu.
Jeder Transformator verfügt über sechs Sekundärwicklungen. Diese bestehen aus jeweils zwei Wicklungen für 1.103 V (Traktionsstromrichter EW 1 bzw. 8), 1.103 V (Traktionsstromrichter SW 3 bzw. 6) und 331 V (Zugsammelschienen-Umrichter TW 2 bzw. 7).
Die herunter transformierte Einphasen-Wechselspannung mit 16,7 Hz wird je Traktionsstromrichter in zwei Vierquadranten-Eingangsstellern (4QS), als netzseitigem Stromrichter, in eine gepulste Gleichspannung von 2.000 bis 2.800 V umgeformt. Hierzu speist jede Sekundärwicklung des Transformators einen 4QS. Über einen Gleichstrom-Zwischenkreis mit Saugkreis und Saugkreisdrosseln, zum Glätten der doppelt-netzfrequenten Welligkeit innerhalb des Zwischenkreises, gelangt die Energie zum Pulswechselrichter (PWR), als maschinenseitigem Stromrichter, wo sie in eine dreiphasige pulsende Wechselspannung umgeformt und den vier Fahrmotoren des jeweiligen Stromrichterwagens zugeführt wird.
Die 4QS und der PWR bestehen aus baugleichen Phasenmodulen, die sich zusammensetzen aus jeweils zwei GTO-Thyristoren, zwei antiparallelen Freilaufdioden, der Schutzbeschaltung und der Ansteuerbaugruppe. An den Gleichstrom-Zwischenkreis angeschlossen ist das Bremsstellermodul, welches die Wirbelstrombremse mit getaktetem Gleichstrom versorgt.
Der Traktionsstromrichter und das zugeordnete Antriebssteuergerät (ASG) sind in einem so genannten Traktionscontainer an den Langträgern der Wagen aufgehängt. Neben dem Traktionscontainer ist die Kühlanlage des Traktionsstromrichters angeordnet, die über einen geschlossenen Kreislauf die einzelnen Phasenmodule von 4QS und PWR kühlt. Als Kühlmedium dient ein Wasser-Antifrogen-N-Gemisch.

BAUREIHE 406

AC-Anlage

Der Hauptstromkreis der Baureihe 406 weicht von der Baureihe 403 in mehreren signifikanten Punkten ab. Bei gleicher Aufteilung der Traktionseinheiten verfügt der Triebzug über eine abweichende Stromabnehmer-Anordnung, an der der Mehrsystem-Triebzug sofort äußerlich erkennbar ist.
Die TW sind weiterhin mit dem Stromabnehmer DAS 380 D ausgerüstet, mit dem Unterschied, dass dieser Stromabnehmer nicht nur für das deutsche 15 kV 16,7 Hz-System sondern auch für das in den Niederlanden im Aufbau befindliche 25 kV 50 Hz-Netz geeignet ist. Zusätzlich ist der Stromabnehmer für Einsätze im NS-Netz mit einer Hubhöhenbegrenzung auf 5,86 m ausgerüstet.
Die Dachausrüstung ist um ein Spannungs-Fühlsystem erweitert, das einen fälschlicherweise an-

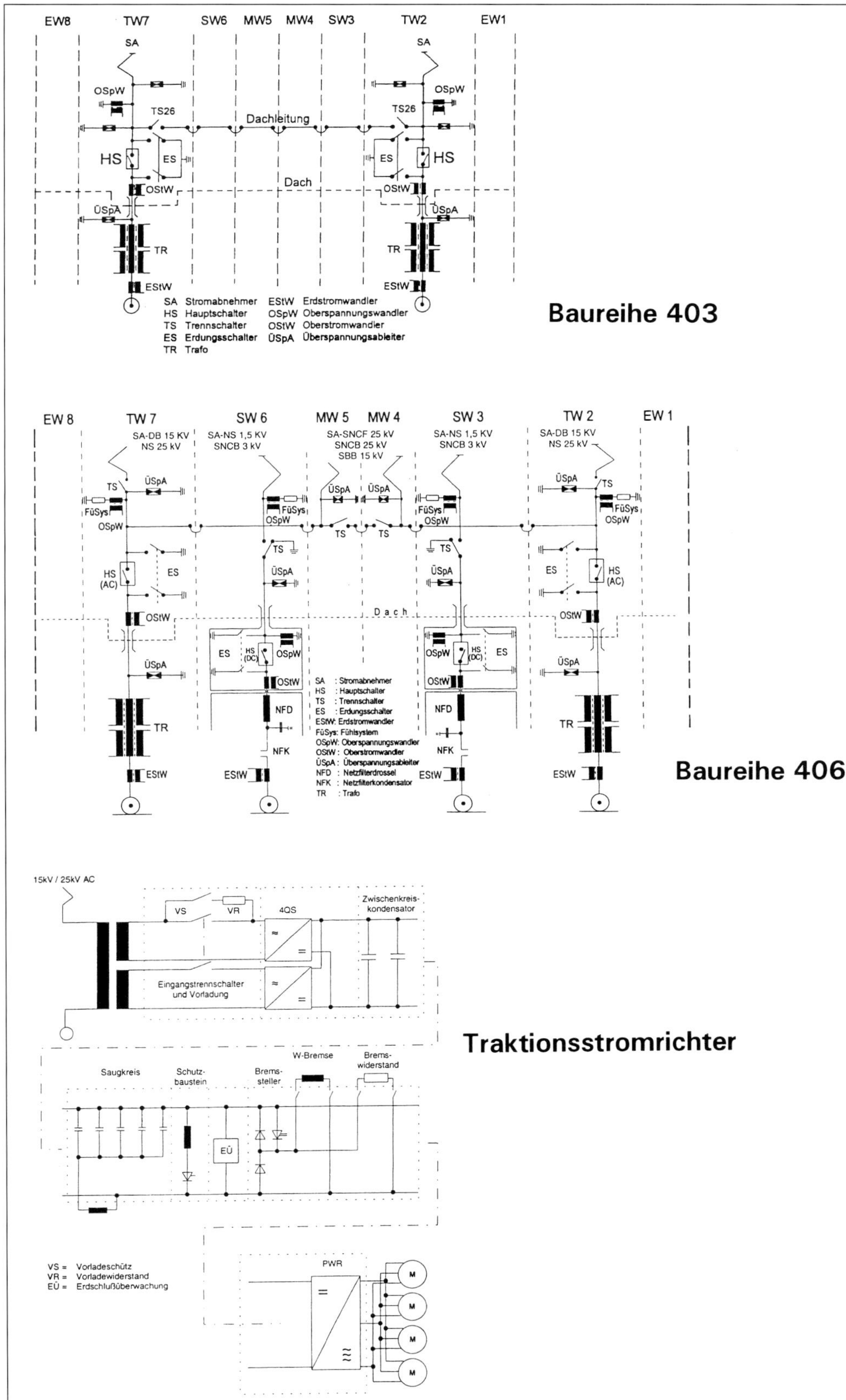

Leistungskreise ICE 3 (AC-Betrieb). Abbildung: ARGE ICE Siemens/Adtranz

gehobenen AC-Stromabnehmer im DC-Netz erkennt und ZSG sowie ASG zur Auswertung übermittelt. Die Stromabnehmer sind über einen Trennschalter mit der Hochspannungs-Dachleitung, als Verbindung zwischen den beiden TW, verbunden. Jeweils eine weiterer, auf den Dächern der MW 4 und 5 angebrachter Dachtrennschalter ermöglicht im Falle einer Störung die Trennung der Dachleitung. Alle Dachaufbauten, einschließlich der Dachleitung, sind auf eine Spannung von 25 kV ausgelegt.

Auf den MW 4 und 5 sind zwei weitere Dachstromabnehmer für den AC-Betrieb vorhanden. Diese Stromabnehmer vom Typ DSA 380 F sind für den Betrieb auf SNCF-Strecken mit einer Oberleitungsspannung von 25 kV 50 Hz sowie, für Einsätze in der Schweiz, mit 15 kV 16,7 Hz vorgesehen. Nach Fertigstellung der entsprechenden Anlagen können auch mit 25 kV elektrifizierte Strecken in Belgien (SNCB) befahren werden. Die Wippenbreite beträgt 1.450 mm, die Hubhöhe kann auf 5,28 m (SNCF) begrenzt werden. Sonst ist der Stromabnehmer mit dem Typ DSA 380 D baugleich. Als Dachausrüstung ist lediglich neben dem Trennschalter ein Überspannungsableiter vorgesehen. Der beim TW 2 und TW 7 vorhandene Oberspannungsableiter mit Fühlsystem wird in diesem Falle mitbenutzt.

Von den Stromabnehmern wird die Energie über den Hauptschalter zum Haupttransformator geführt. Auf Grund der möglichen höheren Spannungen ist der Transformator mit einer verstärkten Wicklungs-Isolation versehen. Gekühlt wird auch dieser Transformator mit Mineralöl.

Jeder Transformator verfügt über jeweils zwei Sekundärwicklungen für 1.103 V (Traktionsstromrichter EW 1 bzw. 8), 1.103 V (Traktionsstromrichter SW 3 bzw. 6) und 331 V bei 15 kV Netzspannung oder 2 x 337 V bei 25 kV Netzspannung (Zugsammelschienen-Umrichter TW 2 bzw. 7). Alle Sekundärwicklungen sind mit zusätzlichen Abgriffen für den 25kV-Betrieb versehen.

Ein neben dem Transformator angeordneter Systemumschalter »Trafo« schaltet in Abhängigkeit des gewählten Stromsystems entweder auf volle Windungszahl (15 kV) oder reduzierte Windungszahl (25 kV). Dieser Systemumschalter ist Teil des Bordnetztransformator- und Trennschaltergerüstes (BTG). Dieses BTG hat zwei, in Abhängigkeit vom Spannungssystem AC/DC unterschiedliche Aufgaben. Im AC-Betrieb stellt es die Verbindung zwischen dem Haupttransformator und den Traktionsumrichtern im EW und SW bzw. Zugsammelschienen-Umrichter her. Im DC-Betrieb realisiert das BTG eine potenzialtrennende Versorgung des 670 V-Bordnetzes aus dem Traktions-Zwischenkreis des EW und SW über jeweils einen Bordnetztransformator.

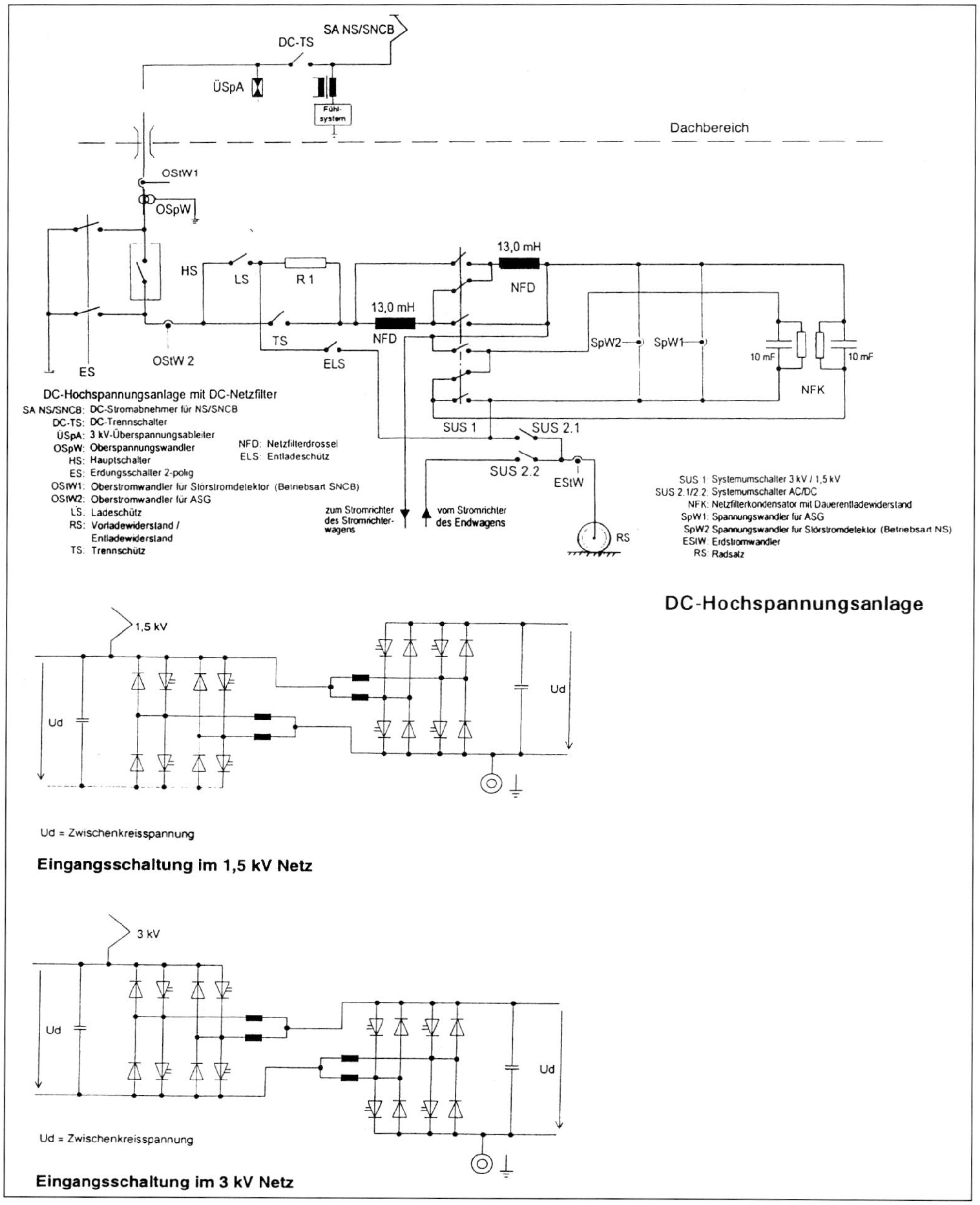

Der Leistungskreis ICE 3 (DC-Betrieb). Abbildung: ARGE ICE Siemens/Adtranz

DC-Anlage

Die zweite Hochspannungsanlage der Baureihe 406 ist die DC-Anlage die von den AC-Anlagen entscheidend abweicht. Für den DC-Betrieb sind auf den Dächern der SW 3 und 6 entsprechende Stromabnehmer vom Typ DSA 350 G mit einer Wippenbreite von 1.950 mm vorgesehen. Obwohl dieser Stromabnehmer dem Konzept der AC-Stromabnehmer folgt, sind sie auf Grund der mit 2.400 A wesentlich höheren Ströme im Gleichstrombetrieb verstärkt wurden. Die Schleifleisten bestehen aus metallisierter Kohle. Der Antrieb mit Hubbegrenzung und variabler Anpressdruck sowie die Schleifleistenüberwachung sind mit den AC-Stromabnehmern identisch. Die Dachausrüstung besteht aus einem Fühlsystem mit nachgeordnetem Trennschalter, der erst geschlossen wird, wenn vom Fühlsystem eine DC-Spannung gemessen wird.

Im Hinblick darauf, dass die Eingangsspannung 1.500 bzw. 3.000 V DC beträgt, wird der Haupttransformator umgangen. Die Stromabnehmer sind deshalb nicht an der Hochspannungs-Dachleitung angeschlossen ,sondern werden jeweils mit einer eigenen Hochspannungsleitung über den Oberstromwandler direkt in den DC-Hochspannungscontainer in der Bodenwanne der SW

3 und 6 geführt. Aus diesem Grund müssen die ICE 3 M in den niederländischen und belgischen DC-Netzen beide Stromabnehmer anlegen.
Im DC-Betrieb sind beide Stromrichter einer Traktionseinheit über System-Umschalter und Stellerdrosseln miteinander verschaltet. Die Stellerdrosseln bestehen zum Teil aus den im DC-Betrieb nicht benötigten Saugkreisdrosseln. Durch zwei verschiedene Schaltvarianten wird eine Anpassung an die Fahrdrahtspannung (1,5 oder 3 kV) erreicht, so dass die PWR mit derselben Zwischenkreisspannung von 2.000 bis 2.800 V versorgt werden.
Hierzu wird jeweils einer der beiden 4QS am Eingang der Traktionsstromrichter mit der Minus- bzw. der Plusschiene des Zwischenkreises des anderen Traktionsstromrichters verschaltet. Die Plusschiene eines Zwischenkreises liegt dabei an der Fahrdrahtspannung. Die Minusschiene des anderen Zwischenkreises liegt fest auf 0 V (Fahrschiene). Durch diese Schaltung und entsprechende Taktung der 4QS stellt sich in beiden Zwischenkreisen die gewünschte Spannung ein. Die weiteren Module und deren Funktionen mit Ausnahme des Saugkreises entsprechen denen im AC-Betrieb.

Systemumschaltung
Die Systemumschaltung erfolgt manuell von einem Display eines besetzten Führerraumes aus. Ein automatischer Umschaltvorgang ist gegenwärtig bei den verschiedenen möglichen Spannungen und Stromabnehmer-Ausführungen noch nicht möglich. Immerhin gibt es sechs Variationen zu beachten; hier noch einmal im Überblick:
- 15 kV AC Wippenbreite 1.950 mm (DB);
- 15 kV AC Wippenbreite 1.450 mm (SBB);
- 25 kV AC Wippenbreite 1.950 (NS);
- 25 kV AC Wippenbreite von 1.450 mm (SNCF und SNCB);
- 1,5 kV DC verstärkte Ausführung, Wippenbreite 1.950 mm (NS);
- 3 kV DC verstärkte Ausführung, Wippenbreite 1.950 mm (SNCB).

Dazu kommt, dass zusätzlich ein Wechsel der Zugsicherungssysteme zu erfolgen hat.
Das durch ZSG und ASG gesteuerte Umkonfigurieren der Hochspannungs- und Hauptstromanlagen erfolgt nach dem entsprechenden Umschaltbefehl automatisch. Der Systemwechsel kann sowohl auf freier Strecke als auch während des Aufenthaltes in einem Bahnhof erfolgen und läuft wie folgt ab: Zunächst wird der bevorstehende Systemwechsel durch Streckensignale (in jedem Fall), durch eine Anzeige im elektronischen Buchfahrplan EbuLa (nur im DB-Netz) und bei leittechnik-unterstützten Spannungssystemwechseln durch einen Leuchtmelder im Führerraum, gesteuert durch entsprechende Balisen am Gleis.
Anschließend ruft der Lokführer am Tf-Display das Bild »Spannungssystemwahl« auf und legt den Fahrschalter auf »0« (nicht verriegelnd). Dann stellt der Lokführer den Hauptschalter auf »Aus« und gibt den Befehl »Stromabnehmer senken« (alle). Danach erfolgt die Anwahl des neuen Spannungssystems am Display. Ab diesem Moment ist das Heben aller Stromabnehmer gesperrt. Das Textfeld für das aktuelle System ist mit einem Kontrastbalken hinterlegt, das Textfeld für das angewählte System ist umrahmt. Nach Beendigung der Steuervorgänge durch ZSG und ASG wird das zuvor umrahmte Textfeld für das angewählte System mit einem Kontrastbalken belegt. Die Stromabnehmer sind nun zum Heben freigegeben. Nun gibt der Lokführer den Befehl »Stromabnehmer auf« (Durch Vorwahl und Zugkonfiguration ist dem System der oder die richtigen Stromabnehmer bekannt.) und schaltet den Hauptschalter wieder ein.

Bordnetz und Hilfsbetriebeausrüstung
Das Bordnetz dient der Versorgung von Hilfsbetrieben und Komforteinrichtungen. Wichtige Verbraucher sind z.B. Lüfter, Pumpen bzw. Klimatisierungsgeräte. Die Bordnetzanlage stützt sich auf jeweils eine Zugsammelschiene (ZS) pro Traktionseinheit, mit einer Spannung von 670 V DC, die gespeist wird durch einen im Transformatorwagen untergebrachte Zugsammelschienen-Umrichter (ZSU). Dieser redundant aufgebaute IGBT-Umrichter hat eine Nennleistung von 2 × 250 kVA und wird über die beiden getrennten Sekundär-Wicklungen des Haupttransformators mit im Durchschnitt 333 V 16,7 Hz versorgt. Auf Grund seines hohen Leistungsumsatzes wird der ZSU durch einen geschlossenen Kühlkreislauf gekühlt. Als Kühlmedium dient ein Wasser/Antifrogen-N-Gemisch. Über einen ZS-Koppelschütz können im Falle einer Störung eines der ZSU beide ZS verbunden werden, wonach sie über den WTB mit einander kommunizieren.
In jedem Wagen einer Traktionseinheit der Baureihe 403 befindet sich ein Ausgangsstromrichter (ASR) der eingangsseitig von der ZS gespeist wird. Die im ASR eingebauten PWR liefern ausgangsseitig sowohl eine Dreiphasen-Wechselspannung mit variabler oder fester Frequenz für AC-Verbraucher, z.B. Lüfter, Pumpen, Klimaanlage, oder eine einphasige Wechselspannung, z.B. für Fahrgast-Steckdosen oder Küchengeräte (MW 4). Die Baureihe 406 weicht in so weit von diesen Anordnung ab, dass die ASR der Stromrichterwagen 3 und 6 in den Bodenwannen der Mittelwagen 4 bzw. 5 untergebracht wurden (Diese Wagen haben somit je zwei ASR). Grund dafür ist der Platzbedarf des DC-Hochspannungs-Containers in SW3 und 6.
Beide Mittelwagen (4 und 5) sind mit jeweils einer wassergekühlten Batterieladeeinrichtung (BLE) mit je drei bidirektionalen Batterieladegeräten BLG 1, 2 und 3 ausgerüstet. Diese erhalten ihre Eingangsspannung über den Eingangskreis ebenfalls vom ZS. Ausgangsseitig laden sie im Normalbetrieb die parallel geschalteten Batterien und versorgen die Batteriesammelschienen der Traktionseinheit sowie, Mittelwagen übergreifend, die Batterie-Koppelschiene BK, wodurch die beiden Batteriesammelschienen der Traktionseinheiten ständig mit einander verbunden sind. Die Spannung der Batteriesammelschiene beträgt 110 V DC.
Aus Gründen der Funktionalität und Redundanz sind drei parallel verlaufende Batteriesammelschienen vorhanden – BD, BN und BS mit ihren jeweiligen Rückleitern. BD (Direkt) ist direkt an die Batterie angeschlossen und versorgt Verbraucher, wie z.B. Gleitschutz, Türsteuerung und Notbeleuchtung. BN (Normal) liegt bei eingeschaltetem Batterie-Hauptschütz an der Batteriespannung und versorgt Verbraucher wie z.B. Leistungsteile, Schütze und Hilfsschütze. BS (Sauber) liegt bei eingeschaltetem Batterie-Hauptschütz an der Batteriespannung und versorgt Verbraucher wie z.B. ZSG, Steuerungen und Displays.
Für eine ZS-Fremdeinspeisung ist jeder ZSU mit einer entsprechenden Steckdose versehen, die hinter einer verschlossenen Klappe angebracht ist. Bei einer Fremdeinspeisung werden beide ZS über den Koppelschütz mit einander verbunden. Die Einspeisung kann nur an einem einzigen ZSU pro Triebzug erfolgen. Die übertragbare Nennleistung je Steckdose beträgt maximal 335 kW.
In den beiden Mittelwagen (MW4 und 5) befinden sich jeweils zwei Bleibatterien mit jeweils 54 Zellen und einer Kapazität von 2 × 280 Ah. Mit dem Absinken der ZS-Spannung unterhalb 570 V DC werden die Batterien nicht mehr geladen. Die Speisung der Batterieschienen und der ZS erfolgt dann durch die geladenen Batterien. Hierbei steuert das ZSG die Batteriebelastung in dem gezielt Verbraucher abgeschaltet werden und nimmt dadurch Einfluss auf den Entladevorgang.

LEITTECHNIK
Leitsystem
Die Leittechnik des ICE 3 übernimmt alle Steuer-, Überwachungs- und Diagnosefunktionen im Zug bzw. bei Mehrfachtraktion im Zugverband. Das System erfüllt den neuen bis 1995 erarbeiteten Normentwurf für Zugkommunikation – Train Communication Network (TCN). Eine erste TCN-Anwendung wurde bereits 1994/95 durch die Firmen ABB, AEG, EMT und Siemens im Rahmen eines ERRI-Zugbusversuches[7] erprobt. Das TCN des ICE 3 besteht aus dem Fahrzeugbus MVB (Multi Vehicle Bus) und dem Zugbus WTB (Wire Train

[7] ERRI =European Railroad Research Institute

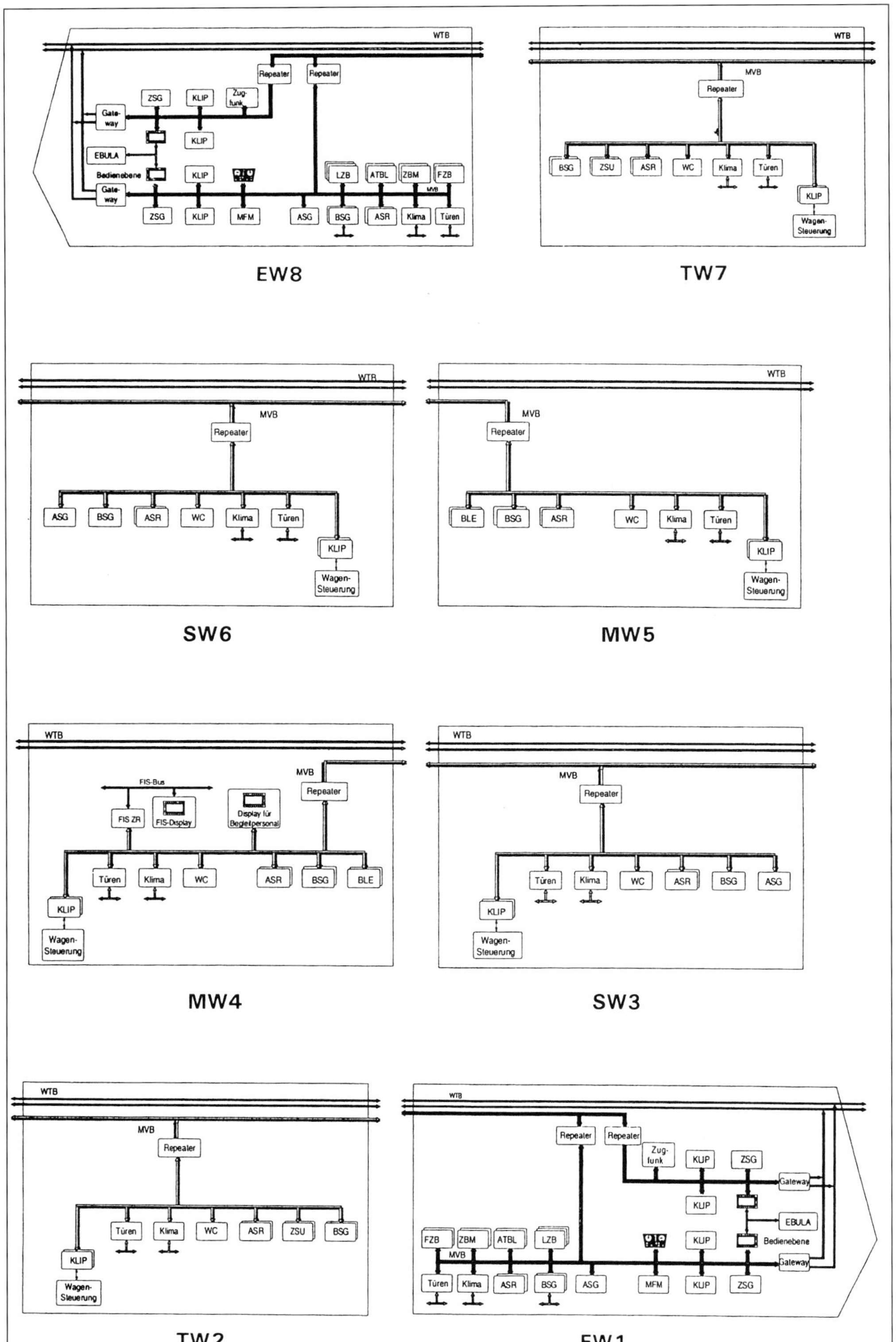

Die Zugsteuerung und die Leittechnik des ICE 3.
Abbildung: ARGE ICE Siemens/Adtranz

Bus). Zur Steuerung aller wesentlichen Fahrzeugfunktionen wird SIBAS 32 eingesetzt – ein microcomputer-gesteuertes Mehrrechnersystem für die Funktionen der Zug- und Fahrzeugleitebene mit speziellen, für stromrichternahe Aufgaben entwickelten Microcomputern mit hoher Verarbeitungsgeschwindigkeit.
Die Leitebene setzt sich zusammen aus den Zentralen Steuergeräten (ZSG), den Antriebssteuergeräten (ASG), den Bremssteuergeräten (BSG), der Batterieladeeinrichtung (BLE), den modularen Führerraum-Anzeigegeräten (MFA), den Tf-PCs mit Display, dem Zugfunk (ZF), die Ausgangsstromrichter (ASG), die Zugsammelschienen-Umrichter (ZSU) sowie die dezentralen Ein- und Ausgaben (SIBAS-KLIP). Bei der Baureihe 406 kommt noch das modulare Führerraum-Anzeigegerät Mehrsystem (MFM) hinzu.
Die Kommunikation dieser Komponenten innerhalb einer Traktionseinheit erfolgt über den MVB. Über so genannte Repeater wird in jedem Wagen die Anbindung des MVB-Segments und ihren angeschlossenen Komponenten mit dem wagenübergreifenden MVB hergestellt. In den Endwagen (EW) ist der MVB über das ZSG mit dem Zugbus WTB verknüpft. Über den WTB sind alle Traktionseinheiten und Endwagen mit einander verbunden.

Zentrales Zugsteuergerät (ZSG)
Jede Traktionseinheit verfügt im jeweiligen Endwagen über zwei ZSG-Geräte – ein Master-ZSG und ein Slave-ZSG. Die ZSG in den einzelnen Traktionseinheiten übernehmen unterschiedliche Aufgaben. Das Master-ZSG in der geführten Traktionseinheit übernimmt die Fahrzeugsteuerung in der eigenen Traktionseinheit und führt u.a. folgende Aufgaben aus: die Hauptschalter- und Stromabnehmersteuerung, die Traktions-Sollwertvorgabe für das ASG, den Trafoschutz, die Störfrequenzüberwachung, die Bordnetz- und Hilfsbetriebesteuerung, das intelligente Energiemanagement, die Befehlsvorgabe für die Subsysteme (Luftpresser, Türen, Klimaanlage), die Steuerung von dezentralen Ausgaben, ZSG-Gerätediagnose, Diagnose der nicht Diagnoseereignisse erzeugenden Peripherie, den MVB-Administrator und die Anbindung an den Zugbus. Das Slave-ZSG in der führenden oder geführten Traktionseinheit übernimmt keine Aufgaben. Es steht lediglich bereit, im Falle einer Störung die Aufgaben des Master-ZSG zu übernehmen.

Zug-Master-ZSG in der führenden Traktionseinheit
Im Zugverband (Mehrfachtraktion) ist ebenfalls immer nur ein Master-ZSG vorhanden. Das Zug-Master-ZSG befindet sich in der Traktionseinheit mit dem besetzten Führerraum. Neben den Aufgaben des Master-ZSG übernimmt der Zug-Mas-

ter die folgenden Aufgaben der Zugsteuerung: die Auswertung der Bedienelemente und Ansteuerung der Anzeigen im Führerpult, die Traktionssollwertvorgabe für den gesamten Zug, die Automatische Fahr- und Bremssteuerung (AFB), die Netzstrombegrenzung, die Ankopplung der Zugbeeinflussungssysteme an die Zugsteuerung, die Sifa-Funktionalität, die zentrale Weg- und Geschwindigkeitserfassung (ZWG), die Steuerung des Systemwechsels (nur bei Baureihe 406), die Steuerung des Abstell- und Vorbereitungsdienstes und die Zugkonfigurationsermittlung. Beim Verlegen des Fahrtrichtungsschalters aus der Grundstellung ist das Master-ZSG im besetzten Führerraum automatisch das Zug-Master-ZSG.

Antriebssteuergerät (ASG)

Die Drehstrom-Asynchronmotoren werden beim Fahren und Bremsen über ein Antriebssteuergerät (ASG) mit stufenlosen Sollwertvorgaben gesteuert. Das ASG verarbeitet die vom ZSG über den MVB vorgegebenen Sollwerte, setzt diese in Ansteuersignale für die Leistungselektronik des jeweiligen Triebzugteils um und überwacht ihre ordnungsgemäße Funktion.

Die Bedienung des Fahrzeugs ist erst nach der Betätigung des Fahrtrichtungsschalters möglich. In den anderen Führerständen ist dann eine gleichzeitige Bedienung blockiert. Die Fahrzeugbedienung erfolgt über zwei Gruppen von Bedienelementen. Für alle, für das Fahren und Bremsen notwendigen Funktionen sind konventionelle Bedienelemente vorhanden, weitere Funktionen sind über die beiden Führerraum-Displays zugänglich. Bei Ausfall eines Displays ist eine Weiterfahrt grundsätzlich möglich.

Über den Fahr- und Bremshebel mit Sollwertgeber lassen sich Zug- und Bremskraft stufenlos vorgeben. Je nach Beladungszustand des Fahrzeugs ergeben sich daraus die resultierenden Beschleunigungen und Verzögerungen.

Bremssteuergerät (BSG)

Bremssteuergeräte (BSG) sind in jedem Wagen, in den Endwagen aus Gründen der Redundanz zweimal, vorhanden. Je nach Wagenzuordnung führen sie unterschiedliche Aufgaben durch – die Steuerung und Diagnose der Bremseinrichtungen im jeweiligen Wagen, MVB-Segmentbremsmanager in den Endwagen und Zugbremsmanager im führenden Endwagen.

DIAGNOSE

Die Aufgabe des Diagnosesystems ist es, gestörte Funktionen zu lokalisieren und ihre Auswirkungen auf die übrigen Systeme im Triebzug festzustellen. Hierzu führen alle Subsysteme mit eigener Diagnosefähigkeit für ihren Bereich eine vollständige Diagnose durch, wobei alle Randbedingungen, wie z.B. Betriebszustand oder Zustand der Energieversorgung, berücksichtigt werden. Die Ergebnisse der Diagnose werden über den MVB an die zentrale Diagnose gemeldet.

Die von der zentralen Diagnose verarbeiteten Daten werden in Meldungen bzw. Informationen aufbereitet für das Zugpersonal, das Meldungen sortiert nach Aufgabenbereich unter Angabe möglicher Abhilfemaßnahmen; das Instandhaltungspersonal, das Störungsmeldungen über Daten-Fernübertragung und auslesbar an Service-Schnittstellen bei den einzelnen Steuerungseinheiten erhält, sowie für statistische Auswertungen. Diese dienen zur Gewinnung von Erkenntnisse für die Schadensverhütung, für ein optimiertes und präventives Instandhaltungskonzept sowie für technisch Weiterentwicklungen.

ZUGBEEINFLUSSUNGSSYSTEME

Während die Triebzüge der Baureihe 403 mit den üblichen Zugbeeinflussungssystemen für den Betrieb auf deutschen Strecken ausgestattet sind,

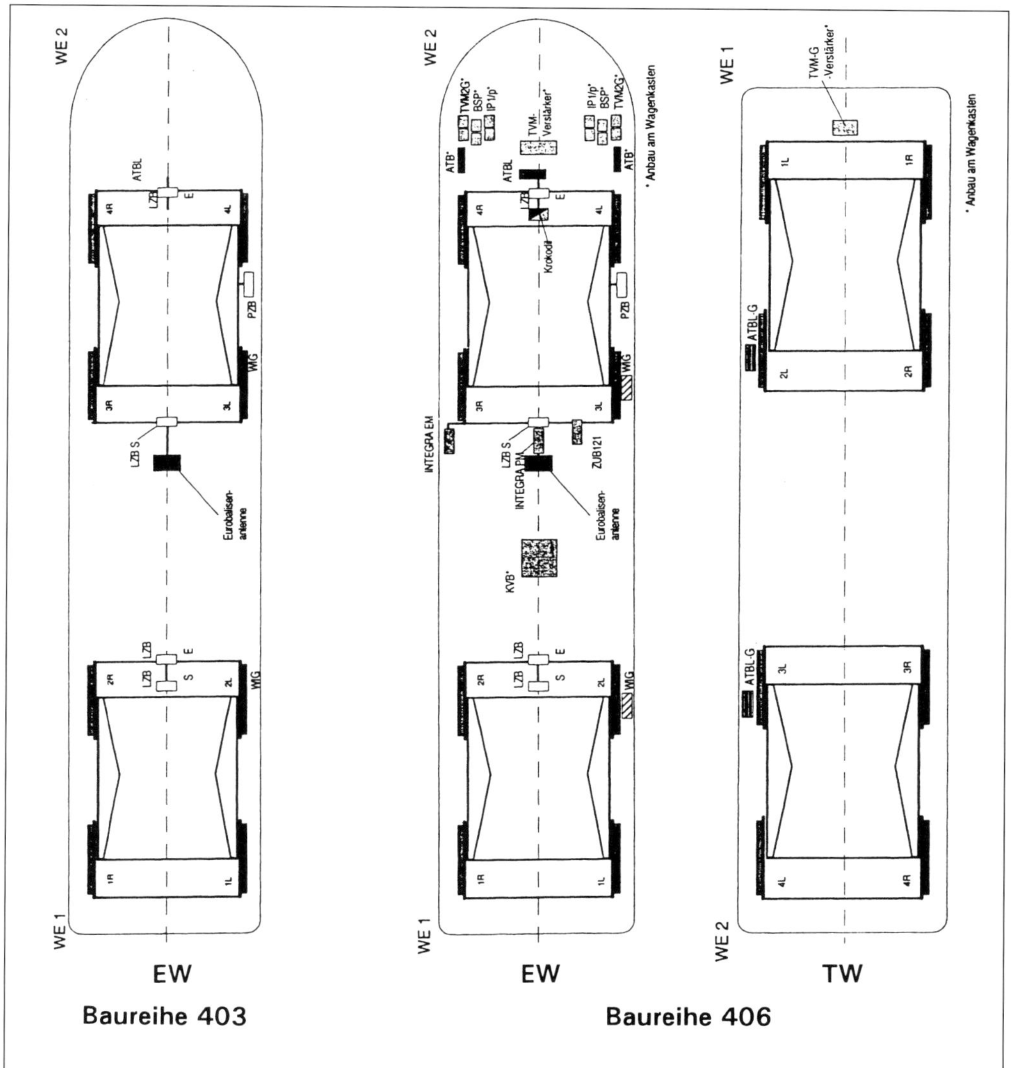

DB	PZB, LZB
SBB	INTEGRA, ZUB 121
NS, SNCB	ATBL, Krokodil
SNCF	KVB, TVM 430, Krokodil
Euro	Eurobalisenantenne
WIG	Wegimpulsgeber für LZB
ATBL-G	Wegimpulsgeber für ATBL

Die Anordnung der Antennen für die Zugbeeinflussung. Abbildung: ARGE ICE Siemens/Adtranz

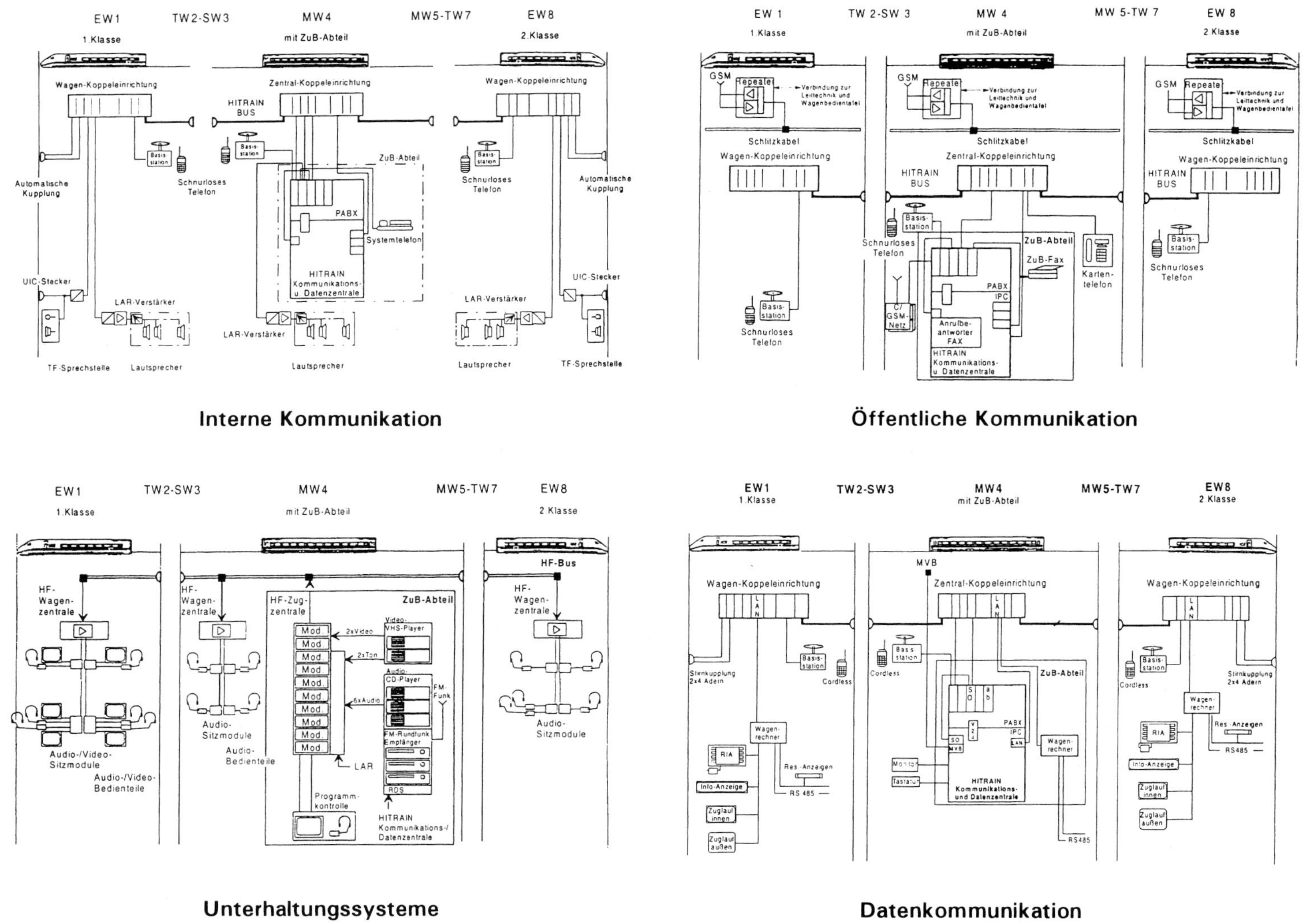

Das Schema des Fahrgast-Informationssystems (FIS). Abbildung: ARGE ICE Siemens/Adtranz

verfügen die Triebzüge der Baureihe 406 über eine Reihe von zusätzlichen Zugbeeinflussungssystemen für die Bahnsysteme der NS, SBB und SNCB, auf denen der ICE 3 zum Einsatz kommt. Der Einbau von Geräten für den Betrieb auf den französischen SNCF-Strecken ist in Vorbereitung. Für das künftige europaweite Sicherungssystem ETCS (European Train Control System) und dessen Signalempfang über so genannte »Eurobalisen« sind die Triebzüge beider Baureihen bereits vorbereitet.

DB AG

Für den Betrieb auf deutschen Strecken sind in den Triebzügen der Baureihe 403 und 406 die Funktionen PZB (punktförmige Zugbeeinflussung, früher Indusi) und LZB (linienförmige Zugbeeinflussung) vorgesehen. Beide Funktionen werden von dem Gerät LZB 80/16 ausgeführt. Die induktive PZB-Funktion ist vorgesehen für konventionell ausgerüstete Strecken und als Rückfallebene für Strecken mit LZB. Die PZB-Zugkoppelspulen sind seitlich, in Fahrtrichtung rechts, an den Enddrehgestellen befestigt.

Auf LZB-gesicherten Strecken übernimmt die LZB die Überwachung der Signale und der zulässigen Höchstgeschwindigkeit. Die LZB-Streckenzentrale errechnet aus den Daten von Strecke und Fahrzeug die erforderlichen Fahrbefehle und sendet diese als »fahrzeugselektive Telegramme« über einen in der Gleismitte verlegten Linienleiter an den betreffenden Zug. Hierzu verfügt jeder Endwagen an den beiden Drehgestellen über je zwei Sende- und Empfangsantennen.

NS und SNCB

Für den Betrieb auf den Strecken der NS (Niederlande) und SNCB (Belgien) sind die Triebzüge der Baureihe 406 mit dem Zugbeeinflussungssystem ATBL ausgerüstet. Dieses System beinhaltet die Systeme ATB (NS) und TBL (SNCB). Die ATBL ist über die MVB mit der Leitebene verbunden. Das Umschalten der Zugsicherungssysteme für die Netze NS–SNCB sowie NS/SNCB–DB führt die ATBL über im Gleis verlegte Transitionsbalisen automatisch durch. Die Antennen sind verteilt über die EW- und TW-Drehgestelle sowie am Wagenkasten im Unterflurbereich angeordnet.

SBB

Für den Betrieb in der Schweiz besitzt die Baureihe 406 die beiden autarken Zugsicherungssy-

Technische Daten des ICE 3

Baureihe		**403**	**406**
Baujahr		1999/2001	1999_2000
1. Mechanteil			
Gesamtlänge (ü. geschl. Bugkl.)	mm	200.320	200.320
Länge ü. Kupplung Endwagen (ü. geschl. Bugkl.)	mm	25.835	25.835
Länge ü. Kupplung Mittelwagen	mm	24.775	24.775
Breite	mm	2.950	2.950
Gesamthöhe ü.SO	mm	3.890	3.890
Fußbodenhöhe ü.SO.	mm	1.250	1.250
Einstiege pro Triebzugseite		12	10
lichte Öffnung	mm	900	900
Achsfolge		Bo'Bo'+2'2'+Bo'Bo'+2'2'+ 2'2'+Bo'Bo'+2'2'+Bo'Bo'	Bo'Bo'+2'2'+Bo'Bo'+2'2'+ 2'2'+Bo'Bo'+2'2'+Bo'Bo'
Radstand Drehgestell	mm	2.500	2.500
Drehzapfenabstand	mm	17.375	17.375
Raddurchmesser neu/abgenutzt	mm	920/830	920/830
2. Antrieb			
Stromsystem		15 kV 16,7 Hz (DBAG)	15 kV 16,7 Hz (DBAG, SBB), 1,5 kV DC + 25 kV 50 Hz (NS)
			3 kV DC + 25 kV 50 Hz (SNCB), 1,5 kV DC + 25 kV 50 Hz (SNCF)
Fahrmotor			
Hersteller		Siemens/Adtranz	Siemens/Adtranz
Dauerleistung	kW	16 x 500 = 8.000	16 x 500 = 8.000
Kühlung		Luft	Luft
Steuerung			
Hersteller		Siemens	Siemens
System		GTO-PWR	GTO-PWR
Kühlung		Wasser/Antifrogen	Wasser/Antifrogen
3. Elektrische Ausrüstung			
Steuerelektronik		SIBAS 32	SIBAS 32
Bordnetz	V	110 DC	110 DC
Batterieanlage	Ah	4 x 280	4 x 280
Leistung Ladegerät in Laderichtung	kW	2 x 60	2 x 60
Leistung Ladegerät in Rückspeiserichtung	kW	2 x 30	2 x 30
4. Gesamtfahrzeug			
Sitzplätze gesamt		416	405
Sitzplätze 1. Klasse		141	136
Sitzplätze 2. Klasse		250	244
Sitzplätze Restaurant		24	24
Rollstuhlplätze		1	1
Leergewicht	t	405	424
Höchstgewicht	t	441	460
maximale Radsatzlast im Triebdrehgestell	t	<17	<17
maximale Radsatzlast im Laufdrehgestell	t	<17	<17
Beschleunigung	m/s²	0,65	0,65
mittlere Bremsverzögerung bei Schnellbremsung aus 140 km/h	m/s²	1,32	1,32
mittlere Bremsverzögerung bei Schnellbremsung aus 230 km/h	m/s²	1,20	1,20
Höchstgeschwindigkeit unter Wechselstrom	km/h	330	330
Höchstgeschwindigkeit unter Gleichstrom	km/h	-	220

steme Integra Signum und ZUB 262, in welchem das schweizerische Sicherungssystem ZUB 121 integriert ist. Das System ZUB 262 ist über den MVB an die Leitebene gekoppelt. Sie hat folgende Funktionen: Überwachung der Umschaltfunktion zwischen DB (PZB/LZB) und SBB (Integra Signum, ZUB 121), Eurobalisenfunktion und ZUB 121. Die Antennen dieser Zugbeeinflussungssysteme sind an den Enddrehgestellen angeordnet. Alle genannten Zugbeeinflussungssysteme haben einen Zugriff auf die Schnellbremsschleife (SBS) des Zuges. Die LZB/PZB verfügt darüber hinaus über eine Bremswirkgruppe, welche direkt die HL des Zuges entlüften kann.

FAHRGAST-INFORMATIONSSYSTEM

Das Fahrgast-Informationssystem (FIS) teilt sich auf in die Bereiche Interne Kommunikation, Öffentliche Kommunikation, Unterhaltungssysteme und Datenkommunikation/Fahrgastinformation. Die **interne Kommunikation** basiert auf der Kommunikationszentrale und bezieht sich auf die Kommunikation des Zugbegleitpersonals untereinander einschließlich des Personen(Service)-Rufs. Sie ermöglicht Durchsagen des Zugpersonals von vier mobilen und drei festen Sprechstellen aus. Die festen Sprechstellen befinden sich in den EW 1 und 8 sowie im Zub-Abteil in MW 4. Als mobile Sprechstellen fungieren schnurlose Telefone, die gleichzeitig als Empfänger für den Personenruf dienen. Der Serviceruf bzw. Notruf ist von allen Sitzgruppen in der 1. Klasse sowie von der Behinderten-Toilette, vom Kleinkindabteil und der Behinderten-Sitzgruppe, Letztere alle in MW 5, aus möglich. Sie erscheint bei den schnurlosen Telefonen im Display unter Anzeige der Herkunft des Service-Rufes. Auch das Auslösen der Fahrgast-Notbremse löst ein Signal bei den schnurlosen Telefonen aus sowie ein Hinweis auf die auslösende Stelle im Display: »Notbremse Wx« wobei »x« der Wagenordnungsnummer entspricht. Außerdem blinkt im FIS-Display die Not-Statuslampe und es ertönt ein Warnton. Als Sprechstelle für den Tfz-Führer dient das Zugfunk-Gerät, welches über eine Schnittstelle zur Kommunikationszentrale verfügt. Jedes Endgerät ist über den HITRAIN-Bus mit der Kommunikationszentrale verbunden.

Für die **öffentliche Kommunikation** stehen in MW 4 ein Kartentelefon für das D-Netz, ein Faxgerät und ein Anrufbeantworter zur Verfügung. Eingehende Anrufe und Faxe lösen einen Personenruf aus. Eingegangene Faxe können nach Aktivierung vom Faxgerät ausgedruckt werden. Die Nutzung privater D-Netz-Handys im Zug ist jederzeit möglich, da jeder Wagen über einen Repeater verfügt.

Für die **Unterhaltung** der Fahrgäste besitzen alle Sitzplätze eine Anschlussmöglichkeit an das Audio-Programm, über das je drei Rundfunk- und Bordmusikprogramme empfangen werden können. In der 2. Klasse befinden sich die Anschlüsse auf den Sitzgestellen zwischen den Sitzkissen. In den Wagen der 1. Klasse sind alle Reihensitze mit Video-Schirmen und integriertem Audio-Video-Programmwähler ausgerüstet. Insgesamt werden zwei Video-Programme angeboten. Audio- und Video-Anlagen sind im Zub-Abteil untergebracht.

Bereich **Datenkommunikation/Fahrgastinformation**: Die Information der Fahrgäste erfolgt über Durchsagen, die von jeder Sprechstelle der internen Kommunikation aus möglich sind. Das System erlaubt selektive Durchsagen im Zug, in einer Traktionseinheit, in einem Wagen oder in einer Wagenklasse.

Der ICE 3 hat mehrere optische Fahrgastinformationsanzeigen. Außerhalb des Zuges gibt es das vierzeilige Zuglaufschild (Größe 360 × 180 mm; LED-Punktmatrix) mit Zug- und Wagennummer sowie Laufweg mit Start- und Zielbahnhof und einigen wichtigen Zwischenhalten. Im Einstiegsraum ist neben der Tür-Bedieneinheit jeweils ein LC-Display als innere Zuglaufanzeige angebracht, das dem Fahrgast Zugart, Zugnummer und Zugname, die Wagenordnungsnummer, den Laufweg mit Start- und Zielbahnhof sowie wichtige Zwischenbahnhöfe, den nächsten Haltebahnhof mit fahrplanmäßiger Ankunftszeit und Ausstiegsseite (temporär) und aktuelle Informationen, z.B. Uhrzeit, Geschwindigkeit (temporär), mitteilt.

An den Kopfwänden der Großräume sind 800 × 120 mm große LED-Punktmatrix-Displays angebracht. Diese geben Auskunft über Zugart, Zugnummer und Zugname, die Wagenordnungsnummer, den Laufweg mit Start- und Zielbahnhof sowie wichtigen Zwischenbahnhöfe, den nächsten Haltebahnhof, die fahrplanmäßige Ankunftszeit und Ausstiegsseite, aktuelle Informationen (z.B. Uhrzeit, Geschwindigkeit) sowie sonstige allgemeine Informationen oder Werbung.

An allen Sitzplätzen sind Reservierungsdisplaysangebracht, die 15 Minuten nach jedem Zughalt aktualisiert werden. Ferner kann der Fahrgast an einigen Stellen im Zug, wie bereits beschrieben, über ein RIA-Terminal (RIA = Informationsautomat für Reiseauskünfte) Fahrplaninformationen erhalten. Das Gerät verfügt über einen Touchscreen und einen Drucker.

Der ICE 3 im Betrieb

Das Wort »Quantensprung« kommt gerne über die Lippen, wenn von einem neuen Fahrzeug oder besser von einer neuen Generation im Fahrzeugbau die Rede ist. Mit dem ICE 1 gelang es der Industrie und der Bahn Anfang der 90er-Jahre einen Triebzug der Superlative auf die Räder zu stellen. Bis dahin hatte die französische Konkurrenz im HGV zwar die Nase vorn, aber der ICE 1 war im Begriff dem TGV den Rang abzulaufen. Der in der zweiten Hälfte der 90er-Jahre vorgestellte ICE 2 bot bereits einen verbesserten Fahrkomfort durch die Anwendung der Luftfederung und stellte durch das Halbzugkonzept einen Neubeginn in Sachen Konfiguration dar.

Ein echter Quantensprung gelang jedoch mit dem ICE 3, bei dem als ersten europäischen HGV-Triebzug alle Antriebskomponenten über den Zug verteilt und schwerpunktmäßig unterhalb des Fahrzeugbodens untergebracht waren. Diese Anordnung brachte für den Betreiber pro Halbzug einen ganzen zusätzlichen Sitzwagen Gewinn und für die Fahrgäste die Möglichkeit einer de facto Führerstandsmitfahrt, etwas was bis dahin nur wenigen Auserwählten vergönnt war.

Wie im Kapitel 4 bereits nachzulesen war, war in der Entwicklungsphase des ICE die unterflurige Anordnung der Traktionsausrüstung noch nicht so weit, dass sich das Triebwagenkonzept durchsetzen konnte. Erst die weitere Entwicklung der elektronischen Komponenten eröffnete diese Möglichkeit. Zusammen mit der gelungenen Gestaltung, insbesondere des Fahrzeugkopfes durch das Designbüro Neumeister, dokumentiert der ICE 3 den HGV in Reinstkultur und es verwundert somit nicht weiter, dass sich die spanische RENFE bei ihrer Fahrzeug-Ausschreibung für die Neubaustrecke Madrid–Barcelona zumindest für sechzehn Fahrzeuge und die niederländische NS, ansonsten frankophil eingestellt, mit vier Fahrzeugen dem besseren Konzept zugewandt haben. Es wäre der Sachlichkeit dienlich, wenn die vermeintlich sachkundigen Stimmen, die eine Kompetenz für Schienenfahrzeuge ausschließlich im Ausland vermuteten, nun endgültig verstummen würden.

Nach der offiziellen Schlüsselübergabe des ersten betriebsbereiten ICE 3-Triebzuges an Bahnchef Hartmut Mehdorn am 23. Mai 2000 im ICE-Werk Berlin-Rummelsburg konnten sich die Gäste bei der anschließenden Präsentationsfahrt nach Wolfsburg, die teilweise mit Geschwindigkeiten von bis zu 300 km/h stattfand, von den lauftechnischen Qualitäten des neuen Triebzuges überzeugen. Dieses Optimum konnte natürlich auch deswegen erreicht werden, weil die NBS Berlin–Hannover nach allerneuesten Erkenntnissen gebaut wurde.

Die ICE-Neigezüge

Geschichte der Neigetechnik

Die Möglichkeit, ohne teuere Streckenumbauten oder gar den Bau neuer Hochgeschwindigkeitsstrecken die Reisegeschwindigkeiten erhöhen zu können, beschäftigte die europäischen Bahnunternehmen im Allgemeinen und die Deutsche Bundesbahn im Besonderen bereits sehr lange. Es galt hierbei, die Geschwindigkeiten bei Kurvenfahrt zu erhöhen, ohne den Komfort für den Fahrgast durch zu hohe Querbeschleunigungswerte einzuschränken. Während die Fahrgäste von Straßenfahrzeugen sich auf sich abzeichnende Kurvenfahrten einstellen können, ist das bei Eisenbahnfahrzeugen nicht möglich, deshalb wurde der maximalen Wert der so genannten unausgeglichenen Querbeschleunigung mit 1,0 m/s^2 festgelegt. Im Vergleich zu den erreichbaren Werten im Straßenverkehr ein relativ niedriger Wert. Die meisten Strecken im Netz der Deutschen Bahn weisen eine Linienführung noch aus dem 19. Jahrhundert auf, die auf Grund damaliger Forderungen lokaler Behörden sowie der topografischen Verhältnisse teilweise sehr kurvenreich ausgelegt war. Bei den damals üblichen Geschwindigkeiten war das noch kein Problem. Aber mit steigender Leistung und Höchstgeschwindigkeiten der Triebfahrzeuge führte diese Tatsache zu starken Geschwindigkeitseinbußen, die wiederum unweigerlich die damit erreichbaren Fahrzeitverkürzungen zunichte machen. Durch so genannte Gleisüberhöhungen, mit denen die engen Gleisradien versehen wurden, konnte eine geringfügige Erhöhung der Kurvengeschwindigkeiten, ohne den Fahrgast zu belasten, ermöglicht werden. Auf diesen Strecken die Geschwindigkeit und damit die Wirtschaftlichkeit des Betriebs deutlich anzuheben, wäre nur über Streckenbegradigungen zu erreichen, die jedoch, z.B. durch die vorhandenen topografischen Verhältnisse, nicht überall durchführbar sind. Der nächste Schritt wäre logischerweise eben ein völliger Neubau.
Eine andere Möglichkeit wurde darin gefunden, den Wagenkasten bei Kurvenfahrt soweit zu neigen, dass die bei der höheren Geschwindigkeit entstehende höhere Fliehkraft soweit kompensiert wird, dass der Fahrgast keiner höheren unausgeglichenen Querbeschleunigungen ausgesetzt wird. Dieses Ziel wurde national wie international seit den 60er-Jahren von Industrie und Bahnbetreiber gleichermaßen verfolgt.
Eine erste praktische Anwendung in dieser »Neigetechnik« demonstrierte 1976 die spanische Firma Talgo (siehe Kapitel »Einführung«), die in Verbindung mit ihren Einachs-Losrad-Fahrwerken das passive Neigesystem »Pendular« einführte. Das Pendular-Prinzip beruht darauf, dass der Wagenkasten in Kurven aufgrund der Radialbeschleunigung (Fliehkraft) automatisch ausschwenkt. Das wird dadurch möglich, dass die mit einander gekoppelten Luftfederbälge der Wa-

Blick in die Neigeeinrichtung der »Pendolino« genannten Baureihe 610. Der Hydraulik-Zylinder stützt sich unten auf dem Drehgestell ab und ist oben an einem kräftigen Träger angelenkt.
Foto: Riechers

Zwei »NeiTech«-Triebzüge der Baureihe 611 anlässlich der Betriebseinführung auf der Strecke Heilbronn–Mannheim. Diese Triebzüge standen leider unter einem schlechten Stern. Foto: Riechers

genkästen oberhalb des Wagenkasten-Schwerpunkts direkt unterhalb des Daches angeordnet und über säulenähnliche Stützen auf die Fahrwerke abgestützt sind. Bei der Deutschen Bahn sind seit 1997 Talgo-Hotelzüge mit der passiven Neigetechnik »Pendular« unter der Bezeichnung DB NachtZug (NZ) im Einsatz.

Die ersten Schritte in Richtung aktiver Neigetechnik in Deutschland unternahm das Bundesbahn-Zentralamt mit einer in die Luftfederung integrierten »Gleisbogenabhängigen Wagenkastensteuerung« (GSt), die zunächst versuchsweise im Mittelwagen eines Dieseltriebzuges der Baureihe 624/924 Mitte der 60er-Jahre eingebaut wurde. Anschließend wurden einige Triebzüge dieser Baureihe, der Unterscheidung halber in Baureihe 634/934 umbenannt, mit dieser GSt ausgerüstet. Bei diesem System wurde die Füllung der Luftfedern in Abhängigkeit von der Lage des Gleisbogens gesteuert. Auch zwei Prototypen der Folge-Baureihe 614 erhielten diese Einrichtung. Als sich Mitte der 70er- Jahren zeigte, dass die zulässigen Werte für die Gleis-Querfestigkeit des Gleisrostes, der »Prud'homme-Wert«, überschritten wurden, ohne spürbare Fahrzeitverbesserungen zu erzielen, wurden die Versuche eingestellt und die GSt stillgelegt. Auch die frühere Baureihe 403 (IC-Triebzug 1973 bis 1993) wurde 1973 noch mit einer, diesmal elektronisch gesteuerten GSt ausgerüstet, die jedoch nicht in Betrieb genommen wurde.

Erste greifbare Ergebnisse mit einer aktiven GSt erzielte Fiat Ferroviaria[1] 1976 mit seinem elektrischen Versuchs-Triebzug ETR 401, der Urahn aller »Pendolino«-Triebzüge, aus dem in direkter Linie die Serie ETR 450 entstammte, die 1989 den Betrieb auf italienischen Strecken aufnahm. Das Problem der sicheren Stromabnahme bei sich neigenden Wagenkästen wurde dahingehend gelöst, dass der, hierzu auf einem Portal montierte Stromabnehmer sich auf einem Drehgestell abstützt (vergleiche Zeichnung Seite 175).

Im Jahre 1987 weilte der ETR 401 zehn Tage lang bei den Bundesbahn-Zentralämtern München und Minden, um auf den Strecken Treuchtlingen–Eichstätt und Saarbrücken–Trier getestet zu werden. Das Ergebnis gipfelte in der Feststellung, dass auf den genannten Strecken eine um 30 % höhere Geschwindigkeit möglich war, ohne dass die Belastung des Oberbaus die zulässigen Grenzen überschritt. Das war für die Deutsche Bundesbahn (DB) Anlass, für ein geplantes »Regional-Schnellbahn-System« den Kauf von Triebzügen mit dieser Neigetechnik ins Auge zu fassen.

Bei dieser Neigetechnik handelt es sich um die erste Generation, bei der die Neigung über hydraulische Zylinder gesteuert wird, die sich auf dem Drehgestell abstützen und im oberen Bereich der Wagenkasten-Seitenwand angelenkt sind (so genannte Hochpol-Ausführung). Noch im November 1988 erteilte die DB der Industrie einen Letter of Intend über die Bestellung von zehn Dieseltriebzügen mit der Pendolino-Neigetechnik von Fiat, verbunden mit einer Option über weitere zehn Fahrzeuge.

Zunächst wurde daran gedacht, diese Triebzüge als Baureihe 638 direkt von der Baureihe 628 abzuleiten. Aber auf Grund der erforderlichen Änderungen in der Maßkonzeption, des abweichenden Antriebs – erstmals kam ein dieselelektrischer Antrieb zum Einsatz – sowie des werbetechnisch notwendigen Abstands zwischen der Baureihe 628 und dem Markenzeichen »RegionalSchnellbahn Ostbayern« (RSO) wurde der neue Neige-Triebzug als Baureihe 610 bezeichnet. Die unter der Federführung des BZA von MAN (später AEG), MBB und Duewag gebauten Fahrzeuge kamen im Mai 1992 auf den Schienen Nord-Ost-Bayerns zum Einsatz und verrichteten dort ihre Dienste zur Zufriedenheit. Erste Verschleißerscheinungen, insbesondere im mechanischen Teil, zeigten sich Ende 2000. Aber das dürfte bei dem intensiven Einsatz eigentlich nicht verwundern. Auf Grund der von Fiat gelieferten Drehgestelle mit der Pendolino-Technik wurden die Triebzüge landläufig auch »Pendolino« genannt.

Die von AEG-Hennigsdorf, dem heutigen Adtranz-Werk, entwickelten Nachfolger, die Baureihen 611 (Inbetriebnahme 1999) und 612 (Inbetriebnahme 2000), verfügen im Gegensatz zum Ur-Pendolino über eine im Drehgestell integrierte, von der Firma Extel-Systems in Wedel entwickelte Neigetechnik (neicontrol-E). Diese Neigetechnik besteht aus einem elektronisch gesteuerten und elektromechanisch angetriebenen Stellantrieb. Diese Triebzüge erhielten auf Grund der von der Baureihe 610 abweichendenden Neigetechnik den Beinamen »NeiTech«. Leider konnte die Baureihe 611 wegen ihrer Störanfälligkeit bisher nicht an die Leistungen der Baureihe 610 anknüpfen. Die mit einem moderneren Wagenkasten versehene und von Adtranz als »Regio-Swinger« bezeichnete Baureihe 612, die im Prinzip auf der Technik der Baureihe 611 aufbaut, hat auf Grund der angebrachten Verbesserungen dagegen gute Chancen, die von der Baureihe 611 verursachte Scharte wieder auszuwetzen. Ursprünglich war von der Baureihe 612 noch eine Fernverkehrsausführung (Baureihe 615) geplant, insbesondere für den Verkehr nach Skandinavien. Aber dieses Vorhaben wurde fallen gelassen. Alle diese Fahrzeuge wurden für den Regionalverkehr konzipiert und sind bis 160 km/h schnell.

In der Zwischenzeit ruhten sich die Fiat-Ingenieure aber nicht auf ihren Lorbeeren aus und entwickelten eine weniger platzaufwändige Neigetechnik, zwar wiederum unter Verwendung hy-

[1] Fiat Ferroviaria wurde im Jahre 2000 von ALSTOM übernommen und wurde im Dezember 2000 in ALSTOM Ferroviaria SpA umbenannt.

Der Hoffnungsträger bei den Regional-Neigezügen: Der von Adtranz als »Regio-Swinger« bezeichnete Neigetechnik-Triebzug der Baureihe 612. Foto: Adtranz

draulischer Stellglieder und elektronischer Steuerung, jedoch diesmal im Drehgestell integriert. Im Sommer 1994 kam der erste Triebzug mit dieser neuen Pendolino-Generation, der ETR 460, auf den Schienen Italiens zum Einsatz. Für Fiat war dieser Triebzug ein Glücksgriff: Neben den Mehrsystem-Ausführungen ETR 470 (»Cisalpino«) und ETR 480 wurden diese Triebzüge u.a. auch nach Finnland, Frankreich, Portugal, Slowenien und Spanien verkauft. Auch der ICE T wurde mit dieser Neigetechnik ausgerüstet.

Die Grenzen der zulässigen Kurvengeschwindigkeiten richten sich nach der zulässigen Beanspruchung des Oberbaus sowie der durch die Fahrzeugkontur und das Lichtraumprofil vorgegebenen Neigungswinkel zwischen Fahrwerk und Wagenkasten, die bei der DB AG mit 8° vorgegeben ist. Durch diese Parameter ergeben sich die Einsatzgrenzen der im DB-Netz eingesetzten Neigetriebzüge mit einer maximalen im Betrieb gefahrenen unausgeglichenen Querbeschleunigung von 2 m/s^2. Die Kompensation der auf die Fahrgäste wirkenden unausgeglichenen Querbeschleunigung beträgt je nach Fahrwerkskonzeption dabei 0,85 bis 1,35 m/s^2

Die Steuerung der Neigetechnik erfolgt über die Mikroelektronik des jeweiligen Leitsystems. Diese bekommt wiederum ihre Daten über ein punktförmiges Datenübertragungssystem (PDS) der Siemens-Bauart ZUB 122. Das PDS signalisiert dem Fahrzeug über Gleisbalisen die zulässigen Geschwindigkeiten für den jeweils folgenden Streckenabschnitt.

Neigende ICE-Züge

Wie bereits erwähnt, bestellte die Deutsche Bahn AG (DB AG) im August 1994 insgesamt 43 elektrische Triebzüge mit Neigetechnik, ursprünglich für den IR-Verkehr gedacht, jedoch bereits in der Kategorie A – der höchsten Angebotsstufe der DB AG – eingestuft. Mit ihnen plante die Bahn schon bald auf ICE-Anschlussstrecken eine adäquate Qualität anzubieten, für die sie die ursprüngliche Typbezeichnung »ICT«[2] erhielten. Spätestens nach der Modellvorstellung in Poing am 5. Dezember 1995 wurde jedoch klar, dass auch der neue Neigetriebzug unter »ICE-Fahne« fahren würde.

Um auf Altstrecken ohne Elektrifizierung, wie beispielsweise auf den Strecken Nürnberg–Dresden oder München–Lindau, ebenfalls einen Schnellverkehr im ICE-Komfort anbieten zu können, wurden 1994, in Anlehnung an die Entwicklung des

[2] Das ursprüngliche Kürzel »ICT« für den IC mit Neigetechnik resultiert aus dem Umstand, dass diese Züge ursprünglich als Nachfolger für lokomotiv-bespannten IR-Züge gedacht waren, und nach Umwidmung als IC-Züge als IC-Triebzug (ICT) bezeichnet wurden.

Ein Triebzug der Baureihe ETR 470 als CIS 155 Stuttgart–Milano C. im Stuttgarter Hauptbahnhof. Foto: Riechers

ICT, seitens der Industrie erste Überlegungen über einen dieselgetriebenen IC-Triebzug mit Neigetechnik angestellt.

Während die Auftragserteilung für die 93 Triebzüge ICE 2.2 (dem späteren ICE 3) und ICT im August 1994 erfolgte, dauerte es noch nahezu zweieinhalb Jahre bis die DB AG im April 1997 einem Konsortium von Bombardier und Siemens einen Auftrag über 20 Triebzüge vom Typ ICT VT erteilte, die nach dem am 5. Dezember 1995 vorgestellten Mock-ups des ICT ausgeführt werden sollten.

Seit April 1997 umfasste die Bestellung der DB AG somit die folgenden 113 Triebzüge:

37 ICE 3 Baureihe 403 (Einsystem-Ausführung),
13 ICE 3M Baureihe 406 (Viersystem-Ausführung),
32 ICT Baureihe 411 (siebenteiliger Triebzug),
11 ICT Baureihe 415 (fünfteiliger Triebzug)[3]
20 ICT VT Baureihe 605 (vierteiliger Triebzug mit diesel-elektrischem Antrieb).

Mit der Betriebsaufnahme des ICT der Baureihe 415 auf der so genannten Gäubahn Stuttgart–Singen (–Zürich) am 30. Mai 1999 sprach die DB AG fortan nur noch vom ICE T bzw. im Falle des ICT VT von ICE TD. Die Hintergründe für die Gestaltung des ICE T(D) wurden bereits im Kapitel 7 bereits näher beschrieben.

Der ICE T

Wie eingangs erwähnt besteht die Triebzugserie ICE T aus den beiden Baureihen 411, einem siebenteiligen Triebzug und 415, einem fünfteiligen Triebzug. Ein besonderes Merkmal der neuen ICE T-Triebzüge ist das modulare Fahrzeugkonzept. Dieses Konzept sieht eine Aufteilung in zunächst zwei Basismodule – BM 1 und BM 2 – als Traktionseinheiten vor, die sich aus mehreren Wagentypen und Baureihen zusammensetzen. Wie beim ICE 3 verfügen alle Wagen über eine einheitliche und durchgehende Baureihenbezeichnung.

Der Wagentyp T 1 und T, Baureihe 411.0/415.0 bzw. 411.5/415.5, ist ein nicht angetriebener Endwagen mit Haupttransformator und Bordnetz-Umrichter sowie Stromabnehmer. Der angetriebene Mittelwagen mit Traktions-Stromrichter trägt die Bezeichnung SR (1) und SR, Baureihe 411.1 bzw. 411.6/415.6. Als FM (R) und FM, Baureihe 411.2 bzw. 411.7/415.7, wird der der angetriebene Mittelwagen mit 110 V-Batterien und Batterie-Ladegeräten bezeichnet. Der Wagen FM (R) gehört zum Basismodul BM 2, »R« steht dabei für Restaurant. Weitere Wagentypen sind SR (B), Baureihe 415.1, der angetriebene Mittelwagen mit Traktions-Stromrichter und Batterie-Ladegerät (Das »B« steht für Bistro.) und M, Baureihe 411.8, der nicht angetriebene Mittelwagen. Die BM 1 und BM 2 der Baureihe 411 sowie das BM 1 und die Kombination T 1 und SR (B) der Baureihe 415 verfügen somit über jeweils eine autarke Traktions-Ausrüstung.

Bei den Zusammenstellungen der Baureihen 411 und 415 ergeben sich somit folgende Konfigurationen:

1. BR 411 BM 2 + M + BM 1 mit der Achsfolge: 2'2'+(1A)'(A1)'+(1A)'(A1)'+2'2'+(1A)'(A1)'+(1A)'(A1)'+2'2'

Das feierliche Rollout des ersten Endwagens der Baureihe 415 bei DWA (heute Bombardier) in Görlitz im April 1998. Foto: Riechers

[3] Hiervon wurden die fünf Triebzüge mit den Betriebsnummern 1580–1584 mit einem Stromabnehmer für das schweizerische Lichtraumprofil sowie schweizerische Zugbeeinflussungsapparatur versehen.

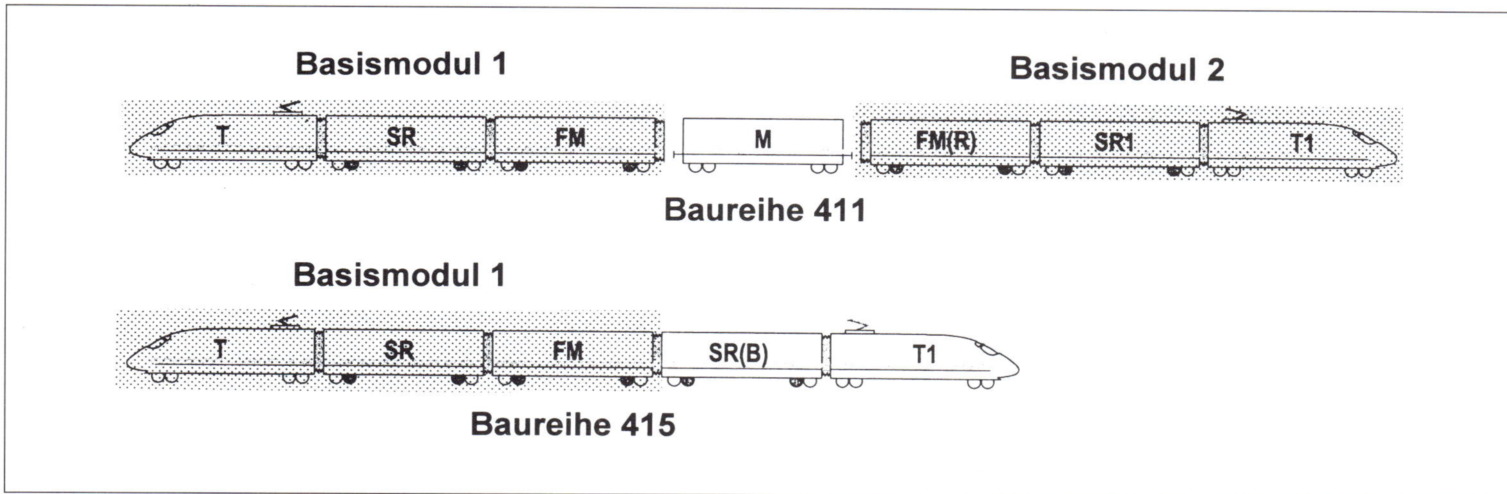

Das modulare Fahrzeugkonzept der Baureihen 411 und 415. Abbildung: Konsortium ICNT

2. BR 415 T 1 + SR (B) + BM 1 mit der Achsfolge: 2'2'+(1A)'(A1)'+(1A)'(A1)'+(1A)'(A1)'+2'2'.
Bei den Triebzügen der Baureihe 415 sind fünf Endwagen T 1 mit einem Stromabnehmer für das kleinere Lichtraumprofil der Schweizerischen Bundesbahnen (SBB) ausgerüstet. Ferner wurden die schweizerischen Zugbeeinflussungssysteme installiert. Diese Triebzüge sind innerhalb der Baureihe 415 mit den Ordnungsnummern 80 bis 84 versehen, z.B. 415.080-1, 415.180-9, 415.780-6, 415.680-8, 415.580-0.
Der o.g. modulare Aufbau erlaubt weitere Varianten in der Zugzusammenstellung. Während für einen sechsteiligen ICE T bei Entfall des M-Wagens, lediglich BM 2 und BM 1 benötigt werden, könnte durch Einfügen zweier M-Wagen ein achtteiliger Triebzug entstehen. Die Änderung bestehender Zug-Konfigurationen kann nur in den Werken der DB AG vorgenommen werden.
Die einzelnen Baureihen der neuen ICE-Generation sind ohne Weiteres unter einander kuppelbar. So sind z.B. Mehrfachtraktion von bis zu drei Triebzügen der fünfteiligen BR 415 oder Mehrfachtraktion von zwei Triebzügen der siebenteiligen BR 411 kein Problem. Aber auch gemischte Mehrfachtraktion der Baureihen 403, 406, 411 und 415 bis zu einer maximalen Länge von 400 m sind machbar. Da der später entwickelte ICE TD-Triebzug der Baureihe 605 mit den Baureihen 411 und 415 betrieblich kuppelbar ist, kann davon ausgegangen werden, dass dieser mit den Baureihen 403 und 406 ebenfalls betrieblich gekuppelt werden kann. Der Kuppelvorgang kann sowohl auf Betriebs- als auch auf Bahnsteiggleisen durchgeführt werden.
Das offizielle Rollout erfolgte Anfang April 1998 im damaligen DWA-Werk Görlitz mit dem ersten Endwagen des damals noch als ICT bezeichneten Zuges. Am 27. Mai 1998 wurde im Siemens Prüfcenter in Wegberg-Wildenrath der dritte fertiggestellte Triebzug des ICT in seiner Gesamtheit der Presse präsentiert.

Beschreibung des ICE T

WAGENKASTEN

Rohbau und Lackierung

Die Wagenkästen sind in der vom ICE 2 und ICE 3 her bekannten spanten- und weitgehend sprie-gellosen Integralbauweise aus Aluminium-Strangpressprofilen hergestellt, unter Verwendung der voll schweißbaren Legierungen AlMgSi 0,7 und AlMgSi0,6Mn. Der Wagenkasten besteht aus den Baugruppen Untergestell (Bodenplatte), Seitenwände, Dach, Stirnwände und den Kopfbereichen. Der Querschnitt der Wagenkästen ist so zusagen aus »familiären Gründen« dem des ICE 3 nachempfunden, musste jedoch, wegen der Neigetechnik und des damit verbundenen erhöhten Platzbedarfs innerhalb des Lichtraumprofils, gegenüber der ICE 3 in der Breite um 100 mm auf 2.850 mm verkleinert und nach oben hin stärker eingezogen werden.
Die querträgerlose Bodenplatte setzt sich zusammen aus zusammengeschweißten Strangpress-Hohlkammerprofilen, an den Seiten verstärkt

Wagenkastenrohbau des Endwagens T/T1 mit abgesenktem Vorbaubereich. Foto: Riechers

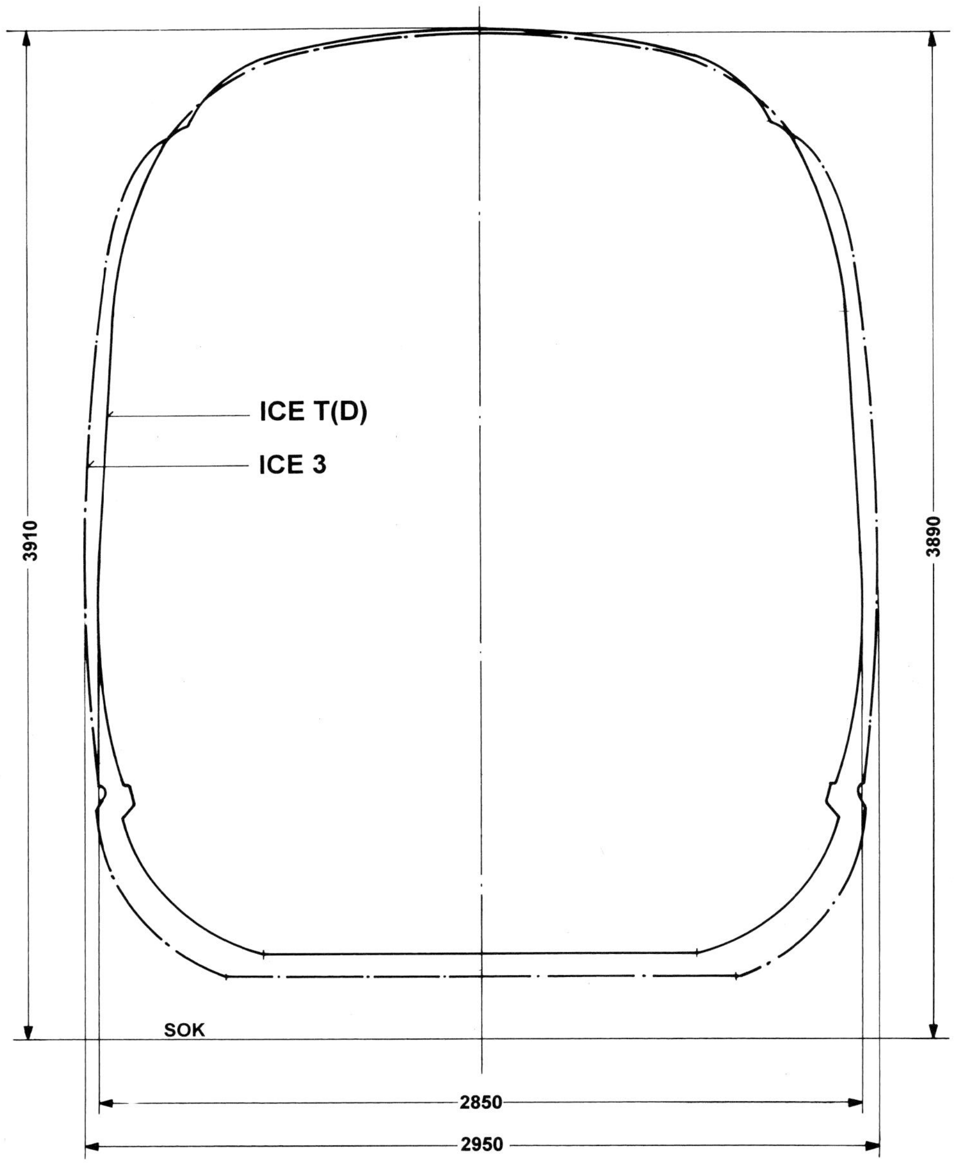

Ein Vergleich der Wagenkastenquerschnitte des ICE 3 und des ICE T(D). Abbildung: Riechers

durch jeweils einen Langträger, die mit durchgehenden C-förmigen Nuten versehen sind, um die zum Teil schweren Unterflur-Aggregate, wie z.B. den Transformator, aufnehmen zu können. An den Langträgern sind im Bereich der Drehgestelle Elemente zur Aufnahme der Neigetraversen angeschweißt, die gleichzeitig die Verbindung zwischen Wagenkasten und Drehgestell darstellen. Die Profile der Bodenelemente sind an der Unterseite ebenfalls mit C-förmigen Schienen für die Aufnahme von Rohrleitungen versehen. Die Statik der an den Wagenenden befindlichen Kopfstücke, die je nach Vorhandensein von Endeinstiegen unterschiedlich ausgeführt sind, ist auf die Aufnahme der Kupplungen abgestimmt.
Ein Problem stellen die Dritteleinstiege für die Statik dar. Die Unterbrechung der Langträger an dieser Stelle durch den Trittkasten hatte einen negativem Einfluss auf die tragende Struktur. Das Problem wurde schließlich dahingehend gelöst, dass der Trittkasten und der ihn umgebende Schürzenanteil als ein mittragendes Schweißteil ausgebildet wurden, wodurch Steifigkeit und Festigkeit des Wagenkastens wieder gewährleistet waren.
Die Seitenwände des ICE T bestehen aus mehreren zusammengeschweißten und der Länge nach durchgehenden Strangpress-Hohlkammerprofile. Das in etwa auf Fensterhöhe befindliche Profil wird im Bereich der Fensteröffnungen bereits in der Schweißvorrichtung ausgespart. In einem nächsten Arbeitsgang werden die Fenster dann auf das Sollmaß gefräst. Im Kopfbereich der Endwagen 411.0/415.0 sowie 411.5/415.5 sind die Seitenwände im Anschluss an die Kastenkonstruktion nur auf halber Höhe bis Unterkante der Fensterbrüstung hochgezogen und bestehen aus einer Konstruktion in Aluminium-Differenzialbauweise. Den Abschluss bildet das Kopfstück.
Das Dach besteht aus jeweils einem kräftigen seitlichen, zusammengesetzten Hohlkammerprofil, mit drei dazwischenliegenden dünneren Strangpressprofilen als Dachhaut. Zur Versteifung des Daches sind im Bereich der Einstiege sowie zwischen den Einstiegen zusätzliche Dachspriegel eingeschweißt. An beiden Seiten des Daches sind innerhalb des Strangpressprofils Kanäle für die 15 kV-Dachleitung ausgespart, die nach erfolgter Montage mit einer Blende verschlossen werden. Weiterhin sind in den Dächern die erforderlichen Öffnungen für die Dachklimageräte vorgesehen.
Die Stirnwände an den Kurzkuppelenden sind eine massive Schweißkonstruktion aus Aluminiumblech und Kastenprofilen mit zwei senkrecht stehenden, aus Aluminiumblech zusammengeschweißten H-Profilen als Rammsäulen, die eine Verbindung zwischen Bodenplatte und Dachkonstruktion realisieren. Bei den Aluminiumblechen kam vorwiegend der ebenfalls vollschweißbare Werkstoff AlMg4,5Mn zum Einsatz. Das Stirnwandblech ist mit Befestigungslöchern für die Aufnahme des Doppelwellenbalges versehen.
Die Köpfe der Endwagen bestehen aus einem als Sandwich aufgebauten GFK-Formteil und werden über die verkürzte Seitenwandkonstruktion an den entsprechenden Wagenenden gestülpt und mit dem Rohbau verklebt. Die Klebenaht zur Seitenwand ist mit schwarzer Dichtmasse sauber verputzt. Oberflächenvorbehandlung, Lackaufbau und Farbschema entsprechen dem ICE 3.

Kupplungen und Bugklappen

An den Triebzugenden sind automatische Kupplungen für Mehrfachzugbildung angebracht, die bei Nichtbenutzung von zwei pneumatisch wegschwenkbaren Bugklappen verdeckt werden. Die automatischen Frontkupplungen stammen von der Firma Scharfenberg und sind mit den Scharfenbergkupplungen der anderen ICE-Typen ab der Baureihe 403 kompatibel.
Der Kuppelvorgang erfolgt ohne manuelle Hilfe, in dem zwei Kupplungen mit geringer Geschwindigkeit (2 km/h) aneinander gefahren werden. Das Kupplungssystem erlaubt Kuppelvorgänge in Gleisradien bis zu 150 m. Nach dem Kuppelvorgang sind die elektrischen und pneumatischen Leitungen automatisch durchverbunden. Der mechanische Kuppelkopf und auch die elektrische

Ein fertig gestellter und lackierter Endwagen-Rohbau im Werk Görlitz. Die kleine Öffnung am hinteren Wagenkastenende dient als Austritt für das Fortluftgerät.
Foto: DWA-Bombardier Transportation

Blick auf die geöffneten Kupplungsklappen mit der Kupplungsanlage. Links am vorderen Drehgestell sind die PZB-Koppelspule sowie der aus der Wagenkontur ragende Sandbehälter sichtbar. Foto: Riechers

Kupplung sind elektrisch beheizbar um einen störungsfreien Winterbetrieb zu ermöglichen. Der Entkuppelvorgang erfolgt elektropneumatisch vom Führerstand aus.

Die Bugklappen verhindern beim führenden Triebzug eine unerwünschte Steigerung des Luftwiderstands während der Fahrt. Außerdem schützen sie die Kupplungen vor Verschmutzung. Das Öffnen und Schließen der Bugklappen geschieht pneumatisch über die Leittechnik. Um ein unbeabsichtigtes Schließen während Wartungsarbeiten im Bugraum zu verhindern ist eine Blockiermöglichkeit vorgesehen. Eine Notbetätigung außerhalb des Führerstandes befindet sich in der linken Schürze des Fahrzeugkopfes. Bei Ausfall der 110 V-Ebene wird die Bugklappensteuerung direkt über die Batterie ausgeführt.

Die einzelnen Wagen des Triebzugs sind über Kurzkupplungen mit einander verbunden. In diese Kupplungen integriert sind die Anschlüsse für die Hauptluftbehälterleitung (HBL) und die Hauptluftleitung (HL). Die elektrischen Anschlüsse sind an der Stirnwand, links und rechts von der Kupplung, über Stecker und Klemmenkästen an-

Eine Kurzkupplungshälfte: Übereinander sind die Anschlüsse für die HBL und HL sowie Fixier-Stift und -loch angeordnet. Deutlich sichtbar ist der Kragen um den beim Ankuppeln die Muffe geschraubt wird sowie die gashydraulische Patrone, die als Teil der Kuppelstange zur Aufnahme der Stoßenergie dient.
Foto: Riechers

geordnet. Die beiden Hälften werden über eine Schalenmuffe aneinander befestigt und können somit nur in den Werken gelöst werden.
Zum Abschleppen eines ICE T durch ein Triebfahrzeug mit herkömmlichen Zugvorrichtungen ist eine Hilfskupplung vorhanden, die von maximal zwei Personen ohne Hilfsmittel innerhalb von zehn Minuten montierbar ist. In dieser Hilfskupplung werden die Hauptluft- und Hauptluftbehälter-Leitungen herausgeführt und über die üblichen Bremsluftschläuche an das Hilfs-Tfz angeschlossen.

Energieverzehrkonzept
Die automatischen Frontkupplungen und die Kurzkupplungen verfügen über eine im Kupplungsrohr angebrachte gashydraulische Patrone zur Aufnahme von Stoßenergie. Als weiteres Element der kupplungsseitigen Energieverzehrmaßnahmen ist zwischen dem Lagerbock des Kupplungsrohres und der rohbauseitigen Befestigung ein Verformungselement angebracht.
Zum Gesamtenergieverzehrkonzept gehören ferner neben der Kupplung zwei am Kopfstück befestigte irreversible zylinderförmige Energieverzehr-Elemente. Zur elastischen Abfederung größerer Zugkräfte dient eine im Kupplungsrohr angebrachte Ringfeder.

Übergänge
Die Ausführung der Übergänge entspricht vom Aufbau her in etwa dem ICE 3. Dennoch konnten auf Grund von signifikanten Abweichungen im Bereich der Kurzkupplungsenden keine einheitlichen Übergänge mit dem ICE 3 geschaffen werden.
Zunächst werden die Kupplungen, im Gegensatz zum ICE 3, wieder von den Wellenbälgen abgedeckt. Ferner sind trotz der gleichen lichten Weite der Innenbälge die seitlichen Anschlussmaße der Außenbälge, wegen der rohbautechnischen Gegebenheiten um ca. 100 mm größer. An den Wagenkastenenden sind in Fortsetzung der Außenhaut 250 mm breite Stirnwandverkleidungen angebracht, die ausschließlich der Verblendung der elektrischen Leitungen zwischen den einzelnen Wagen und ihrer Kontaktierung dienen. Optisch wird hierdurch der Abstand zwischen zwei Wagen von 900 mm auf 400 mm verkürzt.

Fußboden
Der Fußboden besteht aus einer 20 mm dicken Holzplatte, die mit ihrer oberen Fläche 64 mm über der Bodenplatte des Wagenkastens angebracht ist (1.250 mm ü. SO). Die Befestigung erfolgt über auf der Bodenplatte aufgenietete Schienen mit eingeschobenen Distanzstücken. Die Holzplatte ist mit einer Hartpapierlaminat-Schicht versiegelt, auf die der 6,5 mm dicke Tep-

Fenstermontage im Bombardier-Werk Ammendorf: Deutlich ist die Seitenwand-Struktur zu erkennen.
Foto: Bombardier Transportation

pichboden verklebt ist. Der Teppichboden ist im Wandbereich wannenförmig hochgezogen. Der Einstiegsbereich ist mit einem schmutzabstreifenden Teppich ausgelegt.

Einbau der Seitenfenster

Das Fensterpaket hat eine Stärke von 37 mm und besteht aus einer äußeren und einer inneren Scheibe. Die äußere Scheibe besteht aus einer mit Sunstopp-Bronze getönten Scheibe mit einer Gesamtdicke von 12 mm, die aus einer 1. Außenscheibe aus Sicherheitsglas (Stärke 6 mm) Dicke und einer 2. Außenscheibe aus Verbund-Sicherheitsglas (Stärke 6 mm) besteht. Zwischen den Scheiben ist eine 0,76 mm dicke Folie aus Polyvinylbutyrol angebracht. Die 1. Außenscheibe hat mit Rücksicht auf die eckigen Blindfenster einen eckigen Zuschnitt, die 2. Außenscheibe ist bereits ausgerundet. Die innere Scheibe ist 9 mm dick. Beide Innenscheiben sind 4 mm dick und bestehen aus Verbund-Sicherheitsglas mit einer Gießharz-Zwischenschicht. Ein Aluminiumprofil stellt den Abstand von 16 mm zwischen äußerer und innerer Scheibe her. Das gesamte Fensterpaket ist in einem geschweißten und eloxierten Alu-Rahmen aus AlMgSi 0,5 F 22 eingefasst.

Um gegenüber der eckig ausgeführten 1. Außenscheibe den ausgerundeten Fensterrahmen zu kaschieren, ist auf der 2. Außenscheibe ein schwarzer Keramik-Siebdruck mit einer Breite von 50 mm aufgebracht. Da dieser Siebdruck kleinere Fenster suggeriert, wird damit dem Gesamtbild des Triebzugs gegenüber den ICE-Zügen der 1. , 2. und 3. Generation ein abweichender Touch verliehen.

Zwischen den Fenstern und zu den Wagenenden hin wird das ICE-Gesamtbild des durchgehenden Fensterbandes durch Blindfenster hergestellt. Die Blindfenster bestehen aus Sicherheitsglas mit einer Stärke von 6 mm. Auf der Rückseite sind ein schwarzer Siebdruck sowie eine Splitterschutzfolie angebracht. Die Montage der Fenster erfolgt analog der des ICE 3.

Es ist geplant, alle Wagen der Baureihen 411 und 415 mit je drei bis vier Notausstiegsfenstern der Firma Trösch in Biel (CH) auszurüsten. Die Notfenster haben im oberen Bereich in der Mitte ein schwarzes Feld, welches mit einem Nothammer eingeschlagen werden muss. Hierauf bildet sich eine Sollbruchstelle, über die das Fenster entfernt werden kann. Nachdem beim ICE 1 ein Probeeinbau stattgefunden hat, ist zu erwarten, dass die vorhandenen Triebzüge des ICE 1 und 2 ebenfalls nachgerüstet werden. Für die Baureihe ICE 3 wird auf Grund des zylindrischen Fensterquerschnitts noch eine Lösung gesucht.

Einbau der Frontscheiben

Die sphärisch gewölbte Frontscheibe ist Teil des Designs des ICE T mit dem überrollbügel-ähnlichen Spriegel als Charakteristikum der neuen ICE-Generation. Der Spriegel teilt die Frontscheibe in zwei Teile. Die obere Fensterscheibe ist aus getöntem Glas. Die in dem Rohbau eingeklebten Frontscheiben aus Verbund-Sicherheitsglas sind beschusssicher; die Stärke beträgt 13,5 mm. In dem Spriegel ist ein elektrisch betätigtes Sonnenschutzrollo integriert.

Ein Blick von der Lounge der 1. Klasse in den Führerstand: Oberhalb des Überrollbügels ist die Scheibe getönt – im Gegensatz zum ICE 3, wo Lamellen vorgesehen sind. Foto: Konsortium ICNT

Einstiege und Außentüren

An Stelle von jeweils zwei Einstiegen links und rechts an den Wagenkastenenden, wie es bei den herkömmlichen Wagenkonzeptionen der Fall ist, wurden beim ICE T erstmals neue Wege beschritten und der so genannte Dritteleinstieg eingeführt. Das bedeutet, dass mit einigen Ausnahmen jeweils zwei Einstiege am Wagenkastenende und zwei Einstiege, von der Fahrzeugmitte betrachtet, vor dem jeweiligen Drehgestell angeordnet sind. Die Endeinstiege sind – mit Ausnahme vom Mittelwagen SR (1), Baureihe 411.1 – an den Wagenenden 1 angeordnet.

Die beiden Endwagen (Baureihen 411.0 und 415.0 bzw. 411.5 und 415.5) sowie der Bistrowagen (Baureihe 415.1) verfügen nur über je einen Dritteleinstieg. Der Restaurantwagen (Baureihe 411.2) verfügt mit Ausnahme der Versorgungstüren über keinen Einstieg.

Die Dritteleinstiege sind in erster Linie deshalb entstanden, um an den betreffenden Wagenkastenenden elektrische Geräte, für die auf Grund der Neigetechnik in den Bodenwannen kein Platz mehr vorhanden war, unterzubringen. Sie wurden ferner einem neuen Einteilungskonzept zu Nutze gemacht, in dem hier, unter der Bezeichnung »Service-Bereich«, Einrichtungen wie Toiletten, Groß-Gepäckablagen, Zub-Abteil sowie beim Bistrowagen 415.1 das Kleinkindabteil untergebracht wurden.

Die elektropneumatisch betätigten Schwenkschiebetüren der Dritteleinstiege geben eine lichte Öffnung von 900 mm frei. Die Türen der Endeinstiege sind auf Grund der kurzen Wagenüberhänge um 100 mm kleiner und geben somit nur eine lichte Öffnung von 800 mm frei. Der Einstieg ist auf eine Bahnsteighöhe von 760 mm abgestimmt. Über einen beweglichen außen liegenden Klapptritt kann auch von einer Bahnsteighöhe von 550 mm eingestiegen werden.

Ausstattung

Wie beim ICE 3 wurde bei der Ausstattung, z.B. bei Außenwänden von Funktionsräumen, Groß-Gepäckablagen und Schließfächern, Trennwänden, Tischen und in einigen Räumen bei den Wandvertäfelungen, nicht mit Holzfurnier gespart. Dadurch wird eine gewisse Behaglichkeit vermittelt. Bei den Holzvertäfelungen handelt es sich um Trägerelemente aus Honeycomb mit Buchenfurnier. Lediglich bei den Innen- und Außenverkleidungen der Toilettenräume sowie der Außenverkleidung der Galley wird statt Buchenfurnier ein passendes Kunststoffdekor verwendet. Die Innenverkleidungen und die Gepäckablagen entsprechen dem ICE 3.

Innentüren
Die Fahrgasträume sind durch über Bewegungsmelder gesteuerte und elektropneumatisch betätigte einfache und doppelte Schiebetüren von den Einstiegsräumen getrennt. Die reversiblen Türen schließen selbsttätig. Der Einklemmschutz funktioniert über den beim Einklemmen entstehenden Druckanstieg in dem Pneumatikantrieb. Die Schiebetüren bestehen aus Einscheiben-Sicherheitsglas mit einer Stärke von 10 mm.
Die Türen an den Übergängen sind teilweise antriebslos und in geöffneten Zustand arretiert. Innenverkleidungen und Gepäckablagen entsprechen der Ausführung des ICE 3.

Sitzanlagen
Auch die Sitzanlagen des ICE T lieferte die Firma Grammer. Alle Sitze in der 1. Klasse sind als Ledersitze ausgeführt. Die Sitze der 2. Klasse sind in der bekannten Velours-Ausführung gestaltet. Während die 1. Klasse-Sitze auf Grund der 2 + 1-Anordnung nahezu unverändert vom ICE 3 übernommen werden konnten, mussten bei den 2. Klasse Sitzen einige Kompromisse gemacht werden, da diese Sitze als Doppelsitz 15 mm schmaler gearbeitet wurden.
Mit Ausnahme von den Wagen FM (R), SR (B) und T 1 sind jeweils vier Vis-a-vis-Sitzgruppen mit Tischen eingerichtet. Die in der 1. Klasse angebrachten Tische sind so genannte Schmetterlingstische, bei denen die Vorderteile geteilt klappbar sind, damit der Fahrgast seinen Sitzplatz bequemer erreichen kann. Die Reihensitze in der 1. Klasse, ausgenommen in der Lounge, sind mit Video-Displays ausgestattet.

Beleuchtungseinrichtungen
Die Signalbeleuchtungen bestehen aus dem Dreilicht-Spitzensignal, wobei die obere Signalleuchte oberhalb der Frontscheibe hinter einer eingeklebten Blende angebracht ist. Innerhalb eines Reflektors befindet sich ein Fernlicht. Bei den Triebzügen Nr. 1580–1584 ist an dessen Stelle ein umschaltbares Weiß-Rot-Signal nach SBB-Vorschrift vorhanden. Die unteren Leuchteinheiten verfügen jeweils über zwei Reflektoren, wobei der obere Reflektor mit dem Fernlicht, der untere Reflektor mit dem umschaltbaren Abblend-Schlusslicht ausgerüstet ist. Neben den Leuchteinheiten befindet sich das Gitter für das Typhon.
Die Haupt- und Notbeleuchtung entspricht im weitesten Sinne der des ICE 3 und besteht aus in der Regel unterhalb der Gepäckablagen hinter einer Blende angebrachten Leuchtstoffröhren sowie an mehreren Stellen, u.a. in der Lounge, in Gängen oder den Einstiegsräumen in den Deckenverkleidungen eingelassen Halogenspots mit 20 W. Auch die als so genannte Hohlkehlenleuchte zwischen den Toiletten angebrachte Wandbeleuchtung wurde vom ICE 3 übernommen.

Toiletten-, Frisch und Abwasseranlagen
Der Triebzug verfügt über geschlossene Toilettensysteme, die nach dem Vakuumprinzip funktionieren. Ventile sichern die Druckdichtigkeit. Die Ventile die verhindern, dass über Belüftungs- und Absaugrohre ein Druckausgleich hergestellt werden kann.
Bei der Baureihe 411 sind insgesamt neun, bei der Baureihe 415 sechs Toiletten, einschließlich einer Personaltoilette und einer behindertengerechten Toilette auf die fünf bzw. drei Mittelwagen verteilt. Toilettenschüssel und Handwaschbecken sind wie beim ICE 3 aus Edelstahl und, wie der gesamte Toilettenraum, mit einer leicht zu reinigenden Kunststoffverkleidung versehen.
Die Fußböden in den Toilettenräumen bestehen aus einer Unterlage aus einem GFK-Divinylcell-Sandwich mit einer Echtstein-Einlage (Granit). Die Unterlage ist an den Wänden hochgezogen. Auf sie stützt sich die GFK-Wandverkleidung ab. Bei Verriegelung der Toilettenräume durch den Benutzer oder das Personal leuchtet an der entsprechenden Kopfwand des Großraumes ein rotes Transparent mit dem Schriftzug »Besetzt« auf.
In jedem der folgenden Wagen SR 1, M, FM, und SR befindet sich ein 320 l großer Frischwasserbehälter im Deckenbereich, während die 750 l fassenden Abwasserbehälter in der Bodenwanne untergebracht sind. Beidseitige Anschlüsse gewährleisten eine schnelle Ver- und Entsorgung. Die Volumina der Behälter sind auf einen eintägige Versorgungs- und einen dreitägigen Entsorgungszyklus abgestimmt. Bei 100 %iger Füllung des Abwasserbehälters oder sonstigen Störungen wird die Toilette abgeschaltet. Es erfolgt Rückmeldung an das Führerstandsdisplay und es leuchtet das rote »Besetzt«-Transparent auf.
Die Frisch- und Abwasseranlage der FM (R)- und SR (B)-Wagen weichen von den erstgenannten Wagen ab, da diese Wagen über einen größeren Frischwasser- und Abwasserhaushalt verfügen. Dabei sind die Anlagen beider Wagen unterschiedlich konzipiert. Beim FM (R) befindet sich in der Bodenwanne ein Frischwasserbehälter mit einem Volumen von 1.150 l. Zwei im Dachbereich angeordnete Tagesvorratsbehälter mit 45 l und 40 l sind mit dem Haupt-Frischwasserbehälter über einen ständig zirkulierenden Primär-Kreislauf miteinander verbunden. Die beiden Tagesbehälter versorgen in einem weiteren Sekundär-Kreislauf das Personal-WC bzw. die Verbraucher der Galley. In den Kreisläufen sind zwei UV-Entkeimer hinter den Pumpen angebracht. Durch diese Anordnung wird erreicht, dass Keimbildung durch stehendes Wasser vermieden wird.
Das Abwasser wird in einem 375 l großen, ebenfalls in der Bodenwanne untergebrachten und beheiztem Behälter gesammelt. In einem getrennten Behälter mit einem Volumen von 500 l wird das Grauwasser aus dem Galley-Bereich aufgenommen. Beide Behälter haben eigene Entsorgungsanschlüsse an beiden Wagenseiten.
Die Frisch- und Abwasseranlage des SR (B) besteht aus einem im Servicebereich aufgestellten Frischwasserbehälter mit einem Inhalt von 520 l zur Versorgung der Galley. Die Trinkwasserqualität wird durch eine UV-Entkeimungsanlage gewährleistet. Im Deckenbereich befinden sich zwei weitere Frischwasserbehälter mit einem Inhalt von 320 l zur Versorgung der Galley sowie 520 l zur Versorgung des Sanitärbereichs. Während die Abwasserbehälter mit einem Volumen von 375 l in der Bodenwanne untergebracht sind, befindet sich der Grauwasserbehälter mit einem Volumen von 500 l im Servicebereich gegenüber dem Frischwasserbehälter. Beide Behälter haben ebenfalls eigene Entsorgungsanschlüsse an beiden Wagenseiten.

Klimatisierung
Die FCKW-freie Klimaanlage wurde nach UIC-Vorschriften ausgelegt und gewährleistet ein angenehmes Raumklima bei Außentemperaturen von - 20 bis + 32 Grad. Im Prinzip funktioniert die Klimaanlage wie folgt: Ein über dem Servicebereich im Dach eingebautes Klima-Kompaktgerät (KKG) mit Heizregister und Kälteaggregat (Verdichter-Verflüssigersatz – VVS) saugt über Gitter die Außenluft an und mischt diese mit Umluft. Die entsprechend aufbereitete und temperierte Luft wird im Heizbetrieb über seitliche Deckenkanäle gefördert und über Bodenkanäle im Fußboden- und Fensterbereich ausgeblasen. Im Kühlbetrieb erfolgt das Einleiten und Ausblasen der klimatisierten Luft über einem mittig angeordneten Deckenkanal mit Lochdecke sowie am Boden und am Fenster. Die Abluft wird an beiden Großraumenden über Durchlässe im Service- bzw. Einstiegsbereich abgeführt und über das oberhalb des End-Einstiegsraumes angeordnete Fortluftgerät ins Freie geblasen. Das KKG und das Dach-Fortluftgerät sind mit Druckschutzeinrichtungen versehen, die im Druckschutzfall die Frischluftversorgung im Fahrgastraum gewährleisten. Zusätzlich sind im Servicebereich, in den Einstiegsbereichen und den Toiletten Umluftheizkörper installiert.
Dieses Prinzip gilt für alle Mittelwagen mit Ausnahme des Bistro- und Restaurant-Wagens. Hier sind eine gezielte Raumluft- und Abluftführung zu realisieren mit Rücksicht auf die Raucher- und Nichtraucherzonen sowie wegen eventueller Geruchsverschleppung aus der Galley. In den Bistro-

und Restauranträumen sowie im Kleinkind-Abteil sind Nachheizköper installiert.
Die Geräteanordnung der Endwagen T und T1 weicht von den Mittelwagen ab Zunächst ist das KKG gesplittet in ein in Fahrzeugmitte angeordnetes Luftbehandlungsgerät und einem VVS im Loungebereich. Beide Geräte sind im Dach untergebracht. Das Fortluftgerät befindet sich wegen der Stromabnehmerwanne am Wagenende nicht im Dach sondern, in Fahrtrichtung gesehen, in der jeweiligen rechten Seitenwand. Es ist erkennbar an dem schwarzen Gitter im Fensterband. Zusätzlich befindet sich im Loungebereich ein Luftbehandlungsgerät mit einem eigenen Fortluftgerät für den Führerraum.

Beschreibung der Wagen

Bei der Beschreibung der Wagen wird der Triebzug ausgehend vom Endwagen T 1 – WE 1 nach hinten zum Endwagen T betrachtet. Entsprechend sind die Positionsangaben (links, rechts, vorn, hinten) zu sehen. Die Wagenreihung ist so aufgebaut, dass jeweils ein WE 1 mit einem WE 2 gekuppelt ist. Die zweistellige Wagenordnungsnummer gibt den Platz des Wagens innerhalb der Reihung im Zugverband an. Da auf Grund des Flügelzugprinzips die Zehnerstelle (x) wechselt ist in der folgenden Aufstellung ausschließlich die eigentliche laufende Nummer angegeben.

ENDWAGEN T 1 –
WAGENORDNUNGSNUMMER. X8
Baureihe 411.0 und Baureihe 415.0
Die Baureihe 411.0 hat in der 1. Klasse insgesamt 41 Nichtraucher-Sitzplätze. Die Baureihe 415.0 hingegen bietet 41 Sitzplätze für Raucher und Nichtraucher. Der Wagen teilt sich auf in den Führerraum, die Lounge der 1. Klasse, den Einstiegsraum, den Großraum der 1. Klasse und den Verbindungsgang.
Der am WE 1 befindliche Führerstand ist weitestgehend mit dem des ICE 3 identisch. Lediglich die Betätigung der Klima-Einrichtungen auf dem seitlichen Zusatz-Bedienpult sind auf Grund eines abweichenden Klimakonzepts unterschiedlich angeordnet. Ferner sind die Führerpulte der Endwagen T 1/T der 415 080/580–415 084/584, der für Einsätze in der Schweiz vorgesehenen Triebzüge, mit einem Datenterminal und einer zentralen Anzeige für das Zugsicherungssystem ZUB 121 ausgerüstet.

Führertisch des ICE T. Foto: Riechers

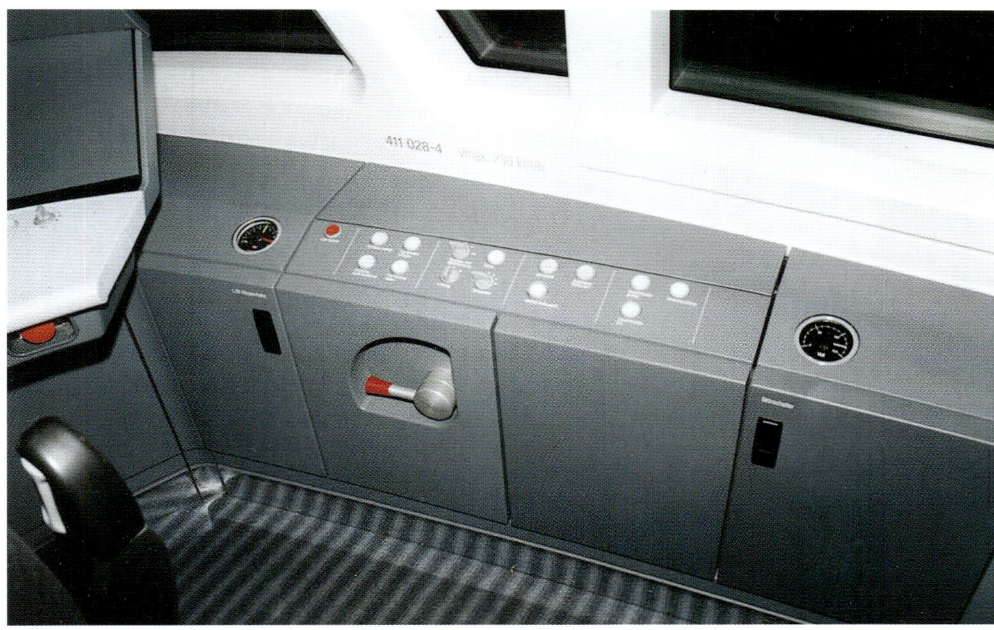

Das seitliche Bedienpult im ICE T. Foto: Riechers

Der Führerraum ist durch eine Glaswand mit Glastür von der Lounge abgetrennt und kann ausschließlich durch diese Tür betreten werden. Die Lounge bietet Platz für sechs Fahrgäste, die durch die Glaswand dem Triebzugführer über die Schulter schauen können. Das Glas der Trennwand ist wie beim ICE 3 aus elektrochromen Glas hergestellt. Dadurch ist es möglich, die Scheibe durch eine entsprechende Schaltung blind zu schalten. In der rechten hinteren Ecke ist eine Garderobe für die Fahrgäste, auf der linken Seite auch ein Thermofach für den Lokführer vorgesehen.
Die Lounge hat sechs Sitzplätze und ist durch eine Glaswand mit einer einflügeligen Glas-Schiebetür vom Einstiegsraum getrennt. Diese Schiebetür wird innerhalb der Lounge über einen Bewegungsmelder pneumatisch geöffnet, vom Einstiegsraum aus durch eine Berührungsfläche.
Im Einstiegsraum ist auf der rechten Seite die innere Zuglaufanzeige angebracht. Sie gibt Auskunft über Zugart, Zugnummer und Zugname, die Wagenordnungsnummer, den Laufweg mit Start- und Zielbahnhof sowie wichtigen Zwischenbahnhöfen, den nächsten Haltebahnhof mit fahrplanmäßiger Ankunftszeit und Ausstiegsseite sowie aktuellen Informationen (z.B. Uhrzeit, Geschwindigkeit).

Der Notsitz für den Beimann im Führerstand des ICE T. Foto: Riechers

Der Einstiegsraum und der Großraum sind ebenfalls durch eine Glaswand mit einer einflügeligen Glas-Schiebetür von einander getrennt. Oberhalb der Trennwand zum Einstiegsraum ist das Großraum-Anzeige-Display angebracht mit Informationen über Zugart, Zugnummer und Zugname, die Wagenordnungsnummer, den Laufweg mit Start- und Zielbahnhof sowie wichtigen Zwischenbahnhöfen, den nächsten Haltebahnhof mit fahrplanmäßiger Ankunftszeit und Ausstiegsseite, aktuelle Informationen (z.B. Uhrzeit, Geschwindigkeit), und sonstigen allgemeinen Informationen oder Werbung.

Der Großraum umfasst 35 Sitzplätze. Innerhalb des Großraumes sind, im hinteren Bereich links, zwei Abteile mit Schiebetüren vorgesehen. Die Abteile bieten Platz für zweimal vier Fahrgäste. Zwischen den Sitzplätzen sind so genannte Schmetterlingstische angebracht. Die Seitenwände der Abteile sind jeweils nach vorne und hinten um eine Sitzplatztiefe verlängert, wodurch quasi zwei Halbabteile mit zweimal drei Sitzplätzen um jeweils einen Schmetterlingstisch entstanden sind. Die Abteilwände sind mit Rücksicht auf eine gleichmäßige Ausführung der Klimaanlage nur dreiviertelhoch ausgeführt. Die Schiebetüren verfügen über einen pneumatischen Unterflurantrieb. Hierbei müssen die Türen lediglich angeschoben werden, danach erfolgt ihre weitere Bewegung selbsttätig.

Im vorderen Teil des Großraumes sind die Sitzplätze in der Aufstellung 2 + 1 angeordnet mit zwei Tischgruppen. Im hinteren Teil, den Abteilen gegenüber sind Einzelsitze in zwei Vis-a-vis-Gruppen mit Tischen und in Reihenbestuhlung angeordnet.

Bei den T 1-Wagen der Baureihe 415.0 sind die letzten fünf Sitzplätze einschließlich den Sitzplätzen im hinteren Halbabteil den Rauchern vorbehalten. Da sich das Fortluftgerät im anschließenden Verbindungsgang befindet, können die weiter vorne sitzenden Nichtraucher nicht belästigt werden. Alle Reihensitze der 1. Klasse sind mit Video-Displays ausgestattet. An dem Übergang zum hinteren Verbindungsgang ist ein weiteres Großraum-Anzeige-Display vorgesehen.

In dem hinteren Verbindungsgang zum Übergang (WE 2) sind beidseitig E-Schränke sowie Schränke für FIS, LZB und ZUB 262 angeordnet. In diesen Schränken sind auch beidseitig die Verbindungskanäle der Stromabnehmerportale vorgesehen. Ursprünglich war daran gedacht, die Stromabnehmer analog der italienischen ETR 450 bis 480 auszuführen (siehe Seite 175). In der Endphase der Entwicklung fanden die Siemens-Ingenieure jedoch eine bessere Lösung, die nur noch eine Stange auf der linken Seite erforderlich machte. In dem rechten Schrank sind ferner Feuerlöscher, Notleiter, Abfallentsorgung und Schließfächer untergebracht. Auf der linken Seite befinden sich die Groß-Gepäckablagen. Neben

Ein Blick in ein Abteil der 1. Klasse mit den dreiviertelhohen Wänden. Foto: Riechers

dem Schacht für den Stromabnehmer befindet sich das Fortluftgerät.

Die Übergangsschiebetüren werden über einen Bewegungsmelder geöffnet und schließen selbsttätig. Der elektropneumatische Antrieb kann abgeschaltet, die Türen in geschlossener Stellung mit einem Vierkant blockiert werden.

Auf dem Dach befindet sich am WE 2 der Stromabnehmer und die Hochspannungsanlage, bestehend u.a aus Hauptschalter, Trennschalter, Oberspannungswandler und Oberstromwandler. Die Siemens-Stromabnehmer vom Typ SSS 87-AE (ohne Isolierhorn) sind auf Grund ihrer Schleifleistenbreite (1.950) mm ausschließlich für den Betrieb auf deutschen Strecken einsetzbar. Fünf Endwagen (415.080–084) sind mit dem Stromabnehmer SSS 87-SSB (mit SSB-Isolierhorn und einer Schleifleistenbreite von 1.450 mm) für den Betrieb auf schweizerischen Strecken ausgerüstet.

Die Montage der Stromabnehmer ist eine auf die Neigetechnik abgestimmte Besonderheit. Die Dreipunktbefestigung erfolgt nicht direkt auf dem Dach sondern auf einem an vier Pendeln aufgehängten Rahmen. An der linken Wagenseite ist dieser Rahmen über eine Lenker-Hebelkonstruktion und eine Stange mit dem nichtneigenden Teil des Drehgestells verbunden. Über diese Konstruktion bewegt sich der Stromabnehmer in Relation zum Wagenkasten immer entgegen der Neigerichtung, d.h. in Richtung des Außenbogens. Dadurch wird gewährleistet, dass die Stromabnehmerwippe niemals auch beim Zusammentreffen ungünstiger Lagetoleranzen nicht vom Fahrdraht abkommt.

Am WE 2 befindet sich ferner ein Stützisolator für die Überleitung der Hochspannungs-Dachleitung zum benachbarten Wagen. Zum WE 1 hin ist je eine Antenne für Datenfernübertragung (DFÜ), Zugfunk (ZF) und D-Netz angebracht.

In der Bodenwanne sind, der Reihe nach, die folgenden wichtigsten Geräte untergebracht: Hauptluftbehälter, Querfedermodul mit Luftbehälter, Hydraulik-Neigesystem, Ausgangsstromrichter, Luftaufbereitungsanlage mit Haupt- und Hilfsluftpresser, Gerätekasten für Schaltgeräte, Haupttrafo mit Kühlanlage, Zugsammelschienenumrichter, Querfedermodul mit Luftbehälter, Bremsgerätetafel und diverse Luftbehälter.

MITTELWAGEN SR(1) – WAGENORDNUNGSNUMMER X7

Baureihe 411.1

Dieser kombinierte 1./2.-Klasse- Wagen hat 59 Sitzplätze (Raucher). Das Fahrzeug ist unterteilt in den Servicebereich, den Einstiegsraum, den Großraum 1. Klasse, den Großraum 2. Klasse und den Einstiegsraum WE 2.

Den Wagen betritt der Fahrgast durch den Servicebereich, in dem sich auf der rechten Seite E-

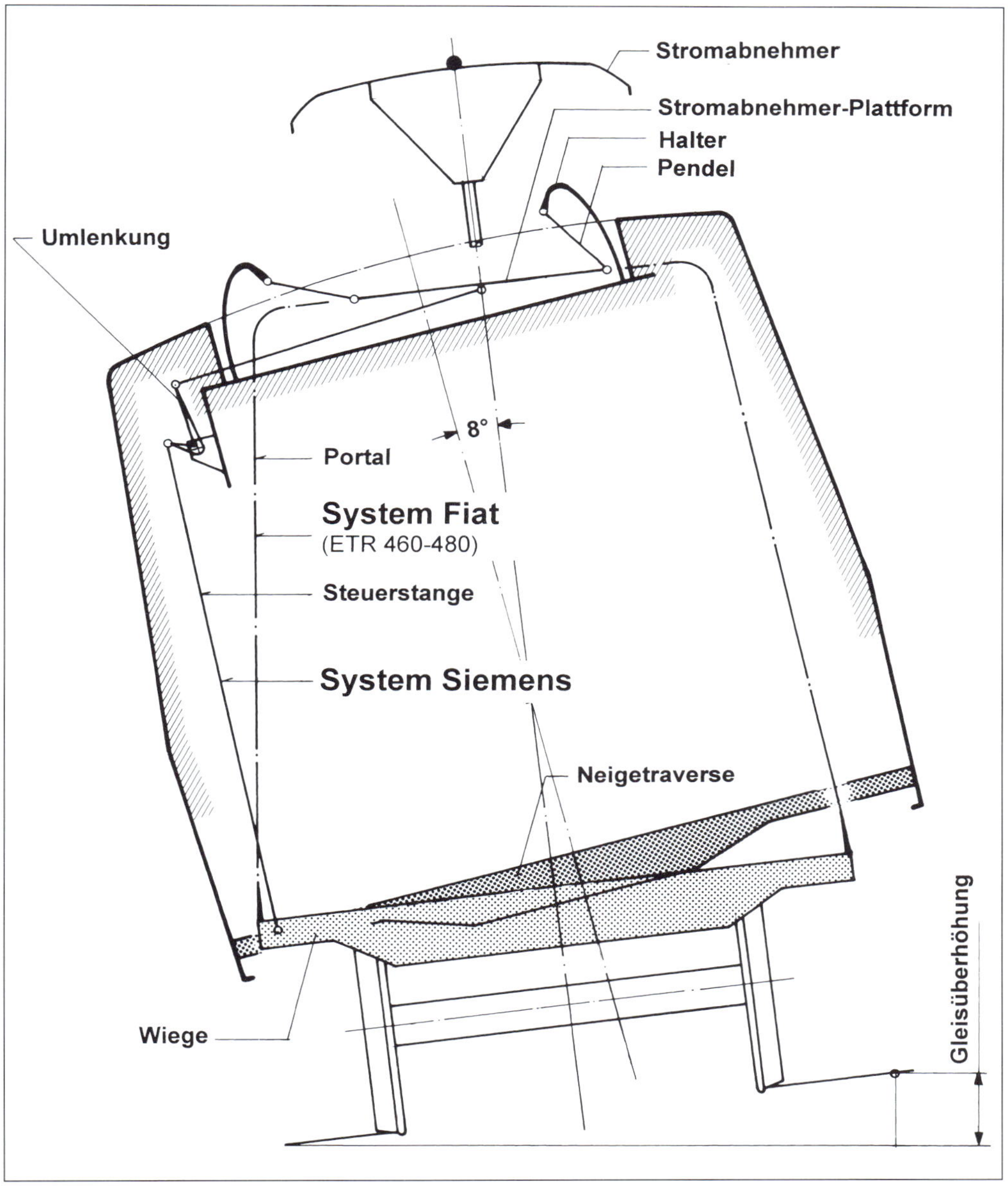

Vergleich zwischen der Stromabnehmerbefestigung Fiat mit der Nachführeinrichtung von Siemens.
Abbildung: Riechers

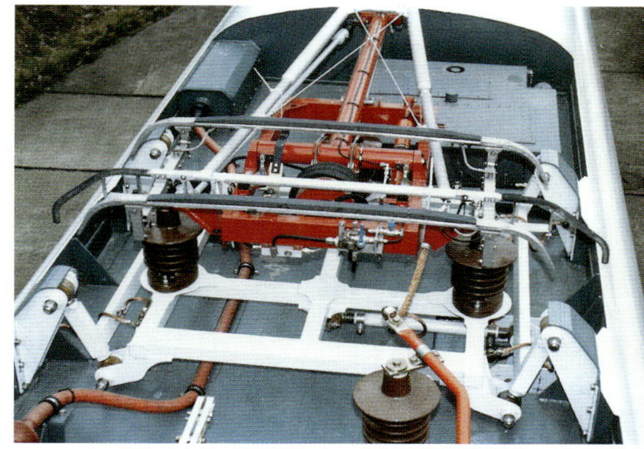

Der Stromabnehmer des ICE T: Die Aufnahme zeigt deutlich die Stromabnehmer-Plattform, die über Pendel an den seitlichen Haltern befestigt ist. Unterhalb des rechten vorderen Isolators ist die obere Steuerstange sichtbar, die rechts an der Umlenkung (gerade noch sichtbar) befestigt ist. Foto: Konsortium ICNT

Schränke, der FIS-Schrank, die Abfallentsorgung, die Feuerlöscher und ein Groß-Gepäckregal befinden. Auf der linken Seite sind zwei Standard-Toiletten, ein Groß-Gepäckregal und eine Telefonzelle. Im Einstiegsraum befindet sich an der rechten Trennwand das RIA-Gerät mit Drucker. An der Wand zur Telefonzelle sitzt sich die innere Zuglaufanzeige.

Eine Glastrennwand mit einer einflügeligen Schiebetür trennt der Einstiegsraum vom 1. Klasse-Großraum mit zwölf Sitzplätzen in der Aufstellung 2 + 1 ab. Auf der linken Seite sind zwei Reihen Einzelsitze und eine Vis-a-vis-Sitzgruppe mit Tisch, auf der rechten Seite zwei Reihen Doppelsitze und eine Vis-a-vis-Sitzgruppe mit Tisch vorgesehen.

Oberhalb der Trennwand ist das Großraum-Anzeige-Display angebracht. Der 2. Klasse-Großraum ist ebenfalls durch eine einflügelige Glas-Schiebetür vom 1. Klasse-Großraum getrennt. Im Großraum sind beidseitig jeweils drei Vis-a-vis-Sitzgruppen mit Tisch vorgesehen, alle anderen Sitze sind in Reihenbestuhlung angeordnet.

Die vorstehend beschriebene Einrichtung entspricht dem Ablieferzustand. Je nach dem zu erwartenden Fahrgastaufkommen kann dieser Wagen als reiner 1. oder 2. Klasse-Wagen eingerichtet werden, auch eine Teilung in ein Viertel 2. Klasse und Dreiviertel 1. Klasse ist denkbar.

Den Großraum schließt eine Glastrennwand mit einer zweiflügeligen Schiebetür ab. Oberhalb der Glastrennwand befindet sich ein weiteres Großraum-Anzeige-Display. Im Einstiegsraum rechts neben der Türbedieneinheit ist ein weiteres Zuglaufdisplay angebracht.

An den WE 1 und 2 befinden sich auf dem Dach die Endverschlüsse der Hochspannungs-Dachleitung sowie die Stützisolatoren für die Überleitung zum jeweils benachbarten Wagen. Zum WE 1 hin ist eine Antenne für das D-Netz angebracht. In der Bodenwanne befinden sich der Reihe nach die Hauptluftbehälter, das Querfedermodul mit Luftbehälter, der Fahrmotor mit Gelenkwelle und Lüfter, der Abwasserbehälter, der Traktionsstromrichter mit Kühler, der Ausgangsstromrichter, das Hydraulik-Neigesystem, ein weiterer Fahrmotor mit Gelenkwelle und Lüfter, das zweite Querfedermodul mit Luftbehälter, die Bremsgerätetafel und diverse Luftbehälter.

MITTELWAGEN SR (B) – WAGENORDNUNGSNUMMER X7

Baureihe 415.1

Der 2. Klasse-Bistro-Wagen bietet 22 Sitzplätze für Nichtraucher und Raucher. Die Inneneinrichtung besteht aus dem Servicebereich, dem Einstiegsraum, der Galley genannten Bordküche, dem Bistro, dem Großraum der 2. Klasse und dem Verbindungsgang.

Das Bistro mit geschlossenem Rollo im Mittelwagen SR (B) der Baureihe 415. Foto: Riechers

Der Wagen wird betreten durch den Servicebereich am WE 1, in dem sich auf der rechten Seite eine Standard-Toilette und das Kleinkindabteil befinden. Auf der linken Seite ist eine Telefonzelle eingerichtet. Ferner befindet sich dort ein Feuerlöscher.

Das Kleinkindabteil hat sechs Sitzplätze, davon sind vier um einen Tisch gruppiert. In der hinteren Ecke steht eine Schaukel-Motorrad, als Trennwand fungiert eine Spielwand der Firma Ravensburger. Das Reservierungsdisplay befindet sich außerhalb des Abteils. Das Kleinkindabteil verfügt über Leseleuchten. Die manuell zu betätigende einflügelige Schiebetür zum Kleinkindabteil ist pneumatisch unterstützt.

Im Einstiegsraum befindet sich an der Wand zum Kleinkindabteil das RIA-Display mit Drucker. Ein Seitengang neben der Galley verbindet den Einstiegsraum mit dem Bistro. Zur Bevorratung der Galley ist im Einstiegsraum eine Drehtür angebracht. Eine weitere Drehtür befindet sich im Bistrobereich.

Legende:

1. Geschirrschrank
2. Boiler m. Mischbatterie
3. Geschirrkörbe f. Spülmaschine
4. Handwaschbecken
5. Vorspülbecken
6. Abfallauszug (Quadronales Abfallsystem)
7. Geschirrspülmaschine
8. Geschirr-Wärmeschrank
9. Dunstabzug
10. Ceran-Kochfeld

10a. Schlingerrand

11. Besteck-Schublade
12. Messerblock
13. Vorratsfach f. Kaffee und Tee
14. Kaffee-/Tee-Brühmaschine
15. Tassen
16. Tassen-Wärmeschrank
17. Trolley ungekühlt
18. Kaffee-Spezialitätenmaschine
19. Warmhalteplatte Kaffee
20. Tiefkühlfach (-18° bis -22°)
21. Vitrine gekühlt
22. Einhängegestell f. Gläser
23. Zapfanlage (1× Bier, 3 × alkoholfr. Getränke)
24. Flaschenauszug, gekühlt
25. Stauraum für Getränkefässer
26. Theken-Oberbau mit Rolladen
27. Theke
28. Spüle für Gläser (Kaltwasser)
29. Fach f. Feuerlöscher
30. Abfallauszug (Nass-Abfälle und Asche)
31. Kassenschrank
32. Mikrowelle
33. Steamer
34. Körbe f. Steamer
35. Arbeitsfläche
36. Sonderkühlschrank
37. Pumpenschrank
38. E-Schrank
39. Trolley gekühlt
40. Fächer f. Betriebsbuch, Reinigungsmitteln u. Wertsachen

Dr. Drehtür

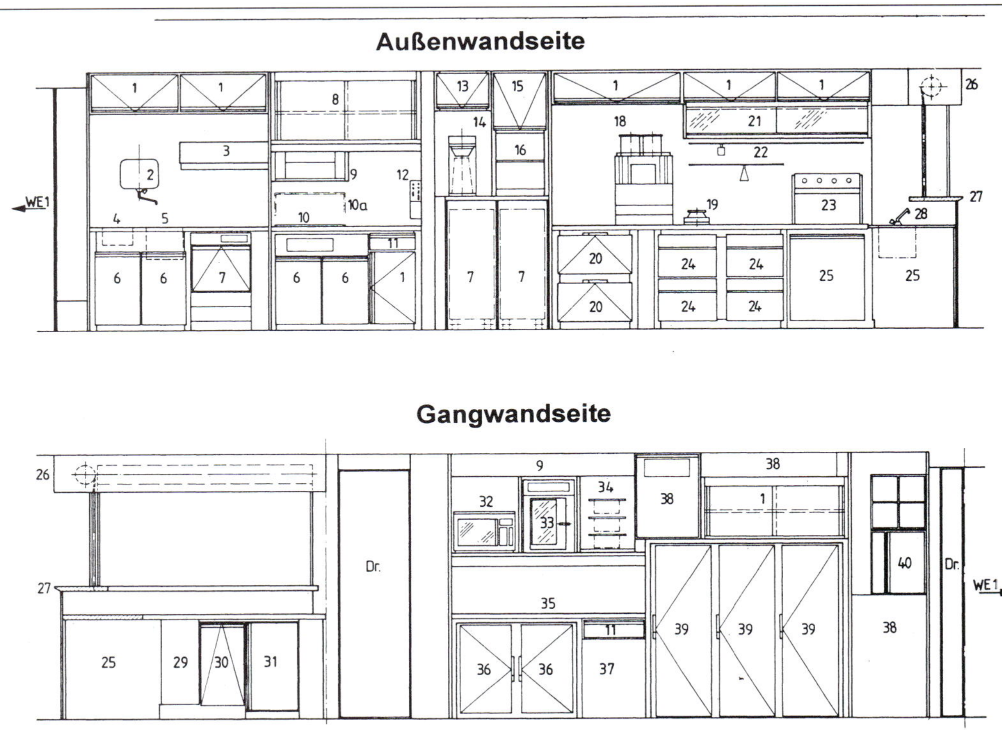

Die Galley des ICE T im SR (B)-Wagen (Baureihe 415.1). Abbildung: Riechers

Das Bistro (Raucherbereich) hat eine Ausgabetheke mit Kaffeemaschine und Zapfanlage für Bier und drei alkoholfreie Getränke. An beiden Seiten sind neben dem Fenster jeweils zwei Stehtische mit gepolsterten Rückenstützen angebracht. Die Einrichtung der Galley und der Bistro-Ausgabetheke stammen von dem Großküchenhersteller Kiesel in Schwaig (b. Nürnberg). Aufstellung und Anordnung der Geräte sind der Zeichnung zu entnehmen. Die gesamten Kühlanlagen sind FCKW-frei.

Das Abteil der 2. Klasse wird von jeweils einer Trennwand mit zweiflügeligen Glasschiebetüren sowohl vom Bistro als auch vom Verbindungsgang zum Übergang am WE 2 abgetrennt. Die Schiebetüren zum Bistro werden über eine Berührungsfläche betätigt. Im 2. Klasse-Abteil sind 16 Sitzplätze in jeweils zwei Vis-a-vis-Sitzgruppen mit Tisch vorhanden. Durch die Nähe zur Galley wäre eine Am-Platz-Bedienung möglich.

Oberhalb der Trennwand zum Verbindungsgang ist das Großraum-Anzeige-Display angebracht. In dem Verbindungsgang befinden sich auf der rechten Seite ein E-Schrank, ein Kleiderschrank und der Grauwasserbehälter. Auf der linken Seite sind eine Standard-Toilette für das Personal sowie der Frischwasserbehälter angeordnet.

Auf dem Dach befinden sich an den WE 1 und 2 die Endverschlüsse der Hochspannungs-Dachleitung sowie die Stützisolatoren für die Überleitung zum jeweils benachbarten Wagen. Zum WE 1 hin ist eine Antenne für das D-Netz angebracht.

In der Bodenwanne sind der Reihe nach die folgenden Geräte untergebracht: Hauptluftbehälter, das Querfedermodul mit Luftbehälter, der Fahrmotor mit Gelenkwelle und Lüfter, die Abwasserbehälter, die Batterieladeeinrichtung mit DC/DC-Wandler, die Kühlanlage der Galley, der Traktionsstromrichter mit Kühler, der Ausgangsstromrichter, das Hydraulik-Neigesystem, der zweite Fahrmotor mit Gelenkwelle und Lüfter, das zweite Querfedermodul mit Luftbehälter, die Bremsgerätetafel und diverse Luftbehälter.

MITTELWAGEN FM(R) –
WAGENORDNUNGSNUMMER X6

Baureihe 411.2

Der Wagen der 2. Klasse mit Restaurant biete in der Aufteilung Nichtraucher-Raucher-Nichtraucher 6 + 24 Sitzplätze. Der Wagen ist unterteilt in ein Restaurant, eine Galley, ein Bistro und einen Servicebereich. Elektropneumatisch über Bewegungsmelder betätigte Übergangsschiebetüren schließen das Restaurant vom Übergang ab.

Vor dem Restaurant befinden sich auf beiden Seiten jeweils ein E-Schaltschrank, auf der rechten Seite zudem ein Garderobenschrank. Das Restaurant mit 24 Nichtraucher-Sitzplätzen in vier Tischgruppen mit Sitzanordnung 2 +1 hat ausschließ-

Ein Blick in die Galley im Mittelwagen FM (R) der Baureihe 411. Dieser Bereich der Galley ist identisch mit der Galley des Mittelwagens SR (B) der Baureihe 415. Foto: Riechers

lich Sitzbänke auf Unterkästen. Die erste und die letzte Doppelsitzbank sind mit einer Befestigungsmöglichkeit für einen Kindersitz versehen. Zwei Kindersitze sind im Unterkasten der ersten Doppelsitzbank untergebracht, hiervon kann einer der Sitze bei Bedarf im Kleinkindabteil verwendet werden. Diese Kindersitze sind aus Holz und werden über zwei Einsteckstifte arretiert. Der Sitz ist mit einem Dreipunkt-Sicherheitsgurt des Systems »Fastex« versehen.

Eine Drehtür trennt die Gallley vom Restaurant. In beiden Außenwänden sind Versorgungstüren

Der Großraum in der 2. Klasse. Die hier gezeigte Einteilung des Mittelwagens M der Baureihe 411 ist mit der Einteilung der Mittelwagen SR der Baureihen 411 und 415 identisch. Foto: Konsortium ICNT

Legende:

1. Geschirrschrank
2. Boiler m. Mischbatterie
3. Geschirrkörbe f. Spülmaschine
4. Handwaschbecken
5. Vorspülbecken
6. Abfallauszug (Quadronales Abfallsystem)
7. Geschirrspülmaschine
8. Geschirr-Wärmeschrank
9. Dunstabzug
10. Ceran-Kochfeld

10a. Schlingerrand

11. Besteck-Schublade
12. Messerblock
13. Vorratsfach f. Kaffee und Tee
14. Kaffee-/Tee-Brühmaschine
15. Tassen
16. Tassen-Wärmeschrank
17. Trolley ungekühlt
18. Kaffee-Spezialitätenmaschine
19. Warmhalteplatte Kaffee
20. Tiefkühlfach (-18° bis -22°)
21. Vitrine gekühlt
22. Einhängegestell f. Gläser
23. Zapfanlage (1× Bier, 3 × alkoholfr. Getränke)
24. Flaschenauszug, gekühlt
25. Stauraum für Getränkefässer
26. Theken-Oberbau mit Rolladen
27. Theke
28. Spüle für Gläser (Kaltwasser)
29. Fach f. Feuerlöscher
30. Abfallauszug (Nass-Abfälle und Asche)
31. Kassenschrank
32. Mikrowelle
33. Steamer
34.
35. Arbeitsfläche
36. Sonderkühlschrank
37. Pumpenschrank
38. E-Schrank
39. Trolley gekühlt
40. Fächer f. Betriebsbuch, Reinigungsmitteln u. Wertsachen
41. Klapptisch
42. Kellneroffice

Dr. Drehtür

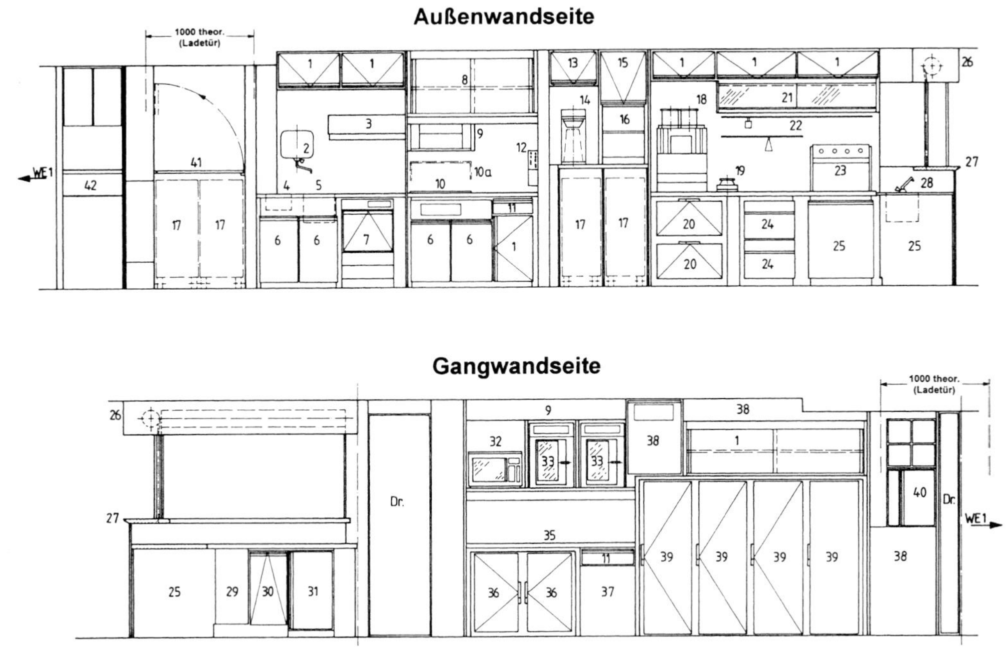

Die Galley des ICE T im FM (R)-Wagen (Baureihe 411.2). Abbildung: Riechers

vorgesehen, die von der Ausführung her mit den Einstiegstüren identisch sind. Eine dieser Versorgungstüren befindet sich innerhalb der Galley, die andere befindet sich räumlich gegenüber der Galley-Drehtür.

Die gesamten Kühlanlagen der Galley sind FCKW-frei. Das Bistro (Raucherbereich) hat eine Ausgabetheke mit Kaffeemaschine und Zapfanlage für Bier und drei alkoholfreie Getränke. Auf der linken Seite neben dem Fenster ist ein Stehtisch mit gepolsterten Rückenstütze angebracht. Die Einrichtung von Galley und Bistro-Ausgabetheke lieferte ebenfalls die Firma Kiesel.

An das Bistro schließt sich der Service-Bereich mit dem Kleinkind-Abteil (Nichtraucher) an. Von den sechs Sitzplätzen sind vier um einen Tisch gruppiert. In der hinteren Ecke steht ein Schaukel-Motorrad, als Trennwand fungiert eine Spielwand der Firma Ravensburger. Das Reservierungsdisplay befindet sich außerhalb des Abteils. Das Kleinkindabteil verfügt über Leseleuchten. Die manuell zu betätigende einflügelige Schiebetür zum Kleinkindabteil ist pneumatisch unterstützt. Im Anschluss an das Kleinkindabteil wurde eine Standard-Toilette und rechts ein Personal-Kleiderschrank eingerichtet.

An den WE 1 und 2 des Daches befinden sich die Endverschlüsse der Hochspannungs-Dachleitung sowie die Stützisolatoren für die Überleitung zum jeweils benachbarten Wagen.

In der Bodenwanne sind, der Reihe nach der Grauwasserbehälter, die Hauptluftbehälter, das Querfedermodul mit Luftbehälter, der Fahrmotor mit Gelenkwelle und Lüfter, das Hydraulik-Neigesystem, der Ausgangsstromrichter, die Kühlanlage der Galley, die Batteriekästen und Batterieladeeinrichtung, der Gerätekasten für die Schaltgeräte, der Frischwasserbehälter (1.150 l), die Abwasserbehälter, der zweite Fahrmotor mit Gelenkwelle und Lüfter, das zweite Querfedermodul mit Luftbehälter, die Bremsgerätetafel und diverse Luftbehälter untergebracht.

MITTELWAGEN M – WAGENORDNUNGSNUMMER X4

Baureihe 411.8

Der Mittelwagen der 2. Klasse hat 64 Nichtraucher-Sitzplätze. Der Wagen teilt sich auf in Einstiegsraum, Großraum 2. Klasse, Einstiegsraum und Servicebereich. Im Einstiegsraum ist auf der linken Seite neben den Tür-Bedieneinheit die innere Zuglaufanzeige angebracht.

Der Großraum ist vom Einstiegsbereich durch eine Glaswand mit einer Doppel-Schiebetür getrennt. Diese Schiebetür wird beidseitig über einen Bewegungsmelder pneumatisch geöffnet. Die mit einem Einklemmschutz versehenen Türen schließen selbsttätig. Oberhalb der Trennwand zum Einstiegsraum ist das Großraum-Display angebracht.

Im Großraum sind beidseitig jeweils vier Vis-à-vis-Sitzgruppen mit Tisch vorgesehen. Alle andere Sitze sind in Reihenbestuhlung angeordnet. Der Großraum wird durch einen Glastrennwand mit einer über Bewegungsmelder betätigten Schiebetür abgeschlossen. Oberhalb der Glastrennwand befindet sich ein weiteres Großraum-Anzeige-Display. Im Einstiegsraum ist auf der rechten Seite neben den Tür-Bedieneinheit die innere Zuglaufanzeige angebracht.

Im Servicebereich sind auf der linken Seite drei Klappsitze vorgesehen. Daneben befindet sich der FIS-Schrank, die Abfallentsorgung und E-Schränke. An der Wand zum FIS-Schrank ist das RIA-Terminal angebracht. Auf der rechten Seite befindet sich zunächst das Groß-Gepäckregal, daneben schließen sich zwei Standard-Toiletten an. Auf dem Dach befinden sich an den WE 1 und 2

die Endverschlüsse der Hochspannungs-Dachleitung sowie die Stützisolatoren für die Überleitung zum jeweils benachbarten Wagen.
In der Bodenwanne sind der Reihe nach diverse Luftbehälter, die Bremsgerätetafel, das Querfedermodul mit Luftbehälter, der Hauptluftbehälter, das Hydraulik-Neigesystem, der Ausgangsstromrichter, der Gerätekasten der Schaltgeräte, die Luftaufbereitungsanlage mit Hauptluftpresser, der Abwasserbehälter und das zweite Querfedermodul mit Luftbehälter untergebracht.

MITTELWAGEN FM – WAGENORDNUNGSNUMMER X3
Baureihe 411.7/415.7
Der 2. Klasse-Wagen verfügt über 62 Sitzplätze (Nichtraucher). Der Wagen ist unterteilt in einen Einstiegsraum, einen Großraum 2. Klasse, ein zweiten Einstiegsraum und den Servicebereich. Im Einstiegsraum ist auf der linken Seite neben den Tür-Bedieneinheit die innere Zuglaufanzeige angebracht.
Eine Glaswand mit einer Doppel-Schiebetür trennt Großraum und Einstiegsraum. Oberhalb der Trennwand zum Einstiegsraum ist das Großraum-Anzeige-Display angebracht.
Im Großraum sind beidseitig jeweils vier Vis-a-vis-Sitzgruppen mit Tisch vorgesehen. Alle andere Sitze sind in Reihenbestuhlung angeordnet. Etwa in der Wagenmitte befindet sich auf Kosten einer Sitzreihe eine Groß-Gepäckablage.
Der Großraum wird abgeschlossen durch eine Glastrennwand mit einer zweiflügeligen Schiebetür. Oberhalb der Glastrennwand befindet sich ein weiteres Großraum-Anzeige-Display. Im Einstiegsraum ist auf der rechten Seite neben den Tür-Bedieneinheit die innere Zuglaufanzeige angebracht.
Im Servicebereich befinden sich auf der linken Seite Feuerlöscher sowie Notfallkoffer und Notfallbehälter, eine Vitrine, das Kuriergutfach, die Abfallentsorgung und E-Schränke. Auf der rechten Seite ist das Zub-Abteil auch Service-Point genannt. Im Zub-Abteil sind neben der FIS-Zentrale zwei Videogeräte, drei CD-Wechsler, drei Rundfunkempfänger und ein Faxgerät vorhanden. Eingehende Faxe werden gespeichert und veranlassen einen Personenruf. Sie können auf Normalpapier ausgedruckt werden.
Neben dem Zub-Abteil befinden sich zwei Standard-Toiletten.
An den WE 1 und 2 des Daches befinden sich die Endverschlüsse der Hochspannungs-Dachleitung sowie die Stützisolatoren für die Überleitung zum jeweils benachbarten Wagen. Zum WE 1 hin sind die folgenden sechs Antennen angebracht: D/E-Netz, Audio 2, Audio 1, BOS[4], D-Netz, D+C-Netz.

[4] Behörden-, Ordnungs- und Sicherheitsdienst

In der Bodenwanne sind der Reihe nach diverse Luftbehälter, die Bremsgerätetafel, das Querfedermodul mit Luftbehälter, der Fahrmotor mit Gelenkwelle und Lüfter, das Hydraulik-Neigesystem, die Batteriekästen und Batterieladeeinrichtung, der Gerätekasten für die Schaltgeräte, der Ausgangsstromrichter, der Abwasserbehälter, der zweite Fahrmotor mit Gelenkwelle und Lüfter, das zweite Querfedermodul mit Luftbehälter und die Hauptluftbehälter untergebracht.

MITTELWAGEN SR – WAGENORDNUNGSNUMMER X2
Baureihe 411.6/415.6
Der Wagen der 2. Klasse hat 62 Sitzplätze (Nichtraucher). Der Wagen teilt sich wie folgt auf: Einstiegsraum, Großraum 2. Klasse, Einstiegsraum und Servicebereich. Im Einstiegsraum ist auf der linken Seite neben den Tür-Bedieneinheit die innere Zuglaufanzeige angebracht. Der Großraum ist vom Einstiegsraum durch eine Glaswand mit einer zweiflügeligen Schiebetür getrennt. Oberhalb der Trennwand zum Einstiegsraum ist das Großraum-Anzeige-Display angebracht.
Im Großraum sind auf der rechten Seite vier, auf der linken Seite drei Vis-a-vis-Sitzgruppen mit Tisch vorgesehen. Alle andere Sitze sind in Reihenbestuhlung angeordnet. Im hinteren Bereich links ist auf Kosten einer Sitzreihe Platz für ein Rollstuhl mit einem höhenverstellbaren Tisch vorgesehen. Der Großraum wird abgeschlossen durch eine Glastrennwand mit einer elektropneumatisch betätigten einflügeligen Schiebetür. Oberhalb der Glastrennwand befindet sich ein weiteres Großraum-Anzeige-Display.
Im Einstiegsraum ist auf der rechten Seite neben den Tür-Bedieneinheit die innere Zuglaufanzeige angebracht. Im Servicebereich befinden sich auf der linken Seite das RIA-Gerät, der FIS-Schrank, Feuerlöscher, E-Schränke sowie die Abfallentsorgung. Auf der rechten Seite ist die Behindertentoilette, daneben schließen sich eine Standard-Toilette und eine Groß-Gepäckablage an. Auf dem Dach an den WE 1 und 2 befinden sich die Endverschlüsse der Hochspannungs-Dachleitung sowie die Stützisolatoren für die Überleitung zum jeweils benachbarten Wagen. In der Bodenwanne sind, in umgekehrter Reihenfolge, die gleichen Geräte untergebracht wie beim Mittelwagen SR 1.

ENDWAGEN T – WAGENORDNUNGSNUMMER X1
Baureihe 411.5 und Baureihe 415.5
Die Wagen der Baureihe 411.5 und 415.5 bieten jeweils 63 Sitzplätze in der 2. Klasse. Während die BR 411-5 nur Nichtraucher-Plätze hat, gibt es bei der BR 415.5 Plätze für Raucher und Nichtraucher. Der Wagen teilt sich auf in einen Verbindungsgang, einen Großraum 2. Klasse, einen Einstiegsraum, eine Lounge 2. Klasse und einen Führerraum. Der Zugang zum Großraum einschließlich des Verbindungsgangs und seiner Einteilung ist identisch mit dem Endwagen T 1. An dem Übergang zum Verbindungsgang befindet sich das Großraum-Anzeige-Display.
Der Großraum umfasst 55 Sitzplätze. Im Großraum sind beidseitig jeweils vier Vis-à-vis-Sitzgruppen mit Tisch vorgesehen. Alle andere Sitze sind in Reihenbestuhlung angeordnet. Bei den Endwagen der Baureihe 415.5 sind im Anschluss an den Verbindungsgang die ersten vier Sitzreihen – einschließlich einer Vis-à-vis-Sitzgruppe – den Rauchern vorbehalten. Da sich das Fortluftgerät im Verbindungsgang befindet, können die Nichtraucher nicht belästigt werden. Ferner ist zwischen den beiden Bereichen eine Glastrennwand angebracht.

Der Quick-Change-Bereich mit Ständern für acht Fahrräder (entspricht zwei Fensterfelder bzw. vier Sitzreihen) im Endwagen T (2. Klasse), hier am Beispiel eines der ICE T-Triebzüge mit den Betriebsnummern 1580–1584, die auf der Strecke Stuttgart–Singen (–Zürich) eingesetzt werden. Foto: Riechers

Der gesamte Großraum ist als Quick-Change-Bereich vorgesehen. Das bedeutet, dass bei Bedarf jeweils zwei Sitzreihen ausgebaut werden können um Platz für Fahrräder zu machen. Im Extremfall könnte der gesamte Großraum für bis zu 39 Fahrräder umgerüstet werden. Im Falle einer Umrüstung sind je entfallener Sitzgruppe an der linken Seitenwand drei Klappsitze vorgesehen, die jedoch entfallen wenn alle Stellplätze ausgenutzt werden. Der Großraum ist vom mit dem Endwagen T1 identischen Einstiegsraum durch eine Glaswand mit einer einflügeligen Glaschiebetür getrennt. Durch eine über eine Berührungsfläche zu betätigende zweiflügelige Glasschiebetür wird die acht Sitzplätze umfassende Lounge betreten. Der am WE 2 befindliche Führerstand ist mit dem des Endwagens T 1 identisch.

Die Dachausrüstung ist mit dem Endwagen T 1 in so weit identisch, dass ein alternativer Stromabnehmer für schweizerische Strecken nicht vorgesehen ist. In der Bodenwanne sind, in umgekehrter Reihenfolge, die gleichen Geräte untergebracht wie beim Endwagen T 1.

DREHGESTELLE UND ANTRIEB

Die ICE T-Triebzüge sind mit Trieb- und Laufdrehgestellen von ALSTOM Ferroviaria (ehemals Fiat) ausgerüstet, die im Wesentlichen mit denen der »Pendolino®«-Triebzüge ETR 460, 470 und 480 identisch sind. Die Drehgestellanordnung ist wie folgt: Baureihe 411 – Laufdrehgestelle für Endwagen T 1 und T sowie Mittelwagen M, Triebdrehgestelle für Mittelwagen SR 1 und SR sowie FM (R) und FM. Baureihe 415 – Laufdrehgestelle für Endwagen T 1 und T, Triebdrehgestelle für Mittelwagen SR(B) und SR sowie FM. Die Triebdrehgestelle haben die Achsfolge 1 A, die Laufdrehgestelle 2'.

Die Trieb- und Laufdrehgestelle sind mit Ausnahme der Anbauteile baugleich. Der Drehgestellrahmen ist als doppelter H-Rahmen in Form einer Schweiß-Verbundkonstruktion ausgeführt, bestehend aus zwei steifen und stark durchgekröpften, zusammengesetzten Langträgern, verbunden durch zwei Rohr-Querträger. Die Langträger sind aus Stahlblechen, Werkstoff St 52-2, in Kastenform zusammengeschweißt. Das Radsatzlagergehäuse besteht aus dem eigentlichen Lagergehäuse und zwei angeformten Schwingen zur Aufnahme der Primärfederung sowie einer Abhebesicherung die in einen am Rahmen befestigten Halter hineingreift.

Die Radsatzführung erfolgt über zwei obere und einen unteren Radsatzlenker pro Rad. Während das obere Radsatzlenkerpaar von der vorderen Rahmenspitze zur Radsatzlager-Oberseite geführt wird, ist der untere Radsatzlenker zwischen dem unteren Langträger und der der Drehgestellmitte zugewandten Schwinge des Radsatzlagers angelenkt.

Das Triebdrehgestell des ICE T: Der obere Querträger ist der mit dem Wagenkasten verbundene Neigeträger. Die Wiege befindet sich – nicht sichtbar – unterhalb des Neigeträgers. Ganz im Vordergrund der Schlingerdämpfer. Beidseitig des Neigeträgers ist die aktive Querfederung zu erkennen. Foto: Konsortium ICNT

Die Primärfederung besteht aus zwei doppelten Schraubenfedern, die sich über federnde Distanzstücke und jeweils eine elastische Unterlegscheibe auf die Schwingen des Radsatzlagers abstützen, sowie einem Primärdämpfer. Der Radsatzabstand beträgt 2.700 mm. Die Radsätze der Drehgestelle sind in Kegel-Rollenlagern gelagert. Der Raddurchmesser beträgt im Neuzustand 890 mm, im abgenutzten Zustand minimum 840 mm.

Die Sekundärfederung besteht aus vier Schraubenfederpaketen pro Drehgestell, die paarweise zwischen Wiege und Drehgestellrahmen angebracht sind. Jedes Federpaket besteht aus drei konzentrisch angeordneten Schraubenfedern, die sowohl die Vertikalkräfte zwischen Wagenkasten und Drehgestell, die Längs- und Querkräfte bei Kurvenfahrt sowie die Neigung des Drehgestells bezogen auf den Wagenkasten beim Einfahren in die Kurve aufnehmen. Die Federung wird durch zwei Vertikal- und zwei Horizontaldämpfer ergänzt.

Die Übertragung der Zug- und Bremskräfte auf den Wagenkasten erfolgt über einen Drehzapfen, der an der am Wagenkasten montierten Neigetraverse befestigt ist. Das Drehzapfenlager wird über Lemniskatenlenker an den Querträgern des Drehgestellrahmens befestigt. Diese Lenkeranordnung ermöglich Dreh- und Lateralbewegungen sowie eine Einfederung und Neigung des Wagenkastens gegenüber dem Drehgestell. Die Schlingerdämpfung erfolgt über einen doppelwirkenden hydraulischen Dämpfer der über eine angeschweißte Konsole am Drehgestellrahmen und über eine an der Neigetraverse angeschraubte Konsole befestigt ist.

Die Triebdrehgestelle haben einen Lauf- und einen Treibradsatz. Die Treibradsatzwelle ist bestückt mit einem Getriebe und zwei innenbelüfteten Wellenbremsscheiben. Die Räder sind vom Typ Monobloc.

Das Getriebe besteht aus einem direkt auf der Treibradsatzwelle angebrachten Spiralzahnke-

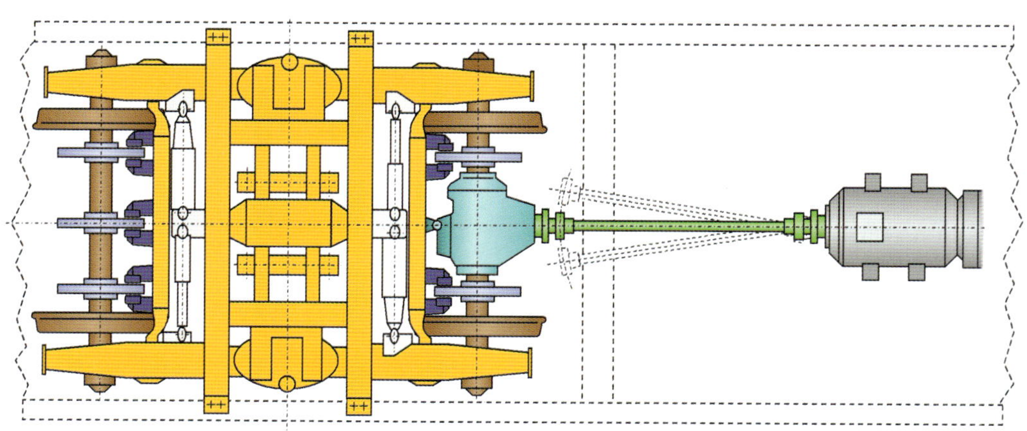

Das Schema des Antriebs des ICE T. Abbildung: Konsortium ICNT

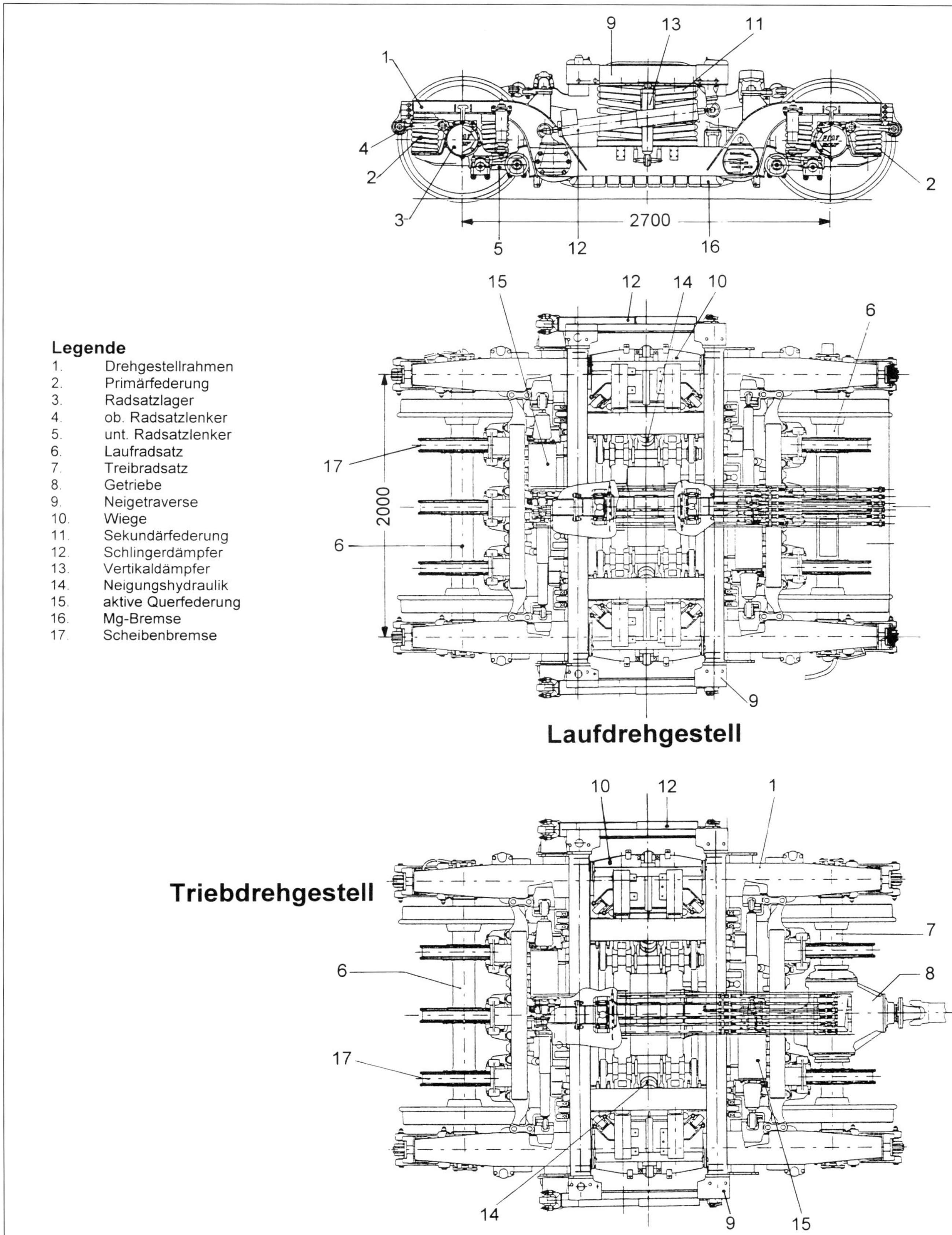

Die Drehgestelle des ICE T.
Quelle: Konsortium ICNT

gelrad und einer Kegelradwelle mit einer Übersetzung von 1 : 2,5. Das Gehäuse stützt sich über eine Drehmomentenstütze am Drehgestellrahmen ab.
Der Fahrmotor mit einer Leistung von 500 kW (Bemessungsleistung 515 kW) ist am Wagenkasten befestigt. Die Verbindung vom Fahrmotor zum Getriebe erfolgt über eine Kardanwelle. Diese nimmt die Relativbewegungen bei Kurvenfahrt und Neigung auf und gleicht ferner die Längsbewegungen des Drehgestells gegenüber dem Wagenkasten aus. Der Laufradsatz ist mit drei Wellenbremsscheiben ausgerüstet.
Die Radsätze der Laufdrehgestelle sind mit den Laufradsätzen der Triebdrehgestelle identisch und wie diese mit drei Wellenbremsscheiben bestückt. Insgesamt gibt es je nach Ausführung mit Bremsen, Besandungsanlagen, Spurkranzschmierung sowie Antennen und Geschwindigkeitsgebern 15 verschiedene Drehgestellausführungen. Es würde den Rahmen sprengen, alle diese Varianten zu beschreiben.
Beide Triebzugbaureihen verfügen über vier Drehgestelle mit Besandungsanlagen. Diese Drehgestelle befinden sich an den Endwagen T 1 (WE 1), am Mittelwagen SR 1 bzw. SR (B) (WE 2), am Mittelwagen SR (WE 1) und am Endwagen T (WE 2). Mit Ausnahme der Endwagen sind die Sandkästen bei den Treibradsätzen angeordnet. Die Spurkranzschmierung befindet sich bei den jeweils vorlaufenden Radsätzen der Enddrehgestelle an den Endwagen T 1 und T.

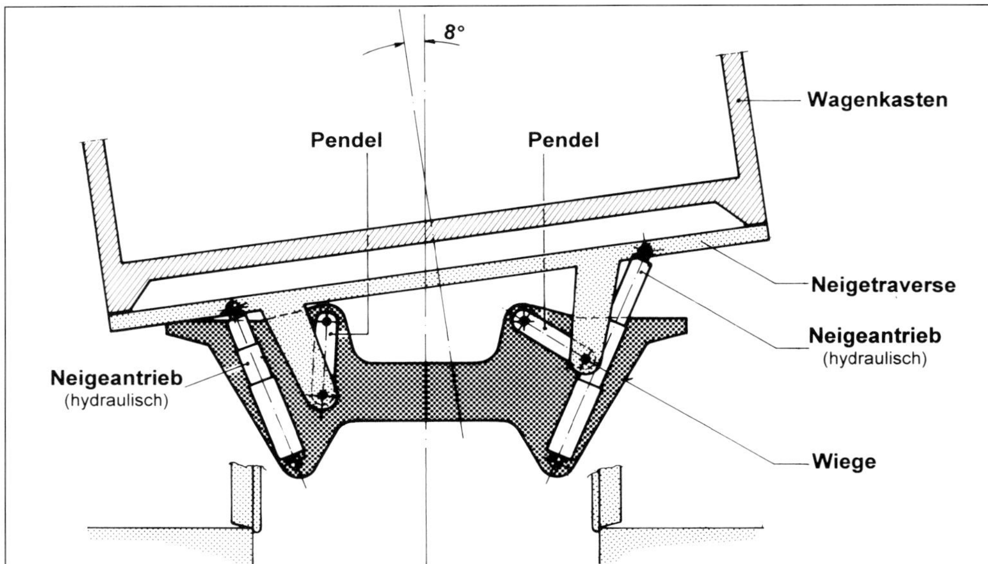

Schema der Neigetechnik »Pendolino« (nicht detailliert und maßstäblich gezeichnetes Funktionsmodell).
Abbildung: Riechers

NEIGETECHNIK
Wie bereits erwähnt, basiert die Neigetechnik des ICE T auf der bewährten Pendolino-Technik von Fiat, womit neben den italienischen Triebzügen ETR 460 bis 480 auch weitere von diesen abgeleitete Neigezügen in Europa ausgestattet sind.
Durch das Neigesystem können die Wagenkästen um 8° geneigt werden, wodurch ein Querbeschleunigungs-Ausgleich von 1,35 m/s² erreicht wird. Das beinhaltet, dass bei einer unausgeglichenen Querbeschleunigung des Zuges von 2 m/s² auf den Fahrgast nur noch 0,65 m/s² einwirken.
Die Neigekinematik ist wie folgt aufgebaut: Zwischen der Unterkante der Wiege und Neigetraverse befinden sich zwei Stellglieder als Neigeantriebs (Hydraulikzylinder). Zwei Lenkerpaare sind an der Oberkante der Wiege und an Auslegern der Neigetraverse befestigt und dienen der Führung des Wagenkastens während des Neigevorgangs.
Die Steuereinrichtungen bestehen aus: Kreisel- und Beschleunigungssensoren, die an den Drehgestellen des T 1/T-Endwagens montiert sind (Diese Sensoren sind redundant.), einem elektronischen Rechner je Wagen, der die Verarbeitung der von den Sensoren kommenden Signale vornimmt und die Stellglieder (Hydraulikzylinder) über Servoventile steuert und eine hydraulische Anlage für die Speisung der Stellglieder, die die Wagenkastenneigung steuern.
Für die Ermittlung aller für den Neigevorgang erforderlichen Signale sind vier verschiedene Gebertypen vorgesehen – jeweils zwei Kreisel in den vorderen Drehgestellen der Endwagen T 1/T, vier Beschleunigungsmesser, verteilt über beide Drehgestelle der Endwagen T 1/T, ein Beschleunigungsmesser im Neigetechnik-Rechner jedes Wagens der eine eventuelle Überschreitung der Höchstgrenzen der Querbeschleunigung im Wagenkasten aufnimmt, und zwei Winkelgeber in jedem Wagen, die ständig ein Signal über den Neigungswinkel des Wagenkastens geben.
Die Neigetechnik-Rechner der Endwagen T 1 und T fungieren als Kopf- und Schlusswagenrechner und erhalten ein Geschwindigkeitssignal vom ZSG. Alle anderen Wagen sind mit einem Mikroprozessor-Rechner ausgerüstet, der die vom T 1/T-Wagen kommenden Informationen verarbeitet. Jeder Steuer- und Zwischenwagenrechner kann die Betätigung der insgesamt vier Stellglieder je Wagen kontrollieren. Die Rechner sind über einen redundanten Bus miteinander verbunden, über den auch Diagnose-Informationen ausgetauscht werden können. Das von der Neigesteuerung ausgegebene Signal wird von der hydraulischen Anlage in der Form umgesetzt, dass Hydrauliköl in das Stellglied einer Wagenseite gepumpt und so der Wagenkasten zum Neigen gebracht wird. Das Stellglied ist ein einfachwirkender Zylinder der, mit Hilfe der Lenkerpaare über das Gewicht des Wagenkastens wieder in die Ausgangslage gebracht wird.
Zusätzlich zur Neigetechnik ist eine aktive Querfederung vorhanden. Diese besteht aus zwei pneumatisch angesteuerten Querfedermodulen, die beidseitig der Wiege, zwischen Drehgestellrahmen und Wiege, diagonal angebracht sind mit gegenüberliegend angeordneten hydraulischen Querdämpfern. Die Aufgabe der aktiven Querfederung ist, den Wagenkasten im Bezug auf das Drehgestell zu zentrieren, insbesondere bei Kurvenfahrt und Aktivierung der Neigetechnik. Die Steuerung erfolgt über die Verarbeitung der Signale aus der Neigesteuerung, die über die zum System gehörenden Ventile in entsprechendem Druck für die mit zwei Anschlüssen versehenen doppelwirkenden Pneumatikzylinder umgesetzt werden.

BREMSANLAGE
Die Bremssteuerung und die Bremsarten entsprechen mit Ausnahme der WB dem im Kapitel über den ICE 3 erläuterten System. Der ICE T verfügt über drei Bremssysteme in der operationellen Reihenfolge generatorische Netzbremse (GB) in allen angetriebenen Wagen (411: SR 1 und SR sowie FM(R) und FM; 415: SR(B) und SR sowie FM), pneumatische Scheibenbremsen (PB) in allen Wagen und elektrisch erregte Magnetschienenbremsen (Mg) an zehn (Baureihe 411) bzw. sieben (Baureihe 415) Drehgestellen. Zusätzlich ist an jedem Laufradsatz eine Bremszangeneinheit als Federspeicherbremse ausgeführt.
Die generatorische Netzbremse (GB) ist auf Grund der verschleißfreien Wirkungsweise sowie der

Möglichkeit der Energie-Rückgewinnung das bevorzugte Bremssystem. Bei Betriebsbremsungen wird vom Zugbremsmanager der Bremskraftsollwert für die GB ermittelt. Der Zugbremsmanager gibt diesen Wert über den MVB (Multi-Vehicle-Bus = Fahrzeugbus)-Segmentbremsmanager an die einzelnen Antriebssteuergeräte (ASG) weiter, die schließlich die Steuerung der GB übernehmen. Bei den Baureihen 411 und 415 erfolgt grundsätzlich die Rückspeisung der beim Bremsen freiwerdenden Energie in die Oberleitung.

Die Ausrüstung der pneumatische Bremse (PB) besteht aus drei Bremsanlagen bei allen Laufradsätzen (Lauf- und Triebdrehgestelle) und zwei Bremsanlagen bei den Treibradsätzen (Triebdrehgestelle). Die Bremsscheiben bestehen aus innenbelüfteten Wellenbremsscheiben aus Sphäroguss mit einem Durchmesser von 640 mm und einer Stärke von 110 mm. Bei der Baureihe 411 sind sechs Treibradsätze und sieben Laufradsätze mit jeweils einer Federspeicherbremse ausgerüstet, bei der Baureihe 415 jeweils vier Treib- und Laufradsätze.

Zehn Drehgestelle der Triebzüge der BR 411 (T 1-WE 2, SR 1, FM (R), FM, SR und T-WE 1) sind mit der Magnetschienenbremse (Mg-Bremse) ausgerüstet, die Triebzüge der Baureihe 415 verfügen über sieben Drehgestelle (T 1-WE 2, ST (B)-WE 1, FM, SR und T-WE-1) mit Mg-Bremse(n). Die Mg-Bremse(n) bestehen aus Gliedermagneten vom Typ NBGL 100 V/18, die auch bereits beim ICE 2 zur Anwendung kommen.

An den Außenseiten aller Wagen befinden sich die Anzeige- und Bedientafeln der Mg-Bremse sowie der pneumatischen und Federspeicherbremse, die so genannten Bremszustandsanzeigegeräte.

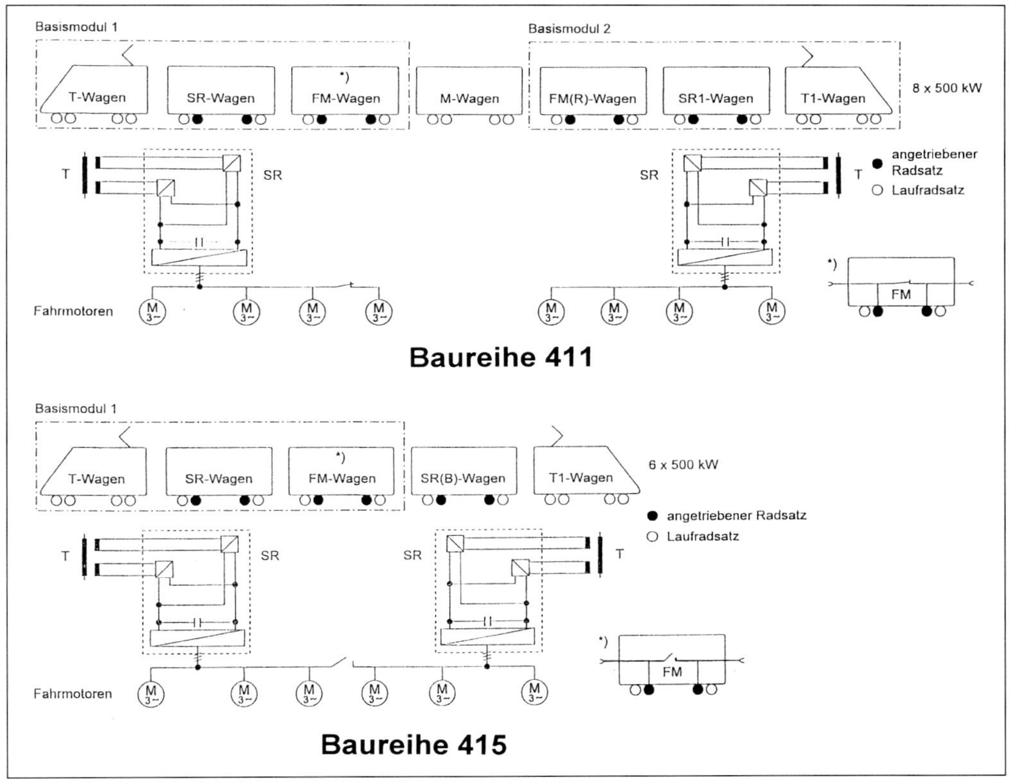

Die Leistungskreise des ICE T. Abbildung: Konsortium ICNT

PNEUMATIK

Die Endwagen T 1 und T sowie Mittelwagen M der Baureihe 411 sind mit jeweils einem Hauptluftpresser (Schraubenpresseraggregat mit integriertem Drehstrommotor) ausgestattet, die den gesamten Druckluftbedarf des Triebzuges sicherstellen. Der zusätzlich vorhandene Hilfsluftpresser dient den Aufrüstarbeiten und wird vom 110 V-Bordnetz gespeist. Die erzeugte Druckluft wird in einer nachgeschalteten Zweikammer-Lufttrocknungsanlage mit einem integrierten Kondensatsammler aufbereitet. Die wageninterne Versorgung der Druckluftverbraucher erfolgt über die HL und HBL sowie den in jedem Wagen vorhandenen Hauptluftbehälter bzw. durch die den einzelnen Verbrauchern zugeordneten Druckluftbehälter.

ELEKTRISCHE ANLAGE

Hauptstromkreis

Wie bekannt, ist das besondere Merkmal des ICE T die modulare Zusammenstellung der einzelnen Fahrzeugbaureihen 411 und 415. Die entsprechenden Basismodule BM 1 und BM 2 verfügen über weitgehend von einander unabhängige Traktionsanlagen. Während die Triebzüge der Baureihe 411 aus den beiden Basismodulen plus einem weiteren Mittelwagen zusammengesetzt sind, bestehen die Triebzüge der Baureihe 415 aus dem Basismodul BM 1 und den beiden Wagen SR (B) sowie T 1 aus dem Basismodul BM 2. Da die beiden letztgenannten Wagen ebenfalls über eine komplette Traktionsanlage verfügen, weist auch die Baureihe 415 zwei autarke Traktionsanlagen auf.

Die, wie beim ICE 3, unterflur untergebrachte Traktionsanlage ist wie folgt über den Wagen verteilt:

In den Endwagen T 1 und T befinden sich die Transformatoren, während in den Mittelwagen SR 1 bzw. SR (B) und SR die Stromrichter untergebracht sind. Die beiden Endwagen sind mit jeweils einem Stromabnehmer vom Typ SSS 87-AE ausgerüstet, der auf Grund seiner Wippenbreite von 1.950 mm ausschließlich für den Betrieb auf deutschen Strecken zugelassen ist. Fünf Endwagen sind Stelle abweichend mit einem Stromabnehmer vom Typ SSS 87-SSB mit einer Wippenbreite von 1.450 mm für den Betrieb auf Schweizer Strecken vorgesehen. Diese Endwagen sind Teil von fünf ICE T-Triebzügen, die wegen des Einsatzes auf der Verbindung Stuttgart–Zürich zudem mit schweizerischer Zugbeeinflussung ausgerüstet sind. Wegen ihrer teilweise abweichenden Technik erhielten diese Triebzüge die Ordnungsnummern 80 bis 84.

Die beiden Stromabnehmer sind mit einer in einer Profilkammer des Wagendachs verlegten Hochspannungsleitung verbunden. Durch diese Hochspannungs-Dachleitung kann der gesamte Triebzug mit dem Stromabnehmer einer Traktionseinheit betrieben werden. Zwei auf den Dächern der Endwagen T 1/T angebrachte Dachtrennschalter ermöglichen im Falle einer Störung die Trennung der Dachleitung. Dadurch bleibt beim Ausfall einer Traktionseinheit die andere voll betriebsfähig. Wenn die Dachleitung zwischen den Trennschaltern gestört ist, können beide Traktionseinheiten im Prinzip über ihre eigenen Stromabnehmer voll weiter betrieben werden. Vom Stromabnehmer wird die Energie über einen pneumatisch betätigten Vakuum-Hauptschalter zum Haupttransformator geführt.

Jeder Transformator verfügt über vier Sekundärwicklungen – 2 × 1.100 V 935 kVA (Traktionswicklung) und 2 × 335 V 280 kVA (Bordnetzwicklung). Die Gesamtleistung des Haupttransformators beträgt 2.430 kVA. Die herunter transformierte Einphasen-Wechselspannung mit 16,7 Hz wird innerhalb des Traktionsstromrichters in zwei

Vierquadranten-Stellern (4QS) als netzseitigem Stromrichter in eine gepulste Gleichspannung von 2.000 bis 2.800 V umgeformt. Über einen Gleichstrom-Zwischenkreis mit Saugkreis und Saugkreisdrosseln gelangt die Energie zum Pulswechselrichter (PWR) als maschinenseitigem Stromrichter, wo sie in eine dreiphasige pulsende Wechselspannung umgeformt und den Fahrmotoren zugeführt wird.
Die Fahrmotoren verteilen sich über die Wagen SR 1, SR bzw. SR (B), FM (R) und FM. Wie aus der eingangs erläuterten Aufteilung über die beiden Baureihen 411 und 415 ersichtlich, ergibt das bei der Baureihe 411 jeweils eine symmetrische Aufteilung von 2 × 2 Fahrmotoren über den SR 1/SR- und FM (R)/FM-Wagen – insgesamt also vier Fahrmotoren je Modul.
Bei der Baureihe 415 sieht das etwas anders aus, da in dieser Aufstellung ein angetriebener Wagen fehlt, nämlich der FM (R)-Wagen. Das bedeutet, dass ein Modul vier und ein Modul nur zwei Fahrmotoren hat. Um nun bei der Baureihe 415 zu einer Symmetrie zu kommen, um die maximal erlaubten Störstrom-Grenzwerte nicht zu überschreiten, ist die Einspeisung der beiden Fahrmotoren des Mittelwagens FM (Baureihe 411.7/ 415.7) mit einer Trennstelle versehen. Bei Verwendung dieses Wagens in den achtmotorigen Triebzügen der Baureihe 411 ist diese geschlossen, bei Verwendung in den sechsmotorigen Triebzügen der Baureihe 415 wird sie jedoch geöffnet, wodurch jeweils drei Motoren von einem Umrichter versorgt werden.
Der Traktionsstromrichter ist in einem so genannter »Traktionscontainer« an den Langträgern des Wagens aufgehängt. In diesem Traktionscontainer befindet sich außerdem die Antriebssteuerung, die der SIBAS-32-Familie entstammt. Das Antriebssteuergerät (ASG) ist über einen Multifunction-Vehicle-Bus (MVB) mit den zentralen SIBAS 32-Zugsteuergeräten (ZSG) verbunden.
Neben dem Traktionscontainer ist die Kühlanlage des Traktionsstromrichters angeordnet, die über einen geschlossenen Kreislauf die einzelnen Phasenmodule von 4QS und PWR kühlt. Als Kühlmedium dient ein Wasser/Antifrogen N-Gemisch.
Bei den angetriebenen Wagen wird pro Drehgestell ein Radsatz über einen am Wagenkasten befestigten, fremdbelüfteten Drehstrom-Asynchron-Motor angetrieben. Bei einer Leistung von 500 kW je Fahrmotor verfügt die siebenteilige Baureihe 411 über eine Gesamtleistung von 4.000 kW, die Baureihe 415 über 3.000 kW.

Bordnetz und Hilfsbetriebe

Jeder Endwagen T 1 und T (Transformatorwagen) ist mit einem redundant aufgebauten IGBT-Zugsammelschienen-Umrichter (ZSU) mit einer Nennleistung von 2 x 250 kVA ausgerüstet. Die ZSU werden jeweils durch zwei getrennte Wicklungen des Haupttransformators versorgt und speisen eine durchgehende Zugsammelschiene (ZS) mit 670 V DC. Hierbei versorgt jeweils ein ZSU mit zwei 4QS mindestens zwei (Baureihe 415) und maximal vier (Baureihe 411) Wagen. Im Falle eines Ausfalls eines der ZSU können die beiden ZS gekoppelt werden, so dass der verbleibende ZSU zugübergreifend beide ZS versorgt.
Zur Umformung der 670 V-Gleichspannung und Verteilung der jeweiligen Dreh- und Wechselspannung ist in jedem Wagen ein Ausgangsstromrichter (ASR) installiert, der zur Versorgung der jeweiligen Verbraucher, mit entsprechenden modularen Dreh- und Wechselrichtern ausgerüstet ist.
Schwerpunktmäßig verfügen die ASR über vier Ausgänge:

I. über entsprechende Umrichter:

- 3 AC 440 V 60 Hz
  Verbraucher: u. a. (je nach Wagen) ASR-Lüfter, Neigetechnik, Transformatorkühlung, Fahrmotorkühlung, ZSU-Kühlung, Klimalüfter, Klimaheizungen, Kühlschränke (Bistro bzw. Restaurant);
- 3 AC 0-400 V 0-87 Hz
  Verbraucher: Klima-Kältekompressor
- 1 AC 230 V 50 Hz
  Verbraucher: Zusatzheizungen, Klima und Frostschutz, Fahrgaststeckdosen.

Zusätzliche Ausgänge:

- Endwagen T1/T
  3 AC 440 V 60 Hz: Hauptluftpresser;
  Mittelwagen SR(B)
  3 AC 230 V 50 Hz: Küchenverbraucher wie Heizstäbe, Geschirrspühler und Kaffeemaschine;
- anstelle 1 AC 230 V 50 Hz
  Mittelwagen ST(B)
  3 AC 230 V 50 Hz: Küchenverbraucher wie Mikrowelle und Zapfanlage, Fahrgaststeckdosen;
  Mittelwagen FM(R)
  3 AC 230 V 50: Küchenverbraucher wie Heizstäbe, Geschirrspühler und Kaffeemaschine sowie Mikrowelle, Zapfanlage und Fahrgaststeckdosen.

II. Direktausgang:

- 1 DC 670 V (Direktanschluss an ZS)
  Haupt- und (nur bei T1/T) Nebenheizungen.

Zur Ladung der zuginternen Batterien und zur Versorgung der 110 V-Verbraucher über die Batteriesammelschiene (BS) sind in den Mittelwagen FM (R) (Baureihe 411) und FM (Baureihen 411 und 415) Batterieladeeinrichtungen (BLE) mit mehreren Batterieladegräten (BLG) untergebracht. Die BLE sind zwischen den Baureihen 411 und 415 unterschiedlich ausgeführt. Bei den FM- und FM (R)-Wagen der BR 411 besteht die BLE aus zwei BLG und einem DC/DC-Wandler sowie zwei Batterien. Bei den FM-Wagen der Baureihe 415 hingegen hat eine BLE drei BLG und drei Batterien. Der SR (B)-Wagen der BR 415 hat ein BLE mit einem DC/DC-Wandler und keine Batterien. Diese BLE dient ausschließlich zur Stützung der BS. Die BS versorgt alle 110 V DC-Verbraucher, wie z.B. Beleuchtung, Steuerungen und solche motorischen Verbraucher, die auch nach Ausfall der Energieversorgung durch den Fahrdraht weiter versorgt werden müssen.

Leittechnik und Diagnose

Philosophie und Auslegung der Leittechnik und des Diagnosesystems entsprechen dem ICE 3.

Zugbeeinflussungssysteme

Für den Betrieb auf deutschen Strecken sind in den Triebzügen der Baureihen 411 und 415 die PZB und die LZB vorgesehen. Beide Funktionen werden von dem Gerät LZB 80/16 ausgeführt. Die induktive PZB-Funktion ist vorgesehen für konventionell ausgerüstete Strecken und als Rückfallebene für Strecken mit LZB. Die PZB-Zugkoppelspulen sind seitlich, in Fahrtrichtung rechts, an den Enddrehgestellen befestigt.
Auf LZB-gesicherten Strecken übernimmt die LZB die Überwachung der Signale und der zulässigen Höchstgeschwindigkeit. Die LZB-Streckenzentrale errechnet aus den Daten von Strecke und Fahrzeug die erforderlichen Fahrbefehle und sendet diese als so genannte fahrzeugselektive Telegramme über einen in der Gleismitte verlegten Linienleiter an den betreffenden Zug. Hierzu verfügt jeder Endwagen an den beiden Drehgestellen über zwei Sende- und Empfangsantennen.
Ferner sind die Triebzüge mit dem Zugbeeinflussungssystem ZUB 262 ausgerüstet, welches über den MVB an die Leitebene gekoppelt ist. In diesem System integriert ist die Geschwindigkeitsüberwachung Neigetechnik GNT.
Bei den Triebzügen Nr. 1580–1584, die mit den schweizerischen Zugbeeinflussungssystemen Integra Signum und ZUB 121 ausgerüstet sind, übernimmt ZUB 262 die Überwachung der Umschaltfunktion zwischen DB (PZB/LZB) und SBB (Integra Signum, ZUB 121). Die Antennen und Spulen dieser Zugbeeinflussungssysteme sind an den Enddrehgestellen angeordnet. Alle genannten Zugbeeinflussungssysteme haben einen Zugriff auf die Schnellbremsschleife (SBS) des Zuges.
Das Fahrgast-Informationssystem entspricht weitestgehend dem ICE 3.

Der ICE TD

Ein Pendant zu dem ICE T (Baureihen 411/415) ist in dem vierteiligen ICE TD der Baureihe 605 zu sehen. Obwohl dieses Fahrzeug zu den »langsamsten« der ICE-Familie gehört – die V_{max} beträgt

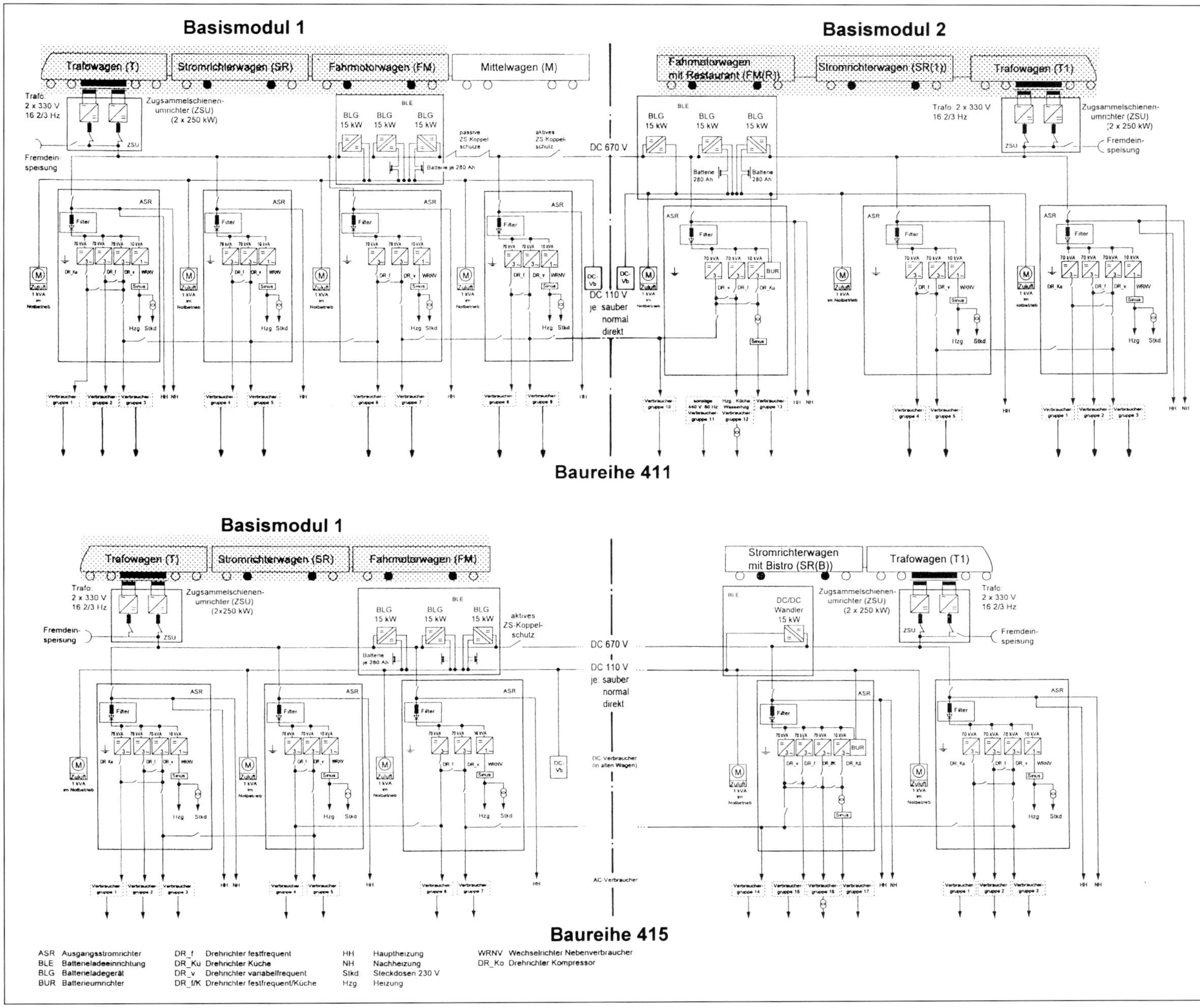

Die Bordnetzversorgung des ICE T. Abbildung: Konsortium ICNT

»lediglich« 200 km/h – ist der ICE TD immerhin der Welt schnellster Serien-Dieseltriebzug! Mit dem ICE TD will die DB AG ICE-Qualität auch auf nicht elektrifizierten Strecken Eingang bieten und so verkehren seit dem Fahrplanwechsel im Juni 2001 die Triebzüge auf den Strecken Nürnberg–Zwickau–Dresden und München–Lindau–Zürich.

Die Baureihe 605 ist die vierte Serie von dieselgetriebenen Neigetriebzügen, die, angefangen mit der Baureihe 610, seit Mai 1992 auf deutschen Strecken im Einsatz sind, die aber bisher dem Regionalverkehr zuzurechnen sind.

Die Produktion des ICE TD erfolgte an verschiedenen Orten. So wurden die Rohbauten der Endwagen 605.0/5 bei ALSTOM Ferroviaria (ex Fiat) in Savigliano gebaut und bei Bombardier in Ammendorf komplettiert. Bau und Endmontage der Mittelwagen 605.1/2 erfolgte bei Siemens-Duewag in Krefeld. Die Inbetriebnahme erfolgte im Siemens-Prüfcenter Wegberg-Wildenrath.

Der ICE TD besteht aus vier fest zusammengekuppelten Triebwagen, die jeweils über eine autarke Antriebsanlage verfügen. Der Triebzug teilt sich auf in zwei Traktionseinheiten. Die Radsatzanordnung 2'Bo'+Bo'2'+2'Bo'+Bo'2' deutet darauf hin, dass jeder Triebwagen über ein Trieb- und ein Laufdrehgestell verfügt. Wie beim ICE 3 und ICE T auch werden alle Wagen mit der Baureihen- sowie der Kennziffer der Wagenart gekennzeichnet. Die End-Triebwagen haben somit die Baureihenbezeichnung 605.0 bzw. 605.5, die beiden Mittel-Triebwagen die Baureihenbezeichnung 605.1 bzw. 605.2. Da der ICE TD direkt vom ICE T abgeleitet ist, werden hier ausschließlich die signifikanten Abweichungen zu diesem Typ beschrieben.

Dynamik pur – der ICE TD in der Kurve. Foto: Konsortium ICT VT

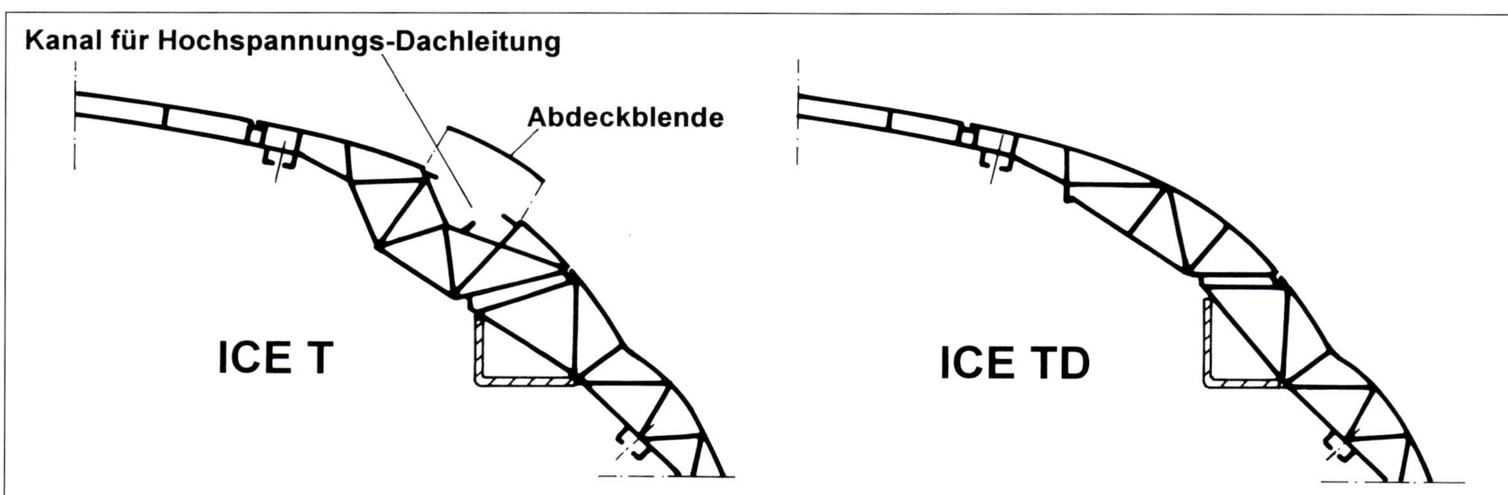

Vergleich zwischen den Dachprofilen des ICE T und des ICE TD. Abbildung: Riechers

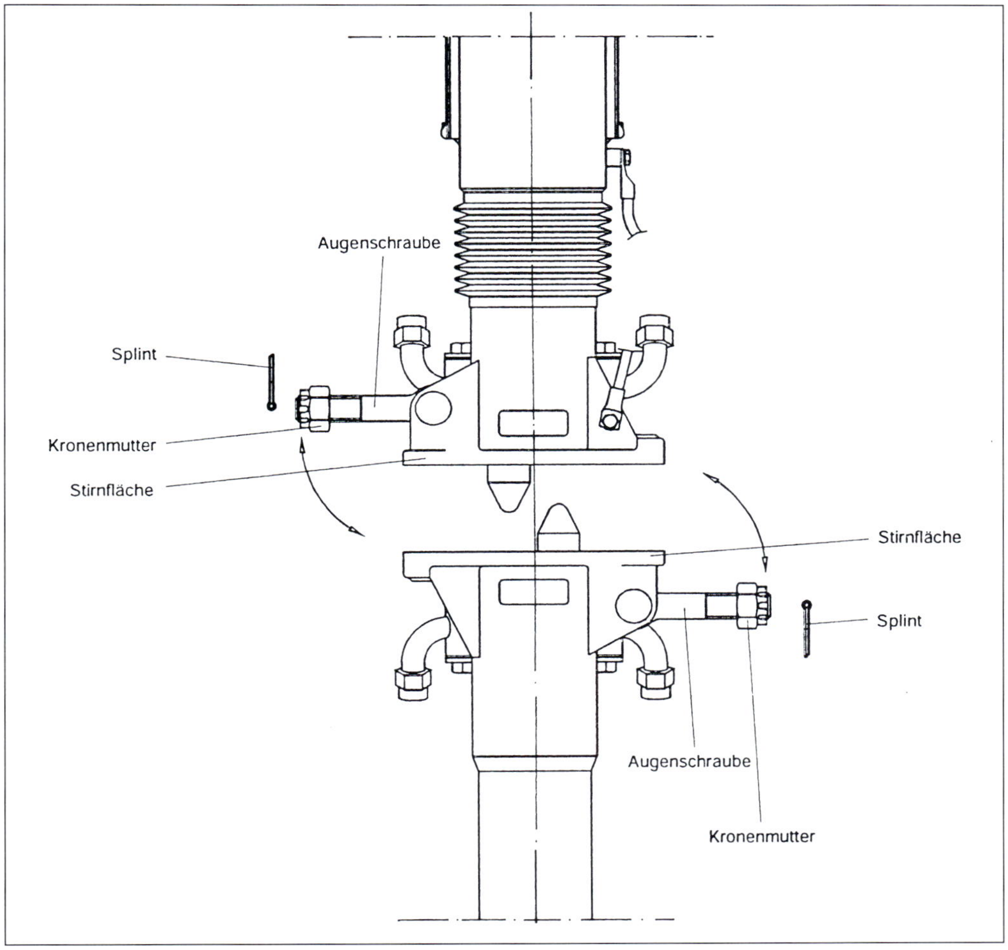

Schema der Kurzkupplung des ICE TD. Abbildung: Riechers

Fußboden
Der Fußboden entspricht der Baureihe 411/415.

Einbau der Seitenfenster und der Frontscheibe
Der Aufbau der Seitenfenster und der Frontscheibe entspricht der Baureihe 411/415. Bis Ende Mai 2001 wurden alle Triebzüge der Baureihe 605 mit zusätzlichen Notausstiegsfenstern ausgerüstet. Mit Ausnahme des Wagens 605.2 erhalten alle Wagen vier von der Firma Trösch in Biel (CH) entwickelte Fenster. Der Wagen 605.2 erhält drei Fenster, weil dieser über vier Einstiege verfügt, deren Fenster, wie bekannt, als Notausstieg ausgewiesen sind. Es ist zu erwarten, dass die vorhandenen ICE-Triebzüge nachgerüstet werden.

Einstiege und Außentüren
Der 2. Klasse-Wagen 605.1 verfügt im Gegensatz zum Wagen 605.2 nur über einen Dritteleinstieg.

Ausstattung
Die Innentüren, Gepäckablagen, Sitzanlagen und Beleuchtungseinrichtungen entsprechen der Baureihe 411/415.

Toiletten
Der Triebzug verfügt über insgesamt fünf Toiletten, einschließlich einer Personaltoilette und einer behindertengerechten Toilette. Diese sind ausschließlich in den Mittelwagen untergebracht. Im Gegensatz zum ICE 3 und ICE T wurden die Fußböden in den Toilettenräumen aus Gewichtsgründen nicht aus Echtstein sondern aus Kunststoff mit einem Anti-Rutschbelag hergestellt.

Beschreibung des ICE TD

WAGENKASTEN

Rohbau
Der Rohbau der Wagenkästen ist mit dem des ICE T weitgehend identisch und weicht lediglich dort ab, wo es das abweichende Antriebssystem erfordert. Die querträgerlose Bodenplatte setzt sich zusammen aus zusammengeschweißten Strangpress-Hohlkammerprofilen, an den Seiten verstärkt durch je einen, gegenüber der Baureihe 411/415 verstärkten Langträger mit durchgehenden C-förmigen Nuten, um die schweren Diesel-Aggregate aufnehmen zu können. Die Seitenwände haben auf Grund der im Dach vorhandenen Abgasanlagen die Zuluftöffnungen der Klimaanlage in der Seitenwand, während bei den Endwagen, im Gegensatz zur Baureihe 411/415 die Fortluft auch aus dem Dachbereich abgesaugt wird.

Das Dach besteht aus je einem kräftigen Hohlkammerprofil je Seite, mit drei dünneren als Dachhaut dazwischen liegenden Strangpressprofilen. Zur Versteifung des Daches sind im Bereich der Einstiege sowie zwischen den Einstiegen zusätzliche Dachspriegel eingeschweißt. Während bei der Baureihe 411/415 ein Kanal für die 15.000 V 15 kV-Leitung ausgespart ist, ist dieser bei der Baureihe 605 geschlossen.
Boden und Dach aller Wagen sind mit Durchführungen für die Abgasanlage versehen. Beim Dach der Endwagen sind ferner Aufnahmen für die Bremswiderstände vorgesehen.

Kupplungen, Bugklappen und Übergänge
Frontkupplungen und Bugklappen entsprechen weitgehend der Baureihe 411/415. Die Kupplungsköpfe stammen jedoch von der Firma Dellner, sie sind aber mit allen ICE-Kupplungen ab den Baureihen 403 und 406 kompatibel. Die Kurzkupplungshälften werden im Gegensatz zur Baureihe 411/415 nicht über eine Schalenmuffe miteinander verbunden sondern über jeweils eine Augenschraube mit einer splintgesicherten Kronenmutter. Das Lösen der Kupplungen kann nur in den Werken erfolgen.

Die Kurzkupplung des ICE TD: Im Gegensatz zur Kurzkupplung des ICE T sind die Anschlüsse für HBL und HL unterhalb des Fixierdorns platziert. Deutlich sichtbar ist die seitliche Augenschraube mit Kronenmutter zur Ankupplung der beiden Wagen. Foto: Riechers

Klimatisierung
Die Klimatisierung des ICE TD basiert auf der des ICE T. Die Frischluft-Ansaugung für die Kompaktgeräte erfolgt jedoch im Bereich dieser Geräte an den Seitenwänden, im Hinblick auf die auf dem Dach befindlichen Abgas-Austritte. Die Fortluftgeräte befinden sich alle in den Dachräumen an den WE 2.
Auf die beim ICE T vorhandenen Druckschutzeinrichtungen wurde beim ICE TD verzichtet, da mit 200 km/h die Höchstgeschwindigkeit zu niedrig ist, um zu länger anhaltenden Druckschutz-Ereignissen zu führen. Ferner muss auf Grund des Dieselbetriebs und der Möglichkeit, Abgase durch die Klimaanlage in die Fahrgasträume zu blasen, bei Tunnelfahrt ohnehin auf Umluftbetrieb umgeschaltet werden. Dazu befindet sich auf dem seitlichen Bedienfeld im Führerstand ein entsprechender Schalter. Wenn Triebzüge der Baureihe 605 mit den elektrisch angetriebenen Triebzügen 403, 406, 411 und/oder 415 gekuppelt eingesetzt werden, werden diese immer am Zugschluss eingereiht, damit die letztgenannten Triebzüge, die über keinen Umluftschalter verfügen, diese Abgase nicht in ihre Klimaanlagen einsaugen.
Im Gegensatz zu den elektrisch getriebenen ICE T erfolgt die Beheizung der Fahrgasträume während des Fahrbetriebs an Stelle mit elektrischen Heizgeräten über die Einbindung des Dieselmotor-Kühlwassers in die Wärmebehandlungsgeräte.
Für den Fall, dass die Abwärme des Dieselmotors einmal nicht ausreichen sollte und zum Vorwärmen des Dieselmotors ist im Kühlkreis ein elektrisches Vorheizgerät mit 40 kW installiert, welches das Kühlwasser bis zu einer Temperatur von 71°C vorheizt. Sollte im Zugverband ein Dieselmotor ausfallen, kann über dieses Zusatzheizgerät die Beheizung des Fahrgastraumes sichergestellt werden.
Die Verteilung von Warm- oder Kaltluft im Fahrgastraum erfolgt über einen Deckenkanal sowie über beidseitig angeordnete und über Verbindungskanäle mit dem Deckenkanal verbundene Fußbodenkanäle. Diese blasen über den Fußboden und über entsprechende Seitenwandkanäle in den unteren Seitenfensterbereichen aus.
Die FCKW-freie Klimaanlage wurde nach UIC-Vorschriften ausgelegt und gewährleistet ein angenehmes Raumklima bei Außentemperaturen von - 20°C bis + 32°C.

Beschreibung der Wagen
Bei der Beschreibung der Raumgestaltung wird der Triebzug ausgehend vom Endwagen 605.0 nach hinten zum Endwagen 605.5 betrachtet. Entsprechend sind die Positionsangaben (links, rechts vorn, hinten) zu sehen. Die Wagenreihung ist so aufgebaut, dass Endwagen und Mittelwagen mit WE 2 an WE 1 gekuppelt sind, die beiden Mittelwagen jedoch mit WE 2 an WE 2 gekuppelt. Die zweistellige Wagenordnungsnummer gibt den Platz des Wagens innerhalb der Reihung im Zugverband an. Da auf Grund des Flügelzugprinzips die Zehnerstelle (x) wechselt, ist in der folgenden Aufstellung ausschließlich die eigentliche laufende Nummer angegeben.

ENDWAGEN 2 –
WAGENORDNUNGSNUMMER X1
Baureihe 605.0
Der Wagen der 2. Klasse verfügt über 63 Sitzplätze (Nichtraucher). Der Endwagen 605.0 entspricht in seiner Einteilung den ICE T-Endwagen 411.5/ 415.5. Der am WE 1 befindliche Führerstand ist auf Grund der Mehrfachtraktion mit dem ICE T identisch. Das seitliche Bedienpult ist lediglich um einen Umluftschalter für die Frischluftzufuhr der Klimaanlage erweitert im Hinblick auf das Ansaugen von Abgasen in Tunnels. Die Bedienungselemente für Trennwände, Türanordnung und Eingangsbereich sind ebenfalls mit dem ICE T identisch.
Im Großraum wurde die gesamte Sitzanlage um 645 mm nach hinten verschoben. Der Grund ist der Wegfall der hinteren Verbindungskanäle der Stromabnehmerportale und die Einrichtung eines Abgasgeschränkes mit Kühlwasser-Ausgleichsbehälter hinter der Trennwand zum Einstiegsraum. Die Sitzeinteilung jedoch ist gleich geblieben, wenn davon abgesehen wird, dass die vierte und fünfte Sitzreihe um 180° gedreht wurden. Ebenso wie bei der Baureihe 411/415 besteht die Möglichkeit einen Teil des Großraumes für den Transport von max. 10 Fahrräder umzurüsten. An den Stirnseiten des Großraumes sind die Großraum-Displays angebracht.
In dem hinteren Verbindungsgang zum Übergang (WE 2) sind beidseitig Geräteschränke angeordnet, u.a. auf der linken Seite E-Schränke z.B. für ZUB 262 und Komfortsteuergerät sowie eine Groß-Gepäckablage. Auf der rechten Seite sind jeweils ein E-Schrank für FIS, Dieselmotor-, Klima und Neigesteuerung, ferner sind hier die Abfallentsorgung und Personal-Schließfächer sowie eine Notleiter und ein Feuerlöscher untergebracht. Die Übergangsschiebetüren werden beidseitig über einen Bewegungsmelder geöffnet. Auf dem Dach befinden sich zum WE 2 hin die durch die Außenluft gekühlten Bremswiderstände. Zum WE 1 hin ist jeweils eine Antenne für die Datenfernübertragung (DFÜ), Zugfunk (ZF) und D-Netz angebracht.
In der Bodenwanne sind der Reihe nach die Dieselmotorkühlanlage mit Ladeluftkühler, Kraftstoffwärmetauscher, Heizgerät und hydrostatischer Lüfteranlage, der Dieselmotor, der Generator, der Hauptgleichrichter, die Verbrennungsluftanlage, die Starterbatterie, der Kraftstofftank, der Traktionscontainer mit Kühlanlage, die Bremsgerätetafel und die Luftaufbereitungsanlage mit Luftpresser untergebracht.

Das seitliche Bedienpult im Führerstand des ICE TD: Außer der zusätzlichen Kontrolllampe für die schweizerische Zugbeeinflussung (letztes Feld links unten), die auch bei den fünf für Einsätze in die Schweiz bestimmten ICE T-Triebzüge (1580-1584) vorhanden ist, ist auf dem zweiten Bedienfeld (links unten) ein zusätzlicher Taster für die Umluftschaltung bei Tunnelfahrten vorgesehen. Ansonsten sind dieselben Bedienelemente vorhanden wie beim ICE T. Foto: Riechers

MITTELWAGEN –
WAGENORDNUNGSNUMMER X2

Baureihe 605.1

Insgesamt 51 Nichtraucher-Sitzplätze bietet dieser Wagen in der 2. Klasse. Der Wagen gliedert sich auf in einen Servicebereich, den Einstiegsraum, den Großraum der 2. Klasse und einen weiteren Servicebereich.

Der Fahrgast betritt den Wagen durch den Servicebereich am WE 1, in dem sich auf der linken Seite eine Groß-Gepäckablage sowie eine Standard- und eine behindertengerechte Toilette befinden. Auf der rechten Seite sind die E-Schränke, u.a. für Klima- und Dieselsteuerung, ein FIS-Schrank, die Feuerlöscher sowie die Abfallentsorgung untergebracht.

Im Einstiegsbereich sind auf der linken Seite neben der Tür-Bedieneinheit die innere Zuglaufanzeige und rechts an der Trennwand zum Großraum das RIAS-Display mit Drucker angebracht. Der Einstiegsraum und der Großraum sind durch eine Glaswand mit einer einflügeligen Schiebetür von einander getrennt.

Im Großraum rechts befindet sich das Abgasgeschränk mit Kühlwasser-Ausgleichsbehälter, links gibt es einen Platz für einen Rollstuhl mit einem höhenverstellbaren Tisch. Der Großraum mit 45 Sitzplätzen umfasst auf der linken Seite drei, auf der rechten Seite vier Vis-à-vis-Sitzgruppen mit jeweils einem festen Tisch. Alle anderen Sitzplätze sind in Reihenbestuhlung angeordnet. An den Stirnseiten des Großraumes sind die Großraum-Anzeige-Displays angebracht.

Im hinteren Servicebereich am WE 2 befindet sich das Kleinkindabteil mit sechs Sitzplätzen. Das Kleinkindabteil verfügt über eine Spielecke mit Schaukel-Motorrad und einer Spielwand von der Firma Ravensburger sowie zwei Sitzplätzen und einem Wickeltisch in der Wand. Auf der anderen Seite der Spielwand sind vier weitere Sitze um einen Tisch angeordnet. Der Tisch ist als so genanter Schmetterlingstisch ausgeführt, d.h. dass die Tischkanten umgeklappt werden können, um die Sitzplätze besser zu erreichen oder zu verlassen. Die Sitze sind als Sitzbank ausgeführt.

Hinter dem Kleinkindabteil, am Übergang zum Wagen 605.2, befindet sich eine Standard-Toilette. Gegenüber, an der rechten Wagenseite ist eine Telefonzelle mit Kartentelefon vorhanden, welches auch von auswärts angerufen werden kann. Ein ankommender Anruf löst einen Personenruf aus und wird dem Zugbegleiter (Zub) gemeldet. Neben der Telefonzelle befindet sich ein E-Schrank mit diversen Steuergeräten. Der Übergang zum Wagen 605.2 ist mit einer zweiflügeligen Schiebetür abgeschlossen.

Auf dem Dach befindet sich zum WE 2 hin der Neigewiderstand. Zum WE 1 hin ist eine Antenne für das D-Netz angebracht.

In der Bodenwanne sitzen der Reihe nach der 750 l große Abwasserbehälter, die Dieselmotorkühlanlage mit Ladeluftkühler, Kraftstoffwärmetauscher, Heizgerät und hydrostatischer Lüfteranlage, der Dieselmotor, der Generator, der Hauptgleichrichter, die Verbrennungsluftanlage, die Starterbatterie, der Kraftstofftank, der Energieversorgungsblock, die Bremsgerätetafel, die Bordnetzbatterie und der 375 l große Abwasserbehälter.

MITTELWAGEN –
WAGENORDNUNGSNUMMER X3

Baureihe 605.2

In diesem Wagen gibt es 40 Sitzplätze (Raucher) und das Bistro. Der Mittelwagen 605.2 ist mit dem WE 2 an dem WE 2 des Mittelwagens 605.1 angekuppelt. Der Wagen besitzt einen Einstiegsraum, einen Großraum 2. Klasse, ein Bistro, eine Galley, einen zweiten Einstiegsraum und den Servicebereich.

Der Wagen 605.2 verfügt über einen zusätzlichen Einstiegsraum am WE 2. Bedingt durch den Abstand des Drehgestells zum Wagenkastenende haben diese Einstiege, wie auch bei den Baureihen 411/415, einen um 100 mm kleineren lichten Durchgang als die Dritteleinstiege, nämlich 800 mm. Im Einstiegsbereich ist auf der linken Seite neben der Tür-Bedieneinheit die innere Zuglaufanzeige angebracht. Der Einstiegsraum und der Großraum sind durch eine Glaswand mit einer zweiflügeligen Schiebetür von einander getrennt.

Der Großraum umfasst drei Vis-à-vis-Sitzgruppen mit jeweils einem festen Tisch und zweimal zwei Sitzreihen in Reihenaufstellung. An den Stirnseiten des Großraumes sind die Großraum-Anzeige-Displays angebracht.

Im Anschluss an dem Großraum ist eine kleine Galley mit Ausgabetheke für ein kleines Bistro eingerichtet; Hersteller ist die Firma Kiesel in Schwaig bei Nürnberg. Da das Bistro zugunsten einer größeren Sitzplatzkapazität im Vergleich zu den Baureihen 411 und 415 eingeschränkt wurde, besteht im Großraum die Möglichkeit einer Am-Platz-Bedienung. Die Galley schließt ab mit dem Abgasgeschränk mit Kühlwasser-Ausgleichsbehälter.

Im anschließenden Drittel-Einstiegraum ist rechts neben der Türbedieneinheit die innere Zuglaufanzeige angebracht. Direkt neben dem rechten Einstieg befindet sich das Zub-Abteil – auch Service-Point genannt. Das Zub-Abteil ist mit dem des ICE T identisch.

Im anschließenden Verbindungsgang sind auf der rechten Seite zwei Standard-Toiletten eingerichtet, davon eine für das Zugpersonal. An der linken Seite befinden sich ein Fach für Kuriergut, eine Vitrine, E-Schränke (u.a. für Klima- und Dieselsteuerung) sowie die Abfallentsorgung. Die an-

Die Bistro-Theke im ICE TD. Foto: Riechers

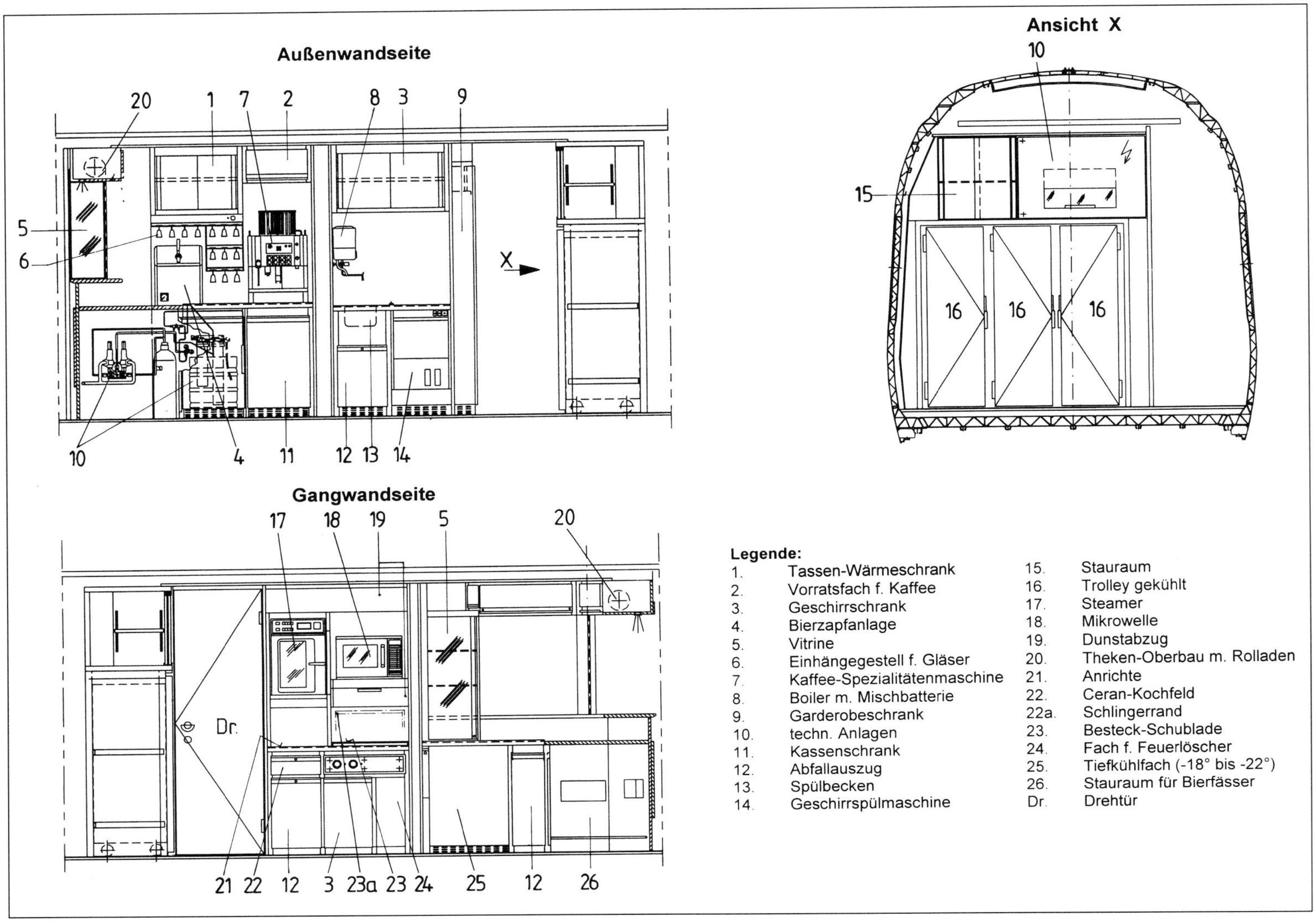

Die Galley des ICE TD. Abbildung: Fa. Kiesel

triebslosen Übergangstüren sind als Brandschutztüren ausgelegt und können in geöffneter und geschlossener Stellung mittels Vierkant blockiert werden.

Auf dem Dach befindet sich am WE 1 der Neigewiderstand; zum WE 2 hin sind ferner die folgenden sechs Antennen angebracht: D/E-Netz, Audio 2, Audio 1, BOS, D-Netz, D+C-Netz.

In der Bodenwanne sind, der Reihe nach, die folgenden wichtigsten Geräte untergebracht: die Bordnetzbatterie, die Bremsgerätetafel, der Energieversorgungsblock, der Kraftstofftank, der Grauwasserbehälter 375 l, die Starterbatterie, die Verbrennungsluftanlage, der Hauptgleichrichter, der Generator, der Dieselmotor, die Dieselmotorkühlanlage mit Ladeluftkühler, Kraftstoffwärmetauscher, Heizgerät und hydrostatischer Lüfteranlage, die Kühlanlage der Galley und der Abwasserbehälter 750 l.

ENDWAGEN 1
WAGENORDNUNGSNUMMER X4

Baureihe 605.5

Der Endwagen 1 verfügt über 41 Sitzplätze der 1. Klasse für Raucher und Nichtraucher. Der Endwagen 605.5 entspricht in seiner Einteilung den ICE T-Endwagen 411.0/415.0. Die Übergangsschiebetüren werden beidseitig über einen Bewegungsmelder geöffnet. Die Einteilung der Geräteschränke ist mit dem Endwagen 2 (605.0) identisch.

Im Großraum wurde – wie beim Endwagen 1 – im Vergleich zum Endwagen 411.0/415.0 die gesamte Sitzanlage um 645 mm nach hinten verschoben, bei gleicher Aufteilung der Sitze und Abteile. Ferner wurden den Rauchern unter den 1. Klasse-Fahrgäste die vorderen fünf Sitzplätze im Bereich des WE 2 zugewiesen. Da sich das Fortluftgerät im gleichen Bereich befindet, ist eine Belästigung der Nichtraucher ausgeschlossen. Ebenso sind Einstiegsraum und Lounge identisch mit den Wagen 411.0/415.0. Der am WE 1 befindliche Führerstand ist mit dem Endwagen 2 (605.0) identisch.

Die Dachausrüstung ist mit dem Endwagen 2 (605.0) identisch. In der Bodenwanne sind, in umgekehrter Reihenfolge, die gleichen Geräte untergebracht wie beim Endwagen 2 (605.0).

DREHGESTELLE MIT ANTRIEB

Im Gegensatz zum ICE T, der Pendolino-Neigedrehgestellen von Fiat erhielt, kommen bei der Baureihe 605 neu entwickelte luftgefederte Trieb- und Lauf-Drehgestelle mit Neigetechnik zum Einsatz, die unter der Federführung von Siemens Verkehrstechnik in Erlangen bei Siemens-SGP in Graz entwickelt wurden als Teil des Anfang der 90er-Jahre gestarteten Gesamtprojektes

Legende

1. Drehgestellrahmen
2. Primärfederung
3. Primärdämpfer
4. Radsatzlager
5. Radsatzführung
6. Laufradsatz
7. Treibradsatz
8. Fahrmotor
9. Bogenzahnkupplung
10. Getriebe
11. Neigetraverse
12. Wiege
13. Sekundärfederung
14. Wankstütze
15. Sekundärdämpfer
16. Schlingerdämpfer
17. Neigeantrieb
18. aktive Querzentrierung m. horiz. Sekundärdämpfer
19. Mg-Bremse
20. Radscheibenbremse
21. Spurkranzschmierung
22. Sandung

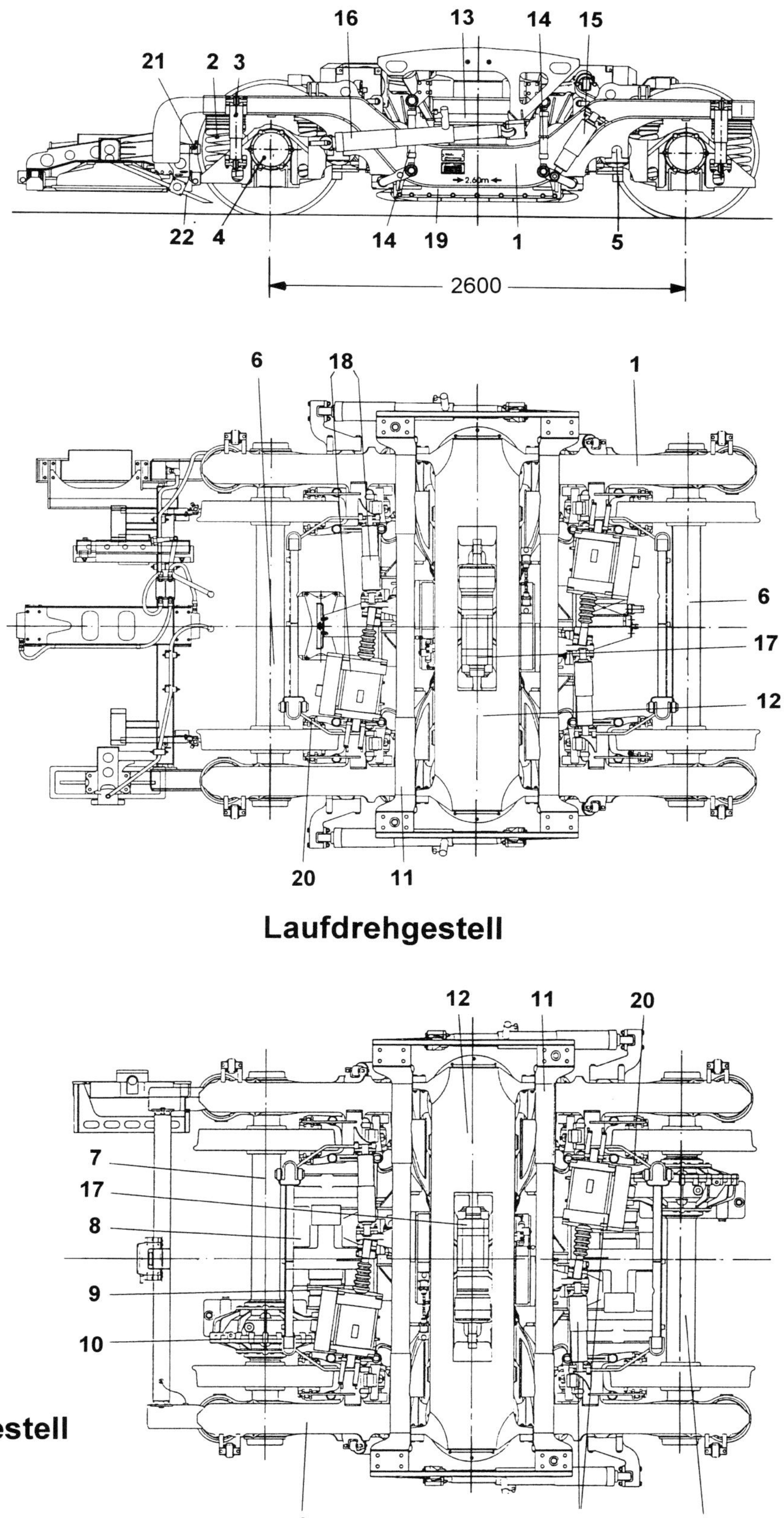

Die Drehgestelle des ICE TD. Abbildung: Konsortium ICT VT

Das Triebdrehgestell SF 600. Foto: Siemens SGP

»Komfortzug«. An diesem Projekt beteiligten sich neben Siemens-SGP auch die DUEWAG in Krefeld-Uerdingen sowie die ehemalige Siemens Schienenfahrzeugtechnik GmbH in Essen, heute unter dem Dach von Siemens Transportation Systems (TS) zusammengefasst.
Erste Versuche mit dem Drehgestell wurden 1995/96 mit einem von der ÖBB gemieteten und entsprechend umgebauten Reisezugwagen durchgeführt. Nach den befriedigenden Ergebnissen dieser ersten Fahrversuche wurde im Zusammenarbeit mit der DB AG der Pendolino-Neige-Triebzug 610 004/504 entsprechend umgebaut und zwischen Juni und Dezember 1997 unter der Bezeichnung 610 K (für »Komfortzug«) im Prüfcenter Wildenrath und auf DB-Strecken eingehend untersucht. Bei diesen Fahrversuchen wurde einmal unter Zuhilfenahme der DB-Ellok 750 003 (Ex 103 222) eine Geschwindigkeit von 275 km/h erreicht, woran ein an dem Triebzug angebrachtes Schild erinnert.
Die erste Anwendung des neu entwickelten Drehgestells mit der Siemens-Bezeichnung SF 600 erfolgt nun in dem ICE Triebzug der Baureihe 605. Die Fahrwerke des Triebzugs bestehen aus jeweils einem Trieb- und einem Laufdrehgestell pro Wagen, die mit Ausnahme des Antriebs identisch sind.

Beschreibung der Drehgestelle
Das Basis-Drehgestell setzt sich zusammen aus dem Drehgestellrahmen, dem Pendelträger (Wiege), der Neige-Traverse, dem elektromechanischem Stellglied, der Querzentrierung, Radsätze mit Lagerung und Primärfederung, der Sekundärfederung und dem Antrieb. Der Drehgestellrahmen besteht aus zwei in der Mitte durchgekröpften Langträgern, die aus Stahlblechen (Werkstoff St 52-3) in Kastenform zusammengeschweißt sind. Die Langträger werden verbunden durch zwei Querträger, die aus einer versetzt zusammengeschweißten Rohr-Konstruktion bestehen.
Die Radsatzführung erfolgt über eine Schwinge, die am Längsträger elastisch angelenkt ist. Die Primärfederung besteht aus je zwei Stahlfedern je Radsatzlager, die mit Gummischichtfedern in Reihe geschaltet sind, um eine optimale Körperschallisolierung zu erreichen. Die Primärfederung wird unterstützt durch jeweils einen vertikal wirkenden hydraulischen Dämpfer. Der Raddurchmesser neu/abgenutzt beträgt 860/790 mm
In der Sekundärstufe sind je Drehgestell zwei Luftfedern mit integrierter Gummi-Notfeder zwischen dem Drehgestellrahmen und dem Pendelträger vorgesehen. Der aus Stahlblechen zusammengeschweißte Pendelträger dient zugleich als Zusatzluftbehälter.
Zur Einhaltung der zulässigen Neigungskoeffizienten dienen zwei Wankstützen pro Drehgestell. Diese bestehen aus zwei drehbar im Drehgestell gelagerten Torsionsstäben, die über Lenker mit dem Pendelträger verbunden sind. Je ein Sekundärdämpfer pro Drehgestellseite ist zwischen dem Drehgestellrahmen und der hinteren Wankstütze angebracht.

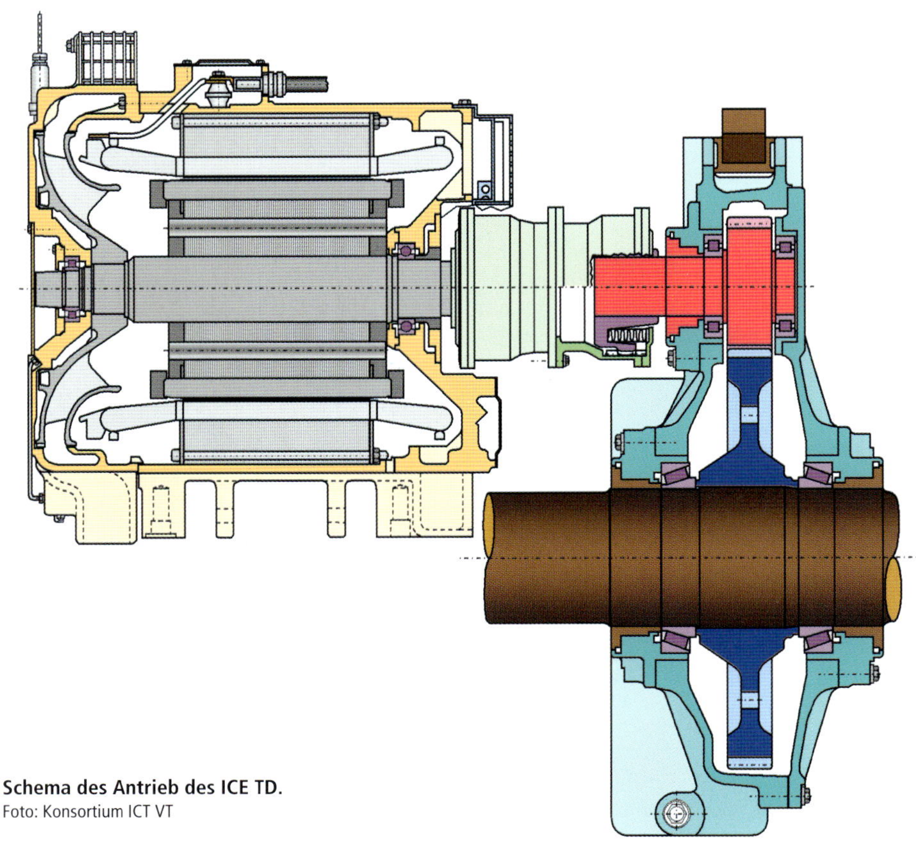

Schema des Antrieb des ICE TD.
Foto: Konsortium ICT VT

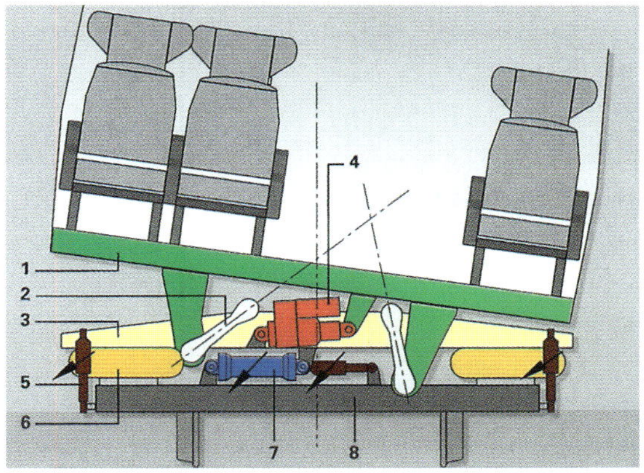

Schema der Siemens-Neigetechnik. Abbildung: Konsortium ICT VT

Die Längsmitnahme des Wagenkastens erfolgt über einen Drehzapfen, der über eine Lemniskate mit dem Drehgestellrahmen verbunden ist. Dieser Drehzapfen befindet sich an der Unterseite der mit dem Wagenkasten verschraubten Neige-Traverse. Die Neige-Traverse ist eine Schweißkonstruktion bestehend aus zwei Querrohren, die über zwei außenliegende Verbindungsbleche miteinander verbunden sind. Die Verbindungsbleche dienen der Anbindung an den Wagenkasten. Die beiden Querrohre sind über vier Blechträger mit einem Gussteil verbunden, in dem die Pendellager sowie der Drehzapfen integriert sind. Zur Fahrstabilisierung im oberen Geschwindigkeitsbereich ist seitlich zwischen Drehgestellrahmen und Verbindungsblech der Neige-Traverse je ein Schlingerdämpfer vorhanden.

Die **Triebdrehgestelle** sind mit jeweils einem am Drehgestellrahmen befestigten Fahrmotor pro Achse versehen, der über eine Bogenzahnkupplung mit einem einstufigen, achsreitenden Getriebe verbunden ist. Die Leistung des Fahrmotors beträgt 250 kW, die Getriebe-Übersetzung 1 : 3,276.

Aufgrund der kompakten Raumverhältnisse im Drehgestell sind keine Wellenbremsscheiben sondern Hochleistungs-Radbremsscheiben vorgesehen. Die Enddrehgestelle sind mit den Antennen der Zugsicherungssysteme sowie mit einer auf die jeweils vorlaufenden Achse wirkenden Besandungsanlage und Spurkranzschmierung versehen.

Neigetechnik

Die Neigekinematik ist wie folgt aufgebaut: Die Neige-Traverse stützt sich auf zwei am Pendelträger montierten Pendelpaare ab. Zwischen Pendelträger und Neige-Traverse, im Bereich eines der Pendelpaare, befindet sich ein elektromechanisches Stellglied. Geführt durch die Pendel kann das Stellglied den Wagenkasten bis 8° gegen die Schwerkraftwirkung neigen, wodurch ein Querbeschleunigungsausgleich von maximal 1,35 m/s² erreicht werden kann. Beidseitig der Neigemechanik sind diagonal Pneumatikzylinder angebracht, die zur Querzentrierung des Wagenkastens dienen. Gegenüber diesen Querzentrierungszylindern sind zusätzlich Schwingungsdämpfer angebracht.

Die für die Steuerung des Stellgliedes notwendigen Regler sind in digitaler Form im Zentralrechner, dem SIBAS 32-Komfortzug-Steuergerät (KSG) eingebaut. Die Kommunikation des KSG mit der Sensoreinheit (AISP), der Neigesteuerung (NST), der Steuerung der aktiven Querzentrierung (AQZ) und mit der übergeordneten Leittechnik des Zuges erfolgt über einen eigenen Multi-Vehicle-Bus (MVB).

Die speziell für den Einsatz in Schienenfahrzeugen entwickelten Sensoreinheiten AISP ermitteln, ohne bewegliche Teile, den Bewegungszustand eines jeden Wagenkastens bzw. des Drehgestellrahmens. Daten wie Querbeschleunigung oder Rollwinkel des Wagenkastens gelangen über den MVB zum KSG. Die NST und die AQZ setzen die vom KSG ankommenden Stellbefehle in elektrische Leistungssignale zur Speisung der Servomotoren der beiden Neigeantriebe eines Wagens bzw. der Pneumatikzylinder der aktiven Querzentrierung um.

Bremsanlage

Die Dieseltriebzüge der Baureihe 605 verfügen über drei Bremssysteme in der operationellen Reihenfolge generatorische Bremse (GB) in allen Triebdrehgestellen, pneumatischen Radscheibenbremsen (PB) an allen Drehgestellen und elektrisch erregte Magnetschienenbremsen (Mg-Bremsen). Ferner sind an fünf Radsätzen insgesamt zehn Bremszylinder mit Federspeicher versehen.

Die Brems-Ausrüstung der einzelne Drehgestelle ist wie folgt:

605.0 DG 1 Laufdrehgestell mit zwei Radscheibenbremsen pro Radsatz, Mg-Bremsen;
DG 2 Triebdrehgestell mit einer Radscheibenbremse pro Radsatz;
605.1 DG 3 Triebdrehgestell mit zwei Radscheibenbremsen pro Radsatz und Federspeicher auf dem ersten Radsatz, Mg-Bremsen;
DG 4 Laufdrehgestell mit zwei Radscheibenbremsen pro Radsatz und Federspeicher auf beiden Radsätzen, Mg-bremsen;
605.2 DG 5 Laufdrehgestell mit je zwei Radscheibenbremsen pro Radsatz und Federspeicher auf beiden Radsätzen;
DG 6 Triebdrehgestell mit einer Radscheibenbremse pro Radsatz;
605.5 DG 7 Triebdrehgestell mit zwei Radscheibenbremsen pro Radsatz, Mg-Bremsen;
DG 8 Laufdrehgestell mit zwei Radscheibenbremsen pro Radsatz, Mg-Bremsen.

Die Bremsvorgänge sind zu unterscheiden in Betriebs- und Schnellbremsungen.

Die Bremskraft kann manuell über den Fahr-Bremsschalter oder über die automatische Fahr- und Bremssteuerung (AFB) vorgegeben werden. Hierbei hat die manuelle Vorgabe Priorität. Die von Knorr entwickelte Bremssteuerelektronik der Mikroprozessor-Führerbremsanlage (HSM) berechnet die Aufteilung der Bremskraft auf die einzelnen Bremsanlagen des Zugverbandes nach folgender gespeicherter Reihenfolge:

Bei Betriebsbremsungen wird im Normalfall primär die GB eingesetzt. Bei nicht ausreichender Bremskraft werden zunächst die pneumatischen Radscheibenbremsen der Laufradsätze, ggf. auch die der Treibradsätze, zugeschaltet. Bei Geschwindigkeiten unterhalb 40 km/h wird die PB abgeschaltet, da mit der GB – falls funktionstüchtig – bis an die Haftgrenze gebremst werden kann. Bei DG 3 und 7 erfolgt die Abschaltung bei 70 km/h um die Haftgrenze nicht zu überschreiten; bei DG 2 und 6 bei 60 km/h.

Bei Schnellbremsungen über 50 km/h werden alle drei Bremssysteme gleichzeitig aktiviert. Bei 20 km/h schaltet die Mg-Bremse selbsttätig ab.

Als Feststellbremse sind zehn Bremszylinder in den Drehgestellen 3, 4 und 5 sind mit Federspeichern ausgerüstet.

Das Anlegen und Lösen der Federspeicher erfolgt per Tastendruck im Führerstand über ein Magnetimpulsventil. Zum Schleppen eines Triebzugs ohne Druckluft besitzen die Federspeicherzylinder eine mechanische Notlöseeinrichtung.

Der Antriebsblock mit Cummins-Dieselmotor auf dem Hilfsrahmen.
Foto: Konsortium ICT VT

MASCHINEN- UND TRAKTIONSANLAGE
Jeder Wagen des ICE TD wird durch eine 560 kW starke Sechs-Zylinder-Cummins-Dieselmotor-Generator-Einheit angetrieben. Die Gesamt-Motorleistung des Triebzuges beträgt somit 2.240 kW. Der Dieselmotor erfüllt die Abgasvorschriften nach der Euro-2-Norm.
Das Triebwerk ist mit einem Hilfsrahmen über Gummi-Metall-Elemente unterhalb des Fahrzeugbodens an den dafür vorgesehenen C-Schienen aufgehängt. Jeder Antriebsanlage ist ein Kraftstoffbehälter mit einem Inhalt von 1.000 l zugeordnet, der ebenfalls unterhalb des Fahrzeugbodens angebracht ist.
Die Steuerung der Dieselmotoren erfolgt über das Zentrale Steuergerät (ZSG), die Antriebssteuerung (ASG), den Fahrzeugbus (MVB), das Power Interface Modul (PIM) – als zentrale Schnittstelle zwischen Fahrzeugsteuerung und Dieselmotor – sowie das Electronic Control Modul (EMC). Gestartet und abgestellt werden die Dieselmotoren über das Führerstandsdisplay. Beim Startvorgang setzt das ASG den Startbefehl um und übermittelt ihn über den MVB zum PIM, der das Anlass-Hilfsrelais ansteuert. Der Dieselmotor wird von ECM und PIM überwacht und gesteuert. Auch die Diagnosedaten werden im ECM aufgenommen und über PIM an die Bedieneinheit geleitet.

ELEKTRISCHE ANLAGE
Die Baureihe 605 besteht aus zwei Traktionseinheiten, die Wagen 605.0/605.1 bzw. 605.2/605.5, mit jeweils zwei Fahrmotoren. Die Endwagen 605.0 und 605.5 sind mit den Traktionscontainern, die Mittelwagen 605.2 und 605.2 mit den Energieversorgungsblöcken für die Energieversorgung der jeweiligen Traktionseinheiten ausgerüstet. Alle Aggregate sind unterflur angeordnet.

Hauptstromkreis
Der vom Generator erzeugte Dreiphasen-Drehstrom besitzt eine abweichende Charakteristik, als er für den Betrieb der Asynchron-Motoren erforderlich ist. Aus diesem Grund wird der von den beiden Anlagen einer Traktionseinheit erzeugte Drehstrom zunächst gleichgerichtet und über einen gemeinsamen Zwischenkreis dem Traktions-Wechselrichter, der zusammen mit den Zwischenkreiskondensatoren und dem Bremssteller in einem Traktionscontainer untergebracht ist, zugeführt, der wiederum die Fahrmotoren mit einer variablen Spannung und Frequenz versorgt. Die Spannung des Zwischenkreises beträgt je nach Drehzahl zwischen 600 und 1800 V.
Der ICE TD ist mit einer generatorischen Bremse (GB) ausgerüstet, die mit dem Bremssteller stufenlos und verschleißfrei gesteuert wird. Die beim Bremsen von den als Generatoren arbeitenden Fahrmotoren abgegebene Energie wird in den auf dem Dach der Endwagen 605.0/5 angebrachten Bremswiderständen in Wärme umgesetzt und in die Atmosphäre abgegeben.
Die GTO-Module des Traktionswechselrichters werden über die Traktionscontainer-Kühlanlage mit einer Mischung von Wasser und Antifrogen N gekühlt. Die Aggregate der Kühlanlage sind auf einem Tragrahmen angebracht und befinden sich in unmittelbarer Nähe des Traktionscontainers.

Bordnetz
Aus dem Gleichstrom-Zwischenkreis einer Traktionseinheit wird auch der zugehörige Energieversorgungsblock (EVB) gespeist. Eine Fremdeinspeisung stellt die Energieversorgung auch bei abgestelltem Fahrzeug sicher. Die Spannung im Gleichstrom-Zwischenkreis beträgt bekanntermaßen 600–1.800V, die Fremdeinspeisung 1.000 V 16,7 Hz. Beide EVB sind eingangsseitig über eine Koppelschiene miteinander verbunden, wodurch Redundanz bei der Bordnetzversorgung besteht.
Über die Eingangsschaltung wird die Energie zunächst zu den drei Hochspannungs-Umrichtermodulen (HUR) geführt, die aus der eingangsseitigen Spannungsvielfalt einen Gleichstrom von 670 V bereitstellt. Jedes der drei HUR-Modulen gibt an ihrem Ausgang eine Leistung von 50 kW ab.
Zu den Verbrauchern des EVB zählen:

Ausgang1	230 V 50 Hz, 3AC Galley, Steckdosen, Kleinverbraucher
Ausgang 2	(440 V 60 Hz, 3AC) allgemeinen Drehstromausgang, z.B. die Luftpresser
Ausgang 3	(92-400 V, 20-87 Hz, 3AC) Klimakompressoren
Ausgang 4	(670 V DC) Wasserheizung
Ausgang 5	(670 V DC) Neigetechnik-Umrichter,
Ausgang 6	(110 V DC) Batterieladung und 110 V Bordnetz
Ausgang 7	(24 V DC) Starterbatterien und Mg-Bremse.

Der EVB-Container wird über interne Lüfter mit Luft gekühlt. Die Luft wird seitlich durch Gitter in den Schürzen angesaugt und über andere Schürzenklappen wieder ausgeblasen.

LEITTECHNIK UND DIAGNOSE
Die Leittechnik ist mit die der Baureihen 411/415 identisch und wurde lediglich mit den vier PIM- und EMC-Geräten um die Komponente »Dieselsteuerung« erweitert.

FAHRGAST-INFORMATIONSSYSTEM (FIS)
Das Fahrgast-Informationssystem ist mit dem der Baureihen 411 und 415 identisch.

Die Neige-ICE-Züge im Betrieb
Seit dem 30. Mai 1999 stehen die Neige-ICE mit steigender Fahrgastzahl und Beliebtheit im Fahrgastbetrieb. Die ersten Einsätze erfolgten durch die fünf mit schweizerischer Ausrüstung versehenen Triebzüge der Baureihe 415 mit den Be-

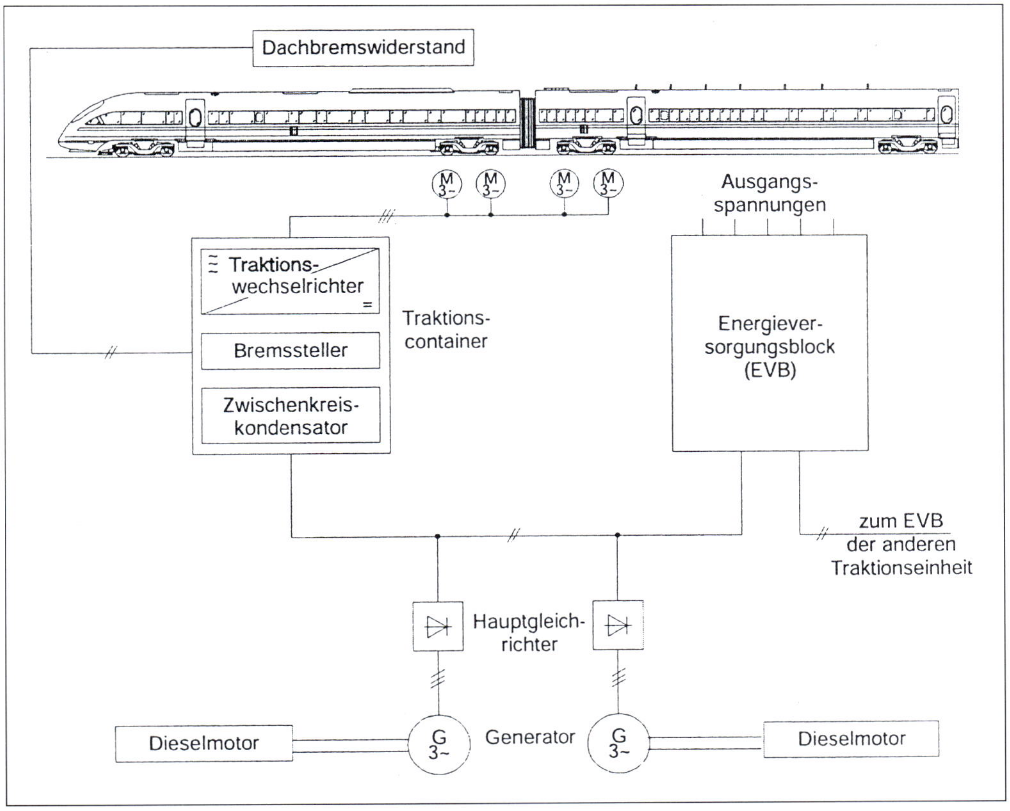

Der Hauptstromkreis einer Traktionseinheit. Abbildung: Konsortium ICT VT

ICE TD, die Baureihe 605, auf der Verbindung Nürnberg–Zwickau–Dresden mit sieben Zugpaaren sowie fünf Zugpaaren auf Teilabschnitten den Betrieb auf. Auch auf der Strecke München–Memmingen–Lindau–Zürich wurde zunächst mit einem Zugpaar der Regelbetrieb aufgenommen. Da der Abschnitt München–Lindau für den ICE-Neigebetrieb noch umgebaut werden muss, kann dieser Betrieb zunächst als eine Art Vorlaufbetrieb betrachtet werden. Der ICE 92/95 kann deshalb nicht bogenschnell fahren und verkehrt darum im Fahrplan des bisherigen EC 92/95. Nach erfolgtem Umbau ist mit einem verstärkten Einsatz der Baureihe 605 sowie verkürzten Reisezeiten zu rechnen.

Eine Fahrt mit dem ICE TD belegt den hohen technischen Standard, den die deutsche Schienenfahrzeug-Industrie mittlerweile erreicht hat und straft alle Experten Lügen, die mehr oder weniger frei von Fach- und Sachzwängen der Deutschen Bahn geraten haben ihre Fahrzeuge doch im Ausland zu kaufen. Das von Siemens entwickelte luftgefederte Komfort-Drehgestell mit der ebenfalls von Siemens entwickelten Neigetechnik hat einen hohen Reifestandard erreicht: Sanft und für den Fahrgast unbemerkt legt sich der Wagenkasten in die Kurve. Im Vergleich zu der Stahlfederung bei den Fiat-Drehgestellen des ICE T macht sich die Luftfederung des ICE TD durch einen noch weiter verbesserten Fahrkomfort bemerkbar.

triebsnummern 1580–1584 auf der 238 km langen Verbindung Stuttgart–Zürich über die kurvenreiche »Gäubahn«, wo die mit der gleichen Neigetechnik ausgerüsteten ETR 470 »Cisalpino« und die ICE T-Triebzüge eine Fahrzeitverkürzung um bis zu 17 Minuten gegenüber den herkömmlichen lokbespannten Zügen möglich war.

Danach gingen die weiteren Triebzüge der Baureihe 415 und im Anschluss daran die der Baureihe 411 schrittweise in den Betrieb. Ihre Einsatzgebiete sind u.a. die Strecken Frankfurt am Main–Leipzig–Dresden sowie München–Nürnberg–Leipzig–Berlin–Hamburg.

Der ICE T steht am Anfang einer viel versprechenden Karriere, da es durch die Beschränkung der Finanzmittel nicht mehr möglich ist unbeschränkt Neubautrassen zu bauen. Neubautrassen, die den Fahrgast aller Reize des Bahnfahrens berauben, da diese zum größten Teil durch Tunnel und zwischen Schallschutzwände hindurch führen. Wie schön Bahnfahren sein kann, zeigt das Beispiel der Gäubahn, die durch einige sehr reizvolle Gebiete des Schwarzwaldes führt. Es ist nicht von ungefähr, dass sich die Deutsche Bahn für die Beschaffung weiterer 28 ICE T-Triebzüge entschieden hat.

Als letztes Baumuster der neuen ICE-Generation nahm zum Fahrplanwechsel am 10. Juni 2001 der

Ein ICE T der Baureihe 411 bei der Einfahrt in den Bahnhof Berlin Zoologischer Garten am 17. April 2000. Foto: Riechers

Der Cummins-Dieselmotor, der außerhalb des Fahrzeugs doch einen recht kernigen Ton von sich gibt, ist während der Fahrt bei zunehmender Geschwindigkeit kaum noch vernehmbar. Da 196 Sitzplätze langfristig gesehen für einen rentablen Betrieb zu wenig sein dürften, erhebt sich die Frage, ob es nicht denkbar wäre, diesen Triebzug um zwei oder drei Wagen, einschließlich eines nichtangetriebenen Wagen, zu erweitern; Reserven sind durchaus noch vorhanden.

Ein ICE TD während der Testfahrten in der fränkischen Schweiz.
Foto: Konsortium ICT VT

Technische Daten der Neigetechnik-ICE

Baureihe		411	415	605
Baujahr		1999	1998/1999	1999/2000
1. Mechanteil				
Wagenzahl		7	5	4
Gesamtlänge	mm	184.400	132.600	106.700
Länge Endwagen über Kupplung	mm	27.450	27.450	27.450
Länge Mittelwagen über Kupplung	mm	25.900	25.900	25.900
Breite	mm	2.850	2.850	2.850
Gesamthöhe ü.SO	mm	3.890	3.890	3.890[1]
Fußbodenhöhe ü.SO.	mm	1.250	1.250	1.250
Einstiege p. Triebzugseite		10	7	5
lichte Öffnung Dritteleinstiege	mm	900	900	900
lichte Öffnung Endeinstiege	mm	800	800	800
Achsfolge		2'2'+1A'A1'+1A'A1'+2'2'+ 1 A'A1'+1A'A1'+2'2'	2'2'+1A'A1'+1A'A1'+ 1A'A1'+2'2'	2'Bo'+Bo'2'+2'Bo'+Bo'2'
Achsabstand Drehgestell	mm	2.700	2.700	2.600
Drehzapfenabstand	mm	19.000	19.000	19.000
Raddurchmesser neu/abgenutzt	mm	890/840	890/840	860/970
Achsgetriebe Übersetzung		1 : 2,5	1 : 2,5	1 : 3,276
2. Antrieb				
Verbrennungsmotor				
Hersteller		-	-	Cummins
Leistung	kW	-	-	559
bei Drehzahl	min-1	-	-	1.800
maximales Drehmoment	Nm	-	-	3.084
maximales Drehmoment bei Drehzahl	min-1	-	-	1.350
Generator				
Hersteller		-	-	Siemens
Spannung	V	-	-	460 - 1.400 3AC
maximale Leistung	kVA	-	-	560
maximale Leistung bei Drehzahl	min-1	-	-	1.800
Anzahl der Anlagen		-	-	4
Stromsystem		15 kV 16,7 Hz	15 kV 16,7 Hz	-
Fahrmotor				
Hersteller		Siemens	Siemens	Siemens
Dauerleistung	kW	8 x 500 = 4.000	6 x 500 = 3.000	8 x 250 = 2000
Steuerung				
Hersteller		Siemens	Siemens	Siemens
System		GTO-PWR	GTO-PWR	GTO-PWR
Kühlung		Wasser/Antifrogen	Wasser/Antifrogen	Wasser/Antifrogen
3 Elektrische Ausrüstung				
Steuerelektronik		SIBAS 32	SIBAS 32	SIBAS 32
Bordnetz	V	110 DC	110 DC	110 DC
Batterieanlage	Ah	4 x 280	3 x 280	4 x 110
Leistung Ladegerät	kW	4 x 15	3 x 15	2 x 35
Sitzplätze gesamt		382	251	196
Sitzplätze 1. Klasse		53	41	41
Sitzplätze 2. Klasse		304	209	154
Sitzplätze Restaurant		24	-	-
Rollstuhlplätze		1	1	1
Leergewicht	t	368	273	216
Besetztgewicht	t	402	298	232
maximale Radsatzlast im Triebdrehgestell	t	16,6	16,6	16,0
maximale Radsatzlast im Laufdrehgestell	t	16,6	16,6	16,0
Beschleunigung	m/s²	0,5	0,5	0,5
mittlere Bremsverzögerung Schnellbremsung aus 140 km/h	m/s²	1,32	1,32	1,3–1,4
mittlere Bremsverzögerung Schnellbremsung aus 230 km/h	m/s²	1,20	1,20	1,2
Höchstgeschwindigkeit	km/h	230	230	200

[1] Höhe über Bremswiderstand 4.205 mm [2] Beschleunigung bis 40 km/h 0,8 m/s²

Fazit und ein Blick in die Zukunft des ICE

Fazit

Soviel steht fest: Der ICE ist aus dem Fernverkehr auf Deutschlands Schienen nicht mehr wegzudenken. Vergessen sind die Startschwierigkeiten von 1991, die penibel von der Tagespresse begleitet wurden, wobei jede verstopfte Toilette eine Schlagzeile wert war. In Erinnerung bleiben sollte jedoch die Katastrophe von Eschede als Fingerzeig, dass es die perfekte Sicherheit, trotz High Tech, nicht gibt. Trotzdem bleibt der ICE ein sicheres und qualitativ hochwertiges Verkehrsmittel, was an den täglichen Kilometerleistungen eindeutig abzulesen ist.

Einen Beitrag hierzu leisten tagtäglich die vier über die Bundesrepublik verteilten und für die betriebsnahe Wartung der ICE-Triebzüge eingerichteten ICE-Werke. Hier werden Prüfungen, Einstellarbeiten, kleinere Instandhaltungsarbeiten und die Reinigung der Züge vorgenommen. Allein die detaillierte Beschreibung dieses Wartungssystem würde eine eigene Publikation rechtfertigen.

Die einzelnen Werke, in der Reihenfolge ihrer Inbetriebnahme, betreuen schwerpunktmäßig die folgenden ICE-Typen:

- Hamburg-Eidelstedt — Baureihe 401
- München-Laim — Baureihen 403 und 411
- Berlin-Rummelsburg — Baureihe 402
- Frankfurt-Griesheim — Baureihen 406 (auch die der NS) und 415

Die betriebsnahe Wartung der Baureihe 605 wird in Hof durchgeführt, das Werk wurde hierzu entsprechend erweitert wurde. Die Instandsetzung der ICE-Züge erfolgt augenblicklich im DB-AW Nürnberg. Nach den Plänen will die DB AG dieses Werk jedoch 2003 schließen. Die Instandsetzungsarbeiten sollen dann im Werk Krefeld durchgeführt werden. Darüber ist das letzte Wort jedoch noch nicht gesprochen.

Im Hinblick auf die Inbetriebnahme der Neubaustrecke (NBS) Köln–Frankfurt am Main und den vorgesehenen Einsatz von ICE 3-Triebzügen ist es erforderlich, am nördlichen Endpunkt der Strecke eine Möglichkeit zur betriebsnahen Instandhaltung vorzusehen. Am 4. Juli 2001 stimmte deshalb der Aufsichtsrat der DB AG dem Plan zu, hierzu das Werk Dortmund-Spähenfelde mit einem Aufwand von 100 Millionen DM umzubauen und zu erweitern. Bei einem Baubeginn noch im Jahr 2001 soll das Werk 2004 arbeitsfähig sein.

Um einen optimalen Umlauf der ICE-Triebzüge zu gewährleisten, ist es erforderlich die Aufenthaltszeiten in den ICE-Werken so weit wie möglich einzuschränken ohne die Wartungsaufgaben zu vernachlässigen. Dazu wird ca. eine Stunde vor Erreichen eines Endbahnhofs mit einem ICE-Werk an festgelegten Übertragungspunkten (z.B. beim letzten Haltebahnhof) die im Diagnosesystem abgespeicherte Störungsliste über Datenfernübertragung (DFÜ) der Abteilung »Arbeitsvorbereitung« des entsprechenden Werkes übermittelt, so dass die Vorbereitungen für die Instandhaltung, wie z.B. Bereitstellung von Ersatzteilen, umgehend anlaufen können. Über eine zweite Übertragungsstrecke werden kurz vor Eintreffen im ICE-Werk die übermittelten Daten noch einmal aktualisiert. Nach dem Eintreffen können die Mitarbeiter des ICE-Werkes die Diagnosesysteme direkt abfragen. Da weitere Daten der einzelnen Fehler gespeichert sind können Rückschlüsse auf die Fehlerhistorie abgeleitet werden.

Das ICE-Netz umfasst augenblicklich rund 4.300 km und besteht aus folgenden Verbindungen:

Linie 3	Baureihe 401	(Kiel–) Hamburg–Frankfurt am Main–Mannheim–Stuttgart (–München)/Mannheim–Basel (–Interlaken)
Linie 4	Baureihen 401 und 403[1]	Hamburg/Bremen-Hannover-Würzburg-München
Linie 5 A	Baureihe 406 (NS und DB)	Köln–Amsterdam
Linie 6	Baureihe 401 und 402	Berlin–Frankfurt am Main–Mannheim–Stuttgart–München
Linie 8	Baureihe 411 und 415	(Kiel–) Hamburg–Berlin–Leipzig–Nürnberg–München
Linie 9	Baureihe 411 und 415	Dresden–Frankfurt am Main–Saarbrücken
Linie 10	Baureihen 401 und 402[2]	Berlin–Hamm–Düsseldorf–Frankfurt am Main–(Nürnberg–München)/Hamm–Wuppertal–Bonn
Linie 17	Baureihe 605	Nürnberg-Dresden.

Nicht als ICE-Linie ausgewiesen ist die Linie 2 A Stuttgart–Zürich mit fünf ICE-Zugpaaren mit Triebzügen der Baureihe 415. Ferner wird auf der Linie 8 A München–Memmingen–Lindau–Zürich ein ICE-Zugpaar mit einem Triebzug der Baureihe 605 in einem so genannten Vorlaufbetrieb eingesetzt. Da die Strecke noch nicht entsprechend ausgebaut wurde, können die Triebzüge nicht bogenschnell fahren und verkehren somit nach dem bisherigen Fahrplan. Bis etwa 2002 wird die NBS Köln–Frankfurt am Main fertig gestellt sein, auf der dann die Baureihen 403 und 406 zum Einsatz kommen sollen.

[1] Hamburg–München mit Baureihe 401, Hamburg/Bremen–München mit Baureihe 403.

[2] Berlin–Düsseldorf–Frankfurt am Main–München mit Baureihe 401, Berlin–Hamm–Bonn/Düsseldorf mit Baureihe 402

Der ICE 3 und ICE T

Abschließend soll ein kurzer Blick in die Zukunft gewagt werden, eine Zukunft die bereits damit eingeläutet wurde, dass die Deutsche Bahn AG 13 weitere HGV-Triebzüge der Baureihe 403 und 28 Triebzüge der Baureihe 411 nachbestellt hat. Es wurde in der Vergangenheit in Bahnkreisen viel von höherer Wirtschaftlichkeit gesprochen, die

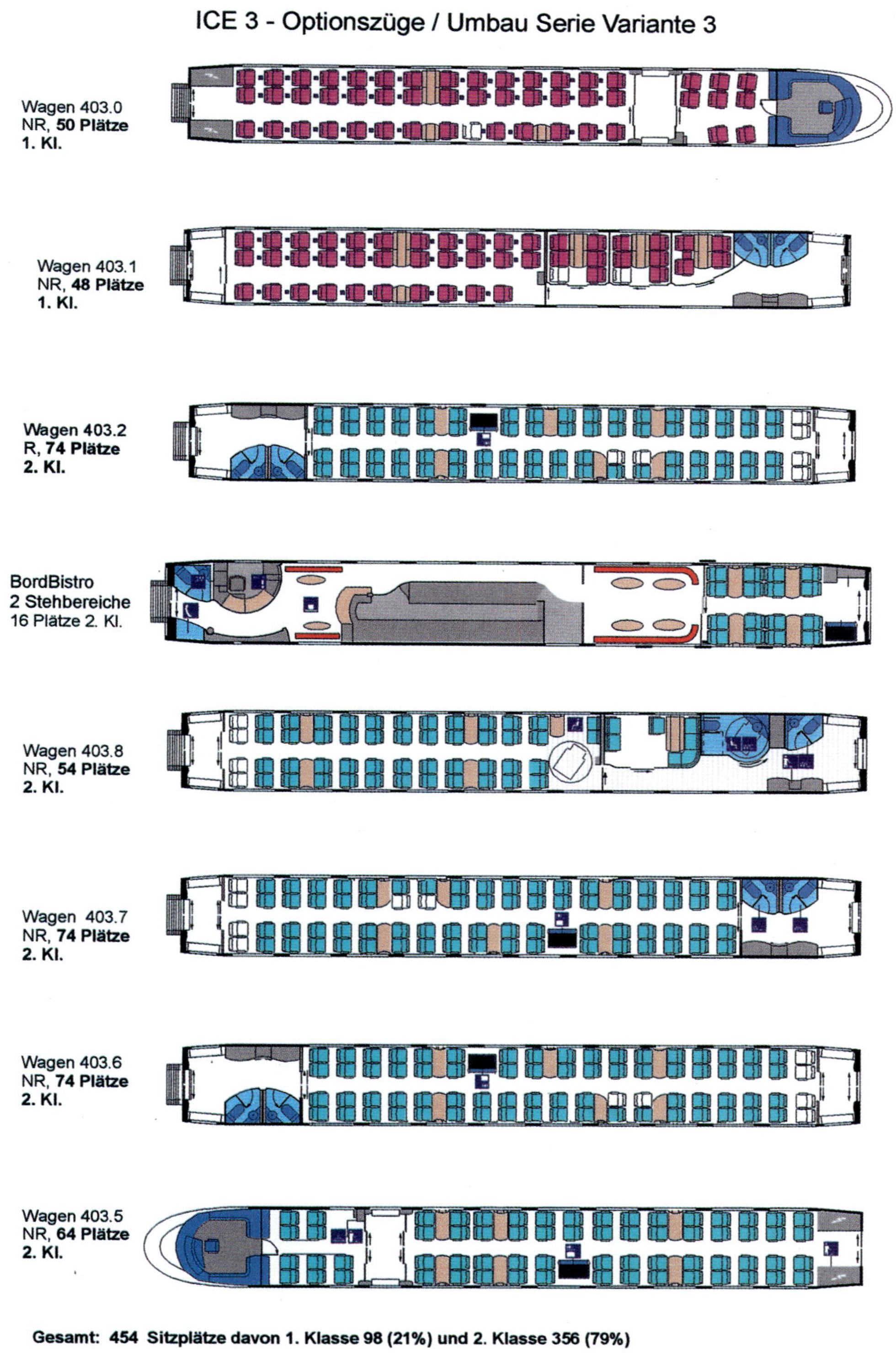

Geplante Sitzplatzanordung bei der Baureihe 403. Abbildung: HDB Reise & Touristik AG

beispielsweise auch dadurch erreicht werden könnte, bei gleicher Fahrzeuggröße mehr Fahrgäste zu befördern. Solche Überlegungen nimmt der Verbraucher nur ungern zur Kenntnis, denn solche Maßnahmen bedeuten meistens Komforteinbußen.

Bei den bestellten neuen Triebzügen der Baureihe 403 und 411 sowie bei den vorhandenen Triebzügen der Baureihen 403, 411 und 415 soll dennoch auf diese Maßnahme zurückgegriffen werden, wobei im Falle des ICE 3 auch das Platzverhältnis der 1. zu 2. Klasse zu Gunsten der 2. Klasse verändert werden soll. Während der Sitzteiler in der 1. Klasse beibehalten bleibt, soll dieser in der 2. Klasse von 971 auf ca 920 mm verkleinert werden (vgl. ICE 1 = 1.025 mm, ICE 2 Steuerwagen 967 mm – Mittelwagen 957 mm). Auch die Baureihe 406 ist in diese Überlegungen eingeschlossen, obwohl hier noch Klärungsbedarf mit den Niederländischen Eisenbahnen (NS) besteht. Es dürfte jedoch wenig Sinn haben, diese Baureihe von den Umbaumaßnahmen auszuschließen, weil sonst insbesondere zwischen Köln und Frankfurt unter Umständen gleiche Züge mit unterschiedlichem Platzangebot und Komfort verkehren. Die geplanten Maßnahmen im Einzelnen siehe Tabellen Seite 200.

Auch bei den älteren ICE 1 und ICE 2 werden in dieser Richtung Untersuchungen angestellt, jedoch zunächst unverbindlich. Ohnehin müssen diese Maßnahmen noch vom Vorstand und vom Aufsichtsrat endgültig verabschiedet werden.

Nicht genug, dass die 2. Klasse seit dem ICE 2 ohne Abteile auskommen muss (Dies wurde in dieser Publikation bereits angesprochen.), die Verkleinerung des Sitzteilers birgt die Gefahr in sich, dass der ICE abgewertet wird und es könnte leicht der Eindruck entstehen dass der Begriff »Reisen« durch »Fahrgast-Transport« ersetzt werden muss. Unter dem Aspekt, dass es sich bei der DB AG um einen Dienstleistungsbetrieb handelt, erhebt sich zudem die Frage, ob der Fahrgast den Wegfall des Restaurants honoriert – erinnert sei an dieser Stelle an die Reaktion des Publikums auf den Wegfall der Bistros in den Interregio-Zügen und ihren Ersatz durch die unappetitlichen Snack-Points. Immerhin erfreut sich der ICE einer großen Beliebtheit beim Publikum, die durch solche Maßnahmen beeinträchtigt werden könnte.

Bei Redaktionsschluss wurde von der DB AG bekannt gegeben, »...dass die umgerüsteten ICE 3-Triebzüge schwerpunktmäßig zunächst auf der neu zu schaffenden ICE-Linie (Dortmund–)Köln–Frankfurt a. M.(–Stuttgart) eingesetzt werden sollen, im Hinblick auf die zu erwartenden hohen Fahrgastzahlen auf dieser Verbindung und die relativ kurze Fahrzeit...« – 53 Minuten anstatt heute 2 Stunden und 13 Minuten – zwischen Köln und Frankfurt a. M..

Am 3. September 2001, kurz vor Drucklegung dieses Buches hat der ICE 3 einen neuen »persönlichen« Rekord aufgestellt: Auf dem 110 km langen Abschnitt Wolfsburg–Rathenow der Neubaustrecke Hannover–Berlin fuhr im Beisein von Bahnchef Hartmut Mehdorn ein – mit Messgeräten gespickter – Triebzug kurzzeitig eine Höchst-

Baureihe 403

Baureihe 403.0	Wegfall Garderobe + 1 Sitzplatz		
Baureihe 403.1	je Abteil ein zusätzlicher Sitzplatz	+ 2	Plätze
Baureihe 403.2	wird 2. Klasse-Wagen	- 46	Plätze
Baureihe 403.2	ex 1. Klassewagen	+ 74	Sitzplätze
Baureihe 403.3	Ersatz des Restaurants durch zweites (größeres) Bistro dadurch zusätzlicher 2. Klasse-Raum	+ 16	Plätze
Baureihe 403.8	Verringerung des Sitzteilers von 971 auf ca. 920 mm	+ 4	Plätze
Baureihe 403.7/6	Verringerung des Sitzteilers von 971 auf ca. 920 mm und Wegfall einer Garderobe	+ 6	Plätze
Baureihe 403.5	unverändert		
Gesamtveränderung 1. Klasse		- 43	Plätze
Gesamtveränderung 2. Klasse		+ 106	Plätze

Das ergibt folgende Sitzverteilung:
1. Klasse: 98 Sitzplätze bisher 141
2. Klasse: 356 Sitzplätze bisher 250
zzgl. 1 Rollstuhlplatz
Verhältnis 1. zur 2. Klasse: 21 zu 79% (bisher 36 zu 64%)

Baureihe 411

Baureihe 411.0	Änderung der Sitz- und Tischanordnung im Bereich des 15 kV-Kanals	+ 2	Plätze
Baureihe 411.1	Neueinteilung des Großraums der 1. Klasse	+ 6	Plätze
Baureihe 411.1	Neueinteilung des Großraums der 2. Klasse	- 8	Plätze
Baureihe 411.2	ersatzloser Entfall des Restaurants, dafür zusätzlicher 2. Klasse-Raum	+ 37	Plätze
Baureihe 411.8	Verringerung des Sitzteilers von 971 auf ca. 920 mm	+ 4	Plätze
Baureihe 411.7	Verringerung des Sitzteilers von 971 auf ca. 920 mm und Wegfall Großgepäckablage	+ 6	Plätze
Baureihe 411.6	Verringerung des Sitzteilers von 971 auf ca. 920 mm	+ 4	Plätze
Baureihe 411.5	Verringerung des Sitzteilers von 971 auf ca. 920 mm und teilweise Neueinteilung im Bereich des 15 kV-Kanals	+ 4	Plätze
Gesamtveränderung 1. Klasse		+ 8	Plätze
Gesamtveränderung 2. Klasse		+ 40	Plätze

Das ergibt folgende Sitzverteilung:
1. Klasse: 61 Sitzplätze bisher 53
2. Klasse: 344 Sitzeplätze bisher 304
zzgl. 1 Rollstuhlplatz
Verhältnis 1. zur 2. Klasse: 15 : 85 % (gleichbleibend)

geschwindigkeit von 369,44 km/h. Damit wurde die Voraussetzung erfüllt für die Zulassung einer betrieblichen V_{max} von 330 km/h. Hierzu muss ein 10%-iger Geschwindigkeits-Überschuss = 33 km/h (insgesamt als 363 km/h) nachgewiesen werden…

Der ICE 21

Unter der Bezeichnung »ICE 21« wurde längere Zeit an einem Erprobungsträger gearbeitet, in dem neu entwickelte Systeme und Komponenten für künftige HGV-Triebzüge erprobt werden sollten. Ursprünglich wurde beabsichtigt, diesen Versuchsträger 1999 in Betrieb zu nehmen, es wurde jedoch inzwischen entschieden, dieses Projekt nicht mehr weiter zu verfolgen.

Der ICE 4

Als Nachfolger des ICE 3 galt lange Zeit der ICE 4. Auch diese Konzeption stand unter dem Druck des Rotstiftes. Es wurden Untersuchungen durchgeführt, welche Fahrzeugkonzeption die höchste Fahrgastzahl gewährleisten konnte. Hierbei verfolgte die Bahn zusammen mit der Industrie zwei Überlegungen – eine Doppelstockausführung mit 510 Sitzplätzen und eine überbreite Ausführung mit 530 Sitzplätzen (Einteilung entspricht der 2.Lieferung der Baureihe 403). Zum Vergleich: Die Ursprungsausführung des ICE 3 besaß 416 Sitzplätzen einschließlich Restaurant und die zweite Lieferung des ICE 3 soll 450 Sitzplätze mit Bistro jedoch ohne Restaurant enthalten.
Die Überlegungen zum ICE 4 wurden schließlich überlagert durch die Absicht der Deutschen Bahn AG und SNCF, ein Konzept für einen europaweit einsetzbaren Hochgeschwindigkeitszug mit hoher Kapazität, entweder in doppel- oder einstöckiger Ausführung, zu entwickeln. Der Sitzteiler soll dem des ICE 3 der zweiten Lieferung entsprechen. Als Höchstgeschwindigkeit wurden 320 km/h festgelegt. Ferner steht die Überlegung im Raum, diese Züge mit Neigetechnik zu versehen, um einen durchgängigen Schnellverkehr auf Neubau- und Ausbaustrecken realisieren zu können.

TEE Rail Alliance

Die Partner der im Sommer 2000 gegründeten »TEE Rail Alliance«, die DB AG, die SBB und die ÖBB, haben gemeinsam einen Neige-Triebzug für Entfernungen bis etwa 400 km und eine Geschwindigkeit von 200 bis 230 km/h ausgeschrieben. Es handelt sich hierbei also nicht um HGV-Triebzüge sondern um eine Fahrzeuggattung die dem ICE T nahe steht.
Es ist von insgesamt 116 Triebzügen die Rede, wovon die DB AG 50 Züge, die SBB 34 Züge und die ÖBB 32 Züge übernehmen. Die Triebzüge der SBB sollen mit Zweisystemtechnik geliefert werden, um einen durchgängigen Verkehr nach Italien zu ermöglichen. Mit der Vergabe des Auftrages wird für den 31. Januar 2002 gerechnet. Die Lieferung des ersten TEE Rail Alliance-Zuges ist für 2005 vorgesehen.
Die TEE Alliance wurde gegründet, um den Kunden im grenzüberschreitenden Verkehr komplette Angebote machen zu können. Durch die Anpassung der Betriebskonzepte sowie durch den gemeinsamen Einkauf von Rollmaterial hoffen die Gründer, Kosten zu sparen. Obwohl an ein abweichendes Betriebskonzept gedacht wird, legen die SBB Wert auf Kompatibilität mit dem ICE T.

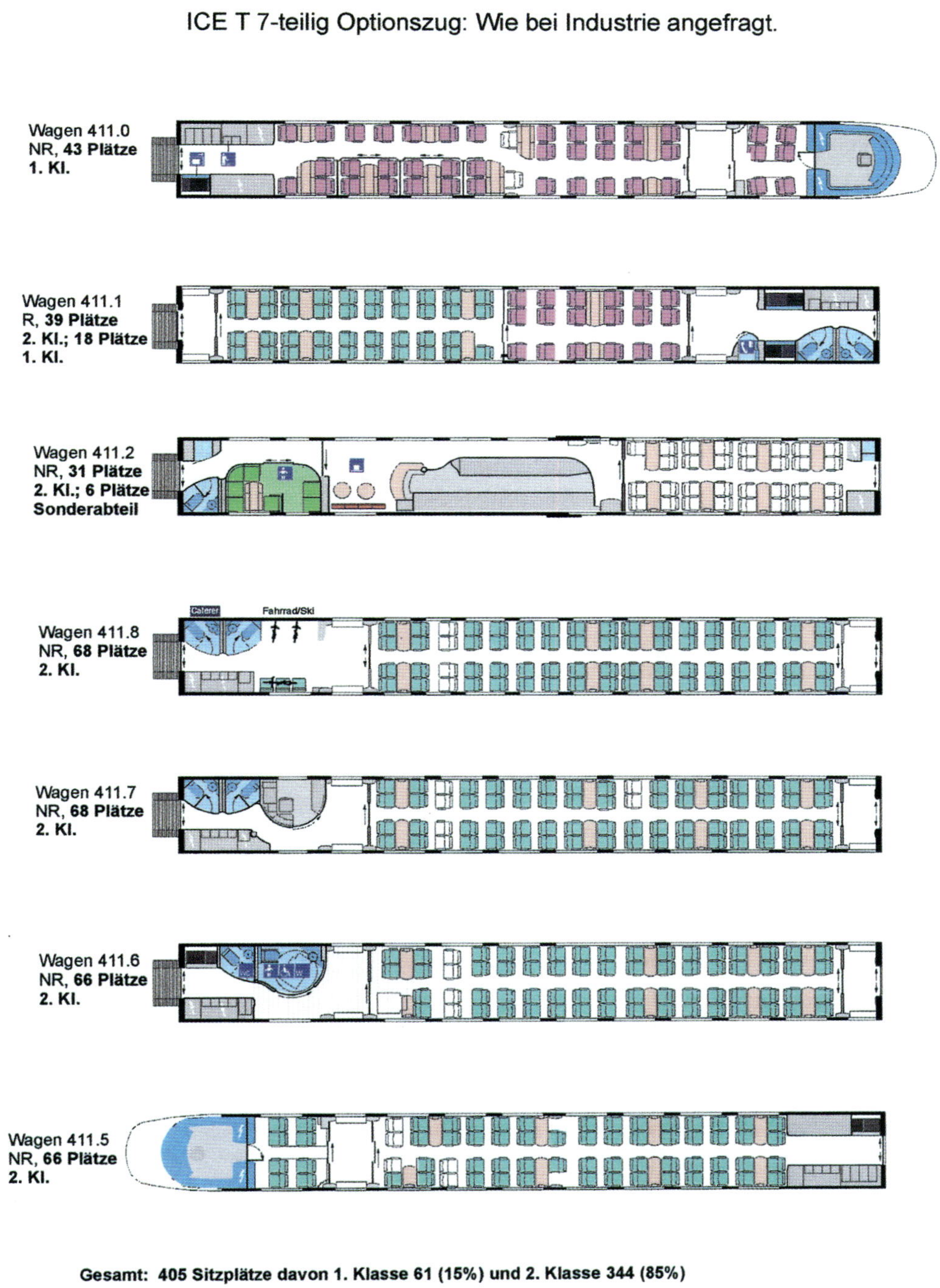

Geplante Sitzplatzanordung bei der Baureihe 411. Abbildung: DB AG Reise & Touristik

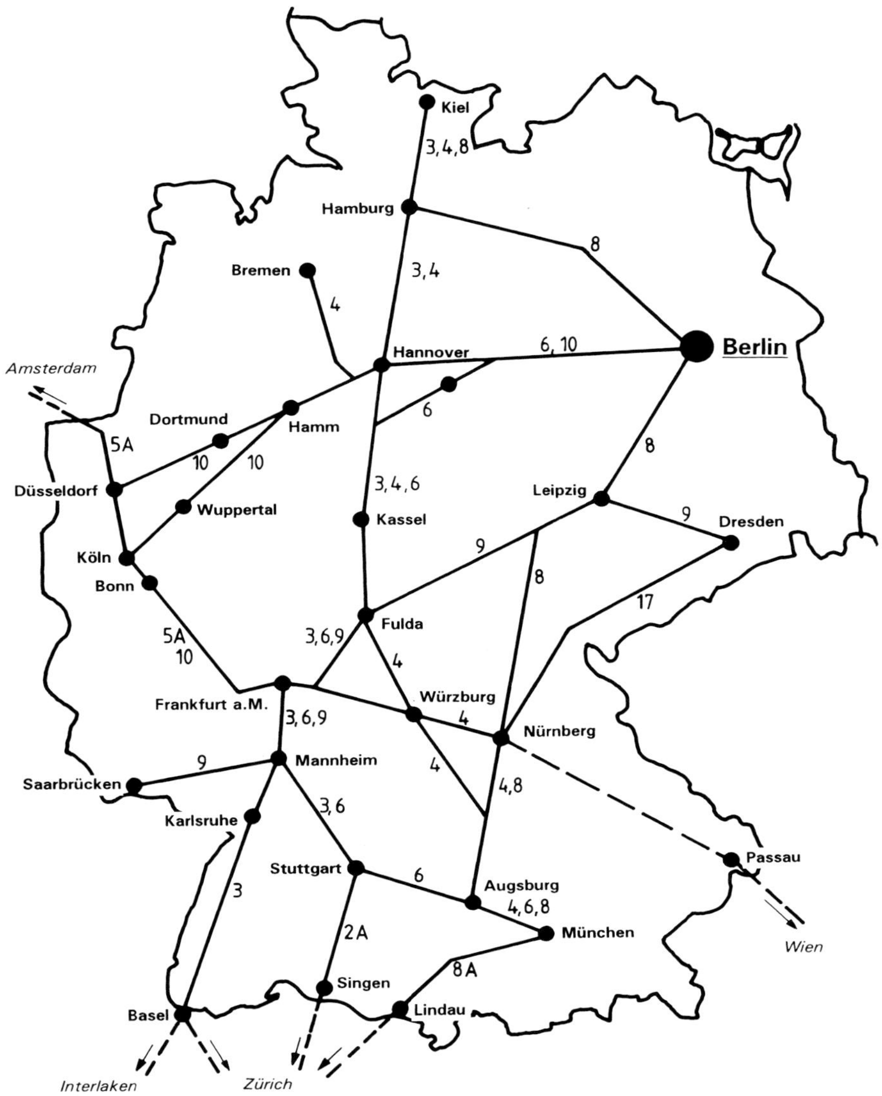

Die ICE-Verbindungen in Deutschland (Stand 10. Juni 2001).
Abbildung: Riechers

Linie (KBS)	Strecke	Fahrzeugtyp
2A.	Stuttgart – Singen (*– Zürich*)[2].	ICE T
3.	(Kiel –) Hamburg[1] – Hannover – Kassel – Fulda – Frankfurt a.M.[1] – Mannheim – Stuttgart/ – Basel (*– Zürich/Interlaken*)[2].	ICE 1
4.	Hamburg[1] – Hannover – Kassel – Fulda – Würzburg – Augsburg – München/ – Nürnberg (*– Wien*) – Augsburg – München[2]. Hamburg[1] – /Bremen – Hannover – Kassel – Fulda – Würzburg – (Nürnberg) – Augsburg – München.	ICE 1 ICE 3 (Flügelzug)
5A.	(Frankfurt a.M.[1] –) Köln – Amsterdam (Gemeinschaftsbetrieb DB/NS)	ICE 3M
6.	Berlin[1] – Braunschweig – Kassel – Fulda – Frankfurt a.M.[1] – Mannheim – Stuttgart – München.	ICE 1 – ICE 2
8.	(Kiel –) Hamburg[1] – Berlin[1] – Leipzig – Nürnberg – München.	ICE T
8A.	*München – Lindau(– Zürich)*[2].	ICE TD
9.	Dresden – Leipzig – Erfurt – Fulda – Frankfurt a.M.[1] – Mannheim – Kaiserslautern – Saarbrücken.	ICE T
10.	Berlin[1] – Hannover – Hamm – Dortmund – Düsseldorf – Frankfurt a.M.[1] – Würzburg – Nürnberg – München. Berlin[1] – Hannover – Hamm – Dortmund – Düsseldorf/ – Wuppertal – Bonn.	ICE 1 ICE 2 (Flügelzug)
17.	Nürnberg – Hof – Chemnitz – Dresden.	ICE TD

[1]) Zielorte ohne Zielbahnhöfe genannt
[2]) Die kursiv geschriebene Liniennummern oder Strecken sind keine ICE-Strecken, werden jedoch von ICE-Züge befahren.

Abkürzungen und Erläuterungen

Abkürzungen

AC	alternating current (Wechselstrom)
Adtranz	DaimlerChrysler Rail Systems, seit 1. Mai 2001 Teil von Bombardier Transportation.
AEG	Allgemeine Elektricitäts Gesellschaft, am 1. Januar 1996 zusammen mit
ABB	Henschel zu Adtranz fusioniert.
AFB	Automatische Fahr- und Bremssteuerung
ASG	Antriebssteuergerät
Aw	Ausbesserungswerk
BBC	Brown-Boverie-Cie, später ABB
BD	Bundesbahn-Direktion
BEW	Bergmann-Elektrizitätswerke
BGE	Bremsgeräteeinheit
BMFT	Bundesministerium für Forschung und Technik
BNV	Bordnetz-Versorgung
BOS	Behörden-, Ordnungs- und Sicherheitsdienst
BSG	Bremssteuergerät
Bw	Betriebswerk
Bww	Betriebswagenwerk.
BZA	Bundesbahn-Zentralamt (siehe auch FTZ)
DAT	siehe unter Erläuterungen
DAVID	Diagnose, Aufrüst- und Vorbereitungsdienst mit integrierter Displaysteuerung
DB	Deutsche Bundesbahn (7. September 1949 bis 31. Dezember 1993)
DB AG	Deutsche Bahn AG (ab 1. Januar 1994)
DC	direct current (Gleichstrom)
DEBG	Deutsche Eisenbahn-Betriebsgesellschaft
DFÜ	Daten-Fernübertragung
DR	Deutsche Reichsbahn (1. April 1920 bis 29. August 1924 und 1949 bis 31. Dezember 1993)
DRG	Deutsche Reichsbahn-Gesellschaft (30. August 1924 bis 6. September 1949)
DSR	Direkte Selbstregelung, siehe unter Erläuterungen
DFVLR	Deutsche Forschungs- und Versuchsanstalt für Luft- und Raumfahrt
DWA	Deutsche Waggonbau Aktiengesellschaft, heute Bombardier Transportation
DWD	Dessauer Waggonfabrik, Dessau
E/A-Rechner	Ein-/Ausgaberechner
ELA	Elektroakustische Anlage
FEM	Finiten-Elemente-Methode, siehe unter Erläuterungen
FIS	Fahrgast-Informationssystem
FSA	Fahrer-Selbstabfertigung
FTZ	siehe unter Erläuterungen
FZB	Funk-Zugbeeinflussung
GTO	siehe unter Erläuterungen
HL	Hauptluftleitung
HBL	Hauptluftbehälterleitung
HBU	Hilfsbetriebe-Umrichter
HGV	Hochgeschwindigkeits-Verkehr
HLB	Hessische Landesbahn
IFZ-(Bus)	Integrierter Fahrzeug-Zubringer-(Bus)
IGBT	siehe unter Erläuterungen
Indusi	Induktiver Zugsicherung (vgl. PZB)
KBayStB	Königlich Bayerische Staatseisenbahnen
KLIP	Klemme für Intelligente Peripherieanbindung
KPEV	Königlich Preußische Eisenbahnverwaltung
LCC	life cycle costs (Unterhaltungskosten während der Lebensdauer des Fahrzeuges)
Ldk	zulässige Längsdruckkraft des Wagenkastens
LEW	VEB Lokomotivbau und Elektrotechnische Werke, Hennigsdorf
LGV	Ligne Grande Vitesse (Hochgeschwindigkeitsstrecke)
LHB	Linke-Hofmann-Busch (heute ALSTOM LHB GmbH)
LHW	Linke-Hofmann-Werke, Breslau
LOI	Letter of intend (Absichtserklärung)
LTG	Lokales Türsteuergerät
LZB	Linienförmige Zugbeeinflussung
MAN	Maschinenfabrik Augsburg-Nürnberg AG
MBB	Messerschmitt, Bölkow, Blohm, Donauwörth
MD	Minden-Deutz (Drehgestell-Konzeption des ehemaligen BZA-Minden, heute FTZ)
MFA	Modules Führerstands-Anzeigegerät
MSW	Maffei-Schwartzkopff-Werke
MVB	Multfunction Vehicle Bus
NS	Nederlandse Spoorwegen (Niederländische Eisenbahnen)
O&K	Orenstein & Koppel, Berlin
PBG	Pneumatisches Bremsgerät
PWR	Pulswechselrichter, s. unter Erläuterungen. Formt Gleichstrom in 3-Phasen-Drehstrom um.
PZB	siehe unter Erläuterungen
Raw	Reichsbahn-Ausbesserungswerk
RB	Regionalbüro
RBD	Reichsbahn-Direktion
RIA	Reise-Informations-Automat
RZA	Reichsbahn-Zentralamt
Sifa	Sicherheits-Fahrschaltung
SOK	Schienen-Oberkante
SPS	Speicherprogrammierbare Steuerung
SSW	Siemens-Schuckert-Werke
Tfz	Triebfahrzeug
TGV	Train Grande Vitesse (Hochgeschwindigkeitszug)
TSI	technische Spezifikation f. Interoperabilität
UF	Unterschwingungserfassung
UHG	Untersitzheizgeräte
4q-S	siehe unter Erläuterungen
V_{max}	Höchstgeschwindigkeit
V_R	Reisegeschwindigkeit
WASSEG	Liefergemeinschaft AEG-SSW
WB	Lineare Wirbelstrombremse
WMD	Waggon- und Maschinenbau GmbH, Donauwörth
WTB	Wire-Train-Bus
WU	Waggon-Union, später ABB-Henschel, danach Adtranz, heute Bombardier
WUMAG	Waggon- und Maschinenbau Aktiengesellschaft, Görlitz, heute Bombar-
dier	Transportation-DWA
WWK	Waggonfabrik Wegmann und Co., Kassel
ZF	Zugfunk
ZS	Zugsammelschiene
ZSG	Zugsteuergerät
Zub	Zugbegleiter
ZWG	Zentrale Weg- und Geschwindigkeitsmessung

Erläuterungen:

Booster: Zusätzlicher Antriebseinheit ohne Führerstand. Ein Booster kann sowohl ein zusätzlicher Maschinenwagen als auch ein hinter der Lokomotive oder dem Triebkopf eingereihter Triebwagen mit Fahrgastraum sein. Als Booster galt in früheren Jahren auch einen zusätzlichen Antrieb von Lok- oder Tenderradsätzen die zur Erhöhung der Zugkraft automatisch oder vom Lokführer zugeschaltet wurden.

DAT: Drehstrom-Antriebstechnik: Mit diesem Begriff wird die Anwendung von einfach aufgebauten und platzsparenden Traktionsmotoren, die von dreiphasigem Drehstrom betrieben werden, umschrieben. Die Steuerung dieser so genannten Drehstrom-Asynchron-Motoren erfolgt über Stromrichter. Bei Gleichstrom-Einspeisung über Oberleitung oder »dritte Schiene« kommen Pulswechselrichter (PWR) zum Einsatz. Bei Wechselstrom-Einspeisung aus der Oberleitung ist dem PWR je nach Leistung ein oder mehrere Vierquadranten-Steller (4Q-S) vorgeschaltet, der den Wechselstrom in Gleichstrom umwandelt.

DSR: Direkte Selbstregelung (Regelverfahren zur Ansteuerung von umrichtergespeisten Asynchronmotoren)

FEM: Finiten-Elemente-Methode: Dieser Begriff umschreibt eine Methode zur Statik-Berechnung, bei der ein Fahrzeugaufbau in Flächen aufgeteilt und für jede einzelne Fläche die Momentengleichung aufgestellt wird.

FTZ: Forschungs- und Technologiezentrum (der deutschen Bahn AG): Anlässlich der Privatisierung der Deutschen Bundesbahn trat das FTZ anstelle des BZA. Das FTZ ist an folgenden Standorten tätig:

- Brandenburg-Kirchmöser: Werkstoffe, Verfahren, Instandhaltung
- Minden: Güterverkehrstechnologie, Lauf- und Bremstechnik, Interoperabilitätsfragen, Normung
- München: Hochgeschwindigkeitsverkehr, elektrische Antriebe, Fahrweg, Betriebsleittechnik.
- Außenstellen in Dessau, Delitzsch und Frankfurt am Main

Galley: Bordküche

GTO: Gate-turn-off-Thyristor: Thyristor der über einen Steuerstrom abgeschaltet werden kann (vgl. IGBT).

HSM: Bremssteuereinheit auf Mikroprozessdor-Basis. Das »H« steht hierbei für die firmeninterne Entwicklungslinie, das »S« für Stellungsabhängig und das »M« für Mikroprozessor.

IGBT: Insulated Gate Bipolar Thyristor: Thyristor der über einen Steuerstrom ein- und abgeschaltet werden kann (vgl. GTO). Mit IGBT ausgerüstete Stromrichter für Leistungen über 3 MW werden erst seit 1998 eingesetzt.

Maglev: Magnetically Levitation; Sammelbegriff für die verschiedene Systeme der Magnetschwebetechnik, z.B. Transrapid.

PWR: Pulswechselrichter: Der PWR formt Gleichstrom in einem pulsierenden Dreiphasen-Drehstrom um. Das Pulsprinzip ermöglicht die Steuerung des ausgangsseitigen Drehstroms in Spannungshöhe und Frequenz, als Voraussetzung für die Zugkraft- und Geschwindigkeitsregelung von Drehstrom-Asynchron-Fahrmotoren.

PZB: Punktförmige Zugbeeinflussung: Dieser Begriff stand bis zur Vereinigung der beiden Bahngesellschaften bei der DR für den DB-Begriff »Indusi«. Nach Januar 1994 ist der Begriff »PZB« von der DB AG übernommen worden.

Tatzlagermotor: Der Motor stützt sich sowohl am Rahmen bzw. Drehgestellrahmen als auch, über angegossene »Tatzen«, auf dem Treibradsatz ab.

4QS: Vierquadrantensteller: Der 4QS ist bei wechselstromgetriebenen Bahnen (15 kV 16,7 Hz bzw. 25 kV 50 Hz) als so genannte Netzstromrichter dem PWR vorgeschaltet. Teil des Stromrichters. Der vom Transformator herabgesetzte Wechselstrom wird im 4QS in einem schnell pulsenden Gleichstrom umgeformt gerichtet und über den Spannungszwischenkreis dem PWR (als Maschinenumrichter) zugeführt, wo eine pulsierende Dreiphasenspannung für den Betrieb von Drehstrom-Asynchron-Motoren erzeugt wird. Der 4QS ermöglicht die Rückspeisung der beim Einsatz der E-Bremse frei werdenden Energie in die Fahrleitung.

Literatur

Adler, et al: Lexikon der Eisenbahn (transpress)
Freeman, Allen: Die schnellsten Züge der Welt (franckh)
Spoor & Trein, Edition 3 (de Alk)
Heinrich, et al: Magnetbahn Transrapid (Hestra)
Hughes: Die Hochgeschwindigkeitsstory (Alba)
Koewius: Aluminium Schienenfahrzeuge (Aluminium-Zentrale/Hestra)
Krummheuer: IC-E (ELV-Verlag)
Kubinszky, et al: Ungarische Lokomotiven (Birkhäuser)
Kurz/Weschta: ICE T, BR 411, 415 und 605 (Hestra)
Latten: Spoorwegen/Jahrbuch Europäische Eisenbahnen (de Alk/transpress), diverse Jahrgänge
Messerschmidt: Schnelle Stars der Schiene (transpress)
Rahn, et al: ICE, Zug der Zukunft 1., 2. und 3. Auflage (Hestra)
Riechers: Metros der Welt (transpress)
Riechers: S-Bahn-Triebzüge (transpress)
Rossberg: Geschichte der Eisenbahn (Sigloch)
Staisch: Das Tor zur neuen Bahn (Kabel)
Weigelt/Langner: Chronik Deutsche Bundesbahn (Hestra)
Zschech: Akku- und Elektrotriebwagen (transpress)
Zschech: Dampf- und Verbrennungstriebwagen (transpress)
Die Bundesbahn 5/91
Eisenbahn-Journal Special 1/91
verschiedene Ausgaben »Eisenbahntechnische Rundschau«
verschiedene Ausgaben »Eisenbahn Kurier«
verschiedene Ausgaben »Eisenbahn Magazin«
verschiedene Ausgaben »Eisenbahn-Revue International«
verschiedene Ausgaben »Op de Rails« (NL)

Auf der Strecke München–Nürnberg–Berlin–Hamburg setzt die Deutsche Bahn AG die Neigetechnik-Züge der Baureihen 411/415 ein. Am 26. Mai 2002 war eine Doppeleinheit bei Lichtenfels unterwegs.
Foto: Bodo Schulz

Erstmals zur Expo 2000 setzte die Deutschen Bahn AG den ICE 3 im Plandienst ein. Bei Hannover-Ahlem war am 30. September 2001 eine ICE 3 als Expo-Sonderzug unterwegs. Foto: Bodo Schulz

Bevor die Dieseltriebwagen der Baureihe 605 im Plandienst eingesetzt wurden, teste Siemens die Fahrzeuge ausgiebig auf dem werkseigenen Versuchsring in Wegberg-Wildenrath, wo im Frühjahr 2002 ein ICE TD seine Runden drehte. Foto: Meier

Die Vielfalt der Eisenbahn

Daniel Riechers
Regionaltriebwagen
In der Bahn-Provinz tut sich was. Statt alter rumpelnder Wagen rollen jetzt fast überall moderne Fahrzeuge auf den Schienen. Hier hat die neue Generation ihren Auftritt – mit vielen Infos über Entwicklung, Aufbau und Technik, mit zahlreichen technischen Zeichnungen und Fotos.

192 Seiten, 185 Bilder, davon 31 in Farbe
Bestell-Nr. 71089
DM 69,–/€ 36,–

Jürgen Court
Renaissance der Dampflok
In der Uckermark, im Erzgebirge oder in Thüringen, überall erlebte die Dampflok vor planmäßigen Zügen in den Neunzigerjahren einen zweiten Frühling. Im Westen erfuhr die Eifelbahn eine Renaissance der Dampflok. Heute ist auch diese Episode fast schon wieder Geschichte.

144 Seiten, 136 Farbbilder
Bestell-Nr. 71143
DM 49,80/€ 26,–

Daniel Riechers
S-Bahn-Triebzüge
Sie sind fit für das nächste Jahrtausend: Die neuen Triebzüge der S-Bahnen. Seit einiger Zeit rollen Zug um Zug neue Fahrzeuge aus den Werkhallen. Dieses Buch stellt sie in allen Einzelheiten vor, mit zahlreichen Zeichnungen, Detailfotos und Tabellen. Und das Beste: Eine eigens angefertigte, separate Maßzeichnung für jedes Fahrzeug.

144 Seiten, 163 Bilder, davon 107 in Farbe, 31 Zeichnungen
Bestell-Nr. 71128
DM 49,80/€ 26,–

Dirk Endisch
Neubaudampfloks der Deutschen Reichsbahn
Dieses Buch über das Neubau-Dampflokprogramm der deutschen Reichsbahn porträtiert ausführlich alle normalspurigen Neubaureihen. Vorgeschichte, Entwicklung und Erprobung werden ebenso dargestellt wie Technik und Einsatzgeschichte.

256 Seiten, 243 Bilder, davon 24 in Farbe
Bestell-Nr. 71129
DM 69,–/€ 36,–

Dietmar Klubescheidt
Eisenbahnen der Welt
Die höchste Strecke der Erde in den Anden, die schnellsten Züge unseres Planeten in Japan – die Vielfalt der Eisenbahn wird hier lebendig.

164 Seiten, 173 Farbbilder, 7 Zeichn.
Bestell-Nr. 71066
DM 29,80/€ 16,–

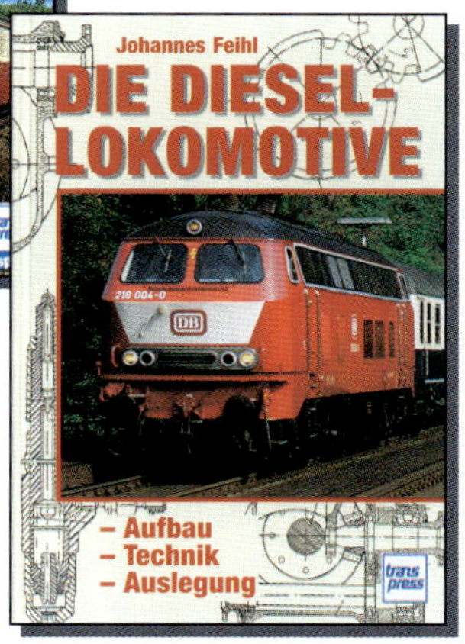

Johannes Feihl
Die Diesellokomotive
1935 startete die Reichsbahn ihren ersten Fahrversuch mit der Großdiesellok 140 001 – der Beginn einer neuen Epoche der Eisenbahn. Dieses Fachbuch zeigt, wie die Diesellokomotive funktioniert, warum sie der Dampftraktion überlegen ist und ebenso wirtschaftlich wie eine E-Lok.

256 Seiten, 249 Bilder
Bestell-Nr. 71060
DM 49,80/€ 26,–

Knipping/Wollny
Deutsche Bundesbahn
Die angeblich unbewegliche »Beamtenbahn« setzte in den 70er- und 80er-Jahren trotz widrigster verkehrspolitischer Bedingungen Maßstäbe, die noch heute gültig sind. Gerade die zweite Hälfte der Bundesbahn-Ära war eine der interessantesten Episoden der Eisenbahngeschichte.

208 Seiten, 275 Bilder, davon 45 in Farbe
Bestell-Nr. 71147
DM 59,–/€ 32,–

IHR VERLAG FÜR EISENBAHN-BÜCHER
Postfach 10 37 43 · 70032 Stuttgart
Telefon (07 11) 2 10 80 65 · Telefax (07 11) 2 10 80 70

Stand August 2001 – Änderungen in Preis und Lieferfähigkeit vorbehalten – Ab 1. Januar 2002 gelten die neuen gebundenen Euro-Preise

Fahrzeugportrait

Die Serie zu legendären Baureihen

Die Reihe »transpress-Fahrzeugportrait« möchte Ihnen berühmte Lokomotiven und Triebwagen vorstellen. Jeder der Bände enthält alles über Entwicklung, Technik und Einsatz der Maschinen. Eine Menge Fotos, Zeichnungen und Faksimiles setzen den Fahrzeugen ein würdiges Denkmal.

Jedes »transpress-Fahrzeugportrait« kostet DM 29,80/€ 16,–

Frank Larsen
Die Baureihe V 200.1
Die V 200.1 brachte in den 60ern das Wirtschaftswunder auf die Schienen.
Wo die roten Renner auftauchten, kam das Aus für die Dampfloks.
128 Seiten, 117 Bilder, dav. 67 in Farbe, 9 Zeichnungen **Bestell-Nr. 71112**

Thomas Estler
Baureihe E 93
Die E 93 war zeit ihres Lebens ein Charakteristikum der Geislinger Steige. Zum 150. Geburtstag ihrer Stammstrecke im Juni 2000 ein Porträt der Güterzuglok.
128 Seiten, 130 Bilder, dav. 66 in Farbe, 12 Zeichnungen **Bestell-Nr. 71122**

Reiner Preuß/Reiner Scheffler
Baureihe 99.64-71
Einige der außerordentlich populären Maschinen aus Sachsen gelangten sogar nach Württemberg, ins österreichische Waldviertel und an die Ostfront.
128 Seiten, 129 Bilder, dav. 49 in Farbe, 4 Zeichnungen **Bestell-Nr. 71123**

Thomas Estler
Baureihe ET 65
Über 50 Jahre rackerten die Triebwagen der Reihe ET 65 in Stuttgarter Vororten, signalisierte das Heulen ihrer Motoren die Ankunft an den Haltestellen.
128 Seiten, 125 Bilder, dav. 57 in Farbe, 16 Zeichn., 2 Karten **Bestell-Nr. 71111**

Thomas Estler
Baureihe ET 30/ET 56
Die als »Eierköpfe« titulierten Fahrzeuge setzte die DB im Städteschnellverkehr in Süddeutschland (ET 56) und im Ruhrgebiet (ET 30) ein.
128 Seiten, 120 Bilder, dav. 70 in Farbe **Bestell-Nr. 71139**

Dirk Endisch
Die Baureihe 50.35
Dampflok-Fans nahmen die Maschine nicht besonders ernst. In den letzten Jahren jedoch haben viele Museumsbahnen die BR 50.35 für sich entdeckt.
144 Seiten, 124 Bilder, dav. 47 in Farbe, 6 Zeichnungen **Bestell-Nr. 71113**

Horst J. Obermayer
Baureihe 01.10
Die Schnellzugdampflokomotiven der Reihe 01.10 zählen zur Königsklasse des Lokomotivbaus. Erst die Elektrifizierung drängte die Maschinen ins Abseits.
128 Seiten, 120 Bilder, dav. 70 in Farbe **Bestell-Nr. 71138**

IHR VERLAG FÜR EISENBAHN-BÜCHER

Postfach 10 37 43 · 70032 Stuttgart
Telefon (07 11) 2 10 80 65 · Telefax (07 11) 2 10 80 70

trans press

Stand August 2001 – Änderungen in Preis und Lieferfähigkeit vorbehalten
Ab 1. Januar 2002 gelten die neuen gebundenen Euro-Preise

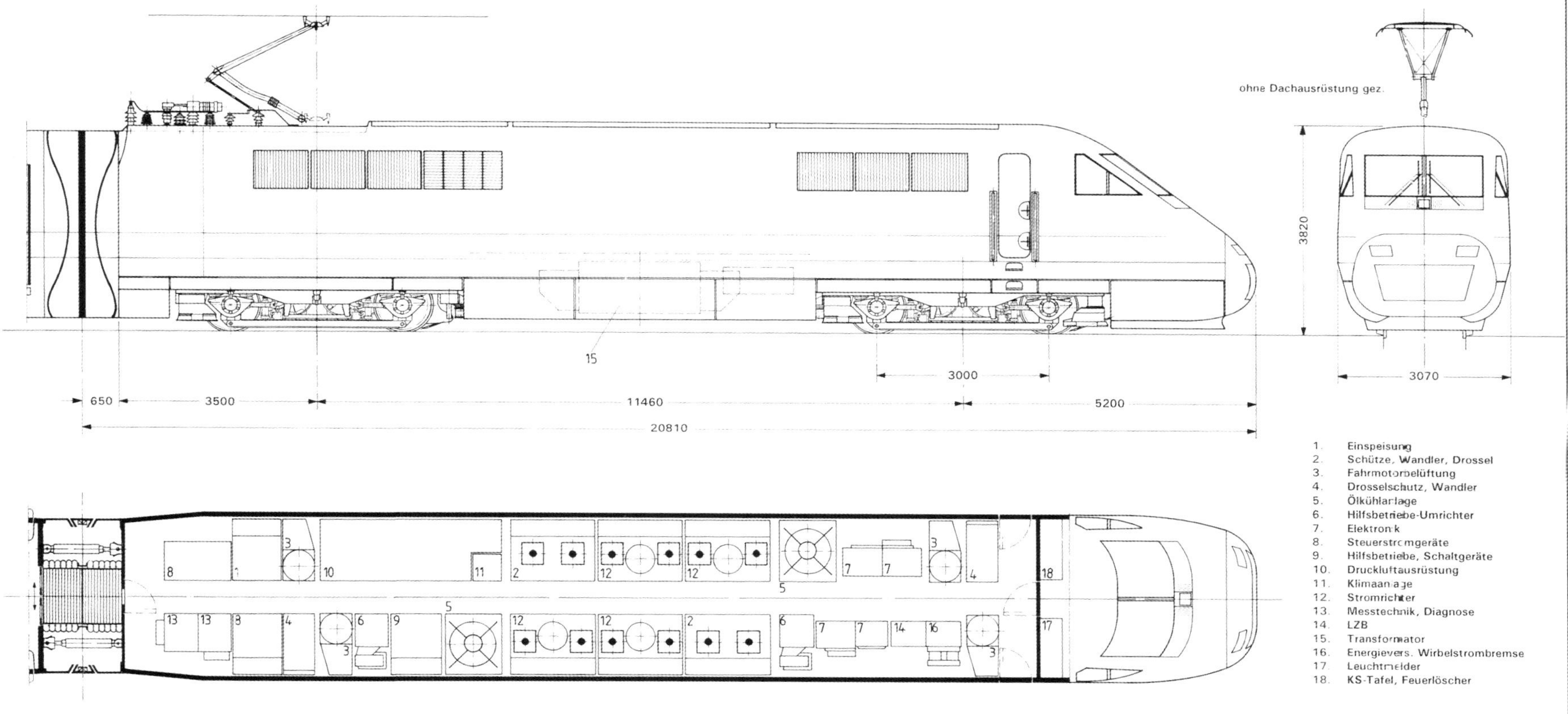

Triebkopf ICE/V

410 001-2 / 410 002-0

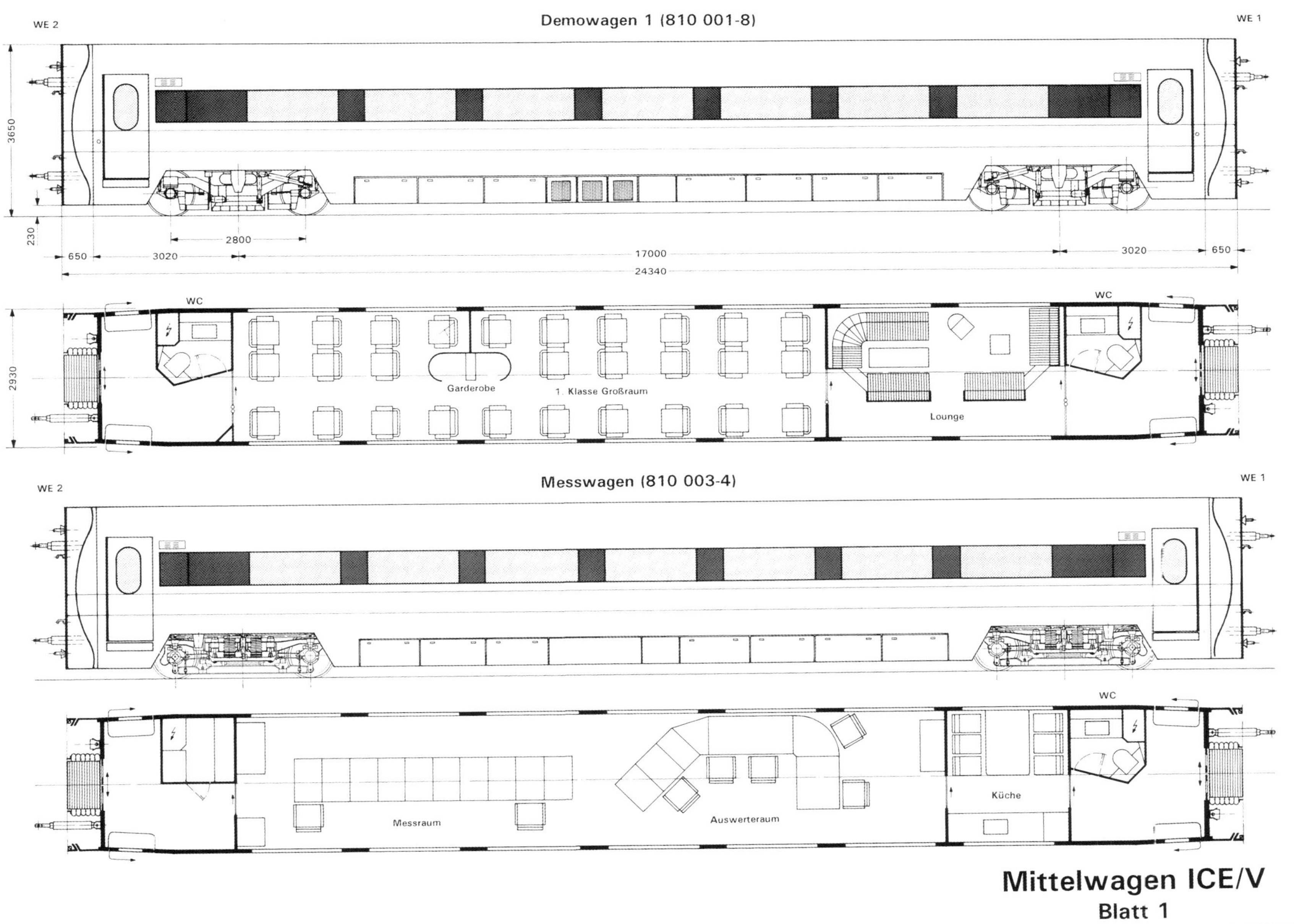

Mittelwagen ICE/V

Blatt 1

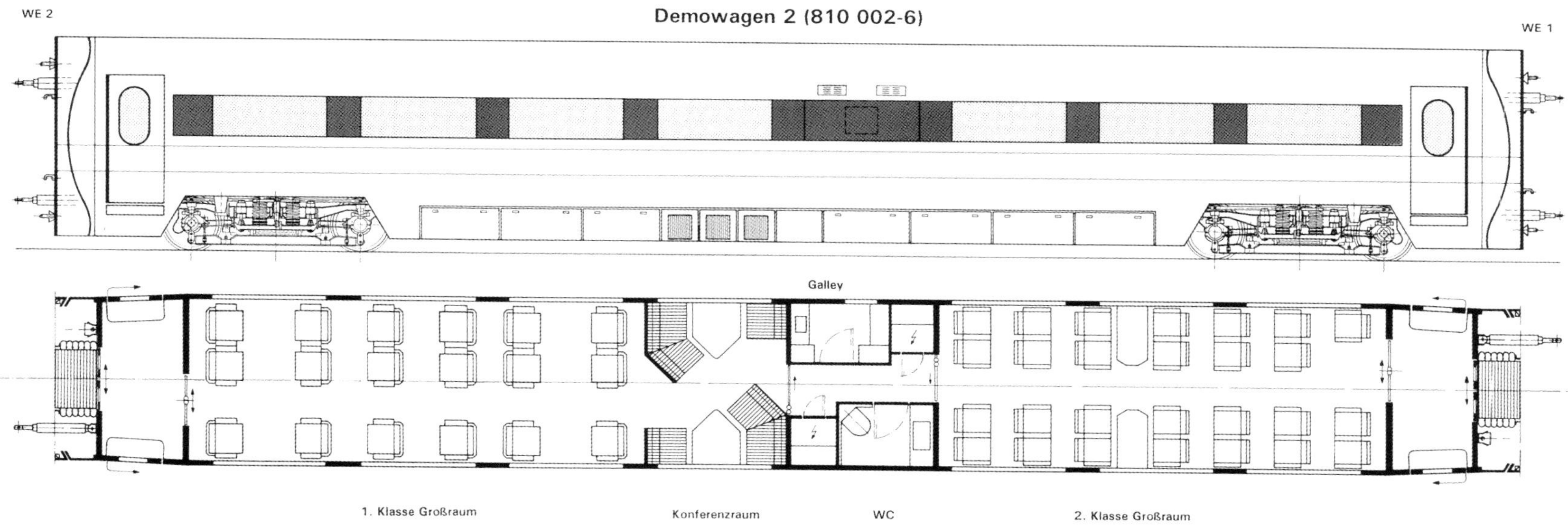

Mittelwagen ICE/V
Blatt 2

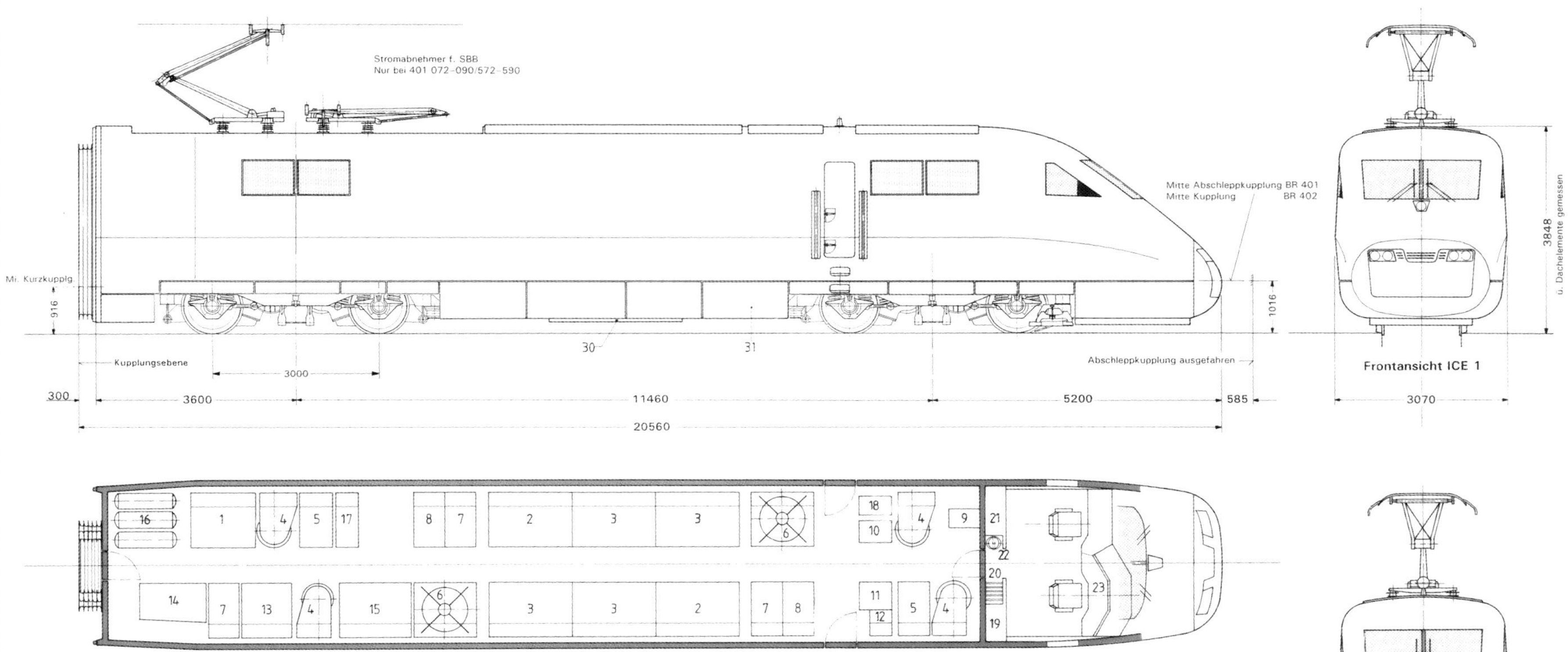

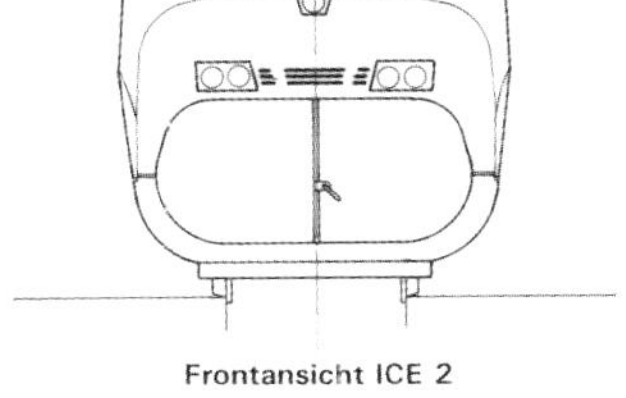
Frontansicht ICE 2

Legende:
1. Hochspannungs-Einspeisung
2. Zwischenkreis-Ausrüstung
3. Traktionsstromrichter
4. Fahrmotorlüfter, Motordrossel
5. Überbrückungsschütze
   Koppeldrossel (bis 401 020/520)
6. Ölkühler m. Lüfter
7. Hilfsbetriebe-Umrichter (HBU)
8. Antriebssteuerung ASG
9. Lichtwellenleiter (LWL)
10. Schutzrelais, Klimaregelung, DAVID,
    automatische Fahr-/Bremssteuerung (AFG)
11. LZB/PZB
12. Zugbeeinflussung (ZUB) (ab 401 072/572)
13. Steuerstrom
14. Zugsammelschiene (ZS I bzw. II)
15. Steuerung, Hilfsbetriebe, Batterieladegerät
16. Druckluftgerüst
17. Bremsgerätetafel
18. Notbremsausrüstung (ab 401 051/551)
19. Rückwandschrank rechts:
    Leuchtmelder, Thermofach
20. Garderobe
21. Rückwandschrank links:
    KS-Tafel, Fahrpläne
22. Feuerlöscher
23. Führertisch
30. Haupttransformator
31. Batterie

Triebkopf ICE 1/ICE 2
401 001–020/401 501–520 (ICE 1 – Thyristor-Ausführung)
401 051–090/401 551–590 (ICE 1 – GTO-Ausführung)
402 001–046 (ICE 2)

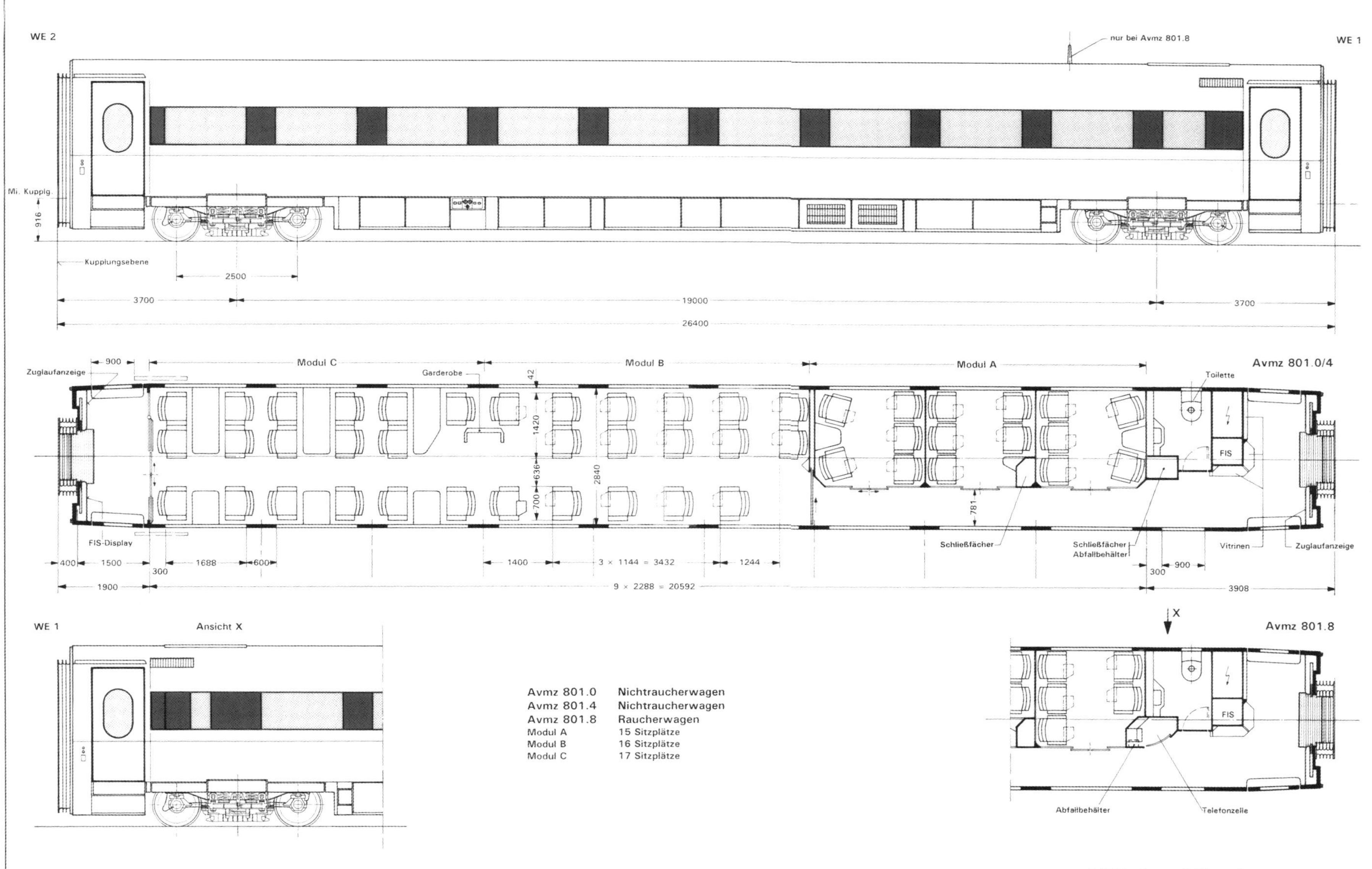

ICE 1 – Mittelwagen
Avmz 801

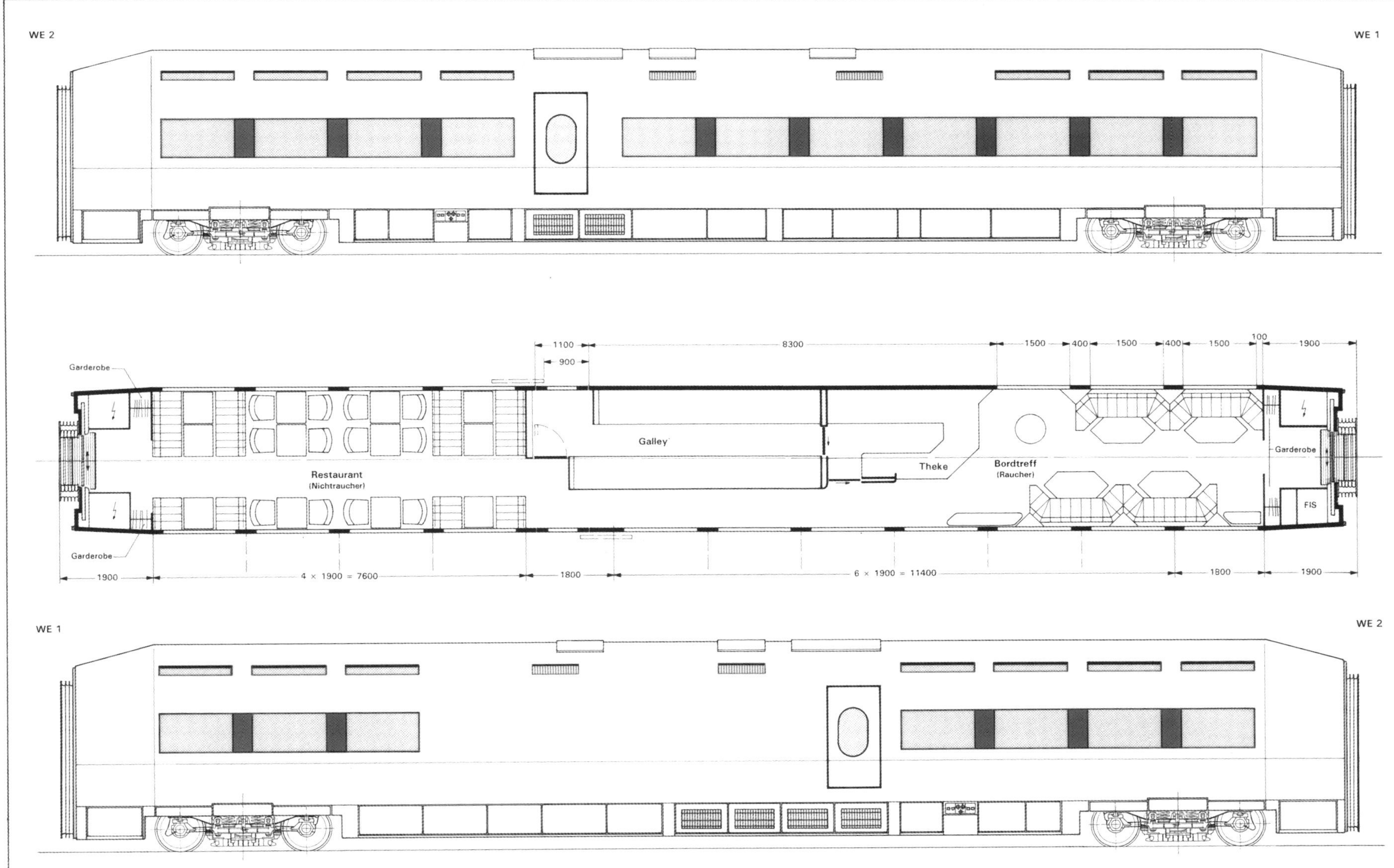

ICE 1 – Mittelwagen
WSmz 804 – Servicewagen

Fehlende Maße und Angaben siehe Zeichnung Avmz 801

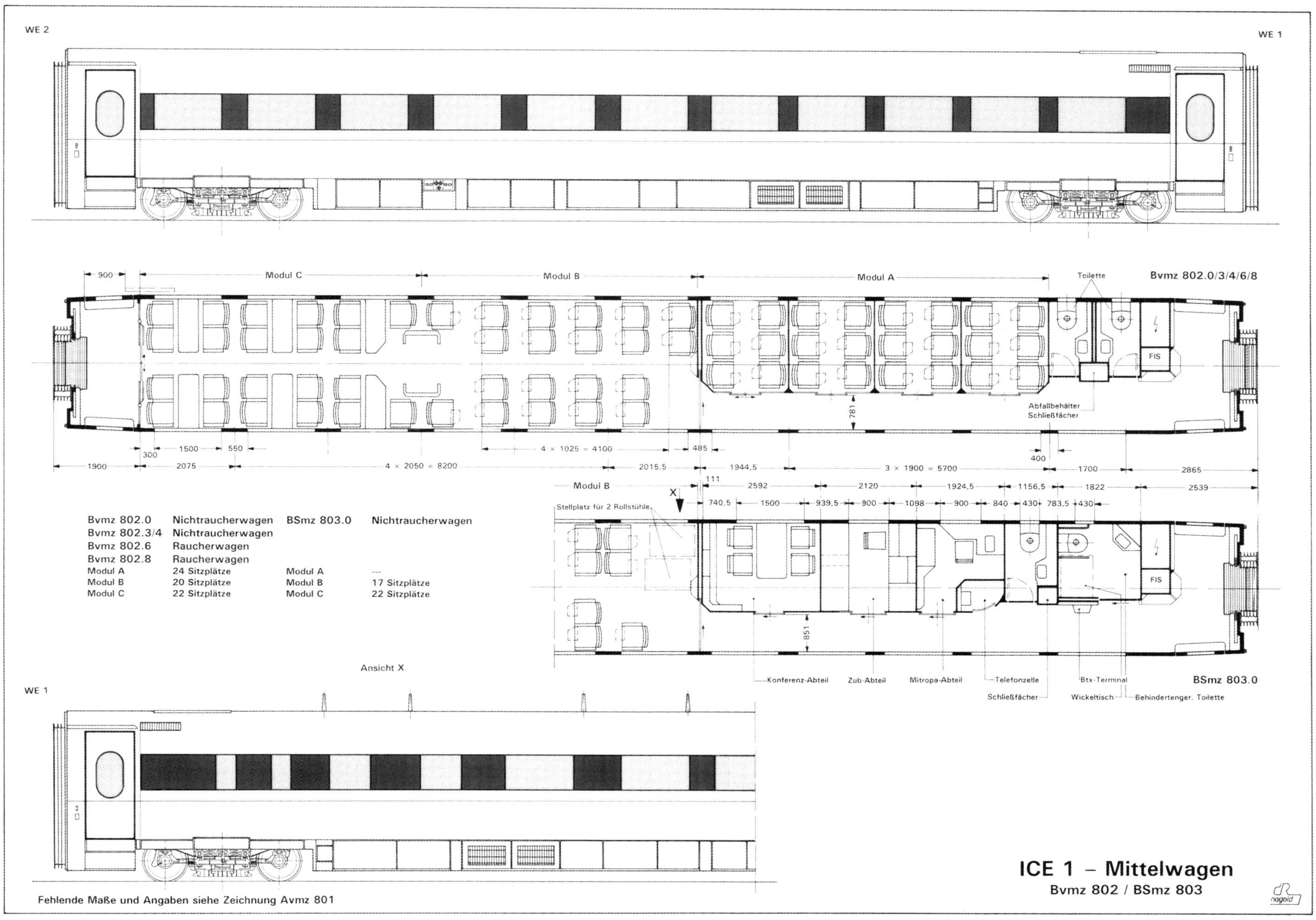
WE 2
WE 1
Modul C
Modul B
Modul A
Toilette
Bvmz 802.0/3/4/6/8
FIS
Abfallbehälter
Schließfächer
Bvmz 802.0 Nichtraucherwagen BSmz 803.0 Nichtraucherwagen
Bvmz 802.3/4 Nichtraucherwagen
Bvmz 802.6 Raucherwagen
Bvmz 802.8 Raucherwagen
Modul A 24 Sitzplätze Modul A ---
Modul B 20 Sitzplätze Modul B 17 Sitzplätze
Modul C 22 Sitzplätze Modul C 22 Sitzplätze
Stellplatz für 2 Rollstühle
Konferenz-Abteil
Zub-Abteil
Mitropa-Abteil
Telefonzelle
Schließfächer
Btx-Terminal
Wickeltisch
Behindertenger. Toilette
BSmz 803.0
Ansicht X
Fehlende Maße und Angaben siehe Zeichnung Avmz 801
ICE 1 – Mittelwagen
Bvmz 802 / BSmz 803

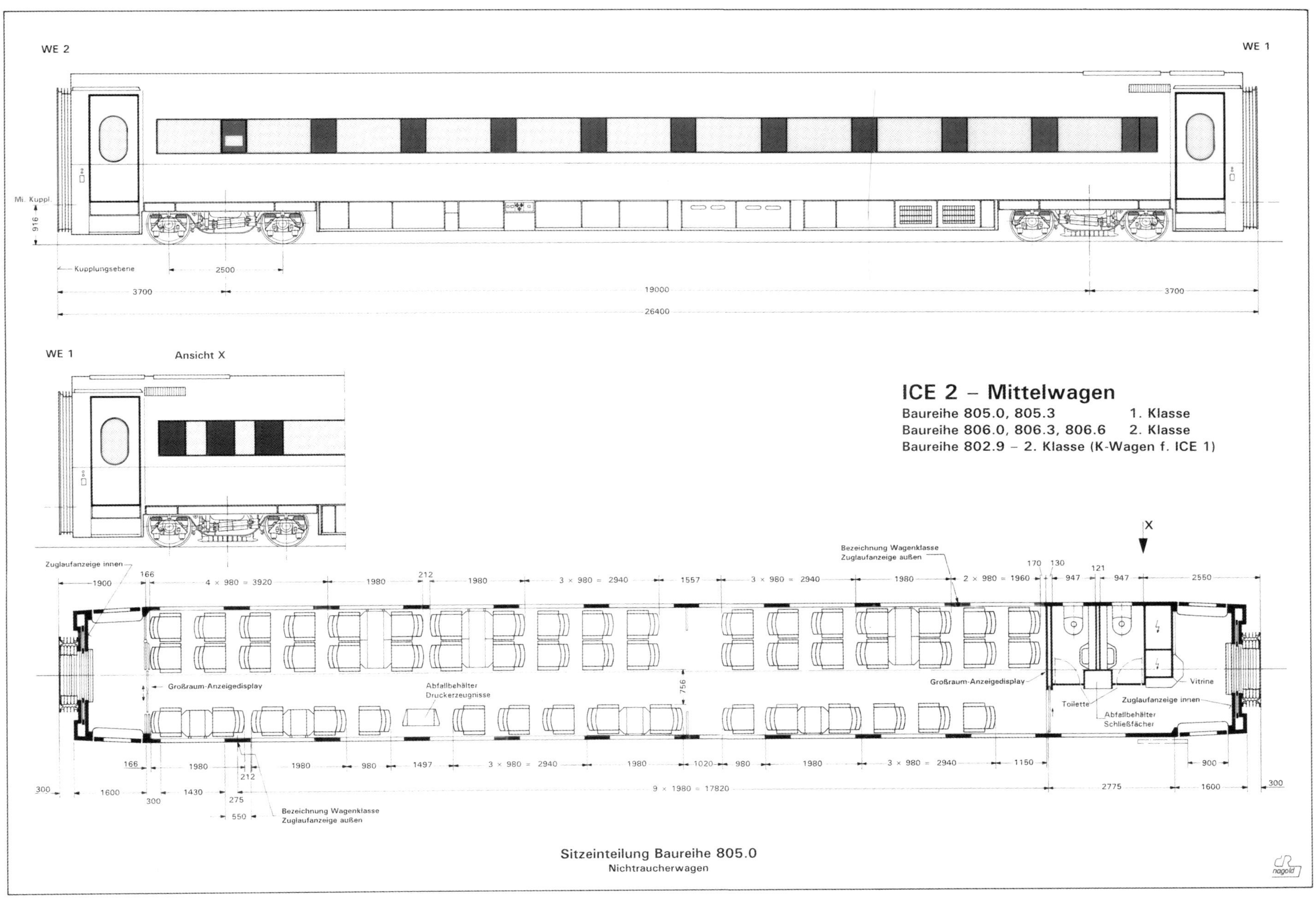
WE 2
WE 1
Mi. Kuppl.
Kupplungsebene
3700
19000
26400
Ansicht X
ICE 2 – Mittelwagen
Baureihe 805.0, 805.3 1. Klasse
Baureihe 806.0, 806.3, 806.6 2. Klasse
Baureihe 802.9 – 2. Klasse (K-Wagen f. ICE 1)
Zuglaufanzeige innen
Bezeichnung Wagenklasse
Zuglaufanzeige außen
Großraum-Anzeigedisplay
Abfallbehälter
Druckerzeugnisse
Toilette
Vitrine
Schließfächer
9 × 1980 = 17820
Sitzeinteilung Baureihe 805.0
Nichtraucherwagen

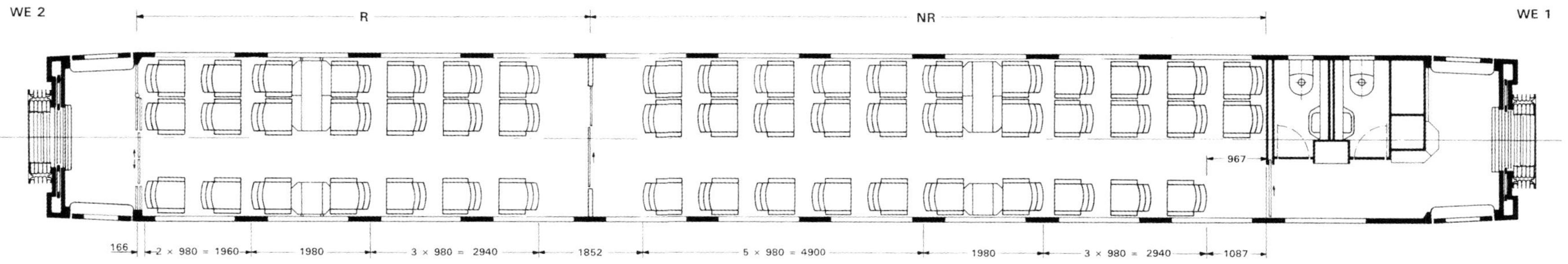

Sitzeinteilung Baureihe 805.3
Raucher-/Nichtraucherwagen

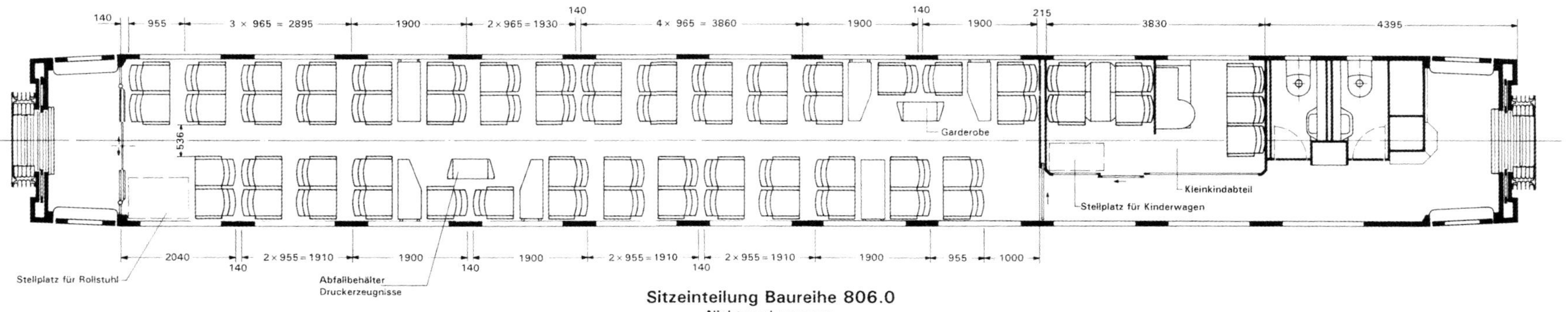

Sitzeinteilung Baureihe 806.0
Nichtraucherwagen

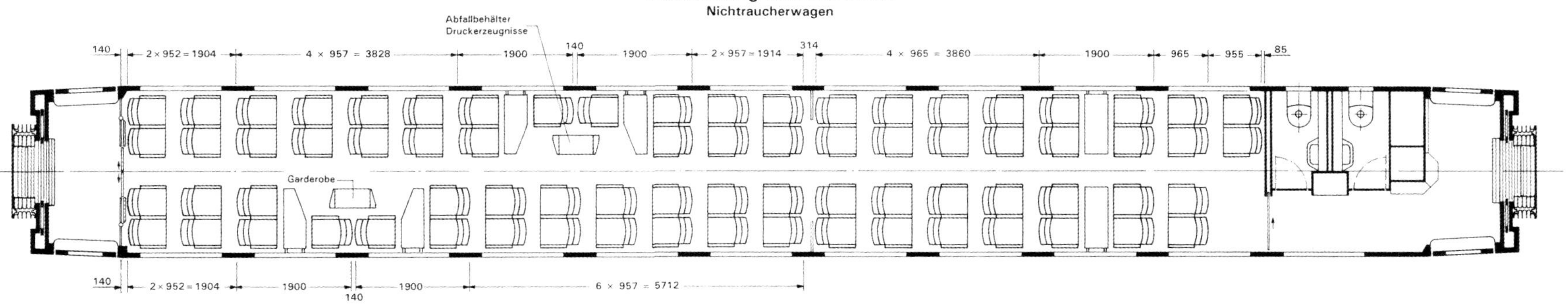

Sitzeinteilung Baureihe 806.3, 806.6, 802.9
Nichtraucherwagen

Fehlende Maße und Angaben siehe Baureihe 805.0

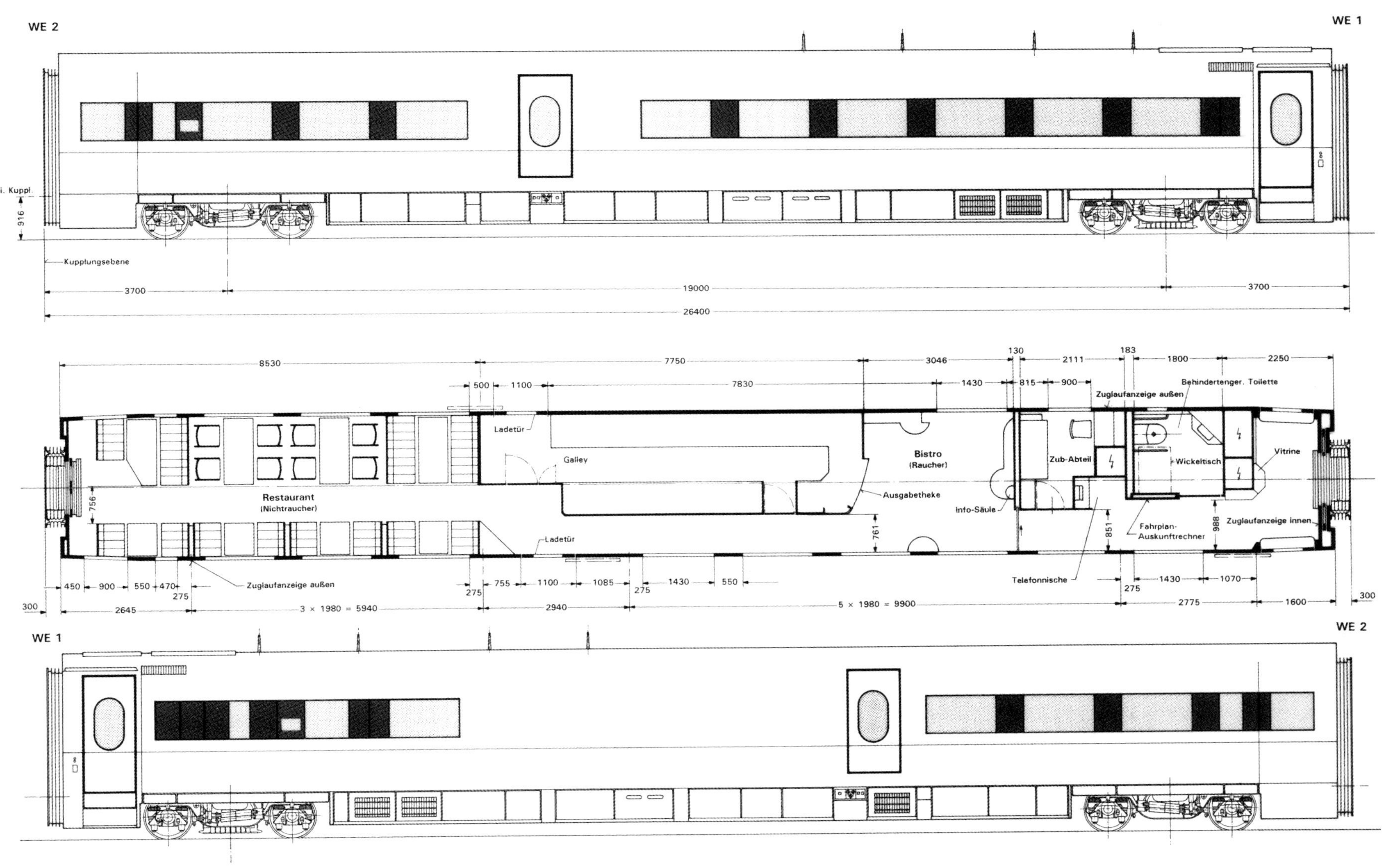

ICE 2 – Mittelwagen
Baureihe 807 – Servicewagen

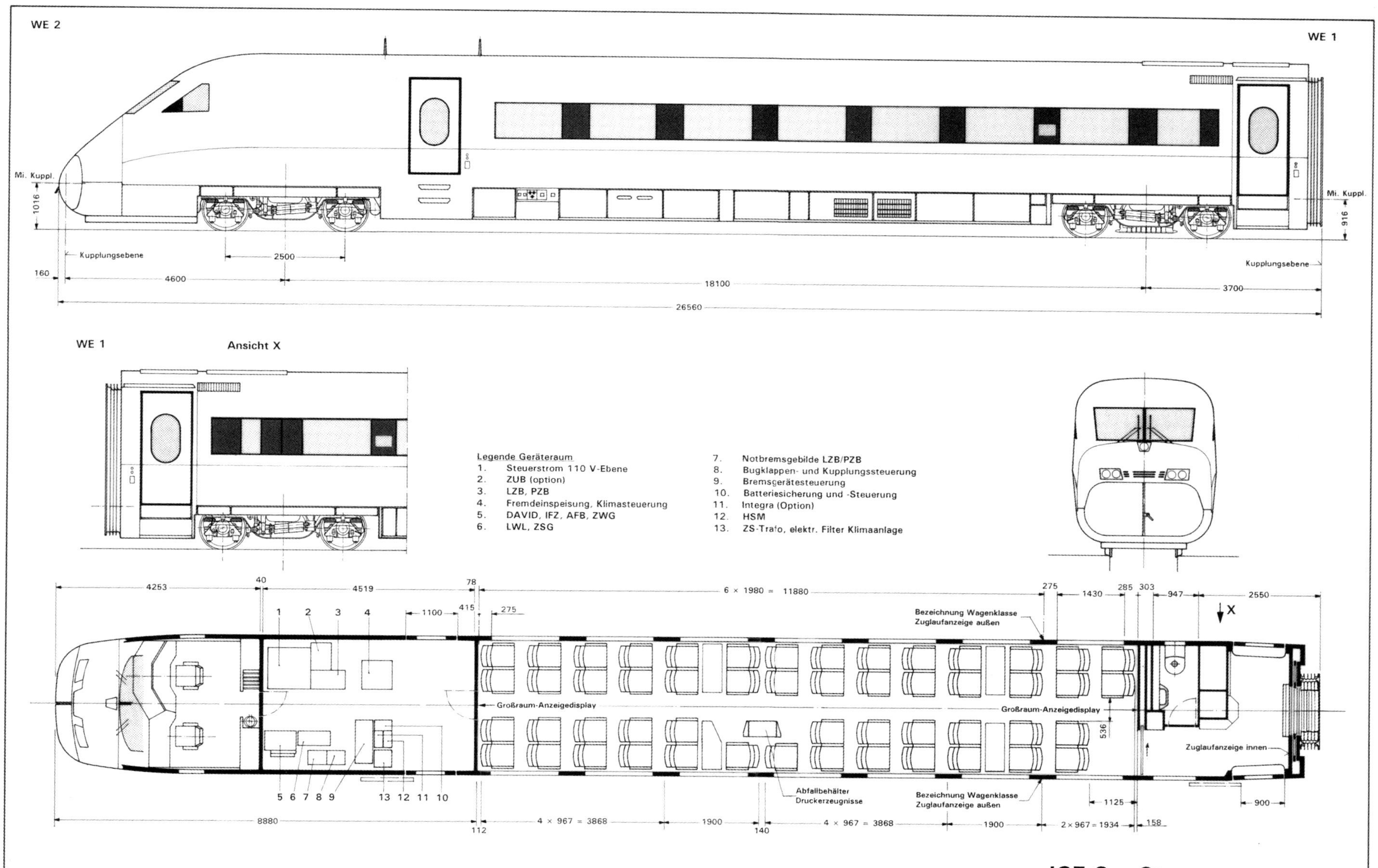

ICE 2 – Steuerwagen

Baureihe 808.0 – 2. Klasse

Raucherwagen

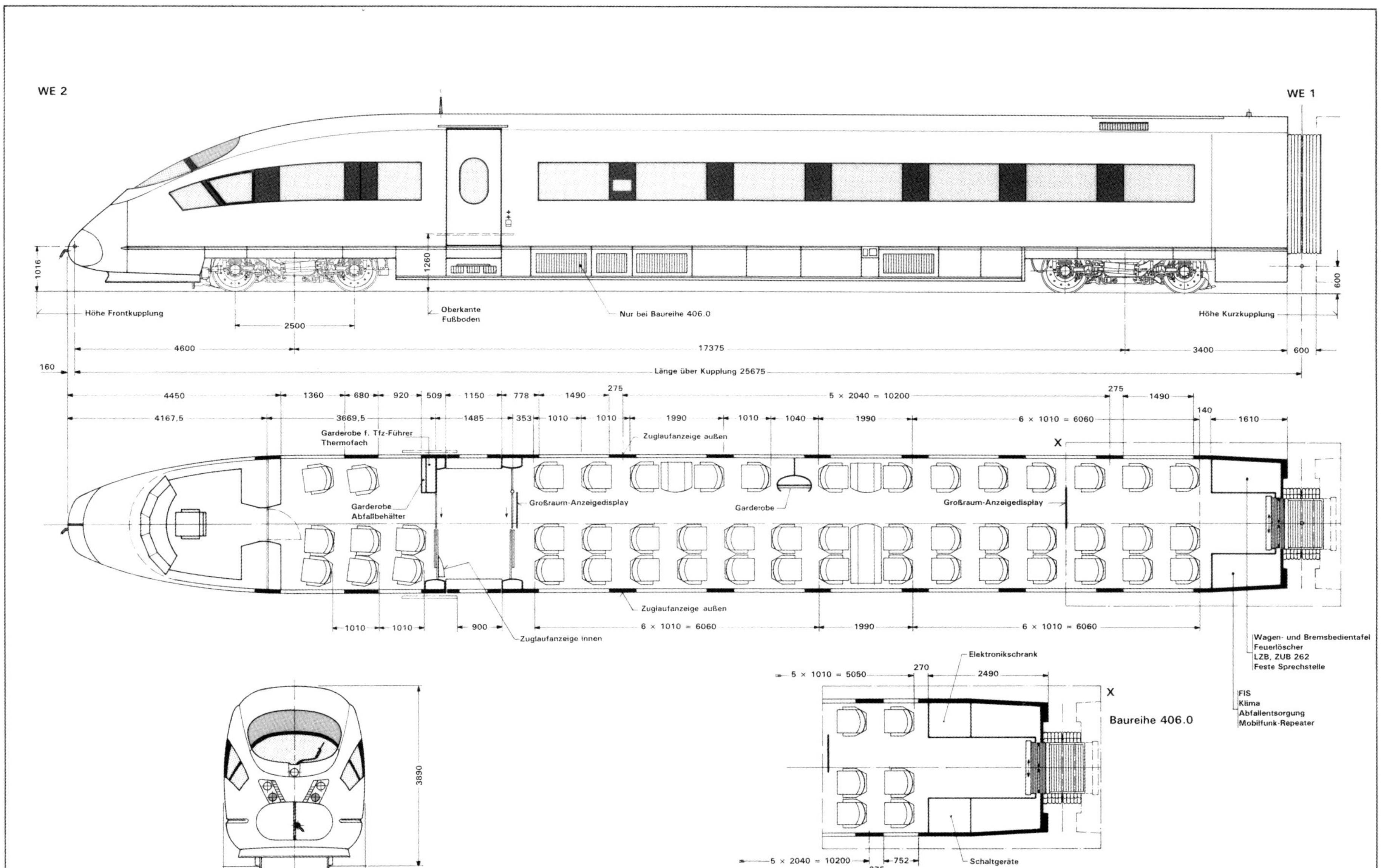

ICE 3 – Endwagen

Baureihe 403.0/406.0 – 1. Klasse

Nichtraucherwagen

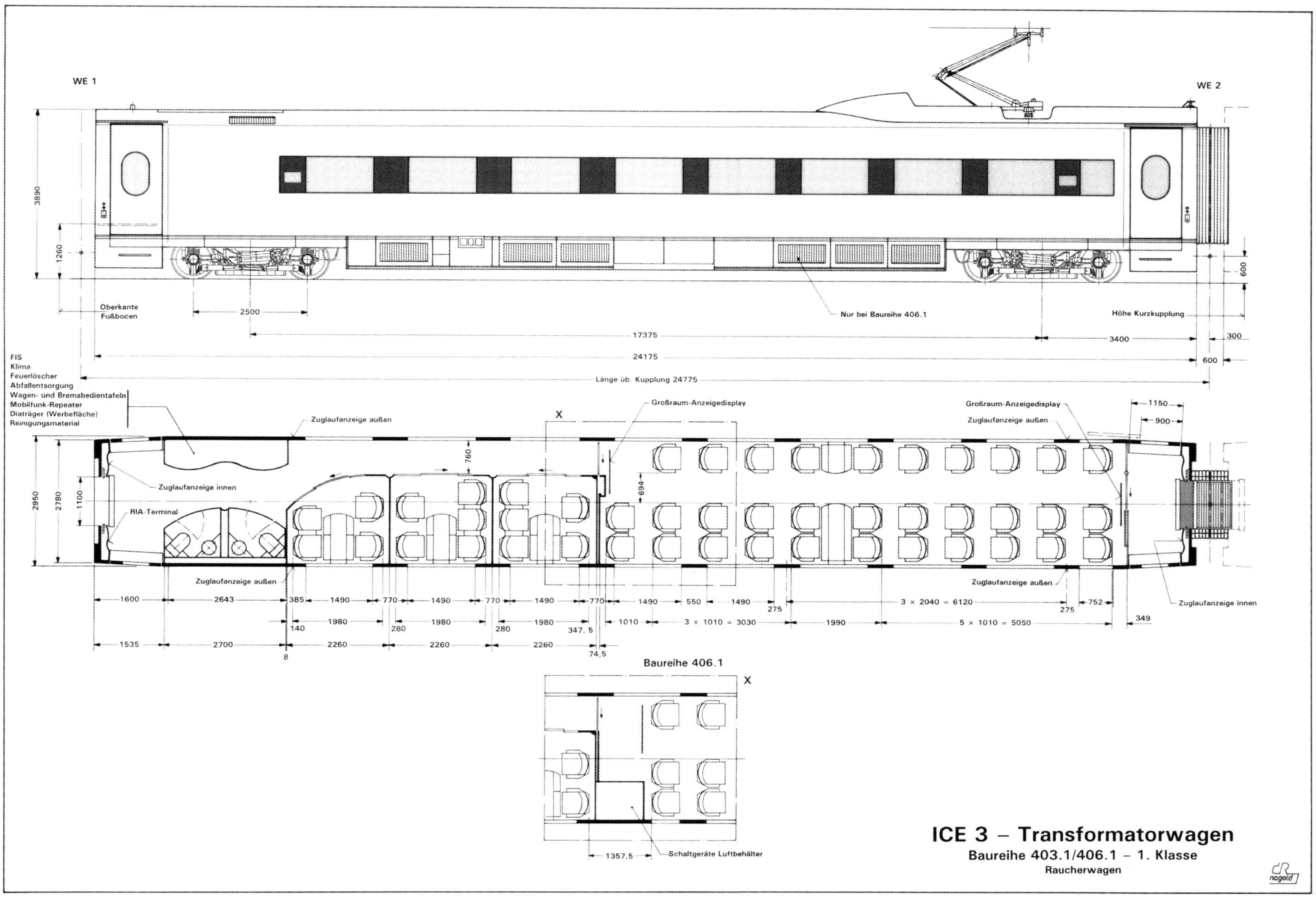
WE 1
WE 2
Oberkante Fußboden
Nur bei Baureihe 406.1
Höhe Kurzkupplung
Länge üb. Kupplung 24775
FIS
Klima
Feuerlöscher
Abfallentsorgung
Wagen- und Bremsbedientafeln
Mobilfunk-Repeater
Diaträger (Werbefläche)
Reinigungsmaterial
Zuglaufanzeige außen
Zuglaufanzeige innen
RIA-Terminal
Großraum-Anzeigedisplay
Baureihe 406.1
Schaltgeräte Luftbehälter
ICE 3 – Transformatorwagen
Baureihe 403.1/406.1 – 1. Klasse
Raucherwagen

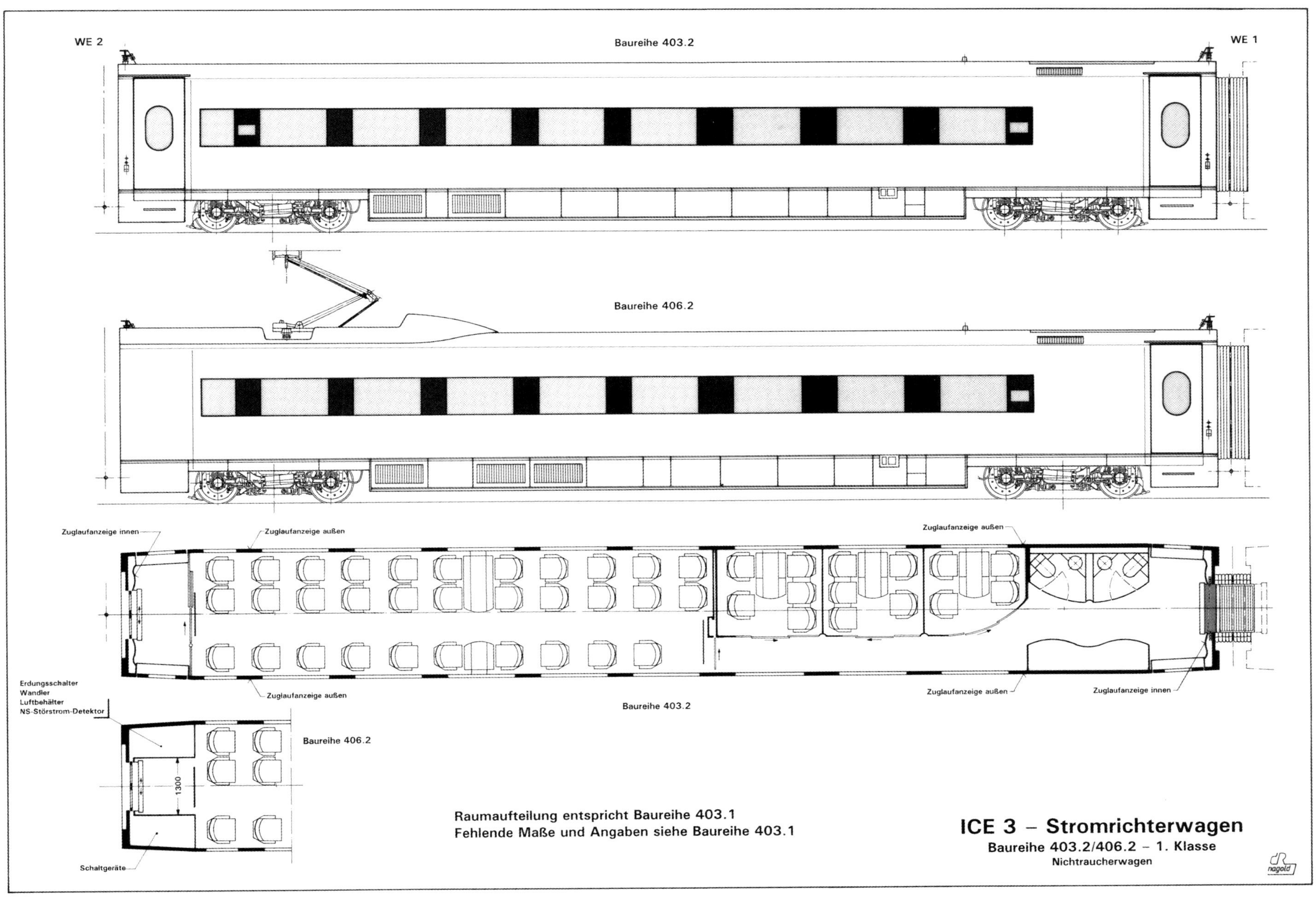
WE 2
WE 1
Baureihe 403.2
Baureihe 406.2
Zuglaufanzeige innen
Zuglaufanzeige außen
Erdungsschalter
Wandler
Luftbehälter
NS-Störstrom-Detektor
Schaltgeräte
Raumaufteilung entspricht Baureihe 403.1
Fehlende Maße und Angaben siehe Baureihe 403.1
ICE 3 – Stromrichterwagen
Baureihe 403.2/406.2 – 1. Klasse
Nichtraucherwagen

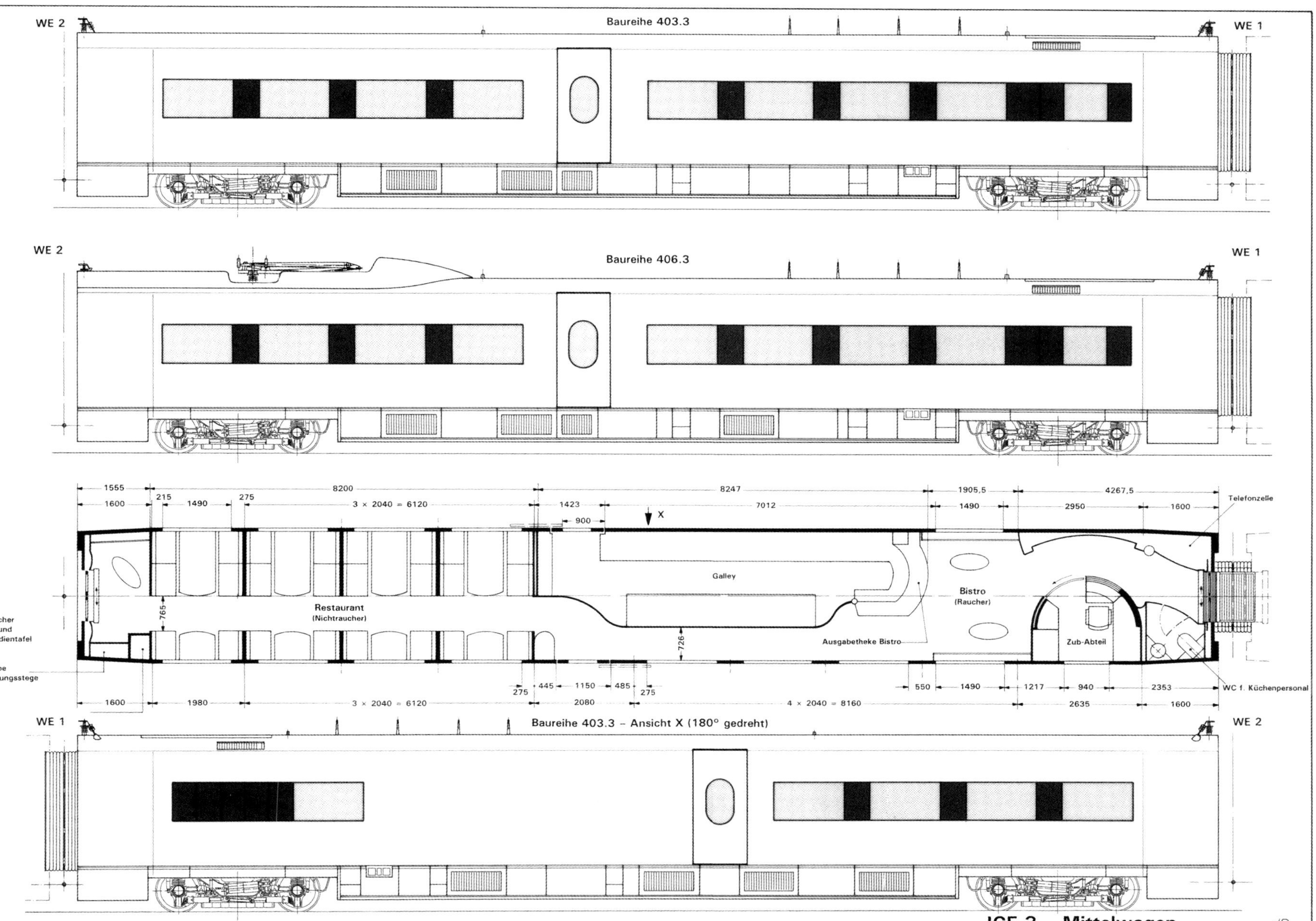

Fehlende Maße und Angaben siehe Baureihe 403.1

ICE 3 – Mittelwagen

Baureihe 403.3/406.3 (DB und NS) – Servicewagen

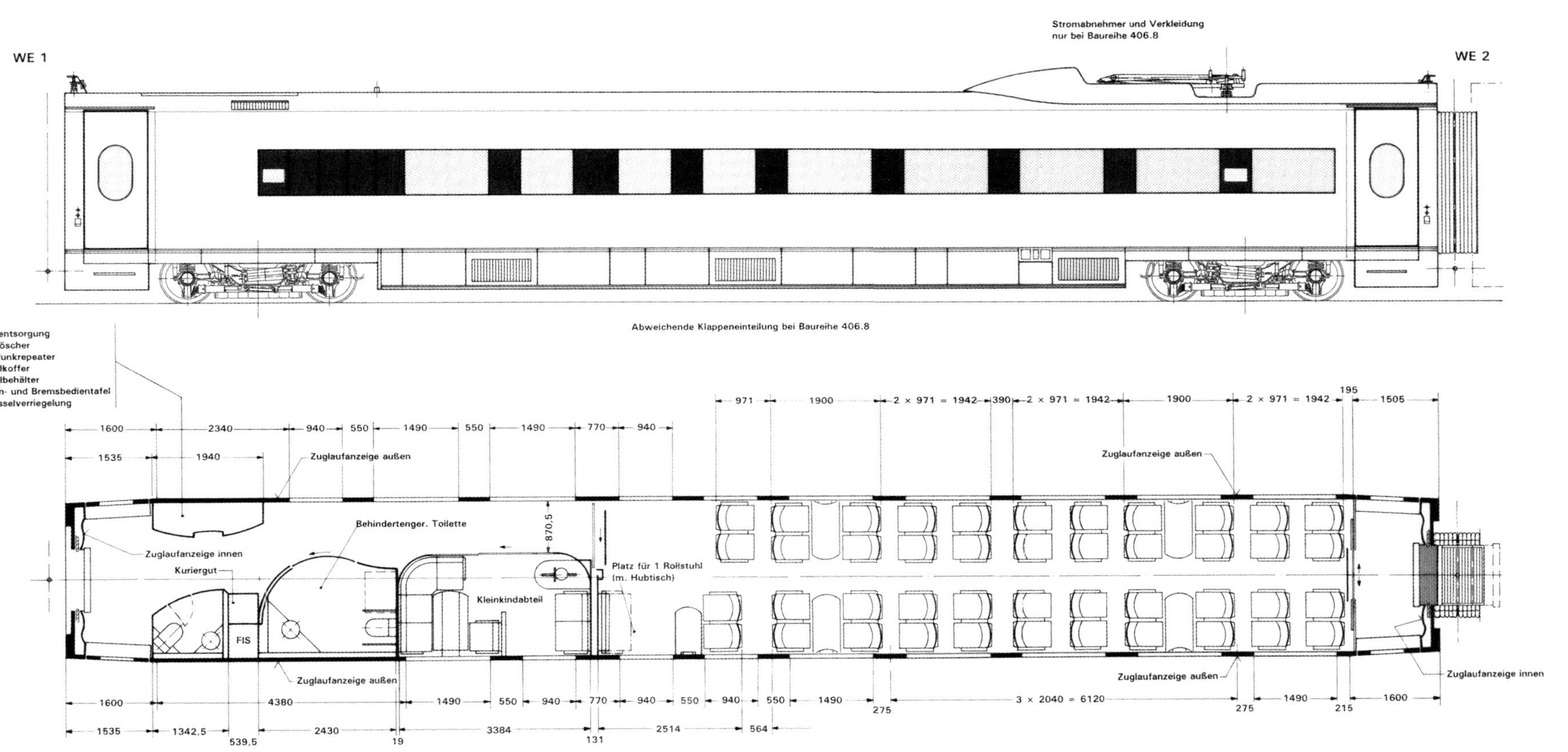

Fehlende Maße und Angaben siehe Baureihe 403.1

ICE 3 – Mittelwagen

Baureihe 403.8/406.8 – 2. Klasse

Nichtraucherwagen

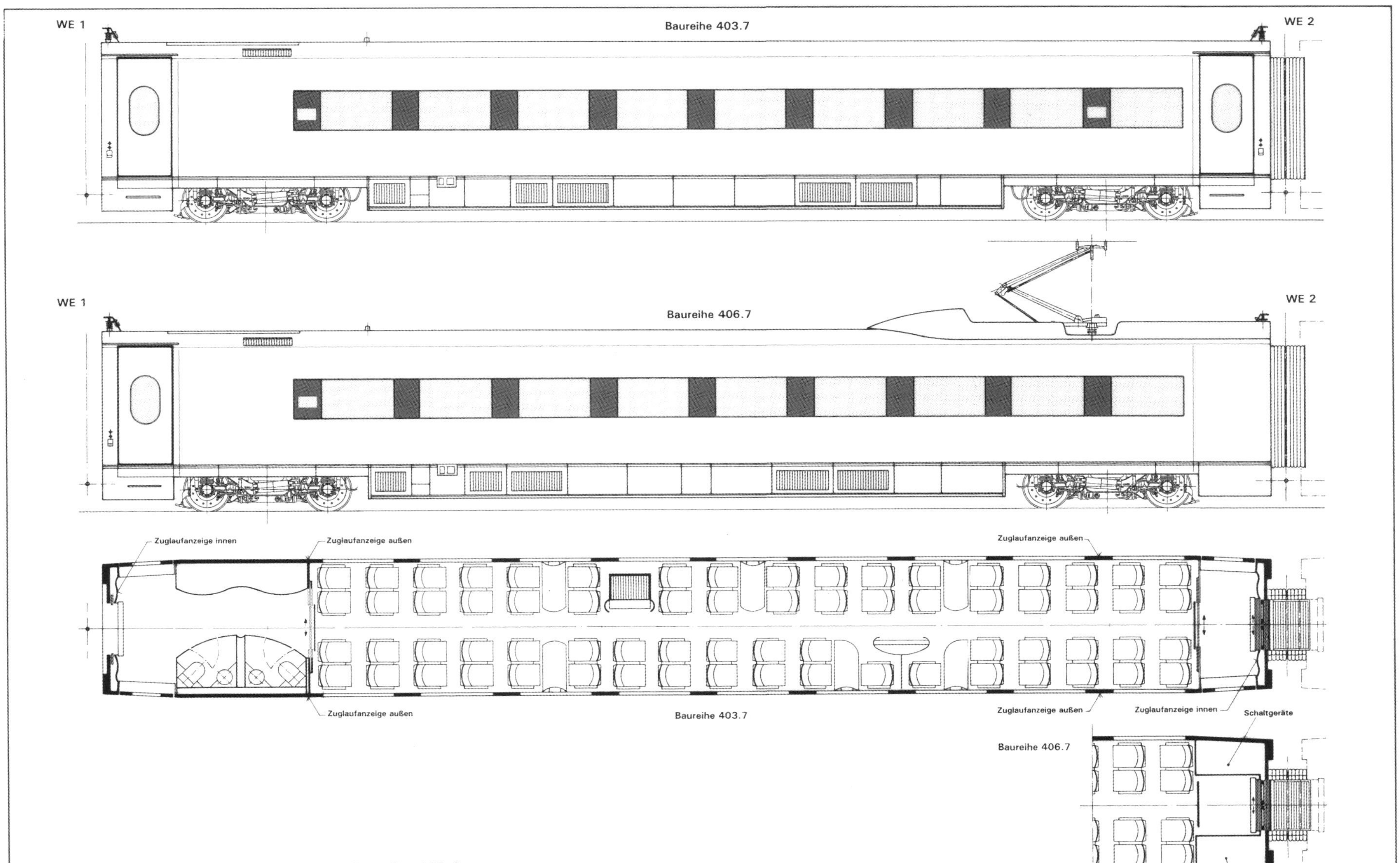

Raumaufteilung entspricht Baureihe 403.6
Fehlende Maße und Angaben siehe Baureihe 403.1

ICE 3 – Stromrichterwagen
Baureihe 403.7/406.7 – 2. Klasse
Nichtraucherwagen

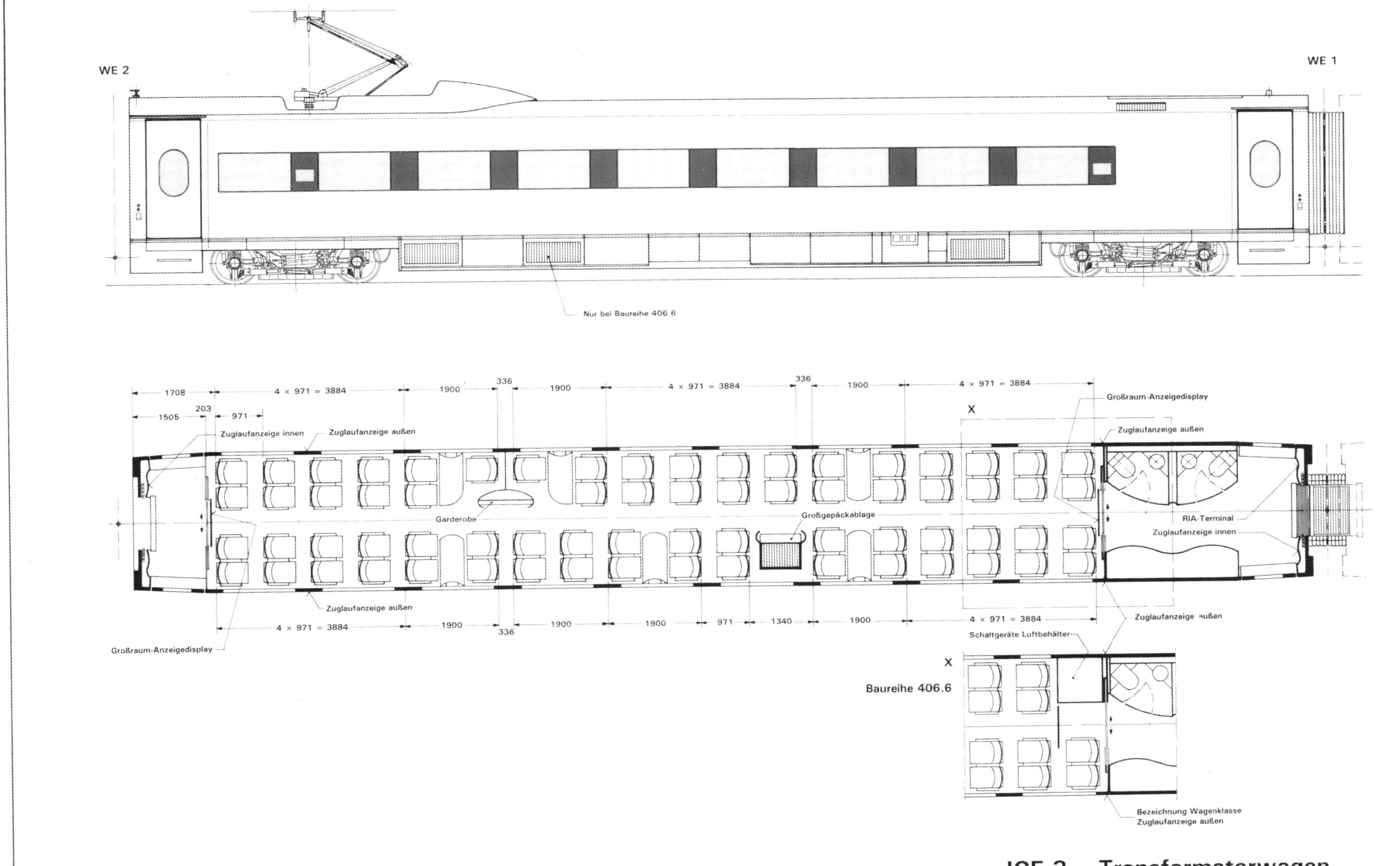

Fehlende Maße und Angaben siehe Baureihe 403.1/406.1

ICE 3 – Transformatorwagen
Baureihe 403.6/406.6 – 2. Klasse
Raucherwagen

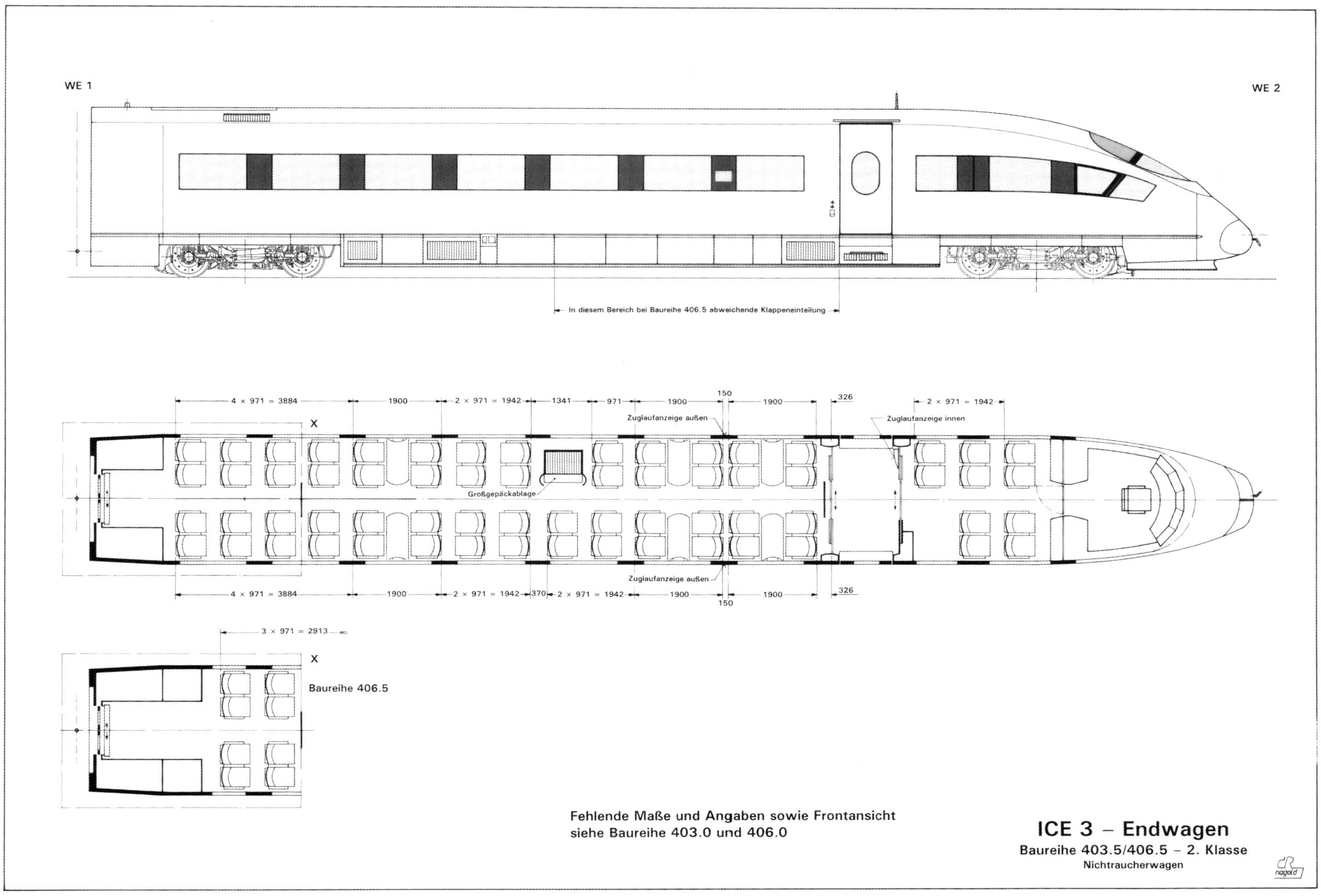

ICE 3 – Endwagen
Baureihe 403.5/406.5 – 2. Klasse
Nichtraucherwagen

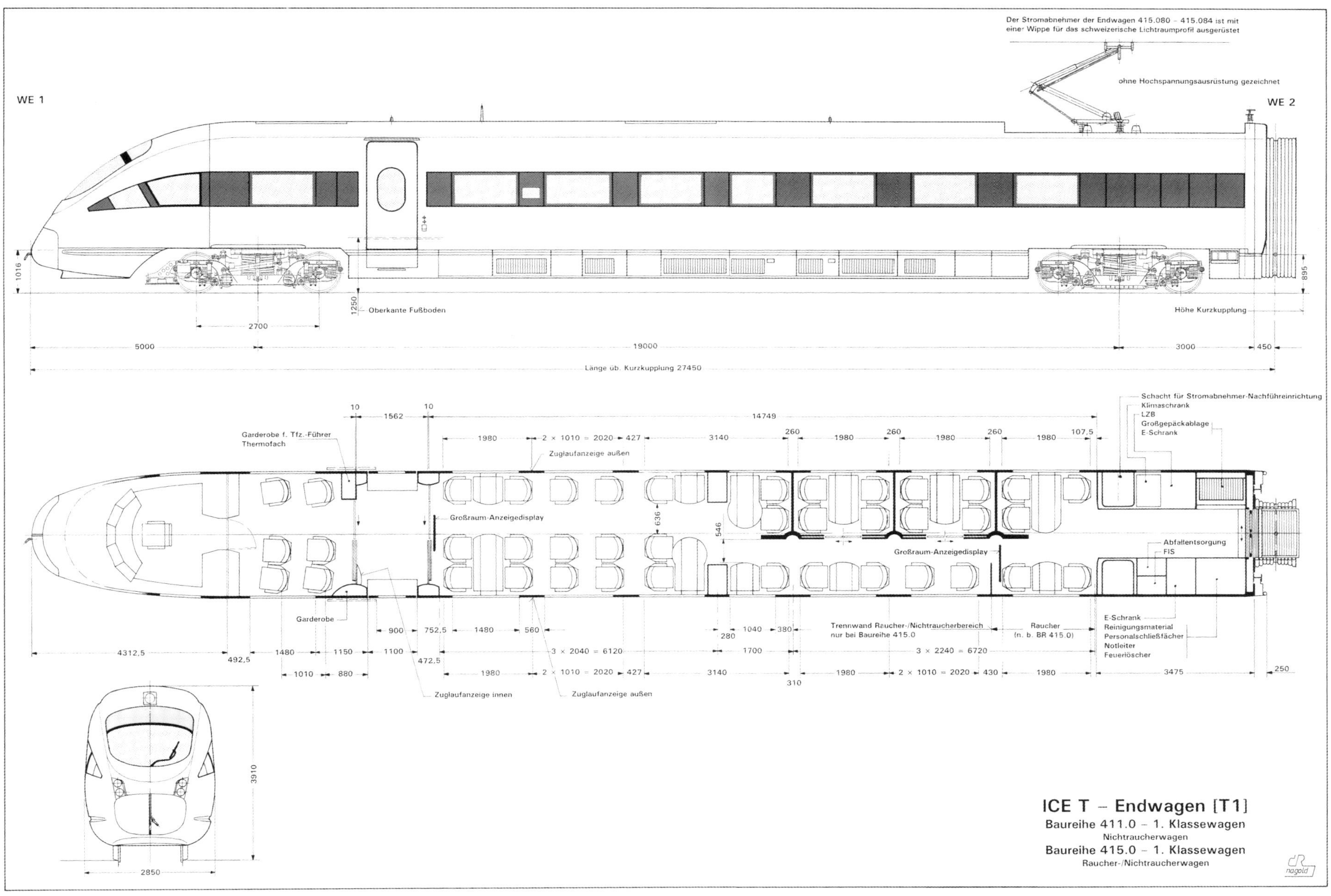

ICE T – Endwagen [T1]
Baureihe 411.0 – 1. Klassewagen
Nichtraucherwagen
Baureihe 415.0 – 1. Klassewagen
Raucher-/Nichtraucherwagen

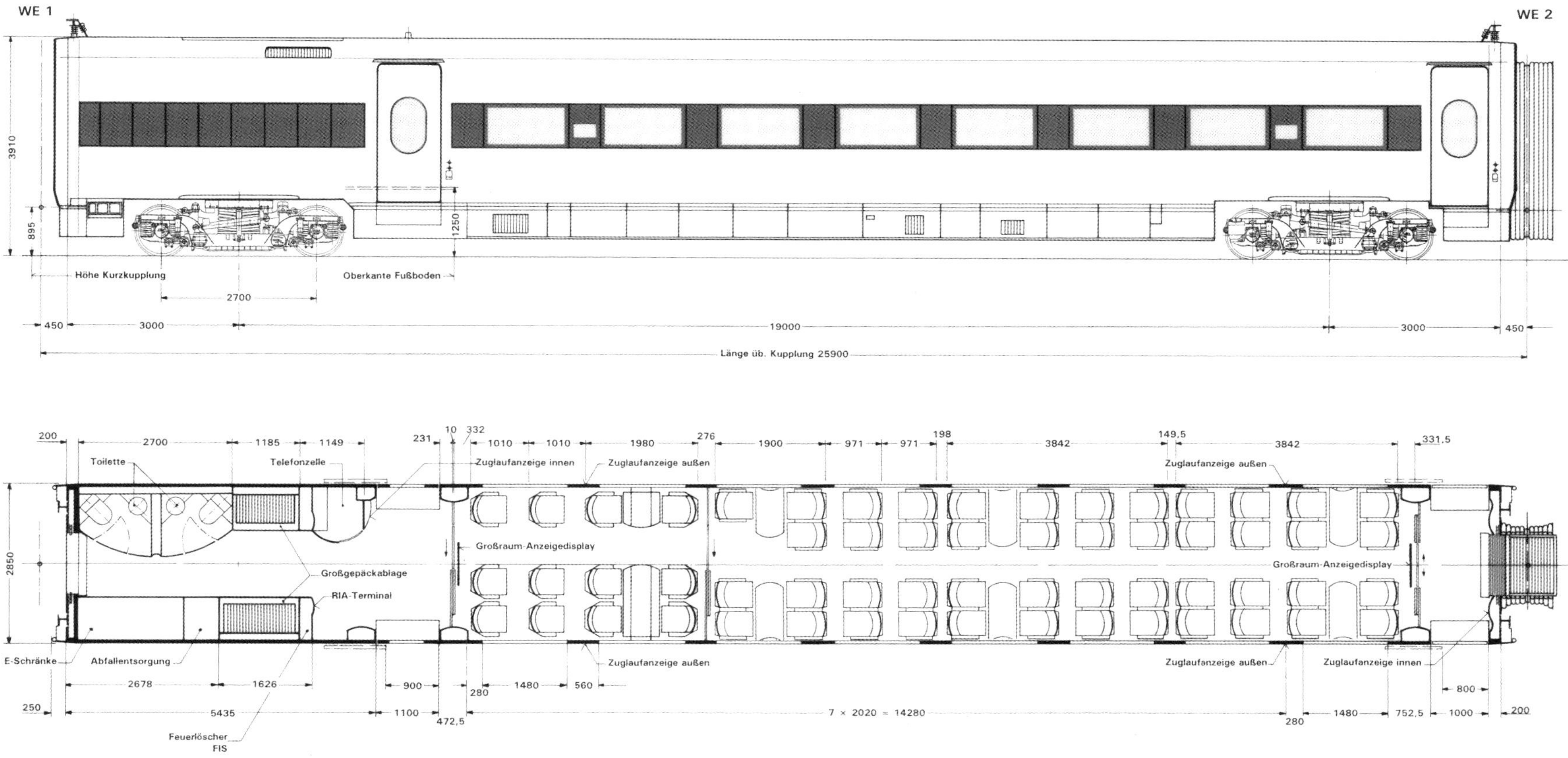

ICE T – Mittelwagen [SR1]
Baureihe 411.1 – 1./2. Klasse
Raucherwagen

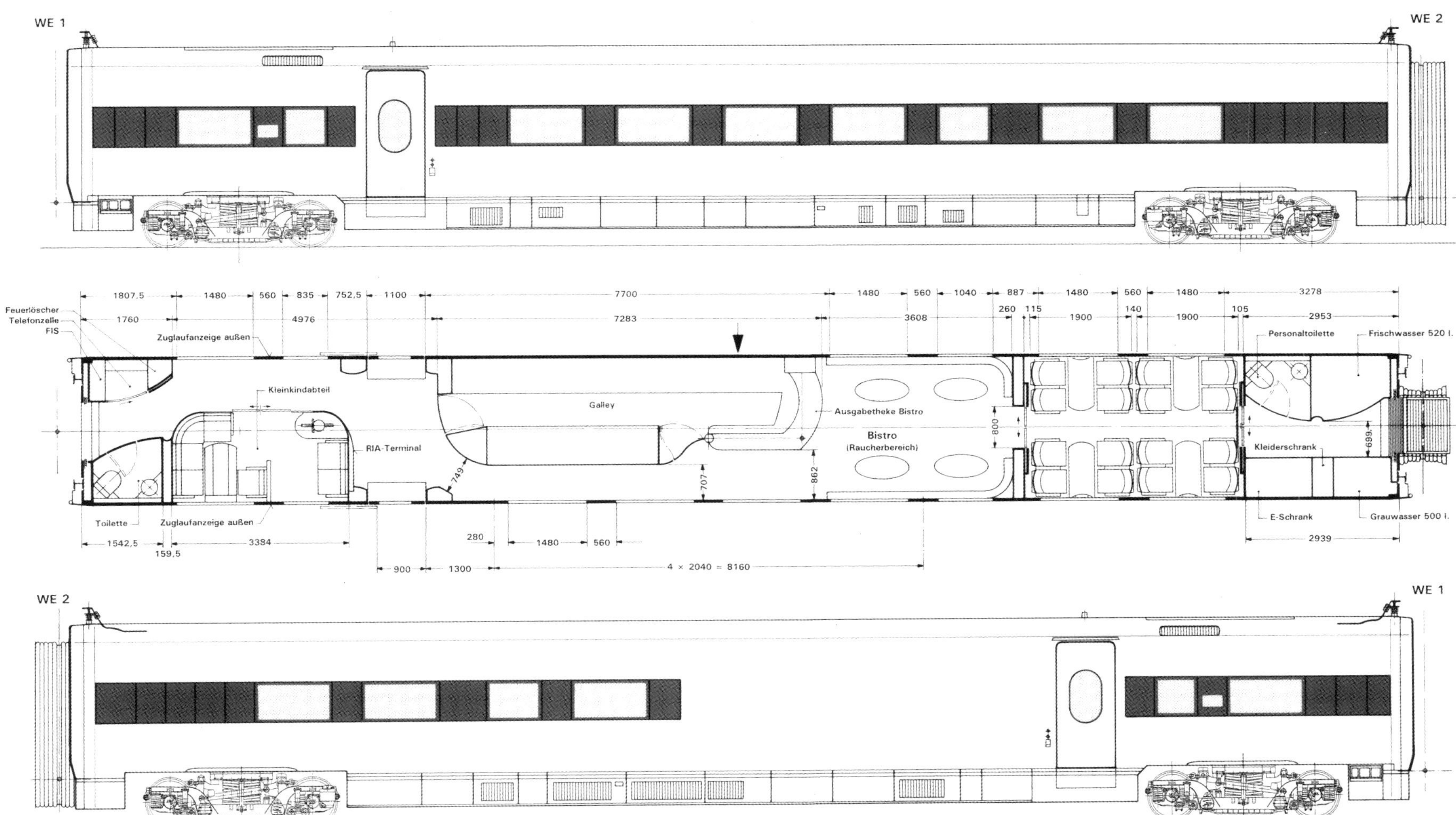

Fehlende Maße und Angaben siehe Baureihe 411.1

ICE T – Mittelwagen [SR(B)]
Baureihe 415.1 – 2. Klasse/Bistro
Nichtraucherwagen (ausgenommen Bistro)

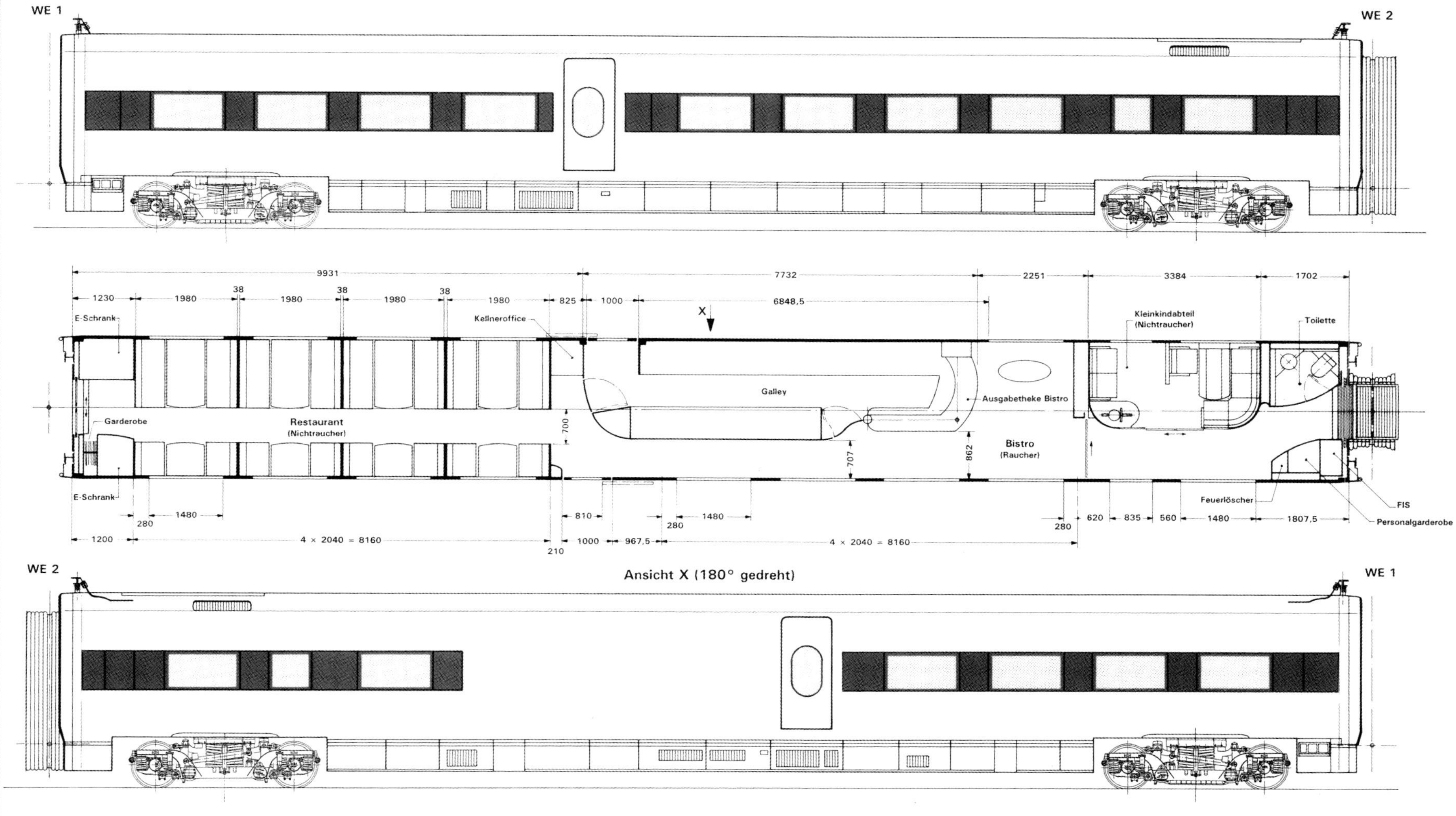

Fehlende Maße und Angaben siehe Baureihe 411.1

ICE T – Mittelwagen [FM(R)]
Baureihe 411.2 – Servicewagen

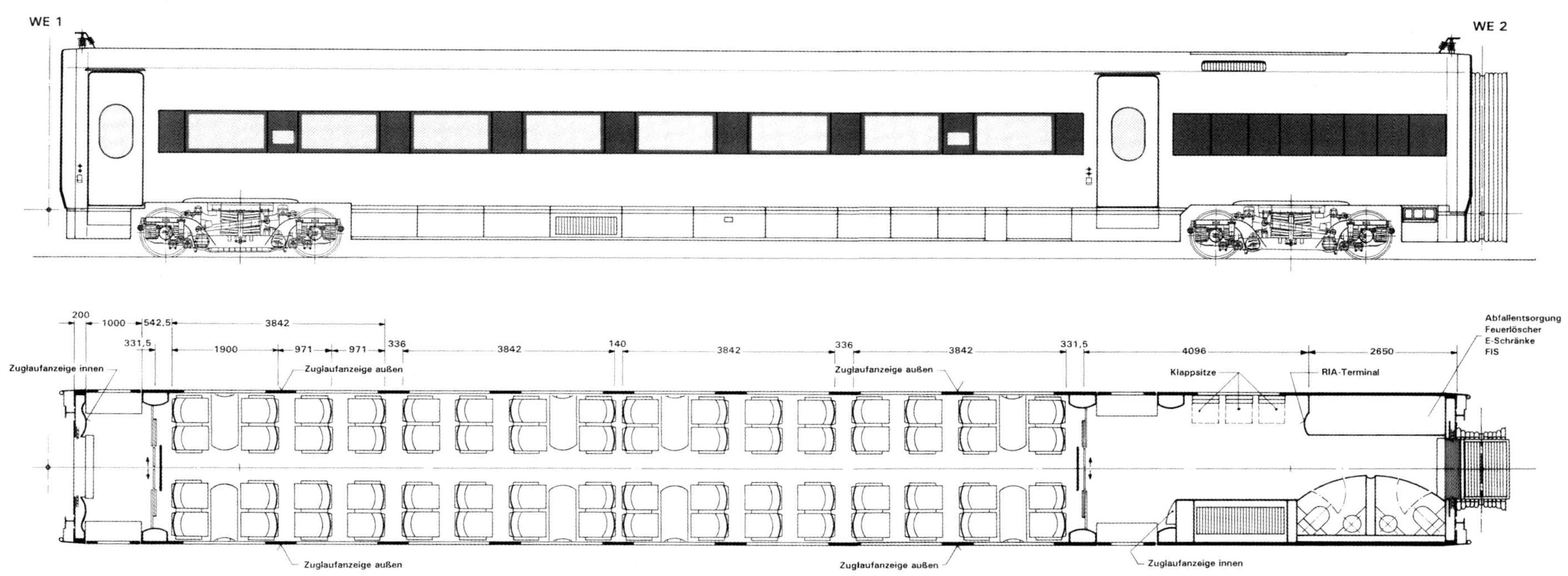

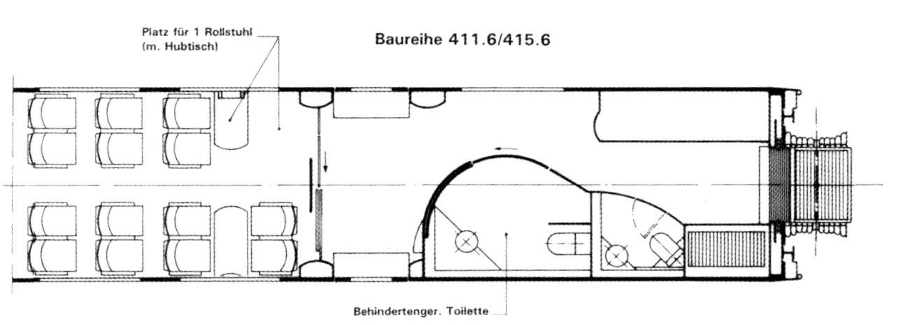

ICE T – Mittelwagen [M] (gezeichnet)
Baureihe 411.8 – 2. Klasse
ICE T – Mittelwagen [SR]
Baureihe 411.6/415.6 – 2. Klasse
Nichtraucherwagen

Fehlende Maße und Angaben siehe Baureihe 411.1

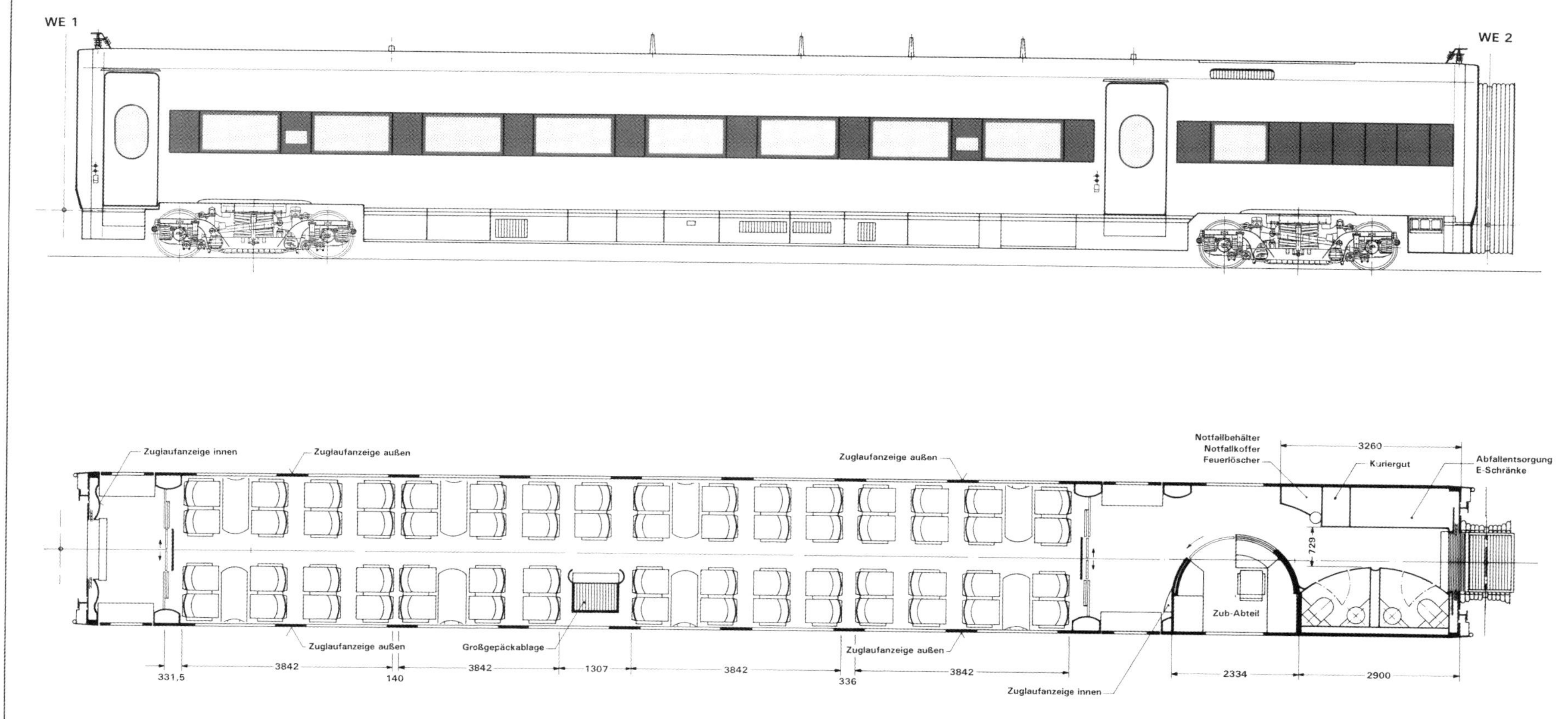

Fehlende Maße und Angaben siehe Baureihen 411.1 und 411.8 (411.6/415.6)

ICE T – Mittelwagen [FM]
Baureihe 411.7/415.7 – 2. Klasse
Nichtraucherwagen

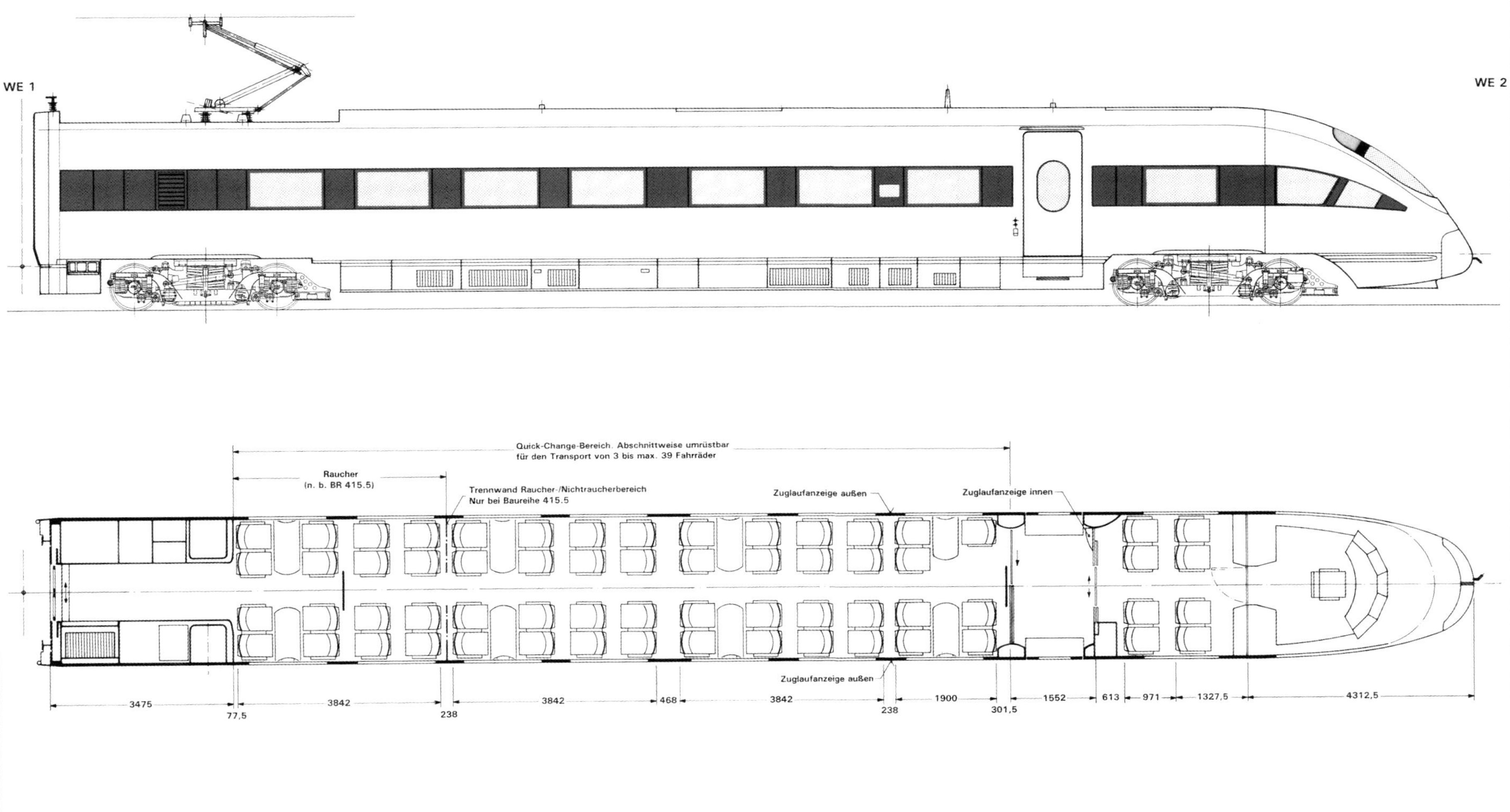

Fehlende Maße und Angaben sowie Frontansicht siehe Baureihe 411.0/415.0

ICE T – Endwagen [T]
Baureihe 411.5 – 2. Klassewagen
Nichtraucherwagen
Baureihe 415.5 – 2. Klassewagen
Raucher-/Nichtraucherwagen

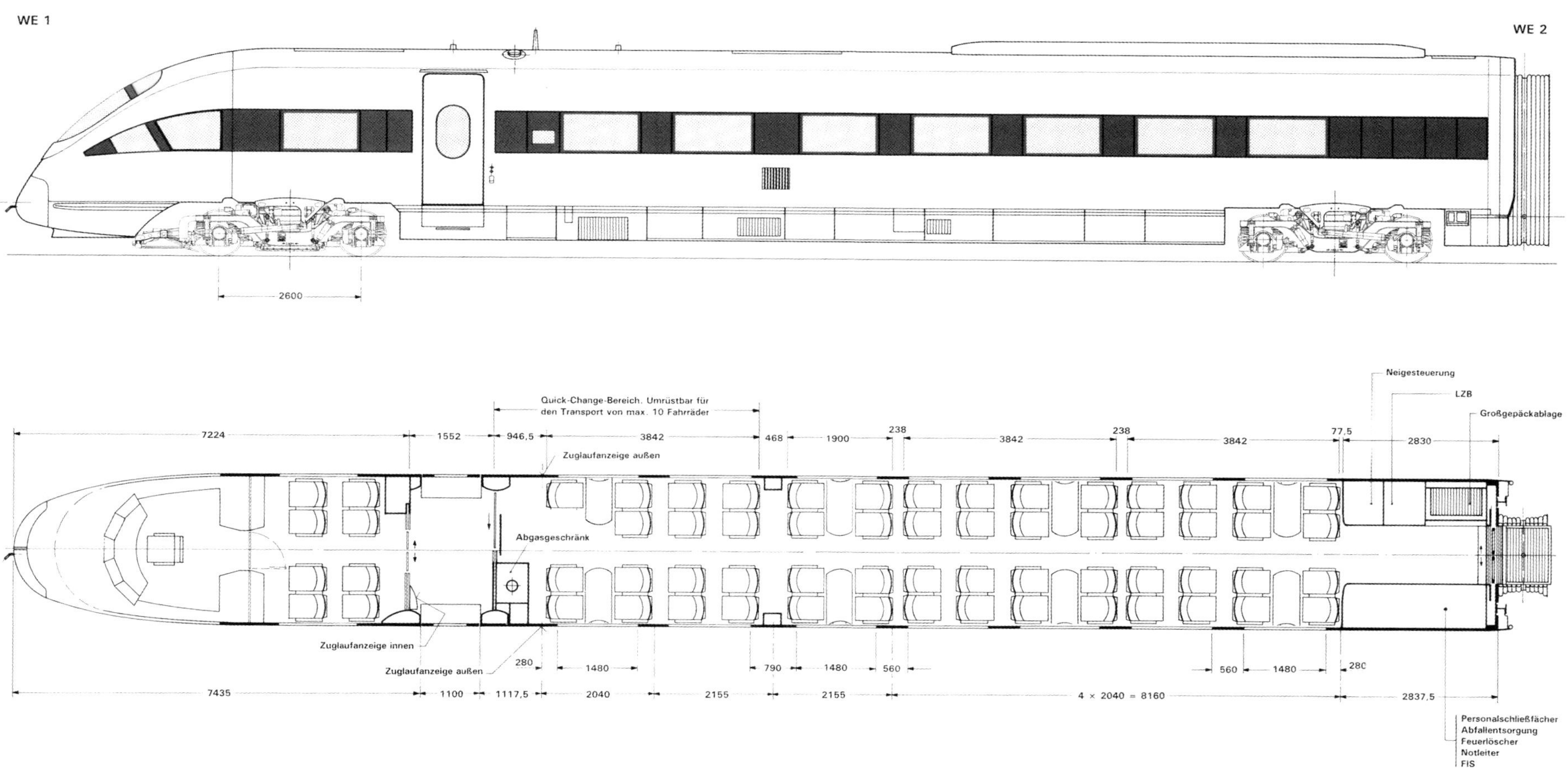

Fehlende Maße und Angaben sowie Frontansicht siehe Baureihe 411.0/415.0

ICE TD – Endwagen
Baureihe 605.0 – 2. Klassewagen
Nichtraucherwagen

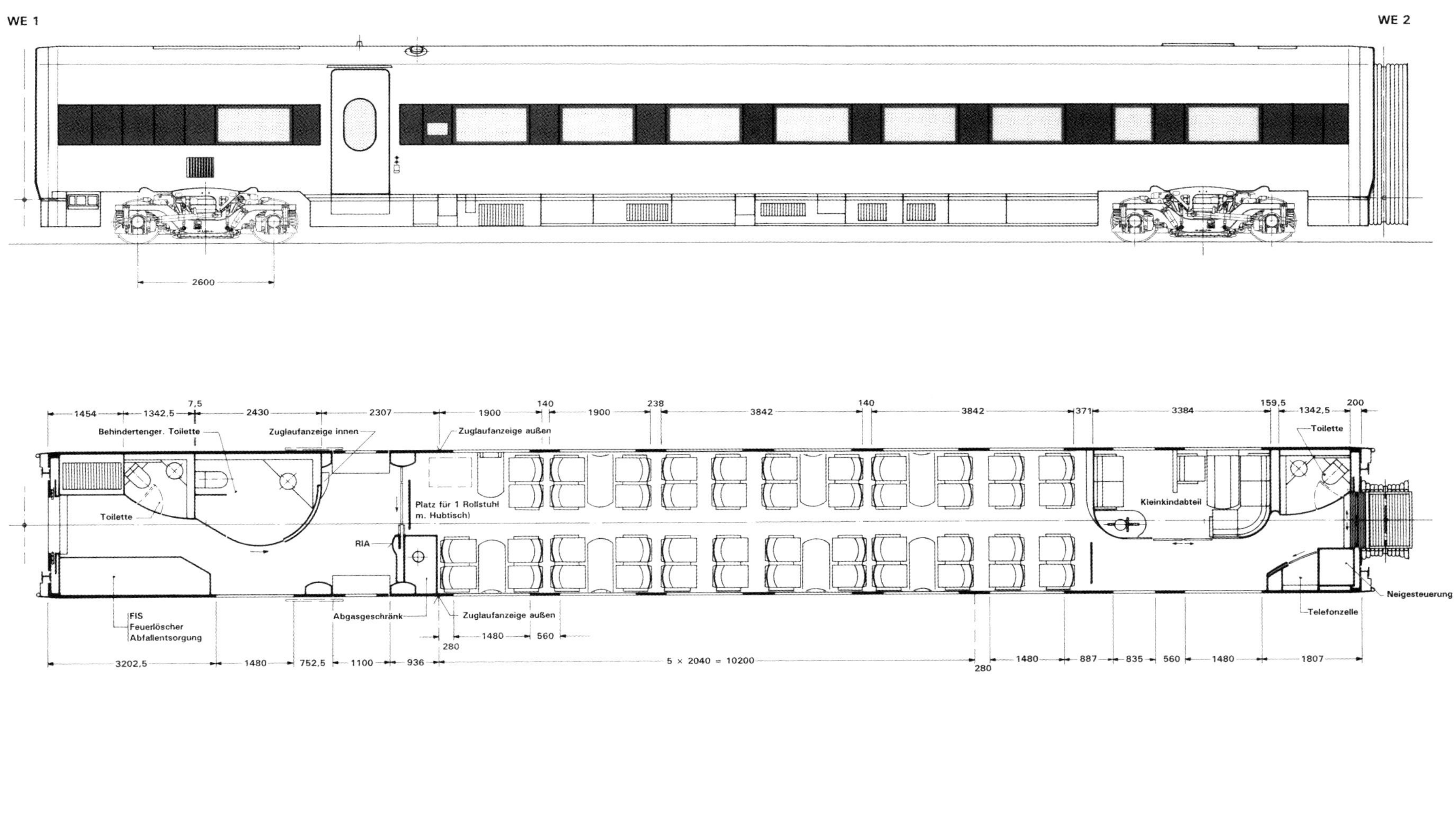

Fehlende Maße und Angaben siehe Baureihe 411.1

ICE TD – Mittelwagen
Baureihe 605.1 – 2. Klasse
Nichtraucherwagen

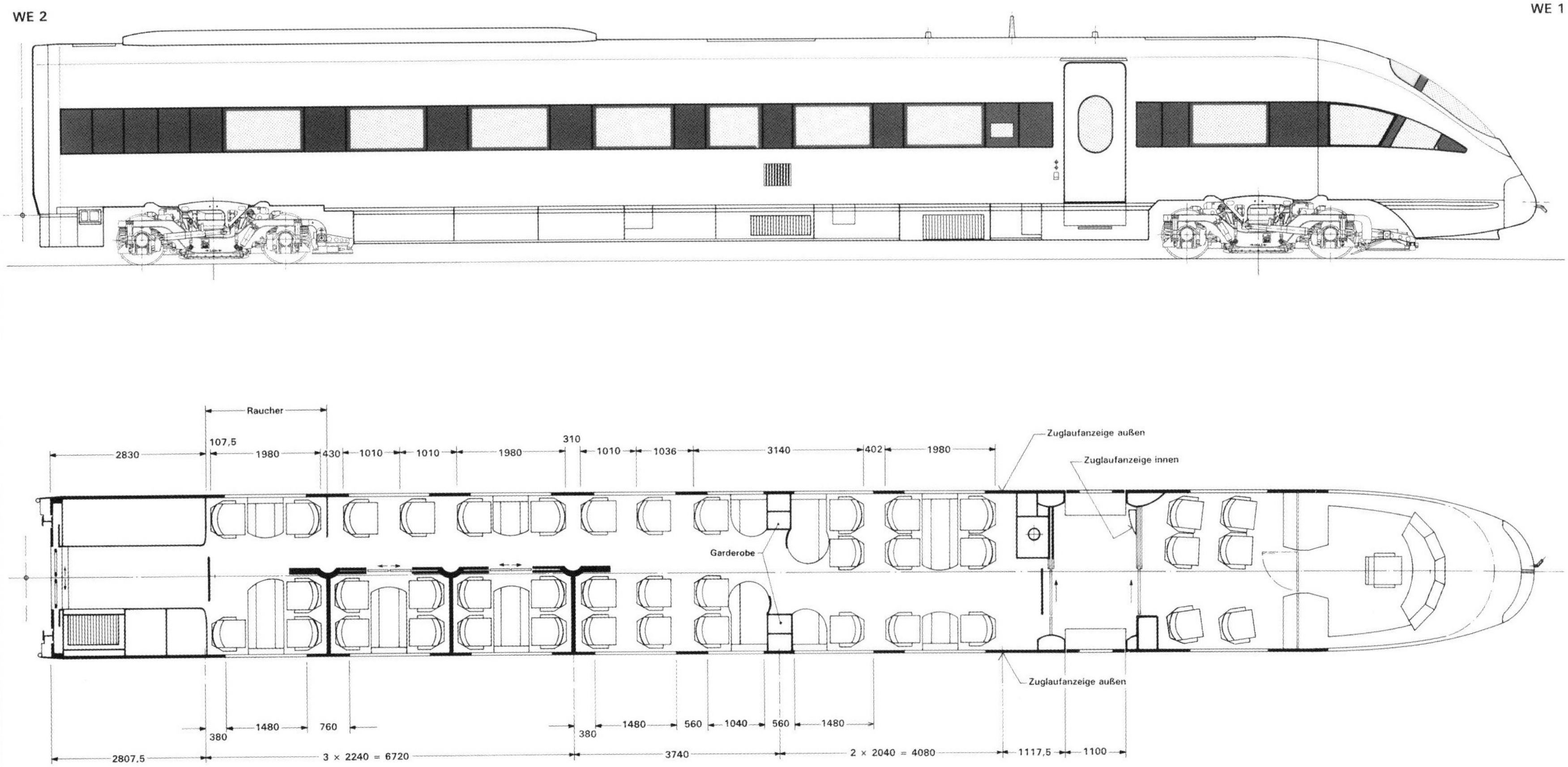

Fehlende Maße und Angaben sowie Frontansicht
siehe Baureihe 411.0/415.0 sowie 605.0

ICE TD – Endwagen

Baureihe 605.5 – 1. Klassewagen
Raucher-/Nichtraucherwagen

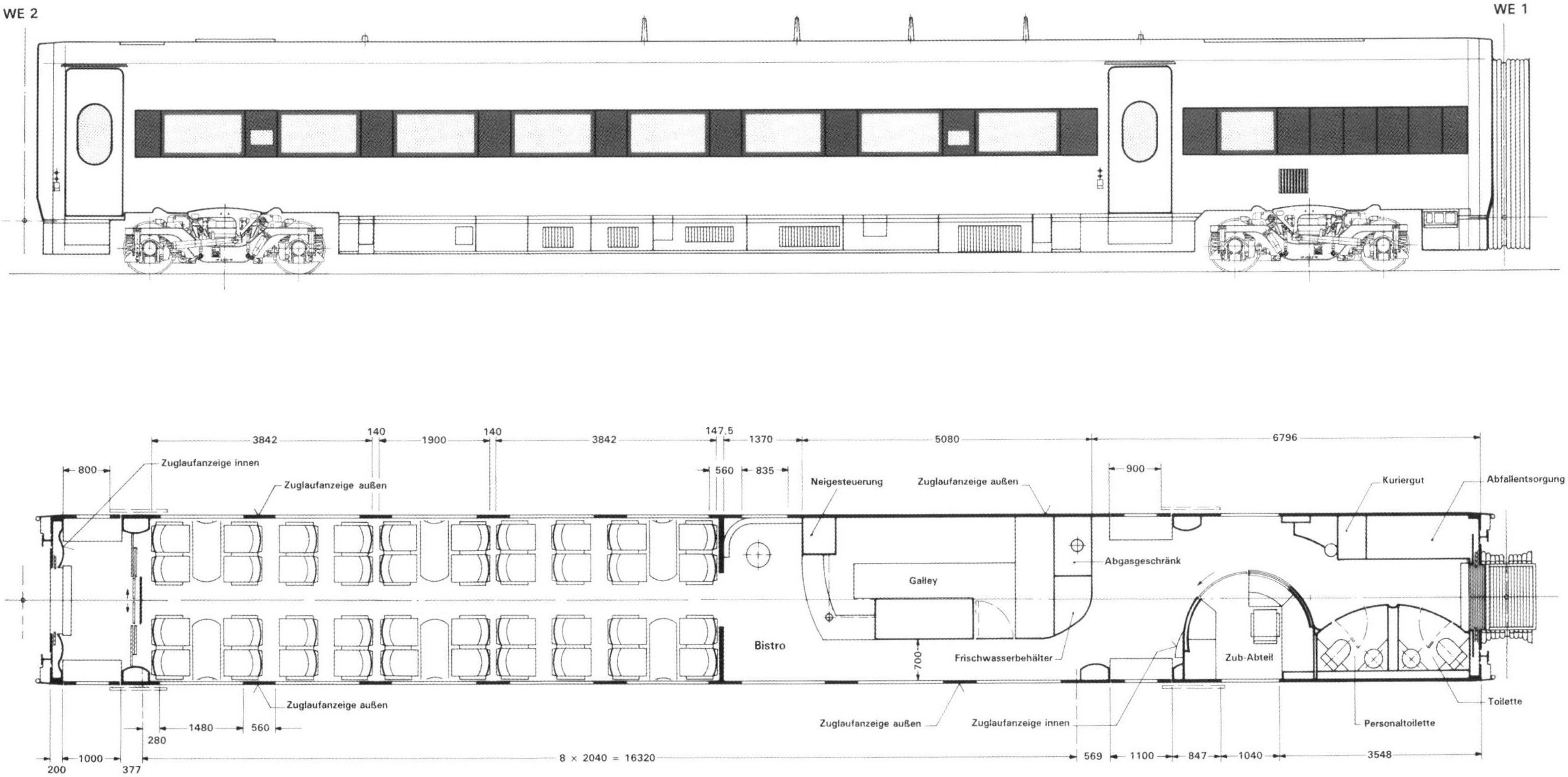

Fehlende Maße und Angaben siehe Baureihe 411.1 sowie 605.1

ICE TD – Mittelwagen

Baureihe 605.2 – 2. Klasse/Bistro

Raucherwagen